U0162629

软物质前沿科学丛书编委会

国家出版基金项目
NATIONAL PUBLICATION FOUNDATION

"十三五"国家重点出版物出版规划项目

软物质前沿科学丛书

高分子结晶结构调控及结晶动力学

Crystalline Structure Controlling and Crystallization Kinetics of Macromolecules

蒋世春 等 著

科 学 出 版 社

龍 門 書 局

北 京

内 容 简 介

本书作者长期在一线从事高分子领域的研究工作，系统地开展了多尺度、多手段调控高分子结晶结构的研究，取得了系列成果。本书主要内容包括高分子结晶理论进展、计算机模拟高分子结晶、嵌段高分子和长链支化高分子结晶、高分子共混物和高分子薄膜结晶、聚烯烃（包括聚乙烯、聚丙烯、聚丁烯）结晶、可降解高分子聚乳酸结晶、导电高分子聚噻吩结晶以及介电谱在高分子结晶研究中的应用等。

本书读者对象为高校、科研机构高分子物理相关专业教师、研究生以及从事高分子相关材料研究、研发的科研人员等。

图书在版编目(CIP)数据

高分子结晶结构调控及结晶动力学/蒋世春等著. —北京：龙门书局, 2021.5
（软物质前沿科学丛书）

"十三五"国家重点出版物出版规划项目 国家出版基金项目
ISBN 978-7-5088-6018-3

Ⅰ.①高… Ⅱ.①蒋… Ⅲ.①高分子材料–晶体学 Ⅳ.①TQ317

中国版本图书馆 CIP 数据核字(2021) 第 091651 号

责任编辑：周 涵／责任校对：彭珍珍
责任印制：徐晓晨／封面设计：无极书装

科 学 出 版 社 出版
龙 门 书 局
北京东黄城根北街 16 号
邮政编码：100717
http://www.sciencep.com

北京虎彩文化传播有限公司 印刷
科学出版社发行 各地新华书店经销
*
2021 年 5 月第 一 版 开本：720×1000 B5
2021 年 5 月第一次印刷 印张：30 3/4
字数：617 000
定价：248.00 元
(如有印装质量问题，我社负责调换)

丛 书 序

社会文明的进步、历史的断代，通常以人类掌握的技术工具材料来刻画，如远古的石器时代、商周的青铜器时代、在冶炼青铜的基础上逐渐掌握了冶炼铁的技术之后的铁器时代，这些时代的名称反映了人类最初学会使用的主要是硬物质。同样，20 世纪的物理学家一开始也是致力于研究硬物质，像金属、半导体以及陶瓷，掌握这些材料使大规模集成电路技术成为可能，并开创了信息时代。进入 21 世纪，人们自然要问，什么材料代表当今时代的特征？什么是物理学最有发展前途的新研究领域？

1991 年，诺贝尔物理学奖得主德热纳最先给出回答：这个领域就是其得奖演讲的题目 —— "软物质"。按《欧洲物理杂志》B 分册的划分，它也被称为软凝聚态物质，所辖学科依次为液晶、聚合物、双亲分子、生物膜、胶体、黏胶及颗粒物质等。

2004 年，以 1977 年诺贝尔物理学奖得主、固体物理学家 P.W. 安德森为首的 80 余位著名物理学家曾以 "关联物质新领域" 为题召开研讨会，将凝聚态物理分为硬物质物理与软物质物理，认为软物质 (包括生物体系) 面临新的问题和挑战，需要发展新的物理学。

2005 年，*Science* 提出了 125 个世界性科学前沿问题，其中 13 个直接与软物质交叉学科有关。"自组织的发展程度" 更是被列为前 25 个最重要的世界性课题中的第 18 位，"玻璃化转变和玻璃的本质" 也被认为是最具有挑战性的基础物理问题以及当今凝聚态物理的一个重大研究前沿。

进入新世纪，软物质在国际上受到高度重视，如 2015 年，爱丁堡大学软物质领域学者 Michael Cates 教授被选为剑桥大学卢卡斯讲座教授。大家知道，这个讲座是时代研究热门领域的方向标，牛顿、霍金都任过卢卡斯讲座教授这一最为著名的讲座教授职位。发达国家多数大学的物理系和研究机构已纷纷建立软物质物理的研究方向。

虽然在软物质研究的早期历史上，享誉世界的大科学家如诺贝尔奖获得者爱因斯坦、朗缪尔、弗洛里等都做出过开创性贡献。但软物质物理学发展更为迅猛还是自德热纳 1991 年正式命名 "软物质" 以来，软物质物理学不仅大大拓展了物理学的研究对象，还对物理学基础研究尤其是与非平衡现象 (如生命现象) 密切相关的物理学提出了重大挑战。软物质泛指处于固体和理想流体之间的复杂的凝聚态物质，主要共同点是其基本单元之间的相互作用比较弱 (约为室温热能量级)，因而易受温度影响，熵效应显著，且易形成有序结构。因此具有显著热波动、多个亚稳状态、介观尺度自组装结构、熵驱动的有序无序相变、宏观的灵活性等特征。简单地说，这些体系都体现了 "小刺激，大反应" 和强非线性的特性。这些特性并非仅仅由纳观组织或原子、分子水平的结构决定，更多是由介观多级自组装结构决定。处于这种状态的常见物质体系包括胶体、液晶、高分子及超分子、泡沫、乳液、凝胶、颗粒物质、玻璃、生物体系等。软物质不仅广泛存在于自然界，而且由于其丰富、奇特的物理学性质，在人类的生活和生产活动中也得到广泛应用，常见的有液晶、柔性电子、塑料、橡胶、颜料、墨水、牙膏、清洁剂、护肤品、食品添加剂等。由于其巨大的实用性以及迷人的物理性质，软物质自 19 世纪中后期进入科学家视野以来，就不断吸引着来自物理、化学、力学、生物学、材料科学、医学、数学等不同学科领域的大批研究者。近二十年来更是快速发展成为一个高度交叉的庞大的研究方向，在基础科学和实际应用方面都有重大意义。

为了推动我国软物质研究，为国民经济做出应有贡献，在国家自然科学基金委员会－中国科学院学科发展战略研究合作项目 "软凝聚态物理学的若干前沿问题" (2013.7—2015.6) 资助下，本丛书主编组织了我国高校与研究院所上百位分布在数学、物理、化学、生命科学、力学等领域的长期从事软物质研究的科技工作者，参与本项目的研究工作。在充分调研的基础上，通过多次召开软物质科研论坛与研讨会，完成了一份 80 万字的研究报告，全面系统地展现了软凝聚态物理学的发展历史、国内外研究现状，凝练出该交叉学科的重要研究方向，为我国科技管理部门部署软物质物理研究提供了一份既翔实又具前瞻性的路线图。

作为战略报告的推广成果，参加该项目的部分专家在《物理学报》出版了软凝聚态物理学术专辑，共计 30 篇综述。同时，该项目还受到科学出版社关注，双方达成了 "软物质前沿科学丛书" 的出版计划。这将是国内第一套系统总结该领域理论、实验和方法的专业丛书，对从事相关领域研究的人员将起到重要参考作用。因此，我们与科学出版社商讨了合作事项，成立了丛书编委会，并对丛书做了初步规划。编委会邀请了 30 多位不同背景的软物质领域的国内外专家共同完成这一系列专著。这套丛书将为读者提供软物质研究从基础到前沿的各个领域的最新进展，涵盖软物质研究的主要方面，包括理论建模、先进的探测和加工技术等。

由于我们对于软物质这一发展中的交叉科学的了解不很全面，不可能做到计划的 "一劳永逸"，而且缺乏组织出版一个进行时学科的丛书的实践经验，为此，我们要特别感谢科学出版社钱俊编辑，他跟踪了我们咨询项目启动到完成的全过程，并参与本丛书的策划。

我们欢迎更多相关同行撰写著作加入本丛书，为推动软物质科学在国内的发展做出贡献。

主　编　　欧阳钟灿

执行主编　　刘向阳

2017 年 8 月

序

　　高分子结晶是高分子物理中的一个核心课题，因为高分子结晶不仅是固体聚合材料使用性能的关键影响因素，而且高分子结晶研究具有重要的科学意义——对高分子结晶机理的理解向材料科学提出了独特的挑战。从 20 世纪 50 年代对高分子固体的基本结构首次有了清晰的认知开始，很多科研人员为描述高分子结晶过程提出了新概念。多年来，高分子结晶的研究经历了起伏。尽管在高分子半结晶状态的表征方面取得了长足进展，同时也发展了不同观点，但是对于高分子熔体结晶的初始阶段尚未达成共识。特别是基于 Hoffman 和 Lauritzen 早期理论较长时间地主导理解高分子结晶之后，大约 20 年前与之矛盾的实验表明高分子结晶经过中介相而形成。在中国，一些研究组采用了新的观点研究高分子结晶，寻找更多的证据并拓展其应用范围，该书为这些工作提供了一个很好的例子。蒋世春教授和他的学生们对多种高分子进行了系统研究，并给出了理解高分子结晶的相应见解。[①] 该书对高分子结晶以及这一重要领域新观点有兴趣的科研人员将大有裨益。我对中国高分子物理界的成功充满信心，并欢迎该书的出版。

Gert Strobl
2019 年 2 月

---

① 该书应出版社的约稿源于一个科研项目，后来被选入"软物质前沿科学丛书"，和编辑沟通以后，为了给读者呈现更系统的内容，特意邀请了几位合作者丰富内容。被邀请者均和中国科学院长春应用化学研究所有渊源——毕业于斯或工作于斯。

——作者注

Preface

Polymer crystallization is a central topic in polymer physics as it is both, of main importance for the application properties of solid polymeric materials, and of fundamental scientific interest, the understanding of the mechanism of crystallization presenting here a peculiar challege unique in materials science. Starting in the fifties of the last century with the first clear insights in the basic structure of polymeric solids many authors contributed to the development of concepts to describe the crystallization process. The activities varied over the years, but in spite of large progress in the characterization of the semicrystalline state of polymers and different views being proposed, a general agreement about the basic steps followed in the formation of polymer crystallites in a polymer melt has not yet been reached. In particular, after a longer period of an apparently settled understanding based on the early theories of Hoffman and Lauritzen, about twenty years ago contradicting experiments were presented which indicated a passage through an intermediate mesomorphic phase. In China several groups took up the new ideas searching for additional evidence and expanding their application, and this book presents a nice example for these efforts. Professor Jiang Shichun and his students carried out in systematic manner experiments on various polymer systems and so provided additional insights which promote the understanding. The book is very instructive for researchers interested in polymer crystallization and modern views in this important field. I am sure about its success within the Chinese polymer physics community and welcome its publication.

February 2019 Gert Strobl

前　　言

高分子结晶学是高分子学科的基础内容之一，其研究历史已逾半个世纪。期间随着理论物理和相关技术的不断进步，与高分子结晶有关的新现象、新观点和新理论不断涌现，但高分子结晶学仍然是高分子学科中一个最基本、最具挑战性的课题。

高分子材料因其密度、柔性、韧性和成本等方面的优势，在塑料、纤维、橡胶、涂料、泡沫以及胶黏剂等现代科技材料中起着举足轻重的作用，并在多个领域取代金属和陶瓷等材料。可结晶的通用高分子材料，如聚烯烃、聚酰胺、聚酯等，约占所有高分子材料的 70%。尽管多数结晶高分子的结晶度低于 50%，但其结晶结构和聚集态结构对材料物理力学性能的影响具有决定性作用，因此高分子结晶结构和性能之间的相互关系研究一直是高分子材料领域的核心问题。

高分子是由重复单元组成的长链分子，从分子链结构的角度来说，高分子的聚合度和分子链构象是高分子聚集态结构的基础。高分子聚集态结构包括非晶态和结晶态结构，因此结晶高分子结构是饱含了缺陷的结晶结构。高分子结晶在从无序到有序结构的形成过程中，由于其动力学的限制，或许在无序和有序结构之外还存在准有序结构，并影响其从无序到有序的转变过程。

随着合成技术、探测手段的进步和计算水平的发展，人们对高分子结晶过程的认知将越来越接近真相，从而能够更准确地对高分子结晶过程以及结晶结构进行实时调控，以满足人们对材料使用性能的各种需求。

本书的内容主要涉及高分子结晶方面研究的阐述，特别介绍了高分子结晶理论及其进展。每章内容与作者们之前的研究论文或当前的研究内容相关，主要内容包括：高分子结晶理论进展和计算机模拟高分子结晶、化学和物理方法调控高分子结晶、通用结晶高分子的结晶调控和结晶动力学以及结晶高分子的链松弛行为。其中既阐述了相关研究进展，又包含了作者们最新的研究成果。本书作者们都是高校或科研机构的一线科研工作者，这对于相关科研工作的持续性是有益的。科学出版社责任编辑周涵女士细致、认真、负责的工作，使本书得以顺利出版，在此表示我们的诚挚谢意！

作者期望本书能够对科研工作者和高等院校学生开展高分子物理创新性科学

研究起到抛砖引玉的作用。尽管作者试图把高分子结晶相关章节、相关领域的最新研究进展收入本书，但是科研不断有新的进展和发现，如有一些其他重要成果未能涵盖，请予以谅解！此外，书中难免仍有不妥之处，敬请读者批评指正！

作　者

2021 年 3 月

目　　录

第1章 高分子结晶理论及新进展

温慧颖 蒋世春

1.1 引 言

　　高分子材料是最重要的化工产品，高分子材料由于加工方便、性能良好、用途广泛，因而得到迅速发展。最近几十年高分子材料的应用增长巨大，甚至成为全球经济最大的引擎之一。20 世纪 90 年代中期高分子材料体积产量已经超过钢铁，2003 年高分子材料的体积产量是钢铁体积产量的 1.7 倍。目前，合成高分子材料年产量约为 3.0 亿吨/年，其中结晶高分子占 70%[1-3]。

　　从市场角度看，通用高分子材料和工程高分子材料占 99%，特种高分子材料占 1%。高分子材料呈现两种发展趋势：一种是合成技术的不断创新，在分子水平上对高分子进行精细构建带来高分子材料的新用途 (包括嵌段高分子、聚电解质、导电高分子、微电子所用的高分子自组装、光学材料、液晶显示和生物医学高分子等)；另一种是精细控制加工过程，使已有的高分子得到多种新的用途。同时，高分子材料的发展还需要考虑人类活动对环境的影响，因此，可回收利用的可降解高分子和生物高分子材料的需求不断增加。相对于化学、物理、生物化学、生物学和材料科学而言，高分子科学是一门相对年轻的学科，还有许多基础问题有待持续深入的研究。高分子材料的宏观性能 (如热性能、力学性能、光学性能以及各种功能等) 取决于高分子链微观结构，因而，商用高分子和工程高分子材料的发展主要依赖于我们对高分子材料宏观性能与微观结构关联性的理解，包括高分子材料加工过程对形成纳米尺度结构的影响。高分子分子链的回转半径、末端距等固有特征都在纳米尺度范围，而形成的高分子材料具有不同尺度的结构，如高分子结晶、相分离、无机粒子在高分子基体中的分散、化学或物理交联形成的高分子网络等通常包括纳米甚至微米 (如球晶、宏观相分离、加工过程形成的核–壳结构等) 尺度的高分子空间结构。高分子材料的宏观力学性能或功能等主要取决于高分子链结构与加工过程协同作用所形成的纳米尺度结构的形貌。由于高分子材料对环境非常敏感，监测和理解各种条件下高分子材料的结构非常重要。这些环境条件包括高分子挤出加工、吹膜、纤维纺丝等过程，并可能导致所得到的高分子材料处于亚稳态和形成相应的低有序形貌结构。其中，有的最终产品具有微米结构 (如薄膜、涂层等)，

有的具有纳米结构 (嵌段共聚物)。精细控制高分子材料的加工过程，并对最终产品的性能做出合理的预测，评估各种条件下高分子产品的寿命和稳定性等都需要高分子材料结晶、退火、冷结晶和固–固转变等有关方面的多尺度结构信息。因此，研究和理解不同条件下高分子结构转变机理就显得尤其重要。

柔性高分子链的动力学行为构建了令人着迷的高分子物理学，同时也是现代材料科学领域的巨大挑战之一。能够推动从分子水平认识和理解高分子复杂黏弹性的焦点是流变学、经典化学工程和现代物理的结合。

自然界中结晶是一种普遍现象。由于结晶是一种非连续相转变，因此是一个需要一定过冷度和动力学控制的过程。如果松弛过程和降温速率差别较大，热历史就对结晶过程有很大影响。例如，1969 年 Mpemba 报道在快速冷却的时候，热水比冷水更容易结冰，这可能和氢键的松弛行为有关。迄今为止，人们对这种现象仍然不能完全理解 [4-7]。具有长链结构的高分子松弛行为和水的氢键相比更为缓慢，在结晶过程中存在更多令人费解的现象和结晶行为。因此，高分子结晶过程中表现出更强的热历史依赖性和更复杂的结晶行为，在人们对高分子材料的制备和加工过程中的基础科学问题和现代技术问题认识和理解的方面更凸现其重要性 [8-10]。从熔体结晶的高分子链共存于有序的纳米片晶和无序的非晶区，片晶的厚度和结晶温度有关，一般情况下，温度较低时，结晶速率快，形成的片晶薄 [11-18]。基于二次成核概念的 Lauritzen-Hoffman(LH) 结晶模型是广泛被接受的高分子结晶经典理论 [19-23]。然而，当人们越来越多地关注高分子结晶的初始阶段时，对于高分子结晶形成过程的争论就越来越多。其中代表性的结果有 Milner 通过对烷烃结晶过程的观察认为聚乙烯在结晶过程中存在相转变过程 [24]；Strobl 提出的基于中介相 (mesophase) 结构的多步结晶模型用来解释高分子片晶厚度和结晶温度之间的联系 [14,25]。但是由于技术条件的限制，迄今为止仍然没有足够的证据证明中介相是否存在，高分子熔体结晶前或结晶初始阶段的分子链构象还未见报道。Miyoshi 等通过 NMR 技术对聚丁烯-1 和 iPP 的结晶过程研究发现：无论是从溶液中结晶还是熔融结晶，它们的折叠链结构和结晶温度无关 [26-29]。这和 LH 结晶模型相矛盾并表明高分子结晶过程和局域链结构有关，他们还发现高分子的链折叠过程和高分子溶液的浓度、高分子链的缠结密切相关，即溶液结晶的折叠数大于熔融结晶的折叠数。薛定谔于 1944 年预测 "大分子结晶过程是基于有序的有序化"，认为：这种观念至少在一个方面对结晶过程的误解打开了奇妙的思路，并基于统计物理的基本定律评价这种观点虽然简略，但未必错误 [30]。

高分子的链结构和链行为是高分子结晶的基础，它们对高分子结晶结构形成有决定性影响。各种类型的高分子结晶结构都是分子链可能的螺旋构象、方位角及空间内螺旋轴的不同组合方式，一种分子链在不同条件下可以形成不同的结晶结构，而且特定结晶结构在形成过程中伴有链构象重排以形成对应螺旋体结构，螺旋手性一旦形成结晶往往很难反转 [31-33]。

1.2 高分子结晶

高分子结晶和熔融是高分子物理领域基础研究方向之一，然而，人们在对高分子结晶结构形成和熔融过程的研究中发现很多令人疑惑的现象。因为和小分子结晶不同，高分子结晶有着特殊的行为和特征，这不仅仅体现在长链高分子的复杂拓扑结构，更体现在高分子结构与性能的关联性。高分子结晶的本质是高分子链段的折叠。然而由于高分子是由单体单元连接而成的柔性长链，人们最初对具有这种结构的材料能否结晶持怀疑态度。事实上长链高分子是可以结晶的，只是结晶方式不同于小分子而已。高分子链独特的螺旋构象，沿螺旋轴线的彼此平行方向以特定形式进行堆叠，在三维方向上进行周期性排列。这样的周期性结构原则上可以很容易形成，但是人们从未发现这种理想高分子结晶结构。主要原因是高分子从熔体开始体系内就进行分子链卷绕彼此缠结，从缠结到所有分子链的完全解缠结，形成完全理想状态的分子有序结构基本是不可能。

Keller 和 Fischer 在 1957 年分别独立地报道了聚乙烯 (PE) 单晶，以此开始了高分子结晶的研究。电子显微镜照片图 1.1 为 PE 固体样品的表面结构 [34]。显微镜照片显示聚乙烯表面形成了类似于阶梯的形貌。片晶的堆叠在倾斜方向上延伸，形成具有弧形边缘的层状结晶结构。该结构的厚度约 20 nm 并在微米范围内横向延伸。图 1.2 为高分子结晶的内部结构电子显微镜照片。该照片是用 OsO$_4$ 染色的 PE 超薄切片得到的内部结构图。染色剂不能进入具有结晶结构的晶区，而只能进入具有流体性质的非晶区域。因此，图中的对比度是由于电子束被染色部分 (非晶区域) 所吸收的缘故。亮线部分对应未被染色层状结晶，但只有那些片层结构的层面垂直于切片表面时，电子束可以以较小的吸收通过。这两个典型的显微镜照片说明了高分子固体形态学中的基本结构规律：形成非晶区和晶区交替的周期性两相片层微结构。

图 1.1 PE 表面碳膜的电子显微镜照片

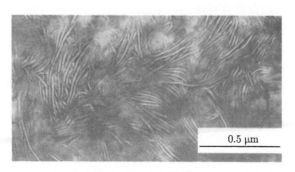

图 1.2 用 OsO_4 染色的 PE 样品的超薄切片形貌

上述结构及结构演变可以通过链状分子构建，例如正烷烃短链分子的结晶由层状单元堆叠而成。界面主要由不能并入片层内部结构的端基组成。高分子的结晶过程其实是一个解缠结过程，然而想消除熔融态产生的链缠结，即解缠结，短时间内无法实现。因此，缠结点和端基只能存在于晶层间的非晶区域。由于晶层厚度相较于链长度较小，使得一条高分子链能够在进入到非晶区域之后能返回到相同或相邻的晶层中。为此，自晶层发现便被称为"折叠链晶"。图 1.3 的图示说明了片晶的内部结构，既包括伸直链序列，同时也包括两个"折叠表面"。片层厚度取决于结晶温度，并且通常随着温度升高而增加。

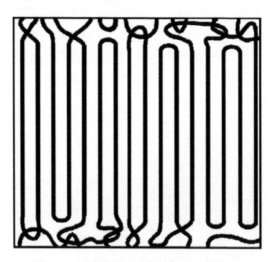

图 1.3 结晶高分子中结晶部分层状结构

用偏光显微镜观察高分子结晶过程可以观察到球晶的形成过程，例如图 1.4 所示的聚 (L-丙交酯)(PLLA) 样品。在微米范围内的这些结晶内部结构一般可以通过电镜来观察，图 1.5 为全同立构聚苯乙烯 (iPS) 的球晶电子显微照片。该结构由结晶薄片的重复分支和向外伸展组成。这意味着球晶的径向生长速率与构成球晶的片晶侧向生长速率相同。事实上,高分子结晶中结晶仅在垂直于分子链的两个方向上进行生长,而不能在分子链方向 (即垂直于片晶表面) 上生长。生长速率以特有的方式随温度变化,例如图 1.6 中的聚 (ε-己内酯)(PεCL),它随着温度的升高而呈指数下降。

图 1.4   偏光显微镜观察到的 PLLA 生长的球晶

图 1.5   电子显微镜下 iPS 球晶的形貌和结构示意图

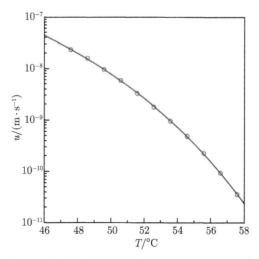

图 1.6   PεCL 球晶径向生长速率的温度依赖性

1.3   经典的高分子结晶成核生长模型

从 20 世纪 50 年代开始, 人们发现结晶高分子基本结构——纳米尺度的层状堆叠状微晶结构后, 关于高分子结晶结构形成机理的研究便成为高分子物理的研究热点。Keller 在 1957 年的文章中给出了 PE 单晶的电镜照片, 同时提出了 "近邻折叠模型", 认为高分子结晶的本质是高分子链段的近邻折叠 [35]。Keller 认为: 片晶中高分子链段的折叠长度均一, 链段的折叠方向垂直于片晶表面。然而, 在当时高分子物理理论学者们对高分子如何结晶、结晶结构的形成过程及机理的认识和理解各执一词, 因此, 提出了许多甚至相互矛盾的关于结晶形成机制的观点和模型。在 20 世纪六七十年代, 所有以高分子结晶有关的主题会议辩论均非常激烈, 1979 年在剑桥举办的法拉第讨论达到系列主题会议的高潮。这次会议汇集了当时几乎所有关于高分子结晶的论点和模型, 参会者包括 Fischer、Flory、Frank、Hoffman、Keller、Kovacs、Krimm、Point、Stein 和 Wunderlich 等在高分子结晶领域做出杰出贡献的学者。他们在会议中没能对高分子结晶基本问题达成共识。然而在会议结束后不久, 由 John D. Hoffman 和 John I. Lauritzen 及合作者在初级成核理论 [36] 的基础上发展起来的 Lauritzen-Hoffman(LH) 结晶理论得到了越来越多人的关注和认可。该理论指出, 高分子片晶中高分子链段的折叠长度依赖于结晶温度, 折叠片晶的厚度正比于过冷度的倒数, 而且, 折叠片晶的厚度越厚, 结晶的熔点越高。该理论模型在完善过程中伴随着很多质疑的声音, 但并未妨碍它的发展, 该模型被越来越多的研究人员所接受并用于数据分析。在 20 世纪 80 年代, 该模型发展成为高分子结晶的 "标准模型" 而被广泛应用。很长一段时间里, 虽然模型中的一些观点曾稍作修订, 但理论基础仍然保持不变。如果就此认为高分子结晶机制已经被完全理解、很多高分子物理领域的基本问题已经得到完全解决是错误的。在最近的二三十年里, 很多新的实验结果和实验现象触发了人们对高分子结晶的重新思考并渐渐意识到 LH 结晶理论仍然需要重新审视和修订。

为了证明重新认识和理解高分子结晶过程的必要性, 需要对已被普遍接受的传统观点进行阐述。对高分子的结晶来说, 认为结晶初期体系是均相的。当外界条件 (如温度、压强等) 改变时, 系统中出现了形成新相的倾向而呈现亚稳状态, 这种新相是相对稳定的一相或多相。这种亚稳区域称之为新相的胚核 (embryo)。当然, 在体系涨落的作用下, 某些胚核会在短暂存在之后消失。经过一系列能量有利的涨落后, 使得有些胚核的尺寸大于临界值, 这样的胚核称为新相的核心或晶核; 成核不仅能引发结晶过程, 而且还能引发结晶生长, 并决定结晶的结构。经典的成核理论认为结晶必须经历先成核、后生长的过程, 高分子无论从溶液结晶还是熔体结晶都是如此。在成核生长理论框架下, 高分子结晶成核和生长的发生以及链段如何排入晶格便成为理论物理学家们争论的焦点。传统的高分子结晶理论是建立在小分子结晶过程的成核与生长概念基础上的，在考虑小分子结晶表面成核、生长和动力学的同时，引入"折叠链片晶"的概念。"折叠链片晶"是指高分子结晶时分子链以近邻折叠的形式进行排列，形成薄片状，厚度为 5~20 nm，与之相比其他两个生长方向的尺寸非常大。高分子结晶中有两种典型的结晶形态：折叠链 (fold chain)晶和伸直链 (extend chain) 晶。通常认为，由于高分子链段过于柔软，无法达到最稳定的伸直链晶 (除了极端条件，如高压条件下的 PE)，而易于形成亚稳态折叠链晶。高分子链形成折叠链晶是动力学过程选择的结果，高分子结晶时为了产生最多的平行链堆砌和最小的表面积发生链内自折叠；结晶过程中一方面体系自由能降低最多，另一方面表面自由能升高最少，因此高分子结晶具有特殊的基本形貌和结构。LH 结晶理论在此基础上对高分子结晶过程的基本观点进行了如下阐述。第一步：高分子链段首先在光滑的增长前沿表面放置它的第一个晶杆，这个假定与成核相关，它的位垒来源于晶杆平行排列的本体自由能和形成其他表面自由能降低共同作用的结果，这个位垒即图 1.7(a) 中的第一个峰，是能量最高峰。第一个晶杆沉积在基体表面上需要越过最大的位垒而变得最为困难，因此该步骤是结晶速率的慢步骤，初级成核速率为 i。第二步：次级成核过程。以初级成核形成的光滑前沿为基底结晶再增加一段高分子链段，这一过程类似成核过程，为了区别初级成核过程称之为次级成核。如图 1.7(b) 所示，假设结晶基体长度为 L，总结晶线速率为 G，每一层的横向生长速率为 g，成核速率为 i，蛇形运动 (或称蠕动) 速率为 r，折叠表面自由能为 σ_c，侧表面自由能为 σ，每个链段的原子尺寸长和宽分别为 a 和 b，初始片晶厚度为 L_p。沿增长方向为 a 的晶杆厚度以速率 g 扩展，沿增长方向为 b 的晶杆厚度以增长速率 G 扩展。链折叠达到活化络合状态后，链段便以很快的结晶速率结晶到基体表面上，晶杆形成后在两侧各出现一个可结晶的位置，此后沉积上去的链段不再产生新的侧表面和侧表面自由能。这一过程要形成一个链折叠，伴随着近邻链段再进入，高分子链沿着两侧像拉拉链一样很快地折叠进入晶格。次级成核的速率表达式如下：

$$G = G_0 \exp\left[-\frac{U^*}{R(T_c - T_\infty)}\right] \exp\left[-\frac{K_g}{T_c(T_m^0 - T_c)f}\right] \tag{1.1}$$

式中，指前因子 G_0 包括与温度无关的所有项；第一指数项是扩散控制项，U^* 是链运动的活化能，控制结晶性单元穿过界面的短程扩散；第二指数项是成核位垒项，反映临界尺寸的表面核增长 Gibbs 自由能的贡献，其中结晶温度为 T_c，过冷度 $\Delta T = T_m^0 - T_c$，T_m^0 为片晶的平衡熔点，f 是校正项，用于校正单位体积熔融热 Δh_f 随温度的变化，K_g 被称为成核常数。

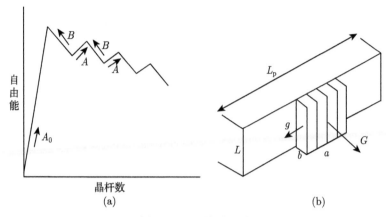

(a)   (b)

图 1.7   LH 结晶理论

(a) 自由能垒；(b) 模型

上述模型给出了高分子链折叠结晶的理论模型，并推导出高分子结晶生长速率 G 和影响片晶厚度的具体解析式。另外，按照初级成核速率 i 与表面扩展速率 g 的相对关系可将高分子结晶分成三种方式，即方式 I $(i \ll g)$、方式 II $(i \approx g)$ 和方式 III $(i \gg g)$，如图 1.8 所示。方式 I 的结晶温度高 (低过冷度)，成核速率 i 足够小，分子链能在新核形成之前自由地通过链折叠方式在片晶基体宽度方向上以速率 g 扩展，迅速地在基体增长前沿产生一个厚度为 b_0、宽度为 L 的新层。结晶总增长速率正比于成核速率，即 $G_i \propto ib_0L$。结晶的增长表面很光滑，在低温下 (高

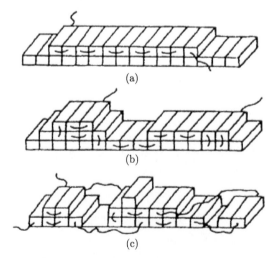

(a)

(b)

(c)

图 1.8   LH 结晶理论方式转变示意图

(a) 方式 I，成核控制过程；(b) 方式 II，成核与生长同时控制过程；(c) 方式 III，生长控制过程

过冷度),总增长速率同样正比于表面成核速率,即 $G_{\text{III}} \propto ib_0 L'$,这时由于 i 非常大,使得分子链进一步扩展的空间很小。L' 是有效的基体宽度,$L' = n_{\text{III}} a_0$,其中 n_{III} 在 2~3。通常情况下,L' 远小于 L。方式III结晶主要通过分子链成核过程的累积进行,而对于方式 I 和 II,是通过分子链的表面扩展生长。方式III形成的增长面在分子尺度上特别粗糙,因为结晶时存在多重成核和涉及多个增长平面。在中间温度区方式 II 中,结晶生长方式介于方式 I 和III之间,其成核速率高于方式 I。在结晶侧面,邻近核之间存在着扩展竞争;同时核密度不如方式III中密集,从而阻碍侧面的增长。结晶总增长速率正比于成核速率的平方根,为 $G_{\text{II}} \propto b_0 (2ig)^{1/2}$;方式 II 成核速率快,以致核之间的平均距离已接近链宽度,微观尺度上生长面是粗糙的。

高分子经典成核理论如 LH 结晶理论在讨论片晶生长问题方面取得了很大成功,但同时仍面临很多难以解释的现象,比如,LH 结晶模型忽略了生长前沿可能存在的即时增厚过程,Wunderlich 等在高压下聚乙烯伸直链结晶中观察到了前沿增厚现象 [37]。LH 结晶模型同样难以对分子分凝做出合理解释,分子分凝的概念来源于从宽分布的高分子熔体或溶液中结晶时,只有超过某一临界分子量的高分子链才能在生长面上成核,从而进入晶格,否则只能继续保留在熔体或溶液中。另外,采用本体自由能和表面自由能减小对成核进行判断可能存在很大问题,因为核的结构可能不同于增长结晶的结构;初始核形成的动力学过程被忽略,采用的模型都过于简单,模型参数的选取随意性较大,而且忽略了结晶和熔体间的界面结构;LH 理论是建立在准平衡态热力学理论基础之上的,并非真实的动力学描述;忽略了具有高分子链构象特征的热力学和动力学行为,而这一点对于晶核的形成和增长极其关键;基于链尺度的理论还依然无法描述熔体和结晶以及二者共存的相行为等等,使得该理论在解决争议现象的时候显得力不从心,所以一经提出就饱受争议。随后很多人提出了一些新的理论,包括 Wunderlich 提出的分子成核理论 [37]、Point 提出的多接触途径理论 [38]、Hikosaka 提出的被看成是二维生长理论的滑移扩散理论 [39,40] 等,甚至一种非成核动力学结晶理论——粗糙表面生长理论 (SG 理论) 也被很多理论学家所接受。然而,LH 结晶理论的核心是假设成核和结晶开始前系统是均相的,这一根基近年来开始动摇。因此,人们不断提出新的结晶理论和概念,使得主导高分子传统结晶的经典理论 (LH 结晶理论) 受到了质疑,同时引起广泛注意和争论,但是被广泛接受尚需时日。有关高分子加工条件 (温度、压强、应力形变等) 如何影响产品结构性能更缺乏从工艺理论设计的定量描述。

人们对高分子结晶的研究虽然已经持续半个多世纪,但仍有很多问题没有解决。LH 结晶理论曾为高分子片晶生长速率给出了解决方案,指出链段折叠厚度正比于过冷度的倒数。然而,近些年争议最多的是片晶厚度和横向生长速率的温度依赖性关系。Strobl 提出的结晶理论 [41] 便否认了 LH 结晶理论的观点。Strobl 等针对该问题进行了一系列实验和理论的研究,发现了结晶温度–片晶厚度–熔融温度之间的关系，并总结了高分子体系中结晶和熔融的规律，在此基础上提出了新的结晶模型——多步结晶生长模型，下面将对该模型进行详细介绍。

1.4　高分子结晶新模型——多步结晶生长模型

1.4.1　高分子结晶新现象

在 20 世纪 90 年代，人们陆续报道了关于高分子结晶的一些新的实验现象。Keller 在观测高压下聚乙烯结晶时发现正交结晶是从无序的六方相中形成的，并推测这个过程也可能在常压下发生[42,43]。Kaji 在用 X 射线散射观测高分子结晶过程时发现在观察到微晶散射形成之前体系中出现了前驱相导致的散射现象[44]，随后 Olmsted 等创建了相应的理论[21]。通过变温小角 X 射线散射 (SAXS) 实验对间同立构聚丙烯 (sPP) 及其辛烯共聚物 (sPPcO$_x$) 结晶过程的测试，发现了与 LH 结晶理论基本假设即片层厚度由低于平衡熔点的超过冷度所控制相矛盾的现象。

1.4.1.1　高分子结晶线、重结晶线和熔融线

对片晶厚度随温度变化的研究，即观测高分子在加热直至熔融过程中的结构变化以及不同片晶厚度对熔点温度的影响对认识和理解高分子结晶过程具有重要意义。在 SAXS 技术出现以前，对片晶结构随温度变化的研究鲜有报道。Strobl 利用 SAXS 技术并辅以相应的数据分析手段对 sPP 及其共聚物 sPPcO$_x$ 结晶升温过程的片晶结构变化进行了观测，随后对包括 iPP、PCL、PLA 和 PB 等在内的结晶高分子进行了类似观测[45-47]，实验结果表明高分子结晶的熔融发生在结晶温度 T_c 和熔点 T_f 之间，片晶厚度 d_c 无论在等温结晶过程还是在之后的加热过程中均保持不变。图 1.9 所示为 sPP 及其共聚物的片晶厚度倒数 d_c^{-1} 与 T_c 和 T_f 的对应关系。d_c^{-1} 和熔融温度 T_f 随着共聚含量的不同呈现一系列的平行线关系并且符合 Gibbs-Thomson 方程。这个方程有一个设定条件：结晶和熔解过程只能通过一个完整序列在侧相晶面的附生和迁移来发生。随着共聚含量的增加，熔融线向低温方向移动。这与 Gibbs-Thomson 方程表达的熔点下降归因于晶体受限尺寸的观点一致。同时，可以发现片晶厚度的倒数 d_c^{-1} 和熔融温度 T_f 的关系并没有体现出共聚物含量的效应。即在给定的结晶温度下，片晶厚度不随共聚含量的改变而改变。结晶线的斜率大于熔融线的斜率，并且相交于限定值 d_c^{-1}。平衡熔点 T_f^∞ 由熔融线外推 $d_c^{-1} \to 0$ 得到，$T_f^\infty < T_c^\infty$。

Strobl 利用 SAXS 技术对一系列高分子等温结晶样品升温过程观测研究后，给出了高分子如图 1.10 所示的三条片晶厚度和温度之间的关系线，即熔融线、结晶线和重结晶线[48]。熔融线是结晶熔点随片晶厚度的变化，表示各向异性结晶

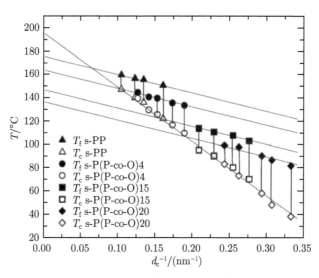

图 1.9 s-P(P-co-O) 和拥有 3% 内消旋二价基的 sPP 两种共聚物片晶厚度 d_c^{-1} 与结晶温度 T_c 和熔融温度 T_f 之间的关系

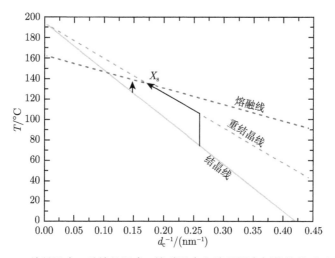

图 1.10 结晶温度、重结晶温度、熔融温度和片晶厚度倒数的关系示意图

和各向同性熔体之间的临界转变。结晶线是片晶厚度随结晶温度的变化，代表了相转变厚度的温度依赖性。结晶线的斜率大于熔融线的斜率，熔融线和重结晶线的交点用 X_s 表示。平衡熔点 T_f^∞ 由熔融线外推到片晶厚度 $d_c^{-1} \to 0$ 得到，$T_f^\infty < T_c^\infty$ (T_c^∞ 和 T_f^∞ 分别为片晶厚度为无穷大时的结晶温度和熔融温度)。三条线揭示了高分子结晶相转变温度与片晶厚度之间的关系。结晶线和重结晶线都不受样品立构规整性和共聚单元含量的影响；链中的化学结构无序性高时，熔融线将会向低温移

动，但是斜率保持不变。假如片晶厚度的初始值大于 X_s 所对应的片晶厚度值，加热过程不发生重结晶，只有熔融；如果片晶厚度的初始值小于 X_s 所对应的片晶厚度值，在熔融发生之前会发生重结晶，X_s 表示重结晶的结束点。无论从哪里到达重结晶线，随后片晶厚度的倒数 d_c^{-1} 随温度的变化都沿着重结晶线发生变化，直到 X_s 所对应的温度值，此时结晶开始熔融。熔融是横向晶面上链序列直接转移到熔体中的过程，结晶线揭示的相转变不同于熔融线揭示的相转变，不是熔融的逆过程。熔融线代表高分子片晶的熔解可以用 Gibbs-Thomson 方程表示，而结晶明显是不同的路线。

1.4.1.2   高分子片晶的粒状结构

片晶具有颗粒状亚结构。由 X 射线衍射图得到的 Δq_{hkl} 中的 (hkl) 布拉格衍射峰的宽度沿着法线到相应晶格平面的相干长度的倒数成正比。相干长度 D_{hkl} 可以用 Scherrer 方程进行描述。

$$D_{hkl} = 2\pi/\Delta q_{hkl} \tag{1.2}$$

高分子结晶衍射比小分子结晶衍射宽，通常有几到几十纳米的相干长度。这个相干长度可以认为是组成片晶的小晶块侧向延展而产生的。当染色剂渗入晶区边界时，这些小晶块可以直接通过电子显微镜观察到，有时利用原子力显微镜 (AFM) 也能观察到。图 1.11 为原子力显微镜观察到的等规聚丙烯 (iPP) 和间规聚丙烯 (sPP) 的颗粒亚结构。这些颗粒结构清楚地表明小晶块的侧向延伸长度与微晶厚度相当。

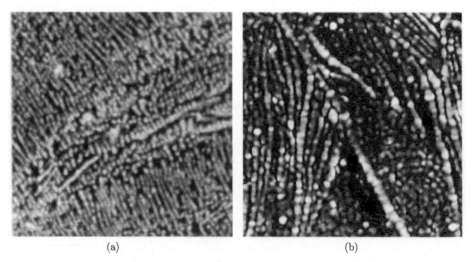

(a)   (b)

图 1.11   样品 iPP((a) 扫描范围两个方向均为 1.0 μm) 和 sPP ((b) 扫描范围两个方向均为
1.25 μm) 的 AFM 图像的颗粒亚结构图

同一样品中小晶块的侧向尺寸随结晶温度的变化和片晶厚度随结晶温度的变化存在内在关系。图 1.12 为不同共聚组成的 sPP 结晶样品中片晶厚度 d_c 和小晶块的侧向尺寸 D_{220} 随结晶温度的变化。图中结果表明对应的点均呈线性关系。两条线外推相交于横坐标同一点 195 ℃处，相当于 sPP 的结晶线。在对 PE 和相关共聚物的研究中可以得到类似的结果 [49]。

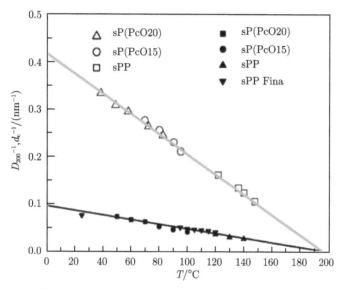

图 1.12　不同的 sPP 样品在不同温度下的结晶行为

1.4.1.3　高分子结晶零生长温度

几十年来，人们一直认为高分子结晶生长速率取决于平衡熔点以下的过冷度，过冷度在 LH 结晶模型中利用公式 (1.3) 计算结晶生长速率随温度的变化。生长速率由活化能垒决定，方程中的第二指数因子说明活化能垒在 T_f^{∞} 处发散。在 LH 结晶模型中，是结晶厚度和次级核尺寸在 T_f^{∞} 处发散的结果，见公式 (1.3)。小角 X 射线散射实验 (见 1.4.1.1 高分子结晶线、重结晶线和熔融线) 得到的结果与公式 (1.3) 相矛盾。通过实验得到的片晶厚度随结晶温度的变化关系可以通过公式 (1.5) 进行描述，其中并不再包括 T_f^{∞}。因此，公式 (1.4) 的有效性也令人怀疑。

$$d_c = 2\sigma_e T_f^{\infty}/\Delta h_f \left(T_f^{\infty} - T \right) + \delta \qquad (1.3)$$

$$u = u_0 \exp\left(-\frac{T_A^*}{T} \right) \exp\left(-\frac{T_G}{T_f^{\infty} - T} \right) \qquad (1.4)$$

$$d_c^{-1} = C_c \left(T_c^{\infty} - T \right) \qquad (1.5)$$

Strobl 对 PεCL 结晶生长速率进行了测量, 并用 SAXS 对结晶和熔融过程进行了表征, 确定平衡熔点为 $T_f^\infty = 99\,℃$, 根据公式 (1.5) 计算得知片晶厚度无穷大时的结晶温度是 $T_c^\infty = 135\,℃$。很显然, 这两个温度差别很大。图 1.6 的结果是通过偏光显微镜在 47~58 ℃观察、测定 PεCL 球晶生长过程得到的球晶生长速率随结晶温度的变化。公式 (1.4) 中有一个基本假设: 活化能在 T_f^∞ 处发散。这个假设的正确性可以通过实验进行检验。Strobl 把可调参数 T_f^∞ 用可变温度 T_{zg} 替换, 对 $\ln u$ 进行微分处理并重新整理后得到公式 (1.6):

$$\left(-\frac{\mathrm{d}\ln\left(u/u_0\right)}{\mathrm{d}T} + \frac{T_A^*}{T^2}\right)^{-1/2} = T_G^{-1/2}\left(T_{zg} - T\right) \tag{1.6}$$

利用这个公式可以确定 T_{zg}, T_A^* 的值可在文献中查到。图 1.13 中的数据点是根据公式 (1.6) 计算得到的, 数据点位于同一条直线上, 通过对这些数据点的线性外推可以确定 "零生长温度"T_{zg}。从图 1.13 中的数据外推到零得到的 T_{zg} 值为 77 ℃。这个温度远低于 99 ℃的平衡熔点。

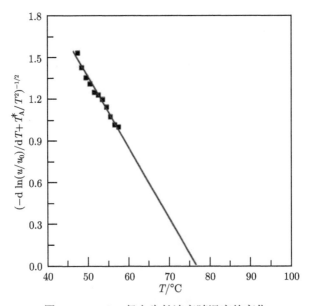

图 1.13　PεCL 径向生长速率随温度的变化

Strobl 还对 PE 的结晶生长速率随结晶温度的变化进行了分析, 如图 1.14 所示根据公式 (1.6) 得到的 T_{zg} 为 132.6 ℃, 此温度远低于平衡熔点。聚乙烯的平衡熔点为 141.4 ℃(Wunderlich 通过宏观 "伸直链晶" 测定) 和 144.7 ℃(Flory 和 Vrij 对正烷烃熔点外推得到)。

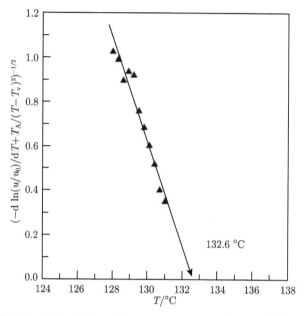

图 1.14　根据公式 (1.6) 所得到的 PE 生长速率随温度的变化

Strobl 通过对一系列实验数据的分析，发现活化能不是在 T_{f}^{∞} 处发散而是在更低的温度处发散，认为已被广泛使用的公式 (1.4) 是不正确的，并提出一个替代方程，即如下的公式 (1.7)。

$$u = u_0 \exp\left(-\frac{T_{\mathrm{A}}}{T}\right) \cdot \exp\left(-\frac{T_{\mathrm{G}}}{T_{\mathrm{zg}} - T}\right) \tag{1.7}$$

公式中包含一个既定高分子体系的第三温度变量 T_{zg}，它不同于 T_{f}^{∞} 和 T_{c}^{∞}。

Strobl 发现高分子本体的结晶和熔融可以通过一些定律关系进行描述，这些关系主要包括以下五条。

第一条：厚度为 d_{c} 的高分子片状结晶的熔点 T 由于折叠表面的额外自由能而降低，它们之间的关系可以用 Gibbs-Thomson 方程表示，见公式 (1.8)。

$$d_{\mathrm{c}}^{-1} = C_{\mathrm{f}}(T_{\mathrm{f}}^{\infty} - T_{\mathrm{f}}) \tag{1.8}$$

式中，T_{f} 是结晶的平衡熔点；$C_{\mathrm{f}} = \Delta h_{\mathrm{f}}/2\sigma_{\mathrm{e}} T_{\mathrm{f}}^{\infty}$。如果存在共聚单元，导致熔点进一步降低。

第二条：结晶厚度和结晶温度 T 之间的关系，也具有 Gibbs-Thomson 方程的形式，但包含无限厚片晶的形成温度 T_{c}^{∞}。见公式 (1.5)。公式 (1.5) 表述了高分子一个重要的性质，且适用于均聚高分子和共聚高分子。

第三条: 对低于特征温度等温结晶得到的样品进行加热发生连续重结晶, 重结晶线遵循如下关系,

$$d_{\mathrm{c}}^{-1} = C_{\mathrm{r}}(T_{\mathrm{c}}^{\infty} - T) \tag{1.9}$$

所有发生重结晶的样品熔点相同, 与结晶温度无关。

第四条: 涉及侧向生长小晶块厚度的温度依赖性, 侧向生长小晶块的厚度与链段伸直方向的高度即片晶厚度 d_{c} 成正比。

第五条: 高分子片晶只沿侧向方向生长, 如公式 (1.7) 所述, 生长速率在零生长温度 T_{zg} 以下随过冷度呈指数递加。

据此, Strobl 认为, 高分子结晶和熔融过程取决于三个特征温度 T_{f}^{∞}、T_{c}^{∞} 和 T_{zg}, 且 $T_{\mathrm{zg}} < T_{\mathrm{f}}^{\infty} < T_{\mathrm{c}}^{\infty}$。

1.4.2　高分子结晶生长热力学

1.4.2.1　高分子结晶过程中的 Ostwald 定律

对于上述 Strobl 基于实验结果总结的完美定律, 人们肯定禁不住要质疑这些定律的物理基础: 为什么存在三个特征控制温度? 在 T/d_{c}^{-1} 图中各条直线的含义是什么? Strobl 认为, 结晶线和熔融线表现出来的极限温度和共聚单元影响的差别说明高分子结晶和熔融过程都有各自的规律, 而不是可逆过程。显然, 熔融是链序列从侧向晶面到熔体直接转移的过程, 而结晶的形成遵循另一路线, 很有可能是通过中介相来实现。在 20 世纪 90 年代初, Keller 等在聚乙烯高压结晶实验中发现聚乙烯在转变成稳定的正交相之前出现亚稳态六方相的核[43,50]。他们认为这是 Ostwald 法则的例子。形成于 100 多年前的 Ostwald 法则[51] 表明, 纳米尺寸的晶核最稳定的结构是介晶或晶体, 但由于表面自由能的差异, 这种状态可能会不同于宏观上稳定的晶体状态。Strobl 认为 Ostwald 法则可用于理解常压下的高分子结晶, 为高分子结晶过程提供蛛丝马迹, 甚至为高分子结晶过程建立模型提供依据[52-54]。

实际上, 如果结构和性质介于熔体和结晶之间的有序 "中介相" 参与高分子结晶, 就可以为三个特征控制温度的存在给出合理解释, 还可以通过熔体、结晶和中介相之间的三个转变温度来证实。图 1.15 给出了中介相介入并最终影响结晶过程的机制, 同时表明结晶相和中介相的化学势与熔体的差异, 见公式 (1.10)。

$$\Delta g_{\mathrm{ac}} = g_{\mathrm{c}} - g_{\mathrm{a}} \Delta g_{\mathrm{am}} = g_{\mathrm{m}} - g_{\mathrm{a}} \tag{1.10}$$

在和平衡熔点 T_{ac}^{∞} 相交以前, 低于熔点的高温晶相化学势是逐渐降低的; 中介相需要更低的温度使得化学势降到熔体化学势以下, 这个更低温度为 T_{am}^{∞}; 图中还包括 T_{mc}^{∞}, 它代表中介相和晶相之间实际转变温度。三个转变温度之间的关系: $T_{\mathrm{mc}}^{\infty} > T_{\mathrm{ac}}^{\infty} > T_{\mathrm{am}}^{\infty}$。既然结晶的化学势始终低于中介相的化学势, 那么在宏观

系统中的中介相只能是亚稳定的。然而，对于纳米尺寸的微观系统，中介相的稳定性就可以反转。层状中介相由于具有较低的表面自由能，因此比相同厚度的结晶具有更低的 Gibbs 自由能而得以稳定。

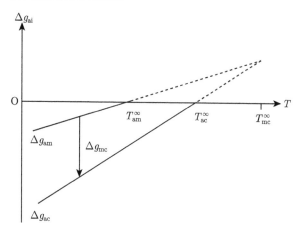

图 1.15　结晶高分子的热力学条件

热力学可以把三个转变温度 T_{am}^{∞}、T_{ac}^{∞} 和 T_{mc}^{∞} 和中介相、结晶相熔融过程的熵增加 $\Delta s_{ma} = s_a - s_m$、$\Delta s_{ca} = s_a - s_c$ 联系起来。由于 Δg_{am} 和 Δg_{ac} 可以通过熵变 Δs_{ma} 和 Δs_{ca} 表示，可以得到如下近似关系：

$$(T_{mc}^{\infty} - T_{ac}^{\infty})\Delta s_{ca} \approx (T_{mc}^{\infty} - T_{am}^{\infty})\Delta s_{ma} \tag{1.11}$$

或者

$$\frac{\Delta h_{ma}}{\Delta h_{ca}} \approx \frac{\Delta s_{ma}}{\Delta s_{ca}} = \frac{T_{mc}^{\infty} - T_{ac}^{\infty}}{T_{mc}^{\infty} - T_{am}^{\infty}} \tag{1.12}$$

1.4.2.2　高分子结晶纳米相图和多步生长模型

图 1.16 是高分子结晶、熔融过程相结构转变示意图，其中有两条不受共聚物单元或立构规整性影响的结晶线和重结晶线，还有一条熔融线。包含不同的四相：熔体、中介相 (m)、原始晶 (c_n) 和稳定结晶 (c_s)。该示意图描绘了四相各自的稳定范围和临界线。变量是温度和片层厚度的倒数。相转变条件分别为 T_{mc_n}、T_{ac_n}、T_{mc_s}、T_{ac_s} 和 T_{am}。需要注意的是图中的交点 X_s 和 X_n：在 X_n 处中介相、当地结晶和熔体都有相同的 Gibbs 自由能，在 X_s 处对于稳定晶同样适用。X_s 和 X_n 控制熔融后的等温结晶。为了和实验一致，可以设计两个步骤。在图中分别表示为路线 A 和路线 B。路线 B 通过高温结晶实现，在开始点，标记为①，分子链开始从熔体中以较小的厚度黏附在中介相的横向面上并开始自发增厚直至达到转变线 T_{mc_n}，由此到达另一个点②，同时局部结晶开始快速增长。随后的稳定过程使它们达到较低的自由

能状态。加热时晶粒保持稳定直至上升到与结晶融化相关的 $T_{ac_s}^{\infty}$。路线 A 即所谓
的低温结晶，开始是相同的，链序列黏附到自发增厚的中介相上，一旦达到 T_{mc_n}，
结晶开始形成并稳定。稳定结晶开始加热时能够保持结构；然而，先在过渡线 T_{mc_s}
第一次出现，也就意味着与路线 B 直接熔融不同而先经历中介相结构。进一步加
热使得中介相持续重结晶 (③a 到 ③b)。最后到达相交点 X_s，这时结晶开始熔解。

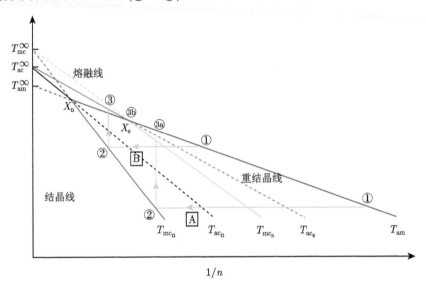

图 1.16　(T 对应 $1/n$) －高分子层在熔体中 (图中标 "a") 与其他三相尺寸为变量的纳米相图
图中符号含义分别为中介相 (图中标 "m")、原始晶 (图中标 "cn") 和稳定晶相 (图中标 "cs")；相转变线分
别用 T_{mc_n}, T_{ac_n}, T_{mc_s}, T_{ac_s} 和 T_{am} 表示；等温结晶设计了两条路线：A(低结晶温度) 和 B(高结晶温度)

　　Strobl 高分子结晶多步生长模型认为，结晶初始的非晶态是局部有序的，片晶
并不是直接从各向同性的熔体中形成。在结晶前存在预有序相或预有序结构；认
为片晶形成是经过中间态的多步过程，如图 1.17 所示。高分子结晶先形成核，该
核结构具有介晶性质。结晶的生长从链段向核结构薄层的侧向生长面的附着开始。
核结构中的密度稍高于熔体密度，但是还远远达不到晶体密度。该薄层通过外延力
稳定，所有的立体缺陷和共聚单元都被形成的侧向生长面所排斥。在该模型中，中
介相需要最小的厚度值来保持在熔体环境中的稳定性，较高的内流动性使得通过
伸直链序列附着在侧向进行延展并且自发增厚。已有报道表明了熔体中的链段是
以束状链的形式参与到晶体中 [55]。在中介相增厚的过程中，内流动性也不是恒定
的，在生长面上内流动性比较大，并且在中介相增厚过程中内流动性变小，内流动
性的降低导致了中介相的增厚达到临界值。这时，薄层进行加固，向更有序的结构
转变，可以称为粒状晶层，由小晶块在平面组合而成。这个转变过程以简单的方式

进行，并没有跨越很高的活化能位垒。在粒状晶块合并为片晶的过程中，也就是内部结构的优化过程，导致了整个体系 Gibbs 自由能的下降。最终得到片晶厚度和小晶块厚度一致。因此片层生成过程主要分为三个步骤：首先，高分子链段先产生一个可以结晶的介晶层；其次，当达到临界值时，介晶层固化成粒状晶层块；最后，这种粒状晶层块合并为均相的片晶，到达稳定状态。

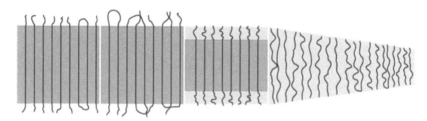

表面有序化对中介层的稳定　　核结晶对中介层的固化　　不断生长的中介层

图 1.17　中介相的多步生长模型

Strobl 利用中介相模型对公式 (1.7) 的第二个指数因子中温度决定的活化位垒的本质加以研究，并且回答了零生长速率温度 T_{zg} 的意义。图 1.17 的多步生长模型包含了如下几个活化位垒：首先，中介相生长面上的链序列黏附过程是主要过程，有的实验结果支持这个假设。在序列生成前的熔体是线团状态，黏附需要活化使之转变成伸直形态。中介相和结晶不同之处是容许构象的变化。这个伸直长度最少要和中介相的初始厚度值匹配。序列中单体的数量 n^*，由下面的公式来决定。

$$n^* = \frac{2\sigma_{\mathrm{am}}T_{\mathrm{am}}^{\infty}}{\Delta h_{\mathrm{ma}}}\frac{1}{T_{\mathrm{am}}^{\infty} - T} \tag{1.13}$$

因为链的伸直导致了与链序列长度有关的熵降低，由此需要引入熵活化位垒：

$$-\frac{\Delta S}{k} \propto n^* \tag{1.14}$$

位垒转变发生的概率如下：

$$\exp\frac{\Delta S}{k} = \exp-\frac{\mathrm{const}}{T_{\mathrm{am}}^{\infty} - T}c \tag{1.15}$$

假如 T_{zg} 与 T_{am}^{∞} 一致，这和方程 (1.7) 的实验结果一致。因此，到达 T_{am}^{∞} 的距离就是控制高温区高分子结晶生长速率的因素。

在高分子结晶理论研究领域，我们目前正处于和传统概念逐渐偏离的时代，但一个新概念被逐渐理解和普遍接受仍需要更长的时间。Strobl 根据一系列实验结果提出的模型为此提供了良好的开端。结晶的多步生长模型通过一些形式简单的方程将片晶厚度和生长速率与低于两个特征温度的过冷度相关联。由于二者都不同于平衡熔点，它们的出现与已被广泛接受的 LH 结晶模型相矛盾。有三个不同的控制温度而不是唯一的温度表明第三相即过渡相参与了高分子结晶过程，当然，如果能在层状结晶前沿生长直接观察中介相结构而不是从结晶和熔融的规律推断出来，则整个理论将更具有说服力。虽然高分辨率原子力显微镜有可能直接观察到这一现象，然而到目前为止，还没有具有如图 1.17 中所示的多级模型结构特性的相关报道，这很可能是中介相的结构特点和性能所致。AFM 还不能观测到中介相可能还存在另一个原因，即中介相的表面硬度可能接近结晶的表面硬度且结构接近熔体。如 Li 等 [56] 曾报道聚酯片晶的前沿生长的弱点并且判断与结晶结构的扰动有关。

1.5　一直以来伴随的问题

对温度控制下的高分子结晶生长速率的研究被认为是理解高分子结晶过程所需信息的主要来源。可以利用光学显微镜或者通过使用其他标准工具进行测定，目前很多数据通常用 LH 结晶理论来进行解释，假设生长速率与温度有强指数依赖关系，并得出相关参数。

Bassett 通过 AFM 研究观察获得到的球晶序列堆积的结果表明：增长率并不如通常理解那样具备清晰、简单的性质。序列堆积过程是从几个主要片晶的快速生长开始，然后持续以辅助片晶缓慢的共同生长进行堆叠。从主导片晶到辅助片晶生长速率的下降表明生长速率受结晶间的相互作用影响。因此，生长速率受多种因素影响而不是单一性质决定的。

Hobbs[57] 和 Lei[58] 等进行的 AFM 研究为这种结论提供了直接的证据。只有孤立片晶的生长速率才是恒定的，图 1.18 描绘了这一现象。另外，无论对于给

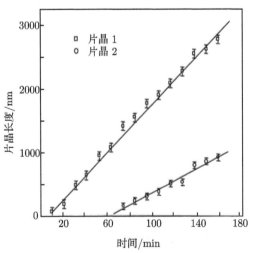

图 1.18　BA-C8 在 22 ℃等温结晶中不同片晶的生长速率 (来自 AFM 图像)

定片晶的瞬时变化还是不同片晶之间的差别，成组生长片晶的生长速率总表现出明显的变化。图 1.19 展现了 Hobbs 等的观察结果。从图中可以观察到，片晶 I 向片晶 II 接近即使随后它们只是平行生长也减缓了生长速率。因此，光学显微镜观察得到的平均生长速率很明显受片晶接近程度的影响。

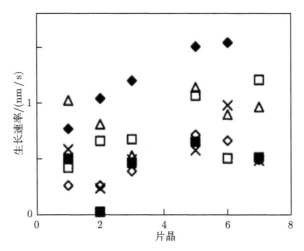

图 1.19　PE 等温结晶中不同片晶的生长速率 (来自 AFM 图像)

图 1.20(a) 给出了 Okui 等对于一组聚 (琥珀酸亚乙基酯)(PESU) 生长速率的测量。除了两个最低摩尔质量 (1130 g/mol 和 2080 g/mol) 之外，所有结果的变化趋势相同：当摩尔质量增加时生长速率 G 以一定方式下降。生长速率对温度依

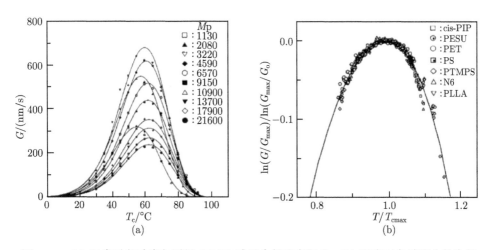

图 1.20　(a) 温度对各种摩尔质量 PESU 球晶生长速率影响；(b) 温度对各种聚合物生长速率的共同影响曲线

赖性通过幂次定律：$G(T_c) \propto M^{-\alpha} f(T_c)$，保持曲线 $f(T_c)$ 的形状。图 1.20(b) 比较了对各种聚合物体系的观测结果，显示了片段的 $G(T_c)$ 曲线，并且证明在绘制简化型图形时的 $f(T_c)$ 几乎不变。

1.6　其他的高分子结晶观点

在诸多与 Strobl 高分子多步结晶理论同步发展的有悖于传统概念的结晶理论中，不可忽视的还有另外一个基于对早期成核问题的探究、由 Olmsted 提出的结晶失稳分解相分离理论 [21]。很多实验结果显示在结晶初期，先于晶格出现之前体系已经出现了大尺度的密度涨落。利用 X 射线和光学显微镜观察聚对苯二甲酸乙二酯和聚偏氟乙烯从玻璃态结晶的实验结果表明，从非晶到结晶的转变是一个连续的相转变过程；体系中长程有序的密度涨落持续增加，而短程有序的涨落持续减少；且在结晶初期表现为光学均匀性，这与生成晶球时的各向异性明显不同。通过对早期密度涨落的动力学分析得出此时的扩散系数为负，并且密度涨落的色散关系可以类比于二元共混体系中失稳 (spinodal) 分解相分离行为。传统结晶理论认为结晶是成核控制的过程，即是两相 (binodal) 相分离过程，这显然无法解释上述现象。Olmsted 认为在结晶早期由于处在稳态极限 (stability limit) 温度 T_s 以下，链段逐渐处于能量更低的反式构象。由于构象–密度起伏诱发高分子链段可结晶基元 (stem) 的分凝，分凝后在高分子熔体中会诱导发生介观尺度上的可结晶基元间失稳分解 (sponidal decomposition)。体系分为两区 (图 1.21)，包括分子取向较高的高密度区，该相高分子链段序列呈现反式构象，结晶性好；另一区属于无规取向的

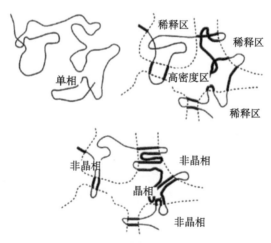

图 1.21　结晶失稳分解相分离模型示意图

低密度区, 多属于难以结晶的左右式构象高分子序列或者缠结点区域链段。相对体系平均密度而言, 高密度区有更高的密度和取向序, 使得相应结晶成核位垒被大大降低, 所形成的失稳织构 (spinodal texture) 的位垒低于或者等于 kT 值, 从而使得预结晶体系的微相分离在预结晶期间内处于亚稳状态, 因此体系检测出现散射谱图, 这是可结晶基元分凝而出现密度涨落的结果。分凝后体系进一步出现基元的凝聚分相进一步诱导产生衍射谱图。结晶相分离模型成功地把构象密度起伏效应和分凝微相分离联系起来, 认为高分子是晶体和非晶组成的 "共混物"; 结晶过程是晶体与非晶发生失稳分解相分离过程。由于相分离使缠结点、构象错位等缺陷排除进入非晶区域, 从而可得到亚平衡状态的预结晶体。持反对意见的研究者认为, 这种构象上的不同不应称为相, 因此不存在所谓 "构象意义上的相分离", 然而在过去的二十年中, 仍有一些支持失稳分解辅助成核的实验、模拟和理论的报道。

1.7 高分子总结晶动力学

通常情况下, 柔性高分子从溶液结晶或熔体结晶均形成片晶, 片晶的形成显然是由于动力学原因造成的。因此, 研究高分子结晶动力学问题显得至关重要。无论采用哪种理论对高分子结晶本质进行探索, 如何定量地描述非晶相向晶相转变一直是高分子总结晶动力学考虑的问题。与大部分的小分子相比, 高分子由于出现亚稳的链折叠, 通常只能部分结晶。结晶度描述了高分子结晶发生的程度, 其定义为发生结晶的部分与总体的百分比; 结晶度虽是一个笼统的概念, 但它有助于研究结晶过程, 而且对了解并控制材料的性能也有重要的意义。在无限小的时间间隔内, 向晶相的转变率只是结晶度增加的一个很小的增量, 通过总结晶动力学 (overall crystallization kinetics) 可以来分析结晶过程, 也用于分析成核, 亦用于加工中的预测, 应用性非常强。

1.7.1 等温及非等温结晶动力学过程分析

高分子结晶本身是很复杂的过程, 影响因素众多。首先, 结晶度是一个比较庞统的概念, 它不讨论结晶生长方式和形态, 不讨论晶区和非晶区的过渡区域归属。其次, 不同的测量方法如膨胀计、差示扫描量热计 (DSC)、偏光显微镜 (PLM) 和解偏振光强度等方法来研究高分子结晶动力学过程有着截然不同的意义和数据处理结果。并且在实际加工中, 结晶往往在复杂的环境中发生, 如温度随时间的改变、温度梯度的变化以及熔体流动等等, 另外, 受限界面、杂质等均会对结晶过程中的总转变率发生影响。

20 世纪 30 年代开始, 就有一系列针对总结晶动力学的研究。由于各种原因, 到现在为止, 这一过程仍然继续沿用 Avrami-Evans 方程对结晶度、结晶总速率进

行描述 [59-62]，该方程被广泛应用于高分子等温结晶动力学研究，即在恒定温度下高分子结晶动力学过程。

1.7.1.1　等温结晶过程的 Avrami 方程处理

假设高分子结晶分为两步：第一步是成核产生生长中心；第二步是以这些生长中心为球心的球晶生长。大量的研究表明对于高分子结晶前期的结晶动力学描述可以采用 Avrami 方程，对高分子而言，Avrami 方程一般只适用于低转化率阶段和结晶体冲突不严重的情况，即初期结晶过程；至于结晶后期，由于球晶相遇，生长受到一系列因素的影响，用 Avrami 方程描述显得无能为力。

Avrami 采用 Possion 分布导出了著名的 Avrami 方程，由 "延伸体积" (extended volume) 概念获得，所谓延伸体积是指在 t 时刻，所有区域中不受其他核心影响的正在生长的体积和。α 代表体积相对结晶度，为结晶体体积与体系总体积的比值，α_{ex} 为延伸相对结晶度，即

$$1 - \alpha = \exp\left(-\alpha_{ex}\right) \tag{1.16}$$

式中，$\alpha_{ex} = V_{ex}/V_0$，V_{ex} 代表体系中结晶体在不受任何阻碍条件下的理想总体积，即延伸体积，V_0 为体系的总体积。

根据相变动力学理论和成核动力学方程可以得到 Avrami 结晶动力学方程的一般形式：

$$X\left(t\right) = 1 - \exp\left(-kt^n\right) \tag{1.17}$$

式中，t 为结晶时间；$X\left(t\right)$ 对应的是结晶时间为 t 时刻的相对结晶度；k 表示总结晶速率常数，与高分子结晶生长形状以及成核数量和类型相关；n 为包含成核方式和生长方式相关的 Avrami 指数，它表征了结晶生长空间维数和成核过程的时间维数之和。Avrami 方程的对数形式如下所示：

$$\ln\left[-\ln\left(1 - X_t\right)\right] = \ln k + n \ln t \tag{1.18}$$

将 $\ln\left[-\ln\left(1 - X_t\right)\right]$ 对 $\ln t$ 作图得到直线，由直线的斜率和截距得到斜率为 n，截距为 $\ln k$，求得 Avrami 指数，从而获得高分子结晶成核及结晶生长的信息。如对于球晶三维生长，n 为 3 或 4，分别代表异相成核和均相成核的球晶三维生长方式。人们在对实验数据的 Avrami 方程拟合过程中发现，实际得到的指数常常为非整数，从而对如何判断成核和结晶生长方式产生了疑惑，这归因于总结晶速率包含了很多复杂因素，而 Avrami 方程则是依据等温结晶条件的简单体系来进行分析得到的。

1.7.1.2 非等温结晶动力学

高分子非等温结晶动力学是研究在变化的温度场下高分子结晶宏观结构参数随时间的变化。与等温结晶过程比较，非等温过程更符合实际，分为等速升降温和变速升降温。现在，非等温结晶动力学的研究通常采用差示扫描量热仪 (DSC)，通过等速升温或等速降温的实验方法实现。非等温动力学过程比较复杂，现仅列出代表性的几种非等温结晶动力学理论。

1. Ozawa 理论

Ozawa 方程从高分子成核和晶体生长两个角度出发，以 Avrami 理论为基础，推导出了适用于等速升温或等速降温的结晶动力学方程 [63]：

$$1 - C(T) = \exp[-K(T)/\Phi^m] \tag{1.19}$$

式中，$C(T)$ 为在温度 T 时的相对结晶度；Φ 为升温或降温速率；m 为 Ozawa 指数；$K(T)$ 与成核方式、成核速率、晶核生长速率等因素有关，是温度的函数。当采用等速降温时，$K(T)$ 被称为冷却函数，表达式如下：

$$K(T) = g \int_{T_0}^{T} N_c(\theta)[R_c(T) - R_c(\theta)]^{m-2} V(\theta) \mathrm{d}\theta \tag{1.20}$$

式中

$$N_c(\theta) = \int_{T_0}^{\theta} U(T)\mathrm{d}T; \quad R_c(\theta) = \int_{T_0}^{\theta} V(T)\mathrm{d}T \tag{1.21}$$

其中，$U(T)$ 和 $V(T)$ 分别表示成核速率和结晶生长的线速率；T_0 为结晶的起始温度；g 为形状因子，是与结晶体形状有关的常数；N_c 和 R_c 为中间变量，没有物理意义。

Ozawa 方程是非等温结晶动力学方程的代表，它考虑了结晶成核和结晶生长的实际情况，尤其对冷却结晶动力学描述较为成功。但对在高分子结晶生长前沿有明显的等温退火等二次结晶行为或者处理结晶温度范围相差很大的共混物时表现均不理想。

莫志深等把 Avrami 方程与 Ozawa 方程结合，推导出了解析高分子结晶动力学参数的新方程 [64,65]：

$$\lg \Phi = \lg F(T) - a \cdot \lg t \tag{1.22}$$

该方程用 $F(T)$ 对应单位时间内为达到某一相对结晶度时必须选取的值，可作为高分子结晶速率快慢的参数，$F(T)$ 越大，高分子结晶速率越低，反之则越高。参数 $a = \dfrac{n}{m}$，其中 n 为非等温结晶过程中的表观 Avrami 指数，m 为 Ozawa 指数。

该方程的最大优点是计算简单，以 $\lg \Phi$ 对 $\lg t$ 作图，斜率为 α，得到的截距即为 $\lg F(T)$。

2. Jeziorny 法

Jeziorny 法是直接把 Avrami 方程推广应用于解析等速变温 DSC 曲线的方法，也就是先把等速变温 DSC 结晶曲线看成等温结晶过程进行处理，然后对所得参数修正 [66]。考虑到冷却速率的影响，用下式对 k 进行校正：

$$\lg k_{c} = \frac{\lg k}{\Phi} \tag{1.23}$$

Jeziorny 方法的优点是处理方法简单，只从一条 DSC 升温或降温曲线就能获得 Avrami 指数 n 和表征结晶速率的参数 k，缺点是所得到的动力学参数缺乏明确的物理意义。

1.7.2   总结晶速率及其复杂性

根据 LH 结晶理论高分子结晶总速率取决于初级成核速率和生长速率，后者仅考虑在已有结晶表面的增长。相对于伸直链晶，高分子折叠链片晶的表面自由能很大，不是热力学稳定体系，影响其发展因素众多，相当复杂。①高分子结晶不是整个自由高分子链的整体结晶，而是受阻连接链段的分段结晶；②结晶成核和生长除具有高分子典型的时温记忆效应，还具有结晶形状和多重空间维数依赖性，结晶过程中形成的不同结构单元和受阻连接无规链段之间、成核后微晶核和高分子链组之间、增长中微晶粒的高分子链组和终止后整链连接着的多重微晶体之间的关系，使得结晶过程具有微晶形状、多元成核和多维生长空间维数的依赖性；③晶型的多样性和它对结晶条件的依赖性亦加大高分子结晶过程中动力学不确定性，比如不同实验条件，浓度、温度场、杂质和流动场作用可使得结晶形态大为不同，形成片晶、球晶和串晶的变化；④需考虑是否在结晶过程中有多重结晶机制，比如成核机制不一、生长机制随环境变化、终止方式随机等等变化，那么结晶体系就存在多重总结晶动力学过程。

以 Avrami 方程为例，虽然已经应用于许多高分子体系，但在一些实验作图中发现，虽然线性结果较好，但 n 值并不是整数，而非整数的 n 值在 Avrami 模型中是没有实际物理意义的，并且由 Avrami 方程所作直线的最后部分与实验点发生严重的偏离。以上情况也验证了高分子的实际结晶过程比 Avrami 方程所描述的模型要复杂得多。Avrami 方程对高分子结晶过程做出一些理想的预设，有些条件仍需要仔细分析，比如：①在结晶过程中，并不像假设的那样体积总是保持不变；②线性生长速率在一定条件下也不是保持不变，这一假定只有在等温和结晶速率受成核控制的条件下适用，在扩散控制的前提下，结晶的边界位置与时间的关系是指数关系，在这种情况下，Avrami 指数可为分数；③晶核的数目并不是两种极端的表现形式，预先成核情况下的常数或者散现成核的线性增加，实际情况中晶核数目更为复杂，散现成核可能并不呈现连续的增加，而是在异相核耗尽后达到极限水平，这也同样贡献了 Avrami 指数的分数结果；④结晶一般分成两阶段，即主结晶和次级结晶，结晶之后结晶一直在完善，实际结晶的次级结构也一直在分叉，Avrami 方程并没有考虑次级结晶；⑤结晶形态也并不是严格地按照球形、近似的二维圆盘生长和棒形，Avrami 指数由以上三种结晶形态决定，其他的结晶形态只能得出近似解。

考虑结晶后期总动力学问题，不少学者对经典过程模型进行修正，提出了很多比 Avrami 方程适用性更广的修正方程，包括二次结晶过程结晶的自由表面积修正模型[67-69]、考虑生长过程中晶核体积的模型[70]、扩散控制结晶阶段的结晶的线生长速率修正模型[43]、二次结晶修正模型[71]等，修正后的模型在一定程度上和实际情况拟合良好。对于非等温结晶过程的后期总动力学问题，由于非等温结晶动力学理论本身远不如等温结晶动力学理论成熟，对它的研究变得更为困难，现有的描述高分子非等温结晶后期动力学过程的模型及方程都是等温 Avrami 修正模型在非等温条件下的扩展应用，在这里不再一一介绍。

尽管大多数实验研究都在严格控制的条件下完成，但是无论是等温结晶动力学还是非等温结晶动力学，都常常得到实验值与理论值相差甚远的结果。可能是因为高分子结晶本来就是复杂的过程，目前的分析模型仍不足以描述其复杂程度，尤其在实际加工过程中涉及更为复杂的热历史以及变化万千的结晶条件，包括剪切效应、温度–时间的温度梯度变化、结晶热焓的释放以及随之改变的温度场等。因此，在高分子结晶理论分析的基础上，需要更多的理想结晶模型和模拟计算结果相配合，去探究复杂的高分子结晶动力学过程。

参 考 文 献

[1] 中蓝晨光化工研究设计院有限公司《塑料工业》编辑部. 2014~2015 年世界塑料工业进展. 塑料工业, 2016, 44(3): 1-46.

[2] Stepto R, Horie K, Kitayama T, Abe A. Mission and challenges of polymer science and technology. Pure Appl. Chem., 2003, 75: 1359-1369.

[3] Wang S. Challenges and opportunities: A hopeful future of polymer rheology in China. Sci. China Chem., 2010, 53: 151-156.

[4] Mpemba E, Osborne D. Cool? Phys. Educ., 1969, 4: 172-175.

[5] Jeng M. The Mpemba effect: When can hot water freeze faster than cold? Am. J. Phys., 2006, 74: 514-522.

[6] Huang Y, Zhang X, Ma Z, Zhou Y, Zheng W, Zhou J, Sun C. Hydrogen-bond relaxation dynamics: Resolvingmysteries of water ice. Coord. Chem. Rev., 2015, 285: 109-165.

[7] Jin J, Goddard W. Mechanisms underlying the Mpemba effect in water from molecular dynamics simulations. J. Phys. Chem. C, 2015, 119: 2622-2629.

[8] Mamun A, Umemoto S, OkuiN, Ishihara N. Self-seeding effect on primary nucleation of isotactic polystyrene. Macromolecules, 2007, 40: 6296-6303.

[9] Xu J, Ma Y, Hu W, Rehahn M, Reiter G. Cloning polymer single crystals through self-seeding. Nat. Mater., 2009, 8: 348-353.

[10] Reiter G, Strobl G. Progress in Understanding of Polymer Crystallization. Lecture Notes in Physics. Berlin: Springer, 2007.

[11] Strobl G. The Physics of Polymers. 3rd ed. Berlin: Springer, 2007.

[12] Sommer J, Reiter G. Polymer Crystallization: Observations, Concepts and Interpretations. Lecture Notes in Physics. Berlin: Springer, 2003.

[13] Cheng S. Phase Transitions in Polymers: The Role of Metastable States. Oxford: Elsevier B.V., 2008.

[14] Strobl G. Colloquium: Laws controlling crystallization and melting in bulk polymers. Rev. Mod. Phys., 2009, 81: 1287-1300.

[15] Yamamoto T, Orimi N, Urakami N, Sawada K. Molecular dynamics modeling of polymer crystallization; from simple polymers to helical ones. Faraday Discuss, 2005, 128: 75-86.

[16] Gee R, Lacevic N, Fried L. Atomistic simulations of spinodal phase separation preceding polymer crystallization. Nat. Mater., 2006, 5: 39-43.

[17] Muthukumar M. Modeling polymer crystallization. Adv. Polym. Sci., 2005, 191: 241-274.

[18] Hu W, Frenkel D, Mathot V. Intramolecular nucleation model for polymer crystallization. Macromolecules, 2003, 36: 8178-8183.

[19] Sadler D. New explanation for chain folding in polymers. Nature, 1987, 326: 174-177.

[20] Imai M, Kaji K, Kanaya T. Structural formation of poly(ethylene terephthalate) during the induction period of crystallization. 3. Evolution of density fluctuations to lamellar crystal. Macromolecules, 1994, 27: 7103-7108.

[21] Olmsted P, Poon W, McLeish T, Terrill N, Ryan A. Spinodal-assisted crystallization in polymer melts. Phys. Rev. Lett., 1998, 81: 373-376.

[22] Reiter G, Castelein G, Sommer J. Liquidlike morphological transformations in monolamellar polymer crystals. Phys. Rev. Lett., 2001, 86: 5918.

[23] Soccio M, Nogales A, Lotti N, Munari A, Ezquerra T. Evidence of early stage precursors of polymer crystals by dielectric spectroscopy. Phys. Rev. Lett., 2007, 98: 037801.

[24] Milner S. Polymer crystal-melt interfaces and nucleation in polyethylene. Soft Matter, 2011, 7: 2909-2917.

[25] Strobl G. Crystallization and melting of bulk polymers: New observations, conclusions and a thermodynamic scheme. Prog. Polym. Sci., 2006, 31: 398-442.

[26] Hong Y, Koga T, Miyoshi T. Chain trajectory and crystallization mechanism of a semicrystalline polymer in melt- and solution-grown crystals as studied using ^{13}C-^{13}C double-quantum NMR. Macromolecules, 2015, 48: 3282-3293.

[27] Li Z, Hong Y, Yuan S, Kang J, Kamimura A, Otsubo A, Miyoshi T. Determination of chain-folding structure of isotactic polypropylene in melt-grown α crystals by ^{13}C-^{13}C double quantum NMR and selective isotopic labeling. Macromolecules, 2015, 48: 5752-5760.

[28] Hong Y, Yuan S, Li Z, Ke Y, Nozaki K, Miyoshi T. Three-dimensional conformation of folded polymers in single crystals. Phys. Rev. Lett., 2015, 115: 168-301.

[29] Yuan S, Li Z, Hong Y, Ke Y, Kang J, Kamimura A, Otsubo A, Miyoshi T. Folding of polymer chains in the early stage of crystallization. ACS Macro Lett., 2015, 1382-1385.

[30] Schrödinger E. What is Life? The Physical Aspect of the Living Cell. Dublin: Cambridge University Press, 1944.

[31] Brückner S, Meille S V, Petraccone V, Pirozzi B. Polymorphism in isotactic polypropylene. Prog. Polym. Sci., 1991, 16: 361-404.

[32] IUPAC. Commission on macromolecular nomenclature. Pure Appl. Chem., 1981, 53: 733-752.

[33] Muthukumar M. Molecular modelling of nucleation in polymers. Philos. Trans. R. Soc. A, 2003, 361: 539-556.

[34] Fischer E W. Stufen und spiralformiges Kristallwachstum bei Hochpolymeren. Z. Naturforsch. A, 1957, 12: 753, 754.

[35] Keller A. A note on single crystals in polymers: Evidence for a folded chain configuration. Phil. Mug, 1957, 2(21): 1171-1175.

[36] La-Mer V K. Nucleation in phase transitions. Ind. Eng. Chem. 1952, 44(6): 1270-1277.

[37] Wunderlich B, Mehta A. Macromolecular nucleation. J. Polym. Sci., Part B: Polym. Phys., 1974, 12: 255-263.

[38] Point J J. A New theoretical approach of the secondary nucleation at high supercooling. Macromolecules, 1979, 12: 770-775.

[39] Hikosaka M. Unified theory of nucleation of folded-chain crystals and extended-chain crystals of linear-chain polymers. Polymer, 1987, 28: 1257-1264.

[40] Hikosaka M. Unified theory of nucleation of folded-chain crystals (FCCs) and extended-chain crystals (ECCs) of linear-chain polymers: 2. Origin of FCC and ECC. Polymer, 1990, 31: 458-468.

[41] Strobl G. Crystallization and melting of bulk polymers: New observations, conclusions and a thermodynamic scheme. Progress in Polymer Science, 2006, 31(4): 398-442.

[42] Rastogi S, Hikosaka M, Kawabata H, Keller A. Role of mobile phase in the crystallization of polyethylene. 1. Metastability and lateral growth. Applied Acoustics, 1991, 24(79): 42-46.

[43] Keller A, Hikosaka M, Rastogi S, Toda A, Barham P J. Goldbeck-Wood G. An approach to the formation and growth of new phases with application to polymer crystallization: Effect of finite size, metastability, and Ostwald's rule of stages. Journal of Materials Science, 1994 , 29 (10): 2579-2604.

[44] Imai M, Mori K, Mizukami T, et al. Structural formation of poly(ethylene terephthalate) during the induction period of crystallization: 1. Ordered structure appearing before crystal nucleation. Polymer, 1992, 33(21): 4451-4456.

[45] Hugel T, Strobl G, Thomann R. Building lamellae from blocks: The pathway followed in the formation of crystallites of syndiotactic polypropylene. Acta Polymerica, 1999, 50: 214-217.

[46] Iijima M, Strobl G. The dependence time of melting behavior on rheological aspects of disentangled polymer melt: A route to the heterogeneous melt. Macromolecules, 2000, 33: 5204-5214.

[47] Hauser G, Schmidtke J, Strobl G. The role of co-units in polymer crystallization and melting: New insights from studies on syndiotactic poly(propene-co-octene). Macromolecules, 1998, 31: 6250-6258.

[48] Strobl G. The Physics of Polymers: Concepts for Understanding Their Structures and Behavior. The Physics of Polymers 1st. Berlin: Springer Press, 1997.

[49] Hippler T, Jiang S, Strobl G. Block formation during polymer crystallization. Macromolecules, 2005, 38(22):9396, 9397.

[50] Pradhan D, Ehrlich P. morphologies of Microporous polyethylene and polypropylene crystallized from solution in supercritical propane. Journal of Polymer Science, 1995, 33:1053-1063.

[51] Ostwald W. Studien Über Die Bildung und Umwandlung Fester Körper. Z. Phys. Chem., 1897, 22: 289-330.

[52] Strobl G. The Physics of Polymers: Concepts for Understanding Their Structures and Behaviors. Berlin Heidelberg: Springer-Verlag, 2007, Chapter 5.

[53] Strobl G, Cho T Y. Growth kinetics of polymer crystals in bulk. Eur. Phys. J. E., 2007, 23: 55-65.

[54] Strobl G. From the melt via mesomorphic and granular crystalline layers to lamellar crystallites: A major route followed in polymer crystallization? Phys. J. E., 2000, 3: 165-183.

[55] Graf R, Heuer A, Spiess H W. Chain-order effects in polymer melts probed by 1H double-quantum NMR spectroscopy. Phys. Rev. Lett., 1998, 80: 5738-5741.

[56] Li C, Chan L, Yeung K, Li K L Y, Ng J X. Direct observation of growth of lamellae and spherulites of a semicrystalline polymer by AFM. Macromolecules, 2001, 34, 316.

[57] Hobbs J, Humphris A, Miles M. In-situ atomic force microscopy of polyethylene crystallization. 1. Crystallization froman oriented backbone. Macromolecules, 2001, 34:

5508-5519.

[58] Lei Y, Chan C, Wang Y, Ng K, Jiang Y, Li L. Growth process of homogeneously and heterogeneously nucleated spherulites as observed by atomic force microscopy. Polymer, 2003, 44: 4673-4679.

[59] Evans U R. The laws of expanding circles and spheres in relation to the lateral growth of surface films and the grain-size of metals. Trans. Faraday Soc., 1945, 41: 365-374.

[60] Avrami M. Kinetics of phase change I, II and III. J. Chem. Phys., 1939, 7: 1103-1112.

[61] Avrami M. Time-resolved in-situ energy and angular dispersive X-ray diffraction studies of the formation of the microporous gallophosphate ULM-5 under hydrothermal conditions. J. Chem. Phys., 1940, 8: 212-224.

[62] Avrami M. Granulation, phase change, and microstructure. J. Chem. Phys., 1941, 9: 177-184.

[63] Ozawa T. Kinetics of non-isothermal crystallization. Polymer, 1971, 12: 150-158.

[64] 刘结平, 莫志深. 聚合物结晶动力学. 高分子通报, 1991, 4: 199-207.

[65] Liu T, Mo Z, Wang S, Zhang H. Nonisothermal melt and cold crystallization kinetics of poly(aryl ether ether ketone ketone). Polym. Eng. Sci., 1997, 37: 568-575.

[66] Jeziorny A. Parameters characterizing the kinetics of the non-isothermal crystallization of poly(ethylene terephthalate) determined by d.s.c. Polymer, 1978, 19: 1142-1144.

[67] Tobin M C. Theory of phase transition kinetics with growth site impingement. I. Homogeneous nucleation. J. Polym. Sci., 1974, 12: 399-406.

[68] Tobin M C. Nonisothermal cold-crystallization kinetics of poly(trimethylene terephthalate). J. Polym. Sci., 1976, 14: 2253-2257.

[69] Tobin M C. Theory of phase transition kinetics with growth site impingement. III. Mixed heterogeneous-homogeneous nucleation and nonintegral exponents of the time. Journal of Polymer Science Polymer Physics Edition, 1977, 15(12):2269, 2270.

[70] Cheng S Z D, Wunderlich B. Modification of the Avrami treatment of crystallization to account for nucleus and interface. Macromolecules, 1988, 21: 3327, 3328.

[71] Kim S P, Kim S C. Crystallization kinetics of poly(ethylene terephthalate). Part I: Kinetic equation with variable growth rate. Polym. Eng. Sci., 1991, 31: 110-115.

第 2 章　高分子结晶的计算机模拟研究

罗传富

2.1　概　　述

随着现代计算机的高速发展，计算机在科学研究中发挥着越来越重要的作用。科学研究也由传统的 "理论—实验" 范式快速向 "理论—模拟—实验" 范式发展，计算机模拟的重要性也得到越来越多科学研究人员的重视。每年以实验结果结合理论和模拟论证的研究论文正在迅速增加。

计算机模拟也被称为计算机实验，是随现代计算机技术的发展而发展起来的一种科学研究方法。最初，计算机只是被应用来对一些比较复杂的理论公式进行计算，其功能相当于高级的计算器。随着计算机软硬件的高速发展，越来越复杂的模型得到运用，逐步超越了公式计算的范畴，计算机模拟的概念被提出并得到认同。计算机模拟的任务演变为验证理论模型或再现实验现象，因此也有不少人称之为计算机实验。进入 21 世纪后，计算机模拟技术进一步发展，计算机模拟的任务也从以前对理论或实验的验证进一步发展为对理论和实验提供新知识、新现象，先模拟后实验和理论的研究工作逐步增多，计算机模拟发展成为与理论和实验同等重要的一种科学研究方法。

相较于实验仪器，现代计算机硬件的发展极为迅速。在科学计算中，衡量计算机运算速度的基本单位为 flops，即每秒钟可执行的浮点运算数。以超级计算机为例，2013 年世界上最快的是我国的 "天河二号"，峰值计算速度为 54.9 petaflops（1 petaflops = 10^{15} flops）；2016 年世界上最快的是我国的 "神威·太湖之光"（图 2.1），峰值浮点性能达到 125.4 petaflops；2018 年世界上最快的是美国的 "Summit"，峰值浮点性能则达到 200.8 petaflops。与计算机运算速度的迅猛发展相对应，计算机模拟的能力也是与日俱增，而且进一步发展的势头十分强劲。

计算机模拟能够对各种参数进行精确控制，给出丰富的底层细节，因此能对一些实验上无法实现的 "理想" 系统进行研究。计算机模拟也是一种 "环保且安全" 的研究手段，不会产生污染物，对一些具有潜在危险性的实验具有替代作用。另外，计算机模拟相较于实验而言成本比较低，这也是其得到大力发展的一个重要因素。

在物理、化学、材料等研究中及药物设计等应用中，计算机模拟得到了非常广泛的应用且成果丰硕。在这些领域中常见的计算机模拟方法有量子化学、分子模拟、自洽场及有限元等。在高分子领域的研究中，虽然所涉及的研究体系和问题常常是多尺度的，但大多都涉及分子–分子结构这个层次的问题研究，因此分子模拟是当前高分子研究中的主流方法。

图 2.1　中国 "神威·太湖之光" 超级计算机

含 40960 个中国自主研发 "申威 2601" 众核处理器，峰值浮点运算速度 125.4 petaflops，LINPACK 实测浮点运算速度 93 petaflops。2016 年 6 月—2017 年 11 月 TOP500 世界超算排行榜第一

　　分子模拟是以原子或分子为基本单元，在分子尺度上研究物质的结构和属性的一类计算机模拟方法。分子模拟的主要方法有两种，即分子蒙特卡罗 (MC) 方法和分子动力学 (MD) 方法 [1-5]。我们将在接下来的章节中简要介绍这两种方法的基本原理和部分应用。

　　使用分子模拟研究高分子体系，研究对象一般是数量在几十至千万左右的原子体系，原子–原子之间以及分子–分子之间的相互作用是研究这些体系性质的首要条件。由于体系的温度一般是室温或室温以上，这些体系中量子力学效应一般并不明显，因此分子模拟广泛地使用经典力场并使用经典统计物理来建立模型和处理数据。仅有少数研究为了准确性以及要计算电学或光学性质，会使用量子化学的方法来处理原子间的相互作用。在分子模拟中常见的经典相互作用模型有这几种：格子模型、粗粒化模型、联合原子模型以及全原子模型。格子模型将模拟体系分割成格子空间，把数个原子或分子分组并抽象成一个格子，格子的占据状态 (一般为二值状态：占据或空位) 反映高分子的空间分布。格子模型损失了一些分子细节，但对高分子整体构象的模拟非常高效，因此常用于蒙特卡罗模拟中。粗粒化模型和联合原子模型都是对原子进行分组来达到简化模型和提高模拟效率的目的，二者的区别主要是粗粒化的程度即原子分组的大小不同。粗粒化模型将数个化学单体或化学基团抽象成一个单元 (一般为球)，粗粒化的程度可根据研究问题而变动。联合原子模型则是把 H 原子约化到紧邻的原子上，因此可以看作是一种粗粒化程度最小的粗粒化模型。全原子模型则是把所有的原子都进行处理，因此是这几种模型中最为准确但也是最为耗时的一种模型。粗粒化模型、联合原子模型和全原子模型常用于分子动力学模拟中，但也可用于蒙特卡罗模拟。在图 2.2 中，我们以聚乙烯为例，给出了 MD 中常见的几种模型的示意图。

全原子模型　　　　　　　联合原子模型　　　　　　　粗粒化模型

图 2.2　聚乙烯的几种不同分子模型

分子模拟 (包括 MC 和 MD) 都在高分子结晶的研究中得到了广泛的应用并取得了许多意义深远的成果，我们将在接下来的章节中具体介绍一些典型的工作。另外，近年来机器学习 (ML) 及人工智能 (AI) 也开始在科学研究中崭露头角。比如近期研究人员使用人工智能将特定化学合成路线设计速度提高 30 倍 [6]。如何将机器学习和人工智能应用于高分子结晶的模拟是当前分子模拟的一个前沿课题。

简而言之，计算机模拟作为现代计算机技术高速发展的一种产物，具有传统理论和实验所不具备的发展优势，是一种新的具有广阔前景的科学研究方法。在高分子科学的研究中，计算机模拟正发挥着越来越重要的作用。

2.2　蒙特卡罗方法

蒙特卡罗 (Monte Carlo, MC) 方法是一种统计模拟方法，1946 年由美国洛斯阿拉莫斯国家实验室的 von Neumann, Ulam 和 Metropolis 使用人类第一台电子计算机 ENIAC 进行核试验的模拟研究时共同发明，当时由于保密的原因以著名的赌城 —— 摩纳哥的 Casino de Monte-Carlo 来命名。蒙特卡罗方法是以随机过程和概率统计理论为基础的一类数值计算方法，在经济学、工程学、计算物理学等领域得到广泛的应用。美国工业及应用数学学会 (SIAM) 将蒙特卡罗算法排在 20 世纪经典十大算法中的第一位 [7]。

2.2.1　简单随机采样

蒙特卡罗方法的理论基础是随机采样，我们用计算机计算圆周率 π 为例来说明简单随机采样的基本过程。根据圆的面积公式 $S = \pi r^2$，我们取一个 $r = 1$ 的单位圆，则其面积 $S = \pi$，或者我们仅仅取圆心位于原点的 1/4 单位圆，则其面积为 $\pi/4$。但是圆的面积在计算机中并不容易直接求得，一个简单的办法是我们可以用均匀的随机采样来间接估计，即我们在一个单位边长的正方形中随机地生成 N 个点，如果有 M 个点位于 1/4 单位圆内部，则 $\pi = 4M/N$。具体做法如下：

(1) 初始化计数变量 $n \leftarrow 0$ 和 $m \leftarrow 0$，分别代表总的采样数和采样点位于单位圆内部的次数。

(2) 随机生成一个二维坐标 (x, y)，$x, y \in U(0, 1)$，这里 $U(0, 1)$ 为 0 到 1 之间的均匀随机分布。同时将采样计数变量加 1：$n \leftarrow n + 1$。

(3) 判断坐标点 (x, y) 是否位于单位圆内部，即判断是否满足关系 $x^2 + y^2 < 1$。如果满足，则将位于单位圆内部的计数变量加 1：$m \leftarrow m + 1$。

(4) 重复 (1)—(3)，直到采样总数 n 达到预定总数 $n = N$。

(5) 计算 π 值：$\pi = 4m/n$。

在图 2.3 中我们给出了在不同采样数下得到的圆周率值大小，我们可以看出，随着采样数的不断增加，简单随机采样方法得到的数值越来越接近真实的圆周率数值。一般地，根据大数定理，简单随机采样得到的结果，其方差 σ^2 与采样数 N 的倒数成正比，即 $\sigma^2 \sim 1/N$。

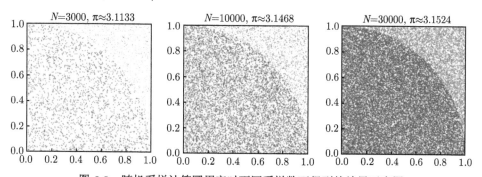

图 2.3　随机采样计算圆周率时不同采样数下得到的结果示意图

红色的点位于单位圆内部，蓝色的点位于单位圆外部，N 为采样数

在这个简单的例子中，需要用到随机数，这也是所有蒙特卡罗方法的共同特征之一。很多情况下，随机数的质量直接关系到算法结果的可靠性和效率。由于现代电子计算机都是执行确定性的运算，所以在实际模拟中使用的均为伪随机数。伪随机数通过一些算法来实现，其代码通常称为随机数发生器。衡量一个随机数发生器的标准主要有两个：生成随机数的非相关性和生成随机数的速度。事实上，设计一个高质量的随机数发生器非常困难。基于各方面的综合考虑，线性同余 (LCG) 算法的伪随机数发生器在满足一般要求的情况下速度快，目前得到了最为广泛的应用。当前操作系统和编程语言自带的标准随机数生成器一般都基于线性同余算法 [8]。其生成公式为

$$X_{n+1} = (aX_n + c) \bmod m; \quad n \geqslant 0 \tag{2.1}$$

式中，模数 m 和系数 a, c 是公式中最重要的参数，如何合理地选择这些参数决定了产生的线性同余序列 $\{X_0, X_1, X_2, \cdots\}$ 随机性的优劣。初始值 X_0 通常也被称为随机数种子。这里所有的参数均为整数，生成的随机数 X_n 的范围为 $[0, m)$，在对其进行归一化后，X_n/m 的取值范围就是 $[0, 1)$，即为前述的标准均匀分布函数 $U(0, 1)$。

参数 (m, a, c) 一些常见的组合有：①$(2^{31}, 65539, 0)$，广受诟病的 RANDU 函数所使用，早期流传广泛，但其随机性糟糕；②$(2^{31}, 1103515245, 12345)$，C 语言标准函数 rand 所使用，随机性一般，可满足一些要求不高的需求；③$(2^{48}, 225214903917, 11)$，Unix 标准库 drand48 函数所使用，可以满足一般的非加密应用需求。在高分子模拟当中，一般研究的系统含有上万个原子或分子，这时系统自身的构象数非常庞大，自身相互作用带来的混沌性使得对随机数发生器的随机性要求降低，因此一般可以直接使用系统所提供的随机数发生器。而对于初始种子值 X_0，一般可以随意设定或者使用系统时间进行初始化。但是在研究一些与关联性密切相关的物理量时，随机数自身的相关性就显得非常重要，需要使用一些高质量的随机数发生器。

这个简单随机采样的例子展示了蒙特卡罗模拟的三个基本特征和步骤：①在采样空间内随机生成采样点；②判断采样点是否满足特定条件；③重复多次，最后进行统计分析。

2.2.2　重要性采样 (Metropolis 采样)

在前面介绍的简单随机采样中，生成随机采样点时是在样本空间进行均匀随机采样，这样的方法简单而且可靠。但是如果要研究的体系涉及多个自由度 (参数空间)，那么采样空间就会变得非常巨大。可以做一个简单的估计，如果在一个自由度上均匀采样 k 次，而系统的自由度为 d，那么需要的采样数为 k^d 次，即所需要的采样数是随系统自由度的指数增长的。以由 100 个原子构成的系统估计，如果在一个自由度上进行 10 次采样，在不考虑对称性的情况下简单随机采样需要 10^{300} 次采样，而这是一个宇宙级的天文数字，不仅当前计算机无法做到，即使按摩尔定律再发展 100 年都无法做到！因此，简单随机采样算法无法应用于复杂问题的研究。

1953 年 Metropolis 提出的重要性采样算法正是解决高维空间采样问题的一种有效方法，其核心是将简单的均匀随机采样变更为使用 Metropolis 接受准则的随机行走采样。Metropolis 准则以概率来接受新状态，而不是使用完全确定的规则，可以显著减小高维问题的计算量。Metropolis 还在重要性采样的基础上进一步提出了模拟退火算法 (SA)[9]，这是首次使用计算机模拟研究液体性质的工作，具有里程碑的意义。

Metropolis 接受准则是现代蒙特卡罗方法的核心。假设系统当前状态为 X_n，当受到某种随机扰动，状态变化为 X_{n+1}，相应地，系统的能量由 E_n 变为 E_{n+1}。在 Metropolis 算法中，这个变动并非一定得到接受或拒绝，其接受概率 p 根据能量变化 $\Delta E = E_{n+1} - E_n$ 由玻尔兹曼分布 $\exp(-\Delta E/k_B T)$ 决定：

$$p = \begin{cases} 1, & \Delta E < 0 \\ \exp(-\Delta E/k_B T), & \Delta E \geqslant 0 \end{cases} \tag{2.2}$$

因此，当状态变化之后，如果能量减小了，那么这种转变就被接受 (以概率 1 发生)；而如果能量增大了，算法并不会立即将其抛弃，而是根据概率 p 来决定是否接受。这在算法上可以这样实现：首先产生一个均匀分布的随机数 $r \in U(0,1)$，然后比较 r 与 p 的大小，如果 $r < p$，则这种转变被接受，否则被拒绝，然后算法进入下一个循环。这正是 Metropolis 算法的核心思想，即当能量增加时以一定概率接受，而非一味地拒绝。可以证明，Metropolis 接受准则满足细致平衡条件，其产生的随机状态序列 $\{X_0, X_1, X_2, \cdots\}$ 在整体上满足统计热力学的玻尔兹曼统计分布 $p_n \propto \exp(-E_n/k_\mathrm{B}T)$。

Metropolis 接受准则能够显著减小高维问题计算量的物理本质是增强在给定物理条件下 (比如给定温度) 高概率区域的采样密度，而对于那些能量非常高的状态基本不采样。这在物理上是合理的，大大减少了很多不必要的采样空间，让高概率区域的计算精度得到提高，因此也被称为重要性采样算法。

使用 Metropolis 接受准则的蒙特卡罗模拟和简单随机采样的三个基本步骤非常相似，只是将其中第一步的生成随机均匀采样点变为在前一状态下进行随机扰动 (一般也称为随机行走)，并在第二步判断采样点的接受情况时按照公式 (2.2) 所给出的概率进行计算。其基本算法框架大致如下：

(1) 在采样空间中随机生成一个采样点 X_0。

(2) 设定当前状态 X_n 的基础上随机生成一个扰动 R，得到一个新的尝试状态 $X' = X_n + R$，并计算尝试状态与当前状态之间的能量差 $\Delta E = E(X') - E(X_n)$。

(3) 生成一个均匀分布随机数 $r \in U(0,1)$，如果 $r > \exp(-\Delta E/k_\mathrm{B}T)$，则尝试状态不被接受，反之则系统演化为新状态 $X_{n+1} \leftarrow X_n + R$。

(4) 重复 (2)、(3)，直到达到预定采样总数。

(5) 根据状态集合 $\{X_0, X_1, X_2, \cdots\}$ 计算各种统计物理量。

在实际使用时，随机扰动 R 的选择需要很高的技巧，而且通常和模拟的系统及所选用的模型相关。如果扰动过小，虽然这时接受率很高，但由于扰动范围小，其累计采样范围随时间增加比较慢，采样效率不高。而如果扰动过大，又会使接受率变得很低，大量的计算机时间被浪费。因此，实际操作中一般会以最终的接受率大小来调整随机扰动的幅度，让接受率保持在一个合理的范围，一般在 20%～70%。

2.2.3 蒙特卡罗方法在高分子模拟中的应用

在将蒙特卡罗方法应用到高分子的模拟中时，一般采用格子模型。这里我们介绍两种在高分子模拟的文献中常见的蒙特卡罗模拟方法。

2.2.3.1 键扰动模型 (bond fluctuation model, BFM)

键扰动模型由 Carmesin 和 Kremer 提出 [10]，是一种研究高分子链构象和动力学的高效方法。如图 2.4 所示，模型将高分子抽象成由多个立方体组成的长链，一个立方体代表一个"单体"，这个"单体"实际对应于一小段真实的高分子链段 (与高分子的化学单体不同，类似于高分子物理中的 Kuhn 单体，但不完全一样)。格子边长为 1，一个"单体"占据 8 个格点，根据排除体积原则，两个"单体"不能重叠，因此模型中规定一个格点不能被两个"单体"同时占据，这样图 2.4 中就是两个立方体不能靠在一起。"单体"与"单体"之间，通过"键"相连，其允许的"键"矢量仅为以下 108 种：

$$B = P_\pm \begin{pmatrix} 2 \\ 0 \\ 0 \end{pmatrix} \cup P_\pm \begin{pmatrix} 2 \\ 1 \\ 0 \end{pmatrix} \cup P_\pm \begin{pmatrix} 2 \\ 1 \\ 1 \end{pmatrix} \cup P_\pm \begin{pmatrix} 2 \\ 2 \\ 1 \end{pmatrix} \cup P_\pm \begin{pmatrix} 3 \\ 0 \\ 0 \end{pmatrix} \cup P_\pm \begin{pmatrix} 3 \\ 1 \\ 0 \end{pmatrix} \quad (2.3)$$

式中，P 代表沿三个方向 (x, y, z) 的排列，而 $\pm$ 代表正反两个方向。因此允许的"键长"也是离散的，仅为 5 种：$2, \sqrt{5}, \sqrt{6}, 3, \sqrt{10}$。在进行蒙特卡罗模拟时，需要对"单体"的坐标进行随机扰动。但是，如果不加限制，在进行扰动后可能会导致两个"单体"的重叠或者一条高分子链穿过另一条高分子，而要判断这些非物理的结果是非常困难和耗时的，因此键扰动模型限制了随机扰动的幅度，即仅允许一次对一个"单体"进行步长为 1 的扰动：

$$\Delta B = P_\pm(1, 0, 0) \quad (2.4)$$

这样，可以保证在每一次的随机扰动后都不会有"单体"重叠或链穿过的非物理过程发生。其模拟过程可以描述为：

(1) 随机地选择一个"单体"和移动的方向，使得 $\Delta B \in P_\pm(1, 0, 0)$。

(2) 检查相邻两个"单体"的键长，如果是允许的 5 种则接受，否则拒绝。

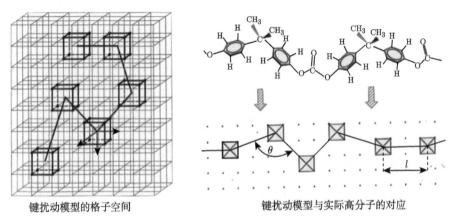

键扰动模型的格子空间　　　　　　　键扰动模型与实际高分子的对应

图 2.4　键扰动模型 (BFM) 的格子空间及其与实际高分子的对应示意图

(3) 重复上述过程。

(4) 统计计算。

可以看到,键扰动模型使用了随机行走的抽样方式,但并没有使用 Metropolis 接受准则,因此主要用于理想链的动力学研究。虽然键扰动模型是最简单的一类高分子蒙特卡罗方法,但是其中已经包含了常见高分子模拟中使用的格子蒙特卡罗方法的一些基本特征:①一次结构扰动的尝试仅仅限制在一个局域的小范围内以保证接受概率,比如仅仅小范围地移动一个单体;②每一次结构扰动要保证高分子链之间不相互穿过,扰动后要检查是否满足排除体积法则和键长限制。

事实上,在对键扰动模型稍作改进后就可以用于研究更复杂的问题,比如引入"单体"–"单体" 之间的相互作用并使用 Metropolis 接受准则就可以研究真实链体系,同时也不必硬性地规定两个格子不能相互接触。比如,Shaffer 提出了一种等效的格子模型,以每个顶点代表一个 "单体"[11]。这种方式可以更方便地处理高分子链之间的相互作用。而如果在互作用函数中再包括链取向等因素,就可以用于研究高分子结晶了,比如下面介绍的模型。

2.2.3.2 微松弛模型

基于单格点跳跃和局域蛇形的微松弛模型由胡文兵提出,并应用于高分子结晶模拟的多个方面,特别是生长动力学方面的模拟 [3]。微松弛模型也是一种格子模型,一个格点的状态可以是占据 (一个高分子链段或 "单体"),或者为空。蒙特卡罗模拟时,每一个尝试步和键扰动模型一样,仅仅进行局域的结构微扰动,即微松弛。允许的微松弛分为两类:一类是占据的单格点到近邻空格点的跳跃,一类是高分子体系特有的局域蛇形滑移松弛,如图 2.5 所示。其中近邻格点的跳跃只能发生

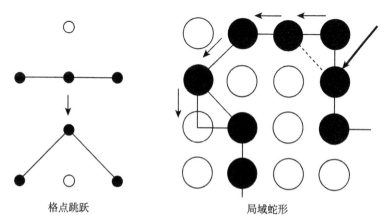

格点跳跃　　　　　　　　　局域蛇形

图 2.5　微松弛模型在做蒙特卡罗模拟时近邻格子之间的跳跃及局域蛇形示意图

图中粗箭头所指处即松弛链节点 (kink)

在占据格点和空格子之间且在跳跃发生后其键长不能超过 $\sqrt{3}$。为了加速模拟，允许 "单体" 沿键的方向移动。而局域蛇形运动则是一种协调运动，可以加速模拟。在进行格点跳跃后，如果有键长超过 $\sqrt{3}$ 时，在进行蛇形运动时，不一定要进行到链结束，而是进行到最近的一个 "松弛链节" 处，即松弛链节点处即结束。这里松弛链节点表示其所代表的 "单体" 与其后的 "单体" 之间的键不会被打断 (即键长不超过 $\sqrt{3}$)。单格点跳跃和蛇形运动涉及的 "单体" 数目较少，因此满足细致平衡原理。同样地，微松弛模型中为满足排除体积作用而规定同一格点最多只能由一个 "单体" 占据，且同时不能有键交叉的情况发生。

为了研究高分子结晶，在确定了对构象的扰动方法之后，还需要确定扰动前后的能量差 ΔE，以便使用 Metropolis 采样。在应用微松弛模型研究高分子结晶时，通常引入四个参数来描述能量差 ΔE：①链构象参数 E_c 用来描述不同链构象引起的能量差，同一高分子链上链段发生共线链接的能量比非共线链接的能量要低；②平行排列相互作用参数 E_p 用来描述相邻链段之间发生平行排列时的相互作用能量；③滑移参数 R 用来描述链之间发生滑移的难易程度；④混合相互作用参数 B 用来描述近邻非同种组分之间的相互作用，可以反映体系的相分离趋势。

$$\Delta E = aE_c + bE_p + \sum_i^n f(i)R + cB \tag{2.5}$$

式中，a 表示运动前后非共线链段数目的改变；b 表示非平行排列链段数目的改变；$f(i)$ 表示第 i 个键周围的平行排列键数目的改变；c 表示与另一种高分子或溶液分子近邻数目的改变。

有了构象的扰动方法，以及扰动前后的能量差 ΔE，就可以运用标准的 Metropolis 采样方法对设定的温度 T 进行蒙特卡罗模拟了。微松弛模型具有采样效率高的优点，用来研究高分子结晶中的生长动力学非常适合。微松弛模型的缺点主要是和分子动力学相比缺乏分子细节，此外局域蛇形运动对高分子的解缠结过程进行了人为加速。

2.2.4　蒙特卡罗代码

高分子模拟中常用的格子蒙特卡罗模型一般都相对简单，因此目前大多数研究组都是自己编写代码，使用的编程语言一般为 C/C++ 或 FORTRAN。由于近年来 GPU(显卡) 的计算能力高速增长，并大大超过普通的 CPU 计算能力，因此基于 GPU 加速的代码开始受到重视 [12]。

除了格子模型外，蒙特卡罗也可以使用类似分子动力学的力场，在进行随机行走时扰动不必限制在格点上，而是在一个小的邻近空间内，以保证合理的接受概率 [5]。这类蒙特卡罗方法可以给出分子结构的细节，已经非常接近分子动力学。

这类蒙特卡罗方法的代码一般比较复杂，比如著名的开源代码 MCCCS Towhee (http://towhee.sourceforge.net)。其计算量也接近分子动力学模拟，与分子动力学相比优势不明显。

2.3 分子动力学方法

分子动力学 (molecular dynamics, MD) 方法主要是利用数值积分求解牛顿运动力学方程，通过模拟分子体系的运动完成体系不同状态的统计采样，从而计算体系的状态积分，并以此为基础进一步计算体系的热力学量和其他宏观性质。

分子动力学是继蒙特卡罗方法成功应用于液体研究之后，在 20 世纪 50 年代，同样是在美国洛斯阿拉莫斯国家实验室，由 Fermi, Pasta 和 Ulam 等发展起来的模拟方法 [13]。Alder 和 Wainwright 随后报道了硬球胶体的分子动力学模拟研究 [14]。1964 年，Rahman 运用分子动力学结合 Lennard-Jones 势研究了液态氩，得到的结果与实验结果吻合得非常好，这是分子动力学模拟的一个里程碑 [15]。之后，随着计算机的高速发展，分子动力学也逐渐发展成熟，当前已经成为分子模拟的主流方法。与蒙特卡罗相比，其典型特征是适用性广泛，不仅可以研究结构还可以研究材料的多种性质，比如各种模量及振动光谱等。

分子动力学模拟不仅能得到原子运动的细节，还能像做实验一样根据需要进行多种观察。对于平衡系统，可以用分子动力学模拟作适当的时间平均计算物理量的统计平均。对于非平衡系统，也可以通过分子动力学模拟在观察时间内对物理现象进行直接模拟。特别是一些实验上无法观察的微观物理细节，在分子动力学模拟过程中都可以很容易地进行观察。与蒙特卡罗方法相比，分子动力学一般具有更精确的微观结构，在宏观性质的计算上具有更高的精确度和有效性。这些优点使得分子动力学在物理、化学、材料科学等领域得到广泛的应用。

2.3.1 分子动力学基本原理

顾名思义，分子动力学运用和研究的是分子运动。其研究目标体系一般比较明确，即主要是由分子构成的体系。当然，事实上分子动力学模拟中的基本单元并不限于分子，也可以是原子、高分子链段 ("单体") 和胶体颗粒等。只要这些基本单元的运动满足经典的牛顿运动方程，都可以用分子动力学进行模拟和研究。

对于通常的物质或材料，即由原子核和电子所构成的多体系统，在温度不太低、能量也不是极端高的情况可以将量子效应和相对论效应忽略，通过玻恩–奥本海默近似 (绝热近似)，假设每一个原子核在其他原子核和电子所提供的势场中按牛顿定律运动。此时原子核的坐标即代表该原子的位置，在分子动力学模拟中，系统中原子位置随时间改变而变化，而变化遵守牛顿运动方程：

$$\vec{a}_i = \frac{\mathrm{d}\vec{v}_i}{\mathrm{d}t} = \frac{\mathrm{d}^2\vec{r}_i}{\mathrm{d}t^2} = \vec{f}_i/m_i \quad i = 1, 2, \cdots, N \tag{2.6}$$

式中，$\vec{a}_i$、m_i 和 $\vec{f}_i$ 分别为第 i 个原子的加速度、质量和受到的力；N 为系统的原子总数。当然这里是以原子为例，即我们前面介绍过的全原子模型。根据采用模型的不同，"原子"可以代表分子或者纳米颗粒，在高分子的粗粒化模型中代表高分子链段或"单体"。我们在后面的介绍中统称为粒子。

根据对方程 (2.6) 进行数值积分时使用方法的不同，一般分为事件驱动和时间驱动两大类。事件驱动分子动力学一般用于对硬球体系的积分，以预估的一次硬球碰撞时间为步进时间，主要应用范围是理想胶体粒子体系的模拟。时间驱动分子动力学则以一个给定时间步长为系统演化的步进时间，其适用性非常广泛，一般的分子动力学模拟均采用时间驱动，我们下面的介绍也是基于时间驱动分子动力学。

和蒙特卡罗模拟方法类似，我们在做分子动力学模拟时也需要先构建一个体系的初始位型以及根据初始温度对每个粒子设定初始速度，然后给定积分的时间步长进行一定步数的数值积分。由于一般分子动力学模拟都是在一定的温度、体积或压强下进行，体系可能还会有一些约束条件，因此在积分过程中一般还需要针对这些热力学及外界约束进行控制。通常每隔一定步数将体系中每个粒子的坐标写入一个轨迹文件以方便后续分析。一般的分子动力学的基本流程如图 2.6 所示。

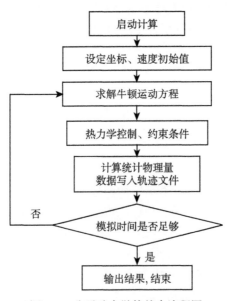

图 2.6   分子动力学的基本流程图

2.3.2 周期性边界条件

对于宏观体材料, 一个真实的样品通常含有极大数量的原子, 这对于目前的计算机来说是不可能模拟的。这时, 我们在模拟时一般需要采用周期性边界条件。大多数蒙特卡罗模拟也采用周期性边界条件 [3,5]。当使用周期性边界条件时, 模拟的粒子是被放在一个盒子里。一个位于盒子中坐标为 $\vec{r}$ 的粒子用来表示位于 $\vec{r'}$ 的一系列影像粒子, 这里 $\vec{r'}$ 为

$$\vec{r'} = \vec{r} + l\vec{a} + m\vec{b} + n\vec{c}, \quad l, m, n = -\infty, \cdots, -1, 0, 1, \cdots, \infty \tag{2.7}$$

式中, 矢量 $\vec{a}, \vec{b}, \vec{c}$ 代表沿周期性盒子三条边的基矢量。图 2.7 给出了一个二维的周期性边界条件示意图。应用周期性边界条件之后, 一个位于盒子中的粒子 i, 不仅仅和位于盒子中的另一个粒子 j 有相互作用, 而且也和其他所有的影像粒子 i', j' 都有相互作用。我们可以看出, 理想周期性边界条件消除了表面的影响, 而且盒子的大小和形状对相互作用的计算没有影响。然而, 如果我们直接利用理想的周期性边界, 就意味着我们要计算无穷多个粒子间的互作用。所以, 在分子动力学模拟中, 一般对相互作用势函数进行截断, 这样我们就可以只考虑有限的粒子间相互作用了。这种截断对于分子动力学模拟的编程实现是很重要的, 而且也是现代大规模并行模拟的基础。对于长程互作用 (如库仑作用), 一般需要使用 Ewald 求和方法, 将互作用分成两部分, 近程互作用部分在实空间进行截断计算, 而长程互作用部分则是在倒空间通过傅里叶变换计算 [5]。

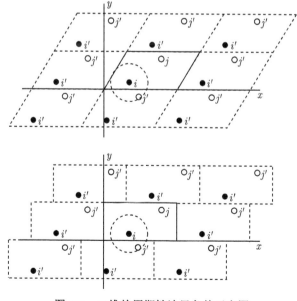

图 2.7 二维的周期性边界条件示意图

2.3.3 最小影像约定

采用周期性边界条件后, 势函数的截断处理使得我们可以高效地计算一个粒子所受到的力, 因为我们只需要计算在截断范围内有限数目粒子间的相互作用。而且, 当我们选取的盒子足够大时, 还可以引入一种更为广泛采用的简化计算方法——最小影像约定。

最小影像约定的定义: 如果互作用随距离衰减很快, 在盒子中的粒子 i 和 j 的距离 R_{ij} 就可以取为第 i 个粒子与第 j 个粒子以及所有第 j 个粒子的影像粒子 $j', j'', \cdots$ 之间的最小距离, 即

$$R_{ij} = \min(r_{ij}, r_{ij'}, r_{ij''}, \cdots) \tag{2.8}$$

式中, r_{ij} 表示真实的空间距离, 而 R_{ij} 为采用周期性边界条件及最小影像约定后分子动力学程序中实际使用的距离, 可以证明 $R_{ij} = R_{ji}$。需要注意的是, 当我们使用最小影像约定的时候, 就已经默认了这样一个条件: 我们的盒子足够的大, 使得一个粒子仅仅和自己所在盒子或相邻的盒子中的一个影像粒子才有相互作用, 对于一个长方体形状的盒子, 即要求最短的一条边大于截断距离 R_c 的两倍:

$$\min(|\vec{a}|, |\vec{b}|, |\vec{c}|) > 2R_c \tag{2.9}$$

2.3.4 动力学积分方法

当我们选定了合适的边界条件, 知道了系统中粒子间的相互作用势函数之后, 接下来就需要求解牛顿力学方程组。方程组 (2.6) 是一个二阶常微分方程组, 可以通过对时间的有限差分法来求解, 即将连续的时间 t 离散化为一个时间序列 $\{t_0, t_0 + \Delta t, t_0 + 2\Delta t, \cdots\}$, 这里 Δt 为积分的时间步长。理论上, 所有可以求解常微分方程的数值方法都是可以用来作分子动力学积分的, 但是实际应用中从稳定性、计算精度和计算效率等方面考虑只有少数的积分方法得到了广泛的应用。我们这里仅仅介绍 Velocity-Verlet 积分方法, 这是一种计算效率高且稳定的积分方法, 在多数分子动力学软件中均有实现。Velocity-Verlet 积分方法的公式如下:

$$\vec{r}(t + \Delta t) = \vec{r}(t) + \vec{v}(t)\Delta t + \vec{f}(t)\Delta t^2 / 2m$$
$$\vec{v}(t + \Delta t) = \vec{v}(t) + \left[\vec{f}(t) + \vec{f}(t + \Delta t)\right] \Delta t / 2m \tag{2.10}$$

在这一算法中, 先要计算完更新位置、更新力后才可以计算更新速度。Velocity-Verlet 积分方法可以同时给出位置和速度, 在使用相同计算量的情况下给出比 Verlet 积分方法更精确的速度估计, 而且是满足时间可逆的一种保持哈密顿量守恒的算法, 具有极好的数值稳定性, 因此被广泛采用。

2.3.5 统计物理学量

不同于蒙特卡罗方法, 分子动力学通过求解牛顿方程得到系统在相空间的动力学演化过程, 因此是一种确定性的模拟方法, 即当给定了一个初始位型之后, 分子动力学将模拟真实的分子运动轨迹。因此分子动力学可以用来模拟一些非平衡的物理过程, 比如扩散和输运过程。然而, 我们必须认识到分子动力学和蒙特卡罗方法相类似, 是一种统计物理学方法。分子动力学模拟系统在相空间的演化过程给我们提供了关于系统状态的大量样本, 我们可以用统计物理学的方法得到系统的相关性质。

统计物理学也为我们认识和理解系统微观行为与宏观热力学性质之间的关系提供了桥梁。对于时间无限长的模拟过程, 我们可以认为系统的相空间被完全采样, 即各态历经过程。在这种极限情况下, 可以使用时间平均代替系综平均得到系统的热力学量。运用统计物理学知识, 我们可以通过分子动力学模拟来 "测量" 系统的各种热力学性质, 当然也可以用来模拟热力学相变, 比如固液相变和液气相变等。在实际的模拟过程中, 由于模拟时间的限制, 系统可能并没有真正达到平衡, 所以在模拟过程中要确保模拟时间足够长。

在分子动力学中, 根据各态历经假设, 系统中一个统计物理量 A 的系综平均 $\langle A \rangle$ 被时间平均代替:

$$\langle A \rangle = \lim_{N_t \to \infty} \frac{1}{N_t} \sum_{i=1}^{N_t} A(t) \tag{2.11}$$

相应的统计方差 (涨落) 为

$$\sigma^2(A) = \langle A^2 \rangle - \langle A \rangle^2 \tag{2.12}$$

在分子动力学中, 一些常见的物理量, 如势能 U 即势函数 $U(\{\vec{R}_i\})$ 的值; 动能 K 是所有粒子的动能之和 $K = \frac{1}{2} \sum_i^N m_i v_i^2$; 系统总能量 E 为势函数和动能之和:

$$E = U + K = U + \frac{1}{2} \sum_i^N m_i v_i^2 \tag{2.13}$$

系统的温度 T 一般根据能量均分定理确定

$$T = \frac{2K}{N_f k_B} = \frac{1}{3k_B} \langle mv^2 \rangle \tag{2.14}$$

式中, N_f 是体系总的自由度数目; k_B 是玻尔兹曼常数。

在结晶模拟研究中, 通常需要对结构进行解析, 有两个与衍射实验密切相关的物理量, 即粒子的静态两体关联函数 $g(r)$ 和静态结构因子 $S(k)$。静态粒子分布的

两体关联函数定义为

$$g(r) = \frac{V}{N} \sum_i \sum_{j \neq i} \delta(r) \tag{2.15}$$

式中，N 和 V 是系统粒子数和体积；$\delta(r)$ 为狄拉克函数。一般实际计算时通过径向分布函数 (RDF) 来计算：$g(r) = \mathrm{RDF}/4\pi r^2$。

静态两体关联函数 $g(r)$ 的矢量和含时形式，即 Van Hove 关联函数 $G(\vec{r}, t)$：

$$G(\vec{r}, t) = \frac{V}{N} \sum_i \sum_{j \neq i} \delta(\vec{r} - \vec{r}_{ij}(t)) \tag{2.16}$$

Van Hove 关联函数 $G(\vec{r}, t)$ 在研究相变及玻璃化转变时的动力学特征时被广泛应用。其傅里叶变换就是动态结构因子 $S(\vec{k}, \omega)$：

$$S(\vec{k}, \omega) = \iint \mathrm{d}\vec{r}\mathrm{d}t\, G(\vec{r}, t)\mathrm{e}^{\mathrm{i}(\vec{k} \cdot \vec{r} - \omega t)} \tag{2.17}$$

在 $\omega = 0$ 时即为静态结构因子 $S(k)$，与衍射实验的衍射图样相对应，可以用来判断体系中是否存在有序相结构。

2.3.6 相互作用势函数和力场

在分子动力学模拟过程中每个粒子所受到的力主要由粒子间的相互作用势函数 U 决定，所以势函数的选取直接关系到分子动力学模拟结果的可靠性。在高分子模拟中使用的势函数一般采用经验拟合的简单函数，力由 $\vec{f} = -\nabla U$ 计算。势函数的形式随所采用的模型而改变。我们这里仅仅介绍在高分子模拟中常用的几种势函数。

2.3.6.1 Lennard-Jones 势

Lennard-Jones (LJ) 势主要用于描述范德瓦尔斯类型的相互作用，比如没有化学键相连的两个原子之间的相互作用，也用于描述两个非链接的高分子 "单体" 之间以及胶体颗粒之间的相互作用。最常用的 LJ 势是 "12-6" 形式，由粒子间距离 r_{ij} 决定：

$$U(r_{ij}) = 4\epsilon \left[\left(\frac{\sigma}{r_{ij}} \right)^{12} - \left(\frac{\sigma}{r_{ij}} \right)^6 \right] \tag{2.18}$$

在有些高分子的粗粒化模型中，也常使用 "9-3" 形式：

$$U(r_{ij}) = \frac{3\sqrt{3}}{2}\epsilon \left[\left(\frac{\sigma}{r_{ij}} \right)^9 - \left(\frac{\sigma}{r_{ij}} \right)^3 \right] \tag{2.19}$$

2.3.6.2 键势

用于描述存在共价化学键连接的粒子间的相互作用, 最常见的是弹簧谐振子势:

$$U(r_{ij}) = \frac{1}{2} k \left(r_{ij} - b \right)^2 \tag{2.20}$$

在高分子的粗粒化模型中也常使用 FENE 形式 (需要和 LJ 势一起使用):

$$U(r_{ij}) = -\frac{1}{2} k b^2 \ln \left(1 - \frac{r_{ij}^2}{b^2} \right) \tag{2.21}$$

2.3.6.3 键角势

用于描述同一个粒子上两个键之间的相互作用, 由两个键之间的夹角 θ 决定, 一般形式为

$$U(\theta) = \frac{1}{2} k_\theta \left(\theta - \theta_0 \right)^2 \tag{2.22}$$

或者由 $\cos\theta$ 决定:

$$U(\theta) = \frac{1}{2} k_\theta \left[\cos\theta - \cos\theta_0 \right]^2 \tag{2.23}$$

2.3.6.4 扭转角 (二面角) 势

在全原子模型与联合原子模型中, 用于描述由化学键相连的连续四个原子之间的互作用。对于高分子的模拟来说, 这项势能决定了高分子的链刚性。通常由几个参数构成的多项式对扭转角 ϕ 进行拟合, 比如

$$U(\phi) = \sum_{n=1}^{5} c_n \left[\cos\phi - \cos\phi_0 \right]^n \tag{2.24}$$

2.3.6.5 库仑势

用于描述带电的粒子间相互作用:

$$U(r_{ij}) = \frac{q_i q_j}{4\pi \epsilon_r r_{ij}} \tag{2.25}$$

库仑作用衰减比较慢, 是一种长程作用, 在使用周期性边条件时不能仅仅处理最小影像间的相互作用, 还必须考虑更多的影像。因此一般将库仑作用分为两部分: 一部分在实空间进行截断处理; 另一部分在倒空间进行处理, 比如 Ewald 求和方法以及其离散傅里叶变换版本的 PME 和 PPPM 方法 [5,16]。库仑势在生物高分子以及高分子溶液的模拟中非常重要。

2.3.6.6　力场和常用模拟软件

一套完整的势函数的集合通常称为力场,为一些著名的模拟软件所采样。不同的模型对应不同的力场。比如在全原子模拟,特别是生物高分子模拟中常见的力场有:AMBER、CHARMM、OPLS-AA 等。而对于粗粒化模型,常见的有 MARTINI 力场。

分子动力学涉及比较多的处理细节,特别是在采用全原子模型时比较复杂。所幸的是,目前有非常多的高质量软件可以使用,我们这里给出在高分子模拟中常用的几种软件以及简短介绍。

LAMMPS(https://lammps.sandia.gov):开源免费,大规模并行,功能丰富

GROMACS(http://www.gromacs.org):开源免费,高效率,生物大分子模拟

NAMD(http://www.ks.uiuc.edu/Research/namd):开源免费,大规模并行,生物大分子模拟

OCTA(http://octa.jp):开源免费,高分子多尺度模拟

AMBER(http://ambermd.org):单机版本免费,商业版 GPU 加速高效率,生物大分子模拟

2.3.7　温度和压强控制

分子动力学中对温度和压强的控制是通过实时计算体系的温度 T 和压强 P,然后通过一些算法对粒子的速度以及整体体积进行微调而实现。这里不作详细介绍,相关内容可以参考分子动力学专著 [2,4,5]。

2.4　高分子结晶的成核过程

前面我们介绍了计算机模拟的一些基本知识以及两种常用模拟方法,即蒙特卡罗方法和分子动力学方法。现在我们开始介绍一些采用计算机模拟研究高分子结晶的工作。

高分子结晶是高分子物理的一个基本问题,到现在仍然没有完全解决,特别是在分子层面上的认识还非常有限。计算机模拟的特点是能给出分子尺度上的信息,因此计算机模拟很早就在高分子结晶的研究中得到了应用。目前一般认为高分子的结晶可以分成两个过程,即初级 (成核) 过程和二级 (生长) 过程。我们在这一节中介绍一些研究初级成核过程的计算机模拟工作。

Muthukumar 等采用联合原子模型和郎之万动力学模拟了高分子结晶过程中的初级成核过程 [17,18]。郎之万动力学是对粒子施加一个由温度控制的随机力和一个速度相关的黏滞力,从而让系统维持在给定的温度,可以视为是分子动力学方法的一种特殊温度控制方式,一般用于溶液中高分子的模拟。他们模拟了在溶液条

件下的高分子结晶过程，发现高分子的结晶过程可以分为"婴儿核"(baby nuclei)——"珠状近晶体"(smectic pearls)——"晶体"三个阶段，如图 2.8 所示。他们发现，当温度降低后，高分子链会先形成一些聚集的线团，称为"婴儿核"。这些"婴儿核"相当于线团的聚集，但并没有晶体的特征。然后随着这些"婴儿核"密度进一步增大，链段之间相互堆叠，链段之间也有了比较强的有序取向，并形成"珠状近晶体"。最后，这些"珠状近晶体"进一步增大，形成高分子结晶所特有的链折叠结晶结构。

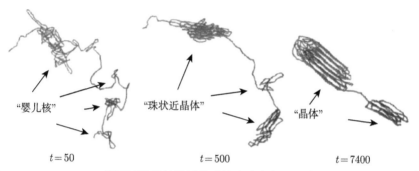

"婴儿核"　　　　　　　"珠状近晶体"　　　　　"晶体"

$t = 50$ 　　　　　　　　$t = 500$ 　　　　　　　$t = 7400$

图 2.8　Muthukumar 等通过计算机模拟得到的溶液中高分子结晶的初级成核过程 [17]

他们还通过对单链高分子的构象进行计算机采样，并使用逆玻尔兹曼方法计算了单链的自由能曲面分布，如图 2.9 所示。逆玻尔兹曼方法是计算自由能的简单方法，即使用公式 $F = -k_B T \ln(P)$，由某一状态在采样集合中的概率 P 来计算自由能。他们发现在单链自由能曲面上存在一些"自由能低谷"，而这些"自由能低谷"所对应的高分子链构象正是折叠链。根据这些"自由能低谷"并与"婴儿核"的出现进行对比，他们认为高分子链在初始成核过程中，结晶晶杆的长度是由这些"自由能低谷"对应的链折叠瞬时结构决定的。

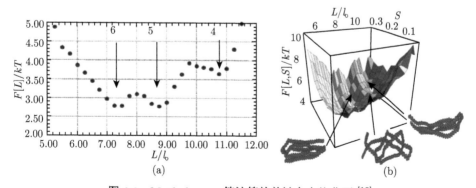

图 2.9　Muthukumar 等计算的单链自由能曲面 [18]

F 是自由能；L/l_0 是单体数；S 是取向序参量，其定义为 $S = \langle 3\cos^2 \phi - 1 \rangle / 2$，这里 ϕ 为链接两个链段的键–键之间的夹角

　　根据经典成核理论，在初始成核时体系首先要克服成核势垒。Olmsted 等认为在高分子结晶的初始阶段存在失稳分解 (spinodal decomposition) 过程，并能降低成核势垒，从而辅助成核 [19]。他们给出了自由能经验公式，并且认为结晶成核之前先发生液–液相分离，如图 2.10 所示。这个分离过程能降低后续形成结晶核的自由能位垒。根据此理论，在成核前期存在 "准结晶结构" 的液相态，具有较高的密度。在失稳分解过程中伴随较强的密度起伏，反映在结构因子 $S(q)$ 上就是在长波矢区域先出现偏离德拜关系 (德拜关系通常适用于高分子链) 的 "长尾"，然后才出现与结晶结构相对应的尖峰。Gee 等通过超大规模的分子动力学模拟和对结构因子的计算 [20]，在过冷高分子熔体中确实发现结构因子 $S(q)$ 先出现了 "长尾"，符合失稳辅助成核理论。但是，Gee 等在随后的勘误中说明模拟中使用的分子模型有误。这个错误导致模拟中高分子的链刚性增加，因而更容易出现类似于液晶相的结构。因此，对于失稳辅助成核理论学术界仍存争议，而且 "准结晶结构" 的液相态的存在没有足够的证据，其与普通液相的区别也非常模糊。

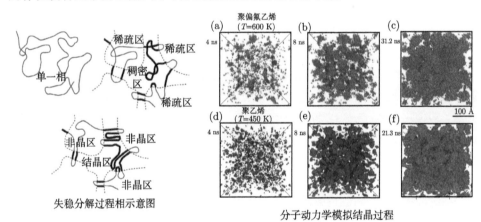

图 2.10　Olmsted 等猜测的失稳辅助成核过程中液–液相的示意图及 Gee 等计算机模拟的
结晶过程 [19,20]

示意图中高密度区最终成为结晶区而低密度区成为非晶区。计算机模拟的体系为聚偏氟乙烯 (上) 和
聚乙烯 (下)

　　计算机模拟对于成核过程的研究远不止上面提到的结果，比如，胡文兵等进行了蒙特卡罗模拟并在模拟结果的基础上进一步提出了链内成核的观点 [21]；Zerze 和 Yi 等也用全原子模型模拟了高分子的成核过程 [22,23]。总体而言，高分子结晶中的成核过程仍然是一个需要进一步研究的问题，也是计算机模拟能发挥其优势作用的一个领域。

2.5 高分子结晶的前驱态问题

高分子结晶之所以仍然是高分子物理的一个难题, 其原因之一是结晶问题本身是一个涉及多个亚稳态的非平衡过程, 另一个原因就是目前的实验手段很难对一些理论上提出的前驱态或亚稳态进行观测。比如前面提到 Olmsted 等提出的在成核前期的失稳分解理论, 虽然计算机模拟通过结构因子的计算证实了其密度起伏先于结晶结构的出现, 但其结果本身存疑且并没有能够明确给出两种相的具体结构区别。同样, 对于晶体的生长过程, 在生长前沿是否存在某种不易观测到的前驱态也是一个悬而未决的问题。比如, Strobl 曾根据大量小角 X 射线衍射的实验结果提出了中介相的假说, 如图 2.11 所示 [24,25]。传统 LH 结晶理论认为高分子片晶在形成时具有一个有限厚度的平坦生长前沿, 高分子链段吸附在生长前沿, 并通过二次成核形成结晶晶杆。结晶晶杆的表面能与内聚能相互竞争形成稳定的片晶厚度和生长速率。而 Strobl 认为在高分子生长前沿, 高分子链段先形成中介相层, 然后中介相层形成初始的微小晶粒层, 然后再形成最后的高分子片晶。Strobl 的中介相理论是关于高分子结晶生长的 (主要针对高分子熔体), 可以看出, 其思想与 Olmsted 关于成核前期存在密度稍高的液相态理论有相似之处。但是同样地, 对于中介相究竟对应于什么样的分子链构象并不清楚, 实验上也一直未有直接的观测证据。

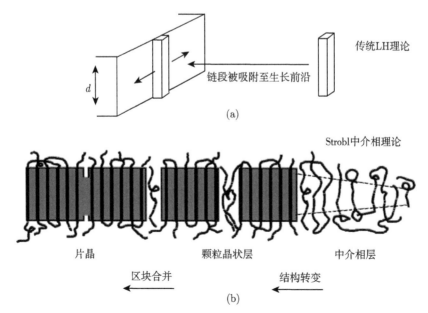

图 2.11 对于高分子结晶生长过程, 传统 LH 结晶理论和 Strobl 中介相理论的对比图

　　我们运用含链刚性的粗粒化模型和大规模分子动力学模拟研究了熔体中一个片晶的生成过程，如图 2.12 所示 [26]。其中，我们采用了自晶种的手段，即先对半晶高分子体系进行加热熔化，在仅有一个小晶粒未熔化时停止，然后将系统的温度降到稍低于结晶温度，残余小晶粒将作为晶种而生长。随着晶种的不断生长可以得到一个片晶。我们在图 2.12(a) 中给出的是结晶链段随时间的变化，可以看到初始的小晶粒通过侧面生长逐步变为一个片晶。如果对其三维构型进行考察，可以看到这个片晶的厚度并不是平坦的，而是呈中间厚边缘薄的薄片形状，如图 2.12(c)～(e) 所示。我们通过对伸直链段存在的时间进行积分，可以得到表征伸直链段热稳定性的量 S_d。我们认为这个量可以反映高分子链段从无规构象转化为结晶结构的趋势。在图 2.12(b) 中我们给出了具有较高 S_d 值的链段随时间变化的空间分布。和图 2.12(a) 所示的结晶链段分布进行对比，可以看到在生长前沿有一层具有较高 S_d 值的 "前驱态"(precursor) 层。在这个 "前驱态" 层里，高分子链段仍然呈现熔体的构象特征，没有明确的结晶特征。与远离结晶前沿的普通熔体相比，"前驱态" 层里的高分

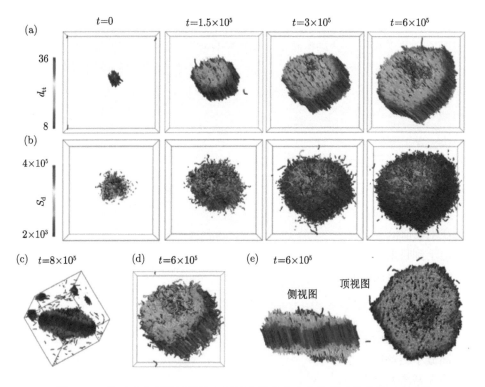

图 2.12　分子动力学模拟熔体中通过自晶种方式生长得到片晶的过程 [26]

d_{tt} 是结晶晶杆长度，S_d 是链段保持伸直状态的热稳定性度量。这里为了显示清楚，仅仅显示了结晶的
链段或具有高热稳定性的伸直链段，其他空白处实际为处于无规链团构象的高分子熔体或非晶态

子链段如果由于热涨落而形成某些伸直短链段之后具有更高的热稳定性, 更大的可能是继续变为更长的伸直链段而不是被熔化。我们在图 2.13 中给出了在生长前沿的链结晶过程的示意图。这里我们指出, 片晶在生长前沿的厚度不是平坦的, 原因是初始生成的晶体中链段可以通过滑移而增厚。我们通过跟踪每一个结晶链段的诞生时间, 计算了最终的晶杆长度 d_{tt} 与其形成时间 τ 的关系 (图 2.13)。我们发现, 在最初的阶段, 晶杆长度 d_{tt} 与形成时间 τ 成线性关系, 对应于这一阶段的链段处于生长前沿之外, 即在 "前驱态" 层里。而当晶杆长度达到生长前沿处的片晶厚度之后, 其增长开始减慢, d_{tt} 逐渐变为随形成时间 τ 的对数增长。这一阶段对应于晶杆位于生长前沿以内, 即对应于片晶的增厚过程。

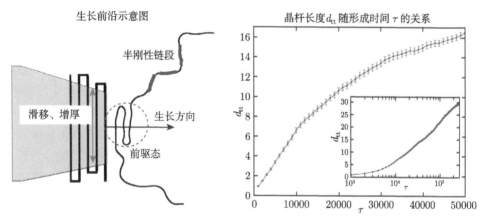

图 2.13　分子动力学模拟熔体中片晶生长前沿的链结晶过程示意图以及晶杆长度 d_{tt} 与其形成时间 τ 的关系 [26]

　　需要说明的是, 我们的分子动力学模拟仅仅发现了在生长前沿很薄的一层高分子具有一些 "前驱态" 的属性, 并没有发现 Strobl 理论中所预言的颗粒晶状层。因此在生长前沿的这一 "前驱态" 层还并不能确认是否就是 Strobl 理论的中介相。

　　由于到目前为止还缺乏实验以及模拟上的直接证据, 因此目前学术界对于高分子结晶是否存在前驱态的问题仍然存在很大的争议, 有待进一步更深入的研究。

2.6　高分子结晶的生长过程

　　高分子结晶的生长过程由于能够通过实验直接测定和研究, 因此这方面的研究工作非常丰富和详细。传统的 LH 结晶理论由于其给出的高分子晶体的生长速率和实验符合得比较好, 因此得到了很多实验学者的采用。但必须指出的是 LH 结晶理论存在一些理论上的瑕疵, 主要是其理论使用平衡态理论描述非平衡现象, 同时高分子本身特有的一些性质没有得到体现, 比如链折叠结构以及缠结的影响等。

因此，如何从分子尺度理解高分子结晶的生长过程仍然是高分子结晶学需要研究的一个重要课题。计算机模拟在高分子结晶的生长过程方面已有大量的研究工作，包括早期的简单蒙特卡罗模拟和近年来的大规模分子动力学模拟。

使用计算机模拟高分子结晶时，大多数的模拟或多或少都会涉及高分子结晶的生长过程。不过计算机模拟研究的体系一般都是理想的"纯净"高分子，成核自由能位垒相对比较高而不容易成核。如果在不人为引入结晶核或者结晶界面的情况下，受限于目前计算机的计算能力，一般都是在过冷条件下模拟高分子的结晶过程。因此，计算机模拟要研究结晶生长过程，需要一些特殊的手段抑制均相结晶，比如引入结晶核或预结晶界面，再比如模拟在溶液条件下的结晶。多数计算机模拟研究工作的主要关注点为晶体生长速率以及链折叠动力学，采用的方法以蒙特卡罗或者分子动力学方法为主。

如前所述，Muthukumar 等使用郎之万动力学模拟了溶液中高分子链的成核过程，他们同时也模拟了初始成核之后的晶粒生长过程[18]。如图 2.14 所示，他们的模拟显示了在溶液中的晶体生长情况。高分子链先有一小部分吸附在生长前沿，由于生长前沿的诱导作用，这部分被吸附的链段率先形成折叠。形成一部分折叠后，牵引剩下部分的链段继续吸附到生长前沿，进一步形成更多的折叠，直至一条高分子上所有的链段都在生长前沿形成折叠链结构并成为晶体的一部分。需要说明的是，他们模拟的是在溶液中的高分子晶体生长情况，因此高分子链在被吸附和结晶的过程中不会受到其他高分子链的干扰。

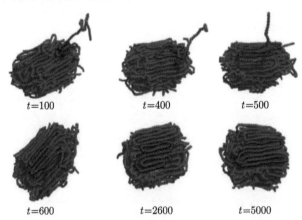

$t=100$　　　　　　　$t=400$　　　　　　$t=500$

$t=600$　　　　　　$t=2600$　　　　　$t=5000$

图 2.14　Muthukumar 等使用郎之万动力学模拟溶液中高分子链在晶体生长前沿的吸附和
折叠过程[18]

对于熔融高分子晶体生长的模拟，为了抑制均相成核结晶，一般需要引入晶种或预结晶界面。比如我们前面通过自晶种的方式模拟高分子片晶的生长[26]。关于生长动力学更多的模拟是引入预结晶界面。胡文兵等使用格子蒙特卡罗方法模拟非常系统地研究了各种高分子体系的结晶生长动力学，包括线性高分子体系、线性高分子混合体系、线性共聚高分子体系等等。这里仅仅选择其中几个相关的结果进行介绍。如图 2.15 所示，他们模拟了短链高分子在预设结晶模板情况下的结晶 [27]。在不同的结晶温度下，不同的结晶结果可以归因为结晶速率影响了链折叠。在较高的结晶温度下 (图 2.15(b))，由于结晶速率较慢，在晶体生长过程中短链高分子有足够的时间伸直，因此其结晶结构为伸直链。而在较低的结晶温度下 (图 2.15(c))，结晶速率快，在生长前沿的高分子链先生成链折叠构象并进入晶体，在经过较长时间的晶态弛豫后伸直，从而使晶体的生长前沿形成楔形结构。在此基础上，他们进一步研究了高分子结晶中的自中毒现象 [27]。他们还使用蒙特卡罗模拟了设有不同间距的障碍物情况下的晶体生长过程，证实了在 LH 结晶理论中认为的最小片晶厚度对应于障碍物的临界间距，并解释了 Strobl 在实验中发现的片晶厚度与温度的关系 [24]，但并不需要中介相假设 [28]。

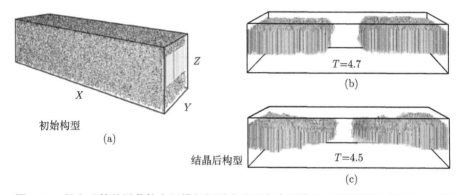

图 2.15　胡文兵等使用蒙特卡罗模拟短链高分子在有预设结晶界面情况下的结晶过程

预设结晶模板为沿 Z 方向 (上下) 的伸直链段，T 是约化温度 [27]

　　胡文兵等使用格子蒙特卡罗模拟还研究了预取向的高分子稀溶液中结晶形成串晶 (shish-kebab) 结晶结构及高分子液膜在固体表面的结晶，如图 2.16 所示 [29]。他们通过对稀溶液中的高分子链进行预取向模拟实验上剪切流场对高分子取向的影响，同时设定一根预结晶的晶柱充当结晶核和初始结晶界面。通过蒙特卡罗模拟，他们成功地得到了类似于实验观察到的串晶结构。采用类似的预结晶的晶柱作为晶种，他们还模拟了高分子液膜在固体表面结晶形成单晶片的过程，如图 2.16(b) 所示 [30]。

　　Yamamoto 使用分子动力学模拟和粗粒化模型及联合原子模型对高分子结晶进行了多方面的模拟研究。比如，通过预设结晶界面的方式模拟生长前沿，研究了高分子熔体中片晶的生长过程 [31,32]，如图 2.17 所示。可以看到，片晶的生长前沿呈楔形，同时其表面也具有一定的粗糙度，与前面介绍的多个模拟结果一致。在模拟的片晶等温生长过程中，均发现在生长过程中结晶度随时间线性增加。

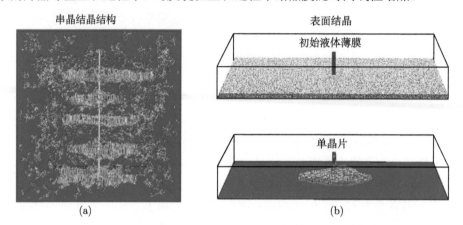

图 2.16   胡文兵等使用蒙特卡罗模拟预取向高分子稀溶液中形成的串晶结晶结构 [29] 及
高分子液膜在固体表面结晶得到的单晶片 [30]

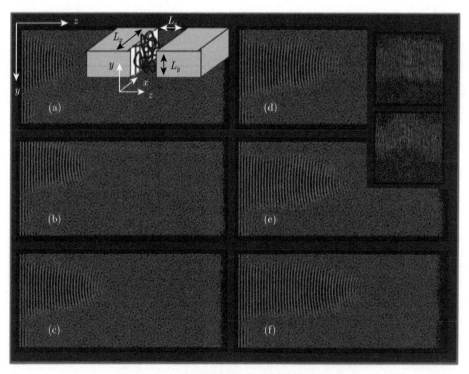

图 2.17   Yamamoto 使用分子动力学模拟高分子片晶在预设结晶界面上的生长过程 [31]

(a)~(f) 是系统随时间序列演化的结构截图。左边插入图是模拟系统的示意图，预设结晶取向沿 y 方向，
片晶生长方向沿 z 方向。右边插入图是 $20 < z < 25$ 一个薄层的结构 ($L_z = 70$)

关于高分子结晶生长过程的计算机模拟工作还有非常多，我们在此不能尽述。总体而言，受限于计算机的计算能力，目前模拟主要集中在对片晶生长过程的模拟方面。由于结晶结构能够明确界定，模拟的生长速率也能与 AFM 实验进行对比，因此片晶生长过程的分子图像已经基本研究清楚。而对于如何模拟更大尺度的晶体生长过程，比如球晶的形成过程，则是当前计算机模拟面临的新挑战和新机遇。

2.7　缠结对高分子结晶的影响

缠结是高分子物理的一个重要概念，是决定高分子黏弹性的关键因素之一。传统上认为高分子晶体由折叠链构成，在晶体中并没有缠结存在，而高分子的结晶过程是解缠结过程，比如在早期的 LH 结晶理论中并没有考虑缠结的影响，即使后期的 LH 结晶理论开始考虑缠结的影响也只是认为缠结对结晶的影响主要表现在缓慢的解缠结会影响结晶速率，而对结晶结构的影响并不大 [33]。然而，缠结对高分子结晶的影响是明显的，而且更重要的是对结晶后高分子材料的力学性能有着巨大的影响。Hikosaka 和 Rastogi 等从实验上证实了缠结对高分子的成核和结晶过程以及结晶结构具有重要影响 [34-36]。不过由于缠结态很难在实验上被直接观测，同时也很难对其进行直接的调控，因此在实验上只能通过一些特殊的手段来研究缠结对高分子结晶的影响，比如让高分子单晶熔化后再结晶，通控制熔化的温度和持续时间来调节缠结程度，然后观测其成核和结晶过程。

由于计算机模拟能够得到高分子链的具体构象，因此在研究缠结对结晶的影响方面具有天然的优势。严格来说，线性高分子的缠结并没有严格的数学定义，不过通常可以把缠结理解为不同高分子链之间的穿插关系，因此是与高分子体系中链–链之间的空间构象直接相关的。在模拟中可以通过对高分子链–链之间的构象进行分析而得到体系的缠结状态，因此可以在模拟高分子结晶的同时对缠结状态进行实时跟踪，从而更准确地研究缠结与成核及结晶的关系。

杨小震等采用分子动力学模拟研究了高分子液滴的结晶过程，如图 2.18 所示。通过计算高分子链–链间的接触系数 ICF(给定体积内含不同高分子链的数目) 来反映链–链之间的缠结程度。ICF 值越低意味着对应区域内链–链缠结程度越低，其相应的缠结长度越大。从图 2.18 可以看出，在初始的液态，高分子液滴在表面 ICF 值最低，而内部最高，即高分子表面的链–链缠结程度最低，而液滴中心的缠结程度最高。他们发现高分子液滴在结晶过程中是表面先结晶，然后才是中间，而且最终的结晶晶杆长度也是表面的最长。模拟结果明确表明了缠结对结晶过程及结晶结构都有影响。

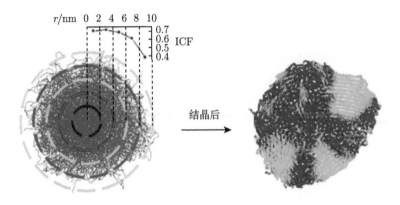

图 2.18　杨小震等采用分子动力学模拟高分子液滴其初始缠结状态与最终结晶结构示意图

ICF 为链—链间接触系数, 反映链—链之间的缠结程度 [37]

　　不过由于液滴界面的存在, 杨小震等的结果并不能完全排除界面张力对结晶的影响, 同时其采用的链—链间的接触系数 ICF 与缠结长度很难有确定的定量关系。针对这两个缺点, 我们运用分子动力学模拟 PVA 熔体中高分子结晶来排除界面的影响, 同时采用更为准确的缠结计算方法 [38-40]。我们在计算高分子的缠结长度时采用了 Everaers 等提出的初始路径分析 (primitive path analysis, PPA) 算法 [41]。PPA 算法的基本思想非常简单, 即将高分子链的端点固定, 然后去除链内的链段排除效应让高分子链像橡皮筋一样进行收缩。这样如果两根高分子链之间没有缠结, 那么收缩的结果就是两根相互分离的直线链段, 而如果高分子链之间有缠结, 就会形成 "链节"。在高分子熔体中存在很多条高分子链时, 一条高分子链可能会与多条链相互缠结, 如图 2.19 所示。通过计算在 PPA 之后不同 "链节" 之间的高分子 "单体" 数就能给出对应高分子局域链段的缠结长度 N_e[38]。

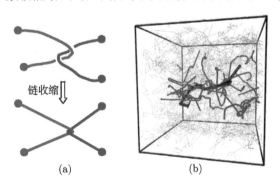

图 2.19　(a) PPA 算法示意图, 这里红色和蓝色表示两根不同高分子链, 实心圆点表示固定的链端头。(b) PPA 应用于高分子熔体后的结构, 蓝色表示与图中红色链有缠结关系的高分子链 [41]

我们先通过分子动力学模拟熔体的结晶过程，同时记录下不同时刻的分子构象，然后通过 PPA 算法让高分子链收缩分析缠结。对于初始的熔融态，如果把体系分割为多个小区域，由于热涨落原因，每个小区域内的平均缠结长度并不相等。通过跟踪每个小区域的结晶情况，我们就能知道初始熔体中缠结对结晶的影响。在图 2.20 中我们给出了模拟体系具有不同初始缠结长度的区域在连续降温结晶过程中晶杆长度及密度的变化。图中 T_s 是计算初始缠结长度时的温度，这时体系没有成核或结晶。我们可以看到，初始缠结长度 N_e 越大的区域 (低缠结区域) 越早地成核结晶，而且其晶杆长度在温度降至 T_c 时与初始缠结长度有着近似的正比关系，即 $d \sim N_e$。随着温度继续降低，晶杆长度的增加主要是结晶后期的片晶增厚，如图 2.20 所示。因此，初始缠结低的熔体区域更早结晶且其晶杆长度更长，这个结论与杨小震等对高分子液滴结晶的结论一致。

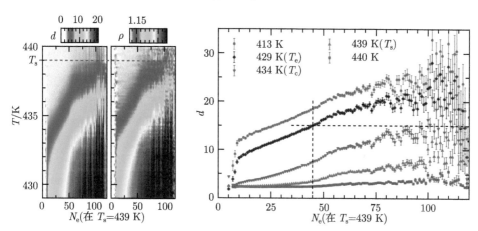

图 2.20　分子动力学模拟高分子熔体在降温结晶过程中缠结对结晶的影响 [39]

d 是晶杆长度；ρ 是密度；N_e 是给定区域在结晶前 $(T = T_s)$ 熔体缠结长度

我们进一步对缠结长度和晶杆长度以及结晶后的链折叠结构进行了更加细致的分析。我们发现一个连续的链折叠单元中晶杆数 n_s 的平均值接近于初始缠结长度 N_e 与晶杆长度 d 的比值，即存在如下的关系：

$$d \sim N_e/f = N_e/\langle n_s \rangle \tag{2.26}$$

这个关系明确地表明了初始缠结对结晶的链折叠结构的影响，其背后的物理图像可以用图 2.21 进行简单说明。当高分子链非常长时，解缠结过程非常缓慢，在高分子熔体中尤其如此。模拟中的高分子体系处于深过冷状态，在整个高分子成核和结晶过程中缠结并没有大的改变 (有一定程度的解缠结，但程度很弱 [38])。这样高分子链除去端头的大部分其成核和结晶都是在缠结网络中完成的，因此受到缠结的强烈约束。相应地，那些缠结较弱的链段 (由热涨落导致的不平均) 其受到的约束相对较小，能形成较大的晶核，比如图 2.21 中的 A 区域。而那些缠结较强的链段则很难形成晶核，甚至到最后也不能结晶，比如图中的 C 区域。

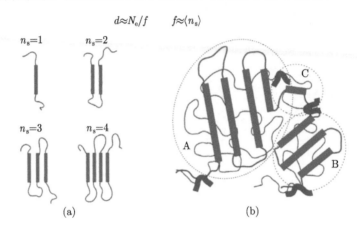

$$d \approx N_e/f \qquad f \approx \langle n_s \rangle$$

图 2.21　缠结对高分子结晶折叠结构的影响示意图

n_s 为每一个连续结晶链段中包含的晶杆数。(b) 中红色粗线段代表晶杆，而细线代表初始时熔融态的高分子链，蓝色粗线段代表与当前高分子链与其他链的缠结点

　　如前所述，实验上研究缠结对高分子结晶影响的一种方法是让高分子单晶熔融再结晶[34-36]。我们在模拟中也采用类似的方法更明显地表明缠结对高分子结晶的影响。如图 2.22 所示，我们把通过自晶种方式从熔体中得到的片晶加热至高于熔化温度之上 (550 K) 并保持一段时间，然后在淬火降温至结晶温度以下 (434 K) 观测其结晶行为。通过控制在高温下的加热时间可以调节体系的缠结程度和分布。由于计算机模拟我们能得到体系高分子链的实时构象，因此可以实时计算其缠结分布。

　　我们发现，初始的高分子片晶如果只是经过较短时间的加热 (5.25 ns)，这时片晶未完全熔化，还有残余结晶核存在。这样选取的模拟样本在淬火降温之后得到了和初始片晶高度相似的片晶，而且其生成速率非常快，并不像最初从熔体中结晶那样缓慢生长[26]。而如果加热时间稍长一点 (7 ns)，这时初始片晶已经完全熔化，没有残余结晶结构存在。这样的样本在淬火降温后仍然得到了和初始片晶高度相似的片晶，即有强的结晶记忆效应。由于初始片晶已经完全熔化，因此结晶记忆效应不是残余晶核所导致。而如果把加热时间增加至接近片晶熔化时间的 30 倍 (200 ns) 后再进行淬火降温，我们发现最终的结晶结构仍然与初始片晶具有高度关联，原来的片晶区域仍是最主要的结晶区，只是结晶结构更疏松，同时在原来片晶区外也出现了少量的结晶区。当把熔化时间再延长 10 倍 (2000 ns) 之后再淬火降温，这时得到的结晶结构与原来的片晶从图中已经很难看出有什么关联了，这时结晶的记忆效应已经比较微弱。如果我们把最后的结晶结构与加热后的缠结分布进行对比就会发现，结晶记忆效应的强弱取决于缠结分布的改变[39]。

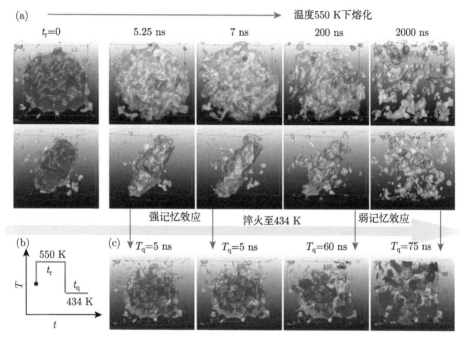

图 2.22 分子动力学模拟高分子熔融结晶中的记忆效应[39]

红色链段是结晶链段，其他部分为熔体 (未显示)，绿色半透明膜是 $N_e = 60$ 的等值面

我们的模拟还发现，上述关于缠结对结晶结构影响的一些结论可以推广到浓溶液及表面结晶的情形[42,43]。但是必须指出，我们的模拟研究是在深过冷熔体条件下得到的结果，对于稀溶液中缓慢的结晶生长过程，其结论可能并不适用。

关于缠结对高分子结晶的影响是高分子结晶研究的一个重要课题，计算机模拟可以充分发挥其实时计算缠结状态的优势，帮助我们从传统 LH 结晶理论中未受重视的新角度更深入地思考高分子结晶这一基本问题。缠结对高分子结晶的影响，还有很多需要进一步研究的内容，比如在外加流场条件下的结晶等，我们相信计算机模拟能在这些方面的研究中发挥更大的作用。

2.8 结晶高分子中的晶型转换

前面提及的高分子结晶的计算机模拟都是关于高分子结晶的一些普适情况，比如折叠链结晶、晶体生长速率或者缠结态等都是基于"链段"的图像，而不涉及具体的高分子种类或具体的晶体结构。事实上,即使同一种高分子,具有同样的空间立构规整度,在不同的结晶条件下也会生成不同的晶型。比如工业中大量应用的聚丙烯,常见晶型有 α、β、γ、δ 以及准晶态五种晶型。不同晶型的高分子力学性能具有非常大的区别,因此在工业上,如何对高分子的结晶晶型进行调控是非常重要的。结晶高分子在结晶之后,一些压稳态的晶型还可能会在一定条件下向其他晶型转换。

显然,高分子的晶型与高分子种类以及聚合单元的空间立构规整度密切相关,因此要模拟高分子的结晶晶型,所采用的模型也必须包含聚合单元的具体细节。粗粒化模型或者格子模型由于去除了高分子单体的具体信息,因此是不适合的,只能采用精细化的联合原子模型或者更精确的全原子模型。全原子模型或精细的联合原子模型所需计算量巨大,而晶型转换一般发生在固体且所需时间漫长,因此目前计算机模拟还无法做到对结晶高分子晶型的形成及转换过程进行直接模拟。相应地,针对高分子不同晶型的计算机模拟工作也相对较少,已有的模拟工作主要是对已知晶型进行计算其结构稳定性和研究其熔化过程,比如聚丙烯 (iPP) 的 α、β 及 α1 晶型的熔化过程 [44-46]。

目前采用全原子模型的计算机模拟研究高分子结晶一般是针对聚乙烯 (PE),因为聚乙烯结晶快且结晶结构简单。而对于全同聚丙烯,目前计算机模拟如果直接对熔体进行降温无法在可接受的时间内得到结晶结构,需要施加一些预取向来促使 iPP 的结晶。这里我们仅仅介绍 Yamamoto 使用 iPP 的精细化联合原子模型同时施加预取向的分子动力学模拟结果 [47]。Yamamoto 采用的精细化联合原子模型相比普通联合原子模型保留了主链上用于确定空间立构的氢原子,因此能够反映 iPP 的空间立构情况和形成螺旋状的结晶结构。如果直接对 iPP 熔体进行降温模拟,由于计算机模拟时间的限制而无法得到结晶结构,因此 Yamamoto 通过对熔体施加剪切形变让其中的高分子链产生预取向,这样可以加速 iPP 的结晶过程,如图 2.23 所示。Yamamoto 的模拟得到了 iPP 的结晶结构,但其晶体结构并不是预想的 α 相或 β 相,而是一种近晶相 (smectic mesophase)。这个模拟结果符合 Ostwald 分步规则,即晶体生长过程中最先出现的晶型不是最稳定的晶型,反而是最不稳定的晶型,是离其母体在热力学上最接近的晶型 (亚稳态)。

总体而言,结晶高分子中的晶型转换由于涉及具体的分子结构以及比较缓慢的转变过程,对计算机模拟提出了极大的挑战。但这同时也是一个机遇,随着计算机计算能力的高速增长,对特定高分子晶型的形成以及晶型转换进行模拟将是可能的,我们相信这也是未来高分子结晶模拟的一个发展方向。

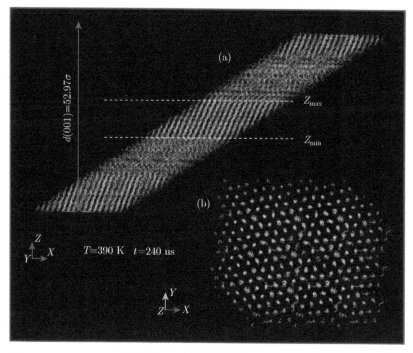

图 2.23   Yamamoto 使用分子动力学模拟经剪切预取向的 iPP 结晶结构 [47]

红色和黄色代表的是右旋结构，而绿色和蓝色代表的是左旋结构

参 考 文 献

[1] 杨小震. 分子模拟与高分子材料. 北京: 科学出版社，2003.

[2] 陈正隆，徐为人，汤立达. 分子模拟的理论与实践. 北京: 化学工业出版社，2007.

[3] 胡文兵. 高分子结晶学原理. 北京: 化学工业出版社，2013.

[4] Hinchliffe A. Molecular Modelling for Beginners. West Sussex: John Wiley & Sons Ltd,
     2008.

[5] Frenkel D, Smit B. Understanding Molecular Simulation-From Algorithms to Applica-
     tions. Florida: Academic Press, 2002.

[6] Segler M H S, Preuss M, Waller M P. Planning chemical syntheses with deep neural
     networks and symbolic AI. Nature, 2018, 555: 604-610.

[7] Cipra B A. The Best of the 20th Century: Editors Name Top 10 Algorithms, SIAM
     News, Volume 33, Number 4, https://archive.siam.org/news/news.php?id=637.

[8] Knuth D. The Art of Computer Programming. Volume 2. Boston: Addison-Wesley
     Professional, 1997.

[9] Metropolis N, Rosenbluth A W, Rosenbluth M N, Teller Au H, Teller E. Equation of

state calculations by fast computing machines. J. Chem. Phys., 1953, 21: 1087.

[10] Carmesin I, Kremer K. The bond fluctuation method: A new effective algorithm for the dynamics of polymers in all spatial dimensions. Macromolecules, 1988, 21: 2819-2823.

[11] Shaffer J S. Effects of chain topology on polymer dynamics: Bulk melts. J. Chem. Phys., 1994, 101: 4205.

[12] Nedelcu S, Werner M, Lang M, Sommer J U. GPU implementations of the bond fluctuation model. J. Comp. Phys., 2012, 231: 2811-2824.

[13] Fermi E, Pasta J, Ulam S. Los Alamos Report LA-1940, 1955.

[14] Alder B J, Wainwright T E. Studies in molecular dynamics. Ⅰ. General method. J. Chem. Phys., 1959, 31: 459.

[15] Rahman A. Correlations in the motion of atoms in liquid argon. Physical Review, 1964, 136 (2A): A405-A411.

[16] Pierro M D, Elber R, Leimkuhler B. A stochastic algorithm for the isobaric–isothermal ensemble with ewald summations for all long range forces. J. Chem. Theory Comput., 2015, 11: 5624-5637.

[17] Liu C, Muthukumar M. Langevin dynamics simulations of early-stage polymer nucleation and crystallization. J. Chem. Phys., 1998, 109: 2536-2542.

[18] Welch P, Muthukumar M. Molecular mechanism of polymer crystallization from solution. Phys. Rev. Lett., 2001, 87: 218302.

[19] Olmsted P D, Poon W C K, McLeish T C B, Terrill N J, Ryan A J. Spinodal-assisted crystallization in polymer melts. Phys. Rev. Lett., 1998, 81: 373.

[20] Gee R H, Lacevic N, Fried L E. Atomistic simulations of spinodal phase separation preceding polymer crystallization. Nat. Mater., 2006, 5: 39-43.

[21] Hu W, Frenkel D, Mathot V B F. Intramolecular nucleation model for polymer crystallization. Macromolecules, 2003, 36: 8178-8183.

[22] Zerze H, Mittal J, McHugh A J. Ab initio crystallization of alkanes: Structure and kinetics of nuclei formation. Macromolecules, 2013, 46: 9151-9157.

[23] Yi P, Locker C R, Rutledge G C. Molecular dynamics simulation of homogeneous crystal nucleation in polyethylene. Macromolecules, 2013, 46: 4723-4733.

[24] Strobl G. Crystallization and melting of bulk polymers: New observations, conclusions and a thermodynamic scheme. Prog. Polym. Sci., 2006, 31: 398-442.

[25] Strobl G. Colloquium: Laws conrolling crystallization and melting in bulk polymers. Rev. Mod. Phys., 2009, 81: 1287.

[26] Luo C, Sommer J U. Growth pathway and precursor states in single lamellar crystallization: MD simulations. Macromolecules, 2011, 44: 1523-1529.

[27] Ma Y, Qi B, Ren Y, Ungar G, Hobbs J K, Hu W. Understanding self-poisoning phenomenon in crystal growth of short-chain polymers. J. Phys. Chem. B, 2009, 113: 13485-13490.

[28] Jiang X, Reiter G, Hu W. How chain-folding crystal growth determines the thermodynamic stability of polymer crystals. J. Phys. Chem. B, 2016, 120: 566-571.

[29] Hu W, Frenkel D, Mathot V B F. Simulation of shish-kebab crystallite induced by a single prealigned macromolecule. Macromolecules, 2002, 35: 7172-7174.

[30] Ren Y, Ma A, Li J, Jiang X, Ma Y, Toda A, Hu W. Melting of polymer single crystals studied by dynamic Monte Carlo simulations. Eur. Phys. J. E, 2010, 33: 189-202.

[31] Yamamoto T. Molecular dynamics simulations of steady-state crystal growth and homogeneous nucleation in polyethylene-like polymer. J. Chem. Phys., 2008, 129: 184903.

[32] Yamamoto T. Computer modeling of polymer crystallization-toward computer-assisted materials' design. Polymer, 2009, 50: 1975-1985.

[33] Hoffman J D, Miller R L. Kinetics of crystallization from the melt and chain folding in polyethylene fractions revisited: Theory and experiment. Polymer, 1997, 38: 3151-3212.

[34] Hikosaka M. Watanabe K, Okada K, Yamazaki S. Topological mechanism of polymer nucleation and growth – the role of chain sliding diffusion and entanglement. Adv. Polym. Sci., 2005, 191: 137-186.

[35] Rastogi S, Lippits D R, Ppeters G W M, Graf R, Yao Y, Spiess H W. Heterogeneity in polymer melts from melting of polymer crystals. Nat. Mater., 2005, 4: 635-641.

[36] Lippits D R, Rastogi S, Talebi S, Bailly C. Formation of entanglements in initially disentangled polymer melts. Macromolecules, 2006, 39: 8882-8885.

[37] Yu X, Kong B, Yang X. Molecular dynamics study on the crystallization of a cluster of polymer chains depending on the initial entanglement structure. Macromolecules, 2008, 41: 6733-6740.

[38] Luo C, Sommer J U. Disentanglement of linear polymer chains toward unentangled crystals. ACS Macro Lett., 2013, 2: 31-34.

[39] Luo C, Sommer J U. Frozen topology: Entanglements control nucleation and crystallization in polymers. Phys. Rev. Lett., 2014, 112: 195702.

[40] Luo C, Sommer J U. Role of thermal history and entanglement related thickness selection in polymer crystallization. ACS Macro Lett., 2016, 5: 30-34.

[41] Everaers R, Sukumaran S K, Grest G S, Svaneborg C, Sivasubramanian A, Kremer K. Rheology and microscopic topology of entangled polymeric liquids. Science, 2004, 303: 823-826.

[42] Luo C, Kroger M, Sommer J U. Molecular dynamics simulations of polymer crystallization under confinement: Entanglement effect. Polymer, 2017, 109: 71-84.

[43] Luo C, Kroger M, Sommer J U. Entanglements and crystallization of concentrated polymer solutions: Molecular dynamics simulations. Macromolecules, 2016, 49: 9017-9025.

[44] Ji X, He X, Jiang S. Melting processes of oligomeric α and β isotactic polypropylene crystals at ultrafast heating rates. J. Chem. Phys., 2014, 140: 054901.

[45]　Chen Q, Sirota E B, Zhang M, Chung T C M, Milner S T. Free surfaces overcome superheating in simulated melting of isotactic polypropylene. Macromolecules, 2015, 48: 8885-8896.

[46]　Romanos N A, Theodorou D N. Melting point and solid-liquid coexistence properties of α1 isotactic polypropylene as functions of its molar mass: A molecular dynamics study. Macromolecules, 2016, 49: 4663-4673.

[47]　Yamamoto T. Molecular dynamics of crystallization in a helical polymer isotactic polypropylene from the oriented amorphous state. Macromolecules, 2014, 47: 3192-3202.

第3章 嵌段高分子结晶结构及结晶动力学

黄绍永 蒋世春

嵌段高分子根据链段之间的相互作用、链段比例、链长等因素的变化以及外部因素的控制,可以通过自组装形成球形、柱状、层状等具有纳米尺度的周期性结构 [1-3]。这些纳米结构可用于电子、功能膜、电池、医药等先进纳米科技领域。结晶嵌段高分子除了不同链段之间的排斥作用之外,结晶链段的结晶也可以驱动体系发生结构有序化转变,形成结构更加丰富的有序纳米结构。

结晶嵌段高分子的结晶结构和形貌,与材料的性质和性能及应用紧密相关。因此,嵌段高分子的结晶、结构及结晶动力学一直是高分子领域研究的热点。嵌段高分子的很多性质、性能都与分子链构象和堆积结构有关,而它们又依赖于结晶行为和结晶结构。嵌段高分子的结晶不同于均聚物结晶,由于链段结晶受到另一链段和相分离结构的影响,甚至限制,导致其结晶行为、结构和结晶动力学更加复杂。

本章内容主要介绍结晶–非晶、结晶–结晶嵌段高分子的结晶行为、结构的特征以及结晶动力学的一般性规律,特别地综述了近十多年来嵌段高分子结晶领域代表性的最新研究进展,更深入地理解嵌段高分子结晶结构和结晶动力学的特点。

3.1 嵌段高分子的分子结构

嵌段高分子是一类分子结构特殊的聚合物,由结构单元不同的均聚物分子链通过化学键首尾连接组成 [4]。不同均聚物链段 (block) 的数目和连接方式决定了嵌段高分子的分子形态 [5-7],目前研究较多的嵌段高分子的分子形态结构主要包括 AB 两嵌段高分子、ABA 或 ABC 三嵌段高分子、ABCBA 多嵌段高分子、支化和星型多嵌段高分子、线型–树枝型嵌段高分子等。调控分子形态是研究嵌段高分子结晶和结构的一种重要方法。

嵌段高分子由于链段之间相互排斥,不同化学结构的链段可以聚集形成不同的区域 (domain),这些区域在空间上受到链段间不相容产生的限制作用。区域在本质上由两个相互竞争的因素所决定:界面的面积最小化以减小界面能,熵的最大化驱动分子链伸展远离界面以避免不利的接触。由于二者的竞争,嵌段高分子可以自组装形成周期性的纳米结构,该结构依赖于组分间的相互作用、组分的体积分数、分子的形态、总的聚合度以及每个链段的长度 [8-10]。嵌段高分子的分子结构是影响结晶行为、结构及结晶动力学的一个重要因素。

近年来,分子结构特殊的嵌段高分子的结晶和结构方面的研究是一个新的挑战,其结晶和结构特点明显不同于线型两嵌段高分子。

3.2　嵌段高分子结晶

最简单的嵌段高分子由两个非晶的线团–线团 (coil-coil) 均聚物链段通过化学键首尾连接组成。该类嵌段高分子的自组装纳米结构由链段的相容性决定,通常用分离强度 χN 表示。其中,χ 是温度相关的 Flory-Huggins 相互作用参数,N 是总的聚合度。链段组成反映的是嵌段高分子中不同链段的含量,通常由链段的体积分数 f 表示。一般地,嵌段高分子自组装形成的纳米结构的尺寸、间距与分子量、链段 (segment) 长度和链段间排斥力大小有关。

当引入一个或两个可结晶链段时,嵌段高分子的微相分离行为因受到结晶的影响而变得更加复杂。通常,结晶嵌段高分子的结构转变主要由两个相互竞争的机制 —— 微相分离和结晶共同决定。因此,结晶嵌段高分子的结构更加丰富、结晶动力学复杂。

转变温度和链段相容性是影响嵌段高分子微相分离和结晶的主要因素。熔融状态下,不同链段之间的分离强度决定了结晶嵌段高分子的形貌转变。此外,链段微区 (microdomain) 之间的相互作用是影响嵌段高分子结构和形貌的另一重要因素。比如,在强分离嵌段高分子体系中,结晶被限制在嵌段高分子微区之中,发生受限结晶 (confined crystallization);而对弱分离嵌段高分子体系,结晶能够更改 (overwrite) 之前微相分离所形成的形貌,发生逃脱结晶 (breakout crystallization)。当分离强度适宜,在嵌段高分子的链段比例和结晶路径适合的条件下,可能发生模板结晶 (templated crystallization),部分地改变之前形成的微相分离结构。非晶链段虽然不能够结晶,但是可以在结晶链段的结晶过程中影响其结晶行为和最终的形貌。简单地说,嵌段高分子的化学组成和微观结构决定了结晶行为、结构和最终的形貌。

结晶–非晶两嵌段高分子中其中一个链段是可结晶的,另一链段为非晶的,是一类最常见、最简单的结晶嵌段高分子。除了链段的相容性之外,结晶–非晶嵌段高分子的结晶行为取决于三个转变温度:有序–无序转变温度 (T_{ODT})、非晶链段的玻璃化转变温度 (T_g^a) 和结晶链段的结晶温度 (T_c)。微相分离和结晶的共同作用决定了嵌段高分子的结构和形貌[11,12]。

图 3.1 是结晶–非晶两嵌段高分子熔融结晶行为和结晶结构示意图。该图揭示了结晶–非晶两嵌段高分子的结晶行为和微观结构的特点。依赖于分离强度的强弱和三个转变温度之间的大小关系,结晶–非晶嵌段高分子可以发生不同的结晶行为,

形成不同的结构和形貌。嵌段高分子中链段之间的相容性，即分离强度，关系到两个链段之间的相互作用的强弱。根据平均场理论，分离强度决定了无序–有序相转变的行为和微相分离结构。结晶链段的结晶结构则与转变温度有密切关系。对于 $T_{ODT} > T_c$ 的体系，结晶链段的结晶在微相分离形成的结构微区内部发生。而且，非晶链段的刚性对结晶有很大的影响，进而影响到最终的形貌。当非晶链段的玻璃化转变温度大于结晶链段的结晶温度，即 $T_g^a > T_c$，结晶发生在结晶链段区域内部，微相分离形貌就不会被结晶破坏。相反，非晶链段是橡胶态时，即 $T_c > T_g^a$，微相分离结构对结晶链段是软受限，结晶就可能突围或覆盖微相分离所形成的形貌，并影响或决定最终的形貌 [13-20]。

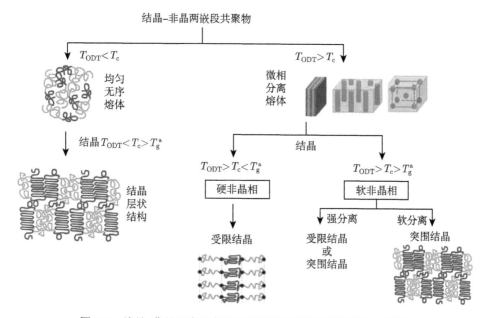

图 3.1 结晶–非晶两嵌段高分子熔融结晶行为和结晶结构示意图

通常，当体系满足 $T_{ODT} > T_g^a > T_c$ 时，可结晶链段的结晶为受限结晶；当 $T_{ODT} > T_c > T_g^a$ 时，微相分离形成的有序结构将被结晶破坏，甚至发生突围结晶，形成一种结晶层、非晶层交替排列的层状纳米结构；当 $T_c > T_{ODT} > T_g^a$ 时，结晶在均匀的熔体中发生，它驱动微相分离在球晶形貌中形成一种层状纳米结构，该结构一般与嵌段高分子的链段比例无关 [21-30]。

对于结晶–结晶嵌段高分子，由于不同结晶链段之间的结晶行为和结构存在相互影响、相互竞争等作用，导致其结晶行为和结构更为复杂。研究发现，在结晶–结晶嵌段高分子中，当两种链段的熔点接近时，它们可以从熔体中一起结晶。这一过程中，由于微相分离、结晶、固化和后续的结晶等多种转变行为，而导致最终形貌非常复杂。当结晶–结晶嵌段高分子中两种链段的熔点悬殊，且与各自对应均聚物的熔点相当时，那么高熔点链段的结晶行为与结晶–非晶嵌段高分子的结晶行为相似。对于较低熔点链段，由于两种链段结晶温度的差异，低熔点链段将发生受限结晶，有时会发生分级结晶 (fractioned crystallization)。

3.3   结晶–非晶嵌段高分子结晶结构及结晶动力学

结晶–非晶 AB 两嵌段高分子的结晶行为与均聚物的结晶不同，依赖于体积分数 f 和三个特征转变温度，以及结晶温度对应的 Flory-Huggins 相互作用参数 χ_c，结晶链段可能发生逃脱结晶、受限结晶和模板结晶。一般地，当结晶链段的体积分数 $f_c \gg 50\%$ 时，非晶链段的微区结构对结晶链段微区的影响很有限，体系通常发生突围结晶。当结晶链段的比例 $f_c \leqslant 50\%$ 时，非晶链段的玻璃化转变温度 T_g、结晶链段的结晶温度 T_c、有序–无序转变温度 T_{ODT} 之间的大小关系决定了结晶链段的结晶行为和结构。当 $T_{ODT} > T_g > T_c$ 时，微相分离和非晶相的固化先后发生，随后的结晶通常被限制在先期形成的微区之中。当 $T_{ODT} > T_c > T_g$ 时，根据体系分数、分离强度、结晶条件等因素的不同，可能发生突围结晶、受限结晶、模板化结晶。具体地，当相对分离强度 χ_c/χ_{ODT} (χ_c 和 χ_{ODT} 分别是结晶温度和有序–无序转变温度对应的 Flory-Huggins 相互作用参数) 足够大时，一般发生受限结晶；否则，将发生突围结晶；模板化结晶一般在体系的分离强度和结晶驱动力相当时可以观察到。

基于平均场理论，分离强度可以通过 Flory-Huggins 相互作用参数 (χ) 和共聚物的聚合度 (N) 的乘积来表示，即 χN。一般地，将 $\chi N > 100$ 看作是强分离体系；$100 \geqslant \chi N > 50$ 为中等强度分离体系；$50 \geqslant \chi N > 10$ 为弱分离体系；$\chi N \leqslant 10$ 为相容的体系 [31-35]。

3.3.1   强分离体系

由于链段化学结构的差异，大多数的结晶–非晶嵌段高分子体系都属于强分离体系。强分离作用导致共聚物形成结晶相富集区和非晶相富集区组成的分离结构，结晶一般在结晶相富集微区内首先发生。

Ho 等 [36] 研究聚左旋乳酸-b-聚苯乙烯 (PLLA-b-PS) 强分离体系的结晶行为，通过 SAXS 在熔体中观察到层状微相分离形貌。图 3.2 给出 PLLA-b-PS 在不同条件下的结晶行为和形貌的透射电镜 (TEM) 照片。由于 PS 和 PLLA 链段不相容，且二者存在强分离作用，导致体系在 160 ℃发生微相分离形成层状交替的 PLLA-富集、PS-富集区。当 $T_c = 70$ ℃时，低于 PS 的玻璃化转变温度 ($T_{g,PS} \sim 80$ ℃)，此时 PS 因发生玻璃化转变而固化，导致微相分离结构硬化，造成 PLLA 链段结晶环境的硬受限,因此 PLLA 分子链在其富集区内部发生结晶,形成如图 3.2(b) 的交替层状形貌。当 $T_c = 90\,^\circ\text{C}$ 时,由于 $T_c > T_{g,PS}$,此时 PS 链段能够运动,PLLA 链段的结晶环境属于软受限,PLLA 可以发生突围结晶,并覆盖微相分离所形成的形貌,形成波浪状交替的层状形貌,如图 3.2(c) 所示。图 3.2 表明结晶和微相分离之间的竞争决定了嵌段高分子的最终形貌。基于结晶动力学的研究发现,图 3.2(c) 波浪状形貌的不稳定性归因于 PS 玻璃化转变温度附近硬受限和软受限结晶机理的变化,而且与均相成核到异相成核的转变有关。

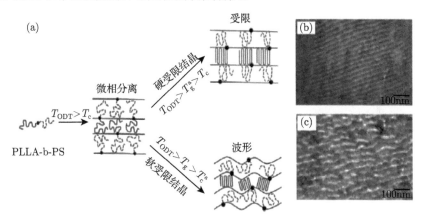

图 3.2 PLLA-b-PS 结晶–非晶嵌段高分子结晶与形貌

(a) 两种路径形成的不同形貌示意图,从 160 ℃ 熔体降温至 (b) 结晶温度 70 ℃ 和 (c) 90 ℃ 的 TEM
照片。其中 T_g^a 表示 PS 的玻璃化转变温度

聚乳酸-b-聚甲基丙烯酸 N, N- 二甲基氨基乙酯 (PLLA-b-PDMAEMA) 是一种强分离非晶–结晶嵌段高分子,其本体的结晶形貌通常为球晶或环带球晶。但是,由于薄膜中片晶可以二维生长,其晶体结构和结晶动力学与本体明显不同。图 3.3 采用原子力显微镜 (AFM) 研究 PLLA-b-PDMAEMA 薄膜 (厚度约 30 nm) 的结晶结构,发现 PDMAEMA 的含量越高,PLLA 起始结晶的温度就越低。PLLA 均聚物薄膜在 150 ℃ 和 155 ℃ 结晶形成六边形单晶或六边形晶体形貌。PLLA-b-PDMAEMA 的晶体结构受到非晶 PDMAEMA 的干扰而形成树枝状 (dendritic) 形貌,而且随着 PDMAEMA 含量的增加,树枝状形貌愈加鲜明 [37]。

三嵌段高分子 PLLA$_7$-b-PDMAEMA$_{13}$-b-PLLA$_7$(其中下标数字表示数均分子量,单位为 10^3g/mol,下同) 薄膜在 125 ℃ 形成边沿内凹的六边形树枝形貌。PLLA$_{13}$-b-PDMAEMA$_{13}$-b-PLLA$_{13}$ 薄膜则很难结晶。这说明除了非晶链段的比例影响到结晶链段的结晶行为,嵌段高分子分子链的形态也不容忽视 [37]。

含有共轭结构的棒–线团 (rod-coil) 嵌段高分子的自组装行为和结构不同于线团–线团嵌段高分子 [38-40]。共轭高分子链段是棒状分子,其刚性主要来源于芳香单体单元和共轭结构。通常，柔性的线团–线团嵌段高分子最终的形貌取决于每个链段的体积分数 f 和 χN。对于棒–线团嵌段高分子，描述其形貌转变还需要三个参数：Maier-Saupe(π-π) 相互作用参数 μ，比值 μ/χ，几何不对称参数 ν(棒与线团的长度之比)。在较强的棒–棒 (rod-rod) 区域 $(\mu > \chi)$，嵌段高分子的最终形貌取决于棒的结晶 (rod crystallization)，多数体系可得到热力学稳定的纳米纤维 (nanofibrils)结构 [41-43]。

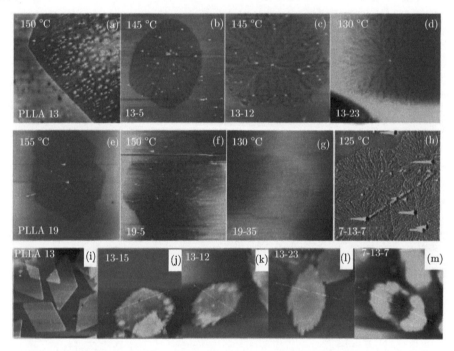

图 3.3　厚度约 30 nm 的 PLLA-b-PDMAEMA 薄膜的结晶形貌 AFM 高度图

图的宽度 (a)~(h) 分别为 130 μm、70 μm、40 μm、35 μm、100 μm、130 μm、100 μm、100 μm；

(i)~(m) 是 0.1wt%[①] 二甲苯溶液滴涂膜 80 ℃结晶获得单晶的 AFM 高度图

聚己基噻吩基 (P3HT-based) 嵌段高分子通常形成纳米纤维结构。Lee 等 [44]通过调控 P2VP 的长度研究聚 3-己基噻吩-b-聚 2-乙烯基吡啶 P3HT-b-P2VP 棒–线团嵌段高分子的结构。f_{P2VP} <68%时，由于棒–棒相互作用可形成纤维或层状形貌。f_{P2VP} 继续增大，随着 P3HT 结晶度的降低，体系结构转变为柱状，甚至球状。这可能是由于 P3HT 棒较差的堆积导致较长的线团分子链发生扭曲所致。Lin 等 [45]通过改变聚 3-烷基噻吩-b-聚甲基丙烯酸甲酯 (P3HT-b-PMMA) 中 P3HT 链段的侧链结构，研究侧链从己基到十二烷基以及支化 2-乙基己基对嵌段高分子结构的影响。P3AT-b-PMMA 中的棒–棒相互作用很强，棒状链段的结晶驱动形貌向层状

---

① 本书中 wt%表示重量百分。

转变，但是大多数情况是纤维状结构。支化侧链 2-乙基己基的引入导致 P3HT 和 PMMA 链段 (segment) 构象的不对称，降低了 μ 值，结晶驱动力减弱。因此，在 f_{P3HT} 达到 0.52 时可以观察到六棱柱状相。

在嵌段高分子分子链末端引入离子基团可以调控链段的相容性和体系的分离强度，从而改变嵌段高分子的微相分离结构，进而影响其结晶结构和动力学。Schöps 等[46] 在聚苯乙烯-b-聚异戊二烯 PS-b-PI 的分子链末端分别引入正负电荷的离子，观察到明显的形貌转变。当离聚物不添加氯化锂作为反离子时，共聚物形成六角堆积的柱状形貌，加入氯化锂则形成层状结构。Hawker 等[47] 在聚二甲基硅氧烷-b-聚环氧乙烷 (PDMS-b-PEO) 中引入离子基团，发现比 PDMS-b-PEO 中性共聚物的分散强度更强和相分离更显著，原因是离子的引入增加了静电相互作用。

Ji 等[48] 在 P3HT 嵌段高分子中引入离子官能团，调控其结晶结构和形貌。在分子链末端引入离子基团可以调控纳米层状形貌的层间距。链段聚集和离子聚集之间的竞争引起嵌段高分子结构的变化。P3HT-b-PMMT 的有序–无序转变温度 (T_{ODT}) 低于 210 ℃，P3HT 的形貌受到强的共轭作用的影响，形成高度有序的纳米结构。图 3.4 的 WAXS 曲线说明 P3HT 均聚物和 P3HT-b-PMMA 中性嵌段高分子具有相似的衍射峰。它们分别对应正交晶系晶型 I 的各个特征晶面的衍射，包括 (100) 在 3.75 nm^{-1}，(200) 在 7.5 nm^{-1}，(300) 在 11.25 nm^{-1}，(020)/(002) 在 16.5 nm^{-1}。P3HT-b$^+$-PMMA·I$^-$ 的 WAXS 曲线还出现了 (400) 在 15.2 nm^{-1}，(120) 在 17.2 nm^{-1} 晶面衍射峰，表明其晶体结构的有序程度较 P3HT 均聚物和 P3HT-b-PMMA 嵌段高分子更高。链段连接 (block junction) 位置偶极的存在可以诱导更长尺寸的结构转变。然而，P3HT-b$^+$-PMMA·NTf$_2^-$ 的结果则完全不

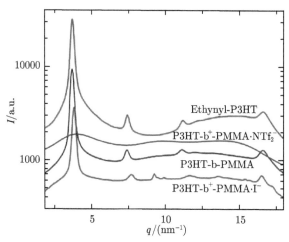

图 3.4 乙炔基-PSHT 均聚物和 P3HT(I$^-$ 碘离子，NTf$_2^-$ 三氟甲基磺酰亚胺根) 三种嵌段高分子经200 ℃退火处理样品在室温的 WAXS 测试结果

同，WAXS 曲线上只有在 4 nm^{-1} 出现了一个很宽的衍射峰，表明 P3HT 链段的堆积结构有序度很低，没有发生结晶 [48]。

　　将薄膜在 80 ℃退火 1 h，然后升温至 200 ℃退火 1 h，采用 AFM 观察薄膜的表面形貌 [48]。退火温度 200 ℃高于 P3HT 的熔点，同时低于 T_{ODT}，这样可以保证 P3HT 链节运动。如图 3.5(a) 所示，P3HT 表现出无规取向的纤维结构，这是 P3HT 常见的结晶形貌。P3HT-b-PMMA 中性共聚物是密堆积的纳米纤维结构，如图 3.5(b) 所示。P3HT-b$^+$-PMMA·I$^-$ 是伸长的、非常有序的精细纤维结构，如图 3.5(c) 所示。有序的纤维周期的尺寸为 15 nm。P3HT 链段的理论全反链长度可以通过结构单元长度 (0.38 nm) 和聚合度 ($N = 20$) 的乘积计算，为 7.6 nm。这一结果说明在纤维中 P3HT-b$^+$-PMMA·I$^-$ 链的分子组织两链段的单层 (monolayer of the diblock) 排列。P3HT-b$^+$-PMMA·NTf$_2^-$ 的 AFM 图片明显不同。虽然可以看到清晰的纳米相聚集结构，但是确切的形貌很难分辨。带有电荷的嵌段高分子的 AFM 图片表明在链段之间引入带电连接可以调控共聚物的自组装行为和结构。离子连接之间的静电作用是影响嵌段高分子自身组织的另一驱动力。

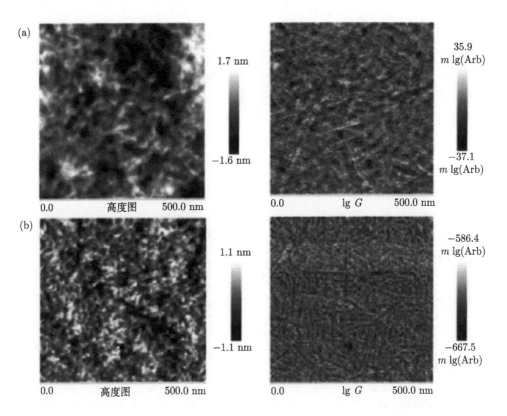

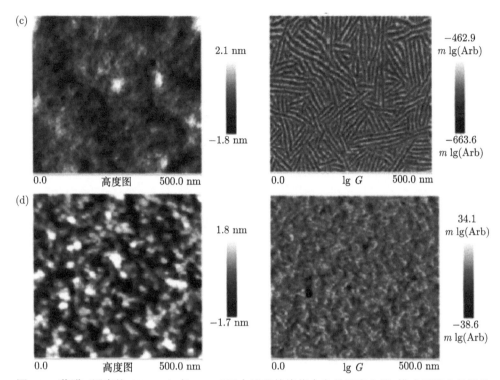

图 3.5 薄膜 (厚度约 300 nm) 在 200 ℃退火处理的峰值力定量纳米力学–模式原子力显微镜 (PeakForce QNM-Mode AFM) 图片

(a) Ethynyl-P3HT; (b) P3HT-b-PMMA; (c) P3HT-b$^+$-PMMA·I$^-$(碘离子);

(d) P3HT-b$^+$-PMMA·NTf$_2^-$ (三氟甲基磺酰亚胺根)

Yu 等 [49] 研究了具有形状各向异性的嵌段高分子多面体低聚倍半硅氧烷-b-聚环氧乙烷 (POSS-b-PEO) 的结构, 其中 POSS 束的数目 (1~4) 和 PEO 链长可调控, 分子结构如图 3.6 所示。该类嵌段高分子是一种非线型两亲性大分子, 由线型–树枝型两部分通过化学键连接组成。通过调控分子形态可以调控亲水/疏水链段的比例, 从而实现分离强度的调控, 制备纳米物体 (nano-object) 和有序的纳米结构 [50]。PEO 链段在选择性试剂中的结晶驱动嵌段高分子形成大尺寸、厚度为纳米尺寸的 POSS 层-PEO 晶层-POSS 层三明治夹心薄片结构 (图 3.7)。

ABC 三嵌段高分子的结构转变影响因素更多, 包括 Flory-Huggins 相互作用参数 χ_{AB}、χ_{AC}、χ_{BC}、聚合度 N、链段体积分数 f_A 和 f_B [51,52]。三嵌段高分子的微相分离行为依据 Flory-Huggins 相互作用参数的大小关系可以分为三类: 第一类失措 (frustration) 体系, 即 $\chi_{AB} < \chi_{AC} < \chi_{BC}$; 第二类失措体系 $\chi_{AC} < \chi_{AB} < \chi_{BC}$; 第三类非失措体系 $\chi_{AB} < \chi_{BC} < \chi_{AC}$。第二类中 A 和 B 链段相容性更好, 但是二者没有化学键连接, 可能形成更多的特殊的形貌。但是, 大多数三嵌段高分子三个

链段之间的 Flory-Huggins 相互作用参数的差异不大，因此很难形成三相结构，通常观察到的仍是两相结构。在两相分离体系中有两种情况：一种情况是两个不相容的链段 A 和 C 分别连接在链段 B 的首尾，即 χ_{AB}，$\chi_{BC} < \chi_{AC}$，这时中间的链段 B 将分布在 A 和 C 链段形成的两相之中。在这个体系中，B 在 A 和 C 中的分散结构取决于它与 A、C 链段的相容性，该系统被称为竞争溶解 (competitive dissolution)。而且，中间链段 B 的竞争溶解可能会改变微区的体积分数和体系的微相分离行为。另一种情况是不相容的 A 和 B 直接相连，即 χ_{AC}，$\chi_{BC} < \chi_{AB}$。如果 $\chi_{BC} < \chi_{AC} < \chi_{AB}$，链段 C 相在热力学上更容易分散在 B 区；当 $\chi_{AC} < \chi_{BC} < \chi_{AB}$ 时，熵和焓的作用是相反的，这将导致两相结构出现缺陷。另外，在两相的三嵌段高分子体系，χ_{AC} 和 χ_{BC} 也可能随温度发生变化，导致 $\chi_{BC} < \chi_{AC} < \chi_{AB}$ 和 $\chi_{AC} < \chi_{BC} < \chi_{AB}$ 之间的转变 [53-57]。总之，两相的三嵌段高分子体系与两嵌段高分子体系的微相分离行为存在不同。

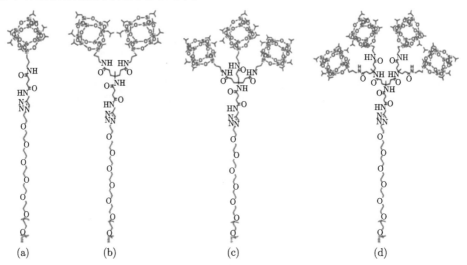

图 3.6 形状各向异性嵌段高分子的化学结构

(a) POSS-b-PEO；(b)~(d) nPOSS-b-PEO ($n = 2, 3, 4$)

Balsamo 等 [58-61] 研究的三嵌段高分子 PS-b-PB-b-PCL 的形貌，发现 PCL 链段含量较少时，结晶诱导微相分离结构发生了从圆柱到多棱柱形貌，或从交替层到柱状层形貌的转变。当 PCL 的体积分数较大时，在 PCL 的基质中观察到了椭球形核–壳柱状形貌。这说明通过调控链段间相互作用可以改变嵌段高分子的微相分离结构，影响结晶链段的结晶结构。

Wang 等 [62] 通过改变 PS 链段的长度制备了一系列 PCL-b-PnBA(聚丙烯酸正丁酯)-b-PS，其中中间链段 PnBA 在体系熔融时可以完全溶解在 PCL 和 PS 相中，形成两相结构。由于 PS 链长的改变造成 PnBA 在 PCL 和 PS 两相中分布的竞争, 造成体系的微相分离结构和结晶行为与两嵌段高分子明显不同。由于 PnBA 链节更多地溶解在 PS 相中, 造成 PS 富集相厚度增大, 并引起 PS 富集、PCL 富集相两相分界线向更小的 f_{PS} 移动。同时由于 PS 和 PCL 相对溶解 PnBA 的竞争导致二者中间形成了较厚的中间相。PnBA 在 PS 相的溶解导致 PCL 区周围软环境的产生, 同时降低了 PS 硬区的体积分数, 导致只有当 PS 体积分数很大时才可能出现 PCL 的受限结晶。

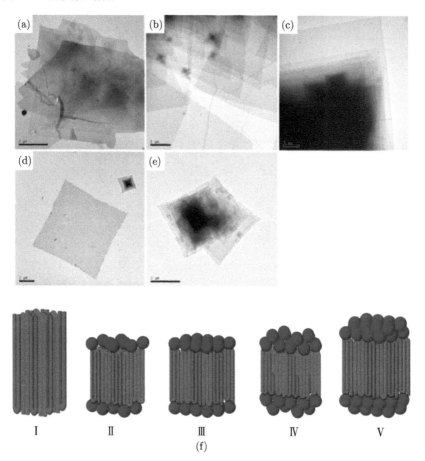

图 3.7　TEM 照片显示的正方形单晶和堆积薄片结构

(a) 分子量 5.0kPEO-OH; (b) 1POSS-b-5.0kPEO; (c) 2POSS-b-5.0kPEO; (d) 3POSS-b-5.0kPEO;

(e) 4POSS-b-5.0kPEO; (f) 薄片内部分子链结构示意图, I~V 与 (a)~(e) 一一对应

3.3.2 弱分离体系

弱分离的结晶–非晶嵌段高分子体系的研究较少。Rosa 等[63] 以对氯苯甲酸晶体诱导结晶–非晶嵌段高分子聚乙烯-b-聚乙烯丙烯 (PE-b-EP) 无规共聚物附生结

晶，得到高度有序的层状纳米结构，其中具有高度取向的片晶微区。PE 晶片沿着对氯苯甲酸晶体的排列，形成完美排列的 PE 晶层和 EP 非晶层交替的层状纳米结构。层状结构的周期可以通过非晶 EP 的分子量加以调控。

　　不同链长和链段比例的 PE-b-EP 在对氯苯甲酸晶体上的附生结晶样品经喷金处理后的透射电镜 (TEM) 照片见图 3.8。在嵌段高分子结晶样品上看到直线型相互平行排列的黑点，它们对应的是非晶层的喷金粒子。这清晰地揭示了结晶 PE 片晶取向是以侧立 (edge-on) 的生长模式在基底生长，并沿着这一方向规整地排列，见图中的白色条纹。PE 结晶层和 EP 微区构建的非晶层交替排列，而金粒子被包裹在非晶层，如图 3.8(b) 和 (d) 中的黑色圆点代表金粒子。

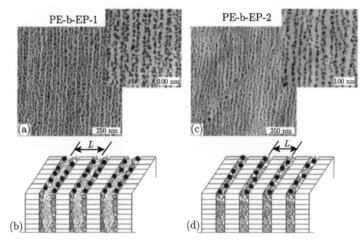

图 3.8　PE-b-EP 在对氯苯甲酸晶体基底上附生结晶在喷金的 TEM 照片
(a) PE-b-EP-1 各链段的数均分子量分别为 1.2×10^5g/mol、2.014×10^5g/mol; (c) PE-b-EP，数均分子量分别为 1.3×10^5g/mol、1.245×10^5g/mol; (b) 和 (d) 为交替的 PE 结晶和 EP 非晶层交替结构示意图，分别对应 (a) 和 (c)

　　在合适的结晶基底上附生结晶是控制结晶和结晶取向的一种方法。这种方法可诱导晶体在基底上优先取向。嵌段高分子自组装虽然可以形成多种有序的纳米结构。但是，高度有序的结构必须控制微相分离过程中微区的取向才可以获得。嵌段高分子本体的自组装确实可以形成局部高度有序的颗粒，但是相邻颗粒的取向缺乏短程相关性。在相分离过程中引入外场作用 (如力、电磁、基底的界面相互作用) 用于提高微区取向和纳米结构的有序程度。

3.3.3　相容体系

　　聚左旋乳酸-b-聚甲基丙烯酸二甲氨基乙酯 (PLLA-b-PDMAEMA) 嵌段高分子是一种结晶–非晶嵌段高分子。当其中一种链段的数均分子量低于 5×10^3g/mol 时，其两、三嵌段高分子是相容的。但是，随着分子量增加，PLLA 和 PDMAEMA 变得不相容。与相容或弱分离的嵌段高分子一样，PLLA-b-PDMAEMA 的两、三嵌段高分子结晶都形成球晶形貌 [64]。但是，PDMAEMA 组分抑制了 PLLA 的结晶，球晶的生长变慢，球晶形貌的生长因 PDMAEMA 组分的干扰而变得粗糙，如图 3.9 所示。

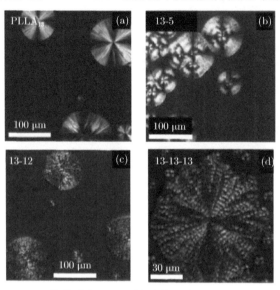

图 3.9 厚度 2~3 μm 的薄膜在 120 ℃熔融等温结晶形成的球晶偏光显微镜照片

(a) PLLA$_{13}$ 均聚物；(b) PLLA$_{13}$-b-PDMAEMA$_5$；(c) PLLA$_{13}$-b-PDMAEMA$_{12}$；

(d) PLLA$_{13}$-b-PDMAEMA$_{13}$-b-PLLA$_{13}$

　　PLLA-b-PEO 是一种结晶–结晶嵌段高分子，但是当 PLLA 或 PEO 链段的比例很小时，如 $f_{PEO} < 30\%$，体系中的 PEO 难以结晶，呈现出非晶态。此时，不对称的 PLLA-b-PEO 的结晶行为和结构与结晶–非晶嵌段高分子相似。Jiang 等 [65] 研究了不对称的 PLLA-b-PEO 薄膜的结晶及动力学。由于 PEO 的比例较低，且 PLLA 链段的硬受限作用，导致 PEO 无法结晶。与 PLLA-b-PEO 的本体结晶形貌完全不同，其薄膜结晶没有形成常见的球晶或环带球晶，而是形成具有径向 S 形弯曲的树枝状形貌 (图 3.10(a))，六边形外轮廓的树枝状形貌 (图 3.10(b)~(d))。薄膜结晶体现出二维生长的特征，这是由于晶体生长过程是链段扩散控制所致。而且，六边形外轮廓的树枝状晶体相邻扇区的热稳定性存在明显的差别，这是非晶的 PEO 的微区、微相分离结构以及 PLLA 的手性引起的。采用 AFM 观察 PLLA-b-PEO 结晶的精细结构，如图 3.11 所示，发现 90 ℃等温结晶的生长是径向生长的树枝形貌，明显与球晶不同，由于结晶温度低导致片晶的尺寸很小。随着结晶温度的升高，可以观察到单晶堆积结构。其中单晶的厚度约 10 nm。单晶的堆积具有螺旋位错的特征，特别是在 120 ℃结晶，如图 3.11(d) 所示。

PLLA-b-PEO 薄膜的结晶动力学受到薄膜厚度的影响。薄膜的厚度在 1 μm 以上时，相同结晶温度下的晶体生长速率几乎相同。但是，当薄膜的厚度小于 1 μm

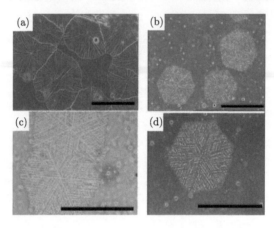

图 3.10   PLLA$_{16}$-b-PEO$_5$ 薄膜 (厚度 220±30 nm) 在 (a) 90 ℃、(b) 100 ℃、(c) 110 ℃、
(d) 120 ℃的熔融等温结晶光学显微镜照片，标尺长度 100 μm

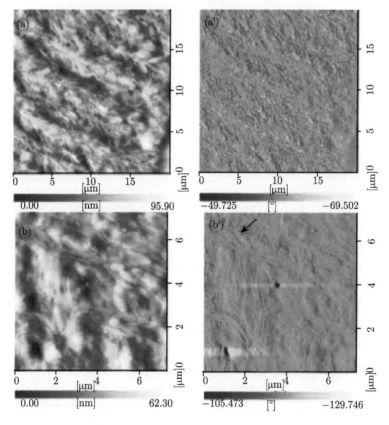

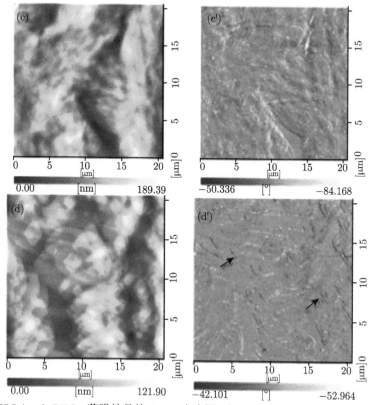

图 3.11 PLLA$_{16}$-b-PEO$_5$ 薄膜结晶的 AFM 高度图 (左 (a)~(d)) 和相图 (右 (a′)~(d′)),结晶温度分别为 (a) 90 ℃, (b) 100 ℃, (c) 110 ℃, (d) 120 ℃

时,随着薄膜厚度的减小,晶体的径向生长速率减慢,扩散控制的特征愈加显著,如图 3.12 所示。这说明,二维受限、微相分离结构及 PEO 微区的影响共同导致了 PLLA 结晶速率的减慢。

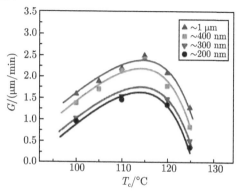

图 3.12 PLLA$_{16}$-b-PEO$_5$ 薄膜结晶的径向生长速率与薄膜厚度的关系

3.4　结晶–结晶嵌段高分子结晶结构及结晶动力学

结晶–结晶嵌段高分子由于两种链段都可以结晶导致其结晶行为和形貌非常复杂。依赖于从熔融态降温过程中两种链段结晶的顺序,结晶过程可以是同步的,也可以是分步的。在同步结晶过程中,两种链段几乎同时发生结晶。而在分步结晶过程中,一种链段先结晶,另一种链段后结晶。

当两种链段的结晶温度 (T_{c1}, T_{c2}) 不同时,结晶–结晶嵌段高分子可以发生分步结晶。如果两种链段之间的分离强度占主导,微相分离形成的形貌在结晶之后仍将得以保留。这种情况下,一种链段的结晶发生在微相分离形成的该链段的富集区。但是这种情况很少见,原因是两种链段之间的分离强度在熔融态时较弱。因此,通常见到的情况多是第一种链段的结晶破坏了之前形成的微相分离结构,形成结晶层和第二种链段组成的非晶层交替的层状结构。之后,第二种链段在受限区域内结晶,或者打破之前形成的层状形貌而形成新的晶体层状形貌。

3.4.1　强分离体系

在强分离嵌段高分子体系中,结晶发生在微相分离形成的微区内部,这使得结晶链段发生受限结晶行为,特别是在强分离区。

Chiang 等[66] 研究结晶–结晶嵌段高分子聚 4-甲基-1-戊烯-b-聚左旋乳酸 (sPMP-b-PLLA) 结晶诱导链伸展控制体系的纳米结构尺寸。该体系中 sPMP 和 PLLA 的玻璃化转变温度接近,在 55 ℃左右。因此,在软受限 $(T_g > T_c)$ 环境中 sPMP 和 PLLA 链段都可以结晶。如图 3.13(a) 所示,可以看到,熔体从 210 ℃降温至 90 ℃等温结晶,sPMP 链段首先结晶,然后 PLLA 链段发生结晶。该嵌段高分子结晶形成微相分离的层状形貌,如图 3.13(b) 所示,而非常见的球晶形貌,证明了该体系属于强分离体系。强分离嵌段高分子 sPMP-b-PLLA 体系从熔融态降温过程中,sPMP 首先以微相分离为模板发生结晶,在微相分离层状结构内部形成受限的 sPMP 片晶,如图 3.13(c) 和 (d) 所示。而且,如图 3.13(d) 所示 $3q^*$ 峰值随着 PLLA 链段结晶向较小的 q 值区域移动,说明随着链段的结晶微区尺寸增加。但是,sPMP 链段结晶过程中,强分离导致的微相分离结构得以保留,随后 PLLA 链段的结晶发生在微相分离和 sPMP 链段结晶构成的硬受限区域,无法改变层状结构的尺寸。在 110 ℃等温结晶,发现随着结晶温度的升高层状长周期增加,可能是由于 sPMP 的结晶导致堆积结构不断紧密,引起 PLLA 分子链的伸展,即 PLLA 区域尺寸增加。

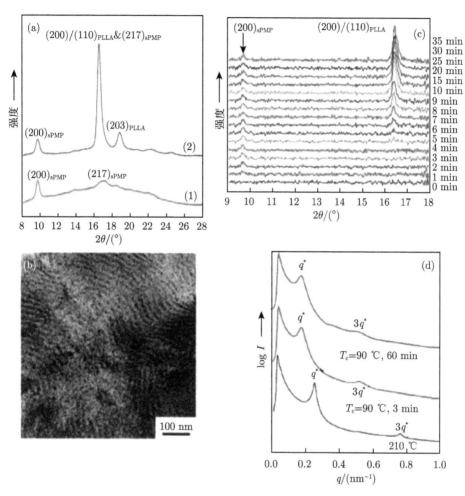

图 3.13 结晶–结晶嵌段高分子 sPMP-b-PLLA 的熔融结晶结构

(a) 在 90 ℃等温结晶 3 min (1) 和 60 min (2) 后的 WAXD 结果；(b) 210 ℃熔体淬火之后的微相分离 TEM 图；(c) 90 ℃等温结晶时间分辨 WAXS 结果；(d) SAXS 结果

研究 PCL-b-PE 的分布结晶及其对形貌的影响，在降温过程中，PE 首先结晶，形成结晶层–非晶层交替的层状结构。当 $T_c < 30$ ℃，PCL 的结晶发生在 PE 晶层–晶层之间。当 45 ℃> $T_c >$ 30 ℃，PCL 结晶打破 PE 层状形貌，形成由 PCL 晶层和非晶层组成的层状形貌。PCL 晶体零星地分布在 PCL 晶层形貌之中。当 PE 的体积分数很大时，如大于 0.73，那么 PE 结晶之后形成的形貌由于固体分数太大将被保留，与 PCL 的结晶温度无关。在较高的结晶温度，长周期减小，而在低的结晶温度时长周期几乎不变。这是因为 PCL 在结晶过程中，厚度小的 PE 晶体发生了熔融[67]。

Tashiro 等 [68] 观察加热过程中 PE-b-PEO 层状结晶形貌的相转变，发现 PEO 组分的熔融，导致层状形貌转变为螺旋相。在更高的温度条件下，PEO 晶体的扰动形成六角堆积的柱状形貌，随着 PE 晶体的熔融，进一步转变为球形形貌。

Chen 等 [69] 研究 sPP-b-PCL 的分布结晶行为。对比两种结晶路径：一是两步结晶，即先在较高的结晶温度下使一种链段结晶，然后降温至较低的结晶温度使另一种链段结晶；二是直接降温至低温，同步结晶可能发生，这时两种链段的结晶发生竞争。在 sPP-b-PCL 体系中，微相分离形成柱状形貌。两步结晶过程中柱状微区的 sPP 链段先发生结晶，破坏了之前微相分离所形成的形貌。随后的 PCL 在 sPP 结晶形成的层状形貌内部发生受限结晶。发现，当 sPP 的结晶温度较高时，PCL 链段表现出很快的结晶动力学。这是由于较厚的 sPP 结晶区域导致 PCL 链段的伸张取向发生预有序所致。而在一步结晶过程，在较低的结晶温度条件下，PCL 结晶压倒 sPP 结晶，相当一部分 sPP 受限在柱形微区导致结晶受到抑制。

而对于强分离的 PLLA-b-PE 体系微相分离形成层状形貌，无论是一步结晶还是两步结晶都不能破坏之前的形貌 [70]。在两步结晶过程中，PLLA 链段首先结晶并受限在片层微区中，为接下来 PE 的结晶提供了一个硬受限环境。而在一步结晶过程，PE 链段的结晶非常快，所以 PLLA 的结晶发生在 PE 晶层受限环境中。

PE-b-PLLA 是一个强分离体系 [71,72]，SAXS 观察到其熔体形貌为不均匀的层状。在降温过程中，PE 和 PLLA 的结晶发生在各自所属的薄层微区之中，因此结晶没有改变微相分离所形成的层状结构，也不能形成球晶形貌。只有当 PLLA 的体积分数达到 89% 以上时，才可能观察到 PLLA 的球晶形貌。在 PE-b-PLLA 体系中，PLLA 链段的结晶速率比 PLLA 均聚物低得多。而且，需要极高的过冷度才能驱动 PLLA 链段发生结晶。这将导致共同结晶 (coincident crystallization)，即 PE 链段的结晶峰与 PLLA 的结晶峰重叠。PLLA 链段缓慢的结晶动力学和所连接的熔融 PE 分子链有关。

通过缓慢降温或 PLLA 自成核可以将 PE 和 PLLA 链段的结晶峰分开。分步结晶过程中，PLLA 链段先结晶，结晶完全之后，淬火至 PE 链段的结晶温度。这一过程中，由于结晶受限，PE 链段的结晶动力学相比均聚物也减慢。采用一步结晶，即从熔体淬火至结晶温度 (97 °C 或 80 °C)，PE 和 PLLA 链段都可以结晶。由于 PE 的结晶动力学快，PE 先结晶，并产生硬的受限环境，限制随后 PLLA 链段的结晶。PLLA 晶体和 PE 晶体仍分别表现出各向同性和均匀取向。当结晶温度为 70 °C 时，PLLA 晶体无规排列，进一步降低结晶温度，PLLA 链段将不能结晶。而 PE 晶体仍是均匀取向，只有当结晶温度达到 40 °C 时才变得无规取向，此时结晶温度与 PLLA 链段的 T_g 相当。这说明 PLLA 链段诱导形成的软 (非晶) 到硬 (半结晶) 受限的转变对 PE 晶体的取向没有影响。PE 晶体的均匀取向与 PE 具有非常高的成核密度有关 [73]。

PE-b-PEO 是一种强分离、高度结晶的嵌段高分子 [74-76]。低分子量的 PE-b-PEO 由于分离强度较强 ($\chi N > 50$)[77]，其熔体形成有序的微相分离结构。PEO 链段的结晶速率减慢，原因是先结晶的 PE 形成的有序结晶限制了 PEO 的结晶。高分子量的 PE-b-PEO(其中 PEO 体积分数为 11% 和 19%) 的熔体 [78]，经微相分离形成渗透的 (percolated)、孤立的 PEO 球和 PE 基底。此时，PEO 链段的结晶行为表现出分级结晶 (fractionated crystallization)。低分子量的 PE-b-PEO，PE 和 PEO 链段的分子量分别为 500 g/mol 和 1.1×10^3 g/mol，在低温下 PE 和 PEO 是交替的层状结晶结构。随着温度的升高，PEO 晶体发生熔融，随之发生了由层状形貌到双连续 (gyroid) 结构的相转变，但是 PE 晶体仍保留其正交结构。继续升高温度，连续形貌转变为六角堆积的柱状结构，PE 晶体转变为六边无序的 Z 形构象。当 PE 晶体完全熔融后，熔体是球形形貌。当 PE 的体积分数 20% 时，PE-b-PEO 分离结构出现了温度相关的中介相。一种无序的初始中介相诱导 PEO 快速结晶。当结晶的 PE 是圆柱形微区、非晶的 PE 是球形微区时，PEO 的结晶动力学减慢。这是由于微区结构阻碍或者扰乱了非晶 PEO 分子链向结晶前沿的传输 [79]。

采用 Avrami 方法研究 PE-b-PCL 强分离体系的结晶行为，PE 含量低的嵌段高分子的 Avrami 指数大约是 3，说明是三维结构瞬时成核。这与 PCL 受限较弱的结晶行为一致。随着 PE 链段比例的增加，Avrami 指数为 2 或更低，说明体系发生了受限结晶，这与 SAXS 揭示的 PCL 结晶受限在 PE 晶层之间的结果一致。采用两步结晶的方法研究 PE 结晶度和 PCL 层厚对 PCL 结晶的影响，共聚物中 PCL 链段的结晶动力学与均聚物相似，都是 S 形动力学。只有 PE 的结晶度最高、PCL 层厚度最小时，PCL 发生受限结晶。其 Avrami 指数很小，$n = 1.5$，结晶速率很慢。受限空间的刚性和受限尺寸 (8.8 nm) 影响了 PCL 的结晶行为和动力学 [80,81]。

PLLA-b-PDMS-b-PLLA 在室温条件下是一种典型的非晶–结晶三嵌段高分子。在低温下，PLLA 和 PDMS(聚二甲基硅氧烷) 的熔点悬殊，嵌段高分子转变为结晶–结晶三嵌段高分子体系。该三嵌段高分子在熔融态呈现出微相分离的层状形貌。缓慢降温时，即使降至 $-120\,°C$，PLLA 和 PDMS 也不发生结晶，仍然呈现非晶态 [82]。但是，以 10 °C/min 从 $-120\,°C$ 升温至 170 °C 过程中，PDMS 结晶加快，可以通过在线 WAXS 观察到冷结晶的发生 (如图 3.14(a))，这可能是由于硬的非晶 PLLA 链段发挥了成核剂的作用。随后的升温过程中，可以观察到 PDMS 和 PLLA 的结晶，如图 3.14(a) 所示。

PDMS 和 PLLA 链段在 $-120\,°C$ 时呈无规线团构象，由于强分离作用发生微相分离形成层状形貌。在升温过程中，$-120 \sim 40\,°C$ 对应的 SAXS 结果没有变化，表明在 PDMS 的结晶和熔融过程中微相分离结构没有被破坏。同时，这一结果也说明 PDMS 的结晶发生在由非晶 PLLA 链段构建的坚硬受限区。当升温至约 45 °C，即 PLLA 链段的玻璃化转变温度附近时，PLLA 和 PDMS 微区的尺寸均快速增加, 导致体系的长周期从 26 nm 增至 32 nm。WAXS 和 DSC 跟踪这一过程, 发现 PLLA 链段在该温度区间并未发生结晶。在约 45 ℃时, 受限在 PLLA 微区内部的熔融 PDMS 分子链由于 PLLA 链段的运动而被拉长, 这可能是导致 PDMS 微区尺寸增加的原因。而 PLLA 微区厚度的增加则是由于 PLLA 在 T_g 以上形成了中介相 (mesophase)。继续升温, PLLA 在 80~120 ℃的温度区间内发生冷结晶, 此时 PDMS 呈熔融态, PLLA 链段发生突围结晶, 改变了之前的形貌。高于 PLLA 链段的熔点, PDMS 和 PLLA 链段又恢复到无规线团构象, 嵌段高分子的长周期与 −120 ℃的非晶 PLLA-b-PDMS-b-PLLA 相当, 约为 26.4 nm, 如图 3.14(b) 所示。

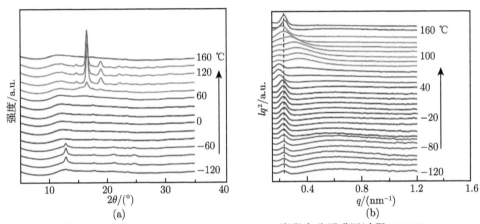

图 3.14　非晶 PLLA-b-PDMS-b-PLLA 三嵌段高分子升温过程 WAXS
(a) 和 SAXS (b) 结果

Huang 等 [83] 研究嵌段高分子间规聚对甲基苯乙烯-b-聚左旋乳酸 (sPPMS-b-PLLA) 的结晶结构, 发现体系存在两个 T_g ($T_{g,sPPMS}$ ~98 ℃、$T_{g,PLLA}$ ~55 ℃), 与对应均聚物的 T_g 非常接近, 说明嵌段高分子中 sPPMS 和 PLLA 链段是强分离的。sPPMS 和 PLLA 分子链的熔点分别约为 230 ℃和 180 ℃, 有序–无序转变温度 T_{ODT} >230 ℃。在 sPPMS$_{11}$-b-PLLA$_5$(sPPMS 和 PLLA 链段的分子量分别为 $1.1×10^4$ g/mol、$4.9×10^3$ g/mol) 体系中, PLLA 组分的比例较低, 很难结晶。为了获得 sPPMS$_{11}$-b-PLLA$_5$ 的微相分离形貌, 采用液氮将嵌段高分子从 230 ℃熔融态直接淬火, 采用透射电镜 (TEM) 和小角 X 射线散射 (SAXS) 揭示其形貌特征, 发现六角堆积的 PLLA 圆柱分布在 sPPMS 基质中, 结果如图 3.15(a) 和 (b) 所示。体系的长周期为 27.5 nm, PLLA 厚度为 13.5 nm, sPPMS 厚度为 14.0 nm。随着 PLLA 链段比例的增加, sPPMS$_{11}$-b-PLLA$_{10}$(sPPMS 和 PLLA 链段的分子量分别为 $1.1×10^4$ g/mol、$9.8×10^3$ g/mol) 体系的微相分离结构为层状纳米结构, 结果如图 3.15(c) 和 (d) 所示。体系的长周期为 25.5 nm, PLLA 层厚为 10.7 nm, sPPMS 层厚为 14.8 nm。

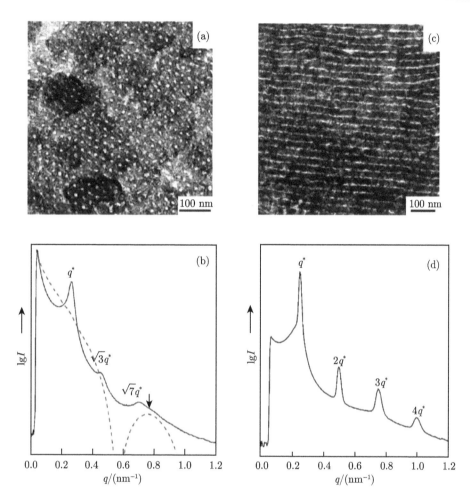

图 3.15 sPPMS$_{11}$-b-PLLA$_5$ 和 sPPMS$_{11}$-b-PLLA$_{10}$ 熔融淬火样品的微相分离结构
TEM((a)、(c)) 和 SAXS((b)、(d)) 结果

对 sPPMS$_{11}$-b-PLLA$_5$ 体系而言,当结晶温度为 90~120 ℃时,由于空间限制作用导致 PLLA 组分难以结晶,观察不到柱状结构。当结晶温度为 140 ℃时,在 DSC 熔融曲线上可以观察到 sPPMS 的多重熔融峰。体系中 sPPMS 熔融结晶形成两种晶型,II 型:WAXD 的 $2\theta = 9.1°$、$9.7°$、$18°$、$21.4°$,III 型:WAXD 的 $2\theta = 7.0°$、$20.3°$。而此时,PLLA 组分仍是非晶态,由于体系对 sPPMS 结晶的弱受限,sPPMS 结晶导致六角堆积 PLLA 圆柱的排列是无序的。结晶温度达到 150 ℃时,sPPMS 结晶突破了微相分离微区的限制,形成新的形貌。而 sPPMS$_{11}$-b-PLLA$_{10}$ 体系则不同,PLLA 链段在 $T_c \geqslant 90$ ℃即可结晶,形成层状纳米结构,而与硬受限还是软受限无关。当 $T_c = 140$ ℃时,通过 TEM 和 SAXS 可以观察到两种不同尺寸的层状

结构，而 T_c = 160 ℃时则观察到完全变形的层状纳米结构，事实上这是结晶突破微相分离微区形成的突围形貌。

结晶嵌段高分子在选择性溶剂中的结晶和结构与溶剂的性质有密切的关系。溶剂对每一个链段的相对亲和力由高分子–溶剂相互作用参数控制，$\chi_{P\text{-}S}$(下标 P 代表高分子，S 代表溶剂) 可以通过下式计算：

$$\chi_{P\text{-}S} = \frac{V_S(\delta_S - \delta_P)^2}{RT} + 0.34$$

式中，V_S 是溶剂的摩尔分数；R 是气体常数；T 是 Kelvin 温度；δ_S 和 δ_P 分别表示溶剂和高分子的溶度参数 [84]。根据 Flory-Huggins 标准，当 $\chi_{P\text{-}S}$ < 0.5 时溶剂和高分子是完全相容的。吡啶对 P3HHT 是选择性的，三氯甲烷对 P3HT 是选择性的，甲醇对 P3HT 和 P3HHT 都是不良溶剂。通过改变溶剂的选择性调控 P3HT-b-P3HHT 的相行为，形成不同的纳米结构。不同链长比例的 P3HT-b-P3HHT 在吡啶中可以形成不同的纳米结构，调控甲醇/吡啶混合溶剂、甲醇/三氯甲烷混合溶剂的比例，精确地调控溶剂的选择性以更好地控制棒–棒相互作用和组装行为 [85]。甲醇作为不良溶剂增加了棒–棒相互作用，而三氯甲烷则使相互作用减弱。P3HT 在溶液中根据溶剂的性质表现出两种不同的链构象：无规线团构象和平面构象。在 P3HT 的己基侧链上引入一个羟基，即为 P3HHT，它具有与 P3HT 相似的两种链构象。

图 3.16 是链段比例对 P3HT-b-P3HHT 在良溶剂中组装结构的影响。链段比例为 1:3 时，嵌段高分子的表面主要是非晶的，有少量的纳米纤维。由于可溶的 P3HHT 链段比例较大，使共聚物能够很好地溶解在吡啶溶剂中，呈现出无规线团链构象。随着 P3HT 比例的增加 (1:1)，形成纤维结构 (宽度约 13.8 nm)，如图 3.16(c) 和 (d) 所示。当 P3HT 链段比例占大部分时，形成更多的纳米纤维。这说明链段比例能够影响棒–棒相互作用。由于吡啶是 P3HHT 的选择性溶剂，随着 P3HT 含量的增加 (1:1、3:1)，P3HT 的 π-π 堆积使棒–棒相互作用增强，形成大量的纳米纤维。采用掠入射 X 射线衍射 (GIXRD) 能够观察到 P3HT 和 P3HHT 链段的结晶。在 P3HT-b-P3HHT 的链段比例为 1:3 时，只有 P3HHT 能够结晶，图 3.16(a) 中少量的纳米纤维即为 P3HHT 纤维晶体。当链段比例为 1:1 和 3:1 时，P3HT 和 P3HHT 两个组分都可以结晶。溶剂挥发可以促进聚噻吩的结晶。图 3.16(g) 和 (h) 给出 1:1 和 3:1 的 P3HT-b-PHHT 在溶液中的结晶过程和结晶结构。对于 1:1 和 3:1 的 P3HT-b-PHHT，纳米纤维的组装由溶液中 P3HT 链段中的 π-π 相互作用驱动，之后 P3HHT 链段随着溶剂的挥发结晶。

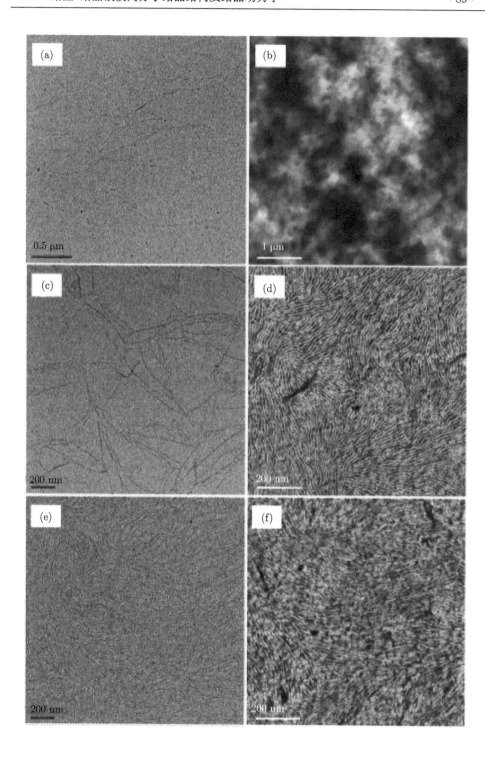

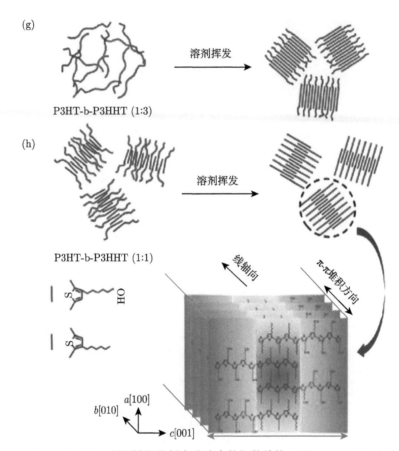

图 3.16　P3HT-b-P3HHT 不同链段比例在吡啶中的组装结构 TEM ((a)、(c)、(e)) 和 AFM ((b)、(d)、(f)) 照片，其中 P3HT 和 P3HHT 的链段比例分别为 ((a) 和 (b)) 1:3，((c) 和 (d)) 1:1，((e) 和 (f)) 3:1。(g) 和 (h) 是链段比例为 1:3 和 1:1 的 P3HT-b-P3HHT 在吡啶溶液中的结晶过程和纳米结构示意图

　　溶剂的选择性是影响棒–棒嵌段高分子结晶和结构的另一重要因素。随着不良溶剂甲醇含量的增加，棒–棒嵌段高分子的结晶形貌由纳米纤维结构 (图 3.17(a)) 转变为有序的球形胶束 (图 3.17(b))。相比 P3HT，甲醇对 P3HHT 的不良性较弱，它的分子量更加膨胀造成体积增加。于是形成以 P3HT 为核、P3HHT 为壳的球形胶束以降低界面能。进一步增加甲醇含量 (70:30)，这些球形胶束聚集形成更大的聚集体，如图 3.17(c) 所示。图 3.17(g) 给出的 GIXRD 结果表明 (1 0 0) 衍射峰的散射矢量随着甲醇含量的增加发生了从 $3.70 \ \mathrm{nm}^{-1}$ 到 $3.73 \ \mathrm{nm}^{-1}$ 的转变，对应的 d_{100} 间距分别为 $1.698 \ \mathrm{nm}$ 和 $1.684 \ \mathrm{nm}$。d_{100} 间距变小说明在 40:60 混合溶剂中的堆积更紧密，图 3.17(g) 中嵌入图是 P3HHT 的 (3 0 0) 衍射峰 $q = 10.73 \ \mathrm{nm}^{-1}$。

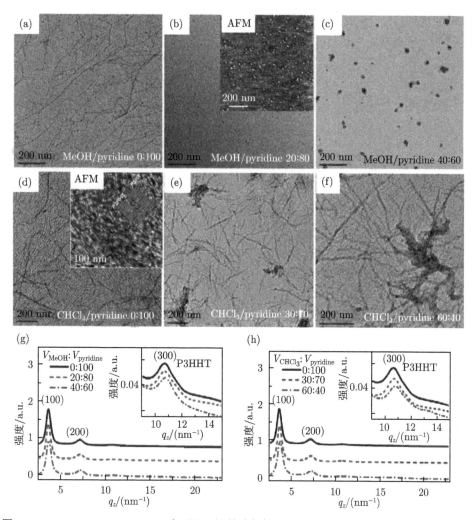

图 3.17 P3HT-b-P3HHT (1:3) 在不同配比的选择性混合溶剂甲醇/吡啶 (MeOH/pyridine)、三氯甲烷/吡啶 (CHCl₃/pyridine) 中组装结构的 TEM 和 AFM((b) 和 (d) 的嵌入图) 照片，以及一维掠入射 X 射线衍射 GIXRD 曲线，其中 GIXRD 嵌入图对应 (3 0 0) 衍射峰

在三氯甲烷/吡啶混合溶剂中，P3HT-b-P3HHT(1:3) 的形貌与甲醇/吡啶溶剂明显不同。当三氯甲烷/吡啶为 30:70 时，非晶的部分转变成了微相分离的层状结构，如图 3.17(d) 所示，通过 AFM 测得的平均片晶周期约为 10.7 nm，图中给出了微相分离层状结构的示意图。随着三氯甲烷比例的增加，溶剂的性质发生变化，嵌段高分子的结构转变驱动力由微相分离转变为 π-π 相互作用主导，层状结构消失，出现了纳米纤维和聚集纤维束，如图 3.17(e) 和 (f) 所示。三氯甲烷/吡啶混合溶剂比例的变化也影响到 P3HT-b-P3HHT(1:3) 各组分的结晶行为。随着三氯甲烷

比例的增加，(1 0 0) 衍射峰的位置从 3.69 nm^{-1} 转移到 3.74 nm^{-1}，对应的晶面间距 d_{100} 从 1.703 nm 减至 1.680 nm，嵌入图中 (3 0 0) 衍射峰对应 P3HHT 的结晶，如图 3.17(h) 所示。通过溶剂混合可在热力学上调控棒–棒相互作用的强弱，良溶剂使之弱化，不良溶剂则强化。链段比例可调控分子链的刚性，使结晶和微相分离的主导作用发生改变，形成有序的纳米纤维、球形和层状形貌。

结晶–结晶嵌段高分子聚 3-丁基噻吩-b-聚 3-辛基噻吩 (P3BT-b-P3OT) 在熔体中微相分离可形成具有层状结构的独立结晶区，而在溶液中则可以自组装形成结晶的纳米线 [86]，如图 3.18 所示。纳米线的宽度约为 13.5 nm，长度为 250~1000 nm。该组装结构对于理解聚噻吩嵌段高分子的组装和光电应用很重要。溶液中 P3BT-b-P3OT 纳米线组装与 P3BT 和 P3OT 均聚物的组装很相似，说明 π-π 相互作用与侧链相比占主导。图 3.18(c) 给出溶液涂膜制备的样品熔融之后两种组分都发生了结晶，微相分离形成层状结构 (图 3.18(d))，其区域间隔为 25.7 nm，体系形成如图 3.18(e) 所示的刚性棒状。

Nojima 等 [87] 通过调控前结晶组分聚全氟辛基乙基丙烯酸酯 (PFA-C$_8$) 的堆积密度，研究前结晶相 (pre-crystalline phase) 的分子活动性对强分离结晶–结晶嵌段高分子 PEG-b-PFA-C$_8$ 体系中 PEG 组分的结晶动力学和形貌的影响。PFA-C$_8$ 中刚性的全氟辛基乙基侧链形成一个双层层状结构 (bilayer lamellar structure)，它们构成了中介相和结晶相的分界线。

从主链和侧链的活动性来讲，中介相可以被看到是一种无序的晶体 (disordered crystal)[88]。PEG 链段的结晶发生在先期结晶的 PFA-C$_8$ 晶体内部 ($T_{c,\text{PFA-C8}} > T_{c,\text{PEG}}$)。由于体系为强分离体系，熔体中形成的微相分离结构在 PFA-C$_8$ 结晶过程得以保留。PFA-C$_8$ 晶体的堆积密度可以通过热历史加以调控，等温结晶可以提供氟烷基侧链高度有序的堆积结构，从而导致 PFA-C$_8$ 相的活动能力降低。相反，通过退火处理可使氟烷基侧链堆积松散形成有序度差的相结构，从而使 PFA-C$_8$ 相的分子活动性较高。

3.4.2   弱分离体系

sPP-b-PCL 是一种中等分离强度 ($\chi N < 50$) 的嵌段高分子 [89-91]。该体系在熔融态相分离形成六角堆积的柱状形貌，其中占比小的 PP 相形成圆柱微区，被 PCL 所包围。降温过程中，sPP 先结晶 ($T_c = 80 \text{ ℃}$)，其初期结晶在圆柱微区内部发生，造成熔体结构的扰动。形貌的扰动可以通过 SAXS 散射峰的宽化和散射矢量减小加以证实。sPP 结晶完成后，熔体的结构由六角堆积柱状结构转变为伸展的结晶层状形貌。由于体系是中等分离强度，所以可观察到突围结晶。降温至 PCL 的结晶温度 (如 T_c ~41 ℃)，PCL 的结晶导致 SAXS 散射峰的宽化、强度的减弱，表明 PCL 的结晶降低了片晶的有序度。

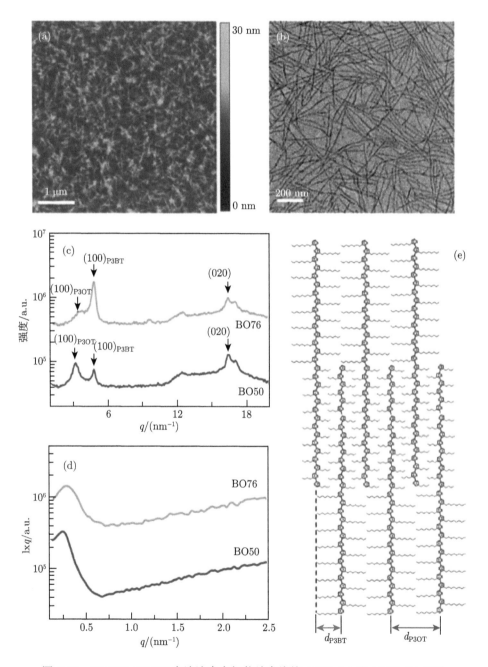

图 3.18 P3BT-b-P3OT 在溶液中自组装纳米线的 AFM (a) 和 TEM (b) 照片

sPP 结晶决定了体系的形貌, PCL 的结晶在 sPP 晶体形成的受限环境中发生。因此, PCL 的结晶动力学随着 PP 结晶温度的升高而加快。而且, 随着 PP 结晶温度的升高，PCL 晶体的熔点也升高。

随着 PP 结晶温度的提高，较厚的 PP 片晶使微相界面的横截面减小，从而导致 PCL 链段在界面法向上的大尺度拉伸。通过对比 PP 在不同结晶温度后的 SAXS 曲线可以看到，散射矢量 q 随着结晶温度的升高而减小，也就是说片层间距和 PCL 层的厚度随着结晶温度的升高而增加。这一结果说明 PP 的结晶温度越高，PCL 链更伸展。

在一步结晶过程中，从熔体淬火至低温，PP 和 PCL 链段都结晶。但是 PP 先结晶，并通过突围结晶打破了微相分离形成的结构，形成新的结晶层状形貌。随着结晶温度的降低，PCL 链段的结晶变快。这与两步结晶的情况相反。这可能是因为低温下 PP 结晶破坏微相分离结构相比两步结晶要困难得多。这样就可能造成一部分 PP 链段仍处在残留的柱状熔体形貌中。一步结晶中 PP 的结晶度也比两步结晶低，因此相比两步结晶中 PP 的规则晶层限制环境，一步结晶过程中 PP 晶体对 PCL 链段结晶的受限明显减弱。

聚左旋乳酸-b-聚己内酯 (PLLA-b-PCL) 是一种弱分离结晶–结晶嵌段高分子，其结晶结构为层状纳米结构、晶体形貌通常是球晶 [92-97]。研究不同链段比例对 PLLA-b-PCL 的结晶和形貌转变发现，PCL 链段的引入可能影响 PLLA 晶体表面的应力不平衡，而导致 PLLA 在结晶生长过程中发生扭转或弯曲，形成了周期性结构特征的环带球晶。而且，随着 PCL 链段比例的增加，环带球晶的环带宽度等发生变化。结晶温度是影响结晶结构和形貌的另一重要因素。在较低的结晶温度 ($T_c < 115\ ℃$) 条件下，PLLA-b-PCL 更容易形成球晶形貌。升高结晶温度，PLLA 晶体的生长速率加快，可能导致片晶应力不平衡而出现环带球晶。当结晶温度高于 $125\ ℃$，由于 PLLA 的成核变得困难，PLLA 球晶的数目明显减少，其分子链的活动能力增强，很难形成环带球形。

以三重结晶为特点的 ABC 型三嵌段三元聚合物 (terpolymer) 引入第三个结晶组分使体系的结晶行为和结构更加复杂 [97-101]。Palacios 等 [102] 研究 PEO-b-PCL-b-PLLA 三嵌段三元共聚物的分布结晶条件下的结晶和结构，发现一种纳米尺度的三层组装结构，由交替的 PEO、PCL 和 PLLA 晶层，以及晶层间非晶层交替排列组成，如图 3.19 所示。当温度在 PEO 和 PCL 熔点之上时，体系与两嵌段高分子 PCL-b-PLLA 一样都是两层结构。当 PCL 和 PEO 链段发生结晶，新的晶层在 PLLA 结晶框架内形成交替的复杂结构。

溶剂相互作用可用于控制结晶–结晶嵌段高分子链段的结晶顺序，从而调控结晶结构。各链段分子量为 1×10^4 g/mol 的 PEO-b-PCL 共聚物，甲苯和乙酸乙酯可促进 PEO 的成核，使其先发生结晶。而丙酮、氯仿、甲酸乙酯和甲基乙基酮等溶剂则促进 PCL 先成核。但是，让共聚物经熔融过程可消除溶剂的诱导效应，PCL 一直先结晶，这也进一步证明了容积可以改变链段的结晶顺序。

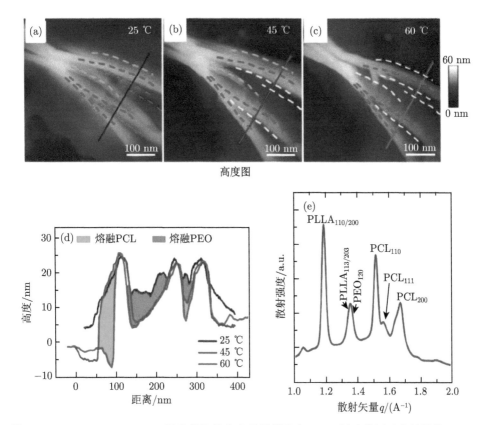

图 3.19 PEO-PCL-PLLA 三嵌段共聚物分步结晶样品在 25 ℃测试的原子力显微镜 (AFM) 高度图 (a),随后升温至 45 ℃(b) 和 60 ℃(c) 的 AFM 高度图。图中蓝色虚线标注区为 PEO 晶层,绿色虚线标注区为 PCL 晶层,红色虚线标注为 PLLA 晶层,黄色虚线标注区为 PEO/PCL 熔体区。(d) 为 (a)、(b)、(c) 中箭头标注方向的高度差的变化。(e) 是结晶样品在室温下的广角 X 射线散射 (WAXS) 结果,证明了 PEO、PCL、PLLA 晶体的存在

   PCL-b-PLLA 熔体部分相容,属于弱分离体系 [103-106]。调整链段比例和分子量,PCL-b-PLLA 熔体可能发生相分离形成层状的微相分离结构。通常 PCL-b-PLLA 熔体是均匀的,降温过程中 PLLA 结晶形成层状结构,并影响 PCL 的结晶行为和形貌。有研究报道 PCL-b-PLLA 中 PLLA 链段发生结晶存在一个最小的分子量 ($\sim 1 \times 10^3$ g/mol)。大于最小分子量的 PLLA 的结晶度和熔点随着分子量的增加而增加,与共聚物的链段比例无关。PLLA 的结晶对 PCL 的结晶具有明显的抑制作用 [107-109]。

   链段比例影响 PCL-b-PLLA 的形貌和结晶动力学 [110-112]。由于熔体相容或部分相容,PCL 在 PLLA 相中对 PLLA 链起到稀释作用,因此 PLLA 的结晶度和熔点会随着 PCL 含量的增加而降低。同时,PLLA 的结晶速率相比均聚物减慢。随

着 PLLA 含量的增加，PCL 的结晶速率会明显减慢、过冷度大大增加。当 PCL 的含量低于 40% 时，出现了分级结晶。其 Avrami 指数 $n=1$，说明是均相成核。PCL 的结晶受限，发生在 PLLA 晶片之间。尽管 PLLA 不能促进 PCL 的结晶动力学，但是 PLLA 晶体对 PCL 的结晶具有成核作用。

PLLA 的含量很高时，形成完整的球晶。随着含量减少，"十" 字消光图案发散。当含量减至 10% 时，球晶转变为轴对称结构 (axialities)。PCL 的结晶不能宏观上改变 PLLA 结晶形成的形貌，但双折射有影响。这说明，PLLA 的结晶决定了嵌段高分子的形貌。

PCL-b-PLLA 在溶液中的单晶结构也与链段比例和结晶温度有关。PCL-b-PLLA 在稀溶液中形成切角的菱形 PLLA 单晶。随着结晶温度的升高，片晶形貌发生从六边形到纺锤形转变。经过两步结晶，小的、流苏状的 PCL 晶体在 PLLA 片晶之上或附近生长。

Liénard 等 [113] 报道一种环状 C-(PCL-b-PLLA) 嵌段高分子，并对比线型 PCL-b-PLLA 的非等温结晶行为和形貌。C-(PCL-b-PLLA) 是双结晶的，但是 DSC 非等温过程在降温和升温过程中观察不到双结晶现象。缓慢降温或等温结晶可以观察到双结晶现象。在 100 ℃ 等温结晶，PLLA 形成错位的球晶形貌。在 30 ℃ 等温，PCL 的结晶引起球晶的双折射强度的变化。

3.4.3　相容体系

对于相容或弱分离的结晶–结晶嵌段高分子，由于结晶主导自组织机制 (self-organizing mechanism)，通常形成交替的结晶层状结构。而且，相容的嵌段高分子体系结晶一般可以观察到球晶形貌。

PEO-b-PCL 熔体完全相容，而且两个链段由于结晶温度相近可发生分步结晶或同步结晶。因此，结晶次序与链段比例、链段分子量和分子量的形态有关。比如，当 PCL 的链段比例较大时，PCL 链段易于先发生结晶，之后 PEO 结晶。反之亦然。如果一种组分的链长太短，它将难以结晶。

Jiang 等 [114] 采用同步发射在线研究 PEO-b-PCL 嵌段高分子受限片晶的生长，发现短的链段结晶的发生时间相比长的链段要来得迟，而最终的片晶结构由所有链段结晶决定。由于 PEO 和 PCL 链段具有良好的相容性，且其 T_{ODT} 温度较低，造成片晶形成之前体系内部的微区是相关的，而不是孤立的区域。

聚左旋乳酸-b-聚环氧乙烷 (PLLA-b-PEO) 是一种典型的相容性结晶–结晶嵌段高分子。两组分在熔融态是相容的，PLLA 链段的结晶通常在均一的熔体中发生。PLLA 和 PEO 的结晶温度和熔点悬殊，二者的结晶是分步发生的。PLLA 链段先结晶，进而影响微相分离结构和 PCO 链段的结晶。为了理解其结构及结构转变行为，采用不同的结晶路径研究 PLLA 和 PEO 链段的结晶结构。一是采用对称的嵌段高分子 PLLA-b-PEO(分子量均为 5×10^3 g/mol) 经 180 ℃完全熔融后，降温至 40 ℃等温处理。PLLA 链段在降温过程中已经发生结晶，并驱动体系发生微相分离，因此 PEO 链段的结晶发生在 PLLA 晶层之间的区域。由于 PEO 的结晶是硬受限，所以它很难覆盖 (overwrite) 之前形成的结构。SAXS 结果表明 PLLA 和 PEO 分步结晶过程发生结构转变为从层状结构到新的层状的结构。另一种结晶路径是控制 PLLA 的结晶结构，然后研究其对 PEO 结晶行为和结构的影响。首先 PLLA 在 100 ℃完成熔融结晶，其长周期达到 23.5 nm，高于熔融降温过程 (180～40 ℃)PLLA 的长周期 20.3 nm。然后，淬火至 40 ℃促使 PEO 链段结晶。采用 SAXS 和 WAXS 观察到 PEO 结晶过程中嵌段高分子的长周期变小、结晶强度变弱。这可能是由于微相分离和 PLLA 结晶同步发生，之后 PEO 链段结晶所致。PLLA-b-PEO 最终的形貌由 PLLA 链段的结晶和嵌段高分子的微相分离决定，而非 PLLA 组分的玻璃化转变。

Yang 等 [115] 采用两步结晶的方法研究对称的聚左旋乳酸-b-聚乙二醇 PLLA-b-PEG(其中 PLLA 和 PEG 链段的分子量分别为 4.9×10^3 g/mol、5×10^3 g/mol) 嵌段高分子的结构和形貌。首先将均一的 PLLA-b-PEG 熔体降温至 110 ℃，PLLA 链段结晶，然后降温至 30 ℃，PEG 链段结晶，如图 3.20(A) 所示。通过 SAXS 在线跟踪结构演变发现，PLLA 在 110 ℃等温 12 min 后出现一个散射峰，其强度随着时间不断增强，如图 3.20(B) 和 (C) 所示。之后，又出现一个小的散射峰，见图 3.20(B)。PLLA 链段结晶过程中，PEG 组分被排挤出 PLLA 的晶区，导致了 PEG 链段的聚集。这部分 PEG 分子链由于连接 PLLA 链段而被限制在 PLLA 的晶层间隙之中 (interlamellar spaces)。在 30 ℃随着 PEG 链段的结晶，PLLA 层状结构的长周期从 23.1 nm 减小至 20.0 nm，见图 3.20(D)。但是，由于 PEO 结晶的硬受限，PLLA 的球晶形貌并没有受其影响。

Gowd 等 [116] 研究 PLLA-b-PEG-b-PLLA 三嵌段高分子 (数均分子量 1.85×10^4 g/mol，其中 PEG 链段数均分子量 6×10^3 g/mol) 的冷结晶行为，其 DSC 曲线只有一个 T_g，约 –32 ℃，说明 PLLA 和 PEG 链在分子层面上是相容的，PEG 对 PLLA 具有强增塑作用导致其 T_g 降至 –32 ℃。采用 WAXS 和 SAXS 跟踪熔融淬火 PLLA-b-PEG-b-PLLA 在 –40 ℃到 170 ℃升温过程中的结晶，在整个过程中没有观察到 PEG 链结晶，见图 3.21(a) 和 (b)。在约 –20 ℃时，WAXS 开始出现散射峰，但是不同于通常的非晶或结晶峰的形式，如图 3.21(a) 所示。借助变温红外光谱 (FTIR) 可以确定出现的新的相可归属为 PLLA 的中介相，如图 3.21(c) 所示。这说明 PLLA 链段的运动 (segmental mobility) 激发了嵌段高分子中非晶向中介相的转变。对应的 SAXS 曲线基本没有变化，说明即使形成了 PLLA 中介相，但是体系并没有发生微相分离。继续升温，约 70 ℃时，PLLA 的中介相转变为 α 结晶相 (图 3.21(d))，同时对应的 SAXS 出现一个宽的散射峰，说明 PLLA 的结晶导致层状结构的形成。

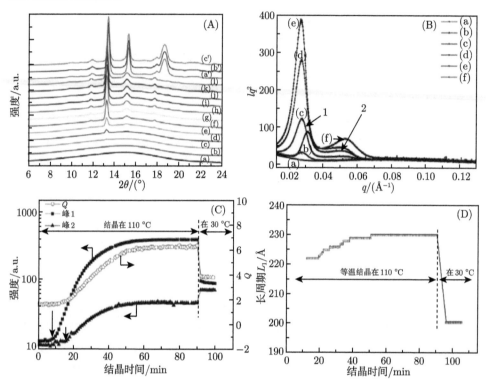

图 3.20 (A) PLLA-b-PEG 在 110 ℃((a)-(k)：0 min、5 min、10 min、15 min、19 min、28 min、35 min、45 min、50 min、60 min、120 min) 和 30 ℃((a′)~(c′)：3 min、10 min、30 min) 等温结晶过程的时间分辨 WAXS 结果；(B) PLLA-b-PEG 在 110 ℃((a)~(e)：0 min、12 min、25 min、40 min，90 min) 和 30 ℃((f)：10 min) 不同结晶时间对应的 Lorentz 修正的一维 SAXS 曲线；(C) SAXS 曲线中峰 1 和峰 2 的强度和 Q 值 (invariant) 随结晶温度和时间的变化；(D) SAXS 计算得到的长周期的变化

　　PLLA-PEO 或 PLLA-PEG 两、三嵌段高分子的研究很多，然而目前还不清楚 PLLA 链段的结晶和玻璃化转变是否是最终形貌和长周期变化的控制因素，PLLA 的中介相的形成条件、其向结晶相转变的特征以及对长周期的影响也需要深入的研究。

　　PEO-b-PCL 两链段都结晶通常形成交替的晶层排列结构 [117-119]。同时，与均聚物相比，PEO 和 PCL 的结晶度和熔点都降低，这与嵌段高分子熔体的相容性有关。由于二者在熔融时完全相容，先结晶的形成分离的形貌，另一链段在其中结晶可能受限，于是可能发生分级结晶。链段结晶温度的下降与 PEO 和 PCL 链段相容造成的稀释有关。Bogdanov 等 [120] 研究 PEO-b-PCL(20%：80%) 等温结晶动力学，发现 PCL 的结晶温度比 PEO 的高，PCL 的结晶速率和 Avrami 指数与均聚物相近。但是，PEO 链段的 Avrami 指数接近 2，这可能是先结晶的 PCL 晶体限制了 PEO 的结晶，使其在 PCL 晶体表面二维层状生长所致。

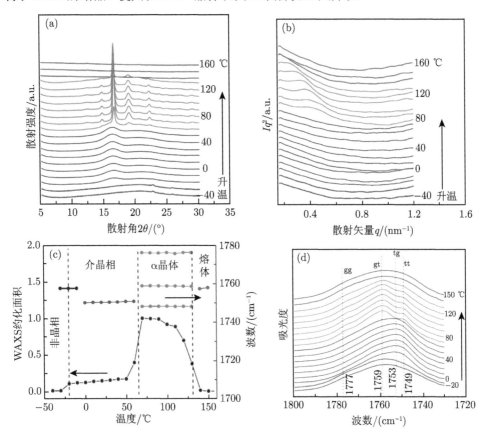

图 3.21　非晶 PLLA-b-PEG-b-PLLA 三嵌段共聚物以 10 ℃/min 从 −40 ℃到 160 ℃升温过程中的 (a)WAXS 和 (b)SAXS 结果。(a) 中 0 ℃以下在 22.8°、25.8° 的两个散射峰是水晶体的散射峰。(c) 是由 WAXS 计算的约化面积 (黑色圆点标记)、红外波数 (彩色圆点标记) 对温度的变化。(d) 非晶三嵌段共聚物以 10 ℃/min 从 −20 ℃到 170 ℃升温过程中羰基 C＝O 伸缩振动区域的红外吸收光谱

　　由 PEO 和 PCL 链段组成的 AB 或 ABA 嵌段高分子结晶形成球晶。在球晶内部，PEO 和 PCL 分别在各自晶格中有序排列，没有观察到共晶或混合晶。由于 PEO 和 PCL 链段相容，所以先结晶的组分驱动微相分离并决定相分离结构。偏光显微镜可以观察到结晶生长过程双折射的变化。在 PEO 和 PCL 比例相近的体系中，可以观察到双同心球晶形貌，这可能是由于 PEO 和 PCL 晶体生长速率的差异引起的 [121-123]。

　　PEO-b-PCL 在溶液中结晶可形成单晶或环带球晶。通过改变溶液的浓度、溶剂挥发速度，可形成不同的球晶形貌，如无双折射、半双折射同心圆环球晶、"十"字消光环带球晶、树枝晶等。

　　Voet 等 [124] 研究不同组成比例的 PLLA-b-PVDF-b-PLLA，发现熔融态的 PLLA 和 PVDF 链段是相容的。$PLLA_{24}$-b-$PVDF_{52}$-b-$PLLA_{24}$(下标为对应链段的分子量，单位 10^3 g/mol) 在降温过程中，PVDF 首先在 140 ℃结晶、PLLA 在 125 ℃结晶，形成交替的层状形貌。与对应的均聚物相比，PVDF 链段的结晶速率和结晶度与相同分子量的均聚物基本相同，而与组成比例关系不大，说明 PVDF 链段的结晶基本不受 PLLA 链段的影响。然而，PLLA 链段的结晶速率和结晶度则显著依赖于嵌段高分子的组成比例。同时，在对称的嵌段高分子中，由于 PVDF 晶体的存在导致 PLLA 的结晶速率显著加快，表明 PVDF 晶体对 PLLA 具有成核剂作用。然而在 PLLA 含量较低 (27%) 的非对称嵌段高分子中，由于受限结晶和分级结晶 (fractionated crystallization) 导致 PLLA 的结晶速率变慢。由于相容的非晶 PVDF 分子链的干扰和 PVDF 晶体层间区域的限制导致 PLLA 链段的结晶度比 PLLA 均聚物低。PVDF 的球晶形貌受到组成比例的影响，随着 PLLA 含量的增加，PVDF 球晶变得不规则。PLLA 分布在非晶 PVDF 区域之间、PVDF 晶层之间，它的结晶对 PVDF 的球晶形貌影响不大，球晶双折射图样的亮度和颜色稍有变化。

　　P3HT-b-PEG 嵌段高分子对研究自组装行为和有机–无机杂化材料应用具有重要价值。P3HT 链段的分子量为 1.14×10^4 g/mol，熔点在 215~222 ℃，低于均聚物的熔点 (237.3 ℃)。PEG 分子链的熔点随着链长的增加而升高。

　　PEO-b-PLLA 是一种相容体系，其结晶行为和结构与链段组成和结晶条件相关。PLLA 和 PEO 可以依次结晶，形成各自的结晶结构。PEO-b-PLLA 不能形成共晶。由于 PLLA 的结晶温度在 PEO 的熔点之上，由 PLLA 结晶驱动微相分离形成层状分离结构，影响到之后 PEO 的结晶行为和结构。由于 PEO 链段和 PLLA 链段相容或部分相容导致 PLLA 链段的稀释，PLLA 的成核密度和结晶度会降低。但随着结晶温度的提高，PLLA 链段的结晶度升高。PLLA 晶体可以促进 PEO 链段的结晶。当 PLLA 链段长度减小时，PEO 的结晶速率将加快。Xue 等采用同步 SAXS/WAXS 研究对称 PEO-b-PLLA 中每个链段的等温结晶，SAXS 散射峰的强度在 T_c=100 ℃随着结晶时间的延长而增强，长周期缓慢增加。PLLA 链段结晶完全之后，降温至 40 ℃等温，PEO 发生结晶。随后观察到长周期的减小和散射峰强度的减弱。PEO 的结晶发生在 PLLA 的硬受限环境中。因此，体系形成交替排列的 PLLA/PEO 层 [125,126]。

　　PLLA 链段的结晶影响 PEG-b-PLLA 微相分离和结晶行为。无论是两步等温结晶，还是非等温结晶，PLLA 结晶驱动微相分离，并限制 PEG 链段结晶。PLLA

结晶温度和结晶度随着降温速率的减慢而增加。而且，这一过程的降温速率还影响到 PEG 的结晶行为。随着降温速率的减小，PEG 的结晶温度提高，且出现两个放热峰。这说明微相分离诱导形成不同的 PEG 微区，并因此出现了 PEG 分级结晶。Yang 等[120] 研究结晶温度对微相分离和结晶结构影响发现，PLLA 的长周期随着结晶温度的升高而增加，并出现两个 SAXS 散射峰。第一个峰对应着 PLLA 的片晶结构，第二个则对应 PLLA 结晶导致的微相分离结构。随着 PLLA 结晶的发生，PEG 链段被排挤在 PLLA 晶体生长前沿之外，于是 PEG 微区的尺寸不断增加。PEG 区被 PLLA 晶体包围，对第二个 SAXS 散射峰的强度有贡献。随着 PLLA 结晶的发生，长周期变化有两种可能的机制：一是 PLLA 晶体导致 PLLA 非晶相的伸展；二是 PLLA 结晶诱导相分离导致 PEG 非晶相体积的增加[127]。

SAXS 散射峰的相对强度随着 PEG 链段结晶发生明显变化。第二个散射峰的强度变得大于第一个散射峰的强度，且第一个散射峰对应的散射矢量变大。这说明 PEG 片晶位于 PLLA 晶层之间。同时，WAXS 显示 PEG 结晶之后的 PLLA 晶体发生了晶型转变，形成了更多稳定的 α 晶体[128]，导致 PLLA 晶体结构 α'-α 转变的机制目前还不清楚。

PEO-b-PLLA 的链段组成比例影响其成核和结晶行为。PLLA 的体积分数 $f \geqslant$ 80% 时，PEO 链段由于受到较强的受限而发生分级结晶。PEO 区是独立的，其中没有异相物质存在。当 PLLA 比例在 50%~71% 时，先结晶的 PLLA 晶体对 PEO 结晶具有成核作用。同时，PLLA 结晶过程中，PEO 是熔融的，非晶的 PEO 塑化 PLLA，有利于 PLLA 链段的运动，而且对 PLLA 结晶具有成核作用。PLLA 增强的成核作用来自于熔融 PEO 相的非均质性。PEO-b-PLLA 的微观结构强烈地依赖于链段比例和结晶温度，可形成球晶、树枝晶等形貌。

由于 PEG-b-PLLA 在熔融时两嵌段是相容的，PEG 的结晶不能改变由 PLLA 结晶形成的形貌，但是 PEG 结晶仍影响到体系的微观结构。如球晶的双折射和亮度随着 PEG 结晶发生了变化。这是因为 PEG 的结晶发生在 PLLA 的片晶之间、晶束之间所致，如图 3.22 所示。通过 AFM 可以观察形貌在纳米尺度上的特征，包括片晶厚度、晶体的生长模式。在对称的 PEG-b-PLLA 共聚物中，Yang 等认为 PLLA 晶体生长模式是侧立 (edge-on)，而 PEO 晶体生长为平躺 (flat-on)[128]。

薄膜中的结晶结构和形貌与本体不同。在 PLLA-b-PEO 薄膜中，PLLA 形成菱形单晶。当 PEO 含量在 29%~50% 时，菱形结构很完整。降低 PEO 的含量，PLLA 单晶出现错位。较大体积分数的熔融 PEO 对于 PLLA 结晶具有稀释作用，所以 PEO 可以影响 PLLA 的结晶形貌。PEO 在 30 ℃结晶之后，形貌受到链段比例的影响。PEO 含量 50% 的共聚物形成中心为 PLLA 菱形晶体，外围为沿着 PLLA 晶体生长的 PEO 树枝状晶体的形貌，如图 3.23 所示。PEO 的含量为 33% 时，显微

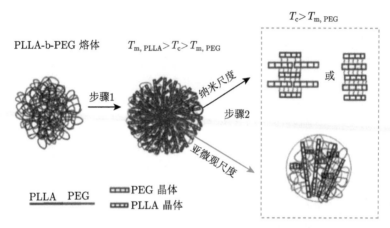

图 3.22　PLLA-b-PEG 结晶–结晶嵌段高分子的两步结晶和结构示意图

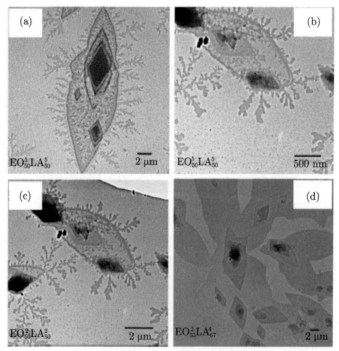

图 3.23　PEO-b-PLLA 薄膜的结晶形貌 TEM 照片

EO、LA 分别表示 PEO、PLLA 链段，下标表示组成比例，上标表示分子量，单位为 10^3g/mol

镜观察不到 PEO 晶体，但是电子散射可以证明 PEO 晶体的形成[129]。

Jiang 等[65,130] 研究了不同链段比例的 PLLA-b-PEO 的微相分离和结晶及动力学。研究发现，对于对称的 PEO-b-PLLA 两个链段可发生分步结晶[130]。PLLA

的结晶驱动微相分离导致 PEO 被排挤在 PLLA 的晶片之间、晶束之间, 并影响同步的 PLLA 的结晶行为。图 3.24 和图 3.25 分别跟踪 PLLA 和 PEO 链段的结晶过程, 可以看到 PLLA 和 PEO 的结晶相互影响, 二者结晶形成层-层结构。在 100 ℃ 等温过程 (图 3.24), 只有 PLLA 链段结晶, 但是 SAXS 出现了散射峰的宽化, 在 0.069 nm^{-1} 处有一个弱的散射峰, 表明 PEO 链段的影响。而在 40 ℃ 等温过程 (图 3.25), PLLA 链段也发生了结晶, 但是晶体的堆积结构受到 PEO 结晶的影响。根据 SAXS 结果的变化 (图 3.25(a')), 可以看到 PEO 的结晶主导了嵌段高分子的最终形貌, 即 PEO 的结晶突破了 PLLA 结晶所形成的形貌。

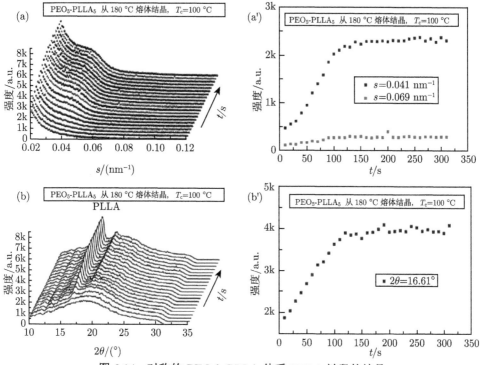

图 3.24　对称的 PEO-b-PLLA 体系 PLLA 链段的结晶

基于 PEO、PCL、PLLA 制备的 ABCA 三嵌段高分子、ABCBA 五嵌段高分子等多嵌段高分子的结晶和形貌也有报道 [131-134]。这些材料在生物医药领域有潜在的应用, 如生物降解、水溶液自组装、药物缓释等。由于这些多嵌段高分子具有两亲性, 所以可形成胶束结构。同时, 以 PEO-b-PCL-b-PLLA 三嵌段高分子为模板, 可以制备多种纳米结构, 如酚醛树脂以 PEO-b-PCL-b-PLLA 的形貌为模板获得了双连续螺旋、六角堆积柱状、球形胶束结构、闭环介孔结构等。但是, 由相关的结晶和形貌方面的研究非常少。相比两嵌段高分子, 三嵌段和多嵌段高分子的结晶和结构更加复杂。

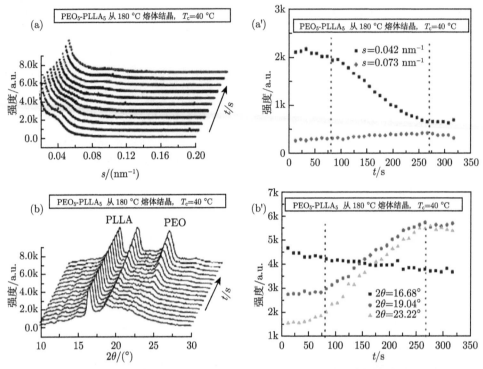

图 3.25　对称的 PEO-b-PLLA 体系 PLLA 和 PEO 链段的结晶

WAXS 研究发现，三嵌段高分子 PEO-b-PCL-b-PLLA 和五嵌段高分子 PLLA-b-PCL-b-PEO-b-PCL-b-PLLA 具有三种结晶结构，分别对应强的 PLLA 衍射峰、强的 PEO 衍射峰和弱的 PCL 衍射峰[132]。这说明三种链段都可以结晶，而且中间链段 PCL 的结晶被两端的 PLLA 和 PEO 链段所限制。但是，即使 PCL 的含量只有 13%，也能观察到结晶衍射峰。DSC 观察到 PEO 链段和 PCL 链段的熔融和结晶都是重叠的，且五嵌段高分子中 PEO-PCL 链节的结晶程度较三嵌段高分子中的要低，这是由于两端的 PLLA 链段对中间链段具有强的限制作用。有报道五嵌段高分子中的中间链段 PEO 不能结晶，且增加 PCL 链段比例，只有 PCL 链段可以结晶。

Palacios 等[135] 采用 DSC 和 WAXS 跟踪不同降温速率条件下，不同链长和比例的 PEO-b-PCL-b-PLLA(样品 PEO_{29}-PCL_{42}-$PLLA_{29}^{16.1}$，PEO_{23}-PCL_{34}-$PLLA_{43}^{19.9}$，数字下标表示各嵌段的体积分数，上标表示总的分子量，单位为 10^3g/mol) 的分步结晶，发现 DSC 以 1 ℃/min 降温、WAXS 以 5 ℃/min 降温可以清楚地区分三种链段的结晶。其中，PLLA 链段结晶温度在 72~75 ℃，PCL 在 36~42 ℃结晶，PEO 链段在 22~33 ℃结晶，如图 3.26 所示。

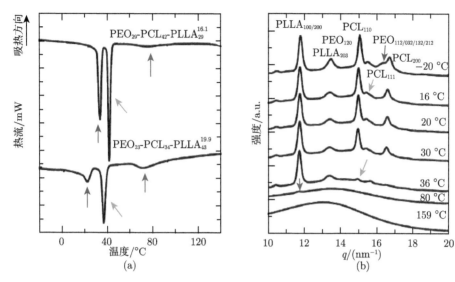

图 3.26 PEO-b-PCL-b-PLLA 的 DSC (a) 1 ℃/min 降温过程曲线和 WAXS
(b) 5 ℃/min 降温过程曲线

PEO-b-PCL-b-PLLA 中 PLLA 链段的结晶动力学很慢, 且与分子量有关。PLLA 链段分子量为 1×10^3 g/mol 时, DSC 以 10 ℃/min 降温条件下不能结晶。同时, PLLA 链段的分子量增加, 链的活动能力降低, 也不利于 PLLA 结晶。

Chiang 等 [136] 报道了 PEO-b-PCL-b-PLLA 熔体结晶行为和熔融行为。由于样品的制备方法不同, DSC 以 10 ℃/min 降温也可以观察到三种链段的分步结晶过程。PLLA 的结晶动力学很慢, 而且对分子量有依赖性, 呈现钟形 (bell-shaped) 的变化趋势。研究发现, 只有当 PLLA 的链长适当时, 它才可以发生结晶。据报道, PLLA 链段的数均分子量为 1×10^3 g/mol 时结晶较为困难, 链段长度增加 ($>4.7 \times 10^3$ g/mol), 可以观察到 PLLA 结晶相 [132,135]。但是, 随着 PLLA 分子量的增加, 其结晶能力因分子链活动能力的降低而减弱。

PEO-b-PCL-b-PLLA 薄膜的熔融结晶和溶液结晶发现, 一步熔融结晶, 在 T_c 为 90 ℃、45 ℃、−10 ℃ 分别得到平躺 (flat-on) 模式生长的 PLLA 晶体、平躺 (flat-on) 模式生长的 PCL 单晶和侧立 (edge-on) 模式生长的 PEO 单晶, 如图 3.27 所示。而且, 在 T_c 为 45 ℃、−10 ℃ 分别获得的 PCL 和 PEO 的单晶生长得不完善, 原因是 PLLA 组分的固化阻碍了其他两种组分的结晶。采用两步结晶或三步结晶, 则可以获得完善的 PCO 和 PCL 单晶, 且单晶生长受到先结晶的 PLLA 晶体的定向诱导。PLLA 链段等温结晶 (T_c = 90 ℃) 过程中, PEO 和 PCL 非晶分子链被排挤到 PLLA 单晶的表面。因此, PEO 和 PCL 链段的结晶受到 PLLA 晶体的限制, 嵌段高分子最终的形貌取决于 PLLA 链段的结晶。

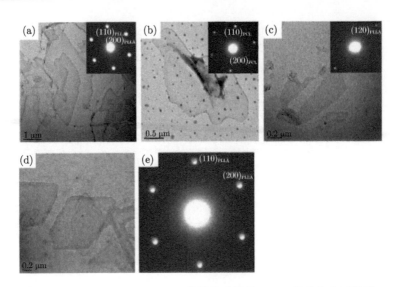

图 3.27　PEO-b-PCL-b-PLLA 薄膜熔融结晶 TEM 照片和电子散射

(a) 90 ℃；(b) 45 ℃；(c) −10 ℃；(d) 90 ℃和 45 ℃分步结晶；(e) (d) 对应的电子散射

与两嵌段高分子相似，PEO-b-PCL-b-PLLA 在熔融态是均一的，其本体熔融结晶形貌取决于 PLLA 链段的结晶。SAXS 发现室温 (~25 ℃) 和 80 ℃体系为具有长程有序的、周期性的层状微区结构。TEM 也证明了体系在淬火条件下形成层状形貌。偏光显微镜观察 PEO-b-PCL-b-PLLA 的熔融结晶形貌，发现其形貌受到 PLLA 链段组成比例的影响，如图 3.28 所示。当 PLLA 链段含量较低时，结晶形貌

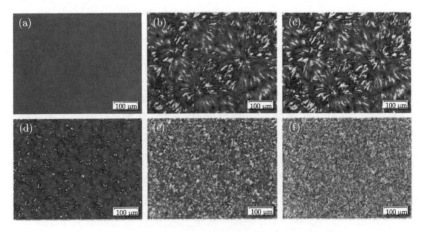

图 3.28　PEO-b-PCL-b-PLLA 在 100 ℃((a)、(d))，39 ℃((b)、(e))，
室温 ((c)、(f)) 的偏光显微镜照片

(a)、(b)、(c) 对应样品为 $PEO_{29}\text{-}PCL_{42}\text{-}PLLA_{29}^{16.1}$，(d)、(e)、(f) 对应样品为
$PEO_{23}\text{-}PCL_{34}\text{-}PLLA_{43}^{19.9}$，其中下标为链段比例，上标为数均分子量，单位 $10^3 g/mol$

为 PLLA 轴晶 (axialites)。增加 PLLA 链段含量，结晶形貌为球晶。继续降温，PEO 和 PCL 链段结晶，但是不影响形貌。混合的球晶形貌和明显的双折射的变化表明 PEO 和 PCL 链段发生了结晶。

3.5 嵌段高分子受限结晶及结晶动力学

嵌段高分子微相分离可以形成长程有序的纳米结构，根据链段的比例和性质可形成片层、圆柱、球体等结构。这些结构可以提供不同维度的受限环境，限制结晶组分的结晶。

3.5.1 硬受限环境

嵌段高分子的微相分离和受限结晶可以形成不同的长程有序的、纳米尺度的形貌结构。这些结构与嵌段高分子的链段组成及其比例有关。当结晶链段的比例较少时，在熔体中可能形成球形、圆柱形或层状纳米区，为接下来的结晶提供了不同维度的受限环境。但是，纳米区内部链段的结晶不仅受到微区受限环境的影响，而且受到微区界面局部的化学连接的限制。比如，当受限尺度小于 100 nm 时，均相成核将被抑制，或在一个方向上被抑制。当受限尺度小于 20 nm，成核将可能被完全抑制。在强受限环境中，结晶链段的结晶速率、结晶度和熔点也可能减小或减低。而且，空间的限制也可能诱导晶体在纳米区内部发生取向 [126-141]。

当非晶组分的玻璃化转变温度比结晶链段的结晶温度高时，结晶链段的结晶硬受限于非晶链段的玻璃态基质。在硬受限条件下，聚合物的分子链活动能力相比本体明显减低，导致结晶行为发生很大的变化。研究聚 4 乙烯基吡啶-b-聚己内酯 P4VP-b-PCL 中 PCL 链段的受限结晶 [137,139]，发现 P4VP-b-PCL 通过微相分离形成层状纳米结构，PCL 熔点和结晶温度在 P4VP 的玻璃化转变温度之下。其中 PCL 层厚与其链段长度有关，为 4.7~11 nm。随着 PCL 层厚的减小，结晶温度向更低的温度转移 ($T_c \sim -30\ ℃$)。这说明，PCL 链段在玻璃态 P4VP 层之间的 PCL 薄层受限环境中的结晶采取均相成核机制。当 PCL 链段体积分数较小时，P4VP-b-PCL 微相分离可以形成圆柱状纳米结构。PCL 在此受限环境中结晶时，结晶温度更低，升至难以结晶。

通过 Avrami 方程描述 PCL 链段在 P4VP-b-PCL 受限环境中的结晶动力学，发现尺寸小的区域内 PCL 的结晶 Avrami 指数 n 大约为 1，表现出指数晶体生长曲线。这也验证了 PCL 的均相成核机制。在尺寸大的区域内，PCL 的晶体生长是 S 形，$n > 1$，说明结晶采取异相成核机制。

在硬受限环境中晶体的取向依赖于成核机理和受限尺寸。均相成核相比异相成核，可以在单位体积内产生更多的晶核，所以晶体生长通常是无取向的。但是，受限环境的几何形状和尺寸可能决定晶体的取向。P4VP-b-PCL 圆柱状和层状形貌中 PCL 的晶体取向, 发现在层状形貌中 PCL 层厚大于 8.8 nm 时, 晶体片晶垂直于界面取向排列。这说明 PCL 结晶是异相成核, 晶体在 PCL 层平面方向上沿生长方向优先生长。然而, 当 PCL 层厚度小于 8.8 nm 时, PCL 晶体片晶平行于 PCL 层平面方向排列。这是由于层厚减小对垂直方向上的取向产生了限制作用。通过调控链段长度使 PCL 层的厚度减小至 6 nm 时, 成核机理由异相成核转变为均相成核, 晶体片晶的排列变得无序。在柱状形貌的 P4VP-b-PCL 中, 当 PCL 圆柱的直径大于 14.7 nm 时, PCL 片晶沿圆柱的轴向采取垂直取向排列, 原因是较大尺寸的圆柱对晶体生长的限制作用很小。当圆柱的直径小于 10 nm 时, 由于均相成核导致 PCL 片晶无序排列。

Lin 等 [142] 发现结晶温度可以明显地影响 iPP-b-PS 中 iPP 片晶的取向。在较低的结晶温度 $(T_c \leqslant 10\,℃)$ 条件下, iPP 晶体无序排列。较高的结晶温度 (15~80 ℃) 下, 在层状微区内观察到 iPP 的片晶支化形貌, 该结构由两代生长的片晶组成。第一代晶体中的晶杆垂直于层状界面排列, 而第二代片晶从第一代晶体中生长且二者形成 80° 或 100° 夹角, 如图 3.29 所示。该夹角的产生与分子外延生长的固有性质决定。

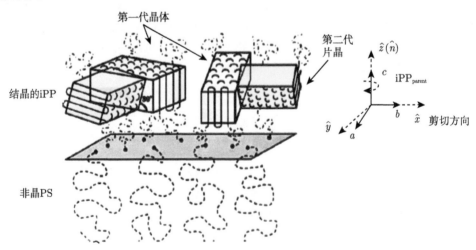

图 3.29　iPP-b-PS 第一代晶体 (parent crystal) 的垂直取向、第二代片晶 (daughter lamellae) 的生长示意图

第一代和第二代晶杆之间的夹角约 80° 或 100°

Cheng 等 [143,144] 研究 PS-b-PEO 中 PEO 晶体的取向, 发现结晶温度对于晶体取向具有重要的影响。在圆柱状 PS-b-PEO 微相分离结构中, 可以观察到三种不同的区域, 它们与 PEO 晶体取向和结晶温度有关。如图 3.30 所示, 当样品从熔

体快速淬火至 −30 ℃以下结晶，PEO 晶体在 c 轴上是无序的；当 −30 ℃< T_c < 0 ℃时，PEO 晶体的 c 轴沿着圆柱轴向倾斜的方向上取向排列，当 PEO 晶体的 c 轴和圆柱轴二者之间的夹角随着结晶温度的升高而增加；当 T_c >2 ℃时，PEO 晶体的 c 轴垂直于圆柱轴向取向。随着结晶温度的升高，晶体取向逐渐增加。PEO 晶体的取向是由 [1 2 0] 方向上 PEO 晶体生长速率最快引起的。在 PS-b-PEO 层状形貌中，随着结晶温度的变化，PEO 晶体的取向根据 PS 层法向也可以分为三类：无序、垂直、几乎平行。晶体取向从垂直到平行的变化非常突然，其对应结晶温度的变化不到 1 ℃。晶体取向的变化是由于结晶度最大化的热力学和晶体生长方向最快的动力学相互妥协的结果。

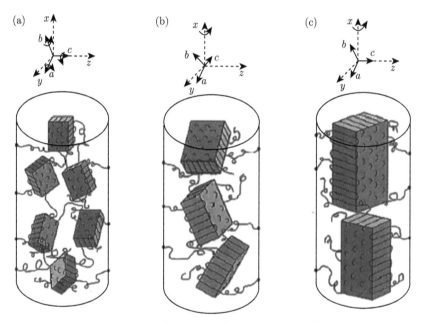

图 3.30　PS-b-PEO 圆柱形貌在不同结晶温度下 PEO 晶体的取向变化

(a) T_c < −30 ℃; (b) −30 ℃< T_c < 0 ℃; (c) T_c ⩾30 ℃

　　Nojima 等 [145] 采用邻硝基甲苯连接 PS 和 PCL 均聚物制备了 PS-b-PCL 嵌段高分子，通过光裂解调控键接基团对的作用研究键接对 PCL 链段受限结晶的影响。研究发现，键接点对结晶机理和成核机理没有影响。但是，结晶动力学变慢，PCL 的熔点降低，结晶度降低。在 PS-b-PCL 形成的柱状形貌中，PCL 的结晶动力学与 PCL 圆柱的尺寸紧密相关，较大的 PCL 圆柱内部，其结晶速率较快。这是因为链受限和间距受限总的作用影响到了产生临界晶核和分子链运动的自由能能垒，这对于 PCL 链段成核是必须的。

3.5.2　软受限环境

当嵌段高分子中,非晶组分的玻璃化转变温度比结晶链段的结晶温度低时,且结晶链段的比例较小时,结晶链段的结晶处于软受限环境。在软受限环境中,依赖于组成链段之间的分离强度。在弱分离体系中,结晶链段的结晶将破坏微相分离形成的形貌。结晶链段的结晶行为与均聚物的结晶行为相似。在强分离体系中,嵌段高分子的微相分离结构得以保留,结晶链段的结晶行为与硬受限环境下嵌段高分子的结晶行为相似。

在弱分离体系中,随着链段结晶的进行,之前形成的微相分离结构被破坏,最终形成结晶层和非晶层交替排列的层状结构。Nojima 等在 PCL-b-PB 弱分离嵌段高分子体系中通过 SAXS 观察到 PCL 结晶彻底破坏了微相分离形成的微观结构,形成层状形貌 [146]。与 PCL 均聚物相比,晶层厚度减小,说明层状形貌受 PB 链段的影响。分子量对最终微区形貌的影响是显著的。在熔融态,PCL-b-PB 可以形成柱状或球形微区结构。当嵌段高分子的 $M_n \leqslant 1.9 \times 10^4$ g/mol 时,形貌转变为层状形貌。当 $M_n \geqslant 4.4 \times 10^4$ g/mol 时,微相分离的结构在 $-20\,℃ \leqslant T_c \leqslant 45\,℃$ 得以保留。而且,PCL 的结晶度明显较低,甚至几乎为零。这说明分子量高的共聚物,当有效分离强度较大时,微相分离相比结晶对于最终的结构可能占主导。软受限环境中,突围结晶常常发生。Hsu 等 [147] 在柱状 PCL-b-PB 中,发现突围结晶过程中的两个不同的步骤。第一步是圆柱形貌的局部变形,而第二步是快速结晶产生的更严重的形态上的扰动。如果 PB 链段之间形成交联结构,PCL 链段的结晶将在微区内部发生,形貌上不会发生转变。如果 PB 链段发生交联,PCL 链段的结晶发生在 PCL 富集区的内部,就观察不到形貌转变 [148,149]。

PE-b-PP 弱分离嵌段高分子体系的微相分离结构对于结晶引起的大尺度结构的重组具有很大的阻碍 [150]。聚乙烯-b-聚乙基乙烯 (PE-b-PEE) 和聚乙烯-b-聚丙烯 (PE-b-PP) 的片层和六角堆积柱状结构因结晶而转变为层状结构,从而完全破坏了熔体的分相结构 [151,152]。熔体中微相分离的形貌都将被结晶所破坏,形成层状结构和片晶堆积的球晶。聚异戊二烯-b-聚氧化乙烯 (PI-b-PEO) 体系的 f_{PI} 在 0.25~0.92 的范围时,无论熔体的初始条件如何,经 PEO 结晶都形成层状结构 [153]。在弱分离体系中,结晶通过异相成核、晶体生长驱动熔体结构转变为层状结构,片晶堆积形成球晶。

但是,并不能认为软受限的嵌段高分子的结构是完全由结晶主导的。在强分离体系中,通过增加分子量或分离强度,可以影响嵌段高分子在软受限环境中的结晶行为和结构。熔体的分离强度和结晶速率对于最终的结构具有重要的影响。通过调控链段的分子量可调节分离强度的大小,使聚乙烯-b-聚 3-甲基-1-丁烯 (PE-b-PMB) 熔体形成 PE 六角堆积的柱状结构。高分子量的体系中,强分离的作用使 PE 的结晶被限制在柱状微区，最终的形貌不受结晶的影响。但是对于低分量的 PE-b-PMB，结晶则破坏弱分离熔体形成的结构，并主导最终的结晶形貌。

聚乙烯-b-聚 (苯乙烯–乙烯–丁烯)PE-b-PSEB 是由 PE 和苯乙烯–乙烯–丁烯无规共聚物组成的嵌段高分子。其中苯乙烯的含量占 70% 时，PS 链段和 PE 链段之间的排斥作用力很强，嵌段高分子是一个强分离体系[154]。嵌段高分子的熔体微相分离形成 BCC 格子形貌，其中 PE 球的直径为 25 nm。非晶的 PSEB 链段在 PE 的结晶过程中呈橡胶态。即使经历 PE 链段缓慢结晶，熔融态形成的微区形貌也得以保留。由于 PE 微球的直径只有 25 nm，因此结晶速率很慢，需要数小时。采用分子链段扩散受阻相关的动力学受限来解释极慢的结晶速率是很难说得通的，更可能是结晶受限在微球内部，所呈现的球形形貌是最终的形貌。嵌段高分子的受限结晶对动力学和成核机理的影响非常明显。减小分子量可以改变 PE-b-PSEB 的分离强度，在低分子量体系中可以观察到突围结晶。实验证明，突围结晶发生的程度与分子量和结晶条件相关。

通过调控分子量可以调控嵌段高分子的分离强度。改变分子量使聚乙烯-b-聚 3-甲基丁烯 PE-b-PMB 的分离强度从弱到强变化。该共聚物在熔融态可形成 PE 六棱柱堆积的柱状形貌。该体系除了可发生常见的受限结晶和突围结晶，还可以发生模板结晶[155]。模板结晶发生在分离强度适当的体系。在模板结晶中，降温过程通常保留熔融条件下形成的形貌，由于结晶导致局部错位和圆柱之间的连接。熔融态微相分离形成的圆柱引导生长的晶体，但不会限制晶体生长，因此在局部尺度上发生结构的扰动。模板结晶的动力学与受限结晶存在显著的差异。但是模板结晶在球形形貌中还没有观察到。在圆柱形貌中，偶尔的离散晶体连接圆柱，由于圆柱的长度较大，所以这种连接结构并不会明显地影响整体的结构。如果球形形貌的微区内部两个相邻微区被连接，那么整体的结构将发生显著变化。通过调控分离强度可以使 PE-b-PMB 发生受限结晶、突围结晶和模板结晶。图 3.31 给出 PE-b-PMB 结晶分区相图。当链段之间的分离强度较高时，熔体通过微相分离形成球形形貌，PE 的结晶受限在球形微区内部，该分离强度约化为 1。分离强度低于 3 时，结晶导致结构的重新排列，并主导了最终的形貌。在弱分离体系 (约化分离强度 < 1.5)，熔体形成柱状形貌，结晶导致结构重新排列。分离强度大于 4 时，熔体同样形成柱状形貌，但是 PE 结晶为受限结晶。在二者之间，则可能发生模板结晶。

中间分离强度区域结晶形成的结构取决于结晶和微相分离驱动力之间的平衡。这种情况下熔融的过渡结构既没有被完全保留也没有全部转化为一维堆积的片层，另外，随着结晶形成这一种中间态结构 (intermediate structure)。如 PEO-b-PB/PB 共混体系随着 PEO 的结晶，其球形微区发生变形形成椭球形形貌。在 PS-b-PLLA 体系中，当 PLLA 链段积在软的 PS 相中结晶观察到特殊的波浪形层状形貌。波浪的振幅和周期与微相分离的片层的取向有关。结晶诱导微区发生形变导致结构变得复杂。

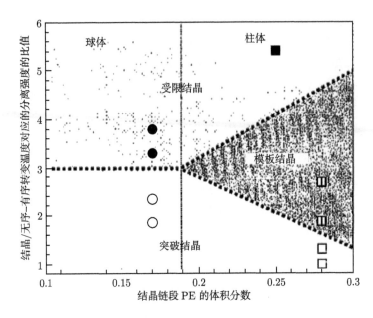

图 3.31　PE-b-PMB 软受限半结晶两嵌段高分子结晶模式分区示意图

　　结晶–结晶嵌段高分子弱分离体系 PLLA-b-PCL、PLLA-b-PEO 在熔融态时不同链段之间是相容的, 因此分步结晶过程中 PLLA 的结晶起始于均匀的无序态。这类嵌段高分子的结晶研究发现, PLLA 的结晶驱动微相分离。之后的 PCL 或 PEO 的结晶发生在 PLLA 晶体的片晶之间或晶束之间的区域, 因此 PLLA 的异相成核得以抑制。

　　同步结晶只有在两种链段的结晶温度相近时才可能发生。这类体系很少, 其中的一个体系是 PEO-b-PCL。PEO 和 PCL 的熔点和结晶温度都很相近。从均匀的熔体降温过程中, PEO 和 PCL 几乎同时发生结晶, 微相分离也随之发生。这一过程中结晶和微相分离相伴相争, 共同决定形貌。PCL 占较多体积分数的不对称 PEO-b-PCL 的结晶研究中发现, PCL 结晶初期, 部分结晶的 PCL 晶片围绕在 PEO 球形形貌周围。进一步的降温导致 PEO 圆球的结晶, 由于硬的 PCL 晶片和不同侧面连接的软的 PCL 构成了 PEO 结晶的受限环境, 导致 PEO 晶体具有一定的取向。He 等研究对称的 PEO-b-PCL 同步结晶, 观察到同心球晶和其他有趣的结晶形貌。

　　Jiang 等 [156,157] 研究 PEO-b-PCL 软纳米受限的结晶行为, 图 3.32 和图 3.33 揭示了等温过程中嵌段高分子的结构转变及动力学。研究发现, PEO 和 PCL 链段的结晶先后顺序与链段比例有关。由于 PEO 和 PCL 的链段比例悬殊, 造成低含量链段结晶困难, 而较高含量的另一链段因软受限而结晶动力学放慢。

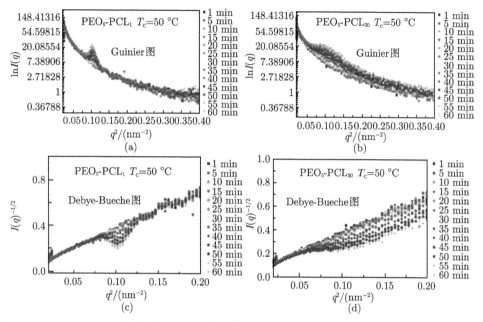

图 3.32　PEO-b-PCL 等温过程基于在线同步 SAXS 得到的 Guinier 图和 Debye-Bueche 图

　　图 3.32 基于在线 SAXS 采用 Guinier 和 Debye-Bueche 方法分析 PEO-b-PCL 在较高温度条件下微区之间的相关性和结构变化。其中 Guinier 图用于揭示体系是否存在孤立的区域 (isolated domain)，其计算方法如下：

$$\ln I\left(q\right) = \ln I\left(0\right) - \frac{q^2 R_g^2}{3}$$

其中，R_g 是回转半径，可表示孤立区域的尺寸。当 $q < 0.1$ nm^{-1} 时，回转半径可看作是单链[158]。图 3.32 可以看到，在等温过程的前 30 min，体系的结构没有变化，表明受限环境中结晶过程没有形成孤立区域。而采用 Debye-Bueche 方法分析体系内部区域的关联性，距离为 z 的相邻区域的关联可以通过 $\Gamma(z) = \mathrm{e}^{-z/\xi}$ 表示，其对应的散射强度 $I(q)$ 可以根据 SAXS 结果计算，计算公式如下：

$$\frac{1}{I\left(q\right)} = \left[\frac{1}{A} + \left(\frac{\xi^2}{A}\right) q^2\right]^2$$

式中，A 是常数；ξ 是关联长度。从图 3.32(c) 和 (d) 的斜率可以得到关联长度。在结晶过程中，长周期出现之前，PEO-b-PCL 体系没有出现相邻区域的关联。这表明，结晶前期 PEO 或 PCL 的结晶是在软受限的纳米微区内部发生的。采用 WAXS/SAXS 跟踪结晶前期的晶体生长 (图 3.33)，发现其结晶动力学存在前期逐渐加速、再变慢的过程。这也证明了 PEO 或 PCL 的结晶是受到软受限的影响。

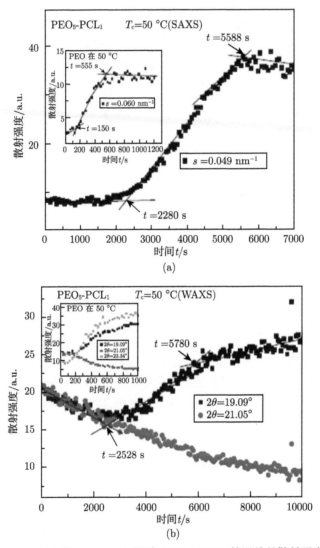

图 3.33   SAXS(a) 和 WAXS(b) 跟踪 PEO-b-PCL 等温结晶散射强度的变化

3.6   展   望

嵌段高分子的结晶行为和结构一直是高分子领域研究的热点问题。目前，嵌段高分子的结晶热力学和动力学领域中的基本问题已经基本了解。然而，随着高分子材料和纳米科技的发展，为了更深入、更准确地理解材料的性质，聚合物结晶领域的研究变得愈发重要。结晶对材料微观结构的扰动将造成纳米材料性质的显著变化，因此理解纳米受限环境内部的结晶行为和结构对于纳米器件的制备和应用具有重要价值。以嵌段高分子自组装形成的有序纳米结构为模板及应用的研究，在嵌段高分子分子链上引入共轭作用、离子作用等的相关研究，不同受限环境下的嵌段高分子的结晶和动力学，以及三相结晶嵌段高分子的结晶和结构等领域的研究，将成为新的研究热点。未来，嵌段高分子在新分子形态、新化学性质的链段、在分子内部及分子间引入特殊的作用、纳米受限环境下的结晶、结晶结构、形貌、动力学等领域的研究仍是挑战。

参 考 文 献

[1] He W N, Xu J T. Crystallization assisted self-assembly of semicrystalline block copolymers. Prog. Polym. Sci., 2012, 37: 1350-1400.

[2] Castillo R V, Müller A J. Crystallization and morphology of biodegradable or biostable single and double crystalline block copolymers. Prog. Polym. Sci., 2009, 34: 516-560.

[3] Michell R M, Müller A J. Confined crystallization of polymeric materials. Prog. Polym. Sci., 2016, 54: 183-213.

[4] Hadjichristidis N, Pitsikalis M, Iatrou H. Synthesis of block copolymers. Adv. Polym. Sci., 2005, 189: 1-124.

[5] Mai Y, Eisenberg A. Self-assembly of block copolymers. Chem. Soc. Rev., 2012, 41: 5969-5685.

[6] Darling S B. Directing the self-assembly of block copolymers. Prog. Polym. Sci., 2007, 32: 1152-1204.

[7] Lodge T P. Block copolymers: Past successes and future challenges. Macromol. Chem. Phys., 2003, 204: 265-273.

[8] Semenov A N. Theory of diblock-copolymer segregation to the interface and free surface of a homopolymer layer. Macromolecules, 1992, 25(19): 4967-4977.

[9] Leibler L. Theory of microphase separation in block copolymers. Macromolecules, 1980, 13(6): 1602-1617.

[10] Bates F S, Fredrickson G H. Block copolymersddesigner soft materials. Phys. Today, 1999, 52(2): 32-38.

[11] Hamley I W, Castelletto V, Castillo R V, Müller A J, Martin C M. Crystallization in poly(L-lactide)-b-poly(epsilon-caprolactone) double crystalline diblock copolymers: A study using X-ray scattering, differential scanning calorimetry, and polarized optical microscopy. Macromolecules, 2005, 38: 463-472.

[12] Nojima S, Kato K, Yamanoto S, Ashida T. Crystallization of block copolymers. 1. Small-angle X-ray scattering study of an epsilon-caprolactone butadiene diblock copolymer. Macromolecules, 1992, 25: 2237-2242.

[13] Huang S Y, Jiang S C, An L J, Chen X S. Crystallization and morphology of

poly(ethylene oxide-b-lactide) crystalline–crystalline diblock copolymers. Journal of Polymer Science, Part B: Polymer Physics, 2008, 46: 1400-1411.

[14] Huang S Y, Li H F, Jiang S C, Chen X S, An L J. Morphologies and structures in poly(L-lactide-b-ethylene oxide) copolymers determined by crystallization, microphase separation, and vitrification. Polym. Bull., 2011, 67: 885-902.

[15] Zhou D D, Sun J R, Shao J, Bian X C, Huang S Y, Li G, Chen X S. Unusual crystallization and melting behavior induced by microphase separation in MPEG-b-PLLA diblock copolymer. Polymer, 2015, 80: 123-129.

[16] Müller A J, Balsamo V, Arnal M L. Nucleation and crystallization in diblock and triblock copolymers. Adv. Polym. Sci., 2005, 190: 1-63.

[17] Hamley I. Crystallization in block copolymers. Adv. Polym. Sci., 1999, 148: 113-137.

[18] Barthel M J, Schacher F H, Schubert U S. Poly(ethylene oxide) (PEO)-based ABC triblock terpolymers-synthetic complexity vs. application benefits. Polym. Chem., 2014, 5: 2647-2662.

[19] Rohadi A, Endo R, Tanimoto S, Sasaki S, Nojima S. Effects of molecular weight and crystallization temperature on the morphology formation in asymmetric diblock copolymers with a highly crystalline block. Polym. J., 2000, 32: 602-609.

[20] Quiram D J, Register R A, Marchand G R, Ryan A J. Dynamics of structure formation and crystallization in asymmetric diblock copolymers. Macromolecules, 1997, 30: 8338-8343.

[21] Nagarajan S, Gowd E B. Cold crystallization of PDMS and PLLA in poly(l-lactide-b-dimethylsiloxane-b-l-lactide) triblock copolymer and their effect on nanostructure morphology. Macromolecules, 2015, 48: 5367-5377.

[22] He C L, Sun J R, Deng C, Zhao T, Deng M X, Chen X S, Jing X B. Study of the synthesis, crystallization, and morphology of poly(ethylene glycol)-poly(ε-caprolactone) diblock copolymers. Biomacromolecules, 2004, 5: 2042-2047.

[23] Hamley I W, Fairclough J P A, Terrill N J, Ryan A J, Lipic P M, Bates F S, Towns-Andrews E. Crystallization in oriented semicrystalline diblock copolymers. Macromolecules, 1996, 29: 8835-8843.

[24] Sun J, Hong Z, Yang L, Tang Z, Chen X, Jing X. Study on crystalline morphology of poly(l-lactide)-poly(ethylene glycol) diblock copolymer. Polymer, 2004, 45: 5969-5977.

[25] He C, Sun J, Ma J, Chen X, Jing X. Composition dependence of the crystallization behavior and morphology of the poly(ethylene oxide)-poly (ε-caprolactone) diblock copolymer. Biomacromolecules, 2006, 7: 3482-3489.

[26] Voet V, Alberda van Ekenstein G, Meereboer N L, Hofman A H, Brinke G, Loos K. Double-crystalline PLLA-b-PVDF-b-PLLA triblock copolymers: Preparation and crystallization. Polym. Chem., 2014, 5: 2219-2230.

[27] Zhu L, Cheng S Z D, Calhoun B H, Ge Q, Quirk R P, Thomas E L, Hsiao B S. Lotz B. Phase structures and morphologies determined by self-organization, vitrification, and crystallization: Confined crystallization in an ordered lamellar phase of PEO-b-PS diblock copolymer. Polymer, 2001, 42: 5829-5839.

[28] Douzinas K C, Cohen R E. Chain folding in ethylene-butylene-ethylethylene semicrystalline diblock copolymers. Macromolecules, 1992, 25: 5030-5035.

[29] Castillo R V, Müller A J, Raquez J M, Dubois P. Crystallization kinetics and morphology of biodegradable double crystalline PLLA-b-PCL diblock copolymers. Macromolecules, 2010, 43: 4149-4160.

[30] Li S, Myers S B, Register R A. Solid-state structure and crystallization in doublecrystalline diblock copolymers of linear polyethylene and hydrogenated polynorbornene. Macromolecules, 2011, 44: 8835-8844.

[31] Abetz V, Simon P F W. Phase behaviour and morphologies of block copolymers. Adv. Polym. Sci., 2005, 189: 125-212.

[32] Rohadi A, Endo R, Tanimoto S, Sasaki S, Nojima S. Effects of molecular weight and crystallization temperature on the morphology formation in asymmetric diblock copolymers with a highly crystalline block. Polym. J., 2000, 32: 602-609.

[33] Cheng L, Hu C L, Li J Q, Huang S Y, Jiang S C. Stereocomplex-affected crystallization behavior of PDLA in PDLA/PLDLA blends. CrystEngComm, 2019, 21: 329-338.

[34] Rangarajan P, Register R A, Fetters L J. Morphology of semicrystalline block copolymers of ethylene-(ethylene-alt-propylene). Macromolecules, 1993, 26: 4640-4645.

[35] Rangarajan P, Register R A, Fetters L J. Morphology of semicrystalline block copolymers of ethylene-(ethylene-alt-propylene). Macromolecules, 1993, 26: 4640-4645.

[36] Ho R M, Lin F H, Tsai C C, Lin C C, Ko B T, Hsiao B S, Sics I. Crystallization induced undulated morphology in polystyrene-b-poly(L-lactide) block copolymer. Macromolecules, 2004, 37: 5985-5994.

[37] Boissé S, Kryuchkov M A, Tien N D, Bazuin C G, Prud'homme R E. PLLA crystallization in linear AB and BAB copolymers of L-lactide and 2-dimethylaminoethyl methacrylate. Macromolecules, 2016, 49: 6973-6986.

[38] Grancharov G, Coulembier O, Surin M, Lazzaroni R, Dubois P. Stereocomplexed materials based on poly(3-hexylthiophene)-b-poly(lactide) block copolymers: synthesis by organic catalysis, thermal properties, and microscopic morphology. Macromolecules, 2010, 43: 8957-8964.

[39] Maglio G, Migliozzi A, Palumbo R. Thermal properties of di- and triblock copolymers of poly(l-lactide) with poly(oxyethylene) or poly(ε-caprolactone). Polymer, 2003, 44: 369-375.

[40] Castillo R V, Müller A J. Crystallization and morphology of biodegradable or biostable single and double crystalline block copolymers. Prog. Polym. Sci., 2009, 34: 516-560.

[41] Castillo R V, Arnal M L, Müller A J, Hamley I W, Castelletto V, Schmalz H, Abetz V. Fractionated crystallization and fractionated melting of confined PEO microdomains in PB-b-PEO and PE-b-PEO diblock copolymers. Macromolecules, 2008, 41: 879-889.

[42] Liu C C, Chu W C, Li J G, Kuo S W. Mediated competitive hydrogen bonding form mesoporous phenolic resins templated by poly(ethylene oxide-b-ε-caprolactone-b-L-lactide) triblock copolymers. Macromolecules, 2014, 47: 6389-6400.

[43] Li S M, Rashkov I, Espartero J L, Manolova N, Vert M. Synthesis, characterization, and hydrolytic degradation of PLA/PEO/PLA triblock copolymers with long poly(l-lactic acid) blocks. Macromolecules, 1996, 29: 57-62.

[44] Lee W, Kim J S, Kim H J, Shin J M, Ku K H, Yang H, Lee J, Bae J G, Lee W B, Kim B J. Graft architectured rod-coil copolymers based on alternating conjugated backbone: Morphological and optical properties. Macromolecules, 2015, 48: 5563-5569.

[45] Moon H C, Bae D, Kim J K. Self-assembly of poly(3-dodecylthiophene)-block-poly (methylmethacrylate) copolymers driven by competition between microphase separation and crystallization. Macromolecules, 2012, 45: 5201-5207.

[46] Schöps M, Leist H, DuChesne A, Wiesner U. Salt-induced switching of microdomain morphology of ionically functionalized diblock copolymers. Macromolecules, 1999, 32(8): 2806-2809.

[47] Luo Y, Montarnal D, Treat N J, Hustad P D, Christianson M D, Kramer E J, Fredrickson G H, Hawker C J. Enhanced block copolymer phase separation using click chemistry and ionic junctions. ACS Macro Lett., 2015, 4 (12): 1332-1336.

[48] Ji E, Pellerin V, Rubatat L, Grelet E, Bousquet A, Billon L. Self-assembly of ionizable "Clicked" P3HT-b-PMMA copolymers: Ionic bonding group/counterion effects on morphology. Macromolecules, 2017, 50: 235-243.

[49] Yu C B, Ren L J, Wang W. Synthesis and self-assembly of a series of nPOSS-b-PEO block copolymers with varying shape anisotropy. Macromolecules, 2017, 50: 3273-3284.

[50] Rodriguez-Hernandez J, Checot F, Gnanou Y, Lecommandoux S. Toward smart nano-objects by self-assembly of block copolymers in solution. Prog. Polym. Sci., 2005, 30: 691-724.

[51] Darling S B. Directing the self-assembly of block copolymers. Prog. Polym. Sci., 2007, 32: 1152-1204.

[52] He W N, Xu J T. Crystallization assisted self-assembly of Semicrystalline block copolymers. Prog. Polym. Sci., 2012, 37: 1350-1400.

[53] Tyler C A, Qin J, Bates F S, Morse D C. SCFT study of nonfrustrated ABC triblock copolymer melts. Macromolecules, 2007, 40: 4654-4668.

[54] Meuler A J, Hillmyer M A, Bates F S. Ordered network mesostructures in block polymer materials. Macromolecules, 2009, 42: 7221-7250.

[55] Bates F S, Hillmyer M A, Lodge T P, Bates C M, Delaney K T, Fredrickson G H. Multiblock polymers: Panacea or pandora's box. Science, 2012, 336: 434-440.

[56] Liu M J, Li W H, Qiu F, Shi A C. Theoretical study of phase behavior of frustrated ABC linear triblock copolymers. Macromolecules, 2012, 45: 9522-9530.

[57] Liu M J, Li W H, Qiu F, Shi A C. Stability of the Frank-Kasper sigma-phase in BABC linear tetrablock terpolymers. Soft Matter, 2016, 12: 6412-6421.

[58] Balsamo V, Von Gyldenfeldt F, Stadler R. Superductile semicrystalline ABC triblock copolymers with the polystyrene block (A) as the matrix. Macromolecules, 1999, 32: 1226-1232.

[59] Balsamo V, Gil G, Urbina de Navarro C, Hamley I W, Von Gyldenfeldt F, Abetz V, Canizales E. Morphological behavior of thermally treated polystyrene-b-polybuta-diene-b-poly(epsilon-caprolactone) ABC triblock copolymers. Macromolecules, 2003, 36: 4515-4525.

[60] Balsamo V, Stadler R. Influence of the crystallization temperature on the microphase morphology of a semicrystalline ABC triblock copolymer. Macromolecules, 1999, 32: 3994-3999.

[61] Balsamo V, Stadler R. Ellipsoidal core-shell cylindrical microphases in PS-b-PB-b-PCL triblock copolymers with a crystallizable matrix. Macromol. Symp., 1997, 117: 153-165.

[62] Wang R Y, Wang X Y, Fan B, Xu J T, Fan Z Q. Microphase separation and crystallization behaviors of bi-phased triblock terpolymers with a competitively dissolved middle block. Polymer, 2017, 117: 140-149.

[63] Rosa C, Di Girolamo R, Auriemma F, Talarico G, Malafronte A, Scarica C, Scoti M. Controlling size and orientation of lamellar microdomains in crystalline block copolymers. ACS Appl. Mater. Interfaces, 2017, 9: 31252-31259.

[64] Boisse S, Kryuchkov M A, Tien N D, Bazuin C G, Prud'homme R E. PLLA crystallization in linear AB and BAB copolymers of l-lactide and 2-dimethylaminoethyl methacrylate. Macromolecules, 2016, 49: 6973-6986.

[65] Huang S Y, Jiang S C, Chen X S, An L J. Dendritic superstructures and structure transitions of asymmetric poly(L-lactide-b-ethylene oxide) diblock copolymer thin films. Langmuir, 2009, 25(22): 13125-13132.

[66] Chiang Y W, Huang Y W, Huang S H, Huang P S, Mao Y C, Tsai C K, Kang C, Tasi J, Su C, Jeng U, Tseng W. Control of nanostructural dimension by crystallization in a double-crystalline syndiotactic poly(4-methyl-1-pentene)-block-poly(l-lactide) block copolymer. J. Phys. Chem. C, 2014, 118: 19402-19414.

[67] Nojima S, Akutsu Y, Washino A, Tanimoto S. Morphology of melt-quenched poly (ε-caprolactone)-block-polyethylene copolymers. Polymer, 2004, 45: 7317-7324.

[68] Weiyu C, Tashiro K, Hanesaka M, Takeda S, Masunaga H, Sasaki S, Takata M. Relationship between morphological change and crystalline phase transitions of polyethylene-poly(ethylene oxide) diblock copolymers, revealed by the temperature-dependent synchrotron WAXD/SAXS and infrared/Raman spectral measurements. J. Phys. Chem. B, 2009, 113: 2338-2346.

[69] Tzeng F Y, Lin M C, Wu J Y, Kuo J C, Tsai J C, Hsiao M S, Chen H L, Cheng S Z D. Stereoregular diblock copolymers of syndiotactic polypropylene and polyesters: Syntheses and self-assembled nanostructures. Macromolecules, 2009, 42: 3073-3085.

[70] Castillo R V, Müller A J, Lin M C, Chen H L, Jeng U S, Hillmyer M A. Confined crystallization and morphology of melt segregated PLLA-b-PE and PLDA-b-PE diblock copolymers. Macromolecules, 2008, 41: 6154-6164.

[71] Castillo R V, Arnal M L, Müller A J, Hamley I W, Castelletto V, Schmalz H, Abetz V. Fractionated crystallization and fractionated melting of confined PEO microdomains in PB-b-PEO and PE-b-PEO diblock copolymers. Macromolecules, 2008, 41: 879-889.

[72] Ring J O, Thomann R, Mulhaupt R, Raquez J M, Degée P, Dubois P. Controlled synthesis and characterization of poly[ethylene-block-(L, L-lactide)]s by combining catalytic ethylene oligomerization with "coordination-insertion" ring-opening polymerization. Macromol. Chem. Phys., 2007, 208: 896-902.

[73] Lin M C,Wang Y C, Chen J H, Chen H L, Müller A J, Su C J, Jeng U S. Orthogonal crystal orientation in double-crystalline block copolymer. Macromolecules, 2011, 44: 6875-6884.

[74] Sun L, Liu Y, Zhu L, Hsiao B S, Avila-Orta C A. Pathway-dependent melting in a low-molecular-weight polyethylene-block-poly(ethylene oxide) diblock copolymer. Macromol. Rapid. Commun., 2004, 25: 853-857.

[75] Schmalz H, Knoll A, Müller A J, Abetz V. Synthesis and characterization of ABC triblock copolymers with two different crystalline end blocks: Influence of confinement on crystallization behavior and morphology. Macromolecules, 2002, 35: 10004-10013.

[76] Boschetti-de-Fierro A, Müller A J, Abetz V. Synthesis and characterization of novel linear PB-b-PS-b-PEO and PE-b-PS-b-PEO triblock terpolymers. Macromolecules, 2007, 40: 1290-1298.

[77] Hillmyer M A, Bates F S. Synthesis and characterization of model polyalkanepoly (ethylene oxide) block copolymers. Macromolecules, 1996, 29: 6994-7002.

[78] Castillo R V, Arnal M L, Müller A J, Hamley I W, Castelletto V, Schmalz H, Abetz V. Fractionated crystallization and fractionated melting of confined PEO microdomains in PB-b-PEO and PE-b-PEO diblock copolymers. Macromolecules, 2008, 41: 879-

889.

[79] Weiyu C, Tashiro K, Hanesaka M, Takeda S, Masunaga H, Sasaki S, Takata M. Rela-
tionship between morphological change and crystalline phase transitions of polyethy-
lene-poly(ethylene oxide) diblock copolymers, revealed by the temperature-dependent
synchrotron WAXD/SAXS and infrared/Raman spectral measurements. J. Phys.
Chem. B, 2009, 113: 2338-2346.

[80] Sakurai T, Nagakura H, Gondo S, Nojima S. Crystallization of poly(ε-caprolactone)
blocks confined in crystallized lamellar morphology of poly(ε-caprolactone)-blockpoly-
ethylene copolymers: Effects of polyethylene crystallinity and confinement size. Polym.
J., 2013, 45: 436-443.

[81] Ikeda H, Ohguma Y, Nojima S. Composition dependence of crystallization behavior
observed in crystalline-crystalline diblock copolymers. Polym. J., 2008, 40: 241-248.

[82] Nagarajan S, Gowd E. Cold crystallization of PDMS and PLLA in poly(L-lactide-
b-dimethylsiloxane-b-L-lactide) triblock copolymer and their effect on nanostructure
morphology. Macromolecules, 2015, 48: 5367-5377.

[83] Huang S H, Huang Y W, Chiang Y W, Hsiao T J, Mao Y C, Chiang C H, Tsai
J C. Nanoporous crystalline templates from double-crystalline block copolymers by
control of interactive confinement. Macromolecules, 2016, 49: 9048-9059.

[84] Xue L, Gao X, Zhao K, Liu J, Yu X, Han Y. The formation of different structures
of poly(3-hexylthiophene) film on a patterned substrate by dip coating from aged
solution. Nanotechnology, 2010, 21: 145303.

[85] Cui H, Yang X, Peng J, Qiu F. Controlling the morphology and crystallization of a
thiophene-based all-conjugated diblock copolymer by solvent blending. Soft Matter,
2017, 13: 5261-5268.

[86] Wu P T, Ren G, Li C, Mezzenga R, Jenekhe S. Crystalline diblock conjugated copoly-
mers: Synthesis, self-assembly, and microphase separation of poly(3-butylthiophene)-
b-poly(3-octylthiophene). Macromolecules, 2009, 42: 2317-2320.

[87] Nojima S, Higaki Y, Kaetu K, Ishige R, Ohta N, Tahahara A. Effect of molecular
mobility of pre-ordered phase on crystallization in microphase-separated lamellar mor-
phology of strongly segregated crystalline-crystalline diblock copolymers. Polymer,
2017: 403-411.

[88] Koizumi S, Tadano K, Tanaka Y, Shimidzu T, Kutsumizu S, Yano S. Dielectric relax-
ations of poly(fluoroalkyl methacrylate)s and poly(fluoroalkyl alpha-fluoroacrylate)s.
Macromolecules, 1992, 25 (24): 6563-6567.

[89] Hamley I W, Parras P, Castelletto V, Castillo R V, Müller A J, Pollet E,. Melt
structure and its transformation by sequential crystallization of the two blocks within
poly(L-lactide)-block-poly(epsilon-caprolactone) double crystalline diblock copoly-
mers. Macromol. Chem. Phys., 2006, 207: 941-953.

[90] Lin M C, Chen H L, Su W B, Su C J, Jeng U S, Tzeng F Y, Wu J Y, Tsai J C, Hashimoto T. Interactive crystallization kinetics in double-crystalline block copolymer. Macromolecules, 2012, 45: 5114-5127.

[91] Matsen M W, Bates F S. Unifying weak- and strong-segregation block copolymer theories. Macromolecules, 1996, 29: 1091-1098.

[92] Hamley I W, Parras P, Castelletto V, Castillo R V, Müller A J, Pollet E. Melt structure and its transformation by sequential crystallization of the two blocks within poly(L-lactide)-block-poly(epsilon-caprolactone) double crystalline diblock copolymers. Macromol Chem Phys, 2006, 207: 941-953.

[93] Nojima S, Akutsu Y, Washino A, Tanimoto S. Morphology of melt-quenched poly (ε-caprolactone)-block-polyethylene copolymers. Polymer, 2004, 45: 7317-7324.

[94] Castillo R V, Müller A J, Raquez J M, Dubois P. Crystallization kinetics and morphology of biodegradable double crystalline PLLA-b-PCL diblock copolymers. Macromolecules, 2010, 43: 4149-4160.

[95] Jeon O, Lee S H, Kim S H, Lee Y M, Kim Y H. Synthesis and characterization of poly(L-lactide)-poly(ε-caprolactone) multiblock copolymers. Macromolecules, 2003, 36: 5585-5592.

[96] Wang J L, Dong C M. Synthesis, sequential crystallization and morphological evolution of well-defined star-shaped poly(ε-caprolactone)-b-poly(L-lactide) block copolymer. Macromol. Chem. Phys., 2006, 207: 554-562.

[97] Maglio G, Migliozzi A, Palumbo R. Thermal properties of di- and triblock copolymers of poly(l-lactide) with poly(oxyethylene) or poly(ε-caprolactone). Polymer, 2003, 44: 369-375.

[98] Palacios J K, Mugica A, Zubitur M, Iturrospe A, Arbe A, Liu G, Wang D, Zhao J, Hadjichristidis N, Müller A J. Sequential crystallization and morphology of triple crystalline biodegradable PEO-b-PCL-b-PLLA triblock terpolymers. RSC Adv., 2016, 6: 4739-4750.

[99] Sun L, Shen L J, Zhu M Q, Dong C M, Wei Y. Synthesis, self-assembly, drug-release behavior, and cytotoxicity of triblock and pentablock copolymers composed of poly (ε-caprolactone), poly(L-lactide), and poly(ethylene glycol). J. Polym. Sci., Part A: Polym. Chem., 2010, 48: 4583-4593.

[100] Chiang Y W, Hu Y Y, Li J N, Huang S H, Kuo S W. Trilayered single crystals with epitaxial growth in poly(ethylene oxide)-block-poly(ε-caprolactone)-block-poly(L-lactide) thin films. Macromolecules, 2015, 48: 8526-8533.

[101] Zhao J, Pahovnik D, Gnanou Y, Hadjichristidis N. Sequential polymerization of thylene oxide, epsilon-caprolactone and L-lactide: A one-pot metal-free route to tri- and pentablock terpolymers. Polym. Chem., 2014, 5: 3750-3753.

[102] Palacios J K, Zhang H, Zhang B, Hadjichristidis N, Mülle A J. Direct identification

of three crystalline phases in PEO-b-PCL-b-PLLA triblock terpolymer by in situ hot-stage atomic force microscopy. Polymer, 2020, 205: 122863(1-13).

[103] Albuerne J, Márquez L, Müller A J, Raquéz J M, Degée P, Dubois P, Castelletto V, Hamley I W. Nucleation and crystallization in double crystalline poly(p-dioxanone)-b-poly(epsilon-caprolactone) diblock copolymers. Macromolecules, 2003, 36: 1633-1644.

[104] Castillo R V, Müller A J, Raquez J M, Dubois P. Crystallization kinetics and morphology of biodegradable double crystalline PLLA-b-PCL diblock copolymers. Macromolecules, 2010, 43: 4149-4160.

[105] Hamley I W, Castelletto V, Castillo R V, Müller A J, Martin C M, Pollet E, Dubois P. Crystallization in poly(L-lactide)-b-poly(ε-caprolactone) double crystalline diblock copolymers: A study using X-ray scattering, differential scanning calorimetry, and polarized optical microscopy. Macromolecules, 2005, 38: 463-472.

[106] Li S, Myers S B, Register R A. Solid-state structure and crystallization in double-crystalline diblock copolymers of linear polyethylene and hydrogenated polynorbornene. Macromolecules, 2011, 44: 8835-8844.

[107] Liénard R, Zaldua N, Josse T, Winter J D, Zubitur M, Mugica A, Iturrospe A, Arbe A, Coulembier O, Müller A J. Synthesis and characterization of double crystalline cyclic diblock copolymers of poly(ε-caprolactone) and poly(l(d)-lactide) (c(PCL-b-PL(D)LA)). Macromol. Rapid Commun., 2016, 37: 1676-1681.

[108] Peponi L, Navarro-Baena I, Báez J E, Kenny J M, Marcos-Fernández A. Effect of the molecular weight on the crystallinity of PCL-b-PLLA di-block copolymers. Polymer, 2012, 53: 4561-4568.

[109] Yan D, Huang H, He T, Zhang F. Coupling of microphase separation and dewetting in weakly segregated diblock co-polymer ultrathin films. Langmuir, 2011, 27: 11973-11980.

[110] Ho R M, Hsieh P Y, Tseng W H, Lin C C, Huang B H, Lotz B. Crystallization-induced orientation for microstructures of poly(L-lactide)-b-poly(ε-caprolactone) diblock copolymers. Macromolecules, 2003, 36: 9085-9092.

[111] Kim J K, Park D J, Lee M S, Ihn K J. Synthesis and crystallization behavior of poly(L-lactide)-block-poly(epsilon-caprolactone) copolymer. Polymer, 2001, 42: 7429-7941.

[112] Maglio G, Migliozzi A, Palumbo R. Thermal properties of di- and triblock copolymers of poly(L-lactide) with poly(oxyethylene) or poly(ε-caprolactone). Polymer, 2003, 44: 369-375.

[113] Liénard R, Zaldua N, Josse T, Winter J, Zubitur M, Mugica A, Iturrospe A, Arbe A, Coulembier O, Müller A. Synthesis and characterization of double crystalline cyclic diblock copolymers of poly(ε-caprolactone) and poly(L(D)-lactide)(c(PCL-b-PL(D)LA)). Macromol. Rapid Commun., 2016, 37: 1676-1681.

[114] Xue F F, Chen X S, An L J, Funari S S, Jiang S C. Confined lamella formation

in crystalline-crystalline poly(ethylene oxide)-b-poly(ε-acprolactone) diblock copolymers. Chinese Journal of Polymer Scicence, 2013, 31(9): 1260-1270.

[115] Yang J, Liang Y, Luo J, Zhao C, Han C C. Multilength scale studies of the confined crystallization in poly(L-lactide)-block-poly(ethylene glycol) copolymer. Macromolecules, 2012, 45: 4254-4261.

[116] Nagarajan S, Deepthi K, Gowd E B. Structural evolution of poly(L-lactide) block upon heating of the glassy ABA triblock copolymers containing poly(L-lactide) A blocks. Polymer, 2016, 105: 422-430.

[117] Yan D, Huang H, He T, Zhang F. Coupling of microphase separation and dewetting in weakly segregated diblock co-polymer ultrathin films. Langmuir, 2011, 27: 11973-11980.

[118] Jeon O, Lee S H, Kim S H, Lee Y M, Kim Y H. Synthesis and characterization of poly(L-lactide)-poly(ε-caprolactone) multiblock copolymers. Macromolecules, 2003, 36: 5585-5592.

[119] Ho R M, Hsieh P Y, Tseng W H, Lin C C, Huang B H, Lotz B. Crystallization-induced orientation for microstructures of poly(L-lactide)-b-poly(ε-caprolactone) diblock copolymers. Macromolecules, 2003, 36: 9085-9092.

[120] Bogdanov B, Vidts A, Van Den Buicke A, Verbeeck R, Schacht E. Synthesis and thermal properties of poly(ethylene glycol)-poly(ε-caprolactone) copolymers. Polymer, 1998, 39: 1631-1636.

[121] Zhu W, Xie W, Tong X, Shen Z. Amphiphilic biodegradable poly(CL-b-PEG-b-CL) triblock copolymers prepared by novel rare earth complex: synthesis and crystallization properties. Eur. Polym. J., 2007, 43: 3522-3530.

[122] Du Z X, Yang Y, Xu J T, Fan Z Q. Effect of molecular weight on spherulitic growth rate of poly(ε-caprolactone) and poly(ε-caprolactone)-b-poly(ethylene glycol). J. Appl. Polym. Sci., 2007, 104: 2986-2991.

[123] Shiomi T, Imai K, Takenaka K, Takeshita H, Hayashi H, Tezuka Y. Appearance of double spherulites like concentric circles for poly(ε-caprolactone)-block-poly(ethylene glycol)-block-poly(ε-caprolactone). Polymer, 2001, 42: 3233-3239.

[124] Voet V S D, Alberda van Ekenstein G O R, Meereboer N L, Hofman A H, Brinke Gt, Loos K. Double-crystalline PLLA-b-PVDF-b-PLLA triblock copolymers: Preparation and crystallization. Polym. Chem., 2014, 5: 2219-2230.

[125] Rashkov I, Manolova N, Li S M, Espartero J L, Vert M. Synthesis, characterization, and hydrolytic degradation of PLA/PEO/PLA triblock copolymers with short poly(l-lactic acid) chains. Macromolecules, 1996, 29: 50-56.

[126] Arnal M L, Boissé S, Müller AJ, Meyer F, Raquez J M, Dubois P, Prud'Homme R E. Interplay between poly(ethylene oxide) and poly(L-lactide) blocks during diblock copolymer crystallization. CrystEngComm, 2016, 18: 3635-3649.

[127] Yang J, Liang Y, Luo J, Zhao C, Han C C. Multilength scale studies of the confined crystallization in poly (L-lactide)-block-poly(ethylene glycol) copolymer. Macromolecules, 2012, 45: 4254-4261.

[128] Yang J, Liang Y, Han C C. Effect of crystallization temperature on the interactive crystallization behavior of poly(L-lactide)-block-poly(ethylene glycol) copolymer. Polymer, 2015, 79: 56-64.

[129] Xue F, Chen X, An L, Funari S S, Jiang S. Crystallization induced layer-to-layer transitions in symmetric PEO-b-PLLA block copolymer with synchrotron simultaneous SAXS/WAXS investigations. RSC Adv., 2014, 4: 56346-56354.

[130] Xue F F, Chen X S, An L J, Funari S S, Jiang S C. Crystallization induced layer-to-layer transitions in symmetric PEO-b-PLLA block copolymer with synchrotron simultaneous SAXS/WAXS investigations. RSC Adv., 2014, 4: 56346-56354.

[131] Guillerm B, Lemaur V, Ernould B, Cornil J, Lazzaroni R, Gohy J, Dubois P, Coulembier O. A one-pot two-step efficient metal-free process for the generation of PEO-b-PCL-b-PLA amphiphilic triblock copolymers. RSC Adv., 2014, 4: 10028-10038.

[132] Zhao J, Pahovnik D, Gnanou Y, Hadjichristidis N. Sequential polymerization of ethylene oxide, ε-caprolactone and L-lactide: A one-pot metal-free route to tri- and pentablock terpolymers. Polym. Chem., 2014, 5: 3750-3753.

[133] Hadjichristidis N, Iatrou H, Pitsikalis M, Pispas S, Avgeropoulos A. Linear and nonlinear triblock terpolymers. Synthesis, self-assembly in selective solvents and in bulk. Prog. Polym. Sci., 2005, 30: 725-782.

[134] Palacios J K, Mugica A, Zubitur M, Iturrospe A, Arbe A, Liu G, Wang D, Zhao J, Hadjichristidis N, Müller A J. Sequential crystallization and morphology of triple crystalline biodegradable PEO-b-PCL-b-PLLA triblock terpolymers. RSC Adv., 2016, 6: 4739-4750.

[135] Palacios J K, Tercjak A, Liu G M, Wang D J, Zhao J P, Hadjichristidis N, Müller A J. Trilayered morphology of an ABC triple crystalline triblock terpolymer. Macromolecules, 2017, 50: 7268-7281.

[136] Chiang Y W, Hu Y Y, Li J N, Huang S H, Kuo S W. Trilayered single crystals with epitaxial growth in poly(ethyleneoxide)-block-poly(epsilon-caprolactone)-block-poly(L-lactide) thin films. Macromolecules, 2015, 48: 8526-8533.

[137] Liu C L, Lin M C, Chen H L, Müller A J. Evolution of crystal orientation in one-dimensionally confined space templated by lamellae-forming block copolymers. Macromolecules, 2015, 48(13): 4451-4460.

[138] Chung T M, Wang T C, Ho R M, Sun Y S, Ko B T. Polymeric crystallization under nanoscale 2D spatial confinement. Macromolecules, 2010, 43(14): 6237-6240.

[139] Lutkenhaus J L, McEnnis K, Serghei A, Russell T P. Confinement effects on crystallization and Curie transitions of poly(vinylidene fluoride-co-trifluoroethylene). Macro-

molecules, 2010, 43(8): 3844-3850.

[140] Nakagawa S, Kadena K, Ishizone T, Nojima S, Shimizu T, Yamaguchi K, Nakahama S. Crystallization behavior and crystal orientation of poly(ε-caprolactone) homopolymers confined in nanocylinders: Effects of nanocylinder dimension. Macromolecules, 2012, 45(4): 1892-1900.

[141] Nakagawa S, Tanaka T, Ishizone T, Nojima S, Kakiuchi Y, Yamaguchi K, Nakahama S. Crystallization behavior of poly(ε-caprolactone) chains confined in nanocylinders: Effects of block chains tethered to nanocylinder interfaces. Macromolecules, 2013, 46(6): 2199-2205.

[142] Lin M C, Chen H L, Lin W F, Huang P S, Tsai J C. Crystallization of isotactic polypropylene under the spatial confinement templated by block copolymer microdomains. J. Phys. Chem. B, 2012, 116(40): 12357-12371.

[143] Hsiao M, Zheng J, Van Horn R P, Quirk R M, Thomas E L, Chen H L, Lotz B, Cheng S Z D. Poly(ethylene oxide) crystal orientation change under 1D nanoscale confinement using polystyrene-block-poly(ethylene oxide) copolymers: Confined dimension and reduced tethering density effects. Macromolecules, 2009, 42(21): 8343-8352.

[144] Zhu L, Huang P, Chen W Y, Ge Q, Quirk R P, Cheng S Z D. Nanotailored crystalline morphology in hexagonally perforated layers of a self-assembled PS-b-PEO diblock copolymer. Macromolecules, 2002, 35: 3553-3562.

[145] Nojima S, Yamamoto S, Ashida T. Crystallization of block copolymers. IV. Molecular weight dependence of the morphology formed in ε-caprolactoneebutadiene diblock copolymers. Polym. J., 1995, 27(7): 673-682.

[146] Rohadi A, Endo R, Tanimoto S, Sasaki S, Nojima S. Effects of molecular weight and crystallization temperature on the morphology formation in asymmetric diblock copolymers with a highly crystalline block. Polym. J., 2000, 32(7): 602-609.

[147] Hsu Y J, Hsieh F I, Nandan B, Chiu C F, Chen H J, Jeng U, Chen L H. Crystallization kinetics and crystallization-induced morphological formation in the blends of poly(ε-caprolactone)-block-polybutadiene and polybutadiene homopolymer. Macromolecules, 2007, 40: 5014-5022.

[148] Nojima S, Hashizume K, Rohadi A, Sasaki S. Crystallization of ε-caprolactone blocks within a crosslinked microdomain structure of poly(ε-caprolactone)-blockpolybutadiene. Polymer, 1997, 38(11): 2711-2718.

[149] Lee W, Chen H L, Lin T L. Correlation between crystallization kinetics and microdomain morphology in block copolymer blends exhibiting confined crystallization. J. Polym. Sci. B, Polym. Phys., 2002, 40(6): 519-529.

[150] Rangarajan P, Register R A, Fetters L J, Bras W, Naylor S, Ryan A J. Crystallization of a weakly segregated polyolefin diblock copolymer. Macromolecules, 1995, 28(14): 4932-4938.

[151] Ryan A J, Hamley I W, Bras W, Bates F S. Structure development in semicrystalline diblock copolymers crystallizing from the ordered melt. Macromolecules, 1995, 28(11): 3860-3868.

[152] Hamley I W, Fairclough J P A, Terrill N J, Ryan A J, Lipic P M, Bates F S, Towns-Andrews E. Crystallization in oriented semicrystalline diblock copolymers. Macromolecules, 1996, 29(27): 8835-8843.

[153] Floudas G, Vazaiou B, Schipper F, Ulrich R, Wiesner U, Iatrou H, Hadjichristidis N. Poly(ethylene oxide-b-isoprene) diblock copolymer phase diagram. Macromolecules, 2001, 34(9): 2947-2957.

[154] Loo Y L, Register R A, Ryan A J. Polymer crystallization in 25-nm spheres. Phys. Rev. Lett., 2000, 84(18): 4120-4123.

[155] Loo Y L, Register R A, Ryan A J. Modes of crystallization in block copolymer microdomains: Breakout, templated, and confined. Macromolecules, 2002, 35(6): 2365-2374.

[156] Xue F F, Chen X S, An L J, Funari S S, Jiang S C. Soft nanoconfinement effects on the crystallization behavior of asymmetric poly(ethylene oxide)-block-poly(ε-caprolactone) diblock copolymers. Polym. Int., 2012, 61: 909-917.

[157] Jiang S C, He C L, Men Y F, Chen X S, An L J, Funari S S, Chan C M. Study of temperature dependence of crystallisation transitions of a symmetric PEO-PCL diblock copolymer using simultaneous SAXS and WAXS measurements with synchrotron radiation. Eur. Phys. J. E, 2008, 27: 357-364.

[158] Brandrup J, Immergut E H, Grulke E A. Polymer Handbook. Vol 1. Hoboken N J: John Wiley, 1999.

第4章 长链支化高分子结晶动力学

白 静 王学会 王志刚

4.1 长链支化高分子

4.1.1 长链支化高分子的结构

长链支化 (long chain branching, LCB) 是指高分子链在两个支化点间有足够的长度, 在熔体状态下可以与其他分子链缠结在一起, 从而可以提高熔体强度。具有这种长链支化结构的高分子称为长链支化高分子。常用支化度来表示长链支化高分子中长支链的含量。一般来说, 在高分子中引入长支链结构可以有效修饰分子链拓扑结构, 从而影响高分子结晶动力学、流变学行为及力学性能等。目前主要被研究的长链支化高分子品种包括: 聚烯烃类高分子材料, 如聚丙烯 (PP)[1,2]、聚乙烯 (PE)[3,4]、聚苯乙烯 (PS)[5,6] 等; 聚酯类高分子, 如聚乳酸 (PLA)[7,8]、聚碳酸酯 (PC)[9,10]、聚对苯二甲酸乙二醇酯 (PET)[11,12] 等。

表征聚烯烃类长链支化结构的有效手段很多, 其中包括体积排除色谱和多角度激光光散射联用技术 (SEC-MALLS)、核磁共振 (^{13}C-NMR)、小角度中子散射 (SANS) 等, 而且不断发展的高效分级技术和检测手段使人们对长链支化拓扑结构的认识更加深入。此外, 流变学方法也已成为表征长链支化结构的有效方法, 由于流变学性质能灵敏地反映出聚合物分子链的细微变化, 通过流变学方法研究高分子分子量大小、分子量分布和链结构特征的方法已经逐步建立起来, 并确定了一些普适性的规律, 逐步发展成为 "流变学分析法"。

4.1.1.1 体积排除色谱和多角度激光光散射联用技术

体积排除色谱 (SEC) 和多角度激光光散射 (MALLS) 联用技术是直接测量支链大分子的分子量、分子量分布、分子大小等参数的有效方法, 在支化高分子表征中具有广泛的应用。体积排除色谱可以根据大分子不同的流体力学半径在色谱柱中进行分离, 不同级分到达多角度激光光散射仪、折光率检测器和黏度计可同时得到三条流出测试曲线, 即 GPC、折射率和黏度曲线。SEC-MALLS 测试不但可以提供样品的绝对分子量, 还可以通过研究各级分的均方回转半径 R_g 和极限黏度, $[\eta]$ 与分子量 M_{LS} 的关系得到支化度的信息。通常情况下, 与相同分子量的线性大分子相比，支化分子链的均方回转半径、极限黏度都要小一些。各个样品 i 级分的分子量 M_{LS}、均方根回转半径和零切黏度的关系可以用于定量研究支化度。

以聚乙烯来说，对于线性高分子，它的分子量分布是单一的，而长链支化高分子会在高分子量区域出现额外的分子量分布，如图 4.1(a) 所示。分子量较高区域的高分子链被认为是高分子中的长支链结构。在相应的均方根回转半径对高分子绝对分子量的双对数图中，线性分子的均方根回转半径应随分子量直线上升，而长链支化高分子则会明显偏离理论曲线且在低分子量区域出现明显的上翘，呈现 "C" 字形结构，如图 4.1(b) 所示。上述现象在支化高分子的研究过程中多次出现，高分子分子量分布的多峰结构以及均方根回转半径的 "C" 字形曲线已成为验证长链支化结构的重要依据之一。但是此方法对长链支化含量较低的聚合物来说缺乏一定的灵敏性。

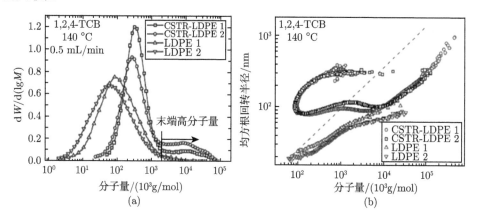

图 4.1　(a) 线性及长链支化聚乙烯分子量分布和 (b) 线性及长链支化聚乙烯均方根回转半径
随分子量变化关系 [13]

4.1.1.2　核磁共振碳谱法

核磁共振碳谱法是通过分析高分子链中不同碳原子的化学位移，从而确定长支链组分在高分子链中的含量。以聚乙烯为例，首先将长链支化聚乙烯溶于三氯代苯 (TCB) 和氘代邻二氯苯 (d-ODCB) 溶液中，然后在较高温度比如 120 ℃下进行测试。d-ODCB 用来提供内锁信号，而 TCB 则作为内参。光谱需要超过 7000 次扫描而得到一个可接受的信噪比。图 4.2 为长链支化聚乙烯的核磁共振碳谱图。可以通过参考数据来确定不同含碳基团的化学位移值。长链支化密度 (LCBD) 定义为每 10000 个碳原子中与长支链相关的支化点数目；短支链密度 (SCBD) 定义为每 10000 个碳原子中与短支链相关的支化点数目；不饱和链末端密度 (UCED) 定义为每 10000 个碳原子中与不饱和链末端相关的碳原子数目。以上三个参数依据

核磁共振碳谱图中的特征峰强度按如下关系计算得出

$$LCBD = \frac{IA_\alpha}{3IA_{Tot}} \times 10000 \tag{4.1}$$

$$SCBD = \frac{IA_{\alpha M}}{2IA_{Tot}} \times 10000 \tag{4.2}$$

$$UCED = \frac{IA_a}{IA_{Tot}} \times 10000 \tag{4.3}$$

式中，IA_α，$IA_{\alpha M}$ 和 IA_a 分别为 α-CH_2，αM-CH_2 和 a-CH_2 的积分面积；IA_{Tot} 为高分子中所有碳原子的积分面积。长支链含量则可以通过公式 (4.1) 得到，该方法可以非常准确地得到所有支化点的数目。

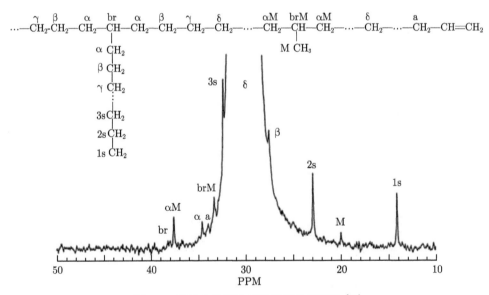

图 4.2 长链支化聚乙烯的核磁共振碳谱 [14]

4.1.1.3 小角度中子散射

小角度中子散射是一种利用低散射角处弹性中子散射研究不同物质内部介观尺度 (1 nm 至数百纳米) 结构的实验技术。小角度中子散射在许多方面与 X 射线小角度散射类似，它的技术优势在于其对氢元素敏感、对同位素标识以及对磁矩强散射。小角度中子散射与相关模型结合可以定量测定高分子链中长支链结构含量。高分子链可以看作含有两个结构级：质量分数维度 d_f 上的回转半径 R_g 和高分子持续长度 l_p 或者 Kuhn 链长度 $l_k = 2l_p$。这些特征参数可以通过小角度散射图样进行观察，并通过 Guinier's[15] 方程 (公式 (4.4)) 计算得到

$$I\left(q\right) = G\exp\left(\frac{-q^2 R_{\mathrm{g}}^2}{3}\right) \tag{4.4}$$

式中，$I(q)$ 为散射强度，q 为散射矢量，$q = 4\pi\sin(\theta/2)/\lambda$，$\theta$ 为散射角，λ 为中子射线波长；R_{g} 为高分子线团的回转半径；G 定义为 $N_{\mathrm{p}}n_{\mathrm{p}}^2$，其中 N_{p} 为高分子线团密度，n_{p} 为高分子线团与溶剂分子中子散射长度密度差的平方乘以高分子线团体积的平方。质量分形幂律方程是另外一个局部散射定律：

$$I\left(q\right) = B_{\mathrm{f}}q^{-d_{\mathrm{f}}} \qquad 1 \leqslant d_{\mathrm{f}} < 3 \tag{4.5}$$

它描述了一个维数为 d_{f} 的质量分形对象，其中 B_{f} 为幂律前因子。

Beaucage 等[16] 描述了一种标度模型，可以用来定量测定高分子中的支化度。具有尺寸为 $R_{\mathrm{g,2}}$ 的支化高分子可以看作是由 z 个长度为 l_{k} 的自由旋转 Kuhn 步长组成，如图 4.3(a) 所示。支化高分子可以进一步分解成一个平均最小路径 p。p 与 z 之间存在以下关系：

$$z = p^c = s^{d_{\min}} \tag{4.6}$$

式中，c 为假设标度指前因子为 1 时的连接尺寸。最小路径 p 的维度为 $d_{\min}$，尺寸 r 正比于 $p^{1/d_{\min}}$。而由 z 个 Kuhn 步长组成的高分子链维度 $d_{\mathrm{f}} \geqslant d_{\min}$，其尺寸 r 正比于 $z^{1/d_{\mathrm{f}}}$。对于长链支化高分子来说，如图 4.3(a) 所示，长链支化点或链端间的链段组成了一个平均最小路径，这个最小路径含有 $p/n_{\mathrm{s,p}}$ 个 Kuhn 步长，$n_{\mathrm{s,p}}$ 为最小路径中的平均链段数。最小路径的端端距离 r 可由公式 (4.7) 来表示：

$$r = n_{\mathrm{s,p}}\left(\frac{p}{n_{\mathrm{s,p}}}\right)^{3/5} \tag{4.7}$$

对于长链支化高分子，$r = p^{1/d_{\min}}$，结合公式 (4.7) 则有以下关系：

$$n_{\mathrm{s,p}} = \left[p^{(1/d_{\min})-(3/5)}\right]^{5/2} \tag{4.8}$$

每个最小路径中支化点的数目 $n_{\mathrm{br,p}} = n_{\mathrm{s,p}} - 1$，则每个链段中的 Kuhn 步长的数目 $n_{\mathrm{k,s}}$ 可描述为

$$n_{\mathrm{k,s}} = \frac{p}{n_{\mathrm{br,p}} + 1} = \frac{z}{2n_{\mathrm{br}} + 1} \tag{4.9}$$

式中，n_{br} 为每条高分子链上的支化点数；$n_{\mathrm{br,p}} + 1$ 为每个最小路径中的链段数；$2n_{\mathrm{br}} + 1$ 为高分子中所有链段的数目。结合以上公式便可以得到每条高分子链上的支化点数目，如公式 (4.10) 所示。

$$n_{\mathrm{br}} = \frac{z^{[(5/2d_{\mathrm{f}})-(3/2c)]+[1-(1/c)]} - 1}{2} \tag{4.10}$$

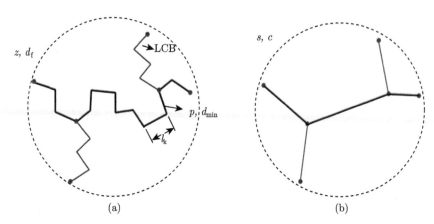

图 4.3   (a) 支化高分子的示意图。把高分子看作是长度为 l_k 的 Kuhn 链组成。深色的线代表尺寸为 d_{min} 的平均最低路径 p。浅颜色的线代表支化链。(b) 将支化高分子抽象为直线与支化点的组合，s 表示总尺寸，c 表示连接尺寸 [17]

4.1.1.4   流变学分析法

在早期研究中，曾通过多次对多分散性的高密度聚乙烯 (HDPE) 和氢化聚丁二烯 (HPB) 进行分级，获得单一分布的模型化样品来进行线性黏弹性的研究。Raju 等 [18] 采用这种方法获得了线性聚乙烯的平台模量 (G_N^0) 和临界缠结分子量 (M_e) 等基础特性参数并确立了聚乙烯的零切黏度和分子量之间标度关系，如公式 (4.11) 所示：

$$\eta_0\,(\mathrm{Pa \cdot s}) = 3.4 \times 10^{-15} M_e^{3.6} \tag{4.11}$$

Wood-Adams 和 Dealy 研究发现 [19]，mPE 中存在星型支化分子链 (star-like branching) 后，出现黏度增强的现象，不再符合公式 (4.11) 所示的幂律关系，而是处在 η_0-M_e 依赖关系的直线上方。而 Münstedt 课题组研究指出 [20]，在 LDPE 中的支化结构为树枝型拓扑结构 (tree-like branching)，零切黏度比同等分子量的线性分子低，处在 η_0-M_e 依赖关系的直线下方。该特性也可以反过来用于表征未知高分子链的拓扑结构。处于特征直线下方的分子，其支化链结构为树枝型，而处于特征直线上方的分子，其支化链结构为星型或梳型。

除了黏度参数，高分子熔体的弹性特征也可以表征出样品中的长链支化结构含量。Gabriel 等研究发现，在聚乙烯中加入极少量的 LCB 分子链，LCB 分子链的量少到传统的色谱仪器都分辨不出，但在熔体弹性的表征中却可以发现含有长链支化链的聚乙烯弹性则有显著提高，并且含长链支化链的聚乙烯需要更长时间才达到线性弹性柔量平台区，如图 4.4 所示。

如果高分子分子量超过了某个临界值数倍以后，高分子熔体弹性与其分子量的大小无关。但是，高分子弹性却受到分子量分布和长链支化程度的影响，其中高分子量组分和长链支化组分均可以显著提高熔体弹性。熔体的弹性特征可以定性表征长链支化结构的存在，却不能定量计算长链支化结构的含量。

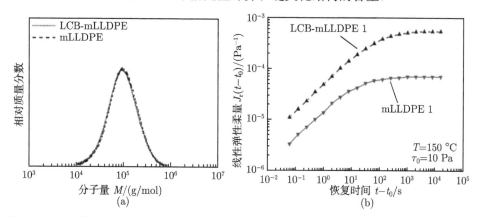

图 4.4 (a) 线性聚乙烯和长链支化聚乙烯的分子量分布曲线和 (b) 线性弹性柔量 $J_r(t - t_0)$ 随恢复时间的变化曲线 [20]

此外，热流变学方法也能用于研究分子链的不同拓扑结构。Kessner 等 [21] 研究了不同短链和长链的支化聚乙烯热流变行为，并与分子链结构进行对比分析。研究结果表明，热流变性质研究可以区分出线性样品和支化样品，区分精度高于 NMR 分析结果，甚至可以辨别出极少量的 LCB 分子链存在。随着共聚单体链长的提高，样品的活化能也相应提高，活化能的差异也可以用于辨别支化结构。

4.1.2 常见的长链支化高分子的制备方法

常见的长链支化高分子制备主要包括两种方法：一种是通过分子设计，在高分子聚合过程中加入特定试剂合成出设想结构的长链支化高分子。以聚乳酸为例，在丙交酯开环聚合或乳酸的缩合聚合过程中，引入多官能团起始剂，合成长支链结构，则获得长链支化聚乳酸。另一种制备长链支化高分子的方法是以线性高分子为前驱体，在线性高分子中加入多官能团单体通过反应挤出或辐照改性等方式制备。该方法可以通过控制多官能团的含量以及工艺参数来控制长链支化高分子的支化度。以聚乳酸为例，将线性聚乳酸进行拓扑结构改性通常有两种方法：一种是电子束辐照法，另一种是伽马射线辐照法。而电子束和伽马射线辐照对高分子链结构的影响是不同的。例如，Auhl 和 Stadler 报道了不同高能辐射对长链支化聚丙烯的影响，用伽马射线辐照制备出的 LCB-PP 具有一些高分子量的组分，而用电子束辐照出的 LCB-PP 却没有高分子量的组分 [22]。需要根据高分子链的结构特征来选择合适的方法制备长链支化高分子。

4.2　长链支化高分子的静态结晶

4.2.1　晶体形貌

　　如果高分子链本身具有必要的规整链结构，同时给予适宜的条件 (温度等)，高分子就会发生结晶，形成晶体。高分子链可以从熔体结晶，也可以从玻璃态结晶，还可以从溶液中结晶。通常情况下，高分子从熔融态到结晶态可以包含四种典型的过程：① 从熔融态直接降温到结晶温度 T_c 而结晶；② 从熔融态淬火后再结晶；③ 高分子在熔体冷却过程中结晶；④ 淬火后高分子在加热过程中再结晶。第一种方法常用来测量球晶的径向生长速率和结晶诱导期，也是基础研究中常用的方法。在偏光显微镜下，长链支化高分子的结晶形貌依然保持着其线性高分子原本的结晶形貌。研究发现，支化结构引入增强了高分子的成核能力，相比于线性高分子，支链点作为有效成核点在相同的时间内生成更多的晶核，大量晶核的同时出现也使得晶体的尺寸降低，晶粒细化。随着支化程度增加，高分子成核能力也随之显著增强。以长链支化聚乳酸为例，图 4.5 为线性聚乳酸和长链支化聚乳酸在 120 ℃下等温结晶 200 min 后的偏光显微镜照片。图 4.5(a) 中线性聚乳酸在偏光显微镜下呈现出球晶形貌并伴有典型的 Maltase 黑 "十" 字消光现象。图 4.5(b) 中长链支化聚乳酸在偏光显微镜下依然呈现伴有黑 "十" 字消光现象的球晶形貌。长链支化结构的引入显著提高了聚乳酸的成核能力，但并没有改变线性高分子原本的晶体形貌。

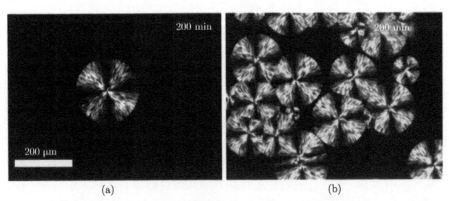

图 4.5　线性聚乳酸 (a) 和长链支化聚乳酸 (b) 在 120 ℃下等温结晶 200 min 后的偏光显微镜照片[23]

4.2.2　静态结晶动力学分析

　　由于高分子晶体结构形成也受结晶动力学过程的控制，所以高分子材料加工处理对高分子晶体结构形成起到重要作用。反过来说，高分子结晶动力学的研究对设计高分子材料的加工工艺也就显得非常重要了。在基础研究中，经常需要对聚合物的结晶动力学进行详细的表征。这里介绍两种表征高分子结晶动力学的研究方法。

4.2.2.1　通过显微镜观察表征结晶动力学

高分子整个结晶过程表现为初期的晶体成核和随后的晶体生长。在高分子等温结晶研究中，通常可以利用偏光显微镜对高分子薄膜样品进行结晶观察，从而确定样品在该等温条件下的成核密度和生长速率。晶体的成核密度可以通过查找所观察视野中的晶体数目来获得。晶体的生长速率可以通过测量晶体半径随时间的变化来得到。晶体的生长速率 (G) 等于球晶半径随时间变化曲线中的斜率。通常情况下，某一结晶温度下的晶体生长速率是一个常数，这也意味着非晶区浓度为恒定值。图 4.6 为线性聚乳酸和长链支化聚乳酸在 120 ℃下等温结晶的球晶生长速率曲线。从图中可以看出，球晶半径随结晶时间的延长呈线性增长，根据斜率可以确定线性聚乳酸和长链支化聚乳酸的球晶生长速率，不难发现，在同一实验条件下，长链支化聚乳酸的球晶生长速率小于线性聚乳酸的球晶生长速率。一方面，长链支化结构的引入使高分子在结晶时链段不能充分地自由运动，这妨碍了分子链的规整堆砌排列，使高分子晶体内部往往比小分子晶体产生更多的晶格缺陷，导致长链支化高分子的球晶生长速率要低于线性高分子的。另一方面，长链支化结构引入还可以使高分子的熔体黏度提高，增高的熔体黏度也减缓了高分子链段向晶体生长表面的扩散速率，也使长链支化高分子的球晶生长速率降低。

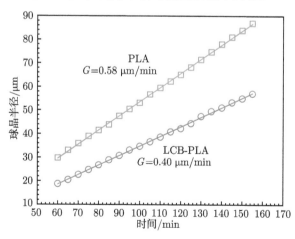

图 4.6　线性聚乳酸和长链支化聚乳酸在 120 ℃下等温结晶的球晶生长速率

根据 LH 理论，可以将高分子结晶过程分为三个机理区域。在机理区域Ⅰ，过冷度低，表面成核速率缓慢，而当分子链运动剧烈时，会限制高分子链的运动。随着结晶温度降低, 进入机理区域 II, 表面成核变得迅速, 而分子链运动减缓, 综合这两种因素, 该区域的晶体生长速率较快。在机理区域 III 则有较大的过冷度, 表面成核速率最快, 但是分子链运动却受到了较大抑制。根据该理论, 高分子均聚物的晶体生长速率 (G) 可用公式 (4.12) 来描述:

$$G = G_0 e^{-U^*/(R(T_c-T_\infty))} e^{-K_g/(T_c \Delta T f)} \tag{4.12}$$

式中, G_0 为指前因子; U^* 为结晶单元穿过液固界面达到结晶表面所需的活化能; R 为气体常数; T_∞ 为黏性流体停止运动温度 $(T_\infty = T_g - 30\ \mathrm{K})$; ΔT 为过冷度 $(\Delta T = T_m^0 - T_c)$, f 为校正因子 $(f = 2T_c/(T_m^0 + T_c))$, K_g 为成核常数。成核常数 K_g 与表面自由能 $\sigma_e \sigma$ 和端表面自由能 σ_e 的关系如公式 (4.13) 所示:

$$K_g = \frac{Z b_0 \sigma \sigma_e T_m^0}{\Delta H k_B} \tag{4.13}$$

式中, Z 值取决于结晶机理区域, 对于不同的高分子 Z 值不同, 且处于不同结晶过程中 Z 值也有所不同。Z 值在机理区域 III 时为 4, 在机理区域 II 时为 2。b_0 为晶片厚度, ΔH 为熔融焓, k_B 为玻尔兹曼常数, T_m^0 为平衡熔点。关于这些参数的数值报道一般可在文献中查询获得。

当测量得到不同结晶温度下的晶体生长速率后, 将 $\ln G + U^*/R(T_c - T_\infty)]$ 与 $1/(T_c \Delta T f)$ 作图, 成核常数 K_g 可以通过拟合直线的斜率得到。长链支化高分子成核所需要的自由能低于线性高分子, 因此它的成核常数与端表面自由能也都低于线性高分子, 表现为成核更加容易。

4.2.2.2　通过量热学法表征结晶动力学

量热学也是一种常用的表征高分子结晶动力学的方法。量热学可以将等温或非等温结晶过程中相转变进行温度和热焓的定量化。对等温过程来说, 高分子从最初快速冷却到玻璃化转变温度以下或直接从熔融态冷却, 非晶聚合物快速进入所选择的结晶温度 T_c。随后在这样一个等温过程中, 可以观测到热流随时间的变化。等温结晶过程中的热流值可以转换成相对结晶度。图 4.7 展示了线性聚丙烯和长链支化聚丙烯在不同结晶温度下相对结晶度随时间的变化。当获得该数据后, 就可以用 Avrami 方程进行拟合, Avrami 方程如公式 (4.14) 所示:

$$X_t = 1 - \exp[-(kt)^n] \tag{4.14}$$

式中, k 为整个结晶过程的结晶速率常数; X_t 为结晶时间 t 时刻的相对结晶度; n 为 Avrami 指数, 该指数与成核机理与生长方式有关。将 Avrami 方程取对数, 以 $\lg(-\ln(1-X_t))$ 对 $\lg t$ 作图, 便可得到斜率为 n, 截距为 $\lg k$ 的直线, 如图 4.8 所示。

对于高分子来说，n 的取值通常在 2~4 并反映出高分子的成核机理和晶体生长的维数。较高的 Avrami 指数被认为是三维生长的球晶，它们零星成核或既有零星成核又有瞬间成核。而较低的 Avrami 指数则认为是二维生长模式，伴随瞬间成核或零星成核。对于线性聚丙烯来说，它的 Avrami 指数为 3 或以上，被认为是由瞬间成核或零星成核而生长出的三维球晶。而长链支化聚丙烯的 Avrami 指数小于线性聚丙烯。长链支化聚丙烯 Avrami 指数的降低主要归结于长链支化高分子中的异相成核。在熔点以下，均相成核可以由高分子链的聚集自发形成，这需要一个较长的过程；同时，当高分子达到结晶温度时，异相成核也随之产生。而长链支化结构可以充当异相成核的成核点，从而导致 Avrami 指数下降。

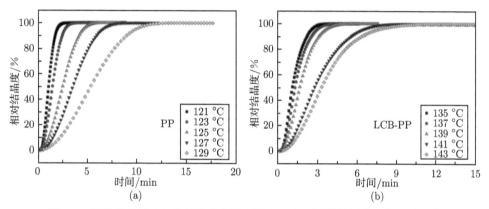

图 4.7　线性聚丙烯 (a) 和长链支化聚丙烯 (b) 在不同结晶温度下相对结晶度随时间的变化曲线 [24]

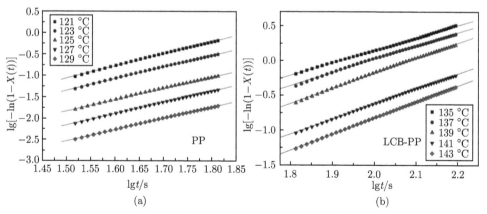

图 4.8　线性聚丙烯 (a) 和长链支化聚丙烯 (b) 在不同结晶温度下 $\lg[-\ln(1 - X(t))]$ 随 $\lg t$ 的变化曲线

为了快速地比较聚合物材料的结晶速率, 有必要介绍一下半结晶时间。半结晶时间 $t_{1/2}$ 是指聚合物材料结晶达到一半时所需要的时间, 它可由 Avrami 方程获得, 其表达式如公式 (4.15) 所示:

$$t_{1/2} = \left(\frac{\ln 2}{k}\right)^{1/n} \tag{4.15}$$

半结晶时间反映的是高分子材料的总结晶速率, 半结晶时间越短, 高分子材料的结晶速率越快。即使高分子材料的分子量和光学纯度有很大的差异, 半结晶时间随温度的变化曲线均有一个最小值, 这个最小值取决于分子链的运动能力和成核速率与温度关系的协同效果。

4.2.3　影响结晶动力学的因素

4.2.3.1　温度

对于半结晶性高分子来说, 分子链结构和结晶条件不同, 结晶速率会有很大差异。结晶速率大小对材料的结晶度和结晶形态都会产生显著的影响。不同高分子的结晶速率随温度也变化显著, 但是变化趋势大致相同, 都呈现单峰形曲线, 而且结晶温度范围都在其玻璃化温度与熔点之间。在某一适当的温度下, 结晶速率将出现最大值。

结晶过程可以分为晶核生成和晶粒生长两个阶段。成核过程由于涉及核的生成和稳定性, 所以越靠近熔点, 晶核越容易被分子链热运动所破坏, 成核速率越慢, 它是结晶总速率的控制性步骤。晶粒生长则取决于链段向晶核表面的扩散和规整堆砌的速率, 这是一个动力学问题。所以越靠近玻璃化温度, 链段运动能力降低, 晶粒生长也越缓慢, 结晶总速率也由生长速率所控制。在 T_{m} 和 T_{g} 附近, 结晶总速率都趋近于零。只有在两条曲线交叠的温度区间内, 能进行均相或异相成核并继续晶粒生长, 而且在其区间的某一温度, 成核和生长速率都较大, 则结晶总速率最大。换言之, 结晶总速率随温度呈现单峰形关系, 即随结晶温度的升高呈现先升高后降低的趋势。

4.2.3.2　成核剂

在高分子材料加工过程中, 为了加快高分子结晶成核速率, 往往会加入少量高效成核剂。高分子材料成核速率提高可以达到以下效果。① 提高材料的结晶度, 改善材料总体力学性能。② 缩短加工成型周期, 提高生产效率。③ 控制结晶形态, 通常大球晶生成导致材料硬而脆, 而加入成核剂使球晶变小则可以改善这一点。④ 使结晶更完善, 提高制品尺寸稳定性。长链支化高分子的支化点也可作为成核点, 提高高分子结晶的成核密度。

4.2.3.3 应力

从结晶动力学角度来说，应力使无序高分子链沿应力方向发生伸展取向，伸展的高分子链彼此平行排列，接近于晶态链的排列，因此分子链无须做大的调整或扩散就可以进入晶格，从而提高了高分子结晶速率。从热力学角度来说，应力使无序态高分子链发生伸展取向，体系熵降低，因而取向态熵变 ΔS 也就减小，由平衡熔点的热力学表达式 $T_m = \Delta H / \Delta S$ 可知 T_m 将升高，这就使取向态结晶的有效过冷度比无序态结晶的有效过冷度大，从而结晶加快。

在高分子加工过程中，拉伸应力和流动场剪切应力是最常见也是最广泛被研究的结晶影响因素。经历这两种应力场诱导所产生的结晶都使高分子链发生取向，使高分子结晶更加容易。这种高度取向的结构也可获得较优势的力学性能，因此取向诱导结晶普遍存在于塑料注塑、薄膜拉伸和纤维纺丝过程中。例如，天然橡胶在室温下结晶速率非常慢，0 ℃下结晶也需要数小时，但如果将其拉伸，便可以立即产生结晶。涤纶在温度低于 90~95 ℃时，结晶是很缓慢的，但在 80~100 ℃对其进行拉伸处理，则结晶速率比未拉伸时会提高 3~4 倍。

4.3 剪切诱导长链支化高分子结晶

4.3.1 晶体形貌

剪切诱导长链支化高分子结晶，顾名思义是通过施加一个剪切场，使高分子链从完全无序状态沿着剪切场方向发生取向，从而诱导高分子沿着取向方向优先结晶。剪切场诱导高分子结晶之所以广为学术界所关注，主要是在高分子加工过程中，例如注塑成型、薄膜吹塑、纤维纺丝等，都会产生剪切或者拉伸流场，从而使高分子链发生强烈取向。这不仅会加速结晶高分子固化过程的结晶动力学，还会影响晶体的最终形貌，从而影响高分子产品最终的聚集态结构和性能，具有广泛的科学及工业应用意义。而高分子长链支化结构的引入则使体系变得更加复杂，需要考虑长链支化结构及剪切场对高分子结晶动力学共同产生的影响。理解和研究长链支化高分子在流动场下的结晶行为，对一些基本科学问题的研究和工业生产都有十分重要的意义。

串晶 (shish-kebab) 被认为是由流动场诱导的结晶聚合物中初始组织状态的基本形式。它最早在稀释后聚合物溶液中被发现[25,26]，由于其形态像羊肉串，因此得名。这种结构包括单个纤维状被拉伸的分子链部分 (shish) 和折叠链片晶的组装部分 (kebab)[27-30]，如图 4.9 所示。

在剪切诱导高分子结晶的研究中，许多学者根据研究内容的不同，选择在不同的实验过程施加剪切场。目前，关于长链支化高分子的剪切结晶行为已有一些实验报道。Wang 等 [31] 研究了不同支化度的长链支化聚乳酸的剪切结晶行为, 发现在偏光显微镜和扫描电镜下, 长链支化聚乳酸呈现出类似 shish-kebab 的结构。而且长链支化的引入显著地提高了聚乳酸的结晶速率, 并且随长链支化度的增加, 聚乳酸的结晶速率也同时增加。Heeley 等研究了线性高分散氢化的聚丁二烯和含有高分子量齿形长链支化添加剂的共混物的结晶。研究表明随着 LCB 的加入, 其结晶速率显著提高, 当 LCB 含量达到 5% 和 10% 时, X 射线衍射数据显示体系中存在了取向的晶体 [32]。Agarwal 等研究了剪切诱导长链支化等规立构聚丙烯结晶, 经过小角 X 射线散射和广角 X 射线衍射等实验测试, 表明 LCB iPP 中取向晶体的含量要高于线性 iPP 中取向晶体的含量 [33]。Vega 等用流变学理论将线性 iPP 和 LCB iPP 的剪切诱导结晶行为进行了对比, 发现 LCB iPP 的结晶诱导时间要明显短于线性 iPP 的诱导时间 [34]。Bustos 等研究了聚乙烯分子链结构对聚乙烯结晶动力学的影响, 并发现其分子链结构影响了聚乙烯分子链的松弛时间, 从而改变了聚乙烯的结晶动力学 [35]。近期, Kitade 等研究了 LCB iPP 在结晶温度为 170 ℃ (接近聚丙烯的熔点) 的高温下剪切诱导结晶行为, 借助 SAXS、WAXS 和 POM 等技术发现, 在剪切速率为 2 s^{-1} 时, LCB iPP 中呈 shish 状结构的晶体大量存在, 而随后 kebab 的生长却受到抑制 [36]。虽然关于长链支化聚合物剪切诱导结晶的工作日趋全面和系统, 但是长链支化高分子的长支链结构、剪切条件选择、结晶动力学及结晶形貌之间的关系还有待开展进一步深入和系统的研究。

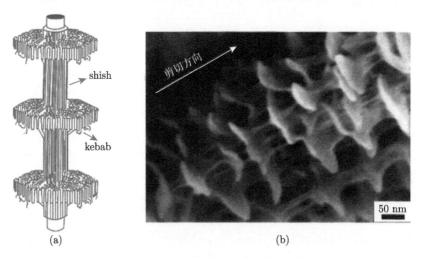

(a)　　　　　　　　　　　　　　　　　　(b)

图 4.9　(a) shish-kebab 的结构示意图和 (b) 超高分子量聚乙烯的 shish-kebab 结构在扫描电镜下的图片

在诸多研究中, 有一个普遍的共识就是长链支化结构在 shish-kebab 形貌的形成中起了主导作用 [37,38]。这主要与高分子链的松弛现象有关。当熔融态高分子降温到结晶温度的过程中，线性高分子链保持着无序状态。施加剪切场后，高分子链或其他结构单元沿着剪切方向择优排列，形成取向结构。在经历较弱的剪切场后，高分子链虽然发生取向，但这种取向随时间延长很容易松弛，只会参与到成核中，导致成核密度的提高。而长支链的松弛则较慢，结晶发生时，短链已经松弛下来，而长链尚未完全松弛，保持一定取向的长链将优先结晶，成为高度取向的晶核。Kornfield 等也证明必须有少量足够高分子量的组分存在，才能观察到 shish 晶体的存在[37]。Hsiao 等则观察到长链组分构成一个网络结构[39]。另一方面，当剪切场强度足够大时，大量分子链被拉伸并平行排列，形成纤维状微束，这种微束可以作为初级结晶的晶核，诱导晶体生长，从而形成取向晶。关于这一点将在本章最后一个小节进行一些相关的讨论。

4.3.2 结晶动力学分析

对于剪切场的引入，聚合物的结晶动力学研究除了可以利用前述的光学显微镜和 DSC 等直观表征方法之外，较为直观方便的方法便是结合流变学进行测试分析。流变学已经成为研究剪切诱导半结晶聚合物的常用有效方法。简单来说，在施加剪切场的等温结晶过程中，流变学中的储能模量 G' 随结晶时间延长而增加，客观反映了从晶核初步形成到结晶持续发展过程中的模量变化。图 4.10 为线性聚乳酸和长链支化聚乳酸在 120 ℃下受到剪切速率为 1 s^{-1} 和不同的剪切时间后模量随时间的变化。从图中看到在整个结晶过程中，样品的储能模量随时间呈 S 形变化曲线[40]。在结晶初期，样品的储能模量处于一个固定值，随着结晶过程的进行，储能模量随时间迅速上升，直到结晶过程结束，储能模量到达最高点并进入平台区。可以以模量到达最后平台区所需的时间来判断高分子结晶速率的快慢。

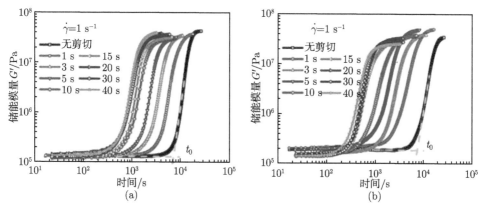

图 4.10 线性聚乳酸 (a) 和长链支化聚乳酸 (b) 在 120 ℃受到剪切速率为 1 s^{-1} 和不同的剪切时间后的储能模量随时间的变化[40]

为了更加直接分析剪切场对高分子结晶动力学的影响，可以将流变学测试得到的储能模量随时间变化的曲线进行归一化处理。Pogodina 等[41] 将储能模量取对数获得相对结晶度 $x(t)$，具体表达式如公式 (4.16) 所示：

$$x\left(t\right) = \frac{\lg G'\left(t\right) - \lg G'_{\min}}{\lg G'_{\max} - \lg G'_{\min}} \tag{4.16}$$

式中，$G'_{\min}$ 和 $G'_{\max}$ 为样品的初始储能模量和达到平台区的末端储能模量。归一化后的曲线为相对结晶度随时间变化的曲线，如图 4.11 所示。从该曲线上可以直接得到不同剪切条件下高分子样品的半结晶时间 $t_{1/2}$，从而可以更加直观地反映不同样品的结晶速率。不难发现，剪切场和长链支化结构的引入都加快了聚乳酸的结晶。剪切场强度对高分子结晶也起到了促进作用。一般来说，延长剪切时间或增大剪切速率均可以加快高分子的结晶动力学。

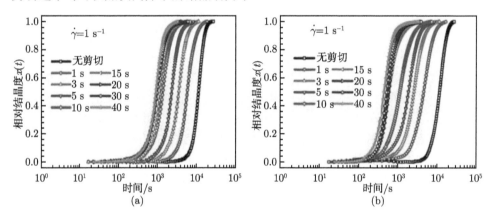

图 4.11   线性聚乳酸 (a) 和长链支化聚乳酸 (b) 在 120 ℃受到剪切速率为 1 s^{-1} 和不同的剪切时间后相对结晶度随时间的变化

4.3.3   剪切场与晶体形貌的关系

在上一节中提到，剪切场可以提高高分子的结晶动力学，除此之外，剪切场的强度也可能影响高分子的结晶形貌。之前提到的流动场诱导高分子结晶，实际上是拉伸诱导高分子结晶在流动场中的体现。流动场中高分子链可以发生多级的松弛，使成核过程和随后的片晶生长过程差别显著，导致更容易看到串晶结构生成。长支链结构在 shish-kebab 形貌的形成中起了主导作用，而剪切场强度也是 shish-kebab 形貌形成的重要因素。因此，研究高分子在流场下的取向状态十分重要。Van Meerveld 等[42] 利用 Wessenberg 参数将剪切场的分区与大分子链结构联系起来：$Wi_{\mathrm{rep}} = \tau_{\mathrm{rep}}\dot{\gamma}$ 和 $Wi_{\mathrm{s}} = \tau_{\mathrm{R}}\dot{\gamma}$，$\dot{\gamma}$ 为剪切速率，τ_{rep} 为高分子量分子链的解缠结时间，τ_{R} 为高分子量分子链的伸展松弛时间。他们将剪切场分为四个区域：在区域 I，$Wi_\mathrm{rep} < 1$ 和 $Wi_\mathrm{s} < 1$，高分子链保持在一个稳定状态，剪切对结晶没有明显影响。在区域 II，$Wi_\mathrm{rep} > 1$ 和 $Wi_\mathrm{s} < 1$，高分子链沿一定方向取向。在区域 III，$Wi_\mathrm{s} > 1$，高分子链被进一步拉伸。当高分子链在充足时间内被强有力地拉伸并使高分子的拉伸比 λ 大于临界拉伸比 $\lambda^*(T)$ 时，则处于区域 IV。因此，在区域 II 高分子成核密度可以显著增加，而在区域 III 高分子链可以被充分拉伸并形成具有一定取向的晶核。这就需要一个最小的临界剪切速率 $1/\tau_\mathrm{R}$，当剪切速率小于该值时，晶核将不会取向，也就不会出现 shish 状的晶核形貌。因此，剪切条件影响了取向晶体形貌，也为实验条件的选取提供了依据。

高分子链的解缠结时间 (τ_rep) 及高分子链的伸展松弛时间 (τ_R) 可以从松弛时间谱图中得到。储能模量和损耗模量可以用离散松弛时间谱来描述：

$$G'(\omega) = \sum_{i=1}^{N} \frac{G_i \omega^2 \tau_i^2}{1 + \omega^2 \tau_i^2} \tag{4.17}$$

$$G''(\omega) = \sum_{i=1}^{N} \frac{G_i \omega \tau_i}{1 + \omega^2 \tau_i^2} \tag{4.18}$$

式中，G_i 和 τ_i 为 Maxwell 参数。可以通过拟合流变学测试中的频率扫描曲线得到 G_i 和 τ_i 的值。Rouse 时间 τ_R 可以根据 Doi 和 Edwards[43] 提出的管道模型理论来得到，如公式 (4.19) 所示：

$$\tau_\mathrm{R} = \frac{\tau_\mathrm{rep}}{3Z} \tag{4.19}$$

式中，Z 为平均缠结数 $(Z = M_\mathrm{w}/M_\mathrm{e}$，$M_\mathrm{e}$ 为缠结点之间的分子量)。不同温度下的松弛时间则可以由阿伦尼乌斯方程计算而得到。

参 考 文 献

[1] Jahani Y, Ghetmiri M, Vaseghi M R. The effects of long chain branching of polypropylene and chain extension of poly(ethylene terephthalate) on the thermal behavior, rheology and morphology of their blends. RSC Advances, 2015, 5: 21620-21628.

[2] Rizvi A, Park C B, Favis B D. Tuning viscoelastic and crystallization properties of polypropylene containing in-situ generated high aspect ratio polyethylene terephthalate fibrils. Polymer, 2015, 68: 83-91.

[3] Lohse D, Milner S, Fetters L, Xenidou M, Hadjichristidis N, Mendelson R, Garcia-Franco C, Lyon M. Well-defined, model long chain branched polyethylene. 2. Melt rheological behavior. Macromolecules, 2002, 35: 3066-3075.

[4] Macko T, Brüll R, Santonja-Blasco L, Alamo R G. In high-temperature solvent gradient liquid chromatography of model long chain branched polyethylenes. Macromolecular Symposia, 2015; Wiley Online Library, 2015: 70-76.

[5]   Kempf M, Ahirwal D, Cziep M, Wilhelm M. Synthesis and linear and nonlinear melt rheology of well-defined comb architectures of PS and PpMS with a low and controlled degree of long-chain branching. Macromolecules, 2013, 46: 4978-4994.

[6]   Liu W H, Wu Y X. Synthesis of long-chain branched isotactic-rich polystyrene via cationic polymerization. Polymer, 2012, 53: 3194-3202.

[7]   Fang H G, Zhang Y Q, Bai J, Wang Z K, Wang Z G. Bimodal architecture and rheological and foaming properties for gamma-irradiated long-chain branched polylactides. RSC Advances, 2013, 3: 8783-8795.

[8]   Xu H J, Fang H G, Bai J, Zhang Y Q, Wang Z G. Preparation and characterization of high-melt-strength polylactide with long-chain branched structure through γ-radiation-induced chemical reactions. Industrial & Engineering Chemistry Research, 2014, 53: 1150-1159.

[9]   Han X H, Hu Y G, Tang M, Fang H G, Wu Q H, Wang Z G. Preparation and characterization of long chain branched polycarbonates with significantly enhanced environmental stress cracking behavior through gamma radiation with addition of difunctional monomer. Polymer Chemistry, 2016, 7: 3551-3561.

[10] Zhai W, Yu J, Ma W, He J. Influence of long-chain branching on the crystallization and melting behavior of polycarbonates in supercritical CO_2. Macromolecules, 2007, 40: 73-80.

[11] Härth M, Kaschta J, Schubert D W. Shear and elongational flow properties of long-chain branched poly(ethylene terephthalates) and correlations to their molecular structure. Macromolecules, 2014, 47: 4471-4478.

[12] Raffa P, Coltelli M B, Savi S, Bianchi S, Castelvetro V. Chain extension and branching of poly(ethylene terephthalate)(PET) with di- and multifunctional epoxy or isocyanate additives: An experimental and modelling study. Reactive and Functional Polymers, 2012, 72: 50-60.

[13] Liu W, Ray D G, Rinaldi P L. Resolution of signals from long-chain branching in polyethylene by 13C NMR at 188.6 MHz. Macromolecules, 1999, 32: 3817-3819.

[14] Kolodka E B. Synthesis, characterization, thermomechanical and rheological properties of long chain branched metallocene polyolefins. Mc Master University, 2002.

[15] Guinier A, Fournet G, Walker C, Vineyard G H. Small-angle scattering of X-rays. Physics Today, 1956, 9: 38.

[16] Beaucage G. Determination of branch fraction and minimum dimension of mass-fractal aggregates. Physical Review E, 2004, 70: 031401.

[17] Ramachandran R, Beaucage G, Kulkarni A S, McFaddin D, Merrick-Mack J, Galiatsatos V. Branch content of metallocene polyethylene. Macromolecules, 2009, 42: 4746-4750.

[18] Raju V, Smith G, Marin G, Knox J, Graessley W. Properties of amorphous and crys-tallizable hydrocarbon polymers. I. Melt rheology of fractions of linear polyethylene. Journal of Polymer Science: Polymer Physics Edition, 1979, 17: 1183-1195.

[19] Wood-Adams P M, Dealy J M. Using rheological data to determine the branching level in metallocene polyethylenes. Macromolecules, 2000, 33: 7481-7488.

[20] Münstedt H. Rheological properties and molecular structure of polymer melts. Soft Matter, 2011, 7: 2273-2283.

[21] Kessner U, Kaschta J, Stadler F J, Le Duff C S, Drooghaag X, Munstedt H. Ther-morheological behavior of various short-and long-chain branched polyethylenes and their correlations with the molecular structure. Macromolecules, 2010, 43: 7341-7350.

[22] Auhl D, Stadler F J, Münstedt H. Comparison of molecular structure and rheological properties of electron-beam- and gamma-irradiated polypropylene. Macromolecules, 2012, 45: 2057-2065.

[23] Bai J, Fang H, Zhang Y, Wang Z. Studies on crystallization kinetics of bimodal long chain branched polylactides. CrystEngComm, 2014, 16: 2452-2461.

[24] Tian J, Yu W, Zhou C. Crystallization kinetics of linear and long-chain branched polypropylene. Journal of Macromolecular Science, Part B, 2006, 45: 969-985.

[25] Peterlin A. Hydrodynamics of linear macromolecules. Pure and Applied Chemistry, 1966, 12: 563-586.

[26] Blackadder D A, Schleinitz H M. Effect of ultrasonic radiation on the crystallization of polyethylene from dilute solution. Nature, 1963, 200: 778, 779.

[27] Hu W, Frenkel D, Mathot V B. Simulation of shish-kebab crystallite induced by a single prealigned macromolecule. Macromolecules, 2002, 35: 7172-7174.

[28] Pennings A, Van der Mark J, Kiel A. Hydrodynamically induced crystallization of polymers from solution. Colloid & Polymer Science, 1970, 237: 336-358.

[29] Hsiao B S, Yang L, Somani R H, Avila Orta C A, Zhu L. Unexpected shish-kebab structure in a sheared polyethylene melt. Physical Review Letters, 2005: 94.

[30] Balzano L, Kukalyekar N, Rastogi S, Peters G W, Chadwick J C. Crystallization and dissolution of flow-induced precursors. Physical Review Letters, 2008, 100: 048302.

[31] Wang J, Bai J, Zhang Y, Fang H, Wang Z. Shear-induced enhancements of crystalliza-tion kinetics and morphological transformation for long chain branched polylactides with different branching degrees. Scientific Reports, 2016, 6: 26560.

[32] Heeley E L, Fernyhough C M, Graham R S, Olmsted P D, Inkson N J, Embery J, Groves D J, McLeish T C, Morgovan A C, Meneau F. Shear-induced crystallization in blends of model linear and long-chain branched hydrogenated polybutadienes. Macro-molecules, 2006, 39: 5058-5071.

[33] Agarwal P K, Somani R H, Weng W, Mehta A, Yang L, Ran S, Liu L, Hsiao B S. Shear-induced crystallization in novel long chain branched polypropylenes by in situ

rheo-SAXS and WAXD. Macromolecules, 2003, 36: 5226-5235.

[34] Vega J F, Hristova D G, Peters G W. Flow-induced crystallization regimes and rheology of isotactic polypropylene. Journal of Thermal Analysis and Calorimetry, 2009, 98: 655.

[35] Bustos F, Cassagnau P, Fulchiron R. Effect of molecular architecture on quiescent and shear-induced crystallization of polyethylene. Journal of Polymer Science, Part B: Polymer Physics, 2006, 44: 1597-1607.

[36] Kitade S, Asuka K, Akiba I, Sanada Y, Sakurai K, Masunaga H. Shear-induced pre-crystallization structures of long chain branched polypropylene under steady shear flow near the melting temperature. Polymer, 2013, 54: 246-257.

[37] Seki M, Thurman D W, Oberhauser J P, Kornfield J A. Shear-mediated crystallization of isotactic polypropylene: The role of long chain-long chain overlap. Macromolecules, 2002, 35: 2583-2594.

[38] Wang M, Hu W, Ma Y, Ma Y Q. Orientational relaxation together with polydispersity decides precursor formation in polymer melt crystallization. Macromolecules, 2005, 38: 2806-2812.

[39] Somani R H, Yang L, Hsiao B S, Agarwal P K, Fruitwala H A, Tsou A H. Shear-induced precursor structures in isotactic polypropylene melt by in-situ rheo-SAXS and rheo-WAXD studies. Macromolecules, 2002, 35: 9096-9104.

[40] Fang H G, Zhang Y Q, Bai J, Wang Z G. Shear-induced nucleation and morphological evolution for bimodal long chain branched polylactide. Macromolecules, 2013, 46: 6555-6565.

[41] Pogodina N V, Winter H H, Srinivas S. Strain effects on physical gelation of crystallizing isotactic polypropylene. Journal of Polymer Science, Part B: Polymer Physics, 1999, 37: 3512-3519.

[42] Van Meerveld J, Peters G W M, Hütter M. Towards a rheological classification of flow induced crystallization experiments of polymer melts. Rheologica Acta, 2004, 44: 119-134.

[43] Doi M, Edwards S F. Dynamics of concentrated polymer systems. Part 2-Molecular motion under flow. Journal of the Chemical Society, Faraday Transactions 2: Molecular and Chemical Physics, 1978, 74: 1802-1817.

第5章 聚合物共混体系的相容性及结晶行为

5.1 引 言

近五十年来，聚合物共混无论在基础理论研究领域还是在新材料开发方面都受到广泛重视，并且取得了重要进展。共混物微观结构与宏观性能及加工条件之间的相互关系，一直以来都是研究者们关注和探讨的核心问题。聚合物之间的相容性取决于分子链间相互作用，共混物相形态的演变和发展则受热力学和动力学双重控制，并最终决定材料的性能。从高分子聚集态结构角度出发，一般认为如果共混物各组分能够达到分子或链段尺度的相容，则该共混物形成了均相体系，即完全相容；反之，如果共混物中各组分分别以一定组成各成一相，则共混物便成为非均相体系，即为不相容。根据相容程度不同，不相容体系又分为完全不相容和部分相容体系。尽管相容性共混物体系引起了研究者极大的兴趣，但从工业化应用角度来看，不相容共混物特别是部分相容体系则占有相当大的比例，因此其相容性研究与形貌调控具有重要意义。高分子共混物的相行为涉及熔融状态下发生的液–液相分离和固–液转变过程中的结晶行为。对于某一组分或两组分均结晶的聚合物共混物，其相容性、相形貌、相分离机理和动力学等对结晶行为具有重要影响，且由此形成的相结构与材料的性能密切相关，因此研究和探讨聚合物共混体系相容性和结晶动力学以及相分离与结晶的相互作用显得尤为重要。

本章内容从聚合物共混物的相容性出发，阐释相分离热力学和动力学基本理论，深入讨论具有不同相容性的共混物其结晶动力学的变化规律和最新进展，着重探讨相分离与结晶的相互作用问题，并关注特殊相互作用如含氢键体系的结晶行为。主要内容安排如下：聚合物共混物相容性及相分离动力学；相容共混物的结晶行为；不相容共混物的结晶行为；共混物相分离与结晶的相互作用关系；特殊相互作用共混物体系的结晶行为。

5.2 聚合物共混物相容性及相分离动力学

5.2.1 聚合物共混体系相图

研究高分子共混物热力学相容性的传统方法是 20 世纪 40 年代 Flory-Huggins

提出的格子平均场理论 (lattice mean-field theory)[1-4]。根据晶格模型，一个高分子占据晶格中许多相邻的格子，混合熵由各单体单元间相互交换位置引起，因此又称为位置熵或结合熵 ΔS_{m}，混合焓 ΔH_{m} 由交换能表示，与共混物中新的二元接触对的形成有关，正比于相互作用参数 χ。假定体系由两种不同的聚合物 A 和 B 构成，则每格点的混合自由能为

$$\Delta F_{\mathrm{m}} = \Delta H_{\mathrm{m}} - T\Delta S_{\mathrm{m}} = kT\left[\frac{\phi_{\mathrm{A}}}{N_{\mathrm{A}}}\ln\phi_{\mathrm{A}} + \frac{\phi_{\mathrm{B}}}{N_{\mathrm{B}}}\ln\phi_{\mathrm{B}} + \chi\phi_{\mathrm{A}}\phi_{\mathrm{B}}\right] \tag{5.1}$$

式中，ϕ_{A} 和 ϕ_{B} 分别是聚合物 A 和 B 的体积分数；N_{A} 和 N_{B} 分别是 A 和 B 的聚合度。括号中前两项为熵的贡献，后一项为焓的贡献，其正负取决于 χ 值。当 χ 值很小或为零时，$\Delta F_{\mathrm{m}}/kT$ 在任何组成均小于零，且存在极小值，表明两种聚合物可以以任意比例互溶。当 χ 值较高时，在任何组成下 $\Delta F_{\mathrm{m}}/kT$ 均大于零，具有极大值，这种情况下，任何组成的共混物的自由能都大于两单一组分的自由能，因此两聚合物在任何组成下都不互溶。

当 χ 大于某一临界值 χ_{c} 时，虽然在整个组成范围内 ΔF_{m} 都小于零，但曲线在某一组成出现极大值，且在两侧出现两个极小值与两个拐点，两个极小值处的组成分别为 ϕ' 和 ϕ''，此时聚合物两组分不是在任何比例下都互溶。当 $\phi_{\mathrm{A}} < \phi'$ 或 $\phi_{\mathrm{A}} > \phi''$ 时，体系互溶；当 ϕ_{A} 介于 ϕ' 和 ϕ'' 之间时，体系分成两相，趋向于自由能最低的热力学稳定相态，其组成分别为 ϕ' 和 ϕ''，如图 5.1 所示。在这种情况下，体系为部分相容体系，具有明确的相分离边界。

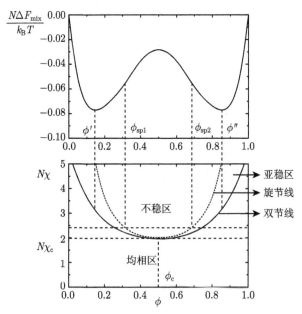

图 5.1 聚合物共混物混合自由能对组成的依赖性和对应的相图 [5]

图 5.1 给出了自由能的变化与相图边界线的对应关系。对于两相平衡的聚合物共混体系，聚合物 A 在平衡相中的体积分数分别为 ϕ' 和 ϕ''，由于两相的化学势相等，所以

$$\left(\frac{\partial \Delta F_{\mathrm{m}}}{\partial \phi_{\mathrm{A}}}\right)_{\phi_{\mathrm{A}}=\phi'} = \left(\frac{\partial \Delta F_{\mathrm{m}}}{\partial \phi_{\mathrm{A}}}\right)_{\phi_{\mathrm{A}}=\phi''}$$

$$= \frac{\partial \Delta F_{\mathrm{m}}}{\partial \phi_{\mathrm{A}}} = kT\left[\frac{\ln \phi_{\mathrm{A}}}{N_{\mathrm{A}}} + \frac{1}{N_{\mathrm{A}}} - \frac{\ln \phi_{\mathrm{B}}}{N_{\mathrm{B}}} - \frac{1}{N_{\mathrm{B}}} + \chi(1-2\phi_{\mathrm{A}})\right] \quad (5.2)$$

对于单分散的对称聚合物共混体系，假设 $N_{\mathrm{A}} = N_{\mathrm{B}} = N$，则可得到相图中双节线 (binodal line) 对应的相互作用参数，

$$\chi_{\mathrm{b}} = \frac{1}{2\phi_{\mathrm{A}}-1}\left[\frac{\ln \phi_{\mathrm{A}} - \ln \phi_{\mathrm{B}}}{N}\right] = \frac{\ln(\phi_{\mathrm{A}}/\phi_{\mathrm{B}})}{(2\phi_{\mathrm{A}}-1)N} \quad (5.3)$$

假设 $\chi(T) \approx A + B/T$，双节相分离温度可表示为

$$T_{\mathrm{b}} = \frac{B}{\ln(\phi_{\mathrm{A}}/\phi_{\mathrm{B}})/[(2\phi_{\mathrm{A}}-1)N] - A} \quad (5.4)$$

对于一般的不对称共混物，$N_{\mathrm{A}} \neq N_{\mathrm{B}}$，通过混合自由能对 ϕ_{A} 的二阶导数为零，可以得到 $\Delta F_{\mathrm{m}}(\phi_{\mathrm{A}})$ 曲线的拐点，即

$$\frac{\partial^2 \Delta F_{\mathrm{m}}}{\partial \phi^2} = kT\left[\frac{1}{N_{\mathrm{A}}\phi_{\mathrm{A}}} + \frac{1}{N_{\mathrm{B}}\phi_{\mathrm{B}}} - 2\chi\right] = 0 \quad (5.5)$$

从而确定旋节线 (spinodal line) 对应的相互作用参数 χ_{s}，并根据 $\chi(T) \approx A + B/T$ 确定相分离温度 T_{s}：

$$\chi_{\mathrm{s}} = \frac{1}{2}\left[\frac{1}{N_{\mathrm{A}}\phi_{\mathrm{A}}} + \frac{1}{N_{\mathrm{B}}\phi_{\mathrm{B}}}\right] \quad (5.6)$$

$$T_{\mathrm{s}} = \frac{B}{\frac{1}{2}\left[1/(N_{\mathrm{A}}\phi_{\mathrm{A}}) + 1/(N_{\mathrm{B}}\phi_{\mathrm{B}})\right] - A} \quad (5.7)$$

对于二元共混体系，旋节线的最低点对应于临界点，即

$$\frac{\partial \chi_{\mathrm{s}}}{\partial \phi_{\mathrm{A}}} = \frac{1}{2}\left[-\frac{1}{N_{\mathrm{A}}\phi_{\mathrm{A}}^2} + \frac{1}{N_{\mathrm{B}}\phi_{\mathrm{B}}^2}\right] = 0 \quad (5.8)$$

从而可得临界点的组成，

$$\phi_{\mathrm{c}} = \frac{\sqrt{N_{\mathrm{B}}}}{\sqrt{N_{\mathrm{A}}} + \sqrt{N_{\mathrm{B}}}} \quad (5.9)$$

将方程 (5.9) 代入方程 (5.6) 和 (5.7)，可得临界点的相互作用参数和临界温度：

$$\chi_c = \frac{1}{2}\left(\frac{1}{\sqrt{N_A}} + \frac{1}{\sqrt{N_B}}\right)^2 \tag{5.10}$$

$$T_c = \frac{B}{\frac{1}{2}\left(1/\sqrt{N_A} + 1/\sqrt{N_B}\right)^2 - A} \tag{5.11}$$

若体系为对称共混物，$N_A = N_B = N$，则整个相图都是对称的，此时临界组成为

$$\phi_c = \frac{1}{2}, \quad \chi_c = \frac{2}{N}$$

如图 5.1 所示，在双节线以内又分为不稳区 (unstable) 和亚稳区 (metastable)，以旋节线为分界点，$\partial^2 \Delta F_m / \partial \phi_A^2 = 0$。旋节线以内的不稳区，$\partial^2 \Delta F_m / \partial \phi_A^2 < 0$，体系处于不稳定状态，极小的浓度扰动都能够导致自发旋节相分离 (spinodal decomposition，SD)。旋节线和双节线之间的区域为亚稳区，$\partial^2 \Delta F_m / \partial \phi_A^2 > 0$，体系对微小的浓度扰动处于局部稳定状态，只有较大的浓度涨落才能使体系进入热力学稳定状态，此时相分离以成核–增长 (nucleation and growth，NG) 的方式进行。由于两相之间界面张力的存在，更加稳定的核必须大于一定的临界尺寸才能进一步增长。也就是说，只有当浓度或能量波动的幅度足够大时，才能产生大于临界尺寸的相区，此时形成的新相区才能稳定生长。

在通常的实验研究中，往往将图 5.1 中相互作用参数随组成变化曲线根据 $\chi(T) \approx A + B/T$，转换成温度–组成变化曲线，即 T-ϕ 曲线。因此 T-ϕ 相图的形状和种类与 $\chi(T) \approx A + B/T$ 方程中 B 值有很大关系[5-8]。当 $B > 0$ 时，χ 值随温度升高而减小，此时相图具有高临界共溶温度 (UCST)，如图 5.2(a) 所示；相反，若 $B < 0$，χ 值则随温度升高而增大，此时相图呈现低临界共溶温度 (LCST)，如图 5.2 (b) 所示。以上两种情况是 B 为常数的条件，如果 B 随温度变化，将会出现更为复杂的情形，如图 5.2 (c), (d) 所示，这里不再详述。

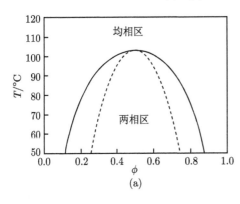

(a)

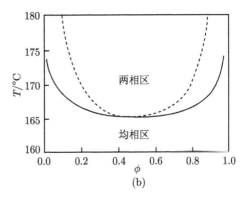

(b)

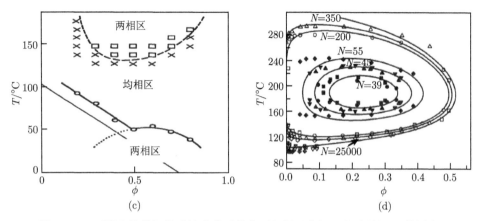

图 5.2　二元聚合物共混物或溶液体系的典型相图示意图和实验数据图 [5,9,10]

5.2.2　聚合物共混体系的相分离动力学

　　如前所述，传统聚合物共混体系存在两种不同的相分离机理，即旋节相分离 (SD) 和成核–增长 (NG)。

　　如图 5.3 所示，NG 机理可形成粒子–基体结构，初期成核之后，高分子通过扩散方式聚集形成微滴，随时间延长，微滴逐渐生长粗化，形成较大的粒子相。SD 机理自发形成双连续结构可分为初期、中期和后期三个阶段。

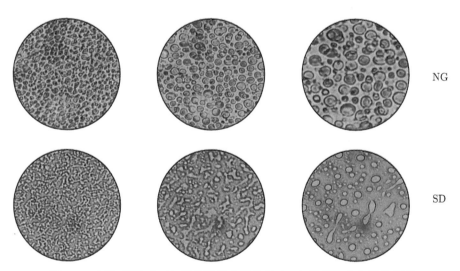

图 5.3　成核–增长 (NG) 机理和旋节相分离 (SD) 机理的动力学示意图

　　聚合物共混体系相分离动力学初期的理论研究较多，其动力学过程可通过 Cahn-Hilliard(C-H) 线性模型来描述 [11-13]。从 Flory-Huggins 理论以及蠕动模型

(reptation) 出发，de Gennes[14] 和 Pincus[15] 将 C-H 理论从小分子共混物引入聚合物共混体系。de Gennes 认为相分离初期，浓度涨落的波长很小，基本与界面的厚度相当，波长的增长通过管道内卷曲链段的局部调整来实现。由此可以推断，早期浓度涨落速度极快，通常测试手段几乎难以探测。de Gennes 理论从蠕动模型出发，主要适用于较高分子量的聚合物共混体系，即聚合度 $N > 10^4$。后来，Binder[16] 同时综合了珠簧模型 (rouse model) 和蠕动模型，将 C-H 理论应用到更宽的分子量范围，即 $N \approx 10^2 \sim 10^4$，但 C-H 线性理论在聚合物体系中仍然仅局限于 SD 相分离早期。此阶段相分离引起的散射强度与分相时间是指数关系：

$$I(q,t) = I(q,t = 0) \exp[2R(q)t] \tag{5.12}$$

$$R(q) = -Dq^2[\partial^2 f/\partial c^2 + 2kq^2] \tag{5.13}$$

式中，$R(q)$ 为相分离增长速率；D 为扩散系数；f 为体系自由能密度；c 为浓度；k 为常数；q 为散射矢量 ($q = 2\pi/\lambda$，λ 为波长)。如图 5.4(a) 所示，SD 相分离早期浓度涨落的波长保持不变，振幅随时间呈指数增长。Hashimoto 等 [17-20] 通过时间分辨激光光散射对几种体系的早期 SD 相分离动力学进行研究，表明实验结果与理论计算有很好的吻合。此外，该研究小组还进一步验证了两步相分离与 C-H 理论的一致性，发现在第二次相分离早期，新的浓度涨落仍然符合 C-H 线性理论 [21-23]。

　　由于 SD 相分离初始阶段很难捕捉，大量的理论和实验研究仍然集中于中后期。相分离中期，体系的浓度涨落增强，相区逐渐形成，但观察不到自相似结构，涨落的波长和振幅都随时间而增大，但远未达到平衡，如图 5.4(b) 所示。这一阶段通常被认为是早期和后期的转变点，处于非平衡态，因此相关研究还有待深入 [24-27]。在光散射研究中，相分离中期散射强度和散射矢量与分相时间满足标度关系，即

$$I_{\mathrm{m}}(t) \sim t^{\beta} \tag{5.14}$$

$$q_{\mathrm{m}}(t) \sim t^{-\alpha} \tag{5.15}$$

在此期间，浓度涨落及相关长度均发生变化并对散射光强产生贡献，使得 $\beta > 3\alpha$。

　　如图 5.4(c) 所示，相分离后期，浓度涨落振幅达到平衡值，相区不断粗化且呈现自相似特性，散射矢量 $q_{\mathrm{m}}(t)$ 随分相时间继续减小，满足与相分离中期相似的标度关系 [28-32]。但与中期不同的是，此时 $\beta = 3\alpha$。

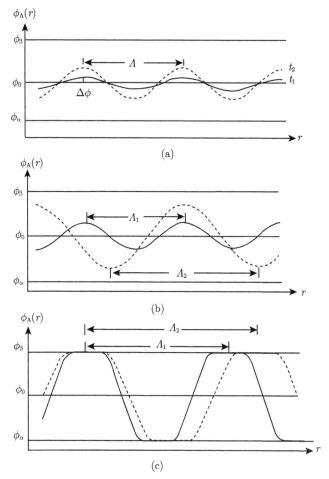

图 5.4　具备临界组成的混合物在三个不同相分离阶段某一组分的空间浓度 ($[\phi_A(\bar{r})]$) 涨落示意图

(a) 早期 SD; (b) 中期 SD; (c) 晚期 SD。每个阶段的涨落过程都由实线 (t_1) 和虚线 (t_2) 来说明 ($t_1 < t_2$)。ϕ_α 和 ϕ_β 是共存两相中 A 组分的平衡浓度。在 (a) 中波长 Λ 对应于文中的 Λ_m，在 (b) 和 (c) 中 Λ_1 和 Λ_2 对应于文中的 Λ_t[19]

　　当聚合物共混体系受 NG 机理驱动时，其散射强度与分相时间满足幂指数关系：

$$I(q,t) = I(q,0)t^n \tag{5.16}$$

因此可通过散射强度与分相时间的依赖关系来判定或区分体系的相分离机理。

　　对于具有动力学不对称的聚合物共混体系，即两组分之间具有分子量或玻璃化转变温度的巨大差异，前者如高分子溶液、胶体悬浮液等，后者原则上存在于任何共混物中，如聚苯乙烯/聚乙烯基甲基醚 (PS/PVME) 等，除经典的 SD 和

NG 相分离机理之外，还存在黏弹相分离 (viscoelastic phase separation, VPS) 区间 [33-35]，即组分的黏弹性在相分离过程中起主导作用。在 VPS 中，相分离通常由慢松弛组分形成长寿命的 "相互作用网络"，或瞬时凝胶。由于慢组分网络结构的长时松弛特性，导致其松弛跟不上相分离本身的形变速率，因此导致内部应力的产生并不对称地分散于两组分之间。非平衡应力的存在引发慢组分富集相凝胶网络的形成并随时间发生体积收缩，相区的形状由内部应力的平衡条件决定，如图 5.5 所示。

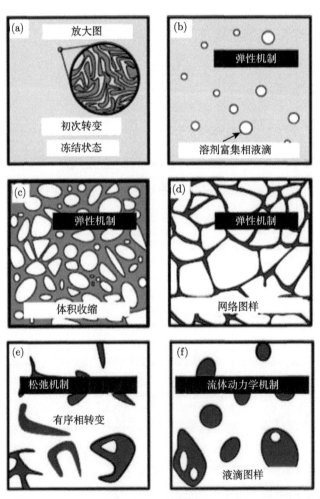

图 5.5 接近于临界组分共混物黏弹性相分离特征图案演化过程示意图 [34]

图中描述了 VPS 的动力学过程: 相分离初期, 热力学导致通常的浓度涨落发生, 然而动力学黏弹效应阻碍浓度涨落的进一步生长, 因此体系很快处于被冻结状态, 此时仅存在被弹性抑制的短波长涨落 (图 5.5(a)); 随后慢松弛组分富集相随时间发展成弹性相区, 相分离由流体模式向凝胶模式转变, 即黏性向弹性转变, 此时弱黏弹相 (快松弛富集相) 在弹性相的基体中形成分散的孔洞 (图 5.5(b))。在相分离的中间阶段, 亦称弹性区间, 如图 5.5(c), (d) 所示, 弹性力平衡取代界面张力主导相形貌的发展, 形成各向异性的弱弹性分散相并随时间发展, 导致弹性相基体体积收缩, 进而形成慢组分富集相为基体的弹性网络结构。相分离后期 (图 5.5(e), (f)) 弹性基体相逐渐变薄并发生破裂, 形成不规则的弹性分散相, 此时弹性力逐渐松弛, 界面张力重新占主导, 分散相逐渐钝化成弹性的球形粒子, 体系再次发生由类凝胶态向流动态的转变。

5.3 相容共混物的结晶行为

对于相容共混物, 其结晶行为不需要考虑两相界面对相分离动力学的影响, 因此情形相对简单 [36]。首先考虑的是相容共混物中至少有一个组分结晶, 另一个组分为非晶聚合物或者实验温度高于其熔点而作为稀释剂存在。稀释剂组分的加入, 既可以通过降低结晶组分的浓度和成核数量而降低结晶度, 亦可以通过增加基体分子链的运动性和成核速率而增加结晶度。例如在聚氧化乙烯/聚甲基丙烯酸甲酯 (PEO/PMMA) 共混物中, PMMA 的加入致使 PEO 球晶生长速率降低, 半结晶时间增加; 而在等规聚苯乙烯 (iPS) 基体中加入聚乙烯甲醚 (PVME), 则因为增加了 PS 的分子链运动性而促进结晶 [37]。研究认为稀释剂对基体结晶的影响, 与其分子链结构密切相关。当稀释剂组分与结晶聚合物是同分异构体时, 如无规聚苯乙烯 (aPS) 与 iPS 的共混物, 如图 5.6 所示, 其最大结晶速率 G_{max} 随 aPS 含量增加而降低, 而所对应的最大结晶温度 T_{cmax} 几乎不变, 且 aPS 的分子量对 G_{max} 几乎没有影响, 表明同分异构体稀释剂组分仅吸附在结晶分子链界面处, 而并未影响基体的分子链动力学 [37]。然而对于化学结构具有显著差异的稀释剂组分, 其共混物的分子链动力学和过冷度均与稀释剂的浓度具有更强的依赖关系, 因此对基体相结晶生长速率影响则更为显著。Wu 等 [38] 研究了四种不同聚合物稀释剂对聚氧化乙烯 (PEO) 的生长速率影响: 发现加入 30% 的苯乙烯–羟基苯乙烯共聚物 (PSHS) 后, 晶体生长速率从 530 μm/min 降低至 0.13 μm/min, 下降幅度超过 3 个数量级, 且具有较高玻璃化转变温度 T_g 的稀释剂对结晶生长速率具有更为明显的降低效果, 表明其迁移因子可以通过共混而改变。而对于具有相同 T_g 的稀释剂而言, 能够形成强烈分子间相互作用 (如氢键), 由于在一定结晶温度下其平衡熔点和过冷度较低, 因此对晶体生长速率抑制的影响更为显著。

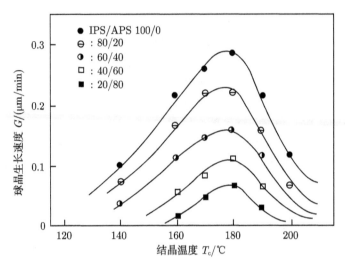

图 5.6　不同组成 iPS/aPS 共混物的球晶生长速率 G 对于结晶温度 T_c 作图 [37]

对于一元体系的结晶动力学, 前人的研究工作颇为丰富而且理论成果非常成熟, 最为经典的理论为 LH 结晶理论。该理论经过严密的推导, 总结出一元体系的晶体生长速率满足如下公式 [39]:

$$G(M, T_c) = G_0(M) \mathrm{e}^{-\frac{Q}{R(T_c - T_0)}} \mathrm{e}^{-\frac{K_g T_m^0}{T \Delta T}} \tag{5.17}$$

式中, G_0 为常数, 与分子量相关; $\mathrm{e}^{-\frac{Q}{R(T_c - T_0)}}$ 为动力学迁移项; $\mathrm{e}^{-\frac{K_g T_m^0}{T \Delta T}}$ 为热力学驱动项; K_g 为能量参数, 包含了熔融热和表面自由能的乘积 $\sigma_s \sigma_e$; 过冷度 $\Delta T = T_m^0 - T_c$, T_m^0 为平衡熔点。当 T_c 降低至 T_g 时, 迁移项趋近于 0; 当 T_c 趋近于 T_m^0 时, 驱动项为 0。

对于二元完全相容共混体系, 假设稀释剂吸附在晶体表面的浓度 C_i 近似等于稀释剂的浓度 C_0, 则根据 LH 结晶理论, 公式 (5.17) 可以修改为

$$G(T_c, C_0) = (1 - C_0) G_0 \mathrm{e}^{-\frac{Q}{R(T_c - T_0')}} \times \mathrm{e}^{-(\frac{K_g T_m'}{T_c \Delta T'} + (\varphi T_m' \ln \frac{1 - C_0}{\Delta T'})} \tag{5.18}$$

式中, C_0 为稀释剂浓度; 稀释剂的加入会使参考温度 T_0' 发生偏移, $T_0' - T_0$ 约为加入稀释剂后结晶物 T_g 的变化值; 同理平衡熔点会移动到 T_m', 其值约为液相线温度; 过冷度为 $\Delta T' = T_m' - T_c$, 反映的是当熔体到达临界成核点时熵减的程度; φ 为常量约为 0.2。由上式可见, 聚合物球晶生长动力学对共混十分敏感。Mandelkern[40] 综合大量的研究工作, 将公式 (5.18) 应用于二元共混体系中, 以计算其球晶生长速率。例如在 PEO/aPMMA 共混体系中, 当混入 40% 的 aPMMA 后, PEO 球晶的生长速率降低了 100 倍 [41], 理论与实验有很好的吻合。然而, Calahorra 等 [42] 的

研究表明,修正后的 LH 结晶理论不能很好地描述该共混体系,拟合得到的 K_g(斜率) 和 G_0(截距) 不受 aPMMA 的含量影响。与之不同的是,Martuscelli 等 [41] 指出,纯 PEO 与共混物的 K_g 存在很大差异,并且随 aPMMA 浓度增加而变大,如图 5.7 所示。因此,从定性的角度来讲,相容共混物的晶体生长速率随稀释剂组分增加而降低,然而理论方面的定量描述并未达成共识,LH 结晶理论对共混物的适用性还存在一定争议。

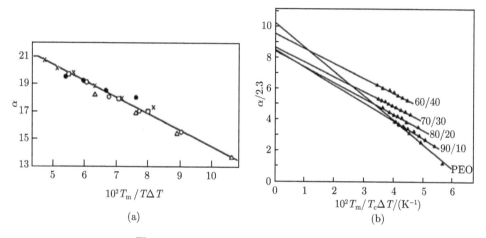

(a) (b)

图 5.7 PEO/aPMMA 共混物的 LH 作图

(a)$C_0 = 0$ (纯 PEO); (b) $C_0 = 0.1, 0.2, 0.3, 0.4$[41,42]

除了共混体系的结晶动力学,其结晶形貌的研究也颇为重要,本章节主要针对一些现象进行描述。首先在晶体生长过程中,如果界面处有杂质阻碍其结晶,将会导致针状或带状晶体的形成,通常杂质为未特殊指明的微量组分,如低分子量物质或结构不同的聚合物链。然而,对于相容共混物,这种被当成杂质的量很大,往往超过 50%。大量的稀释剂会导致彼此分离的捆束或片层结构形成,定义为生长臂 (growth arms),片层之间则为非晶聚合物富集的非晶区。在生长臂之间,相邻片层表面处存在被排出的稀释剂,这些具有对晶体生长有阻碍作用的稀释剂在晶片之间聚集后将会横向扩散,最终到达晶片的末端。如图 5.8 所示,这些被排出的存在于球晶边缘的稀释剂对球晶的生长具有明显的影响 [43]。结晶温度不同,球晶生长速率有很大变化,如在聚偏氟乙烯/聚羟基丁酸酯 (PVDF/PHB) 共混物中,140 ℃结晶时,晶体生长速率为 6 μm/s,150 ℃时则为 0.45 μm/s,此时稀释剂被排出的程度也不同。低温快速结晶时,如图 5.8(a) 所示,球晶生长过快,呈现不规整的体积填充,稀释剂组分来不及被排出而包裹在球晶内部,从而导致黑 "十" 字消光的消失。而在高温结晶时,球晶生长速率极为缓慢,此时生长臂与晶片之间的稀释剂能够扩散至熔体中，从而导致环带球晶的生成，如图 5.8(b) 所示。在球晶生长过程中，被排出的稀释剂局部浓度可表示为

$$C_{\text{local}} = \frac{C_0}{1 - \phi_{\text{c}}(1 - C_0)} \qquad (5.19)$$

式中，ϕ_{c} 为球晶内部结晶组分的含量。由于晶体生长速率 G 极小，而稀释剂组分的扩散速率 D 在高温下变大，因此其扩散距离 $\delta = D/G$ 在高温结晶条件下显著增加。如 PVDF/PHB 共混物中，在 150 ℃结晶时稀释剂的扩散距离是 140 ℃结晶条件下的 13 倍。因此，高温结晶时，稀释剂组分能够及时排出晶格之外，结晶组分的分子链能够很好堆砌折叠，形成黑"十"字消光图案。

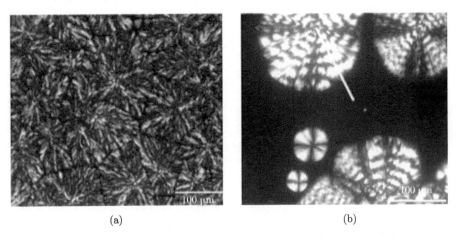

(a)　　　　　　　　　　　　　　　　　　(b)

图 5.8　PVDF/PHB 共混物 (60wt% PHB) 球晶生长 PLM 图片

(a) 140 ℃，不规则形貌的球晶碰撞；(b) 150 ℃，发展完好的环带球晶没有碰撞。(b) 中白线指示环带间距沿着径向增加 [43]

　　图 5.9 给出了其他共混体系如 PVDF/aPMMA 中有关晶体生长速率与稀释剂扩散浓度的讨论 [44]。如图所示，在较低结晶温度 145 ℃时，球晶生长速率较大，球晶之间相互碰撞，极少量的非晶相扩散入球晶之间；此时非晶相 aPMMA 浓度在球晶径向方向基本保持恒定并略低于初始浓度 (40%)。结晶温度升高至 150 ℃，晶体生长速率减小，分子链扩散系数增大，球晶之间并不相互侵入而保持相对独立完整的球晶；此时，aPMMA 在晶体内部的平均浓度仅为初始浓度的一半，而球晶边沿或球晶之间稀释剂的浓度出现富集，即稀释剂能够从生长臂中扩散排除到球晶之外。

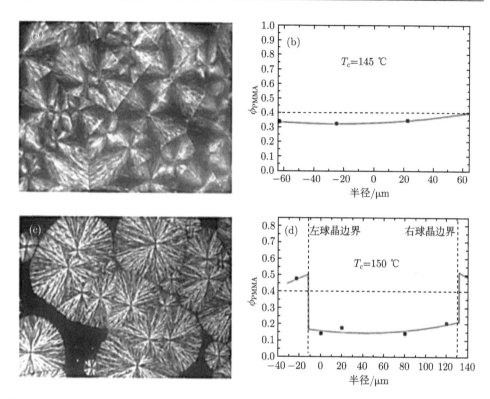

图 5.9　从 aPMMA 浓度为 40% 的 PVDF/aPMMA 共混物中生长的 α-PVDF 球晶的 PLM
图片 ((a)、(c)) 以及 aPMMA 局部浓度沿球晶半径的变化曲线 ((b)、(d))
实验使用了不同的结晶温度，T_c =145 ℃和 150 ℃[44]

　　稀释剂在球晶内部及球晶之间的分布也可通过其他方法来测量。形态法是根据具有熔点相差较大的相容共混物，如聚丁二酸丁二醇酯 (PBSU，$T_m = 114$ ℃) 和聚丁二酸 (PBAD，T_m =60 ℃) 晶体形态的差别来分辨稀释剂的位置。如图 5.10(a) 所示，通过原子力显微镜观察，PBSU/PBAD 共混物在 70 ℃结晶时，PBSU 晶片呈侧立生长，此时 PBAD 为熔融态，将 PBSU 晶片隔开；当共混物冷却至室温时，低熔点的 PBAD 形成细小的晶片分散于 PBSU 主晶片之间，如图 5.10(b) 所示 [45]。因此，通过片层形貌观察可确定 PBAD 作为稀释剂组分在结晶过程中被包裹在 PBSU 片层之间。另外小角 X 射线散射技术 (SAXS) 也被用于推断稀释剂的位置，而且 SAXS 可以量化晶片之间的稀释剂含量 [46]。

　　另外，相容共混体系中晶体的非线性生长也是一个有趣的问题。研究显示球晶的非线性生长通常发生在较高的结晶温度，此时稀释剂组分 (无论是低聚物稀释剂还是高分子稀释剂) 具有较大的扩散距离 δ。对于高分子稀释剂共混物，通常当稀释剂与结晶性组分具有较强分子间相互作用时，更容易出现球晶的非线性生

长 [47-49]，此时熔点下降和过冷度降低与缓慢的球晶生长速率密切相关；对于低聚物稀释剂共混物，则通过增加混合焓达到这一目的。对于高分子稀释剂，如不能明显降低结晶聚合物的熔点，则不会造成球晶的非线性生长。但会使邻近的球晶生长速率下降，这种行为归因于较高的杂质浓度阻碍了附近聚合物的扩散 [48-50]。这些现象清楚地表明了稀释剂扩散到球晶的界面处对其生长影响的重要性。

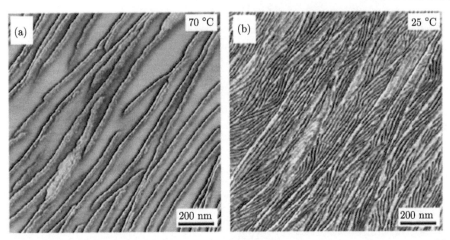

图 5.10　80/20 PBSU/PBAD 共混物在 70 ℃结晶 2 h 后以 30 ℃/min 冷却到 25 ℃采集的 AFM 相图

(a) 在 70 ℃采集的相图；(b) 在 25 ℃采集的相图 [45]

球晶缓慢的生长或非晶组分的快速扩散会使晶体生长速率 $(G(t) = dR/dt)$ 降低，即 $R(t) \propto t^{1/2}$ 或 $G(t) \propto t^{-1/2}$。聚合物共混结晶的研究中报道了很多此类晶体生长的现象，比如球晶生长速率 G 在结晶早期为常数，后期则逐渐下降或者 G 从一开始就持续下降。图 5.11 列出的 4 种不同的共混物，在一定条件下，晶体生长速率均呈现出早期 $R(t) \propto t^1$，随后为 $R(t) \propto t^{1/2}$ 的行为。Cahn 提出了扩散耦合界面控制来解释这种含有稀释剂共混物中球晶的生长情况。

图 5.11 中 $R(t) \propto t^1$ 的出现是在有限的时间间隔内，热力学驱动力随时间降低的缘故。而要更加深入地建立球晶非线性生长的基础，可通过以下实验方法进行研究：① 同步辐射 SAXS 确定球晶在共混物中结晶过程中晶片厚度 $l(R)$ 的变化；② 原位显微红外光谱测量二元共混物结晶过程中稀释剂浓度的变化。此外，拉曼显微镜、红外显微镜和 X 射线能量色散 (EDX) 等分析方法 [51-54] 可用以确定共混组分在聚合球晶物中的分布，这些技术同时可提供绝对的浓度和梯度信息以明晰具有相似生长及扩散速度的结晶区间，动态分子模拟技术的运用在理解聚合物相分离及结晶方面亦有着重要的意义 [55]。

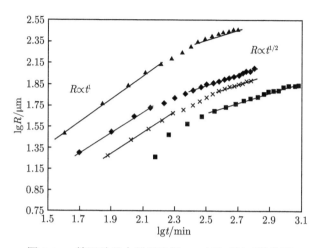

图 5.11　等温结晶中球晶半径 R 对于时间对数作图

初期线性生长 ($R \propto t^1$) 之后是非线性生长 (apparently $R \propto t^{1/2}$)。含有强相互作用稀释剂 PEMMA 或 PSHS 的 PEO 共混物: ▲, 20% PEMMA, T_c=52.5 ℃; ×, 30% PEMMA, T_c=48 ℃; ♦, 20% PSHS, T_c=55.5 ℃; ■, 30% PSHS, T_c=46.5 ℃[47]

5.4　不相容共混物的结晶行为

对于不相容体系, 液–液相分离过程发生在体系中任一组分开始结晶之前。如果相分离的程度很大, 则各组分的结晶行为与非共混的结晶行为并无差别。因为此时各组分相互混溶的程度可以忽略, 并不会影响各自的晶体生长速率, 这种情况可视为完全不相容体系, 而对于部分相容体系, 共混聚合物的结晶行为在特殊情况下会与一元聚合物体系的结晶行为存在明显差异。例如, 在二元部分相容的共混物体系中, 分散相在基体中主要以球形液滴存在。如果分散相在整个体系中率先固化, 它就会在基体熔体中完成结晶过程, 然后这种小球会充当基体熔体的异相成核剂。常见的例子就是 PVDF 和等规聚丙烯 (iPP) 共混体系, 二者都是结晶聚合物。如图 5.12 所示, 图中的小球体为 PVDF, 它率先结晶固化, 随后作为异相成核剂诱导 iPP 结晶[56]。更有趣的是, Lugito 等[57]研究表明, 在 PHB 中加入 30% 的非晶组分聚甲基丙烯酸 (PMA) 后, PHB 的结晶过程中会发生一些令人预料不到的结果。比如, 若结晶温度在 60 ℃ 和 90 ℃ 之间做梯度性变化, 可发现 PHB 球晶的黑 "十" 字消光随着温度变化而发生旋转, 且这种旋转与温度变化具有很强的依赖性关系。随后的研究证明 PHB 的晶体结构并未发生变化, 黑 "十" 字消光旋转的球晶数量可能与小尺寸的 PMA 小球含量有关。

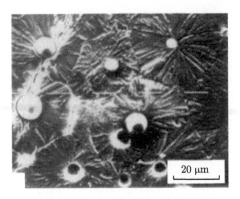

图 5.12   50/50 iPP/PVDF 不相容共混物结晶的 SEM 图片

PVDF 首先结晶形成具有光滑球形表面的球晶, iPP 随后在 PVDF 球晶上结晶为附生晶 [56]

5.5   共混物相分离与结晶的相互作用关系

由于大多数高分子共混物为部分相容体系, 因此有必要详细讨论液–液相分离 (liquid-liquid phase separation, LLPS) 与结晶的相互作用关系, 这无论对于基础高分子理论研究还是聚合物工业化生产都具有重要意义。值得指出的是, 此处强调液–液相分离, 目的是区分结晶引起的液–固相分离。到目前为止, 对于聚合物共混体系液–液相分离和结晶过程各自的理论与实验研究已有大量文献报道, 并取得了相当程度的认识。然而, 对于单组分结晶或双组分都结晶的聚合物共混体系而言, 液–液相分离与结晶这两个非平衡态物理过程往往同时发生, 并且相互影响、相互竞争, 致使其物理过程变得更为复杂, 因此相关报道也就相对较少了。

1985 年, Tanaka 和 Nishi 首次研究了聚己内酯/聚苯乙烯 (PCL/PS) 共混体系结晶与液–液相分离的竞争关系 [58,59], 发现液–液相分离和结晶同时发生时, 两种非平衡过程相互竞争, 导致新的结构和动力学过程出现。如图 5.13 所示, 当温度直接从均相区降到熔点 $T_m(\phi)$ 以下的不同区域, 会出现不同的相结构, 并强烈依赖于结晶温度: 情况 A, SD 相分离与结晶同时发生; 情况 B, NG 相分离与结晶伴随发生; 情况 C, 由于 PCL 结晶而导致球晶周围非晶 PS 组分具有一定的浓度梯度, 当达到双节线浓度时, 发生结晶诱导的相分离, 此时, 由于球晶周围 PS 相区的出现使球晶的生长呈现非线性; 情况 D, 当目标温度高于并接近熔点时, 液–液相分离的发生致使结晶组分 PCL 富集区的熔点增高, 当局部熔点高于目标温度时, 相分离诱导的结晶出现。对于前两种情况, 最终的相结构与结晶和相分离的动力学过程密切相关。当结晶过程较快时, 球晶尺寸大于液–液相分离产生的相区尺寸, 此时球晶内部以及球晶之间包裹了很多 PS 非晶相区, 由于结晶速度较快, 这些相区的发展被冻结；当相分离速度较快时，结晶发生在 PCL 富集区，球晶尺寸小于液–液相分离的相区尺寸。同时指出，平衡状态下得到的相图，在熔点以下的部分会因结晶与液–液相分离的相互作用而失去实际意义，这一观点得到了 Burghardt[60] 的证实，认为结晶与液–液相分离的相互作用会导致偏共晶相结构的出现，即使在相图中不存在液–液相平衡，但如果考虑混合自由能的变化，仍然表明液–液相分离对最终的结晶形貌有很大的影响。

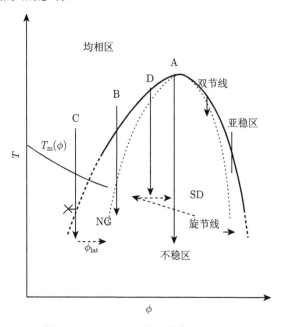

图 5.13 PCL/PS 共混物相图示意图

φ 是 PS 在共混物中的浓度，T 是温度。$T_m(\phi)$ 代表熔融曲线。在两相线以下的熔融曲线以点虚线表示。严格来说，在熔融曲线以下的两相线在平衡态相图中是不能被定义的，它就以虚线来表示。箭头 A、B、C 和 D 表示不同的淬火条件 [57]

随后，Jungnickel 等 [61,62] 进一步证实了 Tanaka 等的研究结果，并根据分子扩散速率和球晶生长速率的相互关系，对结晶后期球晶尺寸的非线性增长以及多样化的超分子结构给出了更为详细的解释。值得注意的是，相邻球晶的出现和生长，会同时影响介于两球晶之间非晶组分的浓度梯度，使其在相邻两球晶之间呈对称分布，由于两球晶周围非晶组分的浓度梯度叠加，局部浓度超过双节线浓度，导致液–液相分离发生。后来，又通过 SEM 和 TEM 从更细微的尺度上证实了结构多样化与结晶和相分离相互作用之间的复杂关系 [63]。除 PCL/PS 体系外，该研究小组还研究了聚偏氟乙烯/聚烷基丙烯酸酯 (PVDF/PEA)[64,65] 体系结晶与液–液相分离之间的相互作用，发现结晶组分的结晶动力学以及最终的结晶相貌强烈依赖于分子扩散速率和球晶生长速率的比值，并通过计算模拟给出了球晶周围非晶组分浓度分布的清晰图谱，而且模拟数据与实验结果有很好的一致性。Chen 等 [66-68] 研究了聚乙烯-2, 6 萘/聚醚酰亚胺 (PEN/PEI)，聚对苯二甲酸乙二酯/聚醚酰亚胺 (PET/PEI) 共混体系结晶与液–液相分离之间的竞争关系, 并得到了 PET/PEI 体系结晶与液–液相分离比较定量的温度依赖关系 [69]。

由于聚烯烃共混体系在工业应用上的普遍性和广泛性, 使其液–液相分离与结晶相互作用的研究更具有实际意义。继 Tanaka 和 Nishi[58,59] 之后, Hashimoto[70,71] 曾通过相差显微镜和激光光散射的方法对聚丙烯/乙–丙共聚物 (PP/EPR) 共混体系的相行为和结晶行为进行系列研究报道, 发现相分离后的熔体快速冷却至较低的结晶温度, 此时结晶速率远大于分子间相互扩散的速率, 液–液相分离具有 "记忆" 效应, 原有的相结构被冻结, 球晶的生长只是在已有的相结构上进行体积填充, 具有 "扩散受限结晶" 的特性, 从而导致球晶尺寸的非线性增长, 而且熔点以下的进一步退火并不改变球晶和相区尺寸; 但如果结晶速率比较缓慢, 小于分子间相互扩散的速率, 这种预先出现的液–液相结构将在结晶过程中进一步发展、粗化。因此, 通过控制液–液相分离的温度、时间以及结晶条件, 可以很好地调控聚合物共混体系的相结构以及宏观性能。Cham[72] 利用光学显微镜、SEM、DSC 和动态力学方法研究了等规聚丙烯/聚丁烯-1(iPP/iPB-1) 共混体系的相容性以及液–液相分离与结晶的相互竞争关系。实验表明, 在一定温度下, 结晶和相分离能够同时发生; 当液–液相分离预先发生后再结晶, iPP 球晶能够穿越 iPP 富集区和 P1B 富集区连续生长, 但在两个相区内球晶的生长速率、晶体形貌和熔点都有很大差别, 而且这种差别具有结晶温度的依赖性。虽然聚烯烃共混体系结晶与液–液相分离关系的研究已经引起了相关学者的兴趣, 但近二十年来这方面的报道仍然十分有限, 而且已有的研究并没有从热力学本质上把这两个相互交织、相互竞争的非平衡复杂过程研究清楚。

由此, Han 等研究小组针对乙烯-己烯共聚物/乙烯-丁烯共聚物 (PEH/PEB) 这一特定体系, 利用激光光散射技术、光学显微镜、AFM、DSC、TEM 等方法对该体系的相图、相分离动力学、结晶动力学、液–液相分离及其与结晶的关系等方面进行了深入广泛研究, 并取得重要进展 [73-84]。2002 年, 王浩等 [73] 首先利用 PEH/PEB 共混体系结晶与液–液相分离的关系, 通过漫射光散射和小角度光散射等实验方法以及 Flogy-Huggins 理论计算, 建立了该体系的 UCST 相图, 如图 5.14 所示, 其中, 两相区的平衡熔点约为 127 ℃, 均相区平衡熔点随结晶组分 PEH 含量的增加呈线性增长。

在此基础上, 又利用相差及偏光显微镜原位观察了 PEH/PEB 共混体系液–液相分离的动力学过程以及在结晶与相分离同时发生的情况下, 两种有序化过程的相互竞争对于温度的依赖关系 [75,76]。在平衡熔点 T_m^0 以下的 20 K 温度范围内, 相分离变化不大，而此时的球晶生长速率变化剧烈，两个过程在平衡熔点以下出现交点。对 PEH/PEB 50/50(H50)，这一交点温度为 $T_{c.o.} \approx 118\,^{\circ}\mathrm{C}$，如图 5.15 所示。当温度低于此交点时，结晶占主导地位，当高于该交点温度时，液–液相分离则占优势。

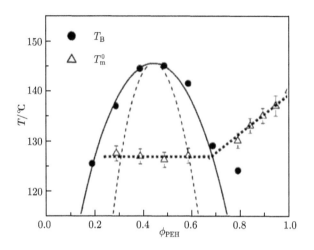

图 5.14 PEH/PEB 共混物相图

圆圈数据点是测量得到的液–液相分离温度。实线和虚线分别代表以 $\chi(T) = -0.0011 + 1.0/T(\mathrm{K})$ 基于 Flory-Huggins 框架而预测的两相线和旋节线。空心三角数据点是平衡熔融温度，在单相区随 PEB 浓度增加而减少，在两相区则保持恒定。图中的虚点线为示意线 [73]

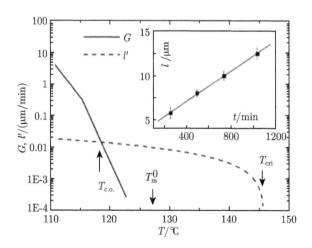

图 5.15 PEH/PEB 共混物 LLPS 和结晶生长速率对淬火深度作图比较

插图显示 LLPS 特征长度对时间的函数，线性拟合给出了标度定律的比例常数。临界温度 (T_{cri})、平衡熔融温度 (T_m^0) 和动力学交叉温度 ($T_{c.o.}$) 在图中以箭头标出 [77]

通过 SAXS/WAXD 方法，可从结晶片层结构上进一步阐释结晶和相分离的动力学关系 [77]，如图 5.16 所示。当结晶温度较低时，液–液相分离受到抑制，结晶速率较快，此时 PEB 组分来不及扩散排出晶体，可能部分地被卷入 PEH 晶片，或者与 PEH 形成共晶，因此对 PEH 结晶形貌影响显著；当结晶温度较高并接近图 5.15 的交点温度时，液–液相分离占优势，结晶速率较低，在等温结晶过程中，PEB 能够被排出，因而对 PEH 组分的结晶影响较小。与纯 PEH 相比，H50 具有更低的结晶速率、更大的长周期、更高的结晶度，而且二者的结晶形貌也有显著差别。

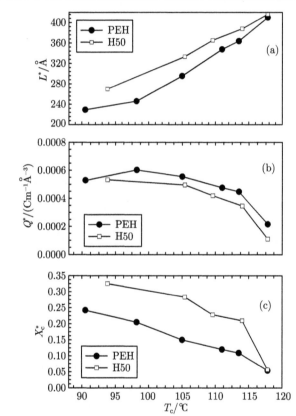

图 5.16   PEH 和 H50 的最终片晶长周期 L^* (a)，最终散射不变量 Q^* (b) 和 WAXD 结晶度 X_c^* (c) 对不同结晶温度 T_c 作图 [78]

通过光学显微镜深入细致地研究了 PEH/PEB 共混体系液–液相分离与结晶的相互作用 [79-82]。研究表明，当液–液相分离预先发生时，随后的结晶首先发生在两相区的界面处，随相分离时间的延长，界面面积减小，浓度涨落也逐渐达到平衡，因此结晶成核速率明显降低，如图 5.17 所示。这一结论在其他体系，如 PEH/PEOC (乙烯–辛烯共聚物) 也获得了证实 [83,84]。根据大量的实验数据和现象，提出了新的结晶成核机理，即"浓度涨落诱导结晶"，这一理论是目前为止对聚合物共混体系结晶成核的最新探讨，也是研究结晶和液–液相分离关系的最前沿理论。虽然"浓度涨落诱导结晶"机理与单组分聚合物在结晶初期的"密度波动驱动的结晶"[85-90]有相似之处，但二者的出发点和物理本质却有很大的差别。

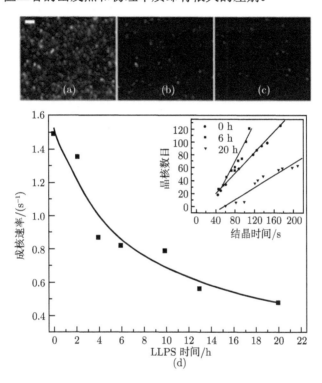

图 5.17　H40 在 135 ℃经历不同 LLPS 时间 (a) 0 h, (b) 6 h, (c) 20 h 后在 117 ℃等温结晶 2 min 后的偏光显微镜图。(d) H40 在 117 ℃成核速率作为 135 ℃下 LLPS 时间的函数。插图显示了 H40 在 117 ℃成核数目随时间的变化，在 135 ℃的 LLPS 时间分别是 0 h, 6 h 和 20 h。在 (a) 中的标尺对应于 10 μm[79]

　　图 5.18 描述了 PEH/PEB 体系液–液相分离的不同阶段浓度涨落的变化，以及两相界面处由于分子链的相互扩散而导致的链段取向，从而诱发初始晶核的形成。此外，在对 PEH/PEB 的研究中还发现了关于将相分离后的样品迅速冷却至室温时所出现的结晶诱导的二次相分离现象[81]，以及相分离之后的结晶过程中长周期的变化与相分离时间、相分离温度、结晶温度之间的依赖关系。对于这些扑朔迷离的现象，虽然从某种程度上已经找到了合理的解释，但其背后所隐藏的真实规律仍然需要进一步探索。

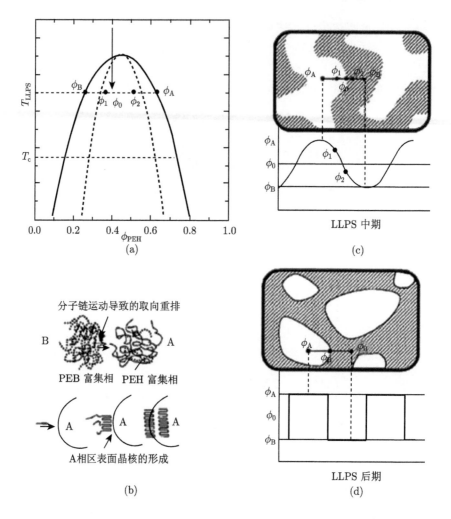

图 5.18　(a) PEH/PEB 共混物 LLPS 不同阶段相分离微区内 PEH 的浓度。(b) LLPS 促进成核示意图。PEH/PEB 共混物在 LLPS 中期 (c) 和 LLPS 后期 (d) 的浓度涨落 [80]

此外，流变学方法在研究高温结晶方面具有独特的优势，Niu 等 [90] 通过动态时间扫描技术原位探测了 PEH/PEB 共混体系各组分在 120 ℃等温结晶动力学的过程。随着结晶组分 PEH 含量的增加，体系的储能模量 G' 逐渐增高。但是有趣的是，在 H60 和 H70 之间出现了异常结果，如图 5.19 所示，H70 在结晶后期的 G' 甚至低于 H60，这对于相容性很好的共混体系是很难想象的。其原因在于相比于 H70 样品，H60 样品中存在的液–液相分离过程增大了成核密度，加速了结晶动力学，由此形成的共混物体系拥有更大的成核密度。

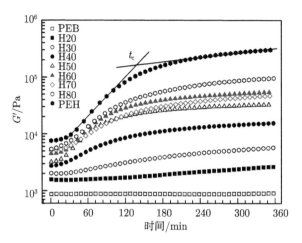

图 5.19 PEH/PEB 共混物及其单组分共聚物在 120 ℃储能模量 G' 随结晶时间的演变图

PEB 处于熔融态 G' 保持恒定, 而 PEH 则显示了等温结晶过程的特征。在 PEH 含量高于 30% 的共混物

中也可以发现类似的特征。图中的储能模量 G' 快速增长和平台区的交叉点则标注为结晶时间 t_c [90]

以上示例聚合物共混物体系均为动力学对称体系, 而对于动力学非对称体系, 即两组分之间具有显著的玻璃化转变温度不同导致的动力学差异或者分子链尺寸的差异, 相分离与结晶相互作用除了考虑浓度涨落的贡献以外, 还要考虑黏弹性相分离产生的界面应力的贡献。Han 等 [91,92] 研究了动力学不对称 PMMA/PEO 共混体系结晶与黏弹性相分离之间的相互作用, 此动力学不对称性来自于两组分玻璃化转变温度之间的显著差异。如图 5.20 所示, 在不同的淬火深度区间, 相分离与结晶

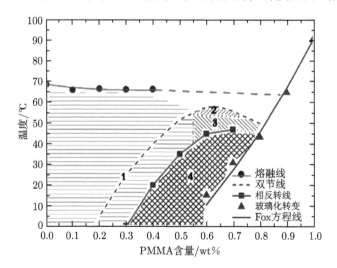

图 5.20 PMMA/PEO 共混物相图和结晶形貌分区图

区域 1 是紧密球晶形貌, 区域 2 是相分离成核和生长区, 区域 3 是松散球晶形貌, 区域 4 是同心圆环形貌

同时发生时，结晶形貌出现较强的温度依赖性，由球晶向筒状晶转变。研究认为在该动力学不对称体系中，由于动力学驱动的差异，结晶总是先于相分离而发生，两种相转变机制的相互竞争或促进作用导致了结晶界面处的浓度变化从而生成形貌各异的结晶图案，如图 5.21 所示，并依次提出了黏弹性体系的竞争模型。随后，又发现在 PMMA/PEO 体系中，当黏弹性相分离预先发生而后再结晶时，PEO 的结晶会受到严重抑制，他们认为 PEO 结晶受到抑制是黏弹性相分离生成的网络应力导致的 [93]。而此现象与动力学对称的聚烯烃共混体系的 "浓度涨落诱导结晶" 机理则完全不同。

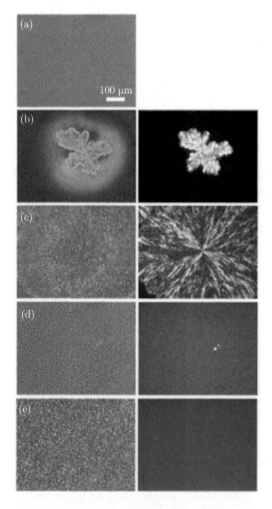

图 5.21　PMMA/PEO 共混物 (PEO 质量分数 0.95) 双淬火实验

样品在 70 ℃退火 20 h (a)，然后淬火到 (b) 30 ℃, (c) 0 ℃, (d) −30 ℃和 (e) −50 ℃。左列图是相差显微镜图，右列图是偏光显微镜图

此外, Wang 等 [94] 研究了纤维素接枝聚乙二醇甲基丙烯酸酯 (Cell-g-PPEGA)、聚乙二醇甲基丙烯酸酯 (PPEGA) 与聚乳酸 (PLA) 形成的不相容共混物的相分离及结晶动力学, 认为在 Cell-g-PPEGA/PLA、PPEGA/PLA 双层膜中, 当 Cell-g-PPEGA 或 PPEGA 链扩散至 PLA 层时, 在其界面处将会产生相分离, 而这种相分离又会促进 PLA 链折叠, 最终使结晶动力学明显增强。Yan 等 [95,96] 探究 PHB 与聚丙烯碳酸酯 (PPC) 不相容共混体系相分离结晶时发现, 增加 PPC 的含量及相分离时间会促进 PHB 在 PPC 连续相中的分散并形成明显的海岛结构, 同时相分离会诱导 PHB 或 PHB 富集界面层的形成, 而最终在其中形成连续生长的 PHB 球晶。当 PPC 含量较低时, 由于 PPC 与 PHB 具有不同的表面自由能, 其相分离过程以及 PHB 的结晶促使形成了上层 PPC 而下层为 PHB 的双层膜结构, 通过偏光显微镜可以观察到 PPC 层下 PHB 层明显的球晶结构。

5.6 特殊相互作用共混物体系的结晶行为

对于具有特殊相互作用 (如氢键相互作用) 的结晶性聚合物共混体系, 由于其固有的复杂性, 共混物结晶的微结构、结晶动力学以及特殊相互作用强弱对结晶行为的影响, 到目前为止研究相对较少。含有氢键作用的共混体系中, 氢键形成不仅会影响共混物的相容性, 同时也会极大降低结晶聚合物的结晶度。在某些共混物中, 当结晶聚合物浓度很低时, 强烈的氢键作用将会完全抑制结晶。例如, 在聚-3-羟基戊酸酯 (PHV) 中混入含量超过 50% 的聚-4-乙烯基苯酚 (PVPh), 聚-3-羟基丁酸酯 (PHB) 中混入含量为 40%的 PVPh 以及聚己内酯 (PCL) 中混入含量超过 40%的硫联二苯酚 (TDP) 非晶弹性体时, 结晶都会完全受到抑制 (图 5.22)[97-101]。Luo 等 [102,103] 也通过红外光谱证明了 TDP 的羟基与 PBSA 及 PBT 上的羰基之间会形成氢键, 而这种分子间的氢键相互作用在极大程度上阻碍共混物的结晶, 影响其等温及非等温结晶动力学。这种分子间氢键相互作用抑制共混物结晶还存在于 PHB/甲壳素共混物中, Khasanah 等 [104] 通过一系列原位红外光谱研究了 PHB 与甲壳素之间氢键的作用, 其最终降低了 PHB 的结晶度。因此, 从氢键相互作用力强弱的角度考虑聚合物结晶动力学及微结构的变化十分重要, 当然, 也不能排除玻璃化转变温度对其产生的不可忽略的影响。Runt 等 [46] 研究了 PEO 在具有弱氢键相互作用的聚乙酸乙烯酯 (PVAc)、PMMA, 以及强氢键相互作用的乙烯–甲基丙烯酸共聚物 (EMMA55)、苯乙烯–羟基苯乙烯共聚物 (SHS50) 等非晶态聚合物稀释剂中的结晶行为。研究发现在两组分玻璃化转变温度相近, 且结晶温度一定的情况下, 含有强氢键相互作用的共混物中 PEO 球晶生长速率远小于含有弱氢键相互作用体系。而在强相互作用体系的比较中, 若稀释剂组分具有较高玻璃化转变温度, 如 SHS50, 则导致 PEO 具有更慢的晶体生长动力学。近年来, 药物–高分子之间的相互作用研究也很广泛, 如抗坏血酸 (VitC)、酮康唑 (KTZ) 等与聚丙烯酸 (PAA)、聚乙烯吡咯烷酮 (PVP) 等之间的强烈相互作用会降低聚合物分子链的流动性, 阻碍结晶进行 [105,106]。随着新材料的发展, 很多学者也进行了诸如聚合物/离子液体体系的结晶研究, Liu 等 [107] 研究了 PEO 与具有不同阴阳离子结构的咪唑类离子液体共混物的结晶行为, 发现由于 PEO 链与离子液体之间强烈的相互作用阻碍了PEO 的结晶, 而对结晶的抑制程度又受到离子键相互作用强弱的影响。

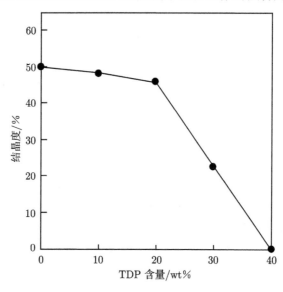

图 5.22 共混物中 PCL 组分的结晶度与 TDP 含量的关系 [101]

以上的研究仅从氢键强弱上定性地考虑了聚合物的结晶行为, 但并未量化到氢键的强度问题上, Kuo 等 [108,109] 在 PCL 中混合了三种具有氢键相互作用的物质 (酚 phenolic, PVPh 和苯氧基 phenoxy 聚合物), 并从结晶动力学、链折叠表面自由能 σ_c、晶片厚度 l_c 的变化等方面, 深入研究了氢键相互作用对聚合物结晶行为的影响。早先, Cortazar 等在研究 phenoxy/PCL 共混物的结晶及熔融行为时已发现 PCL 链的折叠自由能下降, 同样的结果在 PVC/PCL、SAN/PCL 共混物中出现 [110-112]。Kuo 等认为链折叠表面自由能会随苯氧基的浓度增加而增大, 且不同氢键强度可影响聚合物的热力学性质和结晶形态, 同时分析了不同氢键强度的共混物中链折叠表面自由能的变化、自缔合平衡常数 (K_B) 和互缔合平衡常数 (K_A) 的比率、晶片厚度之间的关系等 (表 5.1)。在强氢键相互作用的体系中, $K_A > K_B$, 并伴随链折叠表面自由能以及晶片厚度的增加; 在弱氢键相互作用的体系中, $K_A < K_B$, 则伴随链折叠表面自由能以及晶片厚度的下降。$K_A > K_B$ 时, 链折叠表面焓远大于链折叠的表面熵值, 结晶受到抑制; 相反, 在弱氢键相互作用的体系中, $K_B > K_A$,

共混物往往是不相容或者部分相容，此时的非晶成分主要充当成核剂降低链折叠时的表面自由能，从而驱动结晶进行。

表 5.1 氢键缔合平衡常数与链折叠表面自由能和晶片厚度的关系 [108]

共混体系	K_A	K_B	K_A/K_B	σ_c	l_c
强氢键					
Phenolic/PCL	116.8	52.3	$K_A > K_B$	增加	增加
PVPh/PCL	90.1	66.8	$K_A > K_B$	增加	增加
Phenolic/PEO	264.7	52.3	$K_A > K_B$	增加	—
SHS50/PEO	88.3	33.4	$K_A > K_B$	—	增加
弱氢键					
Phenoxy/PCL	7.0	25.6	$K_A < K_B$	降低	降低
PVPh/PLLA	10	66.8	$K_A < K_B$	—	降低
PVPh/PHB	62.1	66.8	$K_A < K_B$	降低	降低
ACA/PHB	2.6	28.8	$K_A < K_B$	降低	降低
弱相互作用					
PVC/PCL				降低	降低
SAN/PCL				降低	降低
PMA/PHB				降低	—
PVAc/PHB				—	增加
PVAc/PEO				—	增加

　　分子间相互作用对结晶的影响比较重要且十分复杂，甚至会影响到共混物中结晶单元的晶型。有研究发现在 PVDF 中加入少量的 PVP，由于共混物之间的相互作用使 PVDF 的晶态从 α 相向 β 相转变 [113]。

参 考 文 献

[1] Flory P J. Thermodynamics of high polymer solutions. J. Chem. Phys., 1941, 9: 660.

[2] Huggins M L. Solutions of long chain compounds. J. Chem. Phys., 1941, 9: 440.

[3] Scott R L. The thermodynamics of high polymer solution. Ⅳ. Phase equilibrium in the ternary system: Polymer 1-polymer 2-solvent. J. Chem. Phys., 1949, 17: 279.

[4] Tompa H. Phase relationships in polymer solutions. Trans. Fraraday Soc., 1949, 45: 1142.

[5] Rubinstein M, Colby R H. Polymer Physics. New York: Oxford University Press, 2003.

[6] Utracki L A. Polymer Alloy and Blends: Thermodynamics and Rheology. New York: Hanser Publishers, 1989.

[7] Paul D R, Newman S. Polymer Blends. New York: Academic Press, 1978.

[8] Olabisi O, Robeson L, Shaw M T. Polymer-Polymer Miscibility. New York: Academic Press, 1979.

[9]　Ougizawa T, Inoue T. UCST and LCST behavior in polymer blends and its thermodynamic interpretation. Polymer J., 1986, 18: 521.

[10]　Dormidontova E E. Role of competitive PEO-water and water-water hydrogen bonding in aqueous solution PEO behavior. Macromolecules, 2002, 35: 987.

[11]　Cahn J W, Hilliard J E. Free energy of a non-uniform system. Ⅰ. Interfacial free energy. J. Chem. Phys., 1958, 28: 258.

[12]　Cahn J W, Hilliard J E. Free energy of a nonuniform system. Ⅲ. Nucleation in a two-component incompressible fluid. J. Chem. Phys., 1959, 31: 688.

[13]　Cahn J W. Phase separation by spinodal decomposition in isotropic systems. J. Chem. Phys., 1965, 42: 93.

[14]　de Gennes P G. Dynamics of fluctuations and spinodal decomposition in polymer blends. J. Chem. Phys., 1980, 72: 4756.

[15]　Pincus P. Dynamics of fluctuations and spinodal decomposition in polymer blends. Ⅱ. J. Chem. Phys., 1981, 75: 1996.

[16]　Binder K. Collective diffusion, nucleation, and spinodal decomposition in polymer mixtures. J. Chem. Phys., 1983, 79: 6387.

[17]　Izumitani T, Hashimoto T. Slow spinodal decomposition in binary liquid mixtures of polymers. J. Chem. Phys., 1985, 83: 3694.

[18]　Hashimoto T, Itakura M, Shimidzu N. Late stage spinodal decomposition of a binary polymer mixture. II. Scaling analyses on $Q_m(\tau)$ and $I_m(\tau)$. J. Chem. Phys., 1986, 85: 6773.

[19]　Hashimoto T, Itakura M, Hasegawa H. Late stage spinodal decomposition of a binary polymer mixture. I. Critical test of dynamical scaling on scattering function. J. Chem. Phys., 1986, 85: 6118.

[20]　Kumaki J, Hashimoto T. Time-resolved light scattering studies on kinetics of phase separation and phase dissolution of polymer blends. 4. Kinetics of phase dissolution of a binary mixture of polystyrene and poly(vinyl methyl ether). Macromolecules, 1986, 19: 763.

[21]　Hayashi M, Jinnai H, Hashimoto T. Two-step phase separation of a polymer mixture. II. Time evolution of structure factor. J. Chem. Phys., 2000, 112: 6897.

[22]　Hashimoto T, Hayashi M, Jinnai H. Two-step phase separation of a polymer mixture. I. New scaling analysis for the main scattering peak. J. Chem. Phys., 2000, 112: 6886.

[23]　Hayashi M, Jinnai H, Hashimoto T. Validity of linear analysis in early-stage spinodal decomposition of a polymer mixture. J. Chem. Phys., 2000, 113: 3414.

[24]　Furukawa H. Phase separation with interfacial sliding in polymer systems. Phys. Rev. A, 1989, 39: 239.

[25]　Kubota K, Kuwahara N. Spinodal decomposition in a binary mixture. Phys. Rev. Lett., 1992, 68: 197.

[26] Wang Z Y, Kono M, Saito S. Theoretical study of spinodal decomposition at interme-
diate stages. Phys. Rev. A, 1991, 44: 5058.

[27] Takeno H, Hashimoto T. Crossover of domain-growth behavior from percolation to
cluster regime in phase separation of an off-critical polymer mixture. J. Chem. Phys.,
1997, 107: 1634.

[28] Jinnai H, Hasegawa T, Hashimoto T, Han C C. Time-resolved small-angle neutron
scattering study of spinodal decomposition in deuterated and protonated polybutadiene
blends. I. Effect of initial thermal fluctuations. J. Chem. Phys., 1993, 99: 4845.

[29] Jinnai H, Hasegawa T, Hashimoto T, Han C C. Time-resolved small-angle neutron
scattering study of spinodal decomposition in deuterated and protonated polybutadiene
blends. II. Q-dependence of Onsager kinetic coefficient. J. Chem. Phys., 1993, 99:
8154.

[30] Kawasaki K. Theory of early stage spinodal decomposition in fluids near the critical
point. I. Progr. Theor. Phys., 1977, 57: 826.

[31] Kawasaki K, Ohta T. Theory of early stage spinodal decomposition in fluids near the
critical point. II. Progr. Theor. Phys., 1978, 59: 362.

[32] Furukawa H. Self-consistent treatment of cluster size in the phase separation of critical-
concentration fluid mixtures. Phys. Lett. A, 1983, A98: 28.

[33] Tanaka H. Unusual phase separation in a polymer solution caused by asymmetric molec-
ular dynamics. Phys. Rev. Lett., 1993, 71: 3158.

[34] Tanaka H. Viscoelastic phase separation. J. Phys.: Condens. Matt., 2000, 12: R207.

[35] Tanaka H, Araki T. Viscoelastic phase separation in soft matter: Numerical-simulation
study on its physical mechanism. Chem. Eng. Sci., 2006, 61: 2108.

[36] Crist B, Schultz J M. Polymer spherulites: A critical review. Prog. Polym. Sci., 2016,
56: 1.

[37] Yeh G S Y, Lambert S L. Crystallization kinetics of isotactic polystyrene from isotactic-
atactic polystyrene blends. J. Polym. Sci., Part B: Polym. Phys., 1972, 10: 1183.

[38] Wu L, Lisowski M, Talabuddin S, Runt J. Crystallization of poly(ethylene oxide) and
melt-miscible PEO blends. Macromolecules, 1999, 32: 1576.

[39] Boon J, Azcue J M. Crystallization kinetics of polymer-diluent mixtures. Influence of
benzophenone on the spherulitic growth rate of isotactic polystyrene. J. Polym. Sci.,
Part B: Polym. Phys., 1968, 6: 885.

[40] Mandelkern L. Crystallization of Polymers, Kinetics and Mechanisms. Cambridge:
Cambridge University Press, 2004.

[41] Martuscelli E, Pracella M, Yue W P. Influence of composition and molecular mass on the
morphology, crystallization and melting behaviour of poly(ethylene oxide)/poly(methyl
methacrylate) blends. Polymer, 1984, 25: 1097.

[42] Calahorra E, Cortazar M, Guzmàn G M. Spherulitic crystallization in blends of poly (ethylene oxide) and poly(methyl methacrylate). Polymer, 1982, 23: 1322.

[43] Liu J, Jungnickel B J. Crystallization kinetical and morphological peculiaritiesin binary crystalline/crystalline polymer blends. J. Polym. Sci., Part B: Polym. Phys., 2007, 45: 1917.

[44] Liu J, Jungnickel B J. Composition distributions within poly(vinylidenefluoride) spherulites as grown in blends with poly(methyl methacrylate). J. Polym. Sci., Part B: Polym. Phys., 2006, 44: 338.

[45] Wang H, Gan Z, Schultz J M, Yan Y. A morphological study of poly(butylene succinate)/poly(butylene adipate) blends with different blend ratios and crystallization processes. Polymer, 2008, 49: 2342.

[46] Talibuddin S, Wu L, Runt J, Li J S. Microstructure of melt-miscible, semicrystalline polymer blends. Macromolecules, 1996, 29: 7527.

[47] Wu L, Lisowski M, Talabuddin S, Runt J. Crystallization of poly(ethylene oxide) and melt-miscible PEO blends. Macromolecules, 1999, 32: 1576.

[48] Keith H D, Padden Jr F J. Spherulitic crystallization from the melt. II. Influence of fractionation and impurity segregation on the kinetics of crystallization. J. Appl. Phys., 1964, 35: 1286.

[49] Li W Z, Niu Y H, Zhou C T, Luo H, Li G X. Crystallization kinetics and the fine morphological evolution of poly(ethylene oxide)/ionic liquid mixtures. Chin. J. Polym. Sci., 2017, 35: 1402.

[50] Okada T, Saito H, Inoue T. Nonlinear crystal growth in the mixture of isotactic polypropylene and liquid paraffin. Macromolecules, 1990, 23: 3865.

[51] Kalavianakis P, Jungnickel B J. Crystallization-induced composition inhomogeneities in PVDF/PMMA blends. J. Polym. Sci., Part B: Polym. Phys., 1998, 36: 2923.

[52] Tanaka H, Ikeda T, Nishi T. Study of banded structure in polymer spherulites by polarized micro-Raman spectroscopy. Appl. Phys. Lett., 1986, 48: 393.

[53] Lee Y J, Snyder C R, Forster A M, Cicerone M T, Wu W L. Imaging the molecular structure of polyethylene blends with broadband coherent raman microscopy. ACS Macro Lett., 2012, 1: 1347.

[54] Wang M F, Vantasin S, Wang J P, Sato H, Zhang J M, Ozaki Y. Distribution of polymorphic crystals in the ring-banded spherulites of poly(butylene adipate) studied using high-resolution raman imaging. Macromolecules, 2017, 50: 3377.

[55] Dasmahapatra A K. Effect of composition asymmetry on the phase separation and crystallization in double crystalline binary polymer blends: A dynamic Monte Carlo simulation study. J. Phys. Chem. B, 2017, 121: 5853.

[56] Schultz J M. Roles of "solute" and heat flow in the development of polymer microstructure. Polymer, 1991, 32: 3268.

[57] Lugito G, Yang C Y, Woo E M. Phase-separation induced lamellar re-assembly and spherulite optical birefringence reversion. Macromolecules, 2014, 47: 5624.

[58] Tanaka H, Nishi T. New types of phase separation behavior during the crystallization process in polymer blends with phase diagram. Phys. Rev. Lett., 1985, 55: 1102.

[59] Tanaka H, Nishi T. Local phase separation at the growth front of a polymer spherulite during crystallization and nonlinear spherulitic growth in a polymer mixture with a phase diagram. Phys. Rev. A, 1989, 39: 783.

[60] Burghardt W R. Phase diagrams for binary polymer systems exhibiting both crystallization and limited liquid-liquid miscibility. Macromolecules, 1989, 22: 2482.

[61] Li Y, Stein M, Jungnickel B J. Competition between crystallization and phase separation in polymer blends I. Diffusion controlled supermolecular structures and phase morphologies in poly(ε-caprolactone)/polystyrene blends. Colloid Polym. Sci., 1991, 269: 772.

[62] Li Y, Jungnickel B J. The competition between crystallization and phase separation in polymer blends: 2. Small-angle X-ray scattering studies on the crystalline morphology of poly(ε-caprolactone) in its blends with polystyrene. Polymer, 1993, 34: 9.

[63] Shabana H M, Olley R H, Bassett D C, Jungnickel B. J. Phase separation induced by crystallization in blends of polycaprolactone and polystyrene: An investigation by etching and electron microscopy. Polymer, 2000, 41: 5513.

[64] Wellscheid R, Wüst J, Jungnickel B J. The competition between crystallization and demixing in polymer blends. IV. Detection of composition inhomogeneities around growing spherulites. J. Polym. Sci., Part B: Polym. Phys., 1996, 34: 267.

[65] Wellscheid R, Wüst J, Jungnickel B J. The competition between crystallization and demixing in polymer blends. V. Numerical modeling and quantitative evaluation of crystallization-induced composition inhomogeneities. J. Polym. Sci., Part B: Polym. Phys., 1996, 34: 893.

[66] Chen H L, Hwang J C, Wang R C. A new binary system exhibiting simultaneous crystallization and spinodal decomposition: Poly(ethylene-2,6-naphthalenedicarboxylate)/poly(ether imide) blend. Polymer, 1998, 39: 6067.

[67] Chen H L, Hwang J C, Yang J M, Wang R C. Simultaneous liquid–liquid demixing and crystallization and its effect on the spherulite growth in poly(ethylene terephthalate)/poly(ether imide) blends. Polymer, 1998, 39: 6983.

[68] Chen H L. Miscibility and crystallization behavior of poly(ethylene terephthalate)/poly(ether imide) blends. Macromolecules, 1995, 28: 2845.

[69] Di Lorenzo M L. Spherulite growth rates in binary polymer blends. Prog. Polym. Sci., 2003, 28: 663.

[70] Inaba N, Sato K, Suzuki S, Hashimoto T. Morphology control of binary polymer mixtures by spinodal decomposition and crystallization. 1. Principle of method and pre-

liminary results on PP/EPR. Macromolecules, 1986, 19: 1690.

[71] Inaba N, Yamada T, Suzuki S, Hashimoto T. Morphology control of binary polymer mixtures by spinodal decomposition and crystallization. 2. Further studies on PP/EPR. Macromolecules, 1988, 21: 407.

[72] Cham P M, Lee T H, Marand H. On the state of miscibility of isotactic poly(propylene)/ isotactic poly(1-butene) blends: Competitive liquid-liquid demixing and crystallization processes. Macromolecules, 1994, 27: 4263.

[73] Wang H, Shimizu K, Hobbie E K, Wang Z G, Carson Meredith J, Karim A, Amis E J, Hsiao B S, Hsieh E T, Han C C. Phase diagram of a nearly isorefractive polyolefin blend. Macromolecules, 2002, 35: 1072.

[74] Niu Y H, Wang Z G. Rheologically determined phase diagram and dynamically investigated phase separation kinetics of polyolefin blends. Macromolecules, 2006, 39: 4175.

[75] Wang H, Shimizu K, Kim H, Hobbie E K, Wang Z G, Han C C. Competing growth kinetics in simultaneously crystallizing and phase-separating polymer blends. J. Chem. Phys., 2002, 116: 7311.

[76] Shimizu K, Wang H, Wang Z G, Matsuba G, Kim H, Han C C. Crystallization and phase separation kinetics in blends of linear low-density polyethylene copolymers. Polymer, 2004, 45: 7061.

[77] Müller A J, Arnal M L, Spinelli A L, Cañizales E, Puig C C, Wang H, Han C C. Morphology and crystallization kinetics of melt miscible polyolefin blends. Macromol. Chem. Phys., 2003, 204: 1497.

[78] Wang Z G, Wang H, Shimizu K, Dong J Y, Hsiao B S, Han C C. Structural and morphological development in poly(ethylene-co-hexene) and poly(ethylene-co-butylene) blends due to the competition between liquid-liquid phase separation and crystallization. Polymer, 2005, 46: 2675.

[79] Zhang X H, Wang Z G, Muthukumar M, Han C C. Fluctuation-assisted crystallization: in a simultaneous phase separation and crystallization polyolefin blend system. Macromol. Rapid Commun., 2005, 26: 1285.

[80] Zhang X H, Wang Z G, Dong X, Wang D J, Han C C. Interplay between two phase transitions: crystallization and liquid-liquid phase separation in a polyolefin blend. J. Chem. Phys., 2006, 125: 024907.

[81] Zhang X H, Wang Z G, Han C C. Fine structures in phase-separated domains of a polyolefin blend via spinodal decomposition. Macromolecules, 2006, 39: 7441.

[82] Zhang X H, Wang Z G, Zhang R Y, Han C C. Effect of liquid-liquid phase separation on the lamellar crystal morphology in PEH/PEB blend. Macromolecules, 2006, 39: 9285.

[83] Matsuba G, Shimizu K, Wang H, Wang Z G, Han C C. The effect of phase separation on crystal nucleation density and lamella growth in near-critical polyolefin blends. Polymer, 2004, 45: 5137.

[84] Matsuba G, Shimizu K, Wang H, Wang Z G, Han C C. Kinetics of phase separation and crystallization in poly(ethylene-ran-hexene) and poly(ethylene-ran-octene). Polymer, 2003, 44: 7459.

[85] Wolde P R, Frenkel D. Enhancement of protein crystal nucleation by critical density fluctuations. Science, 1997, 277: 1975.

[86] Hu W B, Frenkel D, Mathot V B F. Lattice-model study of the thermodynamic interplay of polymer crystallization and liquid-liquid demixing. J. Chem. Phys., 2003, 118: 10343.

[87] Olmsted P D, Poon W C K, McLeish T C B, Terrill N J, Ryan A J. Spinodal-assisted crystallization in polymer melts. Phys. Rev. Lett., 1998, 81: 373.

[88] Imai M, Kaji K, Kanaya T. Structural formation of poly (ethylene terephthalate) during the induction period of crystallization. 3. Evolution of density fluctuations to lamellar crystal. Macromolecules, 1994, 27: 7103.

[89] Kaji K, Nishida K, Kanaya T, Matsuba G, Konishi T, Imai M. Spinodal crystallization of polymers: Crystallization from the unstable melt. Adv. Polym. Sci., 2005, 191: 187.

[90] Niu Y H, Yang L, Wang H, Wang Z G. Criteria of process optimization in binary polymer blends with both phase separation and crystallization. Macromolecules, 2009, 42: 7623.

[91] Shi W, Han C C. Dynamic competition between crystallization and phase separation at the growth interface of a PMMA/PEO blend. Macromolecules, 2012, 45: 336.

[92] He Z Y, Shi W C, Chen F H, Liu W, Liang Y R, Han C C. Effective morphology control in an immiscible crystalline/crystalline blend by artificially selected viscoelastic phase separation pathways. Macromolecules, 2014, 47: 1741.

[93] Shi W C, Xie X M, Han C C. Frustrated crystallization in the coupled viscoelastic phase separation. Macromolecules, 2012, 45: 8336.

[94] Zhang Y Q, Xu Z H, Wang Z K, Ding Y S, Wang Z G. Strong enhancements of nucleation and spherulitic growth rates through amplified interfacial effects for immiscible linear polymer/comb-like copolymer double-layer films. RSC Adv., 2014, 4: 20582.

[95] Zhang S J, Ren Z G, Sun X L, Li H H, Yan S K. Effects of composition and melting time on the phase separation of poly(3-hydroxybutyrate)/poly(propylene carbonate) blend thin films. Langmuir, 2017, 33: 1202.

[96] Zhang S J, Sun X L, Ren Z G, Li H H, Yan S K. The development of a bilayer structure of poly(propylene carbonate)/poly(3-hydroxybutyrate) blends from the demixed melt. Phys. Chem. Chem. Phys., 2015, 17: 32225.

[97] Iriondo P, Iruin J J, Fernandez-Berridi M J. Thermal and infra-red spectroscopic investigations of a miscible blend composed of poly(vinyl phenol) and poly(hydroxybutyrate). Polymer, 1995, 36: 3235.

[98] Zhang L L, Goh S H, Lee S Y. Miscible blends containing bacterial poly(3-hydroxyvalerate) and poly(p-vinyl phenol). J. Appl. Polym. Sci., 1999, 74: 383.

[99] Xing P X, Dong L S, An Y X, Feng Z L, Avella M, Martuscelli E. Miscibility and crystal-lization of poly(β-hydroxybutyrate) and poly(p-vinylphenol) blends. Macromolecules, 1997, 30: 2726.

[100] Li J, He Y, Inoue Y. Thermal and infrared spectroscopic studies on hydrogen-bonding interactions between poly-(ε-caprolactone) and some dihydric phenols. J. Polym. Sci., Part B: Polym. Phys., 2001, 39: 2108.

[101] He Y, Asakawa N, Inoue Y. Studies on poly(ε-caprolactone)/thiodiphenol blends: The specific interaction and the thermal and dynamic mechanical properties. J. Polym. Sci., Part B: Polym. Phys., 2000, 38: 1848.

[102] Si P F, Luo F L. Hydrogen bonding interaction and crystallization behavior of poly (butylene succinate-co-butylene adipate)/thiodiphenol complexes. Adv. Technol., 2016, 27: 1413.

[103] Shen Z Y, Luo F L, Bai H C, Si P F, Lei X M, Ding S F, Ji L J. A study on mediating the crystallization behavior of PBT through intermolecular hydrogen-bonding. RSC Adv., 2016, 6: 17510.

[104] Khasanah, Reddy K R, Sato H, Takahashi I, Ozaki Y. Intermolecular hydrogen bondings in the poly(3-hydroxybutyrate) and chitin blends: Their effects on the crystallization behavior and crystal structure of poly(3-hydroxybutyrate). Polymer. 2015, 75: 141.

[105] Mistry P, Mohapatra S, Gopinath T, Vogt F G, Suryanarayanan R. Role of the strength of drug-polymer interactions on the molecular mobility and crystallization inhibition in ketoconazole solid dispersions. Mol. Pharmaceutics, 2015, 12: 3339.

[106] Christina B, Taylor L S, Mauer L J. Physical stability of L-ascorbic acid amorphous solid dispersions in different polymers: A study of polymer crystallization inhibitor properties. Food. Res. Int, 2015, 76: 867.

[107] Liu F Y, Lv Y X, Liu J J, Yan Z C, Zhang B Q, Zhang J, He J S, Liu C Y. Crystallization and rheology of poly(ethylene oxide) in imidazolium ionic liquids. Macromolecules, 2016, 49: 6106

[108] Kuo S W, Chan S C, Chang F C. Effect of hydrogen bonding strength on the microstruc-ture and crystallization behavior of crystalline polymer blends. Macromolecules, 2003, 36: 6653.

[109] Kuo S W, Chan S C, Chang F C. Crystallization kinetics and morphology of binary phenolic/poly(ε-caprolactone) blends. J. Polym. Sci., Part B: Polym. Phys., 2004, 42: 117.

[110] De Juana R, Cortazar M. Study of the melting and crystallization behavior of binary poly(ε-caprolactone)/poly(hydroxy ether of bisphenol A) blends. Macromolecules, 1993, 26: 1170.

[111] Eastmond G C. Poly(ε-caprolactone) blends. Adv. Polym. Sci., 1999, 149: 59.

[112] Li W, Yan R, Jing X, Jiang B. Crystallization kinetics of mixtures of poly(ε-caprolactone) and poly(styrene-co-acrylonitrile). J. Macro. Sci., Phys. B, 1992, 31: 227.

[113] Chen N P, Hong L. Surface phase morphology and composition of the casting films of PVDF-PVP blend. Polymer, 2002, 43: 1429.

第 6 章 高分子薄膜的结晶及其结构调控

乔从德 蒋世春

越来越多的实验结果表明：高分子薄膜的许多物理性质与高分子本体有很大的差别，比如玻璃化转变 [1,2]、熔融 [3]、结晶 [4] 等。其中，高分子薄膜的结晶行为引起了人们广泛的关注。通过对高分子薄膜结晶的研究，一方面有助于我们更好地理解高分子的结晶本质，另一方面也有利于我们通过对结晶结构的调控优化薄膜的性能，促进高分子薄膜在电子、光学、信息与新能源等高新技术领域中的应用。

相较于本体，在高分子薄膜体系中有两种因素需要考虑，分别是：① 薄膜厚度的减小所带来的空间受限效应，引起分子运动的自由度减少；② 基底与薄膜接触的界面对与其临近的高分子将产生一定的物理作用，即界面效应，基底与高分子之间的相互作用会显著地影响高分子的构象转变 [5,6]。这两种效应都是由于薄膜厚度的减小而凸显出来的，会导致高分子链运动方式的改变及其运动能力的减弱。高分子的结晶过程是高分子自组装排列的过程，薄膜中的这两种效应必然对高分子的结晶行为产生重要的影响。

本章将重点介绍高分子薄膜 (100~1000 nm) 特别是超薄膜 (100 nm 以下) 的结晶行为及其影响因素，主要内容包括高分子结晶形态的演化规律及其调控、高分子的结晶度、高分子结晶动力学及其影响因素与高分子薄膜结晶的控制机理等。

6.1 高分子薄膜结晶形态的演化规律及其调控

在高分子薄膜中，由于高分子的结晶受到空间受限效应及界面效应等因素影响，多数情况下只能得到片晶尺度的有序形貌，并且随着高分子薄膜厚度的减小，片晶的取向和生长前沿的稳定性发生变化，从而生成更加复杂的结晶形貌。

6.1.1 片晶的取向

6.1.1.1 片晶取向的分类

在高分子本体中，各向异性的片晶可以全方位的分布。然而，在高分子薄膜中，当薄膜的厚度减小到片晶厚度的尺度时，片晶由于受到空间受限效应而难以自由翻转，此时片晶就会择优取向。如果以基底的表面为参考方向，通常片晶的取向有两种：一种是高分子链平行于基底排列，称之为侧立 (edge-on) 片晶取向；另一种是高分子链垂直于基底排列，称之为平躺 (flat-on) 片晶取向 [7-12]。图 6.1 给出了这两种片晶取向的示意图。需要注意的是，片晶的取向与高分子链的取向是不同的两个概念。片晶的取向是基面的法线方向，而链取向并不总是平行于基面的法线方向 [13]。实验中可以观察到这两种取向的片晶在形貌上有着显著差异。一般而言，侧立片晶通常以纤维状的形式聚集而成轴晶、多角晶或球晶，其中纤维束的宽度基本一致。平躺片晶既可以呈现出复杂的图案如树枝晶、海藻晶，也可以呈现出具有规整形貌 (如六角形、四方形、菱形) 的单晶。此外，Ma 等 [14] 用分子模拟方法得到了高分子薄膜中两种不同取向 (侧立与平躺) 的典型片晶堆砌结构，可以清楚地看出不同取向片晶分子链的排列方式 (图 6.2)。

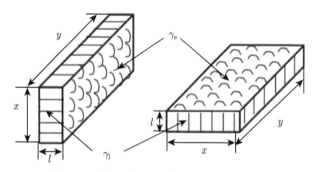

图 6.1 侧立 (左) 及平躺 (右) 片晶示意图

片晶厚度为 l, 另外两个尺度分别为 x 与 y, 折叠面的表面能 γ_e 通常远大于侧面的表面能 γ_l [6]

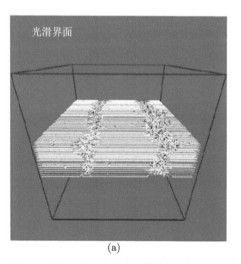
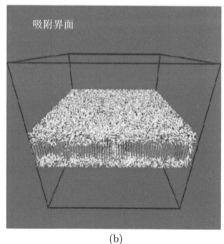

(a)   (b)

图 6.2 通过动态蒙特卡罗模拟方法得到的高分子薄膜中的 (a) 侧立片晶和 (b) 平躺片晶堆砌结构

(a) 光滑界面, (b) 吸附界面 [13]

6.1.1.2　片晶取向的影响因素

1. 薄膜厚度

薄膜厚度是影响片晶取向最重要的因素。大量的实验结果表明片晶的取向与薄膜的厚度密切相关。通常情况下，较厚 (100 nm 以上) 的高分子薄膜结晶时容易以侧立片晶优势生长，而较薄 (100 nm 以下) 的薄膜结晶则倾向形成平躺片晶。例如，厚度为 200 nm 左右的 BA-Cn 薄膜与全同立构聚丙烯薄膜均生成侧立片晶 [15-19]。厚度分别为 120 nm [20,21]、200 nm [20] 与 10 μm [22] 的 PCL 薄膜结晶时生成侧立片晶；而厚度为 30 nm、15 nm 与 6 nm [20] 的 PCL 超薄膜结晶易于生成平躺片晶。厚度大于 1 μm 的 PEO 薄膜结晶时生长为侧立片晶；而当厚度小于 300 nm 时，生长为平躺片晶 [7]。此外，厚度大于 200 nm 的线性低密度聚乙烯 (LLDPE) 薄膜生成环带球晶；小于 200 nm 时形成侧立片晶束，并且随着薄膜厚度的减小形成侧立片晶的概率增加；当厚度小于 15 nm 时则会生成平躺片晶 [9,10]。在高分子超薄膜体系中很容易观察到平躺片晶的存在，如 i-PS [23,24]、PDHS [12]、PLLA [25] 等。此外，高分子单分子层形成只能采取平躺片晶，如 PEO [26-31] 或 PEO/PMMA [32-36]。

随着薄膜厚度的逐渐减小，片晶的取向由侧立式转变为平躺式，因此可以预期存在片晶取向转变对应的临界薄膜厚度。例如：PEO 的临界薄膜厚度为 300 nm [7]，而 LLDPE 与聚萘二甲酸丙二醇酯 (PTN) 的临界薄膜厚度均为 200 nm [10,37]。该厚度不仅与高分子的种类、基底及测试方法有关，还与相应的结晶温度有关 [11]。

这种与薄膜厚度有关的高分子片晶取向方式，是高分子薄膜与超薄膜结晶时存在的普遍现象。围绕薄膜厚度对片晶取向影响的机理研究，Wang 等 [9] 提出了热力学模型，认为片晶的表面自由能对其取向的选择有重要影响。在初级成核中，侧立取向核的临界成核位垒小于平躺取向核，因此初级核倾向于侧立取向。在较厚的薄膜中，片晶采取与初级核相同的取向 (侧立) 生长以避免产生新的界面，而在超薄膜中，侧立片晶取向会带来较多的新增表面和表面自由能，从而变得热力学不稳定，因此平躺片晶取向占优势。然而，该模型无法解释侧立与平躺两种片晶取向共存的现象 [11]。Chan 等 [38] 提出的三层模型 (图 6.3) 综合考虑了成核效应与动力学因素，认为薄膜厚度、结晶温度及高分子与基底间强烈的相互作用是影响高分子链运动的主要影响因素，从而决定了两种片晶取向对薄膜厚度的依赖性。

2. 结晶温度

结晶温度对片晶的取向方式也有影响。许多实验结果表明，随着结晶温度的提高，在高分子薄膜中会发生侧立片晶向平躺片晶的转变 [10,38-42]。Chan 等 [38] 考察了厚度为 33 nm 的聚双酚 A 己醚 (BA-C6) 薄膜的片晶取向，发现在低温 (接近其玻璃化温度低温) 时, 由于薄膜表面处的均相成核速率最快, 导致了侧立片晶的优势生长; 而在高温 (接近其熔点) 时, 此时在薄膜/基底界面处的异相成核速率最快, 引起平躺片晶的优势生长 (图 6.4)。

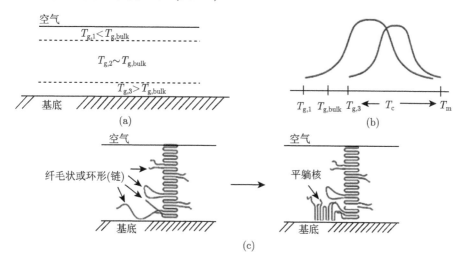

图 6.3　(a) 三层 T_g 模型示意图; (b) 高分子在 $T_g = T_{g,1}$ 层接近薄膜表面处 (左) 及 $T_g = T_{g,3}$ 层接近基底表面处 (右) 的成核速率曲线; (c) 在高分子/基底界面上紧邻侧立片晶处诱导生成平躺核的示意图 [38]

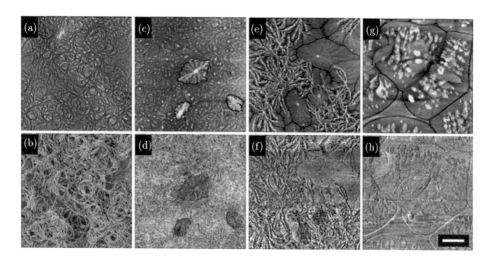

图 6.4　BA-C6 超薄膜分别在不同结晶温度 45 ℃(a), 60 ℃(c), 75 ℃(e) 与 90 ℃(g) 下的结晶形貌 AFM 图 (上面为高度图, 下面为相图)

薄膜厚度为 33 nm, 结晶时间为 84 h[38]

3. 高分子-基底相互作用

在高分子薄膜中，高分子与基底之间的相互作用也会影响片晶的取向。Ma 等 [14] 的理论模拟研究结果表明，对于光滑的基底 (高分子与基底呈现排斥作用)，由于中性硬体积排斥界面的存在诱导了与其接触的高分子线团的平行变形，从而导致了侧立晶核的形成，引起侧立片晶的优势生长；而对于黏性基底 (高分子与基底呈现吸引作用)，吸附性界面的存在明显减弱了与其接触的高分子链的活动能力，此时显著抑制了侧立片晶的生长，而对平躺片晶生长的影响较小，因此平躺片晶在具有黏性基底的薄膜中具有优势生长 (图 6.2)。此外，Yang 等 [42] 研究了 PEO 在四种非晶薄膜基底 (PVA，LYSO，PVPY 与 PAA) 上的片晶取向，发现随着高分子/基底界面自由能的降低，PEO 片晶取向发生由平躺向侧立的转变。

需要指出的是关于三种因素 (薄膜厚度、结晶温度与高分子-基底相互作用) 对片晶取向影响的作用机理还缺乏深入的研究。由于基底效应与薄膜厚度的影响相互关联，很难将它们完全分开，另外实验中系统地制备非支撑膜与性能各异的基底还存在着不少困难，因此关于片晶取向机理的研究仍然面临着巨大的挑战 [11]。

最近，Ma 等 [43] 研究了 iPP 超薄膜的结晶形貌与温度的关系，发现 iPP 的片晶取向不仅与结晶温度有关，还与熔融温度有关。此外，影响片晶取向的因素还有分子量、薄膜的制备方法、溶剂、嵌段共聚物中的非晶段、共混物中的非晶组分等 [11,32,44,45]。

6.1.1.3　片晶取向的相互转变

在片晶的生长过程中也会出现片晶取向的相互转变。在相同的实验条件下 (相同的结晶温度、薄膜厚度与基底)，Kikkawa 等 [46] 发现聚乳酸 (PLLA) 薄膜随着结晶时间的增加，在 S 形侧立片晶的两端生长出平躺片晶 (图 6.5)。这是由于薄膜上方自由表面的限制作用和晶体表面对分子链运动能力的阻碍，促使了侧立片晶向平躺片晶的转变。而 Jradi 等 [47] 认为在侧立片晶生长前沿处的成核是随机取向的，可以是侧立取向，也可以是平躺取向，由于平躺取向的片晶生长速率快于侧立取向的片晶，平躺取向片晶最终呈优势生长，从而导致了片晶侧立-平躺取向的转变。

此外，通过 AFM 针尖对样品进行刮擦也可以诱导片晶取向的转变。Fujita 等 [48] 发现刮擦后的 PCL 超薄膜中的平躺片晶会以侧立片晶为二次核进行附生生长，认为折叠表面应力所引起的片晶扭曲导致了片晶取向的转变。

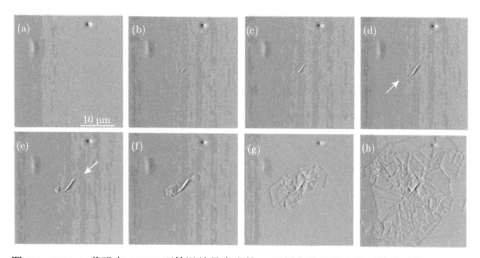

图 6.5　PLLA 薄膜在 160 ℃下等温结晶生成的 S 形侧立片晶及六角平躺片晶的 AFM 图

结晶时间分别为 (a) 10 min, (b)12 min 53 s, (c)15 min 46 s, (d)18 min 39 s, (e)21 min 32 s (f)24 min 25 s, (g)33 min 4 s 与 (h)59 min 1 s, (d) 与(e) 中箭头指向的平躺片晶由侧立片晶演化而来 [46]

6.1.2　扩散控制结晶形态的分类及其分形行为

6.1.2.1　扩散控制结晶形态的分类

随着高分子薄膜厚度的减小，片晶的取向通常发生由侧立到平躺的转变。而片晶取向的改变经常伴随着高分子结晶形态的改变。在高分子超薄膜中，由于受到空间受限效应和界面效应的影响，结晶生长机理发生了变化，通常由成核控制转变为超薄膜中的分子扩散限制凝聚 (diffusion limited aggregation，DLA) 控制，此时结晶生长前沿界面处出现分枝，结晶的生长形态变得不稳定，在这样一个非平衡生长过程中会出现复杂的形态各异的结晶形态 [49]。

Brener 等 [50-52] 通过计算机模拟的方法研究了二维扩散控制结晶生长的主要影响因素：过冷度 (Δ) 与结晶各向异性 (ε) 对结晶形态的影响。他们认为二维扩散控制的结晶形态主要有两种方式：一种是根据结晶的维数，将结晶形态分为分形 (fractal) 和紧凑 (compact) 模式；另一种是依据结晶的取向有序性将结晶形态分为树枝状晶 (dendrite) 与海藻晶 (seaweed)，如图 6.6 所示。将这两种区分方式结合总体可将二维结晶分为 CS 紧凑海藻、FS 分形海藻、FD 分形树枝、CD 紧凑树枝四种形态，并在此基础上提出了二者控制下的结晶形态相图 (BMT)，如图 6.7 所示。从图中可以看到，树枝晶可以在任意小的过冷度条件下形成，但通常情况下要求 ε 不为 0；CS 结构可以在任意小的结晶各向异性条件下形成，但当 ε 趋近 0 时结晶生长速率也趋于 0；对于紧凑模式噪声的作用仅限于导致侧向分支的形成，而当噪声的强度大到使生长前沿不稳定并开始分支时，结晶生长形成分形结构。通过该相图，可以判断结晶形态的形成条件以及它们之间的相互转换。

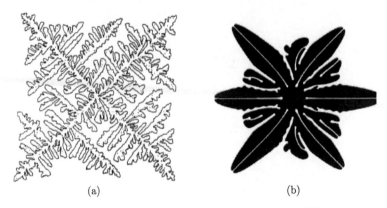

(a)　　　　　　　　　　　　　　(b)

图 6.6　树枝晶 (a) 及 (b) 海藻晶结构示意图 [51]

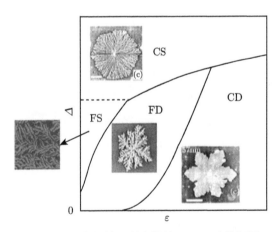

图 6.7　二维扩散限制生长的 BMT 形貌相图

CS：紧凑海藻；FS：分形海藻；CD：紧凑树枝；FD：分形树枝 [53]

　　上述 BMT 相图中的四种形态与许多实验结果相吻合。图 6.8 给出了一系列高分子超薄膜的结晶形态，从中可以看出，BMT 相图中的形态在高分子超薄膜的结晶形态都有所体现。其中，紧凑海藻 (CS) 结晶 (图 6.8(a)) 整体充满呈现出圆形并且没有任何的优势增长方向，这与普通的球晶非常相似；分形海藻 (FS) 结晶 (图 6.8(b)) 则没有充满并且具有一定的自相似特征；紧凑树枝 (CD) 结晶 (图 6.8(c)) 则有明显的优势增长方向；分形树枝 (FD) 结晶 (图 6.8(d)) 具有高度的自相似特征，分形维数为非整数。对于 CS 与 CD 结构，枝状主干的前沿是稳定增长的，噪声只是诱导形成侧枝并填充周围的空间，使其结构进一步紧凑。而对于 FS 与 FD 结构，此时强烈的噪声能够破坏枝状主干，生成具有自相似特征的分形结构。

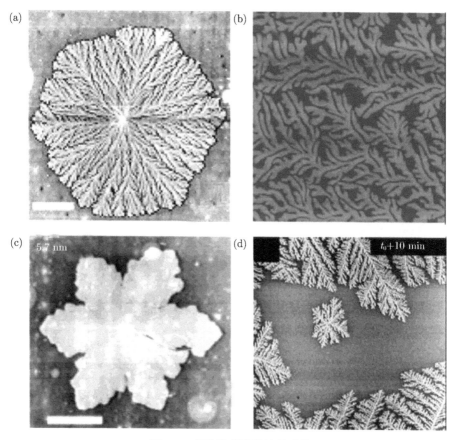

图 6.8　高分子薄膜的结晶形貌
(a) 紧凑海藻或密积枝化 [54]；(b) 分形海藻或手指状结构 [55]；(c) 紧凑树枝或对称树枝 [24]；
(d) 分形树枝 [56]

6.1.2.2　分形及分形维数

　　分形 (fractal) 这一概念最早由数学家 Mandelbrot 于 20 世纪 70 年代提出，其原意是不规则、支离破碎的意思，现在用来描述形状不规则但具有自相似的几何形体。分形具有两个基本性质：自相似性与标度不变性。分形维数是定量表征自相似结构的参数，通常为分数，表明了分形结构的复杂性。

　　高分子超薄膜能够结晶生成分形结构，可以利用分形维数来表征其自相似结构。Qiao 等 [21] 采用了数格子的方法测定 PCL 树枝晶的分形维数 D(图 6.9)，对于均相的分形体来说，存在着下列标度关系 [57]

$$N(\varepsilon) \backsim \varepsilon^{-D} \tag{6.1}$$

式中, $N(\varepsilon)$ 为分形体占据的尺寸为 ε 的格子的个数, 以 $\lg N(\varepsilon)$ 对 $\lg \varepsilon$ 作图, 从图 6.9 中的斜率就可以得到该树枝晶的分形维数 $D = 1.85$, 这与以 DLA 为模型得到的树枝晶的分形维数的结果是一致的 [27,58]。

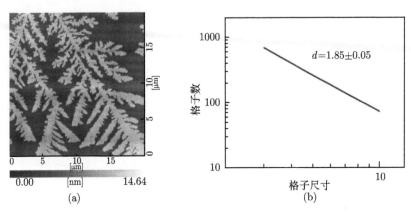

图 6.9　PCL 超薄膜的结晶形貌 (a), 以及通过数格子法得到的相应树枝晶的分形维数 [21]

6.1.3　高分子薄膜结晶形态的影响因素

6.1.3.1　薄膜厚度

高分子薄膜的厚度对其结晶形态具有显著的影响。一般说来, 当薄膜厚度在几百纳米以上, 高分子结晶呈现典型的球晶形态, 此时与本体结晶无异; 当薄膜厚度在几十纳米及以下时, 通常得到树枝状晶 (图 6.10)。例如, 厚度分别为 6~7 nm [59] 与 3~4 nm [29,31] 的 PEO 超薄膜以及 PEO 单分子层 [26,30]、PCL 超薄膜 [20,60,61] 及其单分子层 [62]、20 nm 以下的 PLLA [63] 及 PLLA/PDLA 立构复合物 [64] 超薄

图 6.10　厚度为 8 nm PCL 超薄膜的树枝晶形貌 (a) [68], 厚度为 90 nm PEO/PMMA(20/80 体积比) 共混薄膜的结晶形貌 (b) [69], PS-b-PEO 嵌段共聚物超薄膜的结晶形貌 (c) [45]

膜、十几个纳米的 i-PS 超薄膜 [23,24,54]、12 nm 的等规聚丙烯超薄膜 [65]、10 nm 的 LLDPE 超薄膜 [9] 和小于 5 nm 的 PET 超薄膜 [66] 等都能生长出扩散控制的树枝状晶。此外，在 PEO/PMMA [32,33,35] 与 PCL/PS [67] 共混物超薄膜以及 PS-b-PEO 嵌段共聚物超薄膜 [45] 等体系也观察到了树枝状片晶。

6.1.3.2 结晶温度

高分子薄膜结晶形态还与结晶温度相关。Zhai 等 [27] 用 AFM 研究了 PEO 超薄膜中结晶形态与结晶温度的关系，发现随着结晶温度的升高，PEO 的结晶形态从树枝晶、海藻晶 (seaweed) 逐渐转化为紧凑结构 (compact) 和规整晶面单晶 (图 6.11)，当结晶温度在 25~49 °C时，生成的树枝晶和海藻晶的分形维数 $D_p=1.672\pm0.027$，表明超薄膜中 PEO 晶体生长受 DLA 机理控制，由于受到高分子链在晶体生长前沿的吸附概率逐渐减小的影响，树枝晶逐渐向海藻晶转化；当结晶温度在 49~53 °C时，晶体形态发生过渡转变，从破裂的海藻状转化为紧凑结构，此时的结晶形态由 DLA 机理和晶体生长表面动力学过程共同控制；当结晶温度在 54~59 °C时，结晶形态变为规则形状的单晶，其厚度接近于伸直短链片晶的厚度，此时常规的稳定生长机理控制着结晶形态的形成。此外，张凤波等 [70] 在 PEO 超薄膜中也观察到了类似的现象。

图 6.11　PEO 超薄膜在不同结晶温度下结晶形貌的 AFM 高度图

(a)~(c) 中的高度范围为 60 nm, (d)~(g) 为 100 nm, (h) 与 (i) 为 150 nm,
(j)~(l) 为 300 nm [27]

6.1.3.3　基底

基底对结晶形态有着重要影响。Wang 等 [5] 考察了线形低密度聚乙烯 (LLDPE) 在三种基底上的结晶形态, 发现 LLDPE 薄膜在硅基底上呈现出有序的球晶结构, 且随着薄膜厚度的减小, 结晶形态发生显著的变化; 而在铝及聚酰胺基底上呈现出有序程度较低的晶体结构, 结晶形态基本不随薄膜厚度的改变而改变。该实验结果表明, 增大高分子/基底的相互作用可以促进结晶的取向。Sutton 等 [71] 研究了全同立构聚苯乙烯薄膜在不同基底上的结晶行为, 发现基底材料的表面性质对高分子结晶形态有显著的影响。iPS 在云母和碳膜上具有不同的结晶形态 (图 6.12), 在云母基底上, iPS 结晶的中心呈现出巨大的螺旋位错, 而在碳膜基底上得到的是规则片晶。此外, Cho 等 [72] 发现 iPP 薄膜在表面能较大的基底上生成横穿晶, 而在表面能较小的基底上则主要生成球晶。显然结晶形态的差异与基底表面能的大小有关。

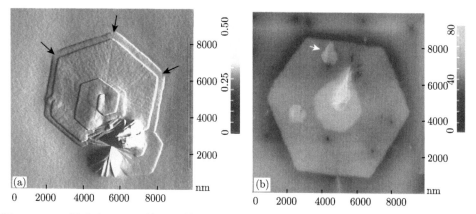

图 6.12 (a) 厚度为 50 nm 的 iPS 薄膜在云母基底上熔体结晶的 AFM 图像,箭头指向片晶的边缘;(b) 相同结晶条件下 iPS 薄膜在碳膜基底上的结晶形貌,箭头指向一个因过度生长而拉长的片晶 [71]

6.2　高分子薄膜的结晶度

6.2.1　薄膜结晶度的测定

结晶度是衡量结晶程度的重要参数,由于高分子薄膜特别是超薄膜结构的非均一性,晶区含量低,结晶度传统的测试方法如 DSC、WAXD 测量误差较大,获得准确结晶度比较困难,目前实验中主要是测定相对结晶度。高分子薄膜结晶度的测定方法主要有光谱法 [4,9,73] 与图像法 [74,75],其中,光谱法主要利用高分子结晶谱带强度的变化来表征结晶度的相对大小。例如,Frank 等 [4,73] 最早利用紫外光谱研究了 poly(di-n-hexyl silane) (PD6S) 薄膜的结晶度。PD6S 的结晶度与其反式构象的结晶相吸收峰所占比例有关,此外他们 [7] 还借助 FTIR 通对 PEO 结晶谱带 843 cm^{-1} 归一化后的强度变化定性表征了 PEO 薄膜的结晶度与其厚度之间的关系 (图 6.13)。Wang 等 [9] 利用全反射红外 (ATR-FTIR) 光谱研究了线形低密度聚乙烯薄膜的结晶行为,在红外谱图中 730 cm^{-1} 与 720 cm^{-1} 的峰对应着 LLDPE 的结晶谱带,结果发现高分子在 10 nm 厚的超薄膜中仍然有晶区的存在。此外,他们用 near-edge X-ray absorption fine structure spectra(NEXAFS) 进一步证实了红外的结果。

图像法是基于结晶的形貌相图中片晶所占比例的高低来确定薄膜的结晶度,主要有体积比和长度比两种比例。体积比得到的是体积结晶度,如 Ivanov 等 [74] 利用 SPM 对 PCL/PVC 共混薄膜中 PCL 的原位结晶行为进行了研究,发现 PCL 的体积结晶度随结晶时间的增加而逐渐提高 (图 6.14)。这里的体积结晶度是由软件根据相图中结晶相所占的体积分数计算得到的；长度比得到的是线结晶度，例如 Magonov 等[75] 借助 AFM 测定了 PET 的线结晶度，该结晶度 $\varphi_{c,lin} = L_c/L_B$，其中 L_c 为片晶的长度，L_B 是体系的长周期。

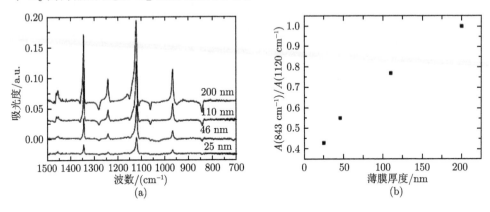

图 6.13　(a) 不同厚度的 PEOpy-49 薄膜在硅表面 40 ℃下等温结晶的 FT-IR 谱图；
(b)(a) 中 843 cm^{-1} 处吸收谱带的强度与薄膜厚度之间的关系图[7]

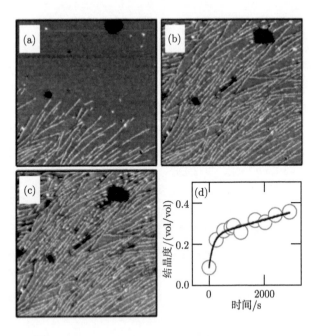

图 6.14　(a)~(c) 为 PCL/PVC 75/25 (质量比) 共混薄膜在 40 ℃等温结晶时的 SPM 相图 (尺寸为 1 mm^2)，间隔时间分别为 0 s (a)，541 s(b) 与 2931 s (c)；(d) 通过 SPM 图像分析得到的共混薄膜的体积结晶度随时间的变化曲线[74]

6.2.2　薄膜结晶度的影响因素

　　薄膜厚度是影响高分子结晶度的重要因素。随着薄膜厚度的降低, 高分子链的运动能力减弱, 结晶能力下降, 从而导致结晶度减小。例如 Frank 等 [4] 发现 poly(di-n-hexyl silane)(PD6S) 薄膜的结晶度随着薄膜厚度的减小而降低, 当薄膜厚度低于 15 nm 时, 检测不到结晶的存在 (图 6.15)。此外, Napolitano 等 [76] 研究了薄膜厚度对 PLLA 结晶行为的影响, 发现当薄膜厚度低于 10 nm 时, PLLA 分子链的运动受到极大限制而失去结晶能力。

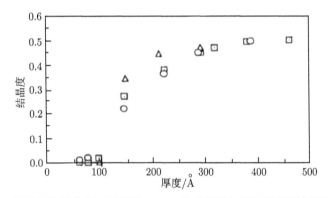

图 6.15　通过紫外吸收光谱测得的 PD6S 的结晶度与其薄膜厚度之间的关系图
□代表石英基底, ○代表六甲基二硅胺烷处理的石英基底, △代表十八烷基三氯硅烷处理的石英基底[4]

　　此外, 影响结晶的其他因素如结晶温度、基底效应等对结晶度也有影响, 可惜这方面的报道非常少。

6.3　高分子薄膜结晶动力学及其影响因素

6.3.1　薄膜结晶速率的影响因素

　　通常认为高分子的结晶速率是由成核速率与晶体生长速率共同决定的, 凡是能影响到晶核形成与晶体生长的因素都会对整个结晶速率产生影响。实验中常用的 FTIR 等光谱法测得的是总结晶速率, 而显微分析 (POM、EM、AFM 等) 得到的是结晶生长速率。在高分子薄膜中影响高分子结晶速率的因素主要有以下几个。

6.3.1.1　薄膜厚度

　　在高分子薄膜尤其是超薄膜中, 高分子链的运动由于受到空间及基底的影响而导致其运动能力减弱。因此, 在超薄膜中高分子的结晶速率会显著降低, 并且随着薄膜厚度的降低这种影响更加显著, 大量的实验结果证明了这一点。例如, Frank 等 [4] 较早研究了薄膜厚度对聚二正己基硅烷 (PD6S) 的结晶速率的影响。结果表明薄膜的结晶速率随薄膜厚度的减小而显著降低 (图 6.16)。另外，他们还对 PEO 薄膜的结晶动力学进行了研究。红外结果表明：当薄膜厚度小于 100 nm 时，高分子的结晶速率随薄膜厚度的减小而逐步降低；而 AFM 结果显示当薄膜厚度小于 200 nm 时，PEO 片晶生长速率明显降低，无论是总结晶速率还是结晶生长速率，均与薄膜厚度呈指数关系下降趋势 [7,8]。此外，在聚羟基丁酸酯 (PHB)、PET 及 PCL 等超薄膜体系中均发现了类似的现象 [20,77-79]。

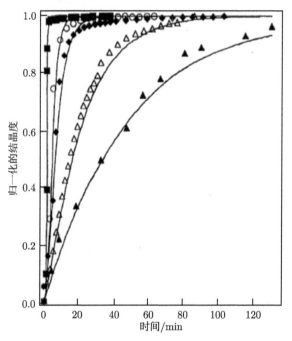

图 6.16　不同厚度的 PD6S 旋涂薄膜在 0 ℃时的结晶动力学

▲ 代表 9.5 nm，△ 代表 16 nm，◆代表 22 nm，○ 代表 30 nm，■代表 50 nm。实线是借助 Avrami 方程对归一化后的实验结晶度数据进行非线性拟合得到 [4]

Miyamoto 等 [54,80] 利用 AFM 对等规聚苯乙烯超薄膜的结晶生长过程进行了观察，发现不同厚度薄膜的结晶生长速率恒定，并给出了结晶生长速率与薄膜厚度倒数之间的关系 (图 6.17)，图中曲线存在一个临界膜厚，对应于该温度下本体结晶的片晶厚度。当薄膜厚度大于该临界厚度时，等规聚苯乙烯的结晶生长速率符合下列公式：

$$G(d) = G(\infty)(1 - a/d) \tag{6.2}$$

式中，$G(d)$ 是薄膜厚度为 d 时的结晶生长速率；$G(\infty)$ 是本体的增长速率；$a =$ 6 nm 的常数，与结晶温度、分子量、基底无关。当薄膜厚度小于该临界厚度时，该经验公式不再适用, 此时结晶生长速率会急剧下降, 例如薄膜厚度为 5 nm 时其生长速率是本体时 1/20。在 PCL 超薄膜体系也观察到了类似的现象 [20], 厚度为 2～3 nm 时, 薄膜中的枝晶生长速率是 6 nm 时的 1/10; 而厚度为 1～2 nm 时, 其生长速率是 6 nm 时的 1/275。

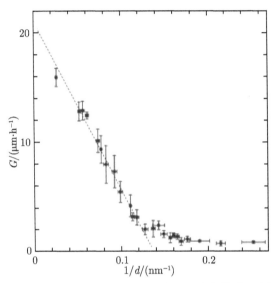

图 6.17　等规聚苯乙烯超薄膜在 180 ℃时晶体生长速率与薄膜厚度倒数之间的关系图

拟合曲线 (虚线) 表明晶体生长速率与厚度倒数成线性关系, 其中拟合参数

$a = 7.2$ nm, $G(\infty) = 21$ μm·h^{-1}[54]

目前, 文献中关于薄膜内高分子结晶速率降低现象的解释主要有三种: ① 薄膜厚度减小以后, 可能带来高分子的玻璃化转变温度 (T_g) 升高, 从而使高分子链的扩散速率降低进而使薄膜中高分子结晶速率降低 [7,8,11]; ② 高分子与基底之间的界面层阻碍了分子链的扩散, 导致了结晶速率的降低 [77-79]; ③ 随着薄膜厚度的减小, 活性核数目减少引起结晶速率的降低 [81,82]。尽管有关于高分子薄膜厚度对其结晶速率的影响机理存在争议, 其中一些实验结果相互矛盾, 还是可以发现一些普遍的实验现象。例如, 当薄膜厚度大于 20 nm 时 (片晶厚度), 片晶以线性方式生长, 薄膜结晶呈现出与本体结晶相类似的特征; 而当薄膜厚度小于 20 nm 时, 片晶以非线性方式生长, 薄膜结晶由扩散控制 [7,8,20,54]。关于结晶速率与薄膜厚度之间明确的关系还需要更深入的研究 [83]。

6.3.1.2　其他因素

结晶温度对薄膜结晶速率的影响与本体结晶的影响一致。Frank 等 [8] 利用 AFM 发现在低过冷度时, PEO 片晶的生长速率随温度的降低以近指数形式增加。

此外, 基底对薄膜结晶速率也有影响。Sutton 等 [71] 对等规聚苯乙烯 (i-PS) 薄膜在相同结晶条件不同基底上的结晶动力学进行了研究, 发现 i-PS 晶体在碳膜基底上的生长速率快于在云母基底上的生长速率, 并将其归因于 i-PS 分子与基底作用的不同。

6.3.2 薄膜结晶动力学的控制机理

高分子链通常经过三个连续步骤完成整个结晶过程。首先是高分子链由非晶区扩散到非晶区/晶区的界面 (晶体生长前沿); 其次分子链通过构象的调整进入相邻的晶格形成晶区; 最后通过界面释放出相变潜热。由于第三步放热过程非常快, 整个结晶速率主要取决于前两个过程的快慢。如果第一步速率较慢, 则整个结晶速率由扩散过程控制, 反之则由成核过程控制。

与本体结晶相比, 在薄膜结晶过程中, 由于基底表面积与高分子薄膜体积比较大, 二次成核速率较快, 单位体积内的有效晶核数目较多 [84]。此外, 在用 AFM 扫描时其针尖通过纳米压痕或刮擦容易诱导晶核形成, 促进高分子的结晶 [7,47,48,84,85]。在高分子薄膜中, 受限的空间会抑制均相成核的发生, 异相成核是诱导薄膜结晶的常见方式。文献中有关高分子薄膜均相成核的报道相对较少 [86,87], 其中 Reiter 等 [86] 利用 PBh-b-PEO 嵌段共聚物微相分离得到了 6 nm 的 PEO 核, 并用 AFM 对其结晶行为进行了观察, 发现其成核过程符合本体结晶中的均相成核行为。Stein 等 [88] 和 Schultz [82] 分别对 Avrami 方程进行了修正并将其应用于研究高分子薄膜的结晶动力学。Billlon 和 Haudin [89,90] 则根据 Evans 的理论提出一个新的模型用来计算高分子薄膜的等温结晶动力学。

图 6.18 给出了 PEO 单分子层在部分去润湿形成的孔洞内生成的典型结晶形态。从图中可以清楚地观察到树枝状晶体是从孔洞的边缘开始生长的。Reiter 等 [91] 认为, 结晶是从发生去润湿行为后形成的较厚的区域开始的, 即孔洞的边缘或滴状聚集体开始的, 而吸附层的分子是通过扩散到已结晶的晶体表面成核结晶的, 此时分子的扩散速率远远小于成核速率, 上升为结晶速率控制步骤, 这是一个扩散控制的动力学过程, 由此形成了平躺 (flat on) 片晶。

Zhu 等[92] 研究了不同链端基 PEO 超薄膜的晶体生长动力学, 发现 MHPEO(一端是 —OH, 另一端是 —OCH$_3$) 薄膜结晶时, 生成菱形单晶, 其尺寸 r 与时间 t 呈现两段线性关系 (图 6.19(a)), 表明两者均由成核机理控制; 对于 HPEO(两端都是 —OH) 薄膜结晶时, 生成圆形单晶, 其体积与时间呈线性关系 (图 6.19(b)), $r \propto t^{1/2}$, 表明此时晶体生长动力学由扩散机理控制。

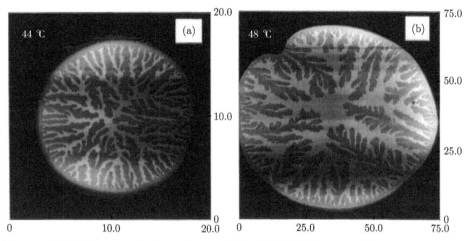

图 6.18 分子量为 7.6×10^3 g/mol 的 PEO 单分子层在假去润湿洞中结晶得到的典型 AFM 图像

(a) 在 44 ℃等温结晶 880 min 后淬火至室温, (b) 在 48 ℃等温结晶 1105 min 后淬火至室温, 图中的平均高度分别为 (8 ± 1) nm 与 (9 ± 1) nm [91]

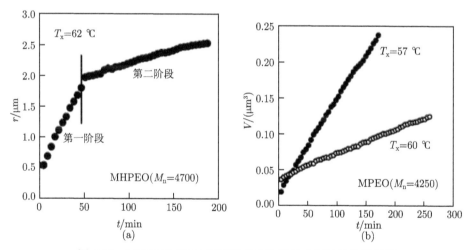

图 6.19 MHPEO 在 62 ℃时的晶体生长尺寸与时间的关系图

(a) 包括第一及第二阶段的晶体生长过程, (b)HPEO 分别在 57 ℃与 60 ℃时的晶体生长尺寸 (体积) 与时间的关系图 [92]

上述关于结晶形态及结晶速率的研究结果均表明, 高分子超薄膜中的结晶生长动力学是由扩散控制的。大量的实验结果表明, 当薄膜厚度大于片晶厚度时, 结晶生长速率由正常的成核控制, 生长速率随薄膜厚度的减小而减低; 当薄膜厚度接近或小于片晶厚度时, 出现了受长程扩散影响的不稳定生长, 此时高分子超薄膜结晶的生长机理发生了变化, 由本体中的成核控制转变为薄膜中的分子扩散控制。

6.3.3　扩散限制凝聚

扩散限制凝聚 (diffusion limited aggregation, DLA) 最早由 Witten 和 Sander [93] 于 1981 年提出, 用来解释金胶体粒子聚集生成枝状结构, 是非平衡态的动力学控制过程。现在被广泛地用于解释高分子超薄膜结晶现象, 尤其是关于具有分形特征的枝晶的形成。

在高分子超薄膜中, 非晶区的高分子链主要采取平躺的构象以增加与基底的接触面积, 当结晶时需扩散至结晶生长前沿, 并以竖直折叠的构象排列进入晶区 (图 6.20)。由于超薄膜的厚度小于片晶的厚度, 折叠链所占基底的面积小于平躺分子链所占的面积, 此外分子链的吸附速率快于后方分子链向前的扩散速率, 因此随着扩散过程的进行, 在结晶生长前沿会出现排空区 [26,30,94]。分子链通过扩散到达结晶生长前沿的距离, 即排空区的宽度 l 是由一个分子链稳定地吸附到结晶所需的平均时间 τ_a 和扩散系数 D 决定, $l \sim \sqrt{\tau_a D}$, 其中 τ_a 由界面动力学所决定, 因此结晶的生长速率 V 与 D/l 成正比。由于结晶的生长前沿距离无序态分子链最近 (l 最小), 容易吸附到扩散的分子链, 因此结晶对角线方向的生长速率最快, 导致主枝优先生长。这种不稳定的结晶生长会产生侧枝, 最终形成枝状晶体 (dendrite)。

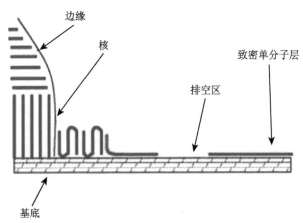

图 6.20　超薄膜晶体生长过程及生长前沿处的物料耗尽区示意图 [94]

图 6.21 给出了扩散控制的 PCL 枝晶的原位生长过程 [95]。在枝晶生长过程中, 侧支并不随着主枝一起生长, 在图 6.21(g) 中, 侧支 M 还没有出现, 仅仅过了约 5 min 后, 侧支 M 就生长出来了 (图 6.21(h))。因此, 侧支首先达到一种平衡态, 即侧支 M 的厚度并没有随主枝的生长而增厚, 其宽度亦不随时间改变 (图 6.21(h)~(l)), 这是一个快速的过程。

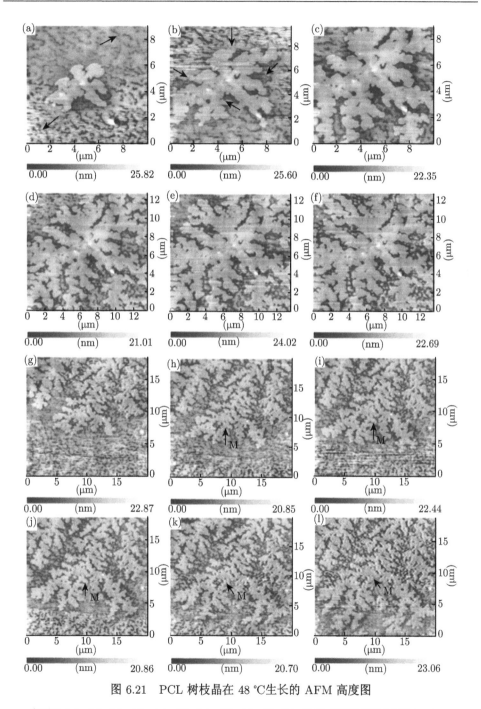

图 6.21　PCL 树枝晶在 48 ℃生长的 AFM 高度图

相对于 (a)、(b)、(c)、(d)、(e)、(f)、(g)、(h)、(i)、(j)、(k) 与 (l) 的间隔时间分别为 5 min、10 min、15 min、20 min、25 min、30 min、35 min、40 min、45 min、50 min 与 55 min [95]

参 考 文 献

[1] Keddie J L, Jones R A L, Cory R A. Size-dependent depression of the glass transition temperature in polymer films. Europhys. Lett., 1994, 27: 59.

[2] Napolitano S, Wübbenhorst M. The lifetime of the deviations from bulk behaviour in polymers confined at the nanoscale. Nat. Commun., 2011, 2: 260.

[3] Kim J H, Jang J S, Zin W C. Thickness dependence of the melting temperature of thin polymer films. Macromol. Rapid Commun., 2001, 22: 386.

[4] Frank C W, Rao V, Despotopoulou M M, Pease R F W, Hinsberg W D, Miller R D, Rabolt J F. Structure in thin and ultrathin spin-cast polymer films. Science, 1996, 273: 912.

[5] Wang Y, Rafailovich M, Sokolov J, Gersappe D, Araki T, Zou Y, Kilcoyne A D, Ade H, Marom G, Lustiger A. Substrate effect on the melting temperature of thin polyethylene films. Phys. Rev. Lett., 2006, 96: 028303-1.

[6] Russell T P, Chai Y. Putting the squeeze on polymers: A perspective on polymer thin films and interfaces. Macromolecules, 2017, 50: 4597.

[7] Schönherr H, Frank C W. Ultrathin films of poly(ethylene oxides) on oxidized silicon. 1. Spectroscopic characterization of film structure and crystallization kinetics. Macromolecules, 2003, 36: 1188.

[8] Schönherr H, Frank C W. Ultrathin films of poly(ethylene oxides) on oxidized silicon. 2. In situ study of crystallization and melting by hot stage AFM. Macromolecules, 2003, 36: 1199.

[9] Wang Y, Ge S, Rafailovich M, Sokolov J, Zou Y, Ade H, Luning J, Lustiger A, Maron G. Crystallization in the thin and ultrathin films of poly(ethylene-vinylacetate) and linear low-density polyethylene. Macromolecules, 2004, 37: 3319.

[10] Jeon K, Krishnamoorti R. Morphological behavior of thin linear low-density polyethylene films. Macromolecules, 2008, 41: 7131.

[11] Liu Y X, Chen E Q. Polymer crystallization of ultrathin films on solid substrates. Coord. Chem. Rev., 2010, 254: 1011.

[12] Hu Z J, Huang H Y, Zhang F J, Du B Y, He T B. Thickness-dependent molecular chain and lamellar crystal orientation in ultrathin poly(di-n-hexylsilane) films. Langmuir, 2004, 20: 3271.

[13] Ungar G, Zeng X. Learning polymer crystallization with the aid of linear, branched and cyclic model compounds. Chem. Rev., 2001, 101: 4157.

[14] Ma Y, Hu W, Reiter G. Lamellar crystal orientations biased by crystallization kinetics in polymer thin films. Macromolecules, 2006, 39: 5159.

[15] Li L, Chan C, Yeung K L, Li J, Ng K, Lei Y. Direct observation of growth of lamellae and spherulites of a semicrystalline polymer by AFM. Macromolecules, 2001, 34: 316.

[16] Li L, Chan C, Li J, Ng K, Yeung K, Weng L. A direct observation of the formation of nuclei and the development of lamellae in polymer spherulites. Macromolecules, 1999, 32: 8240.

[17] Jiang Y, Jin X, Han C C, Li L, Wang Y, Chan C. Melting behaviors of lamellar crystals of poly(bisphenol a-co-decane ether) studied by in-situ atomic force microscopy. Langmuir, 2003, 19: 8010.

[18] Zhou J J, Li L, Lu J. The influence of stem conformation on the crystallization of isotactic polypropylene. Polymer, 2006, 47: 261.

[19] Zhou J J, Liu J, Yan S, Dong J, Li L, Chan C, Schultz J M. Atomic force microscopy study of the lamellar growth of isotactic polypropylene. Polymer, 2005, 46: 4077.

[20] Mareau V H, Prud'homme R E. In-situ hot stage atomic force microscopy study of poly(E-caprolactone) crystal growth in ultrathin films. Macromolecules, 2005, 38: 398.

[21] Qiao C, Zhao J, Jiang S, Ji X, An L, Jiang B. Crystalline morphology evolution in PCL thin films. J. Polym. Sci. B, 2005, 43: 1303.

[22] Basire C, Ivanov D A. Evolution of the lamellar structure during crystallization of a semicrystalline-amorphous polymer blend: time-resolved hot-stage SPM study. Phys. Rev. Lett., 2000, 85: 5587.

[23] Taguchi K, Miyaji H, Izumi K, Hoshino A, Miyamoto Y, Kokawa R. Growth shape of isotactic polystyrene crystals in thin films. Polymer, 2001, 42: 7443.

[24] Taguchi K, Toda A, Miyamoto Y. Crystal growth of isotactic polystyrene in ultrathin films: thickness and temperature dependence. J. Macromol. Sci. B, 2006, 45: 1141.

[25] Kikkawa Y, Abe H. Iwata T. Inoue Y, Doi Y. In situ observation of crystal growth for poly[(S)-lactide] by temperature-controlled atomic force microscopy. Biomacromolecules, 2001, 2: 940.

[26] Reiter G, Sommer J U. Crystallization of adsorbed polymer monolayers. Phys. Rev. Lett., 1998, 80: 3771.

[27] Zhai X, Wang W, Zhang G, He B. Crystal pattern formation and transitions of PEO monolayers on solid substrates from nonequilibrium to near equilibrium. Macromolecules, 2006, 39: 324.

[28] Wang M, Braun H, Meyer E. Branched crystalline patterns formed around poly(ethylene oxide) dots in humidity. Macromol. Rapid Commun., 2002, 23: 853.

[29] Meyer E, Braun H. Film formation of crystallizable polymers on microheterogeneous surfaces. J. Phys. Conds. Matt., 2005, 17: S623.

[30] Ma Z, Zhang G, Zhai X, Jin L, Tang X, Yang M, Zheng P, Wang W. Fractal crystal growth of poly(ethylene oxide) crystals from its amorphous monolayers. Polymer, 2008, 49: 1629.

[31] Zhang G, Jin L, Ma Z, Zhai X, Yang M, Zheng P, Wang W, Wegner G. Dendritic-to-faceted crystal pattern transition of ultrathin poly(ethylene oxide) films. J. Chem. Phys., 2008, 129: 224708-1.

[32] Ferreiro V, Douglas J F, Warren J A, Karim A. Nonequillibrium pattern formation in the crystallization of polymer blend films. Phys. Rev. E, 2002, 65: 042802-1.

[33] Okerberg B C, Marand H, Douglas J F. Dendritic crystallization in thin films of PEO/PMMA blends: A comparison to crystallization in small molecule liquids. Polymer, 2008, 49: 579.

[34] Okerberg B C, Marand H. Crystal morphologies in thin films of PEO/PMMA blends. J. Mater. Sci., 2007, 42: 4521.

[35] Wang M, Braun H, Meyer E. Transition of crystal growth as a result of changing polymer states in ultrathin poly(ethylene oxide)/poly(methyl methacrylate) blend films with thickness of < 3 nm. Macromolecules, 2004, 37: 437.

[36] Wang M, Braun H, Meyer E. Crystalline structures in ultrathin poly(ethylene oxide)/poly(methyl methacrylate) blend films. Polymer, 2003, 44: 5015.

[37] Liang Y, Zheng M, Park K H, Lee H S. Thickness-dependent crystal orientation in poly(trimethylene 2,6-naphthalate) films studied with GIWAXD and RA-FTIR methods. Polymer, 2008, 49: 1961.

[38] Wang Y, Chan C, Ng K, Li L. What controls the lamellar orientation at the surface of polymer films during crystallization? Macromolecules, 2008, 41: 2548.

[39] Yuryer Y, Wood-Adams P, Heuzey M, Dubois C, Brisson J. Crystallization of polylactide films: An atomic force microscopy study of the effects of temperature and blending. Polymer, 2008, 49: 2306.

[40] Zhu L, Cheng S Z D, Calhoun B H, Ge Q, Quirk R P, Thomas E L, Hsiao B S, Yeh F, Lotz B. Crystallization temperature-dependent crystal orientations within nanoscale confined lamellae of a self-assembled crystalline? amorphous diblock copolymer. J. Am. Chem. Soc., 2000, 122: 5957.

[41] Kawashima K, Kawano R, Miyagi T, Umemoto S, Okui N. Morphological changes in flat-on and edge-on lamellae of poly(ethylene succinate) crystallized from molten thin films. J. Macromol. Sci. B, 2003, 42: 889.

[42] Yang J P, Liao Q, Zhou J J, Jiang X, Wang X H, Zhang Y, Jiang S D, Yan S K, Li L. What determines the lamellar orientation on substrates? Macromolecules, 2011, 44, 3511.

[43] Ma L, Zhou Z Z, Zhang J, Sun X L, Li H H, Zhang J M, Yan S K. Temperature-dependent recrystallization morphologies of carbon-coated isotactic polypropylene highly oriented thin films. Macromolecules, 2017, 50: 3582.

[44] Fu J, Urquhart S G. Effect of chain length and substrate temperature on the growth and morphology of n-alkane thin films. Langmuir, 2007, 23: 2615.

[45] Yang P, Han Y. Crystal growth transition from flat-on to edge-on induced by solvent evaporation in ultrathin films of polystyrene-b-poly(ethylene oxide). Langmuir, 2009, 25: 9960.

[46] Kikkawa Y, Abe H, Fujita M, Iwata T, Inoue Y, Doi Y. Crystal growth in poly(L-lactide) thin film revealed by in situ atomic force microscopy. Macromol. Chem. Phys., 2003, 204: 1822.

[47] Jradi K, Bistac S, Schmitt M, Schmatulla A, Reiter G. Enhancing nucleation and controlling crystal orientation by rubbing/scratching the surface of a thin polymer film. Eur. Phys. J. E, 2009, 29: 383.

[48] Fujita M, Takikawa Y, Sakuma H, Teramachi S, Kikkawa Y, Doi Y. Real-time observations of oriented crystallization of poly(ε-caprolactone) thin film, induced by an AFM tip. Macromol. Chem. Phys., 2007, 208: 1862.

[49] Grozev N, Botiz I, Reiter G. Morphological instabilities of polymer crystals. Eur. Phys. J. E, 2008, 27: 63.

[50] Brener E. Pattern selection in two-dimensional dendrite growth. Adv. Phys., 1991, 40: 53.

[51] Brener E, Muller-Krumbhaar H, Temkin D. Structure formation and the morphology diagram of possible structures in two-dimensional diffusional growth. Phys. Rev. E, 1996, 54: 2714.

[52] Brener E, Muller-Krumbhaar H, Temkin D, Abel T. Morphology diagram of possible structures in diffusional growth. Physica A, 1998, 249: 73.

[53] Michell R M, Müller A J. Confined crystallization of polymeric materials. Prog. Polym. Sci., 2016, 54-55: 183.

[54] Taguchi K, Miyaji H, Izumi K, Hashino A, Miyamoto Y, Kokawa R. Crystal growth of isotactic polystyrene in ultrathin films: film thickness dependnece. J. Macromol. Sci. B, 2002, B41: 1033.

[55] 朱敦深, 刘一新, 陈尔强, 李明, 程正迪. 云母表面上低分子量聚氧乙烯熔体的 "假不浸润" 行为. 高分子学报, 2006, 9: 1125.

[56] Mareau V H, Prud'homme R E. Crystallization of ultrathin poly(ε-caprolactone) films in the presence of residual solvent, an in situ atomic force microscopy study. Polymer, 2005, 46: 7255.

[57] Vicsek T. Fractal Growth Phenomena. NJ: World Scientific Teaneck, 1989.

[58] Fowler A D, Stanley H E, Daccord G. D. Disequilibrium silicate mineral textures: Fractal and non-fractal features. Nature, 1989, 341: 134.

[59] Zhu D S, Liu Y X, Shi A C, Chen E Q. Morphology evolution in superheated crystal monolayer of low molecular weight poly(ethylene oxide) on mica surface. Polymer, 2006, 47: 5239.

[60] 孔祥明, 何书刚, 王震, 陈宙, 谢续明. AFM 研究 PCL 薄膜的结晶形态. 高分子学报, 2003, 4: 571.

[61] Guo C X, Huo H. Poor solvent as a nucleating agent to induce poly(ε-caprolactone) ultrathin film crystallization on poly(vinylpyrrolidone) substrate. Colloid. Polym. Sci., 2016, 294: 767.

[62] Ikehara T, Kataoka T. Diverse morphological formations and lamellar dimensions of poly(ε-caprolactone) crystals in the monolayers grafted onto solid substrates. Polymer, 2017, 112: 53.

[63] Maillard D, Prud'homme R E. The crystallization of ultrathin films of polylactides-morphologies and transitions. Can. J. Chem., 2008, 86: 556.

[64] Wang X H, Prud'homme R E. Dendritic crystallization of poly(l-lactide)/poly(d-lactide) stereocomplexes in ultrathin films. macromolecules, 2014, 47: 668.

[65] Zhang B, Chen J J, Liu B C, Wang B H, Shen C Y, Reiter R, Chen J B, Reiter G. Morphological changes of isotactic polypropylene crystals grown in thin films. Macromolecules, 2017, 50: 6210.

[66] Sakai Y, Imai M, Kaji K, Tsuji M. Tip-splitting crystal growth observed in crystallization from thin films of poly(ethylene terephthalate). J. Cryst. Growth, 1999, 203: 244.

[67] Ma M, He Z K, Yang J H, Chen F, Wang K, Zhang Q, Deng H, Fu Q. Effect of film thickness on morphological evolution in dewetting and crystallization of polystyrene/poly(ε-caprolactone) blend films. Langmuir, 2011, 27: 13072.

[68] 乔从德. 高分子在化学和物理受限环境中结晶行为的研究. 长春: 中国科学院长春应用化学研究所, 2005.

[69] Gránásy L, Pusztai T, Börzsönyi T, Warren J A, Douglas J F. A general mechanism of polycrystalline growth. Nat. Mater., 2004, 3: 645.

[70] 张凤波, 于佩潜, 谢续明. 聚合物受限结晶的研究进展. 功能高分子学报, 2008, 21: 452.

[71] Sutton S J, Izumi K, Miyaji H, Miyamoto Y, Miyashita S. The morphology of isotactic polystyrene crystals grown in thin films: The effect of substrate material. J. Mater. Sci., 1997, 32: 5621.

[72] Cho K, Kim D, Yoon S. Effect of substrate surface energy on transcrystalline growth and its effect on interfacial adhesion of semicrystalline polymers. Macromolecules, 2003, 36: 7652.

[73] Despotopoulou M M, Miller R D, Rabolt J F, Frank C W. Polymer chain organization and orientation in ultrathin films: A spectroscopic investigation. J. Polym. Sci., Part B: Polym. Phys., 1996, 34: 2335.

[74] Basire C, Ivanov D A. Evolution of the lamellar structure during crystallization of a semicrystalline-amorphous polymer blend: time-resolved hot-stage SPM study. Phys. Rev. Lett., 2000, 85: 5587.

[75] Ivanov D A, Amalou Z, Magonov S N. Real-time evolution of the lamellar organization of poly(ethylene terephthalate) during crystallization from the melt: High-temperature atomic force microscopy study. Macromolecules, 2001, 34: 8944.

[76] Martínez-Tong D E, Vanroy B, Wübbenhorst M, Nogales A, Napolitano S. Crystallization of poly(L-lactide) confined in ultrathin films: competition between finite size effects and irreversible chain adsorption. Macromolecules, 2014, 47: 2354.

[77] Napolitano S, Wübbenhorst M J. Monitoring the cold crystallization of poly(3-hydroxy butyrate) via dielectric spectroscopy. J. Phys. Chem. B, 2007, 111: 5775.

[78] Napolitano S, Wübbenhorst M J. Slowing down of the crystallization kinetics in ultrathin polymer films: A size or an interface effect? Macromolecules, 2006, 39: 5967.

[79] Zhang Y, Lu Y, Duan Y, Zhang J, Yan S, Shen D. Reflection-absorption infrared spectroscopy investigation of the crystallization kinetics of poly(ethylene terephthalate) ultrathin films. J. Polym. Sci. Part B: Polym. Phys., 2004, 42: 4440.

[80] Sawamura S, Miyaji H, Izumi K, Sutton S J, Miyamoto Y. Growth rate of isotactic polystyene crystals in thin films. J. Phys. Soc. Jpn., 1998, 67: 3338.

[81] Napolitano S, Wübbenhorst M. Deviation from bulk behavior in the cold crystallization kinetics of ultrathin films of poly(3-hydroxybutyrate). J. Phys: Condens. Mat., 2007, 19: 205121-1.

[82] Schultz J M. Effect of specimen thickness on crystallization rate. Macromolecules, 1996, 29: 3022.

[83] 王命泰, Hans-Georg Braun, Evelyn Meyer, 朱俊. 聚合物超薄膜结晶相关的形貌形成及链行为. 世界科技研究与发展, 2006, 28: 5.

[84] Zhu D S, Shou X X, Liu Y X, Chen E Q, Cheng S Z D. AFM-tip-induced crystallization of poly(ethylene oxide) melt droplets. Front. Chem. China, 2007, 2: 174.

[85] Maillard D, Prud'homme R E. Crystallization of ultrathin films of polylactides: from chain chirality to lamella curvature and twisting. Macromolecules, 2008, 41: 1705.

[86] Reiter G, Castelein G, Sommer J U, Rottele A, Thurn-Albrecht T. Direct visualization of random crystallization and melting in arrays of nanometer-size polymer crystals. Phys. Rev. Lett., 2001, 87: 226101-1.

[87] Massa M V, Dalnoki-Veress K. Homogeneous crystallization of poly(ethylene oxide) confined to droplets: the dependence of the crystal nucleation rate on length scale and temperature. Phys. Rev. Lett., 2004, 92: 255509-1.

[88] Stein R S, Powers J. Microscopic measurements of spherulite growth rates. J. Polym. Sci., 1962, 56: S9.

[89] Billon N, Escleine J M, Haudin J M. Isothermal crystallization kinetics in a limited volume, a geometrical approach based on Evans' theory. Colloid. Polym. Sci., 1989, 267: 668.

[90] Billon N, Haudin J M. Overall crystallization kinetics of thin polymer films. General theoretical approach I. Volume nucleation. Colloid. Polym. Sci., 1989, 267, 1064.

[91] Reiter G, Sommer J U. Polymer crystallization in quasi-two dimensions. I. Experimental results. J. Chem. Phys., 2000, 112: 4376.

[92] Zhu D S, Liu Y X, Chen E Q, Li M, Chen C, Sun Y H, Shi A C, Van Horn R M, Cheng S Z D. Crystal growth mechanism changes in pseudo-dewetted poly(ethylene oxide) thin layers. Macromolecules, 2007, 40: 1570.

[93] Witten T A, Sander Jr I M. Diffusion-limited aggregation, a kinetic critical phenomenon. Phys. Rev. Lett., 1981, 47: 1400.

[94] Sommer J U, Reiter G. Crystallization in ultra-thin polymer films: Morphogenesis and thermodynamical aspects. Thermochim. Acta., 2005, 432: 135.

[95] Qiao C D, Jiang S C, Ji X L, An L J. In situ observation of melting and crystallization behaviors of poly(ε-caprolactone) ultra-thin films by AFM technique. Chinese. J. Polym. Sci., 2013, 31: 1321.

第7章 聚乙烯结晶结构调控及结晶动力学

王宗宝

聚乙烯可以说是模型半结晶聚合物，聚乙烯的研究结果为其他半结晶聚合物的研究提供了大量有价值的数据和思想。数十年来聚乙烯聚合方法的发展为聚乙烯晶体呈现不同的结构和形态提供了基础。20 世纪 30 年代发展的高压聚合产生了具有约 50% 结晶度的支化聚乙烯，20 世纪 50 年代发展的低压聚合产生了结晶度达到 75% 左右的线性聚乙烯，20 世纪 90 年代茂金属催化聚合技术用于工业生产后产生了窄分子量分布和均一共聚单体分布的聚乙烯。聚乙烯制品的性质与其晶体结构及形态都密切相关，因此聚乙烯结晶结构调控及结晶动力学的研究非常重要。本章将从线性聚乙烯常见晶体形态及调控、超高分子量聚乙烯的结晶行为、聚乙烯常见晶型的结晶结构及调控和支化聚乙烯的结晶结构和结晶动力学四个部分来阐述聚乙烯结晶结构调控及结晶动力学的相关知识和研究进展。

7.1 线性聚乙烯常见晶体形态及调控

7.1.1 单晶

单晶是构成复杂晶体结构形态的基础，是联系高分子微观结构和宏观材料性能的桥梁。标准单晶即形状规则的单层片晶，由晶体结构、厚度和形状来表征，取决于分子排列、链折叠和各生长面的生长速率。分子链结构和结晶条件的改变都会影响高分子结晶的动力学过程 [1,2]，因而可以用来调控单晶的结构和形态。

7.1.1.1 溶液结晶

最早的线性聚乙烯单晶是通过溶液结晶的方式形成的 [3]，聚乙烯单晶呈现规整的菱形，其大小可以达到 10 μm，但其厚度只有 10 nm(图 7.1)。Keller 开创性地提出聚乙烯的菱形单晶是长链聚乙烯分子按近邻规整折叠形成的折叠链片晶 (图 7.2)。已经发现线性聚乙烯可以溶于多种不同的溶剂中，这些溶剂主要包括二甲苯、辛烷、乙酸乙酯、14 烷醇以及 12、16、24、36 烷等等。当线性聚乙烯溶于这些溶剂形成稀溶液时 (一般溶液浓度小于 10^{-4} g/mL)，可在某一结晶温度下形成单晶。一般来说，结晶温度与溶剂的选择是相对应的，对于二甲苯这类聚乙烯的良溶剂，其结晶温度应在低结晶温度区，因为在高温下会由于聚乙烯良好的溶解性而不能形成单晶；而对于一些不良溶剂，如乙酸乙酯等，应选择较高的结晶温度，因为在低温下聚乙烯可能会由于低的溶解作用而产生分子间的缠结，形成絮状晶体。不同溶剂对应的结晶温度范围列于表 7.1 中。

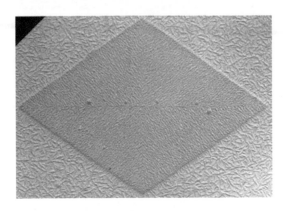

图 7.1　蒸镀聚乙烯蒸气的聚乙烯单晶的透射电镜复型形貌图 [4]

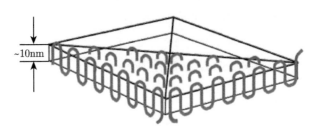

图 7.2　近邻规整排列的单晶示意图 [5,6]

溶液单晶的制备方法现已很完善，主要是采用自成核技术 (self-seeding)[7]，就是将线性聚乙烯的稀溶液加热至某一温度，即成核温度，成核温度的选择依赖于溶剂，在不同溶剂中线性聚乙烯的成核温度也列于表 7.1 中。在成核温度下部分分子首先结晶而在溶液中形成了大量的晶核，然后快速降温至结晶温度进行等温结晶，退火一段时间后就能形成形状规整的单晶。具体的退火时间依赖于结晶温度和溶剂。因为在结晶过程中，溶液与悬浮的晶体间的自由能随着结晶温度的降低而增大，因此结晶速率也随着结晶温度的降低而增大。因此在较低结晶温度下结晶时间可以很短，而在较高结晶温度下则需要很长的时间才能形成完整的单晶，例如，当线性聚乙烯从 0.01% 的二甲苯溶液中结晶时，在 90 ℃下需要 10 h 以上；而在 70 ℃时仅需几秒钟。并且对于二甲苯这类聚乙烯的良溶剂来说，结晶范围很宽，而对乙酸乙酯这类不良溶剂，结晶温度范围则很小，详见表 7.1。

表 7.1 线性聚乙烯溶液单晶的结晶和成核温度范围

溶剂	成核温度/℃	结晶温度/℃
二甲苯	101~102	78~95
辛烷	109~110	85~100
12 烷	111~112	87~106
16 烷	115~116	89~108
24 烷	121~122	98~114
36 烷	123~124	102~116
乙酸乙酯	119~120	100~112
乙酯	120~121	100~112
12 烷醇	126~127	105~120
14 烷醇	125~126	104~118

经过长期的研究过程,线性聚乙烯溶液单晶的本质特征已经非常清楚,文献报道很多 [2,8,9]。现已发现线性聚乙烯溶液单晶中分子链是以折叠方式形成片状的单晶,这种折叠链单晶的形成是由动力学因素控制的,最初的聚合物结晶生长的理论模型就是以链折叠结构作为基础 [10],由于分子折叠的方向不同,因此单晶的扇区化是一个普遍的特征,例如,在低温下形成的线性聚乙烯菱形单晶,由于其折叠面分别平行于四个 (110) 面,因而在单晶中形成了四个 (110) 扇区,现已通过原子力显微镜观察到四个扇区中的链折叠 [11]。由于扇区化的作用,单晶在不同的生长方向上是各向异性的,这种现象与小分子单晶完全不同。

典型的线性聚乙烯溶液单晶的形状以及与晶胞结构间的关系如图 7.3 所示,在低结晶温度下形成以四个 (110) 面为界面的菱形单晶,随着结晶温度的升高,(110) 面逐渐减小,(200) 生长面逐渐增大而形成截顶菱形的单晶,并且单晶在 a 和 b 两个方向上的轴率比随结晶温度的升高而增大,从而在高温下形成透镜形状的单晶。

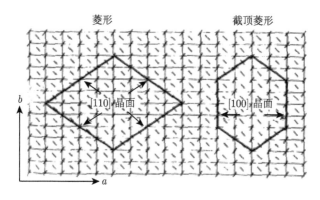

图 7.3 典型的线性聚乙烯溶液单晶的形态及其与晶胞的关系

就分子量而言,在相同结晶条件下高分子量样品比低分子量样品的轴率比要低;而对于同一样品,其轴率比的相对大小完全依赖于结晶温度,尽管溶剂及溶液浓度对形态也有一定的影响,但这些影响比起温度的作用来说是非常微弱的。

在等温结晶过程中,单晶的厚度依赖于结晶温度,在同一结晶温度下基本上为常数[12],可由下式决定:

$$l = \frac{2\sigma_e T_m^0}{\Delta h(T_m^0 - T_c)} \tag{7.1}$$

式中,σ_e 为折叠链表面自由能;Δh 为熔化热;T_c 为结晶温度。因此,尽管单晶的形态各不相同,但在某一结晶温度下单晶的厚度是相同的,而与溶液浓度和分子量无关。

图 7.4 给出了分子量为 1×10^5 g/mol 的线性聚乙烯在不同结晶温度下的单晶形态[1,2],一般的形态变化趋势表现为随结晶温度的升高,单晶的轴率比及生长面的曲率逐渐增大,具体可归纳为以下几点:① 由于自成核技术的应用,保证了单晶较小而规整,某些单晶中可以直接观察到种核的存在,如图 7.4 (i) 和 (j) 所示,部分单晶是单层的,也有多层的单晶通过螺旋位错堆积在一起,这种螺旋堆积生长的单晶形状是相同的。② 溶液单晶中的坍塌是一个普通的现象,几乎所有的单晶中都有坍塌后留下的皱褶,有的还可能被裂开,这种单晶的坍塌现象是由于在单晶的形成

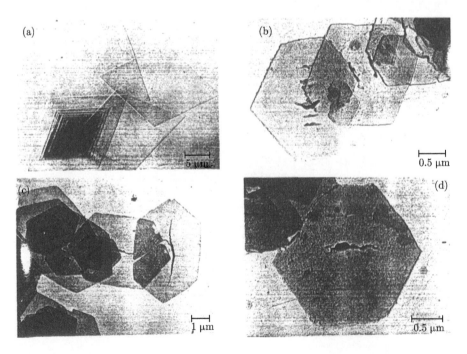

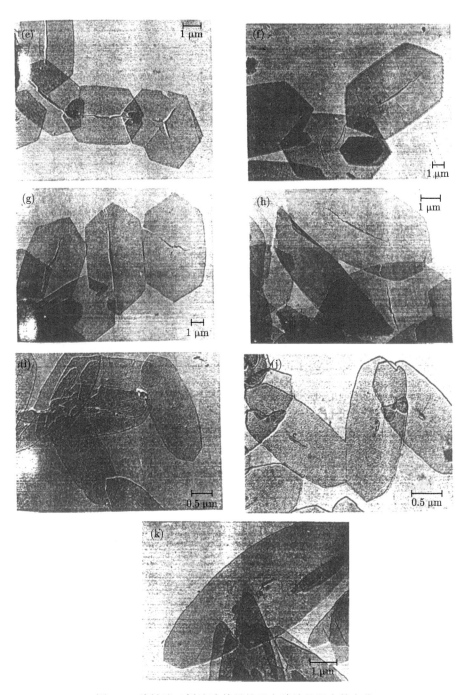

图 7.4 线性聚乙烯溶液单晶的形态随结晶温度的变化
(a) T_c = 70 ℃, (b) 86 ℃, (c) 93 ℃, (d) 94 ℃, (e) 96.5 ℃, (f) 98.8 ℃, (g) 103.1 ℃,
(h) 105.6 ℃, (i) 107 ℃, (j) 107.8 ℃, (k) 111.8 ℃

过程中溶剂分子被包含在内，这些残有的溶剂分子在挥发后留下空穴而导致单晶出现坍塌。③ 在结晶过程中存在着孪晶的生长，其中包括双重孪晶 (siamese twins) 和生长孪晶 (growth twins)，双重孪晶来自于两个或多个单晶在生长过程中相互接触而形成，这种孪晶的夹角是随机的；而生长孪晶是两个单晶组分从一个晶核或两个连接在一起的晶核开始生长，这个晶核位于两个单晶的界面处，通常为 (110) 或 (310) 面，因此，生长孪晶的夹角是恒定的。

　　总体来说，聚乙烯溶液单晶的形态与结晶温度具有对应关系，如图 7.5 所示，这种形态对结晶温度的对应关系实质上是在不同温度下单晶具有不同的生长，对于单晶生长最成功的解释是由 Lauritzen 和 Hoffman 提出的动力学理论 [13,14]，这是一个二次成核理论，就是根据生长界面上二次成核及扩散速率的相对大小，将晶体的生长方式分为三类，如图 7.6 所示。其中以方式 I 生长的生长前沿是非常光滑的，所有的折叠都平行于单晶的边缘；而在方式 II 中，生长表面比较粗糙，有些折叠是垂直于单晶的边缘；以方式 III 生长的生长前沿是非常粗糙的，但在一般的单

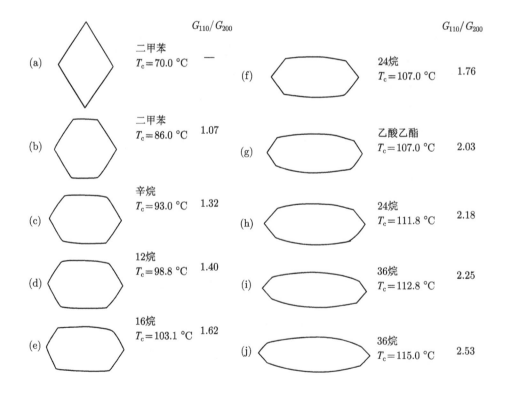

图 7.5　线性聚乙烯溶液单晶的形态与结晶温度及溶剂的对应关系以及 (110) 面的生长速率与 (200) 面生长速率的比值随结晶温度的变化

晶生长中很难观察到方式III的生长。方式 I 生长又称为单核生长，显然在方式 I 中成核速率小于扩散速率；方式 II 生长又为多核生长，成核和扩散速率基本上是相近的。

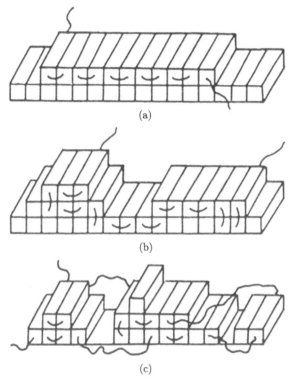

(a)

(b)

(c)

图 7.6　不同生长方式的单晶生长前沿

(a) 方式 I 生长 (Regime I)，(b) 方式 II 生长 (Regime II)，(c) 方式III生长 (Regime III)

从图 7.6 中可以看出，从方式 I 到方式 II 的转变，一个突出的体现是生长表面的粗糙化。Sadler 提出的表面粗糙化理论很成功地解释了线性聚乙烯溶液单晶的形态变化 [15,16]。根据 Sadler 的表面粗化理论 (surface roughening theory)，如果晶体中结晶单元的结合能 (ε) 接近于 kT，其中 k 为 Boltzmann 常数，T 为绝对温度，那么生长表面将会变粗糙。随着结晶温度的变化，表面二次成核的条件是不同的，在较低温度下二次成核是在光滑表面上进行，而在较高温度下二次成核是在粗糙表面上进行。理论计算估计两种生长方式的转变温度 (T_r) 应符合 $kT/\varepsilon = 0.63$，这种转变在一些无机晶体中也能发生。从聚乙烯单晶形态随结晶温度的变化趋势，可以认为 (200) 面总是粗糙的，而 (110) 面经历了一个随结晶温度的升高而从光滑到粗糙的转变，由于在高温下 (110) 面的粗糙化，从而增加了 (110) 面生长速率对 (200) 面生长速率的比值 (G_{110}/G_{200})，如图 7.5 所示。这种生长面生长速率的不同是由于分子之间的结合能不同而引起的, 因为分子沿 (200) 面间的距离大于沿 (110) 面间的距离, 因而对 (200) 面来说, 其转变温度 (T_r) 很低。显然 G_{110}/G_{200} 随结晶温度的升高而增大将产生两种结果: 一是单晶在 b 方向上被拉长; 二是随结晶温度的升高, (110) 面逐渐减小, (200) 面逐渐增大, 而在高温下形成透镜形的单晶。至于 (200) 生长面的弧形化, 一般认为在单晶的生长过程中, 生长面上存在的小分子杂质、溶剂分子以及分子链的堆积缺陷, 影响了单晶生长过程中不同生长阶段的速率, 使得各生长面的生长成为各向同性而出现弧形的生长边缘 [17-20]。

7.1.1.2　从熔体中结晶

与溶液结晶相比较, 线性聚乙烯从熔体中结晶时, 不需要考虑溶剂及浓度的影响, 而仅仅是温度的函数。但熔体生长单晶远比溶液生长单晶复杂 [21-27], 因为在溶液中结晶分子基本上是彼此分离的, 且分子链是悬浮在溶液中, 而熔体生长单晶时, 熔化状态下的分子相互缠结在一起, 并且分子扩散又受到基板的作用, 因此其单晶形态不像溶液单晶那样与结晶温度之间有很好的对应关系, 但形态随结晶温度的变化趋势与溶液单晶是相似的, 即随结晶温度的升高, 单晶的轴率比逐渐增大。

要想形成单层的片单晶, 熔体生长单晶必须是薄膜样品, 薄膜的厚度应小于 50 nm, 单晶的生成仍采用自成核的方法 (self-seeding)[28], 就是先将薄膜样品升温至完全熔融, 然后快速降温至完全结晶, 此时在薄膜样品中产生了很多个晶核, 然后将样品升温至晶体的大部分熔化而晶核保持完整, 再快速降温至结晶温度进行等温结晶, 通过这种方法可得到规整的熔体单晶。一般来说, 由于熔化状态下的分子是缠结在一起的, 且分子链在基板上的扩散速率远小于在溶液中的扩散速率, 因此, 熔体结晶的结晶温度比溶液结晶的结晶温度高, 因而像溶液中那样规整的菱形单晶在熔体中是不能形成的。

对于熔体生长的线性聚乙烯单晶, 可以根据单晶的形态分成两类 [29]: 一类为 A 型, 一类为 B 型。这种分类是根据单晶顶角的大小来划分的, 如图 7.7 所示, 当顶角大于两个 (110) 面的夹角时为 B 型单晶, 而顶角小于两个 (110) 面的夹角则为 A 型晶体。对于大分子量的线性聚乙烯来说, 单晶的类型与生长方式是对应的, 也就是说, A 型单晶对应于单晶的方式 I 生长, B 型单晶对应于方式 II 生长。图 7.8 显示了分子量为 3.2×10^4 g/mol 的线性聚乙烯在不同结晶温度下的熔体单晶形态 [30], 可以发现, 在 127 ℃时生成的是 B 型单晶, 而在 128 ℃时则为 A 型单晶, 通过动力学分析发现, 这种线性聚乙烯熔体单晶的结晶生长方式 I - II 的转变温度正好在 127~128 ℃, 说明单晶形态的变化是由生长方式的转变而引起的。

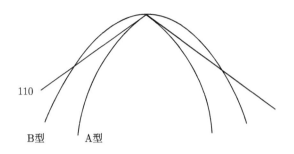

图 7.7 熔体单晶的类型与单晶顶角大小之间的关系

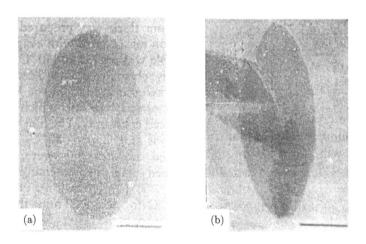

图 7.8 分子量为 3.2×10^4 g/mol 的线性聚乙烯在不同结晶温度下的熔体单晶形态

(a) $T_c = 127\ ℃$, (b) $T_c = 128\ ℃$。图中横线长度表示 2 μm

对低分子量的线性聚乙烯来说，形态 A-B 的改变与方式 I-II 的转变之间不存在对应关系。例如，对分子量为 5.8×10^3 g/mol 的线性聚乙烯来说[31]，其生长方式的改变温度为 122.4 ℃，而单晶的形态从 A 型到 B 型的转变温度为 123~125 ℃，显然这种低分子量线性聚乙烯的形态变化不是由于生长方式的转变而引起的。由于低分子量聚乙烯的分子链较短，在形成单晶时分子链的折叠次数很少，因此每改变一次折叠都会引起片晶厚度较大的变化，其结晶行为与高分子量聚乙烯有较大的区别，在较低的温度下就发生生长方式的转变，而单晶形态的改变则与分子链折叠行为的变化相对应，即 A 型单晶对应于分子链的一次折叠，而 B 型单晶则对应于分子链的非整数折叠。如图 7.9 所示，这种低分子量线性聚乙烯样品的长周期在 124 ℃附近有一个突变，这种长周期的突变就是由于折叠行为的变化而引起的。

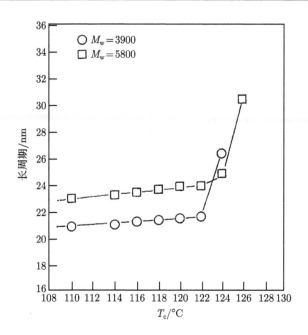

图 7.9   低分子量线性聚乙烯的长周期随结晶温度的变化关系

  对于熔体单晶来说,薄膜厚度是较为重要而又难以控制的一个因素,因为对于结晶性能较好的结晶聚合物,厚度小于 100 nm 的薄膜是不均匀的,因此熔体形成的单晶大部分不是单层的,而是多层的聚集,层与层之间产生位错而形成梯田式的结构。这种位错生长主要是发生在 B 型单晶的 (110) 扇区,而在 A 型单晶中出现较少,这是因为 B 型单晶由于结晶温度低而结晶速率很快,在生长过程中产生了众多的缺陷而易于形成位错,而 A 型单晶由于结晶速率很慢,因此单晶较为规整而难以形成位错。

  聚乙烯熔体单晶的一个显著特征是在较高温度下形成在 b 轴方向上高度拉长的单晶,如图 7.10 所示,单晶的长度可达到 100 μm 而宽度小于 5 μm。这种单晶一般只能在连续均匀的薄膜样品中,在较高温度下从熔体中生长,通过溶液结晶的方法是不能得到的。从图中可以看出,这种拉长的单晶在两个 (200) 边缘上的形态不同,一边是光滑的曲面,而另一边则产生支化现象,显然,这种单晶的支化是形成球晶的基础。另一方面,Keith 和 Padden 利用小分子聚乙烯表面修饰的方法发现这种长条形单晶的上折叠表面具有两种不同的折叠结构,如图 7.11 所示,在生长速率快的一边 (即较宽的生长区域) 可以观察到一些链折叠的排列,而在另一生长区域由于折叠拥挤而观察不到折叠的排列,这种折叠结构的不同是由于链倾斜而引起的,它导致了两个生长区域内产生了不同的折叠表面自由能,即产生了两个反向的 (200) 区的应力不同,并且单晶的长度很大而宽度很窄,因此,随着单晶的径向生长, 单晶的横向生长面极易发生扭曲而成为螺旋生长的单晶[32]。当然, 由于基底的黏附作用, 单个面朝上的单晶很难观察到螺旋生长的现象, 但在球晶中由于大部分单晶是脊朝上的, 因此, 形成球晶的片晶大都是扭曲取向的。

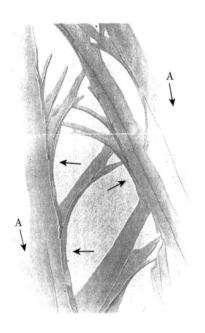

图 7.10 线性聚乙烯在较高温度下形成的在 b 轴方向上高度拉长的熔体单晶

图 7.11 线性聚乙烯熔体单晶表面的聚乙烯修饰图

7.1.2　球晶

7.1.2.1　普通球晶

聚合物从浓溶液或熔体中结晶时,通常倾向于生成球晶,球晶是其最常见的聚乙烯多晶聚集形态。从上述聚乙烯熔体结晶中不同类型的单晶为基础分析,当 B 型单晶堆积在一起时,由于位错的产生而易于形成球晶,而从 A 型单晶则可以堆积形成轴晶。图 7.12 显示了分子量为 3.2×10^4 g/mol 的线性聚乙烯样品在两种不同温度下等温结晶的偏光显微图,在高结晶温度下形成轴晶,而在低结晶温度下形成球晶,这个结果表明球晶是以方式 II 生长的,而轴晶是以方式 I 生长的。

图 7.12　线性聚乙烯在不同温度下形成的 (a) 轴晶、(b) 球晶的偏光显微图

同其他聚合物球晶一样,聚乙烯球晶在偏光显微镜下呈现 Maltese 黑"十"字消光图案。组成球晶的片晶根据其具有的正交晶体结构具有光学各向异性,聚乙烯沿链轴方向的折射率最大,为 $\gamma = 1.575$,垂直于链轴的 a、b 方向分别为 $\alpha = 1.514$ 和 $\beta = 1.519$ [33],因此聚乙烯近似于单轴晶体。聚乙烯球晶径向沿着 b 轴方向,而分子链方向在球晶切向,因此聚乙烯属于负光性球晶。聚乙烯球晶的黑"十"字消光原来与其他聚合物一样,读者可以参考莫志深老师主编的《高分子结晶和结构》一书了解聚合物球晶的黑"十"字消光的详细原理。

7.1.2.2　环带球晶

一些半结晶性聚合物在特定条件下结晶可以在偏光显微镜下呈现出一种更为复杂的消光图案,即黑"十"字消光同时伴有消光圆环,有这样复杂消光图案的球晶被称为环带球晶。聚乙烯就是能形成环带球晶的典型聚合物代表,其形成的环带球晶如图 7.13 所示 [34]。

由于环带球晶是聚合物球晶的一种特殊形态,对研究聚合物球晶形成机理是一个很好的突破口,因此引起了很多学者的研究兴趣。对于环带球晶的形成原因,科学家们进行了广泛的研究,并提出了许多不同的理论模型,如 Keith 和 Padden

提出的片晶周期性协同扭曲模型，Bassett 等提出的螺旋位错模型和结构不连续模型 (间歇性生长模型) 等。

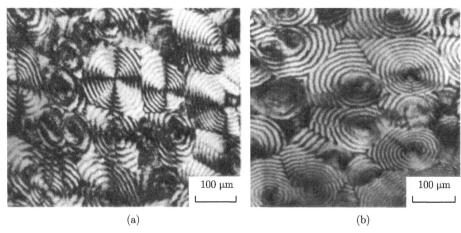

图 7.13 线性聚乙烯的环带球晶偏光显微图

(a) 有马其他"十"字；(b) 无马其他"十"字

在迄今为止发现的可以形成环带球晶的聚合物中，聚乙烯环带球晶的研究开始较早，研究得也比较充分，因此很多针对环带球晶形成机理的理论模型都是从研究聚乙烯环带球晶中提出的。Keller[35] 在 20 世纪 50 年代中期研究聚乙烯的结晶形态时就发现聚乙烯在 80 ℃以上结晶时可以生成环带球晶，但是环带不规整，环带间距随结晶温度的降低而变窄。Lustiger 等 [36] 利用透射电子显微镜研究了线性聚乙烯环带球晶的表面形态及内部结构，发现当样品膜较厚时形成的环带球晶中心有一孔洞，并且在球晶表面观察到了 C 形的片晶，他们认为是晶体中 C 形的片晶以孔洞为中心对称排列，形成环带球晶。Janimak 等 [37] 利用原子力显微镜和透射电子显微镜研究了分子量对茂金属催化高密度聚乙烯熔体结晶形态的影响，发现随着分子量的增加，片晶分支和发散，导致球晶形态变化。当分子量大于 1×10^5 g/mol 时聚合物可以形成规整的环带球晶，而当分子量低于 5×10^4 g/mol 时，聚乙烯晶体中束状结构占优势，并且环带间距随着分子量的增加而减小。Sasaki 等 [38] 利用原子力显微镜观察到高密度聚乙烯环带球晶的峰部分为侧立 (edge-on) 片晶而谷部分为平躺 (flat-on) 片晶。有趣的是 Trifonova 等 [39] 研究发现，挤压成型的高密度聚乙烯管也会形成环带球晶，球晶尺寸、环带间距和片晶厚度都受冷却温度的影响，而管侧面内部和管截面部分的球晶形态差别不大。

Keller[34,35,40] 用光学显微镜研究高密度聚乙烯结晶形态，观察到环带球晶在偏光显微镜下的消光图案是由黑"十"字和锯齿状的圆环组成，从而提出环带球晶是由于带状片晶保持 (010) 晶轴方向平行于球晶半径的周期性扭曲而形成，这就是

片晶周期性协同扭曲模型 (图 7.14)[41]。Keith 和 Padden 深入研究并大力发展了这
一模型 [32,42-49]。他们从带状扭曲模型出发阐述了环带球晶消光圆环形成的光学原
理，并对实际观察到的各种环带球晶的消光圆环的成因作了解释。他们认为在片晶
的快速生长过程中，分子链的非近邻的松散的折叠引起片晶表面低效的过度拥挤
的分子链堆积，而两个折叠表面紧密堆积程度的不同 (例如由于分子链倾斜等原因
引起) 会使片晶产生应力，这应力导致了片晶的扭曲 (图 7.15)[32]。Fujiwara[50] 利用

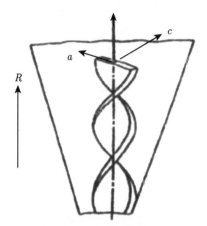

图 7.14　沿球晶径向的扭曲机理示意图 [41]

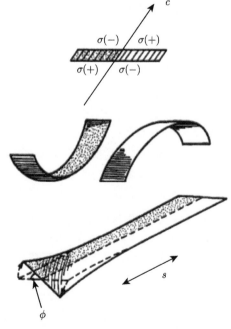

图 7.15　Keith 和 Padden 提出的片晶扭曲机理示意图 [32]

X 射线衍射研究了聚乙烯的环带球晶结构，得到了不对称纤维状衍射图形，认为球晶内部晶胞不会任意取向，而是晶胞 b 轴沿半径方向，a 轴和 c 轴围绕着半径方向周期性地扭转变化 (c 轴为分子链方向)，使得球晶在显微镜的正交偏振光下呈现消光环带。Keith 和 Padden[45] 通过熔体结晶得到了长轴两侧分子链取向不同的 PE 单晶 (图 7.16)，支持了上面的机理。最近 Rosenthal 等 [51] 利用微区 X 射线确认了聚乙烯环带球晶中分子链的倾斜和片晶的连续扭曲，并且证实片晶扭曲方向和 Keith 和 Padden 理论模型预测完全一致，完整地论证了片晶周期扭曲理论。

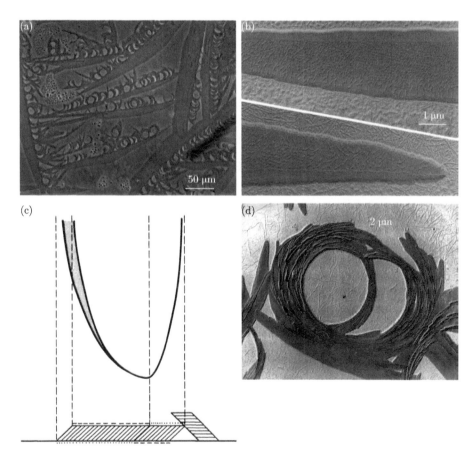

图 7.16 (a) 135 ℃氮气环境下薄膜结晶生成的聚乙烯单晶；(b) (a) 中聚乙烯熔体平躺 (flat-on) 单晶表面的聚乙烯修饰图；(c) (a) 和 (b) 中平躺 (flat-on) 片晶和侧立 (edge-on) 片晶的结构和链轴取向示意图；(d) (a) 中平躺 (flat-on) 片晶和弯曲片晶的放大图 [45]

虽然聚乙烯环带球晶的片晶周期性协同扭曲模型得到了许多学者的支持，但是仍有很多实验现象无法用这一模型进行解释。如 Low 等 [52] 用电子衍射研究发现高密度聚乙烯环带球晶亮带中片晶生长方向垂直于 (020) 晶面,而暗带中片晶生长方向垂直于 (110) 晶面。球晶中微晶体的取向沿片晶生长方向变化着,但不是像片晶周期性协同扭曲模型所预示的那样。这一实验结果不支持片晶周期性协同扭曲模型。

　　Schultz 和 Kinloch[53] 研究发现,实验观察到的聚乙烯环带球晶中片晶的扭曲程度与计算的位错空间相一致,认为是晶体生长过程中产生的螺旋位错导致了片晶的扭曲,从而提出了螺旋位错模型 (图 7.17)。随后,Bassett 等 [27,54-66] 进行了深入研究并对此模型进行了修饰,他们利用刻蚀法研究聚乙烯环带球晶微观结构,指出实验中没有发现聚乙烯中存在均匀扭曲的片晶,而只是观察到轻度扭曲的片晶,这种轻度扭曲的部分大约占环带球晶周期的 1/3,呈现为突然的片晶取向变化。

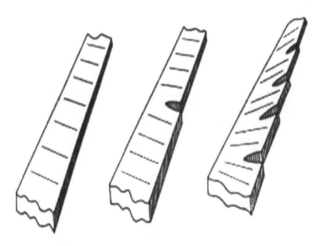

图 7.17　一系列相同符号的横向螺旋位错对晶体带形态的影响 [53]

　　Bassett 等 [56] 还研究了熔体结晶聚乙烯单个片晶的形态及生长过程,观察到聚乙烯单晶是边界为扇形的菱形面,折叠面接近于 (201),他们认为轻微的链倾斜使主片晶分支,导致螺旋位错产生。Patel 等 [38] 利用 TEM 观察到聚乙烯 S 形片晶,他们认为折叠链倾斜于折叠面导致片晶表面应力不对称,使最初的平面形片晶变成 S 形,S 形片晶的轴倾向于 b 轴,导致了晶体结构的不对称,并且片晶沿对称轴方向有轻微的扭曲。S 形片晶生长产生巨大的螺旋位错,正是这种螺旋位错使扭曲加剧,从而形成环带球晶。

　　Toda 等 [67,68] 利用偏光显微镜和原子力显微镜研究了聚乙烯环带球晶,发现环带间距和片晶宽度是成比例的,他们提出由于晶体与四周熔体之间的密度差导致的压力梯度使得片晶在球晶生长前沿产生内应力,从而使得片晶不断分支,并通过分支螺旋位错重新取向从而生成环带球晶的机理 (图 7.18)。

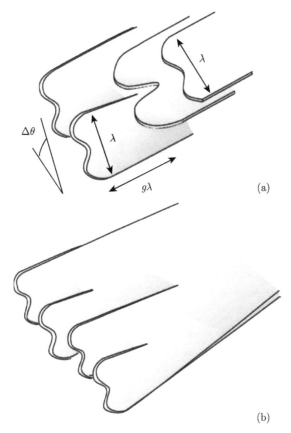

图 7.18　(a) 晶体在临界宽度 λ 时的支化发展和张开时的重取向示意图；(b) 支化发展后的
结构示意图 [67]

聚乙烯环带球晶的片晶周期性协同扭曲模型和螺旋位错模型既有共同之处，也存在很大的分歧。共同点是它们都认为正是由于球晶中片晶的扭曲才导致了偏光显微镜下消光环带的出现。它们的根本分歧在于，片晶周期性协同扭曲模型认为片晶的扭曲是均匀连续的，聚乙烯晶体生长过程中的不规则的折叠面造成结晶过程中产生应力，这应力导致了球晶中片晶沿球晶径向方向周期性协同扭曲。螺旋位错模型认为聚乙烯片晶的扭曲不是均匀连续的，并且导致片晶扭曲的主要原因是晶体生长过程中产生的螺旋位错。

Keith 和 Padden[69] 研究发现高密度聚乙烯环带球晶在非偏光显微镜下仍能观察到环带存在，但是亮带和暗带的对比度下降，因此提出了可能存在结构不连续导致环带球晶的生成。尽管 Keith 和 Padden 在后续研究中又开始坚持片晶周期性协同扭曲模型是聚乙烯环带球晶形成的原因，但 Kyu 等 [70,71] 在混合物环带球晶的研究中提出了间歇性生长模型 (实质也是结构不连续)，闫寿科等 [72,73] 在其他均聚物的熔体结晶中得到了由于结构不连续生成的环带球晶，王宗宝等 [74-80] 在可控溶剂挥发的溶液结晶中生成了均聚物、共聚物的结构不连续的环带球晶。

7.1.3　shish-kebab 晶体

在聚合物的加工过程中，流场作用下分子链的取向和结晶对聚合物晶体的结构形态以及最终制品的力学性能起到至关重要的作用。与聚合物熔体静态结晶过程相比，流场的存在可以加快聚合物结晶过程达几个数量级，同时，流场可以诱导 shish-kebab 晶体的形成，甚至形成具有很高拉伸强度的伸直链晶体。相比于通常的球晶，shish-kebab 晶体能提高高分子材料制品的强度和热稳定性，对高分子材料制品性能的提高有着重要意义。由于流场作用下 shish-kebab 晶体的形成对高分子材料最终的结构及力学性能起到举足轻重的作用，因此，科学家们对聚合物 shish-kebab 晶体的结构形貌和形成机理进行了大量的研究。聚乙烯作为结晶性聚合物的典型代表，其在流场作用下形成的 shish-kebab 晶体形貌及机理得到了非常深入的研究。在 Keller 确立了高分子形成的单晶的认识以后，实际早期已经有了不少关于在溶液中观察到 shish-kebab 晶体这方面的文献。Blackadder 和 Schleinitz 于 1963 年首先观察到搅拌聚乙烯溶液有时可以得到串珠状的晶体 (图 7.19)。该串珠状的晶体随后被 Lindenmeyer 命名为 shish-kebab 晶体 (串晶)。1965 年 Pennings 和 Kiel 发现搅拌溶液中生成的聚乙烯晶体呈现典型的串晶形态 [81]。Kawai 等 [82] 认识到链取向和流动是有助于 shish-kebab 晶体的形成。它的真正来源由 Pennings 在研究搅拌溶液中结晶行为时最先发现 [83,84]，Pennings 指出 shish-kebab 晶体包含两个部分，它们都是结晶态，中心是纤维状晶体 (shish)，折叠链层状片晶 (kebab) 沿着中心骨干成串生长，具有羊肉串状外形，具体结构如图 7.20 所示。shish-kebab 晶体被认为是拉伸流动作用下链伸展导致的结果，链伸直的部分稳定下来后形成 shish 晶体，而分子量较小的链由于没有伸直而依附着 shish 晶体形成了 kebab 片晶。从 Pennings 和其合作者的研究工作中观察到的这种结构现象和其特有的流动诱导结晶的依赖性，仍然是我们现在对流动诱导和应力诱导结构形成的认识基础。shish-kebab 晶体结构实际比溶液中形成的电镜照片更复杂和有趣，可以用大 (macro) 和微 (micro) 的 shish-kebab 来对二者进行区分 (图 7.21(a))，不相连的片层组成更大的外部组分，通过选择性的溶解消去，留下的核心就是更精细尺度上的 shish-kebab 晶体结构。kebab 晶体可以通过大分子链与 shish 晶体进行连接，也可以不连接在 shish 上，由此可知大 shish-kebab 晶体的片层结构是附加的，而微 shish-kebab 晶体则是流动诱导结晶的本质部分。后者的出现是因为纤维是带"毛发"的 (图 7.21(b))，松散链悬挂在他们的外表面。这些毛发状物质当溶液继续冷却甚至流动停止以后也会结晶,在无规构型条件下会形成链折叠片状晶,但它们现在紧密地连在纤维中心上。在对 shish-kebab 结构形态学的研究过程中,由于从溶液中得到的 shish-kebab 结构是最明显的,所以早期的研究大多都局限于稀溶液中。然而,一旦这种结构被我们所认识,shish-kebab 晶体以及相关结构也开始被重视起来,并且开始对其结构以及产生的机理进行研究。

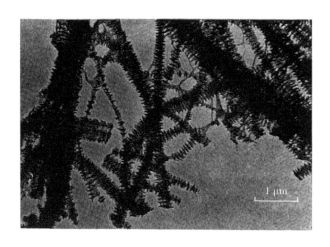

图 7.19 聚乙烯的二甲苯稀溶液在强烈搅拌后得到的 shish-kebab 晶体电镜形貌图 [81]

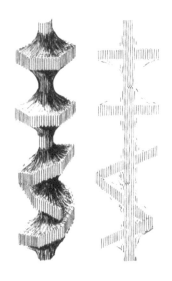

图 7.20 高分子串晶的主干晶体和附生片晶之间的互连模型 [84]

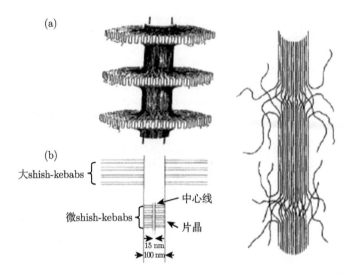

图 7.21　(a) shish-kebab 结构示意图；(b) shish-kebab 中心核示意图 [85]

　　主要基于聚乙烯 shish-kebab 晶体的实验结果，科学家们研究了 shish-kebab 晶体的形成机理。De Gennes[86] 通过对高分子稀溶液在不同类型流场下分子链动力学的研究，提出了分子链构象从无规线团到伸直链的突变 (coil-stretch 转变) 理论，他认为存在一个临界的应变剪切速率，当剪切速率大于此临界值时，分子链的构象不经过任何的中间相而直接从无规线团转变为完全伸直链。Keller 等 [87] 通过对聚乙烯稀溶液在剪切流场中的实验观察证实了 shish-kebab 晶体的 coil-stretch 转变，他们认为分子量大于某一临界值的分子链在一定的剪切速率下首先经过 coil-stretch 转变形成完全伸直的分子链，其结晶形成 shish，随后作为晶核引发呈无规线团构象的分子链结晶形成 kebab。Keller 进一步认为 coil-stretch 转变同样存在于浓溶液和熔体中 [88]。

　　稀溶液体系是高分子量分子链能发生 coil-stretch 转变的理想体系，而在熔体中必须充分考虑链缠结的作用，链缠结状态下能否发生 coil-stretch 转变从而形成 shish-kebab 晶体的必要条件是体系中存在的链缠结在流场作用下能否顺利解缠结，如果熔体体系流场作用的温度高、体系缠结度低，流场作用强、时间长，高分子量分子链就容易解缠结进而发生 coil-stretch 转变。Benjamin Hsiao 等 [89-91] 利用聚乙烯混合体系形成 shish-kebab 晶体做了大量细致的研究工作，通过对比纯的高密度聚乙烯和含有少量超高分子量聚乙烯的混合物在相同流场下的结晶过程，发现少量的高分子量分子链 (2%) 的存在就可以明显改变整个体系的结晶动力学，更容易形成 shish-kebab 晶体，而通过对形成的 shish 在体系结晶度中所占比例的定量计算，得到了组成 shish 结构的分子链完全来自于高分子量分子链贡献的结论。Benjamin Hsiao 等的上述研究都是在体系容易解缠结的条件下进行的，研究结果与 coil-stretch 转变相符并得到很好的解释。以上研究结果也证实了在低缠结的高分子熔体体系中，当施加一定强度的流场时，熔体中大于临界分子量的分子链可以解缠结发生 coil-stretch 转变，从而形成伸直链并结晶形成 shish 晶体。在具有高缠结程度的熔体体系中，当高分子量分子链不能在流场下顺利解缠结时，就不会发生 coil-stretch 转变。李良彬等[92] 认为在高缠结体系中，网络结构的拉伸是 shish 形成的主要原因，他们发现当缠结网络的网孔尺寸与临界缠结分子链尺寸相同时，没有解缠结发生，shish 晶体主要由短的自由链取向成核形成，如图 7.22 所示；当缠结网络的网孔尺寸大于临界缠结分子链尺寸时，shish 主要由长链取向成核形成。科学家们针对 shish-kebab 晶体的形成做了大量的研究，并提出了 coil-stretch 转变和拉伸网络两种主要形成机理。通过上面分析可以发现，coil-stretch 转变和拉伸网络两种 shish-kebab 晶体形成机理是从不同的高分子缠结体系中得到的，其中 coil-stretch 转变机理是从无缠结或低缠结体系中得到的，拉伸网络机理是从高缠结体系得到的。李良彬等[93] 综述了近年来 shish-kebab 晶体研究的发展，并指出现有 shish-kebab 晶体形成模型都是在热力学平衡态的理论框架内得到的，但流动场下的结晶更应该看成非平衡态的相转变。从非平衡态的相转变角度出发，shish-kebab 晶体形成比上述两种模型更复杂。如 Mykhaylyk 等[94] 认为 shish 晶体形成包括长链分子的拉伸、点状核的形成、点状核的有序排列和原纤化形成 shish 晶体四个阶段。

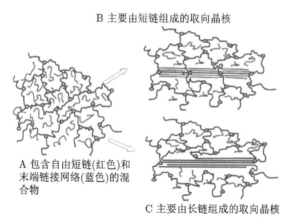

B 主要由短链组成的取向晶核

A 包含自由短链(红色)和末端链接网络(蓝色)的混合物

C 主要由长链组成的取向晶核

图 7.22 聚合物高缠结网络体系中，流场诱导结晶成核模型[95]

剪切流场下纳米粒子对高分子的链缠结和晶体形成都有重要的影响。Rastogi 等[96] 研究了剪切流场下不同形状的纳米粒子对聚乙烯 shish-kebab 晶体形成的影响，发现零维的氧化锆纳米粒子抑制了 shish-kebab 晶体的形成，而一维的碳纳米管因为能加强分子链稳定取向促进了 shish-kebab 晶体的形成。王宗宝等[97,98] 在超高分子量聚乙烯/甲壳素纳米晶复合纤维的研究中发现，甲壳素纳米晶尽管不像碳纳米管具有与聚乙烯晶格相匹配的周期性结构，却能在热拉伸过程中诱导聚乙烯 shish-kebab 晶体的形成及其向伸直链晶体的转变。

7.1.4　伸直链晶体

7.1.4.1　高压结晶

1964 年，Wunderlich 等发现在 300~400 MPa 压强下聚乙烯结晶可以获得伸直链晶体。众所周知，在没有高压存在时，线性聚乙烯单晶中分子链是以折叠方式存在的，这种折叠链单晶是由单晶形成过程中的动力学因素所决定的，因此，折叠链单晶不是热力学上最稳定的结晶形式，在热力学上稳定的单晶形式应该是伸直链单晶。然而，在一般条件下伸直链单晶是不能得到的，因为一个伸直链的堆积需要克服很高的活化能障碍，这就要求结晶必须在很高的温度下进行，也就是说，需要一个外界作用提供足够的能量，使得结晶可以在高温下进行，此时的结晶过程基本上是一个热力学平衡过程，从而可以得到热力学上稳定的单晶形式，即伸直链单晶。因为普通折叠链片晶的厚度在 10~20 nm，通过长时间的等温结晶后最大可达到 30~60 nm，然而在高压下形成的片晶的厚度可以达到几个微米，如图 7.23 所

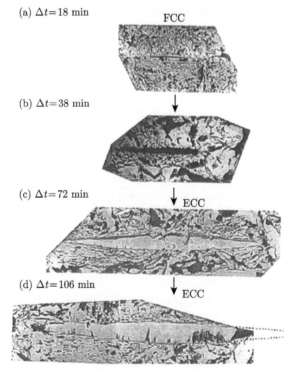

(a) $\Delta t = 18$ min

FCC

(b) $\Delta t = 38$ min

(c) $\Delta t = 72$ min

ECC

(d) $\Delta t = 106$ min

ECC

图 7.23　线性聚乙烯在高压下的片晶厚度随结晶时间的变化 ($P = 0.4$ GPa, $\Delta T = 2.6$ K)

示,因此在高压下形成的是聚乙烯的伸直链晶体,并且这种伸直链片晶的厚度是结晶时间的函数,在结晶初期片晶厚度较小,随着结晶的不断进行,片晶厚度逐渐增大,显然这种高压下伸直链晶体并不是直接从熔体中形成的,Wunderlish 和 Basett 等指出 [99,100] 伸直链单晶是在折叠链单晶的基础上通过片晶的增厚生长而形成的,也就是说,在结晶初期形成的是折叠链晶体,然后在高压下通过增厚生长而形成伸直链晶体。

增厚生长理论描述了单晶在等温结晶过程中片晶的增厚行为 [101,102],一般认为,折叠链单晶在长时间的退火过程中,由于热力学的作用都会产生增厚生长,但增厚生长的方式随结晶条件和结晶结构的不同而不同。在没有高压存在时,由于线性聚乙烯形成的是紧密堆积的正交结构,因此在增厚过程中不能发生折叠链的滑移,分子链的折叠次数基本不变,片晶厚度的增加也是很微弱的;而在高压作用下,由于形成了分子活动能力很大的六方结构,分子链的堆积密度很小,因此在高压下片晶的增厚生长伴随着分子链在 c 方向上的滑移扩散,这种滑移扩散的结果使得分子链的折叠次数显著减少,片晶厚度明显增大,乃至形成分子链完全伸直的片晶。

值得注意的是,高压下单晶的形态和一般条件下的单晶形态截然不同,因为高压下结晶是一种接近平衡态的过程,因此其单晶的形态也是一种平衡形态 [103]。按 Wulff 定理,一定体积的晶体的平衡形状是总界面自由能为最小的形状,即

$$\oiint \gamma(n)\mathrm{d}A = 最小 \tag{7.2}$$

式中,γ 是晶体的界面自由能;n 为结晶学取向函数;A 为总界面面积。显然,在高压下单晶的界面自由能是各向同性的,也就是说与取向无关,即单晶的形态应是圆形的 [104],如图 7.24 所示。这种圆形的单晶与结晶温度无关,它是线性聚乙烯单晶的一种平衡形态,与一般条件下由动力学因素控制的单晶形态有着明显的差别。另外,高压下单晶的侧向形态也与一般条件下单晶的侧向形态不同。在没有高压时,无论从溶液还是从熔体中生长的线性聚乙烯单晶,由于增厚生长没有链的滑移扩散,因此单晶的厚度基本上是均一的;而在高压下,由于在增厚生长过程中伴随着链的滑移扩散,而增厚生长又是在侧向生长之后进行的其增厚生长的速率远远小于侧向生长的速率,因此这种单晶的厚度从中心到边缘存在着一个厚度梯度,即从中心到边缘厚度逐渐降低,从而形成了横截面为锥形的侧向形态。

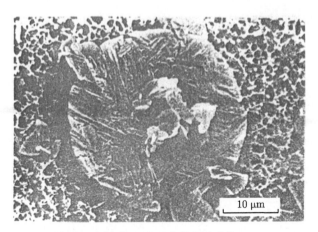

图 7.24　线性聚乙烯在高压下形成的圆形单晶 ($P = 2.3\ \mathrm{kbar}$)

7.1.4.2　高流动场下的结晶

　　从上面可知，流动场下聚乙烯可以生成 shish-kebab 晶体，中间的 shish 晶体主要是伸直链的纤维状晶体或以伸直链晶体为主的纤维状晶体。因此，在高的流动场作用下，聚乙烯可以形成伸直链晶体，特别是在稀溶液体系中。对于流动场下伸直链晶体的形成上面已经论述，此处不再赘述。另包含 shish-kebab 晶体的超高分子量聚乙烯原纤维在高温热拉伸条件下可以转化为包含大量伸直链晶体的纤维晶，将在下面详述。

7.2　超高分子量聚乙烯的结晶行为

　　超高分子量聚乙烯是非常典型的线性聚乙烯，其支链含量甚至可达到每十万个碳低于一个，低于现有固体核磁设备检测的下限，因此其树脂原料的结晶和制备超高分子量聚乙烯纤维过程中的结晶均具备一定的特殊性，本节单独介绍。

7.2.1　先聚合紧接着结晶

　　聚乙烯通常会发生伴随聚合反应的结晶，具体分类其属于先聚合紧接着结晶。通常聚乙烯的初生结晶态是在催化剂活性点附近先聚合紧接着结晶，往往无法大幅度次级成核结晶，所以只能沿链的方向边聚合边结晶，生成纤维晶或串晶 [105]。由于聚合条件和结晶条件的相似性，超高分子量聚乙烯非常容易先聚合紧接着结晶，树脂形貌中包含大量的丝网状的纤维晶 (图 7.25)，树脂原料通常会达到高于60%的结晶度。

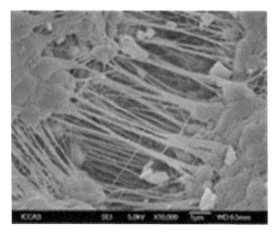

图 7.25 超高分子量聚乙烯树脂扫描电镜形貌图

7.2.2 超高分子量聚乙烯纤维制备过程中的晶体结构调控

从上面可知，Pennings 在聚乙烯 shish-kebab 晶体形貌结构及形成机理的研究中做了许多有意义的工作。在接下来的过程中，Pennings 及其合作者的研究主要集中在如何获得高强高模纤维上，当然也继续关注于 shish-kebab 晶体，但关注 shish-kebab 晶体的目的是因为这种结构可以帮助制备高强高模纤维。在这种情况下，Pennings 及其合作者先将聚乙烯溶液制成凝胶，通过特定的方法拉伸凝胶可以形成宏观和微观的纤维，它们的主要组分就是 shish-kebab 晶体或者是 shish-kebab 晶体的复合体。在分子链形变的时间尺度内，足够高的浓度对于具有力学相互影响的链重叠体系，也就是在纤维制备的形成具有重要作用。上述结果为超高分子量聚乙烯纤维的开发奠定了基础。

超高分子量聚乙烯纤维作为三大高强纤维之一，其获得高性能的关键是大部分分子参与形成伸直链晶体，构成均匀、连续的基体 [106]。为了提高纤维的性能，科学家们对凝胶纺丝过程超高分子量聚乙烯纤维结构演变做了大量研究。Smook 和 Pennings[107] 利用扫描电镜观察到了凝胶纤维经过高倍热拉伸后形成的 shish-kebab 晶体，而且他们指出 shish-kebab 晶体的存在会降低纤维的可拉伸性能。Krueger 和 Yeh[108] 利用透射电镜研究超高分子量聚乙烯纤维不同拉伸比下形成的 shish-kebab 晶体的结构及其可拉伸性能，发现当拉伸应变大于 1000% 时，shish-kebab 晶体具有很好的拉伸性能，并且可以顺利地转化成伸直链晶体。另外，他们还指出 shish 晶体不完全由伸直链晶体组成。Ohta 等 [109] 发现热拉伸过程中低拉伸速率获得的超高分子量聚乙烯纤维出现皮-芯结构，纤维皮层由排列整齐的 shish-kebab 晶体组成，纤维芯层由堆叠片晶组成，并且纤维表现出较差的可拉伸性。然而，热拉伸过程中经高速拉伸得到的纤维，其皮层和芯层结构均由排列整齐的 shish-kebab

晶体组成,纤维表现出良好的可拉伸性,纤维最终性能也更好。Yeh 等 [110] 通过研究热拉伸过程中拉伸比对超高分子量聚乙烯纤维结构与形貌的影响,发现当拉伸比从 1 增加到 20 时,纤维中的折叠链片晶逐渐向 shish 晶体转化;当拉伸比从 20 增加到 40 时,超高分子量聚乙烯纤维表层只能观察到 shish 晶体,而没有 kebab 晶体。Pennings 等 [111] 发现在热拉伸过程中,当拉伸比为 6 时,超高分子量聚乙烯纤维主要由伸直链晶体组成,而当拉伸比为 80 时,纤维中只有纤维晶。利用小角 X 射线散射和广角 X 射线衍射研究热拉伸后的超高分子量聚乙烯凝胶纤维,Hoogsteen 等 [112] 发现 shish-kebab 晶体出现在低拉伸倍数下,随着拉伸倍数的进一步增加,kebab 晶体逐渐转化成主要由 shish 晶体组成的微纤结构。Litvinov 等 [113] 研究了超高分子量聚乙烯纤维在热拉伸后期的结构变化,发现随着拉伸倍数的增加,纤维晶逐渐转化成伸直链晶体。Ohta 等 [114] 利用透射电镜研究了超高分子量聚乙烯纤维在热拉伸过程中的结构发展,他们发现 shish-kebab 晶体可以顺利地转化成主要由 shish 晶体组成的微纤结构,并推测 kebab 晶体通过片晶滑移转化成 shish 晶体,而且 shish 晶体沿纤维轴方向生长。王宗宝等 [115] 利用原位小角 X 射线散射和广角 X 射线衍射手段研究热拉伸过程中超高分子量聚乙烯纤维中 shish-kebab 晶体向纤维晶的转变过程,并通过不同拉伸阶段的纤维经刻蚀后扫描电镜观察,可以清晰地看到大量沿纤维轴向的 shish-kebab 晶体,不同阶段的形态结果验证了原位 X 射线的结果,并根据结构变化得出 shish-kebab 晶体在低温拉伸时通过片晶破碎重结晶转变为纤维晶,而在高温拉伸时通过熔融重结晶转变为纤维晶的结论。

7.3　聚乙烯常见晶型的结晶结构及调控

聚乙烯分子链经凝聚堆砌结晶后,一般采取平面锯齿型结构,但由于结晶条件不同有三种不同晶型。

7.3.1　正交结构

线性聚乙烯无论从溶液还是从熔体中生长,其单晶的晶体结构是相同的,都与直链烷烃的结晶结构一样,属于最稳定的聚合物晶体结构。通常的聚乙烯晶体结构属于正交晶系,按晶体结构归属为点群 D_{2h}-mmm $\left(\dfrac{2}{m}\dfrac{2}{m}\dfrac{2}{m}\right)$、空间群 D_{2h}^{16}-Pnam $\left(P\dfrac{2_1}{n}\dfrac{2_1}{a}\dfrac{2_1}{m}\right)$。聚乙烯正交晶系中分子链采取平面锯齿形的简单构象 (图 7.26),每个晶胞含有分子链数目为 2(即每个单胞含有 2 个聚乙烯重复单元,用 $T_2(2/1)$ 表示),分子链取向不同 (图 7.27)。Busing[116] 计算聚乙烯在 23 ℃的晶胞参数

$a = 0.74069$ nm，$b = 0.49491$ nm，$c = 0.25511$ nm (分子链方向)，晶体密度为 996.2 kg·m^{-3}(图 7.27)。

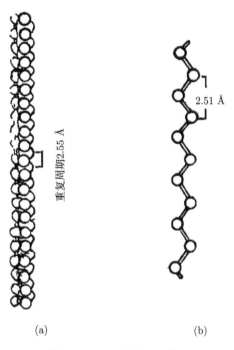

(a)　　　　　　　　　　　　(b)

图 7.26　聚乙烯分子链构象

(a) C, H 链；(b) C 链

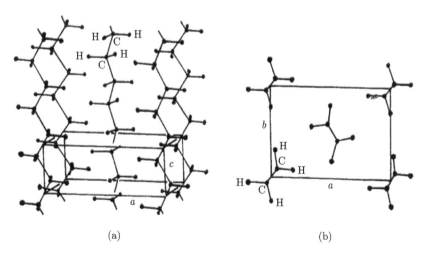

(a)　　　　　　　　　　　　(b)

图 7.27　聚乙烯正交晶结构

(a) 平视图；(b) 俯视图

　　聚乙烯的正交晶体结构使聚乙烯产生了各向异性，比如聚乙烯沿着晶胞不同方向的弹性模量不同，在温度为 23 ℃时，沿着 a 轴的弹性模量为 3.2 GPa，沿着 b 轴的弹性模量为 3.9 GPa[117]，而沿着 c 轴的弹性模量达到 240~260 GPa[117-119]。再比如在温度为 −70 ℃时，沿着三个不同晶轴方向的热膨胀系数不同，沿着 a 轴方向为 1.7×10^{-4} K^{-1}，沿着 b 轴方向为 0.59×10^{4} K^{-1}，沿着 c 轴方向为 -0.12×10^{4} K^{-1} [120]。

　　聚乙烯的正交晶体中分子链并不总是在沿着 c 轴的方向。聚乙烯熔体单晶的一个显著特征是所有温度下的单晶中折叠链都是倾斜的 [45,121,122]，并且链折叠都是无规的 [123]。对于溶液单晶来说，在低温下二甲苯溶液中生成的单晶，其折叠链基本上是垂直于单晶的底面，随着结晶温度的升高，折叠链发生倾斜，且倾斜程度随着温度的升高而略有增大；而对于熔体单晶来说，由于其结晶温度很高，并且熔体中分子的无规性影响了分子的折叠，因此其折叠链总是倾斜取向，一般总是绕着 b 轴发生倾斜，从而使得折叠面平行于 $(h01)$ 面。现已发现在温度较低时链倾斜大约 35°，折叠面平行于 (201) 面；当结晶温度较高时，链倾斜可达到 45°，折叠面则平行于 (301) 面。图 7.28 是在较高温度下得到聚乙烯的单晶，倾转实验结果显示，单晶中折叠链绕着 b 轴倾斜了 45°。由于分子链的倾斜，使得单晶在反方向的 (200) 生长面上的生长速率不同，从而产生了单晶的不对称生长。

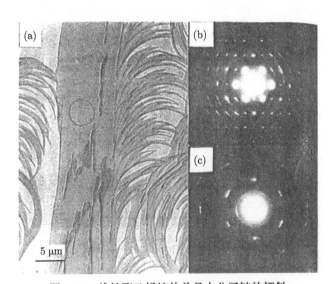

图 7.28　线性聚乙烯熔体单晶中分子链的倾斜

(a)TEM 明场图像；(b) 单晶绕着 b 轴顺时针倾转 45° 的电子衍射图；(c) 绕着 b 轴逆时针倾转 45° 的电子衍射图

7.3.2 单斜结构

聚乙烯样品在机械拉伸形变时可以获得单斜结构。聚乙烯的单斜结构中每个晶胞含有具有相同取向的 4 条分子链，其属于单斜晶系，按晶体结构归属为点群 C_{2h}-$\frac{2}{m}$、空间群 C_{2h}^3-$C\frac{2}{m}$。晶胞参数 $a = 0.809$ nm，$b = 0.253$ nm (分子链方向)，$c = 0.479$ nm，$\beta = 107.9°$，晶体密度为 998 kg/m³(图 7.29)[124]，聚乙烯的单斜结构是亚稳态，当稍加热时，即转变为稳定相态。

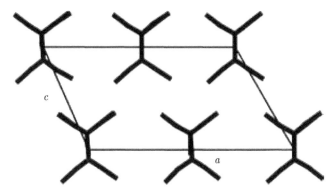

图 7.29 聚乙烯单斜晶结构俯视图

7.3.3 六方结构

当线性聚乙烯在高压下从熔体中等温结晶时，单晶的结构和形态都会发生明显的变化 [125-129]。在 0.35～1.50 GPa、高于 210 ℃下，聚乙烯可形成高压六方相结构 (常压下 WAXD 分析仍可保持六方晶型)。图 7.30 为线性聚乙烯的 P-T 相图。从图中可以发现，线性聚乙烯在三相点 Q 以下只能形成稳定的正交结构，而在三相点以上将会形成聚乙烯的六方结构。具体来说，在 0～3 kbar 的低压区域，从熔体结晶时生成的是正交晶相折叠链晶体；在 3～4 kbar 的中压区域，从熔体缓慢冷却结晶时生成的是伸直链晶体，如果保压时间足够长，折叠链晶体增厚而转变为伸直链晶体；在大于 4 kbar 的高压区域，从熔体快速冷却结晶时生成的是正交晶相伸直链晶体，缓慢冷却结晶生成的六方相晶体，随温度的继续降低，六方相晶体将转变为伸直链晶体。线性聚乙烯的六方相晶体结构在高压时稳定，三相点的位置与分子量有关，分子量越大，三相点的位置越低。这种高压下的六方相结构现已通过实验被检测出来 [130-132]，如图 7.31 所示，其六方单胞的晶胞参数为 $a = 0.488$ nm。与传统的正交结构相比，这种六方结构是一种具有高的活动性的不稳定结构，晶体中分子链的堆积密度很小，并且仅在高温下才能存在，因此在撤去高压和冷却以后，这种不稳定的六方结构将会自动转变为稳定的正交晶结构。

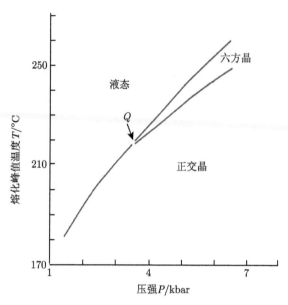

图 7.30　用 DTA 方法绘制的线性聚乙烯的 *P-T* 相图

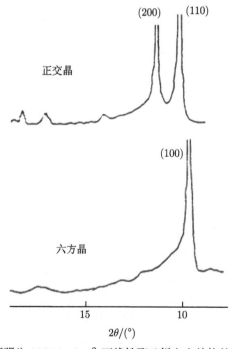

图 7.31　在压强为 5000 kg/cm² 下线性聚乙烯六方结构的 X 射线衍射图

上图为对照的正交结构

7.4 支化聚乙烯的结晶结构和结晶动力学

支化聚乙烯是在 1933 年由 Imperial Chemical Industries 公司通过高温 (100~300 ℃)、高压 (大于 124 MPa) 条件首次被合成出来；随着 Ziegler-Natta 催化剂的诞生，Union Carbide 于 20 世纪 70 年代采用低压气相聚合合成了短链支化聚乙烯产品。然而，这种 Ziegler-Natta 催化的支化聚乙烯是一种分子链长度和单体系列分布不均一的混合物，因而这种产品不具备工业应用价值。茂金属催化剂的诞生，开创了烯烃聚合的新纪元，与传统的 Ziegler-Natta 催化的聚乙烯相比，茂金属支化聚乙烯具有狭窄的分子量分布和均匀的单体系列分布，工业应用价值极为广泛，并且由于茂金属支化聚乙烯独特的化学结构和性质，已经引起了越来越多的研究兴趣，这些研究目前主要集中在支化对结构、性质和结晶行为的影响等方面。

7.4.1 支化聚乙烯结晶形态

支化聚乙烯中支链 (除甲基外) 不能进入晶格而以非晶的形式存在于非晶区，因此，支化长度的大小对支化聚乙烯的结晶形态影响不大，相反，支化含量的高低对支化聚乙烯的结晶形态有着极为显著的影响，这种影响主要是由于随着支化含量的增加，支链间的距离变短而导致结晶形态的改变。可以根据支化含量的大小将支化聚乙烯的结晶形态分为四种类型 [133,134]，如图 7.32 所示。当支化含量很低时 (密度大于 0.93 g/cm³)，支链间距较大，支化链的存在对支化聚乙烯的结晶基本没有影响，能够形成与线性聚乙烯相似的折叠链片晶，片晶的厚度依赖于结晶温度，随结晶温度的升高而增大；随支化含量的增加 (密度在 0.91~0.93)，支链间的距离变短，在一定程度上限制了支化聚乙烯的结晶，只能形成厚度很薄的片晶，片晶的厚度主要依赖于支链间的距离而基本上与结晶温度无关；当支化含量进一步增加时 (密度在 0.89~0.91)，受支化链的限制，支化聚乙烯只能形成局部的片晶和捆束状晶体的混合晶体，结晶度明显降低，表现出一种长程无序的晶体结构；大约支化含量超过每 1000 个碳原子含 30 个支链以上时，支化聚乙烯不能形成片晶，而只能形成很小的捆束状晶体，其结晶度大概只能达到 20%。由于支化含量影响了支化聚乙烯的结晶形态，因而也影响了其动力学行为 [135]。刘结平等 [136] 采用低支化含量 (平均每 10000 主链碳原子含 34 个丁基支链) 的丁基支化聚乙烯和同分子量线性聚乙烯对比，研究分子链拓扑结构的改变对熔体单晶结构形态调控的影响，发现随着结晶温度的升高，单晶的形态从低温下的截顶菱形转变为高温下的透镜形。这样的转变虽然与线性 PE 熔体单晶的转变特征相同，但转变条件却不同。对于丁基支化聚乙烯，由于丁基支链不能进入晶格，减小了相邻结晶链段间的距离，链折叠行为只能在两支链间发生，从而抑制了一次折叠向非整数折叠转变，单晶形态的改变是由单晶生长方式的改变而引起的, 所以丁基支化聚乙烯表现出和同分子量线性聚乙烯不同的结晶行为。另外, 支链的存在降低了二次成核速率, 导致丁基支化聚乙烯生长方式转变温度向低温移动 (较同分子量线性聚乙烯约低 20 ℃。Wagener 等利用 ADMET 聚合方法制备的支化间距完全相等的丁基支化 PE(每 21 个主链碳原子包含一个丁基支链) 获得了六方结构的晶体, 而这样的结构通常是线性聚乙烯只有在高压条件下才能得到的, 从这样的结果中可以看出支链的周期性对晶体结构的影响是很大的 [137]。

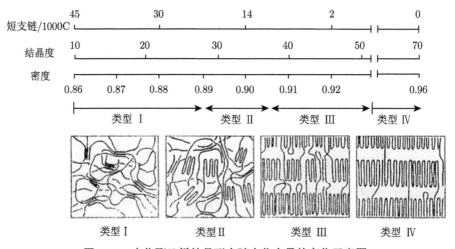

图 7.32　支化聚乙烯结晶形态随支化含量的变化示意图

值得注意的是, 在同一主链上的支化分布是不均匀的, 即支链间的距离是不相等的。Alamo 等 [138] 认为只有长的结晶链段 (两个相邻支链间的主链段) 才能在等温结晶过程中形成结晶, 其他部分存在于非晶区。而 Alizadeh 等 [139] 通过原子力显微镜的观察发现, 在两个相邻的片晶之间, 存在着另一种片晶, 像桥一样将两个片晶连接起来, 并且这种片晶间的晶桥基本上都垂直于两个片晶表面。在结晶过程中, 支链间距较长的结晶链段可以在较高的结晶温度下形成折叠链片晶, 这时主链的其他部分由于支链间距较短而不能形成折叠结构, 只能以针状的排列方式排列在片晶表面, 然而这些短的链段部分仍然有足够的长度与相邻的分子链段在较低的结晶温度下形成流苏胶束状晶体。这些流苏胶束状晶体的形成极大地阻碍了晶体的生长, 使得这类支化聚乙烯只能形成很小的片晶。

7.4.2　支化聚乙烯的熔融行为

显然, 由于支化聚乙烯的结晶形态随支化含量的变化而变化, 因此支化聚乙烯的熔融行为受到了支化含量的影响。当支化含量很低时, 其熔融行为与线性聚乙烯相似, 单分散的样品具有一个熔融峰且熔程较窄; 而对于支化含量较高的支化聚乙烯来说，即使是单分散的样品，由于形成了片晶和流苏胶束状晶体的混合晶体，而流苏胶束状晶体在较低温度下就能熔融，因此其熔化曲线表现为熔程很宽的双重熔融峰，如图 7.33 所示，熔融范围朝着低温方向加宽。早期的 DSC 研究表明，对于不同的乙烯和 α-辛烯的共聚物，在玻璃化转变温度之上，熔融过程就开始。对于低支化含量的共聚物，尽管熔融热没有系统的变化，但结晶热随冷却速率的降低而增加。而且由于在支化聚乙烯中只能形成很小的片晶，这种片晶与同等厚度的线性聚乙烯片晶相比，其熔融温度较低，因此支化聚乙烯的熔点比同等分子量的线性聚乙烯有显著的降低。

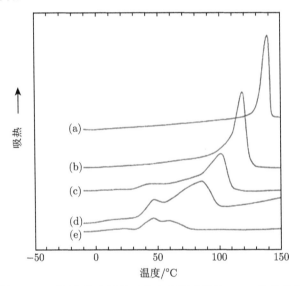

图 7.33 不同支化含量的己基支化聚乙烯的 DSC 熔化曲线

(a) 0；(b) 2.8mol%；(c) 5.2mol%；(d) 8.2mol%；(e)12.3mol%

图 7.34 给出不同的支化聚乙烯的熔点随支化含量的变化关系，其中直线是根据下列公式计算的理论值 [140]：

$$\frac{1}{T_m} - \frac{1}{T_m^0} = \frac{-R}{\Delta H_u} \ln p \tag{7.3}$$

式中，ΔH_u 为分子中每个重复单元的熔化焓；p 为支化组分的摩尔含量。为了避免结构及形态的变化对熔点的影响，所有样品都是通过快速降温结晶得到的，尽管这是一个远离平衡的过程，但足以了解支化含量对熔点的影响情况 [141,142]。从图中可以看出，所有样品的熔点均随支化含量的增加而降低。如线性聚乙烯样品的熔点为 130 ℃，当支化含量达到每 100 个碳原子含有 5 个支链时，熔点为 70 ℃。而且相同支化含量的不同样品，熔点的偏差不大，这是因为所有支链都在非晶区，支链的长短对熔点的影响不大。

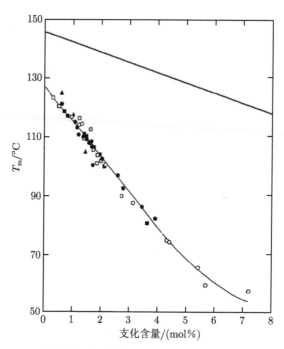

图 7.34　不同支化聚乙烯样品的熔点随支化含量的变化关系

ο：氢化聚丁二烯，□：乙基支化，■：丁基支化，▲：己基支化

　　分子量对熔点的影响是支化聚乙烯的一个典型特征[143,144]，如图 7.35 所示，对于线性聚乙烯来说，在相同的结晶条件下，分子量对熔点基本上没有影响；但对支化聚乙烯来说，相同支化含量和支化组成的样品，其熔点随分子量的增加而显著降低。低支化含量的样品的熔点随分子量的变化比高支化含量的样品更为剧烈，例如，当分子量从 2×10^4 g/mol 增加到 3×10^5 g/mol 时，支化含量为 1.1mol%的样品熔点降低了 7 ℃，而对支化含量为 2.6mol%的样品，其熔点降低不到 4 ℃。这种熔点随分子量的变化是支化聚乙烯特有的现象，可能是由于分子量的增加而导致分子间的缠结程度增大，体系的结晶速率降低而结晶层厚度变小，从而使得体系的熔点降低。

7.4.3　支化聚乙烯的晶格膨胀

　　X 射线结构分析发现，支化聚乙烯的结晶结构与线性聚乙烯是相同的，但其晶格比线性聚乙烯有所膨胀，虽然在 c 方向两种聚乙烯的晶胞参数相同，但支化聚乙烯的晶胞在 a 和 b 方向的参数增大，并且随支化含量的增加，这种晶格膨胀更加剧烈。对于晶格膨胀的原因，最初的解释是支链进入了晶格，然而大量的实验结果[138]包括 X 射线结构分析和核磁共振分析表明小的取代基团如甲基、氯、氧、

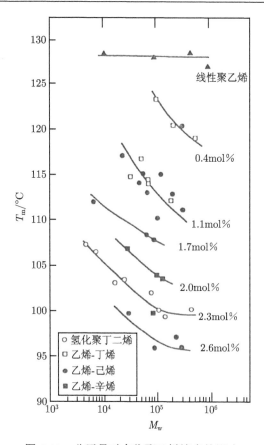

图 7.35 分子量对支化聚乙烯熔点的影响

羟基等可以在平衡态下进入晶格，但是较大的侧基，如乙基、丙基等超过两个碳的侧基都不能进入晶格。

　　支化引起晶格膨胀的直接原因是结晶片层的变薄。从前面的讨论可知，支化聚乙烯的结晶形态随支化含量的增加而发生变化，一个突出的特征是随着支化含量的增加，体系的结晶片层变薄。图 7.36 中显示了分子量为 $(9 \pm 2) \times 10^4$ g/mol 的支化聚乙烯样品在快速结晶的条件下结晶层厚度随支化含量的变化关系。从图中可以看出，线性聚乙烯的结晶层厚度为 120 Å，当支化含量为 1.5mol% 时，结晶层厚度为 65 Å，并且随支化含量的增加而显著降低，当支化含量达到 4mol% ～ 5mol% 时，结晶层厚度仅为 40 Å，并且这种结晶层厚度的变化与支化链的种类无关。因为随支化含量的增加，相邻两个支化间的距离变短，因此结晶片层变薄。由于支链是在非晶区，所以支链的种类对结晶层的厚度基本上没有影响，但增加的非晶层的厚度降低了体系的结晶度。通过小角 X 射线散射分析，发现缓慢冷却结晶的支化聚乙烯的长周期与支化含量和支化种类基本无关[145]，乙烯和丁烯共聚物的电子衍射结果也证实了这个结论 [146]，考虑到结晶度随支化含量的增加而降低，这个结果进一步证实，支化聚乙烯的非晶层随着支化含量的增加而变厚，同时结晶层随支化含量的增加而降低，从而长周期保持不变。

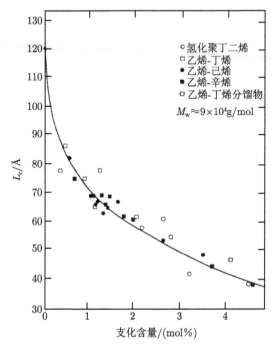

图 7.36　支化聚乙烯的结晶层厚度随支化含量的变化关系

对于一个确定结晶结构的体系，晶格的大小与结晶层的厚度密切相关，当结晶层厚度降低时，晶格在 a 和 b 方向将发生膨胀，这是因为薄的片晶在界面上会产生一个较大的应力，使得晶格在 a 和 b 方向上产生应变而增大，通过线性聚乙烯单晶厚度的研究发现，在单晶中晶胞参数在 a 和 b 方向上随片晶厚度的降低而增大 [147]。对于支化聚乙烯来说，随支化度的增加，支链间的距离降低，因此在相同结晶条件下结晶片层的厚度降低而导致晶格膨胀 [148]。

7.4.4　支化聚乙烯基于结晶特性的分级

与线性聚乙烯相比，支化聚乙烯的分子结构比较复杂，除分子量分布外，支化长度、支化含量和支化分布等因素均影响着材料的性质 [149-152]，而所有合成的支化聚乙烯样品都是分子量分布及支化分布不均一的，因此，为了更好地研究支化聚乙烯结构和性质的关系，获得分子量及支化含量均匀的样品是非常重要的。尽管支化长度可以在聚合过程中选用均相的共聚单体来实现，如乙烯与 α-己烯在茂金属催化剂的作用下，可以得到丁基支化的支化聚乙烯，然而支化含量和支化分布在聚合过程中是无法精确控制的两个因素，因此必须对产品进行分级。

目前烯烃分级的方法主要有升温洗提分级 [153]、溶剂梯度分级和 DSC 热分级等多种方法 [154,155]。升温洗提分级是根据共聚物在溶液中不同的结晶能力来实现的，它能够给出共聚单体在分子链上的分布情况。由于支化聚乙烯的结晶能力依赖于支化含量，支化含量低的样品在较高的温度下就能结晶，而支化含量高的样品需要在很低的温度下才能结晶，因此在相对较慢的冷却速率下，随着溶液温度的缓慢降低，支化含量低的级分首先从溶液中结晶出来，而支化含量高的级分仍然保留在溶液中，从而达到分离的目的。但这种分级方法的缺陷是分级后的样品纯度较低。溶剂梯度分级是根据不同分子量的级分在溶液中的溶解度不同而对样品实行分子量分级。DSC 热分级与升温洗提分级的原理是相似的，它是基于可结晶性链段在熔体中的重组织和重结晶行为具有温度依赖性的相分离过程。因为 DSC 熔化曲线反映了晶体中不同片晶厚度的熔融，而不同的支化分布会产生不同的片晶厚度，因此当混合的支化样品缓慢升温或从熔体中缓慢地冷却时，不同的支化含量的级分在 DSC 曲线上就表现出不同的熔融或结晶峰。但是这种热分级方法的缺点是它只能反映分子内及分子间的链结构均匀性，但不能达到物理上的分离。近年来，人们在表征共聚物链结构时通常将溶剂梯度分级和升温洗提分级两种方法结合使用，称为交叉分级，通过交叉分级的方法能够获得分子量和支化含量都较为均一的级分，从而既能提高样品的纯度又能达到分离的目的。

尽管烯烃分级的方法很多，但对支化聚乙烯来说，目前的分级方法还仍然不够完善，突出表现为不能得到支化分布完全均匀的支化聚乙烯样品。对于分级后的样品，每一个主链上的支链数是不完全相同的，同时同一个主链上支链的分布也是不均匀的，即支链间的距离不同，因此我们所说的支化含量的大小仅代表一种平均值，而不是样品分子的支化含量的实际体现。

参 考 文 献

[1] Organ S J, Keller A. Solution crystallization of polyethylene at high temperatures. Journal of Materials Science, 1985, 20(5): 1571-1585.

[2] Organ S J, Keller A. Fast growth rates of polyethylene single crystals grown at high temperatures and their relevance to crystallization theories. Journal of Polymer Science, Part B: Polymer Physics, 1986, 24(10): 2319-2335.

[3] Keller A. The morphology of crystalline polymers. Macromolecular Chemistry and Physics, 1959, 34(1): 1-28.

[4] Wittmann J C, Lotz B. Polymer decoration: The orientation of polymer folds as revealed by the crystallization of polymer vapors. Journal of Polymer Science, Part B: Polymer Physics, 1985, 23(1): 205-226.

[5] Keller A. A note on single crystals in polymers: Evidence for a folded chain configuration. Philosophical Magazine, 1957, 2(21): 1171-1175.

[6] Keller A. Chain-folded crystallization of polymers from discovery to present day: A personalized journey. Sir Charles Frank, OBE, FRS: An eightieth birthday tribute. Adam Hilger, Bristol, 1991: 265.

[7] Blundell D J, Keller A, Kovacs A J. A new self-nucleation phenomenon and its application to the growing of polymer crystals from solution. Journal of Polymer Science, Part C: Polymer Letters, 1966, 4(7): 481-486.

[8] Sadler D M. Roughness of growth faces of polymer crystals: Evidence from morphology and implications for growth mechanisms and types of folding. Polymer, 1983, 24(11): 1401-1409.

[9] Passaglia E, Khoury F. Crystal growth kinetics and the lateral habits of polyethylene crystals. Polymer, 1984, 25(5): 631-644.

[10] Hoffman J D, Davis G T, Lauritzen J I. The Rate of Crystallization of Linear Polymers with chain folding//Treatise on Solid State Chemistry. Boston: Springer US, 1976: 497-614.

[11] Patil R, Reneker D H. Molecular folds in polyethylene observed by atomic force microscopy. Polymer, 1994, 35(9): 1909-1914.

[12] Bassett D C. Principles of polymer morphology. Cambridge: Cambridge University Press, 1981.

[13] Hoffman J D, Frolen L J, Ross G S, Lauritzen J I. Growth-rate of spherulites and axialites from melt in polyethylene fractions-regime-1 and regime-2 crystallization. Journal of Research of the National Bureau of Standards Section A—Physics and Chemistry, 1975, 79(6): 671-699.

[14] Hoffman J D, Miller R L. Surface nucleation theory for chain-folded systems with lattice strain: Curved edges. Macromolecules, 1989, 22(7): 3038-3054.

[15] Sadler D M. Roughness of growth faces of polymer crystals: Evidence from morphology and implications for growth mechanisms and types of folding. Polymer, 1983, 24(11): 1401-1409.

[16] Sadler D M, Gilmer G H. A model for chain folding in polymer crystals: Rough growth faces are consistent with the observed growth rates. Polymer, 1984, 25(10): 1446-1452.

[17] Toda A. Growth mode and curved lateral habits of polyethylene single crystals. Faraday Discussions, 1993, 95: 129-143.

[18] 颜德岳. 聚乙烯单晶弧形边的成在. 科学通报, 1998, 43(5): 495-497.

[19] Jackson K A. Crystal Growth. Oxford: Dergamon Press, 1967: 17.

[20] Toda A. Rounded lateral habits of polyethylene single crystals. Polymer, 1991, 32(5): 771-780.

[21] Hoffman J D, Guttman C M, DiMarzio E A. On the problem of crystallization of polymers from the melt with chain folding. Faraday Discussions of the Chemical Society, 1979, 68: 177-197.

[22] Klein J, Ball R. Kinetic and topological limits on melt crystallisation in polyethylene. Faraday Discussions of the Chemical Society, 1979, 68: 198-209.

[23] Bassett D C, Hodge A M, Olley R H. Lamellar morphologies in melt-crystallized polyethylene. Faraday Discussions of the Chemical Society, 1979, 68: 218-224.

[24] Barham P J, Chivers R A, Jarvis D A, Martinez-Salazar J, Keller A. A new look at the crystallization of polyethylene. I. The initial fold length of melt-crystallized material. Journal of Polymer Science, Part C: Polymer Letters, 1981, 19(11): 539-547.

[25] Chivers R A, Barham P J, Martinez-Salazar J, Keller A. A new look at the crystallization of polyethylene. II. Crystallization from the melt at low supercoolings. Journal of Polymer Science, Part B: Polymer Physics, 1982, 20(9): 1717-1732.

[26] Barham P J, Jarvis D A, Keller A. A new look at the crystallization of polyethylene. III. Crystallization from the melt at high supercoolings. Journal of Polymer Science, Part B: Polymer Physics, 1982, 20(9): 1733-1748.

[27] Bassett D C, Hodge A M. On lamellar organization in banded spherulites of polyethylene. Polymer, 1978, 19(4): 469-472.

[28] Wunderlich B. Macromolecular Physics. Vol. 2. Crystal Nucleation, Growth, Annealing. Vol. 3. Crystal Melting. New York: Academic Press, 1976.

[29] Toda A. Growth of polyethylene single crystals from the melt: change in lateral habit and regime I - II transition. Colloid and Polymer Science, 1992, 270(7): 667-681.

[30] Toda A. Growth of polyethylene single crystals from the melt: Change in lateral habit and regime I - II transition. Colloid and Polymer Science, 1993, 271(7): 328-342.

[31] Chiu F C, Fu Q, Leland M, Cheng S Z D, Hsieh E T, Tso C C, Hsiao B S. Melt crystalfization and crystal morphology of two low molecular weight linear polyethylene fractions. Journal of Macromolecular Science, Part B: Physics, 1997, 36(5): 553-567.

[32] Keith H D, Padden F J. Twisting orientation and the role of transient states in polymer crystallization. Polymer, 1984, 25(1): 28-42.

[33] Bunn C W, Daubeny R P. The polarizabilities of carbon—carbon bonds. Transactions of the Faraday Society, 1954, 50: 1173-1177.

[34] Keller A. Investigations on banded spherulites. Journal of Polymer Science, Part A: Polymer Chemistry, 1959, 39(135): 151-173.

[35] Keller A. The spherulitic structure of crystalline polymers. Part I. Investigations with the polarizing microscope. Journal of Polymer Science, Part A: Polymer Chemistry, 1955, 17(84): 291-308.

[36] Lustiger A, Lotz B, Duff T S. The morphology of the spherulitic surface in polyethylene. Journal of Polymer Science, Part B: Polymer Physics, 1989, 27(3): 561-579.

[37] Janimak J J, Markey L, Stevens G C. Spherulitic banding in metallocene catalysed polyethylene spherulites. Polymer, 2001, 42(10): 4675-4685.

[38] Sasaki S, Sakaki Y, Takahara A, Kajiyama T. Microscopic lamellar organization in high-density polyethylene banded spherulites studied by scanning probe microscopy. Polymer, 2002, 43(12): 3441-3446.

[39] Trifonova D, Drouillon P, Ghanem A, Vancso G J. Morphology of extruded high-density polyethylene pipes studied by atomic force microscopy. Journal of Applied Polymer Science, 1997, 66(3): 515-523.

[40] Keller A. The spherulitic structure of crystalline polymers. Part II. The problem of molecular orientation in polymer spherulites. Journal of Polymer Science, Part A: Polymer Chemistry, 1955, 17(85): 351-364.

[41] Tobolsky A V, Mark H F. Polymer Science and Materials. New York: John Wiley & Sons, 1971.

[42] Keith H D, Padden F J. The optical behavior of spherulites in crystalline polymers. Part I. Calculation of theoretical extinction patterns in spherulites with twisting crystalline orientation. Journal of Polymer Science, Part A: Polymer Chemistry, 1959, 39(135): 101-122.

[43] Padden Jr F J, Keith H D. Spherulitic crystallization in polypropylene. Journal of Applied Physics, 1959, 30(10): 1479-1484.

[44] Keith H D, Padden F J. A discussion of spherulitic crystallization and spherulitic morphology in high polymers. Polymer, 1986, 27(9): 1463-1471.

[45] Keith H D, Padden Jr F J, Lotz B, Wittmann J. C. Asymmetries of habit in polyethylene crystals grown from the melt. Macromolecules, 1989, 22(5): 2230-2238.

[46] Keith H D, Padden F J. Banding in polyethylene and other spherulites. Macromolecules, 1996, 29(24): 7776-7786.

[47] Keith H D. Banding in spherulites: two recurring topics. Polymer, 2001, 42(25): 09987-09993.

[48] Keith H D. Optical behavior and polymorphism in poly(ethylene sebacate). 1. Morphology and optical properties. Macromolecules, 1982, 15(1): 114-122.

[49] Keith H D. Optical behavior and polymorphism in poly(ethylene sebacate). 2. Properties of the new polymorph. Macromolecules, 1982, 15(1): 122-126.

[50] Fujiwara Y. The superstructure of melt-crystallized polyethylene. I. Screwlike orientation of unit cell in polyethylene spherulites with periodic extinction rings. Journal of Applied Polymer Science, 1960, 4(10): 10-15.

[51] Rosenthal M, Bar G, Burghammer M, Lvanov D A. On the nature of chirality imparted to achiral polymers by the crystallization process. Angewandte Chemie International Edition, 2011, 50(38): 8881-8885.

[52] Low A, Vesely D, Allan P, Bevis M. An investigation of the microstructure and mechanical properties of high density polyethylene spherulites. Journal of Materials Science, 1978, 13(4): 711-721.

[53] Schultz J M, Kinloch D R. Transverse screw dislocations: A source of twist in crystalline polymer ribbons. Polymer, 1969, 10: 271-278.

[54] Olley R H, Bassett D C. An improved permanganic etchant for polyolefines. Polymer, 1982, 23(12): 1707-1710.

[55] Freedman A M, Bassett D C, Vaughan A S, Olley R H. On quantitative permanganic etching. Polymer, 1986, 27(8): 1163-1169.

[56] Bassett D C, Olley R H, Al Raheil I A M. On isolated lamellae of melt-crystallized polyethylene. Polymer, 1988, 29(9): 1539-1543.

[57] Bassett D C, Olley R H, Sutton S J, Vaughan A. On spherulitic growth in a monodisperse paraffin. Macromolecules, 1996, 29(5): 1852-1853.

[58] El Maaty M I A, Hosier I L, Bassett D C. A unified context for spherulitic growth in polymers. Macromolecules, 1998, 31(1): 153-157.

[59] El Maaty M I A, Bassett D C, Olley R H, Jääskeläinen P. On cellulation in polyethylene spherulites. Macromolecules, 1998, 31(22): 7800-7805.

[60] Amornsakchai T, Olley R H, Bassett D C, Al Hussein M O M, Unwin A P, Ward I M. On the influence of initial morphology on the internal structure of highly drawn polyethylene. Polymer, 2000, 41(23): 8291-8298.

[61] El Maaty M I A, Bassett D C. On pulsating growth rates in banded crystallization of polyethylene. Polymer, 2000, 41(26): 9169-9176.

[62] Amornsakchai T, Bassett D C, Olley R H, Unwin A P, Ward I M. Remnant morphologies in highly-drawn polyethylene after annealing. Polymer, 2001, 42(9): 4117-4126.

[63] El Maaty M I A, Bassett D C. On fold surface ordering and re-ordering during the crystallization of polyethylene from the melt. Polymer, 2001, 42(11): 4957-4963.

[64] El Maaty M I A, Bassett D C. On cellulation and banding during crystallization of a linear-low-density polyethylene from linear nuclei. Polymer, 2002, 43(24): 6541-6549.

[65] Bassett D C. Polymer spherulites: a modern assessment. Journal of Macromolecular Science, Part B, 2003, 42(2): 227-256.

[66] Patel D, Bassett D C. On the formation of S-profiled lamellae in polyethylene and the genesis of banded spherulites. Polymer, 2002, 43(13): 3795-3802.

[67] Toda A, Okamura M, Taguchi K, Hikosaka M, Kajioka H. Branching and higher order structure in banded polyethylene spherulites. Macromolecules, 2008, 41(7): 2484-2493.

[68] Toda A, Taguchi K, Kajioka H. Instability-driven branching of lamellar crystals in polyethylene spherulites. Macromolecules, 2008, 41(20): 7505-7512.

[69] Keith H D, Padden F J. Ringed spherulites in polyethylene. Journal of Polymer Science, Part A: Polymer Chemistry, 1958, 31(123): 415-421.

[70] Okabe Y, Kyu T, Saito H, Inoue T. Spiral crystal growth in blends of poly(vinylidene fluoride) and poly(vinyl acetate). Macromolecules, 1998, 31(17): 5823-5829.

[71] Kyu T, Chiu H W, Guenthner A J, Okabe Y, Saito H, Inoue T. Rhythmic growth of target and spiral spherulites of crystalline polymer blends. Physical Review Letters, 1999, 83(14): 2749.

[72] Duan Y, Jiang Y, Jiang S, Li L, Yan S, Schultz J M. Depletion-induced nonbirefringent banding in thin isotactic polystyrene thin films. Macromolecules, 2004, 37(24): 9283-9286.

[73] Duan Y, Zhang Y, Yan S, Schultz J M. In situ AFM study of the growth of banded hedritic structures in thin films of isotactic polystyrene. Polymer, 2005, 46(21): 9015-9021.

[74] Wang Z, Hu Z, Chen Y, Gong Y, Huang H, He T. Rhythmic growth-induced concentric ring-banded structures in poly(ϵ-caprolactone) solution-casting films obtained at the slow solvent evaporation rate. Macromolecules, 2007, 40(12): 4381-4385.

[75] Wang Z, Alfonso G C, Hu Z, Zhang J, He T. Rhythmic growth-induced ring-banded spherulites with radial periodic variation of thicknesses grown from poly(ϵ-caprolactone) solution with constant concentration. Macromolecules, 2008, 41(20): 7584-7595.

[76] Li Y, Huang H, Wang Z, He T. Tuning radial lamellar packing and orientation into diverse ring-banded spherulites: Effects of structural feature and crystallization condition. Macromolecules, 2014, 47(5): 1783-1792.

[77] Li Y, Huang H, He T, Wang Z. Rhythmic growth combined with lamellar twisting induces poly(ethylene adipate) nested ring-banded structures. ACS Macro Letters, 2011, 1(1): 154-158.

[78] Li Y, Huang H, He T, Wang Z. Coupling between crystallization and evaporation dynamics: Periodically nonlinear growth into concentric ringed spherulites. Polymer, 2013, 54(24): 6628-6635.

[79] Li Y, Wu L, He C, Wang Z. Strong enhancement of the twisting frequency of achiral orthorhombic lamellae in poly(ϵ-caprolactone) banded spherulites via evaporative crystallization. CrystEngComm, 2017, 19(8): 1210-1219.

[80] Li Y, Wang Z, He T. Morphological control of polymer spherulites via manipulating radial lamellar organization upon evaporative crystallization: A mini review. Crystals, 2017, 7(4): 115.

[81] Pennings A J, Kiel A M. Fractionation of polymers by crystallization from solution, III. On the morphology of fibrillar polyethylene crystals grown in solution. Colloid & Polymer Science, 1965, 205(2): 160-162.

[82] Kawai T, Matsumoto T, Kato M, Maeda H. Crystallization of polyethylene in steady-state flow. Colloid & Polymer Science, 1968, 222(1): 1-10.

[83] Pennings A J, van der Mark I, Booji H C. Hydrodynamically induced crystallization of

polymers from solution. Kolloid-Zeitschrift und Zeitschrift für Polymere, 1970, 236 (2): 99-111.

[84] Pennings A J. Bundle-like nucleation and longitudinal growth of fibrillar polymer crystals from flowing solutions.//Journal of Polymer Science: Polymer Symposia. Wiley Subscription Services, Inc., A Wiley Company, 1977, 59(1): 55-86.

[85] Barham P J, Keller A. High-strength polyethylene fibres from solution and gel spinning. Journal of Materials Science, 1985, 20(7): 2281-2302.

[86] De Gennes P G. Coil-stretch transition of dilute flexible polymers under ultrahigh velocity gradients. The Journal of Chemical Physics, 1974, 60(12): 5030-5042.

[87] Keller A, Odell J A. The extensibility of macromolecules in solution: A new focus for macromolecular science. Colloid and Polymer Science, 1985, 263(3): 181-201.

[88] Keller A, Kolnaar H W H. Flow-induced orientation and structure formation. Materials Science and Technology, 1997, 18: 189-268.

[89] Somani R H, Yang L, Zhu L, Hsiao B S. Flow-induced shish-kebab precursor structures in entangled polymer melts. Polymer, 2005, 46(20): 8587-8623.

[90] Hsiao B S, Yang L, Somani R H, Avila Orta C A, Zhu L. Unexpected shish-kebab structure in a sheared polyethylene melt. Physical Review Letters, 2005, 94(11): 117802.

[91] Zuo F, Keum J K, Yang L, Somani R H, Hsiao B S. Thermal stability of shear-induced shish-kebab precursor structure from high molecular weight polyethylene chains. Macromolecules, 2006, 39(6): 2209-2218.

[92] Cui K, Ma Z, Wang Z, Ji Y, Liu D, Huang N, Chen L, Zhang W, Li L. Kinetic process of shish formation: from stretched network to stabilized nuclei. Macromolecules, 2015, 48(15): 5276-5285.

[93] Wang Z, Ma Z, Li L. Flow-induced crystallization of polymers: molecular and thermodynamic considerations. Macromolecules, 2016, 49(5): 1505-1517.

[94] Mykhaylyk O O, Fernyhough C M, Okura M, Fairclough J P A, Ryan A J, Graham R. Monodisperse macromolecules—A stepping stone to understanding industrial polymers. European Polymer Journal, 2011, 47(4): 447-464.

[95] Zhao B, Li X, Huang Y, Cong Y, Ma Z, Shao C, An H, Yan T, Li L. Inducing crystallization of polymer through stretched network. Macromolecules, 2009, 42(5): 1428-1432.

[96] Patil N, Balzano L, Portale G, Rastogi S. A study on the chain-particle interaction and aspect ratio of nanoparticles on structure development of a linear polymer. Macromolecules, 2010, 43(16): 6749-6759.

[97] An M, Xu H, Lv Y, Duan T, Tian F, Hong L, Gu Q, Wang Z. Ultra-strong gel-spun ultra-high molecular weight polyethylene fibers filled with chitin nanocrystals. RSC Advances, 2016, 6(25): 20629-20636.

[98] An M, Xu H, Lv Y, Zhang L, Gu Q, Tian F, Wang Z. The influence of chitin nanocrystals on structural evolution of ultra-high molecular weight polyethylene/chitin nanocrystal

fibers in hot-drawing process. Chinese Journal of Polymer Science, 2016, 34(11): 1373-1385.

[99] Wunderlich B, Mielillo L. Morphology and growth of extended chain crystals of polyethylene. Macromolecular Chemistry and Physics, 1968, 118(1): 250-264.

[100] Rees D V, Bassett D C. Origin of extended-chain lamellae in polyethylene. Nature, 1968, 219(5152): 368-370.

[101] Hikosaka M. Unified theory of nucleation of folded-chain crystals and extended-chain crystals of linear-chain polymers. Polymer, 1987, 28(8): 1257-1264.

[102] Hikosaka M. Unified theory of nucleation of folded-chain crystals (FCCs) and extended-chain crystals (ECCs) of linear-chain polymers: 2. Origin of FCC and ECC. Polymer, 1990, 31(3): 458-468.

[103] 闵乃木. 晶体生长的物理基础. 上海：上海科学技术出版社, 1982.

[104] Di Corleto J A, Bassett D C. On circular crystals of polyethylene. Polymer, 1990, 31(10): 1971-1977.

[105] 胡文兵. 高分子结晶学原理. 北京：化学工业出版社, 2013.

[106] Chae H G, Kumar S. Materials science. Making strong fibers . Science, 2008, 319(5865): 908, 909.

[107] Smook J, Pennings A J. The effect of temperature and deformation rate on the hot-drawing behavior of porous high-molecular-weight polyethylene fibers . Journal of Applied Polymer Science, 1982, 27(6): 2209-2228.

[108] Krueger D, Yeh G S Y. Morphology of polyethylene microfibrils and "shish kebabs" . Journal of Macromolecular Science, Part B: Physics, 1972, 6(3): 431-450.

[109] Ohta Y, Murase H, Hashimoto T. Effects of spinning conditions on the mechanical properties of ultrahigh-molecular-weight polyethylene fibers. Journal of Polymer Science, Part B: Polymer Physics, 2005, 43(19): 2639-2652.

[110] Yeh J T, Lin S C, Tu C W, Hsie K U, Chang F C. Investigation of the drawing mechanism of UHMWPE fibers. Journal of Materials Science, 2008, 43(14): 4892-4900.

[111] Pennings A J, Smook J. Mechanical properties of ultra-high molecular weight polyethylene fibres in relation to structural changes and chain scissioning upon spinning and hot-drawing. Journal of Materials Science, 1984, 19(10): 3443-3450.

[112] Hoogsteen W, Pennings A J, Ten Brinke G. SAXS experiments on gel-spun polyethylene fibers. Colloid & Polymer Science, 1990, 268(3): 245-255.

[113] Litvinov V M, Xu J, Melian C, Demco D E, Möller M, Simmelink J. Morphology, chain dynamics, and domain sizes in highly drawn gel-spun ultrahigh molecular weight polyethylene fibers at the final stages of drawing by SAXS, WAXS, and 1H solid-state NMR. Macromolecules, 2011, 44(23): 9254-9266.

[114] Ohta Y, Murase H, Hashimoto T. Structural development of ultra-high strength polyethylene fibers: Transformation from kebabs to shishs through hot-drawing process of

gel-spun fibers. Journal of Polymer Science, Part B: Polymer Physics, 2010, 48(17): 1861-1872.

[115] Wang Z, An M, Xu H, Lv Y, Tian F, Gu Q. Structural evolution from shish-kebab to fibrillar crystals during hot-stretching process of gel spinning ultra-high molecular weight polyethylene fibers obtained from low concentration solution. Polymer, 2017, 120: 244-254..

[116] Busing W R. X-ray diffraction study of disorder in allied spectra-1000 polyethylene fibers. Macromolecules, 1990, 23(21): 4608-4610.

[117] Satcurada I, Ito T, Nakamae K. Elastic moduli of the crystal lattices of polymers.// Journal of Polymer Science: Polymer Symposia. Wiley Subscription Services, Inc., A Wiley Company, 1967, 15(1): 75-91.

[118] Mizushima S, Simanouti T. Raman frequencies of n-paraffin molecules. Journal of the American Chemical Society, 1949, 71(4): 1320-1324.

[119] Schaufele R F, Shimanouchi T. Longitudinal acoustical vibrations of finite polymethylene chains. The Journal of Chemical Physics, 1967, 47(9): 3605-3610.

[120] Davis G T, Eby R K, Colson J P. Thermal expansion of polyethylene unit cell: effect of lamella thickness. Journal of Applied Physics, 1970, 41(11): 4316-4326.

[121] Khoury F. Organization of macromolecules in the condensed phase-general discusion. Faraday Discuss. Chem. Soc., 1979, 68: 404-406.

[122] Liu J, Xie F, Du B, Zhang F, Fu Q, He T. Lateral habits of single crystals of metallocene-catalyzed low molecular weight short chain branched polyethylene from the melt. Polymer, 2000, 41(24): 8573-8577.

[123] Phillips P J. Polymer crystals. Reports on Progress in Physics, 1990, 53(5): 549.

[124] Seto T, Hara T, Tanaka K. Phase transformation and deformation processes in oriented polyethylene. Japanese Journal of Applied Physics, 1968, 7(1): 31-42.

[125] Bassett D C, Turner B. On chain-extended and chainfolded crystallization of polyethylene. Philosophical Magazine, 1974, 29(2): 285-307.

[126] Bassett D C, Turner B. On the phenomenology of chain-extended crystallization in polyethylene. Philosophical Magazine, 1974, 29(4): 925-956.

[127] Hikosaka M, Rastogi S, Keller A, Kawabata H. Investigations on the crystallization of polyethylene under high pressure: role of mobile phases, lamellar thickening growth, phase transformations, and morphology. Journal of Macromolecular Science, Part B: Physics, 1992, 31(1): 87-131.

[128] Olley R H, Hodge A M, Bassett D C. A permanganic etchant for polyolefines. Journal of Polymer Science, Part B: Polymer Physics, 1979, 17(4): 627-643.

[129] Rees D V, Bassett D C. Crystallization of polyethylene at elevated pressures. Journal of Polymer Science, Part B: Polymer Physics, 1971, 9(3): 385-406.

[130] Bassett D C, Block S, Piermarini G J. A high-pressure phase of polyethylene and chain-extended growth. Journal of Applied Physics, 1974, 45(10): 4146-4150.

[131] Yasuniwa M, Enoshita R, Takemura T. X-ray studies of polyethylene under high pressure. Japanese Journal of Applied Physics, 1976, 15(8): 1421-1428.

[132] Hikosaka M, Tamaki S. Growth of bulky extended chain single crystals of polyethylene. Journal of the Physical Society of Japan, 1981, 50(2): 638-641.

[133] Minick J, Moet A, Hiltner A, Baer E, Chum S. Crystallization of very low density copolymers of ethylene with α-olefins. Journal of Applied Polymer Science, 1995, 58(8): 1371-1384.

[134] Bensason S, Minick J, Moet A, Chum S, Hiltner A, Baer E. Classification of homogeneous ethylene-octene copolymers based on comonomer content. Journal of Polymer Science, Part B: Polymer Physics, 1996, 34(7): 1301-1315.

[135] Strobl G R, Engelke T, Maderek E, Urban G. On the kinetics of isothermal crystallization of branched polyethylene. Polymer, 1983, 24(12): 1585-1589.

[136] Liu J, Zhang F, He T. Observation of twisting growth of branched polyethylene single crystals formed from the melt. Macromolecular Rapid Communications, 2001, 22(16): 1340-1343.

[137] Nozue Y, Kawashima Y, Seno S, Nagamatsu T, Hosoda S, Berda E B, Rojas G, Baughman T W, Wagener K B. Unusual crystallization behavior of polyethylene having precisely spaced branches. Macromolecules, 2011, 44(11): 4030-4034.

[138] Alamo R G, Mandelkern L. The crystallization behavior of random copolymers of ethylene. Thermochimica Acta, 1994, 238: 155-201.

[139] Alizadeh A, Richardson L, Xu J, McCartney S, Marand H, Cheung Y W, Chum S. Influence of structural and topological constraints on the crystallization and melting behavior of polymers. 1. Ethylene/1-octene copolymers. Macromolecules, 1999, 32(19): 6221-6235.

[140] Alamo R, Domszy R, Mandelkern L. Thermodynamic and structural properties of copolymers of ethylene. The Journal of Physical Chemistry, 1984, 88(26): 6587-6595.

[141] Alamo R G, Mandelkern L. Thermodynamic and structural properties of ethylene copolymers. Macromolecules, 1989, 22(3): 1273-1277.

[142] Domszy R C, Alamo R, Mathieu P J M, Mandelkern L. The structure of copolymer crystals formed from dilute solution and in bulk. Journal of Polymer Science, Part B: Polymer Physics, 1984, 22(10): 1727-1744.

[143] Alamo R G, Chan E K M, Mandelkern L, Voigt Martin I G. Influence of molecular weight on the melting and phase structure of random copolymers of ethylene. Macromolecules, 1992, 25(24): 6381-6394.

[144] Domszy R C, Alamo R, Edwards C O, Mandelkern L. Thermoreversible gelation and crystallization of homopolymers and copolymers. Macromolecules, 1986, 19(2): 310-325.

[145] Howard P R, Crist B. Unit cell dimensions in model ethylene-butene-1 copolymers. Journal of Polymer Science, Part B: Polymer Physics, 1989, 27(11): 2269-2282.

[146] Voigt-Martin I G, Alamo R, Mandelkern L. A quantitative electron microscopic study of the crystalline structure of ethylene copolymers. Journal of Polymer Science, Part B: Polymer Physics, 1986, 24(6): 1283-1302.

[147] Davis G T, Weeks J J, Martin G M, Eby R K. Cell dimensions of hydrocarbon crystals: Surface effects. Journal of Applied Physics, 1974, 45(10): 4175-4181.

[148] Alamo R, Domszy R, Mandelkern L. Thermodynamic and structural properties of copolymers of ethylene. The Journal of Physical Chemistry, 1984, 88(26): 6587-6595.

[149] Androsch R, Wunderlich B. A study of annealing of poly(ethylene-co-octene) by temperature-modulated and standard differential scanning calorimetry. Macromolecules, 1999, 32(21): 7238-7247.

[150] Jurkiewicz A, Eilerts N W, Hsieh E T. ^{13}C NMR characterization of short chain branches of nickel catalyzed polyethylene. Macromolecules, 1999, 32(17): 5471-5476.

[151] Peeters M, Goderis B, Reynaers H, Mathot V. Morphology of homogeneous copolymers of ethylene and 1-octene. II. Structural changes on annealing. Journal of Polymer Science, Part B: Polymer Physics, 1999, 35(1): 2689-2713.

[152] Peeters M, Goderis B, Reynaers H, Mathot V B F. Morphology of homogeneous copolymers of ethylene and 1-octene. II. Structural changes on annealing. Journal of Polymer Science, Part B: Polymer Physics, 1999, 37(1): 83-100.

[153] Wolf B, Kenig S, Klopstock J, Miltz J. Thermal fractionation and identification of low-density polyethylenes. Journal of Applied Polymer Science, 1996, 62(9): 1339-1345.

[154] Hsieh E T, Tso C C, Byers J D, Johnson T W, Fu Q, Cheng S Z D. Intermolecular structural homogeneity of Intermolecular structural homogeneity of metallocene polyethylene copolymers. Journal of Macromolecular Science, Part B: Physics, 1997, 36(5): 615-628.

[155] Fu Q, Chiu F C, McCreight K W, Guo M, Tseng W W, Cheng S Z D, Keating M Y, Hsieh E T, DesLauriers P J. Effects of the phase-separated melt on crystallization behavior and morphology in short chain branched metallocene polyethylenes. Journal of Macromolecular Science, Part B: Physics, 1997, 36(1): 41-60.

第8章 聚丙烯结晶结构调控及结晶动力学

罗宝晶 蒋世春

高分子材料是目前应用最为广泛的材料,其中超过 2/3 的种类可以结晶。由于高分子具有很长的线型结构,使得构象熵在结晶过程中占据不可忽视的作用。作为一个从无序到有序的过程,与小分子结晶不同,高分子在结晶过程中不仅需要形成周期性的空间结构 (空间有序性),而且分子链处于基态的螺旋构象需要沿择优方向取向 (取向有序性)。这两种有序性缺一不可:只有空间有序性,而没有取向有序性,就会形成塑晶;反之,只有取向有序性,而缺少空间有序性,则体系就会处于液晶状态 [1]。高分子由于其内部高度缠绕并且相互贯通的高分子链段,很难实现彻底的有序结晶过程,而只能得到部分结晶的结构,因此通常称为半结晶高分子。

在 1950 年以前,聚丙烯 (PP) 是一种支化的低分子量的重油,被认为是一种不可能聚合为高分子量且无法结晶的无用物。随着 20 世纪 50 年代中期 Ziegler-Natta 催化剂的问世,PP 的立构规整性聚合及结晶得以实现,并于 1958 年实现商品化生产,是目前仅次于聚乙烯的第二大合成树脂。丙烯单体通过 Ziegler-Natta 催化剂定向聚合得到的聚丙烯,是一种最简单的具有侧链结构的线型高分子。按照甲基在分子主链上的排列位置分为等规聚丙烯 (isotactic polypropylene,iPP)、间规聚丙烯 (syndiotactic polypropylene,sPP) 和无规聚丙烯 (atactic polypropylene,aPP)。一般生产的聚丙烯树脂中,等规结构的含量为 95%,其余为无规或间规聚丙烯。

iPP 是一种同质多晶型的结晶高分子,从熔体或溶液中结晶时,根据结晶条件的不同可以形成 α 型、β 型、γ 型以及近晶型 [2]。在外力场作用下,iPP 结晶表现出丰富的实验现象,例如在外力作用下会表现出多态性、不同形貌以及选择性取向,因而研究者们经常会选择 iPP 作为模型研究结晶高分子结构和性能之间的关系。

8.1 iPP 常见晶型的结晶结构

高分子的结晶结构形成在很大程度上受动力学影响,在不同的加工条件下,iPP 可以形成单斜晶系的 α 型晶相、三角晶系的 β 型晶相、斜方晶系的 γ 型晶相以及近晶型 (有时被称为构象无序相 [3])[4,5]。α 型晶相是最稳定的结晶结构,在通常条件下,商品用等规聚丙烯大都为 α 型晶相 [6]。Padden 和 Keith[7] 最早发现 β-iPP 晶相,这种晶相只能在特定条件下形成,例如:对 iPP 熔体施加流场作用 [8,9],添

加 β 成核剂 [10,11]，或者在温度梯度下结晶 [12]。γ 型晶相和近晶型形成的条件较为严苛：前者通常在分子链存在缺陷或者在高压条件下结晶才可以形成，具有特殊的非平行链排列结构；而近晶型则是 iPP 在淬火或者室温拉伸 α 晶相时形成的，其有序性介于非晶和结晶之间。不同晶型的 iPP 结晶均采用 3_1 螺旋构象的分子链排列，具有相同的重复周期 0.65 nm，但是晶胞对称性、分子链间堆砌和手性排列的有序性不同，例如：β-iPP 晶胞包含 100% 左旋或 100% 右旋的分子链螺旋，α-iPP 晶胞中左右手性螺旋比例相等且交替排列。由于后两种晶型在一般条件下很难形成且含量极低，因此在研究中一般将其忽略不计。

8.1.1 iPP 常见晶型

iPP 是线型烯烃类高分子，规则的链结构使其具有高度的结晶能力。等规聚丙烯在溶液或熔体中可以形成稳定的螺旋构象 (TGTG)，并且在结晶内部也是以螺旋状构象存在 [13]，如图 8.1 所示。由于丙烯单体具有不对称的甲基，使得 iPP 单体链节分为 d 型和 l 型，另一方面，iPP 主链 C—C 键的分子内旋转具有左旋和右旋两种方式，因此 iPP 可以形成四种不同的螺旋构象，如图 8.2 所示。四种螺旋构象均有可能在 α 晶胞中出现，这使得 α-iPP 结晶内的无序性 (熵) 增加。α-iPP 属于单斜晶系，每个晶胞中有 4 个 3_1 螺旋链，晶胞参数为 $a = 0.666$ nm，$b = 2.078$ nm，$c = 0.6495$ nm，$\beta = 99.62°$，$\alpha = \gamma = 90°$[14,15]。

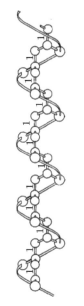 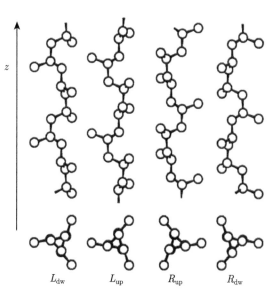

图 8.1　iPP 结晶内部螺旋分子　　图 8.2　结晶中 iPP 螺旋分子链结构示意图及
　　　　链的构象示意图 [13]　　　　　　　　　　c 轴方向投影图 [16]

　　α-iPP 是首先在等规聚丙烯中发现的晶型，相比其他晶型在热力学上更为稳定，最初由 Natta 和 Corradini[13] 标定为 C2/c 空间群 (实际对应 α₁-晶型)。研究发现高过冷度利于形成 α₁-晶型的结构排列，其 "向上" 和 "向下" 链取向 (侧甲基指向) 的排列是统计无序的 (图 8.3(a))；在低过冷度或高温退火条件下，"向上" 和 "向下" 链取向排列存在特定的有序性 (图 8.3(b))，形成结构更为规整的 α₂-晶型 (P2₁/c 空间群)；从堆砌能的角度考虑，P2₁/c 空间群 (α₂-晶型) 排列在热力学上比 C2/c 空间群 (α₁-晶型) 略占优势，这两种有限对称结构之间的转变需要分子链构象的大规模调整，研究证明加热熔融过程的某些形式可以推动 α₁-晶型向 α₂-晶型的转变 [17]。尽管链取向排列存在差异，但是两种 α 晶胞中的螺旋分子链均为左右手性交替排列，如图 8.3 所示。

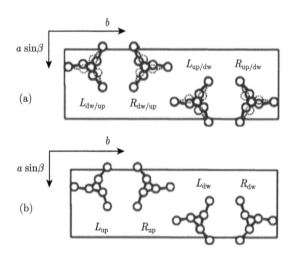

图 8.3　(a)α₁-晶型与 (b)α₂-晶型内部 iPP 分子链螺旋构象有序性示意图 [16]

　　亚稳态的 β-iPP 晶相在 1959 年被 Keith 等 [18] 首次观察到。与其他晶型相比，β-iPP 具有密度低、结晶速率快等特点，这说明 β-iPP 内部存在一定程度的无序性。由于 β-iPP 的热力学不稳定性 [15]，以及与 α 相和 γ 相同样具有重复周期为 6.5 Å 的 3₁ 螺旋链结构，虽然开展了大量相关的结晶衍射研究，却很难对 β-iPP 结晶结构进行表征。直到 1994 年，Meille 等对这一难题给出了解答 [19]。根据他们的研究，β-iPP 是较不规则的热力学亚稳态结构，具有三方或者六方晶胞，每个晶胞含有三个 3₁ 螺旋分子链，晶胞尺寸为 $a = b = 11.02$ Å，$c = 6.49$ Å。β-iPP 晶胞中的螺旋分子链手性相同 (100%左旋或 100%右旋)，只不过其中一条分子链在空间方向的取向与其他两条分子链不同 (图 8.4)[19]。分子链左旋区域与右旋区域相伴存在，不同的结晶区域螺旋特性不同而产生内部消旋 [20]。

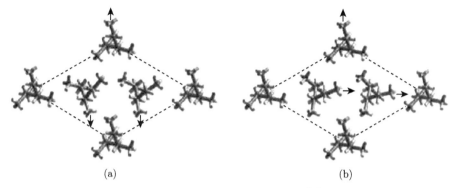

图 8.4 β-iPP 结晶结构示意图 [19]

正常结晶条件下，商业化齐格勒–纳塔均聚物中 γ 晶型的含量极少 [21]。γ-iPP 通常出现在立构规整性不高的聚丙烯产品中，因此在高压下结晶有利于 γ-iPP 的生成。在低分子量且等规度不太低的样品中也可以得到 γ-iPP，这是因为短链容易堆积得更紧密，特别是在 b 轴方向上 [22,23]。聚丙烯 γ 晶的密度高于 α 晶。α 晶和 γ 晶在生长模型方面是相似的，γ 晶可以看作是 α 晶的晶胞沿 a 轴方向剪切形成，但是，γ 晶不能像 β 晶那样通过形态观察与 α 晶区分开来。

有报道 [24] 指出，γ-iPP 为三斜晶系，晶胞参数为 $a = 0.654$ nm，$b = 2.14$ nm，$c = 0.650$ nm，$\alpha = 89°$，$\beta = 99.6°$，$\gamma = 99°$。在 α-iPP 和 γ-iPP 共存的晶体中，γ 晶的特征衍射峰 $2\theta = 19.8°$。利用 2θ 为 $19.87°$ 处的衍射强度与 2θ 为 $18.6°$(α 晶特有的衍射峰) 处的衍射强度之比，可以计算出混晶中 γ 晶的比例。

8.1.2 常见晶型间的晶型转变

由于 α-iPP 与 β-iPP 两种晶型的结晶结构都是通过 3_1 螺旋构象的分子链进行构建的，因此两者之间的生长转变在结构上是可行的。作为热塑性的树脂，iPP 在加工成型过程中一般都要经过注塑或挤出成型的工艺，加工过程中必然要受到剪切作用。分子链在流场中发生取向与构象的调整，不仅会影响最终的结晶形貌，如形成串晶 (shish-kebabs) 结构 [25]，而且会导致结晶晶型的变化。

Varga[26] 通过拉动纤维的方法对流场条件下 iPP 的结晶结构和形貌进行了系统的研究，发现以纤维为中心轴，形成了 α-iPP 柱状晶，在远离纤维的熔体中，分子链受剪切作用的影响小，结晶仍然会形成各向同性的球晶，从而形成由 α 柱状晶向熔体发展的过渡形貌。Varga 阐述了过渡形貌与结晶条件之间的关系，如图 8.5(a) 所示。通过相对生长速率 $V_r(= V_s/V_c)$ 这一物理量来判断过渡前后的晶型与过渡界面的形状之间的关系，其中 V_c 和 V_s 分别为过渡前 (柱状晶) 和过渡后 (球晶) 晶相的生长速率。图 8.5(b)~(d) 是实验中观察到的不同结晶条件下的几种过渡形貌。值得注意的是，只有满足 $V_r > 1$，"新晶相" 才能摆脱 "旧晶相" 的包覆，发展成为稳定的结晶结构。

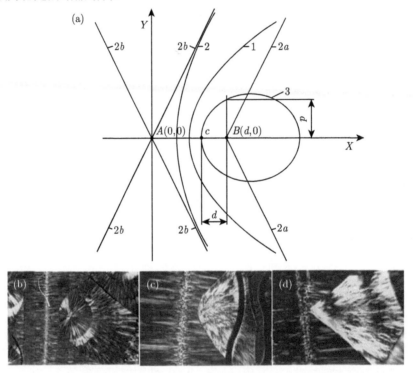

图 8.5　(a) 不同柱状晶–球晶界线 ("球–柱" 界线) 示意图；(b) 抛物线型 "球–柱" 界线；
(c) 双曲线型 "球–柱" 界线；(d) 直线型 "球–柱" 界线 [26]

iPP 的 β 晶型与 α 晶型生长速率随温度的变化如图 8.6 所示。Lotz[27] 和
Varga[28] 分别通过实验发现低临界转变温度 $T_{\alpha\beta} \approx 100\sim105$ ℃和高临界转变温度
$T_{\beta\alpha} \approx 141$ ℃。在该温度范围内 β-iPP 的结晶速率高于 α-iPP 的结晶速率，使得结晶
过程中 α-iPP 向 β-iPP 的过渡生长得以实现 [8,27]，并且被认为是剪切诱导 β-iPP
形成的机理。由于 β-iPP 在冲击强度、断裂伸长率、韧性和延展性等性能上优于
α-iPP，因此提高聚丙烯结晶过程中 β 晶型的含量有利于平衡制品的韧性，弥补 α
晶型聚丙烯对缺口敏感和冲击性能差等缺点。

高温退火 [29,30] 或在拉伸、压缩、冲击等外力作用下产生的形变 [31] 都会导致
β-iPP 转变为 α-iPP。高温退火引起的 β 相向 α 相的转变被认为是样品完成第一
次结晶并降至低温后 (一般都小于低临界转变温度 $T_{\alpha\beta} \approx 100\sim105$ ℃)，在 β 球晶
内部或球晶边缘会产生 α 晶核，在随后的升温过程中，热稳定低的 β 晶相部分熔
融，并在新形成的 α 晶核诱导作用下重结晶形成 α-iPP。外力作用下产生的 β 相
向 α 相转变被认为是 β 聚丙烯增韧的主要原因，其机理目前仍存在争议。一种机

理是熔融–再结晶理论,即 β 相熔融后分子链再结晶形成热稳定性高的 α-iPP。该理论对 β 相熔融的过程又存在两种主要观点:①外力诱导形变的过程中部分机械能转化为热能,使得热稳定性低的 β-iPP 发生熔融;②外力作用下晶片发生滑移、扭曲、瓦解,并最终熔融。第二种机理是固–固转化,与熔融–再结晶理论不同,这种观点认为 β-iPP 向 α-iPP 转变可以通过 β 晶内部晶面的滑移实现,不需要通过 β 晶相的熔融。

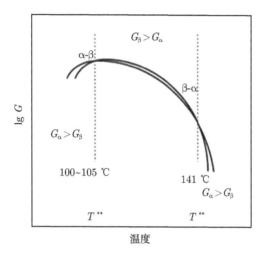

图 8.6 α-iPP 与 β-iPP 结晶生长速率随结晶温度变化的示意图 [14]

与小分子化合物结晶过程不同,高分子结晶必须同时满足分子链内和分子链间的有序化 [16,32,33]。分子链的螺旋手性在结晶结构中无法反转,因此,作为一种手性但外消旋的高分子,iPP 螺旋链形成不同手性排列的结晶结构时,必然伴随着构象的重排和有序化。高分子结晶过程一直存在争议。因此,从结晶过程中分子链构象调整理解高分子结晶过程具有创新意义。

8.2 剪切条件下 iPP 的结晶行为

高分子材料通常是在流体状态下进行成型加工的,如注塑成型、吹模或纺丝,高分子流体在冷却固化之前不可避免地会受到剪切流场的作用。高分子材料的最终结构主要取决于化学结构和热力学及动力学过程,在高分子加工过程中由于动力学作用而影响结构形成,并导致材料性能的变化。研究发现,即使给高分子熔体施加一个很小的剪切力,也将改变结晶高分子的结晶行为,并最终导致产品结构和性能的变化。近年来,随着表征技术方面的进步,剪切诱导结晶受到了许多研究团队的关注,如 Azzurri[34],Hsiao[35-37],Janeschitz-Kriegl[38] 等。

　　剪切诱导高分子结晶是高分子加工中包括挤出、注塑、吹塑等无法回避的影响因素。流体中分子链在外界流场的作用下，可以发生构象转变、取向、松弛等动态力学行为，从而影响结晶高分子的结晶动力学、结晶形貌和结晶结构等 [11,39-41]。大量研究表明，与静态结晶相比，剪切可以加速结晶过程、改变结晶形貌和结晶结构等，例如，从各向同性的球晶结构变为取向的 "shish-kebabs" 结构 [42-47]。高分子材料的宏观性能取决于微观结晶结构，因此考察剪切对高分子结晶结构的影响，有助于产品性能的优化 [48-50]。

8.2.1　剪切诱导 β-iPP 结晶

　　一般情况下，iPP 结晶形成稳定的 α 型结晶，在剪切或拉伸等流场作用下可以形成稳定性稍差的 β 型结晶 [8,9,51]。目前为止，国内外对剪切诱导 iPP 结晶的结晶动力学和结晶结构发展有广泛而深入的研究 [26,52-57]。研究表明，对 iPP 熔体施加剪切流场有助于 β 晶型的产生，但是对剪切诱导 β-iPP 结晶的机理始终没有统一的结论 [8,58]。

　　Varga 等通过研究 [8,9,26,28,51,58-62] 认为流场作用下取向的 α-排核诱导形成 β-iPP。他们提出的 "αβ 二次成核模型"(αβ secondary nucleation model)[9,26] 被普遍用来解释剪切诱导 β-iPP 的结晶机理。该机理认为剪切可以诱导 iPP 熔体中分子链沿流场方向取向伸展形成 α-排核 (α-row nuclei)，α-排核表面为 β 晶提供成核点，在适合 β 晶生长的温度条件下 (100~141 ℃)，即 β 晶生长速率大于 α 晶生长速率时，发生 α 晶相向 β 晶相的过渡生长，在 α-排核的表面产生 αβ 分叉形貌 (αβ-bifurcation)[8,9,26,52,53]，如图 8.7 所示。Somani 等 [48,63] 通过原位 WAXS 和 SAXS 手段对剪切条件下 iPP 熔体的结晶过程进行观察，发现取向的 α 结晶 (α-row nuclei) 在剪切停止后立刻出现，之后 β 晶在这些取向的 α 结晶上产生。这些实验结果成为流场中 α-排核诱导 β-iPP 这一观点的有力证据。

　　剪切流场可以改变分子链的取向、影响分子链间和分子链内的相互作用，从而影响高分子结晶结构 [64-66]。有研究结果表明，熔融剪切条件下缠结的高分子链会发生与稀溶液中相似的 "coil-stretch" 构象转变 [52]。稳态剪切研究表明完全结晶样品中取向结晶的含量及其取向程度随着剪切速率和剪切时间的增加而增大 [67]。同时 β-iPP 的含量随着取向结晶的增多而增加 [67]。这些结果表明 β-iPP 的形成与分子链的取向有关。闫寿科等 [52,68-70] 通过拉伸纤维诱导 iPP 熔体结晶，发现只有当分子链取向在某一范围时才可以诱导 β-iPP 产生。近年来，李良彬等 [71] 利用 SAXS、WAXS 和傅里叶转变红外光谱 (FTIR) 手段对剪切条件下 iPP 的结晶研究，发现剪切可以诱导 iPP 熔体中产生近晶有序性 (smectic ordering)。他们认为相对于具有严格的左右手性螺旋交替排列的 α-排核，β-iPP 更容易从熔体中的近晶有序区域中发展起来。

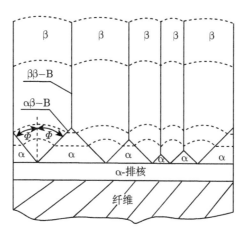

图 8.7　拉动纤维表面 α-排核诱导 β-iPP 结晶的柱状结构示意图 [52]

Phillips 等 [72] 认为是剪切诱导的介晶态点状晶核 (mesomorphic point-like nuclei)，而不是取向的 α 晶 (或 α-排核) 提供成核点。他们认为流场条件下 β-iPP 的形成过程如图 8.8 所示。李良彬等 [71] 对外场作用下高分子的凝聚态和有序无序转变进行了大量的研究，他们提出 β-iPP 结晶是由剪切诱导的近晶型分子链束引起的。从手性螺旋选择性 [73] 的角度出发，他们认为相对于 α-iPP 晶核中左右手性螺旋链严格的交替排列，这种近晶型分子链束中随机排列的手性螺旋更利于形成等手性的 β-iPP 晶核 (isochiral β-nuclei)。

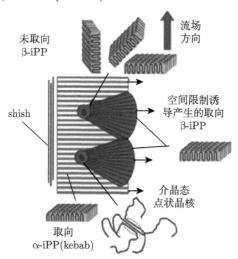

图 8.8　流场条件下 β-iPP 成核和生长过程示意图 [72]

高分子在稳态剪切条件下结晶时，剪切速率或剪切应力是最重要的影响因素 [39]。剪切促进了结晶动力学，Avrami 常数与剪切速率呈指数关系 [74]。另一方面，剪切应变 (对稳态剪切而言，相当于剪切时间) 对结晶动力学也有显著影响，剪切速率不变，增大剪切应变 (剪切时间) 可以促进结晶速率。剪切对高分子结晶诱导和生长两个过程均存在影响，但是一般认为流场中结晶速率的提高是因为结晶诱导时间或成核时间的缩短和结晶密度或成核密度的增加 [75,76]。晶核密度随着剪切速率或剪切时间 (剪切应变) 的增加而增加。剪切速率和剪切时间 (剪切应变) 对结晶动力学的影响表现出独立性。研究发现，短时间、高剪切速率对促进结晶动力学最为有效 [77]。

剪切不仅加快了结晶速率，同时也改变了高分子的结晶结构和结晶形貌。由于剪切条件下熔体中的分子链发生取向，结晶不再是规则的球晶形态，通常会形成 shish-kebabs 结构 [78,79]。通过拉动 iPP 熔体中的纤维同样可以引入剪切流场，此时以纤维为中心轴，会形成 α-iPP 柱状晶。在远离纤维的熔体中，分子链受剪切作用的影响小，因此结晶仍然会形成各向同性的球晶。由于分子链在流场中产生取向，从而导致取向结晶结构的产生。对 iPP 而言，在流场条件下通常会伴随着 β 晶的产生。

Hsiao 等 [48,80] 在稳态剪切诱导 iPP 结晶的研究中发现，β 晶的含量在剪切速率 57 s^{-1} 时达到最大的平台值。霍红等 [6] 对 iPP 剪切结晶样品中 α-iPP 和 β-iPP 含量随剪切速率的变化进行了研究，发现剪切速率对样品总结晶度没有明显影响，但 β 晶含量与剪切速率呈正相关性，并在 20 s^{-1} 达到最大值。与 Hsiao 等的实验结果不同，后者发现剪切速率继续增大，β-iPP 的含量反而有所下降。这一结果开始认为是高剪切速率导致过量的 α-排核形成，α 晶在 iPP 熔体内部迅速铺展从而抑制 β-iPP 的结晶过程。然而，我们通过 SAXS 对 iPP 结晶样品的取向度进行表征，发现 iPP 片晶的取向度在高剪切速率下反而减小 (图 8.9)，这一结果表明剪切速率过高时可能在剪切壁与熔体界面发生壁滑现象 [81]。

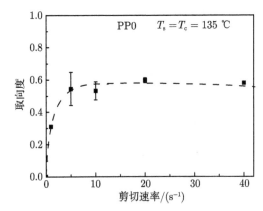

图 8.9　片晶取向度随剪切速率的变化 (剪切时间为 5 s)

图中 PP0 为所引用文献 [81] 中对纯 iPP 样品的编号

剪切条件下结晶结构的取向是剪切诱导分子链取向与剪切后分子链松弛综合作用的结果。因此,取向度可以作为衡量实际剪切效果的物理量。考察 β-iPP 含量随取向度的变化,可以揭示剪切作用诱导的分子链取向对 β-iPP 结晶的影响效果。从图 8.10 可以看出,β-iPP 含量与片晶取向度之间存在正相关性,片晶取向度超过一定值后 β-iPP 含量趋于平台值,这说明此时剪切诱导的分子取向和松弛达到平衡[81]。

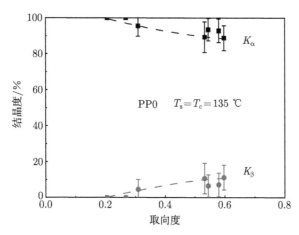

图 8.10　剪切结晶 iPP 中 α 晶与 β 晶相对含量 (K_α, K_β) 与取向度的关系[81]

图中 PP0 为所引用文献 [81] 中对纯 iPP 样品的编号

8.2.2　iPP 剪切结晶过程中的晶型变化

对于具有弱刺激、强响应的软物质特性的高分子来说,温度始终是各种性能的最大影响因素。比如,结晶温度降低 20 ℃,iPP 的结晶速率提高两个数量级[39]。高温条件下静态结晶时,成核密度很低,此时流场对成核密度的促进作用尤为明显。由于分子链的取向和松弛受温度影响明显,即使相同强度的剪切 (剪切速率和剪切时间),在不同的剪切温度下,最终熔体中分子链的取向也会产生差异。接下来,通过不同剪切温度条件下 iPP 的结晶过程及结晶结构进行理解。

图 8.11 是 iPP 在 135 ℃剪切后结晶初期的 WAXS 结果,图中 α 和 β 衍射峰最开始出现的时刻分别代表 α 结晶和 β 结晶开始的时间 (即 α-iPP 和 β-iPP 的结晶诱导时间 $t_{c\alpha}$ 和 $t_{c\beta}$),则有 $t_{c\alpha} = 52$ s,$t_{c\beta} = 189$ s,结果表明 α-iPP 远早于 β-iPP 出现。

图 8.11 的结果似乎与 "β 晶的形成依赖于取向 α 晶的产生" 的观点一致。他们认为 β-iPP 的形成是在 α-排核表面通过 α 向 β 的生长转变 (α-to-β growth transition) 或 αβ 二次成核 (αβ secondary nucleation) 实现的。然而,iPP 在 145 ℃剪切

后在 135 ℃等温结晶过程 (图 8.12) 表明：β(300) 衍射峰在结晶时间 t_c=41 s 出现，早于 α(110) 和 α(040) 衍射峰出现的时间 t_c=60 s。这与 Somani 等 [48,63] 的报道不同。图 8.12 的结果说明在适当的剪切温度和结晶温度条件下，β-iPP 是可以先于 α-iPP 产生的。

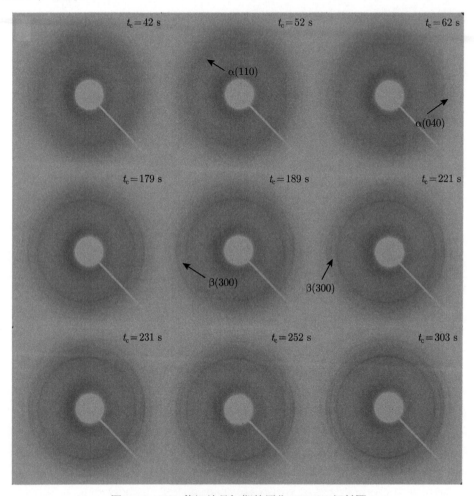

图 8.11　iPP 剪切结晶初期的原位 WAXS 衍射图

剪切速率 5 s^{-1}，剪切时间 5 s，剪切温度与结晶温度均为 135 ℃，图中流场方向为竖直方向

　　图 8.13 是 iPP 静态结晶样品 (标记为 a)、预结晶 30 min 的 iPP 剪切样品 (标记为 b) 以及样品 b 在 160 ℃附近选择性融掉 β 晶后于 135 ℃第二次等温结晶样品 (标记为 c) 的 DSC 熔融曲线 (A) 和 WAXD 衍射曲线 (B)。如图所示，样品 a 的 DSC 熔融曲线只有一个熔融峰 (171.7 ℃)，样品 c 有两个熔融峰 (163.1 ℃和 172.2 ℃)，这些熔融峰对应的均为 α 晶型 (a 和 c 的 WAXD 曲线只有 α 晶的衍射

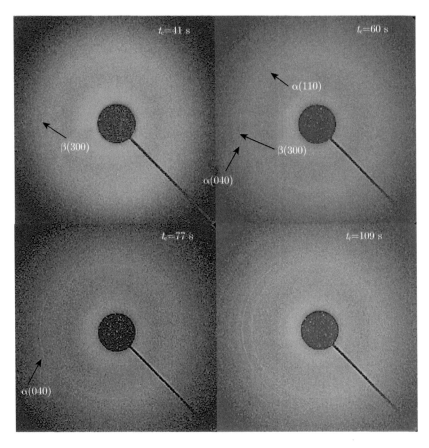

图 8.12 iPP 剪切结晶初期的原位 WAXS 衍射图

剪切速率 5 s^{-1}，剪切时间 5 s，剪切温度为 145 ℃，结晶温度为 135 ℃，图中流场方向为竖直方向

峰)。样品 b 有两个熔融峰 (156.7 ℃和 170.0 ℃)，分别对应 β 晶型和 α 晶型 (WAXD 曲线有 β 晶和 α 晶的衍射峰，且 β 晶的含量为 31.3%)。样品 b 的选择性熔融温度 (160 ℃) 是根据上述原始 β 晶和 α 晶的熔融温度 (156.7 ℃和 170.0 ℃) 来设定的，该温度可以保证 β 晶被融掉。另一方面，流场诱导的取向结构可以在远高于 α 结晶熔点的温度 (如 185 ℃) 存留数小时 [82,83]，因此，原始取向 α 晶 (α-排核) 在 β 晶融掉后仍然可以保留下来。按照 α-排核诱导 β 晶的机理，β 晶熔融后产生的 iPP 熔体包裹在 α-排核周围，在适当的结晶温度下，熔体可以被 α-排核重新诱导形成 β 晶。然而，结果显示二次结晶的样品与静态结晶的样品相似，均没有形成 β 晶。说明只有取向 α 晶并不能引发 β 结晶过程；α-排核的产生只是伴随剪切诱导 β 晶的表面现象，β 结晶必须在特殊作用下才可能诱导产生。

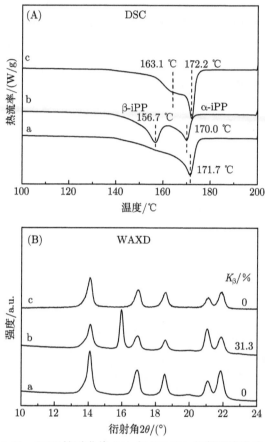

图 8.13   DSC 熔融曲线 (A) 与 WAXD 衍射强度曲线 (B)

各样品在 135 ℃等温结晶 12 h 之前分别经过: a: 在 145 ℃预结晶 30 min, b: 在 145 ℃预结晶 30 min 并剪切 (SR=5 s^{-1}, t_s=5 s), c: 将上述样品 b 升温至 160 ℃附近进行选择性熔融

有人认为二次结晶样品中没有 β 晶可能是熔融或退火时发生 β 晶向 α 晶的转变 (βα-transformation)[60,84] 导致的，在 135 ℃二次结晶时间 (12 h) 过长，α-排核诱导的 β 晶可能转变为新的 α 晶。然而二次结晶过程与退火过程中的晶型转变不同。按照 α-排核诱导 β 晶的观点，含有 α-排核的 iPP 熔体在 135℃结晶时，由于 β 晶的生长速率高于 α 晶的生长速率，在 α-排核向熔体延伸的方向上只能发生 α 相向 β 相的转变生长 (αβ-transition growth) 而形成 β 晶 [8,9,26,58,60-62]。原始的 iPP 剪切样品同样是在 135 ℃等温结晶 12 h，最终 β 晶的含量高达 31.3%。另外，有人认为在选择性熔融的升温过程中，原始的 β 晶可能转变为新的 α 晶了，即晶型转变。通过退火实现 β 晶向 α 晶的完全转变需要很长的退火时间 (通常数小时)。图 8.13 中的样品进行快速升、降温处理，在 β 晶熔点附近停留时间很短，同时，高温条件下结晶速率很慢，因此退火导致的晶型转变可以忽略不计。

8.3 含 β 成核剂 iPP 的结晶行为

在 iPP 中加入 β 成核剂诱导形成 β-iPP [10,84-86]，对调整和改善 iPP 性能具有重要作用 [87]。Varga 等 [88] 对不同类型成核剂诱导 β-iPP 的效率进行了研究，发现辛二酸钙 (Ca-sub) 和庚二酸钙 (Ca-pim) 的诱导形成 β 晶的效率和选择性最好，缺点是二元羧酸会发生分解，在高分子加工过程中容易析出而影响制品质量。酰胺类化合物是一种新型的 β 成核剂，以取代苯亚酰胺类化合物为主，比如 N,N'- 二环己基 -2,6- 萘二酰胺 (N,N'-dicyclohexyl-2,6-naphthalene dicarboxamide，商品名 NJS NU-100)。图 8.14 为 N,N'- 二环己基 -2,6- 萘二酰胺的化学结构式 [89]。此类成核剂的成核效率高，但合成成本也高。

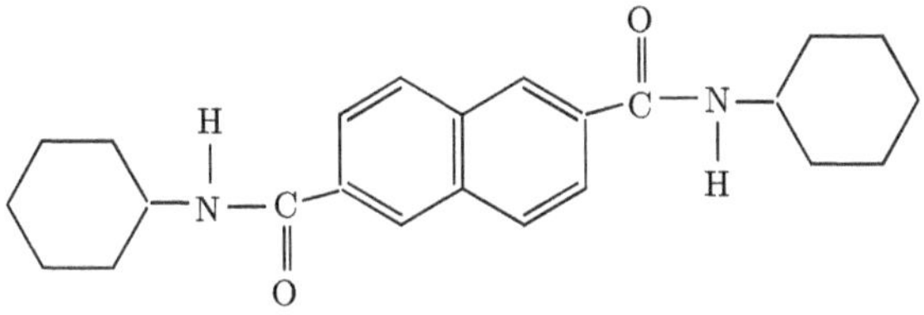

图 8.14　N,N'- 二环己基-2,6-萘二酰胺的化学结构式

无机类成核剂虽然价格便宜，容易获得，但是成核效率低，并且影响产品的品质，从而限制了在高性能材料中的应用。表 8.1 列举了常见的有机类和无机类的聚丙烯 β 成核剂及其诱导 β 晶的效率。实际生产和应用中，从成核剂效率、热稳定性和着色等方面综合考虑，具有商业价值的 β-iPP 成核剂种类并不多。目前市场上商品化的 β 成核剂主要以酰胺类和稀土类为主。近年发现的取代芳香酰胺类化合物也属于这类 β 成核剂，如 TMB-4、TMB-5。本文实验所用聚丙烯 β 成核剂即为 TMB-5 成核剂。TMB-5 具有与芳香酰胺类 β 成核剂相似的化学结构。

8.3.1　成核剂诱导 β-iPP 结晶

添加 β 成核剂是获得高含量 β-iPP 的有效途径，目前，其诱导机理普遍采用基于异相成核的附生结晶理论 [85,91]。Garbarczyk 和 Paukszta [92] 在早期的研究中认为结晶过程中 iPP 分子链的空间排列与成核剂的分子结构和结晶形状无关。随着实验手段的不断进步，Stocker 与 Lotz 等 [93] 通过研究发现成核剂在诱导高分子结晶时，其自身的结晶或表面结构需要与所诱导的高分子结晶结构相似，提出 "晶格匹配"(dimensional lattice matching) 的观点，指出成核剂与诱导结晶之间的周期尺寸匹配率要大于 85%。后来，Hou 等 [85] 利用原子力显微镜观察 iPP 片晶在成核剂表面的生长，发现 iPP 特定晶型的产生主要与成核剂的结晶结构有关，而与其分

表 8.1　β-iPP 成核剂种类 [90]

分类		β 成核剂	β 诱导效率 (K_β)
有机类	稠环芳香烃类 (染料、颜料类)	γ-喹吖啶酮 (商品名 E3B)	0.8~0.9
		三苯二噻嗪 (TPDT)	0.3
		δ-喹吖啶酮	≈ 0.8
		有机染料 (溶靛素金黄、灰、棕和紫红等)	≈ 0.9
		喹吖啶酮醌	0.99
		双偶氮黄	—
		白色染料 PE MB	—
	有机酸及其盐类	邻苯二亚甲基氢二酸钠	—
		邻苯二亚甲酸钙	0.5~0.7
		钙的化合物与庚二酸的复合物	0.85~0.95
		硬脂酸钙和庚二酸的复合物	0.8~1
		多聚羧酸钙盐和锌盐	≈ 1
		己二酸肼和辛二酸	0.89
		辛二酸钙或庚二酸钙	0.7~0.8
		稀土配合物	≈ 0.95
	酰胺类	二环己基对苯二甲酰胺 (DCHT)	≈ 0.95
		2,6-苯二甲酸环己酰胺 (商品名 NU-100)	≈ 0.8
无机类		硅酸钙	0.37
		碳酸钙	—
		二氧化二铝	—
		硫酸钙	—

子结构无关。Kawai 等 [94,95] 研究了磁场中 β-iPP 在酰胺类 β 晶型等规聚丙烯成核剂 N,N′-二环己基-2,6-萘二酰胺 (N,N′-dicyclohexy1-2,6-naphthalene dicarboxamide, DCNDCA) 表面的附生生长，发现 DCNDCA 结晶的长轴 (b 轴) 与 iPP 分子链轴 (c 轴) 平行，同时 iPP 螺旋链上的侧甲基与 DCNDCA 结晶的 bc 晶面上周期性空位相匹配，如图 8.15 所示。与之不同，Yamaguchi 等 [10] 观察到流场中 iPP 的分子链轴垂直于流场方向，与沿流场方向排列的针状 DCNDCA 结晶的长轴垂直，如图 8.16 所示。此外，与上述 β-iPP 直接在成核剂表面附生生长不同，Varga 等 [84] 在 DCNDCA 针状结晶的侧面观察到 αβ 混合晶结构 (图 8.17)，类似于在 iPP 熔体中拉动的纤维表面产生的 α 晶相向 β 晶相过渡生长的形貌 [8,9,26,51,58,60]。

　　应当指出的是，传统的晶格匹配和附生生长的观点认为成核剂表面结晶尺寸与 β-iPP 晶胞内 3_1 螺旋链重复周期 (6.5 Å) 匹配度在 85% 以上，β 晶可以在成核剂表面进行附生生长 [14,93]，而 α-iPP 同样由 3_1 螺旋链构成，因此，α 成核剂同

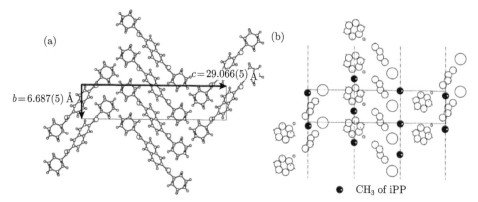

图 8.15　(a)DCNDCA 诱导结晶的晶面结构；(b)β-iPP 侧甲基与 DCNDCA 接触面的空间配位示意图 [95]

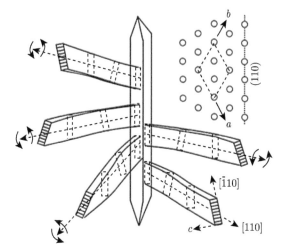

图 8.16　流场条件下 β-iPP 在针状 DCNDCA 成核剂表面的结晶机理以及 iPP 分子链排列方式示意图 [10]

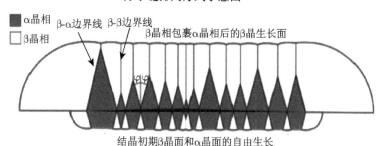

图 8.17　针状 DCNDCA 成核剂表面 αβ 混合晶结构示意图 [84]

样需要满足 6.5 Å 的晶格匹配条件。换言之，成核剂表面相似的周期尺寸意味着某些成核剂在不同的结晶条件下可能诱导 α 晶也可能诱导 β 晶，如 NJS NU-100 和 TMB-5[11,96]。

近年来，Torre 等 [97] 发现某些液晶态的高分子可以在静态结晶的条件下诱导 β-iPP 产生。Su 等 [20] 发现某些具有苯环结构的高分子，如丙烯腈 - 苯乙烯共聚物 (acrylonitrile-styrene copolymer，SAN) 和聚苯乙烯 (polystyrene，PS) 也可以在静态条件下诱导产生 β-iPP。与传统的 β 成核剂不同，在这些高分子型 β 成核剂中，有些并不具有特定的结晶结构，例如，SAN 为非晶结构不能满足 β-iPP 螺旋链重复周期的要求，但是仍然可以诱导 β-iPP 形成 [20]。这些物质诱导 β-iPP 的机理无法用 "晶格匹配" 和 "附生生长" 的观点来解释，说明成核剂诱导 β-iPP 形成不一定必须符合晶格匹配的条件。

传统的 β 成核剂限定为在静态条件下诱导 β-iPP 晶的小分子结晶化合物，剪切对 β 成核剂诱导 β-iPP 的能力通常表现为抑制作用 [6,91,98]。然而，某些高分子却能够在流场条件下表现出诱导 β-iPP 结晶的能力，比如尼龙 -6(polyamide-6)、马来酸酯弹性体 (maleated elastomer)、超高分子量聚乙烯 (ultrahigh-molecular-weight polyethylene) 等 [52]。这些高分子没有被列入 β 成核剂的范畴内，其诱导 β-iPP 结晶的行为也无法用已有的成核剂诱导机理进行解释。

通常聚丙烯 β 成核剂是具有明确结晶结构的有机小分子化合物，人们一般采用基于异相成核的附生结晶理论理解它们诱导 β-iPP 的结晶机理。这种诱导作用依赖于成核剂的浓度及其在 iPP 熔体中的分散程度。例如，NJS NU-100 在超过某一临界浓度时可以高效地诱导 β-iPP[84]。Kotek 等 [99] 发现 NJS NU-100 含量为 0.03wt% 时诱导 β-iPP 的含量达到最大值；董穆等 [89,100] 发现 TMB-5 的含量在 0.05wt% 以上可以诱导产生高含量的 β-iPP，在 0.3wt% 时诱导 β 晶的含量达到饱和。

图 8.18 为不同 TMB-5 含量的 iPP 的 WAXD 及 β 晶含量的结果，结果显示：起初 TMB-5 含量增加时，β 晶含量迅速增大 (从 43.2% 到 84.3%)；成核剂含量超过 0.1wt% 时，β 晶含量趋于平台值。

研究表明，温度对 TMB-5 的成核选择性影响很大，较高温度下 TMB-5 表现出双重选择性 [11,84]。在高临界转变温度 ($T_{\beta\alpha} \approx 141\,^\circ C^{[28]}$) 以下，可以获得高含量 β 晶或者 α 晶和 β 晶的混晶结构；在高临界转变温度以上，只能形成 α 晶 [84]。图 8.19 是 iPP/TMB-5 在不同温度下等温结晶样品的 WAXD 结果。结果表明 TMB-5 成核剂的加入扩大了形成 β-iPP 的温度范围。

有研究认为 TMB-5 诱导 iPP 结晶时，首先在成核剂表面形成一层 α 晶，之后通过附生生长形成 β 晶 [84]。图 8.20 是 iPP/TMB-5 在 150℃ 预结晶不同时间后降温到 135 ℃ 等温结晶样品的 WAXD 结果。结果显示，β 晶含量随着预结晶时间的延长而降低, 说明高温预结晶形成 α 晶抑制了 TMB-5 诱导 β 晶的能力。

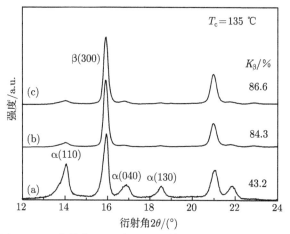

图 8.18 不同 TMB-5 含量的 iPP 在 135 ℃等温结晶 6 h 样品的 WAXD 衍射图

(a)0.05wt% TMB-5; (b)0.1wt% TMB-5; (c)1.0wt% TMB-5

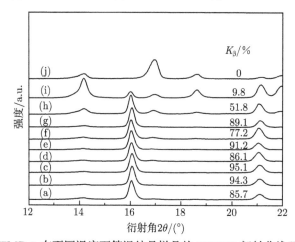

图 8.19 iPP/TMB-5 在不同温度下等温结晶样品的 WAXD 衍射曲线及对应的 K_β 结果

(a) T_c=90 ℃; (b) T_c=100 ℃; (c) T_c=110 ℃; (d) T_c=120 ℃; (e) T_c=125 ℃; (f) T_c=130 ℃;

(g) T_c=135 ℃; (h) T_c=140 ℃; (i) T_c=145 ℃; (j) T_c=150 ℃

图 8.21 为含不同形貌 TMB-5(0.1wt%) 的 iPP 以及纯 iPP(记为 PP0), 在 135 ℃以不同剪切速率进行剪切并等温结晶样品的 β 晶含量随剪切速率的变化。从图中结果可以看出 iPP/TMB-5 样品中 β 晶含量起初随剪切速率增大而减小, 且各样品 β 晶含量对剪切速率的敏感程度不同, 减小的幅度也不同。PP2-0.1 和 PP4-0.1 β 晶含量总体减小的幅度大于 PP3-0.1 和 PP5-0.1; PP2-0.1 的 β 晶含量降低速度小于其他样品。

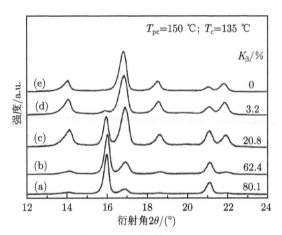

图 8.20　iPP/TMB-5 在 150 ℃预结晶不同时间后降温至 135 ℃等温结晶样品的 WAXD
衍射曲线及对应的 K_β 结果

预结晶时间分别为: (a) 20 min; (b) 30 min; (c) 60 min; (d) 60 min 并短时间剪切

(剪切速率 $5.0\ \mathrm{s}^{-1}$, t_s=5 s); (e) 120 min

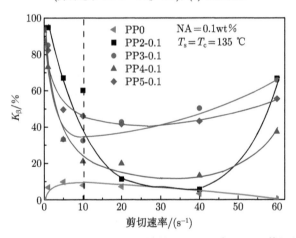

图 8.21　PP0、PP2-0.1、PP3-0.1、PP4-0.1 以及 PP5-0.1 在 135 ℃剪切并等温结晶样品的
β 晶含量随剪切速率的变化

在 8.2.1 小节中, 我们提到过 iPP 熔体与剪切壁之间发生 "壁滑" 导致剪切失
真。这一现象同样发生在 iPP/TMB-5 体系, 表现为剪切速率增大到一定程度, 各
iPP/TMB-5 样品的 β 晶含量不再降低: PP3-0.1 在大约 10 s^{-1} 时, β 晶含量开始
缓慢上升; PP2-0.1 在大约 20 s^{-1}、PP4-0.1 和 PP5-0.1 在大约 15 s^{-1} 时, β 晶含
量到达平台值 (最小值), 且大于 40 s^{-1} 时, 前者 β 晶含量迅速上升, 后两者 β 晶
含量缓慢上升。

与牛顿流体不同, 黏弹性高分子熔体 (非牛顿流体) 与固体界面发生 "壁滑" 不

可避免 [101-103]。高分子流体存在两个 "壁滑" 区域，大于临界剪切应力 σ_s^* 时，"壁滑" 由弱变强 [101,102]。非牛顿流体剪切应力与剪切速率具有指数关系 $\sigma_s = K\dot{\gamma}_c^n$，因此对于特定的高分子熔体 ($K$ 为常数，假塑性流体 $n < 1$)，存在一个临界剪切速率 $\dot{\gamma}_c = (\sigma_s/K)^{1/n}$，当外加剪切速率超过这一数值时，熔体与剪切壁间产生强烈的 "壁滑" 现象。

　　"壁滑" 的物理意义是高分子流体与固体界面之间的相对速度 [103,104]。研究证明 "壁滑" 只能在单侧表面上发生 [105]，大量相关报道只考虑了静止壁表面的情况，很少对运动壁或旋转壁表面的情况进行分析。我们同时考虑了静止壁与旋转壁界面的熔体状态，通过图 8.22[81] 对 "壁滑" 的过程进行理解。"壁滑" 机理包括 "coil-stretch 转变" 和 "解吸附 (desorption)" 两种形式，具体以哪种形式产生取决于固体壁的表面能。通常，在吸附力弱的固体表面以解吸附为主 [102,106](如图 8.22(d) 和 (e))，在表面能高的固体表面以 coil-stretch 转变为主 [102,106](如图 8.22(b) 和 (c))。绝大多数无机固体表面具有很高的表面能，对高分子熔体有足够的吸附力 [102]。实验中使用的剪切窗口为石英片，因此，我们假设 "壁滑" 的产生是由界面上分子链的 coil-stretch 转变引起的。结合实验现象，我们认为存在两个临界剪切速率 (低临界剪切速率 $\dot{\gamma}_c$ 和高临界剪切速率 $\dot{\gamma}_c^*$)，它们将实验研究的剪切速率范围划分为三个区域：①小于 $\dot{\gamma}_c$ 时，发生微弱的 "壁滑"(a)；②大于 $\dot{\gamma}_c$ 时，在静止壁界面发生强 "壁滑"(b)；③大于 $\dot{\gamma}_c^*$ 时，在旋转壁发生强度更大的 "壁滑"(c)。

　　结合图 8.22 对图 8.21 中的结果进一步分析，我们推测：iPP/TMB-5 的 β 晶含量随剪切速率增大而减小的趋势变缓时对应 $\dot{\gamma}_c$，此时静止壁界面发生强 "壁滑"，整个熔体趋于随旋转壁运动，直至与静止壁吸附的分子链层脱离，由于熔体只能在静止壁的拖曳和旋转壁的驱动共同作用下才能具有速度梯度，熔体内部的分子链才能发生相对位移形成内部流场，因此旋转壁驱动力逐渐增大与静止壁反作用力逐渐消失产生的影响相互抵消，熔体内部的速度梯度基本保持不变，熔体内部流场对成核剂诱导单手性螺旋中介相的干扰基本不变，最终形成 β 晶的含量也基本不变；当剪切速率继续增大到 $\dot{\gamma}_c^*$ 时，由于惯性作用，熔体在内部分子链缠结作用下被静止壁吸附固定，而吸附在旋转壁上的分子链层，却在旋转壁的带动下与毗邻的分子链解缠结，逐渐脱离本体，此时在旋转壁界面发生更强的 "壁滑"，由于旋转壁对熔体的作用力很小，熔体内部速度梯度迅速减小，内部流场对成核剂的干扰减弱，β 晶含量回升。

　　另一方面，我们发现，根据 β 晶含量的变化得出的表观 $\dot{\gamma}_c$ 和 $\dot{\gamma}_c^*$，对不同形貌的 TMB-5 存在差异：①表观 $\dot{\gamma}_c$：iPP/TMB-5(短棒状)<iPP/TMB-5(短纤状和无规则状)<iPP/TMB-5(柱状)；②表观 $\dot{\gamma}_c^*$：iPP/TMB-5(短棒状)< iPP/TMB-5(柱状)≈iPP/TMB-5(短纤状)<iPP/TMB-5(无规则状)。起初，我们认为成核剂形貌不

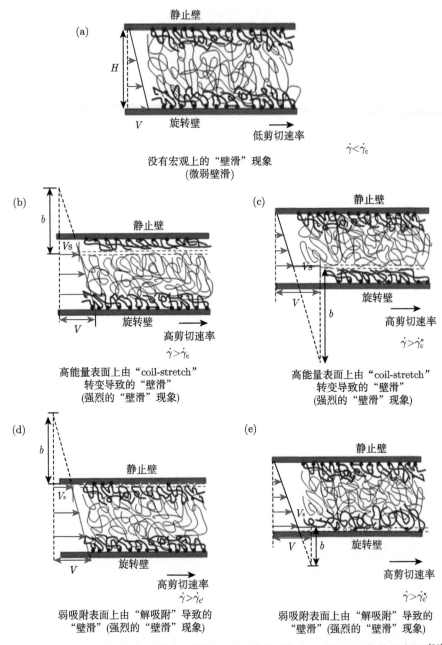

图 8.22　不同剪切条件下高分子熔体与剪切壁界面发生"壁滑"现象的示意图[81]

壁滑长度：h；壁滑速率：V_s；旋转壁剪切速率：V；熔体厚度：H；低临界剪切速率：$\dot{\gamma}_c$；高临界剪切速率：$\dot{\gamma}_c^*$ 在 Wang[102,107]，Hatzikiriakos[103,104,106]，Spikes 和 Granick[105]，Mhetar 和 Archer[108] 等的研究基础上进行的分析

同可能导致 iPP 流体性质 (例如熔体黏度) 产生差异, 产生强 "壁滑" 所需剪切强度 (剪切速率) 随之不同。

8.3.2 iPP/β 成核剂结晶过程中的晶型发展

图 8.23~图 8.25 为 iPP/TMB-5 在不同温度等温结晶初期的 WAXS 结果, α-iPP 和 β-iPP 的结晶诱导时间分别为

(1) T_c=135 ℃: $t_{c\beta}$=38 s, $t_{c\alpha}$=68 s。

(2) T_c=140 ℃: $t_{c\beta}$=51 s, $t_{c\alpha}$=98 s。

(3) T_c=145 ℃: $t_{c\beta}$=157 s, $t_{c\alpha}$=220 s。

说明 TMB-5 诱导 iPP 结晶时首先形成 β 晶, 而不是首先在成核剂表面形成 α-iPP 再向 β-iPP 过渡生长 [84] 形成 β 晶。

图 8.26 是在不同温度等温结晶过程中 α(110) 和 β(300) 晶面的相对衍射强度 (X_t) 随结晶时间的变化。$t_{1/2,\alpha}$ 和 $t_{1/2,\beta}$ 分别表示 α(110) 和 β(300) 晶面的衍射强度增大到平台值一半时对应的时刻, 称为相对半结晶时间, 用来判断 α 晶和 β 晶的结晶速率:

(1) T_c=135 ℃: $t_{1/2,\beta}$=81 s, $t_{1/2,\alpha}$ = 165 s。

(2) T_c=140 ℃: $t_{1/2,\beta}$=206 s, $t_{1/2,\alpha}$=236 s。

(3) T_c=145 ℃: $t_{1/2,\beta}$=445 s, $t_{1/2,\alpha}$=445 s。

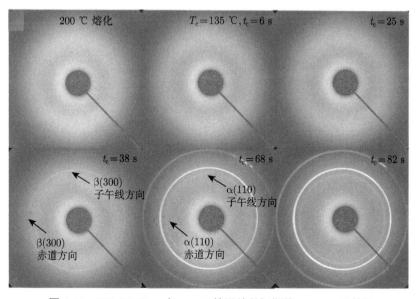

图 8.23 iPP/TMB-5 在 135 ℃等温结晶初期的 WAXS 衍射图

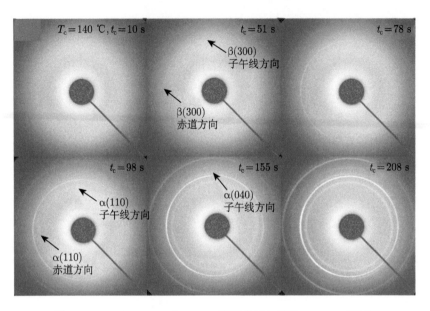

图 8.24   iPP/TMB-5 在 140 ℃等温结晶初期的 WAXS 衍射图

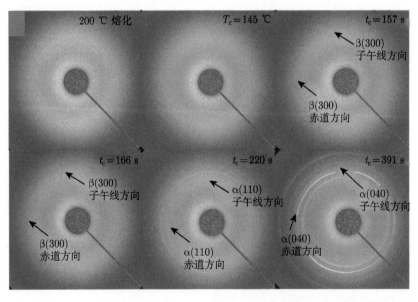

图 8.25   iPP/TMB-5 在 145 ℃等温结晶初期的 WAXS 衍射图

以上结果表明：α 晶和 β 晶的相对半结晶时间均随结晶温度升高而增加，说明结晶速率随温度升高而降低。值得注意的是：$t_{1/2,\beta} < t_{1/2,\alpha}$，但两者间的差距随结晶温度升高而逐渐缩小，在 T_c=145 ℃时，$t_{1/2,\alpha} = t_{1/2,\beta}$，α 晶和 β 晶的结晶速率相

等。这意味着 TMB-5 的加入使得 β→α 的高临界转变温度从 $T_{\beta\alpha} \approx 141\ ^\circ C^{[28]}$ 提高到 145 ℃，从而扩大了形成 β-iPP 的温度范围。

Varga[109] 和 Macro[87] 发现一些添加剂的含量增加会导致 β→α 转变温度 ($T_{\beta\alpha}$) 升高。Garbarczyk[110] 认为：这些添加剂具有特殊的化学结构，对 β→α 转变起了延迟作用。

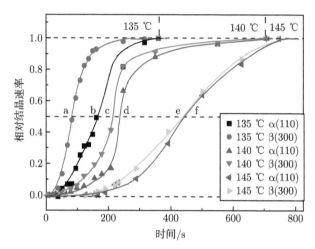

图 8.26 iPP/TMB-5 结晶过程中 α(110) 和 β(300) 晶面相对衍射强度随结晶时间的变化

8.3.3 剪切对 β 成核剂诱导 iPP 结晶的影响

与剪切相比，β 成核剂可以更有效地诱导形成 β-iPP[91]。β 成核剂诱导形成 β-iPP 的效率与成核剂的含量、iPP 的分子量以及熔体最终加热温度等因素有关。在高分子材料加工过程中，不可避免地会受到剪切、拉伸等流场作用。因此，对剪切条件下含 β 成核剂 iPP 的结晶行为进行研究，对加工过程中调控材料结晶结构及制品性能具有重要参考价值。

一般情况下，剪切对 β 成核剂诱导 β-iPP 的能力表现为拮抗作用 [6,72,91,98]，但是导致这种现象的原因目前尚无定论。霍红等 [6] 认为剪切速率促进了 iPP 本体中 α-排核的产生，同时加快了 α-iPP 的结晶进程，限制了成核剂诱导 β-iPP 的结晶过程。Hsiao 等 [91] 认为剪切抑制 β 成核剂诱导 β-iPP 不是因为剪切破坏 β-成核剂的结构或者剪切诱导 α-排核限制 β 晶形成，而是因为剪切以及剪切和成核剂间相互作用共同诱导的 α-排核，与 β 成核剂诱导的 β 晶核达到相同的数量级；结晶生长阶段，α-iPP 和 β-iPP 竞争生长，二者含量此消彼长，并且随着剪切速率的增加，这种趋势愈发明显。

我们在实验中发现，iPP/TMB-5(0.1wt%) 熔体在不同温度剪切后降温至135℃等温结晶样品的 β 晶含量随剪切温度的变化，如图 8.27 所示。结果表明：

与静态结晶相比，剪切显著抑制了 TMB-5 诱导 β 晶的能力；随着剪切温度升高，剪切对 TMB-5 的抑制作用逐渐减小，β 晶的含量逐渐上升。

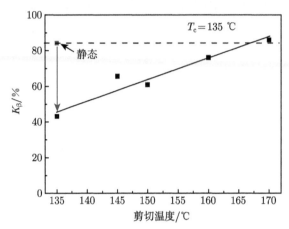

图 8.27　iPP/TMB-5(0.1wt%) 在 135 ℃等温结晶样品 β 晶含量随剪切温度的变化
(剪切速率 5 s^{-1}, t_s=5 s)

当 TMB-5 含量减半为 0.05wt%，在不同温度剪切后降至 135 ℃等温结晶样品中 β 晶含量随剪切温度的变化如图 8.28 所示。结果表明：与静态结晶相比，剪切样品 β 晶的含量上升，并且随着剪切温度的升高逐渐增大。

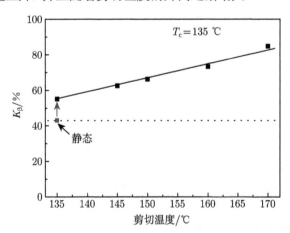

图 8.28　iPP/TMB-5 (0.05wt%) 在 135 ℃等温结晶样品 β 晶含量随剪切温度的变化
(剪切速率 5 s^{-1}, t_s=5 s)

因此，剪切与 β 成核剂在诱导 β-iPP 形成时，并不一定表现为拮抗作用，而是与成核剂的含量有关。对这一现象，我们会在下一节给出解释。

图 8.29 为 iPP/TMB-5 熔体在降温过程中进行剪切 (T_s=170 ℃, 剪切速率

$5 \ \mathrm{s}^{-1}$, $t_\mathrm{s}{=}5 \ \mathrm{s}$), 之后降温至 $T_\mathrm{c}{=}145 \ ^\circ\mathrm{C}$进行等温结晶过程的 WAXS 结果, 结果显示 β(300)、α(110) 和 α(040) 晶面衍射对应的出现时刻分别为 66 s、163 s 和 153 s; α(110) 和 α(040) 衍射峰在赤道方向出现的时刻早于子午线方向。这说明剪切加速了赤道方向的 α 结晶进程 (赤道方向的 (hk0) 晶面表示 c_α-轴平行于流场方向)。α 和 β 衍射峰最早出现的时刻分别代表 α 晶和 β 晶的结晶诱导时间 $t_{\mathrm{c}\alpha}$ 和 $t_{\mathrm{c}\beta}$, 则 $t_{\mathrm{c}\alpha}{=}153 \ \mathrm{s}$, $t_{\mathrm{c}\beta}{=}66 \ \mathrm{s}$, 说明 β 晶先于 α 晶形成。

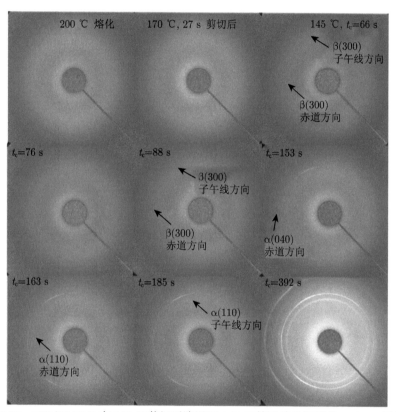

图 8.29 iPP/TMB-5 在 170 ℃剪切后降温至 145 ℃等温结晶初期的 WAXS 衍射图
(剪切速率 $5 \ \mathrm{s}^{-1}$, $t_\mathrm{s}{=}5 \ \mathrm{s}$)

图 8.30 是 iPP/TMB-5 在 170 ℃剪切 (剪切速率 $5 \ \mathrm{s}^{-1}$, 剪切时间 5 s)、145 ℃等温结晶以及静态条件下 145 ℃等温结晶过程中 α 晶与 β 晶的特征衍射峰 (α(110) 和 β(300)) 相对强度的变化。根据图 8.30, 可以得到 α-iPP 和 β-iPP 的相对半结晶时间如下:

(1) $T_\mathrm{c}{=}145 \ ^\circ\mathrm{C}$: $t_{1/2,\beta}{=}445 \ \mathrm{s}$, $t_{1/2,\alpha}{=}445 \ \mathrm{s}$。

(2) $T_\mathrm{s}{=}170 \ ^\circ\mathrm{C}$, $T_\mathrm{c}{=}145 \ ^\circ\mathrm{C}$: $t_{1/2,\beta}{=}163 \ \mathrm{s}$, $t_{1/2,\alpha}{=}212 \ \mathrm{s}$。

结果表明, 与静态结晶相比, 剪切同时促进了 α 晶和 β 晶的结晶进程, $t_{1/2,\alpha}$

从 445 s 缩短为 212 s，$t_{1/2,\beta}$ 从 445 s 缩短为 163 s。这与结晶诱导时间的变化一致：$t_{c\alpha}$ 从 220 s 缩短为 153 s，$t_{c\beta}$ 从 157 s 缩短为 66 s(对比图 8.30 和图 8.25)。

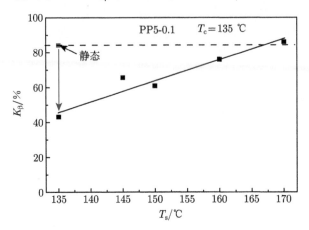

图 8.30　iPP/TMB-5 在 170 ℃剪切后 (剪切速率 5 s^{-1}，t_s=5 s) 降至 145 ℃等温结晶以及 145 ℃静态结晶过程中 α(110) 和 β(300) 相对衍射强度随结晶时间的变化

图 8.31(a) 和 (b) 分别为 iPP/TMB-5 在静态和 170 ℃剪切后 145 ℃等温结晶 1 h 样品的 WAXD 及 K_β 结果，结果显示剪切导致成核剂诱导 β 晶的含量减小，K_β 从 57.4%降低到 41.2%。

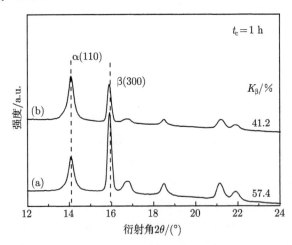

图 8.31　iPP/TMB-5 在 145 ℃(a)，以及 170 ℃剪切后 (剪切速率 5 s^{-1}，t_s=5 s) 降温至 145 ℃(b) 等温结晶 1 h 样品的 WAXD 曲线及对应的 K_β 结果

结合 8.4 小节的内容，导致上述结果的原因如下：TMB-5 通过物理化学作用诱导 iPP 熔体中形成预有序结构 (单手性螺旋中介相)，对 iPP 熔体进行剪切干扰

了成核剂与分子链的相互作用, 降低了单手性螺旋中介相的含量, 立构复合式中介相的含量相对增加, 最终导致样品中 β-iPP 的相对含量减小; 另一方面, α-iPP 与 β-iPP 的结晶进程加快 (结晶诱导时间和相对半结晶时间减小), 这是因为剪切促进了分子链运动, 分子链构象调整的进程加快导致的。

图 8.25 表明, iPP/TMB-5 在 145 ℃等温结晶时, β 晶和 α 晶分别在 t_c=157 s 和 t_c=220 s 先后形成, 说明样品的结晶组成在结晶初期不同时刻差别很大: $t_c \approx$ 60 s 时为非晶状态; $t_c \approx$120 s 时 β 晶将要形成; $t_c \approx$180 s 时, β 晶已经形成, α 晶将要形成。因此, 在 145 ℃结晶 60 s、120 s 和 180 s 后进行剪切, 可以对处于不同结晶状态的 iPP 分子链的行为产生干扰, 从而影响样品的结晶行为和结晶结构。

图 8.32 二维 WAXS 衍射图对应的 iPP/TMB-5 结晶条件分别为: (a) 在 145℃剪

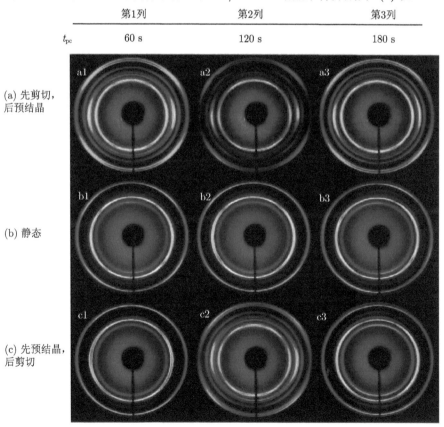

图 8.32 iPP/TMB-5 分别在 145 ℃预结晶前 (a) 和 145 ℃预结晶后 (b) 剪切, 以及 145 ℃静态预结晶 (c), 之后降至 135 ℃等温结晶样品的二维 WAXS 衍射图

预结晶时间为 60 s、120 s 和 180 s, 用标号 "1"、"2" 和 "3" 表示 (剪切速率 5 s^{-1}, t_s=5 s)

切后分别预结晶 60 s、120 s 和 180 s，再降至 135 ℃等温结晶；(b) 在 145 ℃分别预结晶 60 s、120 s 和 180 s，降至 135 ℃等温结晶，(c) 在 145 ℃分别预结晶 60 s、120 s 和 180 s 并剪切，再降至 135 ℃等温结晶。其沿子午线方向的积分曲线见图 8.33。

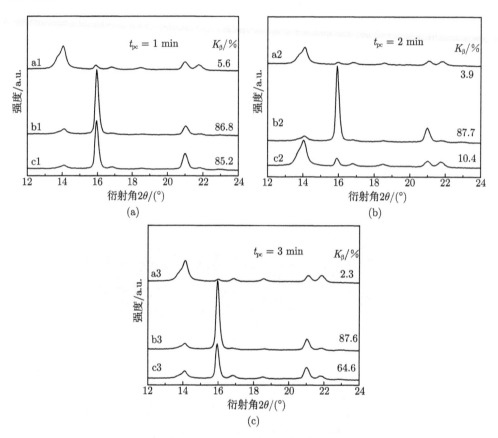

图 8.33　图 8.32 二维 WAXS 图沿子午线方向的积分曲线

结果表明：静态条件下，iPP/TMB-5 在 145 ℃较短时间的预结晶对 β 晶含量的影响不大 (b1、b2 和 b3 对应 K_β=86.8%、87.7%和 87.6%)；预结晶前剪切显著降低了 β 晶的含量 (a1、a2 和 b3 对应 K_β=5.6%、3.9%和 2.3%)；预结晶后剪切，t_{pc}=120 s 对应 β 晶含量的降低最为明显，K_β 从 87.7%降低到 10.4%(c2 与 b2 对比)，其次是 t_{pc}=180 s，K_β 从 87.6%减小为 64.6%(c3 和 b3 对比)，而 t_{pc}=60 s 对应 β 晶含量的变化最小，K_β 从 86.8%减小到 85.2%(c1 和 b1 对比)。

以上结果说明：静态条件下短时间的 α 预结晶对 TMB-5 诱导 β 晶的能力影响很小；剪切后高温停留极大地破坏了 TMB-5 诱导 β 晶的能力；在接近 β 晶形

成的时刻引入外界干扰 (如剪切流场), 同样对 TMB-5 诱导 β 晶的能力具有显著影响。

8.4 β-iPP 结晶机理新观点

8.4.1 分子链构象与结晶的关系

虽然高分子的结晶和熔融过程遵循不同的规律, 但本质上都是分子链行为的体现。高分子结晶是分子链的凝聚态结构, 分子链的内在结构 (结构单元的化学结构、立体化学构型和构象以及单个分子链的构象) 对结晶结构影响很大 [111-117]。在分子链中引入缺陷或加入少量共聚单体可以诱导 γ-iPP 晶型的产生 [21,118-120]。使用茂金属催化剂 (metallocene catalyst) 合成的 iPP 与使用 Ziegler-Natta 催化剂合成的 iPP 相比, 前者分子链的构象缺陷分布更加均匀。此处的构象缺陷包括立构规整性缺陷 (stereo-irregularity) 和局部有序性缺陷 (regio-irregularity), 少量的缺陷就可以使分子链的规整程度大大降低, 造成可结晶的等规链节序列长度降低, 从而降低 β 晶的形成能力 [121-123]。由此可见, β-iPP 形成的内在条件必须满足 iPP 分子链具有高度的构象规整性, 从而满足排入 β 晶格所需的构象和螺旋手性要求。

iPP 分子链进行结晶时均以 3_1 螺旋构象进入晶胞结构中 [20]。α 晶胞中左右手性的螺旋分子链交替排列, β 晶胞中相同手性的螺旋分子链进行堆砌, 形成局部左旋手性区域与局部右旋手性区域共存的结构。前者的分子链排列比后者更为紧密, 从而导致 α-iPP 比 β-iPP 具有更高的结晶密度和熔融温度 ($T_{m\alpha} \approx 170 \,℃$, $T_{m\beta} \approx 155 \,℃$)。iPP 结晶的手性结构与对应的热力学性质与聚乳酸 (polylactide, PLA) 手性结晶现象类似。PLA 的分子链上存在手性碳原子, 因此 PLA 又分为左旋聚乳酸 (poly(L-lactide), PLLA) 和右旋聚乳酸 (poly(D-lactide), PDLA)。PLLA/PDLA 共混体系可以形成立构复合型 (stereocomplex-type) 结构, 比全同手性的 PLLA 或 PDLA 结晶具有更高的熔融温度 (前者约为 230 ℃, 后两者约为 180 ℃)[124-126]。通过对比不难发现, α-iPP 和 β-iPP 分别与 PLA 立构复合物和 PLLA(或 PDLA) 均聚物在分子链螺旋手性的排列及其对应结晶结构的热力学性质方面具有相似性。

虽然聚烯烃分子链的螺旋构象在其结晶结构中得以证明, 但是在各向同性的熔体或溶液状态下却无法用实验手段直接观察。这主要是因为聚烯烃柔性分子链在溶液或熔体中多为无规线团状, 并且其螺旋构象很容易受到合成机理或外界因素的干扰 [127]。与实验相比, 分子模拟是研究高分子体系各种转变过程分子机理的有效手段。很多通过实验手段无法获得的结构参数可以用分子模拟的方法得到。目前, 分子模拟已经广泛应用于高分子结晶领域, 比如分子链缠结 [128,129]、高分子在溶液中结晶 [130,131]、成核过程 [132,133]、熔融过程 [133-135]、塑性形变 [136]、界面

效应 [137]、不溶性 [138]、shish-kebab 结构的形成 [139] 等。

　　图 8.34 是近期 Ji 等 [140] 对 iPP 快速熔融过程的分子模拟结果，以右手螺旋为例进行说明：β-iPP 在熔融过程中右手螺旋的比例从 100% 降低到 50%，而 α-iPP 在熔融过程中右手螺旋的比例保持 50% 不变，并且与熔体中右手螺旋的比例相同。iPP 是由非手性单体聚合而成的，其相反手性的螺旋构象能量是相同的 [141]，因此在合成过程中左手性和右手性螺旋出现的概率相同 [142]，是一种外消旋高分子。这与模拟结果中 iPP 熔体中左右手性螺旋的比例为 1:1 相一致。iPP 的旋光特性决定了 β-iPP 中左手螺旋区域与右手螺旋区域的比例相等，从而在整体上消除手性。

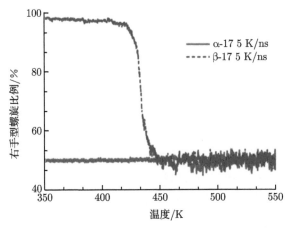

图 8.34　α-iPP 与 β-iPP 中右手螺旋比例在 350 K(77 ℃) 到 550 K(277 ℃)
熔融过程中的变化 [140]

8.4.2　剪切诱导 β-iPP 结晶机理新观点

　　通过对 iPP 不同晶型与 PLA 手性结晶之间的对比，以及分子模拟得到的 iPP 不同晶型熔融过程中手性螺旋链比例的变化，可以推断 iPP 从各向同性且外消旋 (左旋与右旋手性的螺旋分子链比例为 1:1) 的熔融状态到达结晶状态时，需要经过一个分子链手性螺旋有序化的过程，最终在左右手性螺旋无序分布的熔体中形成类似于 PLLA 或 PDLA 这样的由相同手性螺旋分子链聚集而成的单手性螺旋中介相，定义为 "单手性螺旋中介相 (isochiral-rich mesophase)"，或者形成类似于 PLLA/PDLA 这样的左右手性螺旋交替排列的立构复合式中介相 "立构复合型中介相 (stereocomplex-type mesophase)"，并在此基础上分别发展成为 β 晶相和 α 晶相。这一观点为解决 iPP 结晶的起源，甚至是高分子结晶的起源问题提供了一个新思路。我们的实验结果表明剪切诱导 β-iPP 形成与剪切流场中分子链构象的调整有关。我们从剪切影响 "中介相 (mesophase)" 中分子链螺旋构象的角度对 iPP

结晶过程进行阐述,结晶过程如图 8.35 所示。

iPP 熔体处于非晶态且外消旋,左右手性螺旋以立构复合形式分布 (图 8.35(a))。高分子结晶前的预有序结构曾有大量报道,并且 α 晶胞中左右手性螺旋交替排列的堆叠形式类似于 PLLA/PDLA 共混物中的立构复合结构。因此,我们认为 iPP 熔体中的螺旋分子链趋于形成能量低、稳定性高的立构复合式的预有序结构 (图 8.35(b)),称为立构复合式中介相 (stereocomplex-type mesophase,SCTM)。SCTM 在静态条件下通过协同作用转变为 α 晶相 (图 8.35(c) 和 (d))。剪切形成的剪切储能打乱了 SCTM 内的分子链螺旋立构复合式排列,导致形成单手性螺旋的局部区域 (图 8.35(e)),称为单手性螺旋中介相 (isochiral-rich mesophase,ICRM)。单手性螺旋中介相满足 β 晶中分子链螺旋的堆叠形式,在合适的温度下通过多步结晶方式转变为 β 晶 (图 8.35(f))。由于 iPP 是外消旋高分子,以左手性分子链螺旋为主的 ICRM 与以右手性分子链螺旋为主的 ICRM 共存且比例相等。另一方面,一部分稳定的 SCTM 在剪切结束后能够保留下,与受剪切影响较弱的熔体中新形成的 SCTM 一起转变为 α 晶相,表现为与 β 晶相竞争生长,形成多组分结晶形貌 (图 8.35(g))。

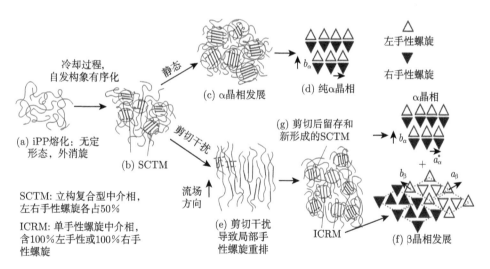

图 8.35　剪切诱导 iPP 熔体中产生不同手性结构的中介相 (mesophase),并以此为基础发展为结晶结构的示意图

根据上述 iPP 结晶过程,α-iPP 和 β-iPP 分别由手性结构组成不同的中介相发展而来,从而可以解释 α-排核不是诱导 β-iPP 结晶的必要条件。没有剪切干扰,单手性螺旋为主的局部中介相无法从立构复合式的 iPP 熔体中自发形成,这是剪切诱导 β-iPP 结晶的原因。

8.4.3   成核剂诱导 β-iPP 结晶机理新观点

特定手性的分子链在各向同性的熔体中不能自发聚集，但是可以通过一种预有序结构，即中介相，进一步发展为结晶结构 [141]。在剪切诱导 iPP 结晶过程中，我们认为剪切形成的剪切储能打乱了 iPP 熔体中自发形成的立构复合式预有序结构，导致形成单手性螺旋的局部区域，并进一步转变为 β 晶相。种种迹象表明，β-iPP 的产生与成核剂的结晶结构未必有必然的联系 [20]。β-iPP 形成是因为 iPP 熔体中形成了单手性螺旋的中介相，成核剂诱导 β-iPP 的过程如图 8.36 所示：成核剂与 iPP 分子之间存在特殊的物理化学作用，可以促进相同手性的螺旋分子链或链段聚集，在成核剂与熔体界面形成局部的单手性螺旋区域 (图 8.36 (b))，即单手性螺旋中介相 (ICRM)；静态条件下 ICRM 通过多步结晶方式 [91,92,97] 转变为 β 晶相 (图 8.36(c) 和 (d))。

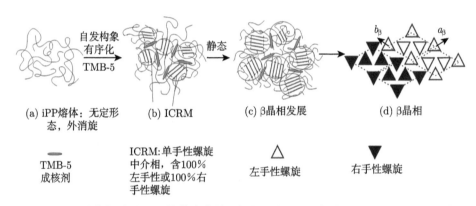

图 8.36   β 成核剂诱导 iPP 熔体产生单手性螺旋中介相，在此基础上发展为结晶结构

利用附生生长和晶格匹配观点无法解释的实验现象可以在上述观点下得到解释：①成核剂与高分子链之间的物理化学作用随成核剂含量的增加逐渐增强，当成核剂超过某一高临界含量时，成核剂部分溶于 iPP[84]，或者发生团聚 [100]，与分子链间的有效相互作用达到最高水平，诱导 β 晶的效率不再提高。②单手性螺旋中介相和立构复合式中介相的热稳定不同；在高温下，前者热稳定性差，容易形成立构复合式中介相，后者热稳定性高，可以通过成核剂活化的螺旋分子链产生。这是成核剂能够加速 α 结晶进程的原因，也是其双重选择性的本质原因。③单手性螺旋中介相的存在概率随高温停留时间的增加而降低，由于高温下 α 结晶速率大于 β 结晶速率，α 晶相在熔体内大量扩散造成空间限制，形成单手性螺旋中介相的分子链减少，即使在高温预结晶后降温至适合 β 晶生长的温度 135 ℃，由于单手性螺旋中介相的不足，β 结晶过程受到影响。

α-iPP 和 β-iPP 结晶结构的差别在于晶胞中螺旋链的手性及其堆叠方式 [73]。

剪切可以诱导分子链或链段进行取向和伸展，并伴随分子链构象的调整。成核剂诱导高分子结晶，与分子链和成核剂之间的相互作用有关 [143]。因此，研究剪切对含成核剂 iPP 结晶行为的影响，实际上是研究结晶过程中剪切和成核剂如何影响 iPP 分子链的行为。

大量研究表明高分子结晶始于预有序结构 [144-147]。根据前面的介绍，α-iPP 和 β-iPP 分别由不同手性结构的立构复合式中介相和单手性螺旋中介相发展而来，剪切和 β 成核剂通过不同的方式诱导 iPP 熔体中产生单手性螺旋中介相。不难推测，成核剂诱导 iPP 结晶时引入剪切，会影响 iPP 熔体内不同手性结构中介相的形成，使得结晶过程和结晶结构发生变化。

结合前面各小节的内容，剪切对含 β 成核剂 iPP 结晶过程的影响有如下新的理解，如图 8.37 所示：静态条件下，iPP/TMB-5 按照 (a)~(d) 的过程进行结晶 (相关描述见图 8.36)；剪切破坏了成核剂与熔体分子链之间的物理化学作用，导致成核剂–熔体界面中介相的单手性螺旋区域转变成立构复合式区域 (e)，并通过 "多步结晶" 转变为 α 晶相 (f)；部分未受干扰的单手性螺旋中介相保留下来，转变为 β 晶相 (g)。

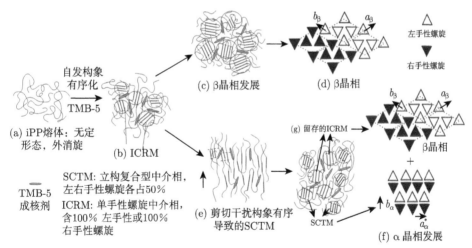

图 8.37   含 β 成核剂 iPP 在静态及剪切流场作用下基于不同手性螺旋结构中介相的结晶过程示意图

该机理可以很好地解释上述研究结果：①低过冷度时 (170 ℃)，TMB-5 已经可以诱导单手性螺旋中介相形成，但稳定性较差，容易受外界干扰；此时引入剪切，扰乱了单手性螺旋中介相的正常发展，使立构复合式中介相提前形成，α-iPP 结晶进程加快；同时，剪切导致分子链运动加快，促进了单手性螺旋中介相向 β 晶相的转变，β-iPP 的结晶进程加快。②剪切虽然促进了 α-iPP 和 β-iPP 的结晶动力学，但是降低了单手性螺旋中介相的含量及稳定性，导致样品中 β 晶相含量降低。③剪切后高温停留有利于立构复合式中介相发展为 α 晶相，单手性螺旋中介相的形成更加困难，因此 β 晶相含量非常少。④在单手性螺旋中介相达到临界数量和体积开始向 β 晶相转变时进行剪切，相当数量的单手性螺旋中介相被破坏并转变为立构复合式中介相，导致样品中 β 晶相含量大幅度减小。⑤在 β 晶相已经形成，立构复合式中介相达到临界数量和体积开始转变为 α 晶相时进行剪切，立构复合式中介相受到剪切的干扰，一定程度上补偿了 β 晶相含量的降低。

　　针对上一小节中 "不同成核剂含量条件下，剪切对成核剂诱导 β-iPP 含量的影响不同" 这一实验现象，我们认为这与不同含量 β 成核剂有效作用范围不同有关：如图 8.38 所示，成核剂诱导单手性螺旋中介相的有效作用区域起初随着成核剂含量的增加逐渐扩大，当成核剂含量超过高临界含量后，不同成核剂颗粒作用的区域相互重叠，使得成核剂有效作用区域达到最大值，此时引入剪切，对单手性螺旋中介相的干扰非常显著，造成 β 晶相含量降低；在高临界含量以下，成核剂含量越低，成核剂作用范围越小，剪切主要影响成核剂作用范围之外的熔体区域，使得一部分立构复合式中介相转变为额外的单手性螺旋中介相，从而导致 β 晶相含量高于静态结晶的含量。

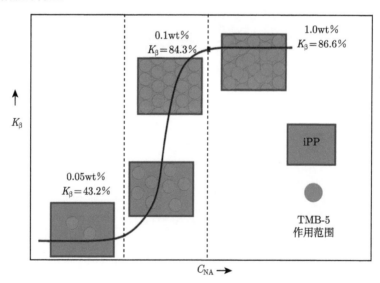

图 8.38　β-iPP 含量与成核剂含量的关系示意图

　　另一方面，高临界含量时，剪切对成核剂诱导单手性螺旋中介相的干扰占主导地位，剪切温度越高，分子链松弛越快，剪切对分子链构象的影响易被分子链松弛运动消除掉，表现为剪切的干扰作用随剪切温度升高而逐渐减弱，β-iPP 的含量逐渐回升。高临界含量以下，剪切对成核剂作用范围之外、熔体内立构复合式中介相

的干扰占主导地位，剪切温度越高，分子的活性越大，熔体中分子链被激活形成单
手性螺旋中介相的时间越早；虽然高温条件下剪切诱导单手性螺旋中介相的能力
较低，但是在成核剂的物理化学作用下，剪切诱导的初级单手性螺旋中介相的稳定
性得以提高。两方面作用有利于单手性螺旋中介相的形成，从而使得 β 晶相含量
随剪切温度升高表现出上升的趋势。

参 考 文 献

[1] 张兴华, 严大东. 高分子结晶理论进展. 高分子学报, 2014, (8): 1041-1047.

[2] Menyhárd A, Varga J, Molnár G. Comparison of different β-nucleators for isotactic polypropylene, characterisation by DSC and temperature-modulated DSC (TMDSC) measurements. Journal of Thermal Analysis and Calorimetry, 2006, 83(3): 625-630.

[3] Piccarolo S, Saiu M, Brucato V, Titomanlio G. Crystallization of polymer melts under fast cooling. II. High-purity iPP. Journal of Applied Polymer Science, 1992, 46 (4): 625-634.

[4] Lotz B, Wittmann J, Lovinger A. Structure and morphology of poly (propylenes): A molecular analysis. Polymer, 1996, 37(22): 4979-4992.

[5] Kotek J, Kelnar I, Baldrian J, Raab M. Tensile behaviour of isotactic polypropylene modified by specific nucleation and active fillers. European Polymer Journal, 2004, 40(4): 679-684.

[6] Huo H, Jiang S, An L, Feng J. Influence of shear on crystallization behavior of the β phase in isotactic polypropylene with β-nucleating agent. Macromolecules, 2004, 37(7): 2478-2483.

[7] Vleeshouwers S. Simultaneous in-situ WAXS/SAXS and d.s.c. study of the recrystallization and melting behaviour of the α and β form of iPP. Polymer,1997, 38 (13): 3213-3221.

[8] Varga J, Karger-Kocsis J. Direct evidence of row-nucleated cylindritic crystallization in glass fiber-reinforced polypropylene composites. Polymer Bulletin, 1993, 30 (1): 105-110.

[9] Varga J, Karger-Kocsis J. Rules of supermolecular structure formation in sheared isotactic polypropylene melts. Journal of Polymer Science, Part B: Polymer Physics, 1996, 34 (4): 657-670.

[10] Yamaguchi M, Fukui T, Okamoto K, Sasaki S, Uchiyama Y, Ueoka C. Anomalous molecular orientation of isotactic polypropylene sheet containing N,N'-dicyclohexyl-2,6-naphthalene dicarboxamide. Polymer, 2009, 50(6): 1497-1504.

[11] Cai Z, Zhang Y, Li J, Shang Y, Huo H, Feng J, Funari S S, Jiang S. Temperature-dependent selective crystallization behavior of isotactic polypropylene with a β-nucleating agent. Journal of Applied Polymer Science, 2013, 128(1): 628-635.

[12]　Lovinger A J, Chua J O, Gryte C C. Studies on the α and β forms of isotactic polypropylene by crystallization in a temperature gradient. Journal of Polymer Science: Polymer Physics Edition, 1977, 15(4): 641-656.

[13]　Natta G, Corradini P. Structure and properties of isotactic polypropylene. Il Nuovo Cimento Series 10,1960, 15 (1): 40-51.

[14]　Lotz B. α and β phases of isotactic polypropylene: A case of growth kinetics "phase reentrency" in polymer crystallization. Polymer, 1998, 39 (19): 4561-4567.

[15]　Jones A T, Aizlewood J M, Beckett D R. Crystalline forms of isotactic polypropylene. Die Makromolekulare Chemie, 1964, 75 (1): 134-158.

[16]　Auriemma F, De Rosa C, Corradini P. Solid mesophases in semicrystalline polymers: Structural analysis by diffraction techniques. Advances in Polymer Science, 2005, 181: 1-8.

[17]　Pasquini N. 聚丙烯手册. 北京: 化学工业出版社, 2008.

[18]　Padden F, Keith H. Spherulitic crystallization in polypropylene. Journal of Applied Physics, 1959, 30(10): 1479-1484.

[19]　Meille S V, Ferro D R, Brückner S, Lovinger A J, Padden F J. Structure of beta-isotactic polypropylene: A long-standing structural puzzle. Macromolecules, 1994, 27 (9): 2615-2622.

[20]　Su Z, Dong M, Guo Z, Yu J. Study of polystyrene and acrylonitrile-styrene copolymer as special β-nucleating agents to induce the crystallization of isotactic polypropylene. Macromolecules, 2007, 40(12): 4217-4224.

[21]　De Rosa C, Auriemma F, Circelli T, Waymouth R M. Crystallization of the α and γ forms of isotactic polypropylene as a tool to test the degree of segregation of defects in the polymer chains. Macromolecules, 2002, 35(9): 3622-3629.

[22]　VanderHart D L, Alamo R G, Nyden M R, Kim M H, Mandelkern L. Observation of resonances associated with stereo and regio defects in the crystalline regions of isotactic polypropylene: Toward a determination of morphological partitioning. Macromolecules, 2000, 33(16): 6078-6093.

[23]　Thomann R, Wang C, Kressler J, Mülhaupt R. On the γ-phase of isotactic polypropylene. Macromolecules, 1996, 29(26): 8425-8434.

[24]　Morrow D R, Newman B A. Crystallization of low-molecular-weight polypropylene fractions. Journal of Applied Physics, 1968, 39(11): 4944-4950.

[25]　Keller A, Kolnaar H W. Flow-induced orientation and structure formation. Materials Science and Technology, 2006: 187-268.

[26]　Varga J. Characteristics of cylindritic crystallization of polypropylene. Die Angewandte Makromolekulare Chemie, 1983, 112(1): 191-203.

[27]　Lotz B, Witmann J C. Isotactic polypropylene: growth transition and crystal polymorphism. Prog. Colloid Polym. Sci., 1992, 87: 3-7.

[28] Varga J. β-modification of polypropylene and its two-component systems. Journal of Thermal Analysis, 1989, 35(6): 1891-1912.

[29] Bai H, Wang Y, Zhang Z, Han L, Li Y, Liu L, Zhou Z, Men Y. Influence of annealing on microstructure and mechanical properties of isotactic polypropylene with β-phase nucleating agent. Macromolecules, 2009, 42(17): 6647-6655.

[30] Li H, Sun X, Yan S, Schultz J M. Initial stage of iPP β to α growth transition induced by stepwise crystallization. Macromolecules, 2008, 41(13): 5062-5064.

[31] Karger-Kocsis J, Varga J. Effects of β-α transformation on the static and dynamic tensile behavior of isotactic polypropylene. Journal of Applied Polymer Science, 1998, 62(2): 291-300.

[32] Geng Y, Wang G, Cong Y, Bai L, Li L, Yang C. Shear-induced nucleation and growth of long helices in supercooled isotactic polypropylene. Macromolecules, 2009, 42(13): 4751-4757.

[33] Bermejo F, Criado A, Fayos R, Fernández-Perea R, Fischer H, Suard E, Guelylah A, Zúñiga J. Structural correlations in disordered matter: an experimental separation of orientational and positional contributions. Physical Review B, 1997, 56(18): 11536-11545.

[34] Azzurri F, Alfonso G C. Insights into formation and relaxation of shear-induced nucleation precursors in isotactic polystyrene. Macromolecules, 2008, 41(4): 1377-1383.

[35] Wang Y, Pan J L, Mao Y, Li Z M, Li L, Hsiao B S. Spatial distribution of γ-crystals in metallocene-made isotactic polypropylene crystallized under combined thermal and flow fields. The Journal of Physical Chemistry B,2010, 114 (20): 6806-6816.

[36] Kumaraswamy G, Verma R K, Kornfield J A, Yeh F, Hsiao B S. Shear-enhanced crystallization in isotactic polypropylene. In-situ synchrotron SAXS and WAXD. Macromolecules, 2004, 37 (24): 9005-9017.

[37] Somani R H, Yang L, Hsiao B S, Fruitwala H. Nature of shear-induced primary nuclei in iPP melt. Journal of Macromolecular Science, Part B, 2003, 42(3-4): 515-531.

[38] Janeschitz-Kriegl H, Ratajski E, Wippel H. The physics of athermal nuclei in polymer crystallization. Colloid and Polymer Science, 1999, 277(2-3): 217-226.

[39] Liu Q, Sun X, Li H, Yan S. Orientation-induced crystallization of isotactic polypropylene. Polymer, 2013, 54 (17): 4404-4421.

[40] Phillips A W, Bhatia A, Zhu P W, Edward G. Shish formation and relaxation in sheared isotactic polypropylene containing nucleating particles. Macromolecules, 2011, 44(9): 3517-3528.

[41] Ogino Y, Fukushima H, Takahashi N, Matsuba G, Nishida K, Kanaya T. Crystallization of isotactic polypropylene under shear flow observed in a wide spatial scale. Macromolecules, 2006, 39: 7617-7625.

[42] Fernandez-Ballester L, Thurman D W, Zhou W, Kornfield J A. Effect of long chains on

the threshold stresses for flow-induced crystallization in iPP: Shish kebabs vs sausages. Macromolecules, 2012, 45 (16): 6557-6570.

[43] Zhang B, Chen J, Ji F, Zhang X, Zheng G, Shen C. Effects of melt structure on shear-induced β-cylindrites of isotactic polypropylene. Polymer, 2012, 53(8): 1791-1800.

[44] Xu W, Martin D C, Arruda E M. Finite strain response, microstructural evolution and β → α phase transformation of crystalline isotactic polypropylene. Polymer, 2005, 46(2): 455-470.

[45] Jabbarzadeh A, Tanner R I. Flow-induced crystallization: Unravelling the effects of shear rate and strain. Macromolecules, 2010, 43(19): 8136-8142.

[46] Zhao S, Cai Z, Xin Z. A highly active novel β-nucleating agent for isotactic polypropylene. Polymer, 2008, 49(11): 2745-2754.

[47] Chvátalová L, Navrátilová J, Čermák R, Raab M, Obadal M. Joint effects of molecular structure and processing history on specific nucleation of isotactic polypropylene. Macromolecules, 2009, 42(19): 7413-7417.

[48] Somani R H, Hsiao B S, Nogales A, Fruitwala H, Srinivas S, Tsou A H. Structure development during shear flow induced crystallization of i-PP: In situ wide-angle X-ray diffraction study. Macromolecules, 2001, 34(17): 5902-5909.

[49] Huang H X. Self-reinforcement of polypropylene by flow-induced crystallization during continuous extrusion. Journal of Applied Polymer Science, 1998, 67(12): 2111-2118.

[50] Kalay G, Bevis M J. Processing and physical property relationships in injection-molded isotactic polypropylene. 2. Morphology and crystallinity. Journal of Polymer Science, Part B: Polymer Physics, 1997, 35(2): 265-291.

[51] Varga J, Karger-Kocsis J. Interfacial morphologies in carbon fibre-reinforced polypropylene microcomposites. Polymer, 1995, 36(25): 4877-4881.

[52] Sun X, Li H, Wang J, Yan S. Shear-induced interfacial structure of isotactic polypropylene (iPP) in iPP/fiber composites. Macromolecules, 2006, 39(25): 8720-8726.

[53] Thomason J L, Van Rooyen A A. Transcrystallized interphase in thermoplastic composites. Journal of Materials Science, 1992, 27(4): 897-907.

[54] Kumaraswamy G, Issaian A M, Kornfield J A. Shear-enhanced crystallization in isotactic polypropylene. 1. Correspondence between in situ rheo-optics and ex situ structure determination. Macromolecules, 1999, 32(22): 7537-7547.

[55] Coccorullo I, Pantani R, Titomanlio G. Spherulitic nucleation and growth rates in an iPP under continuous shear flow. Macromolecules, 2008, 41(23): 9214-9223.

[56] Langouche F. Orientation development during shear flow-induced crystallization of i-PP. Macromolecules, 2006, 39(7): 2568-2573.

[57] Mykhaylyk O O, Chambon P, Impradice C, Fairclough J P A, Terrill N J, Ryan A J. Control of structural morphology in shear-induced crystallization of polymers. Macromolecules, 2010, 43(5): 2389-2405.

[58] Varga J, β-modification of isotactic polypropylene: preparation, structure, processing, properties, and application. Journal of Macromolecular Science, Part B, 2002, 41 (4-6): 1121-1171.

[59] Varga J. Modification change during spherulitic growth of polypropylene. Die Ange-wandte Makromolekulare Chemie, 1982, 104(1): 79-87.

[60] Varga J. Supermolecular structure of isotactic polypropylene. Journal of Materials Science, 1992, 27(10): 2557-2579.

[61] Varga J, Ehrenstein G W. High-temperature hedritic crystallization of the β-modification of isotactic polypropylene. Colloid and Polymer Science, 1997, 275 (6): 511-519.

[62] Varga J, Ehrenstein G W. Formation of β-modification of isotactic polypropylene in its late stage of crystallization. Polymer, 1996, 37(26): 5959-5963.

[63] Somani R H, Hsiao B S, Nogales A, Srinivas S, Tsou A H, Sics I, Balta-Calleja F J, Ezquerra T A. Structure development during shear flow-induced crystallization of i-PP: In-situ small-angle X-ray scattering study. Macromolecules, 2000, 33 (25): 9385-9394.

[64] Schultz J, Hsiao B S, Samon J. Structural development during the early stages of poly-mer melt spinning by in-situ synchrotron X-ray techniques. Polymer, 2000, 41(25): 8887-8895.

[65] Smith D E, Babcock H P, Chu S. Single-polymer dynamics in steady shear flow. Science, 1999, 283 (5408): 1724-1727.

[66] De Gennes P G. Coil-stretch transition of dilute flexible polymers under ultrahigh ve-locity gradients. The Journal of Chemical Physics, 1974, 60(12): 5030-5042.

[67] Somani R H, Yang L, Hsiao B S, Sun T, Pogodina N V, Lustiger A. Shear-induced molecular orientation and crystallization in isotactic polypropylene: Effects of the de-formation rate and strain. Macromolecules, 2005, 38 (4): 1244-1255.

[68] Sun X, Li H, Lieberwirth I, Yan S. α and β interfacial structures of the iPP/PET matrix/fiber systems. Macromolecules, 2007, 40(23): 8244-8249.

[69] Sun Y, He C. Biodegradable "core-shell" rubber nanoparticles and their toughening of poly(lactides). Macromolecules, 2013, 46(24): 9625-9633.

[70] Sun X, Li H, Zhang X, Wang D, Schultz J M, Yan S. Effect of matrix molecular mass on the crystallization of β-form isotactic polypropylene around an oriented polypropylene fiber. Macromolecules, 2009, 43(1): 561-564.

[71] Li L, de Jeu W H. Shear-induced smectic ordering and crystallisation of isotactic polypropylene. Faraday Discussions, 2005, 128(0): 299-319.

[72] Phillips A W, Bhatia A, Zhu P W, Edward G. Polymorphism in sheared isotactic polypropylene containing nucleant particles. Macromolecular Materials and Engineer-ing, 2013, 298(9): 991-1003.

[73] Lotz B. What can polymer crystal structure tell about polymer crystallization processes? The European Physical Journal E, 2000, 3(2): 185-194.

[74] Godara A, Raabe D, Van Puyvelde P, Moldenaers P. Influence of flow on the global crystallization kinetics of iso-tactic polypropylene. Polymer Testing, 2006, 25 (4): 460-469.

[75] Monasse B. Polypropylene nucleation on a glass fibre after melt shearing. Journal of Materials Science, 1992, 27 (22): 6047-6052.

[76] Wassner E, Maier R. In shear-induced crystallization of polypropylene melts. Proceedings of the XIII International Congress on Rheology, Cambridge, 2000: 1-183.

[77] Nogales A, Hsiao B S, Somani R H, Srinivas S, Tsou A H, Balta-Calleja F J, Ezquerra T A. Shear-induced crystallization of isotactic polypropylene with different molecular weight distributions: in situ small- and wide-angle X-ray scattering studies. Polymer, 2001, 42(12): 5247-5256.

[78] Zhao Y F, Hayasaka K, Matsuba G, Ito H. In situ observations of flow-induced precursors during shear. Macromolecules, 2013, 46(1): 172-178.

[79] Murase H, Ohta Y, Hashimoto T. A new scenario of shish-kebab formation from homogeneous solutions of entangled polymers: visualization of structure evolution along the fiber spinning line. Macromolecules, 2011, 44(18): 7335-7350.

[80] Somani R H, Sics I, Hsiao B S. Thermal stability of shear-induced precursor structures in isotactic polypropylene by rheo-X-ray techniques with couette flow geometry. Journal of Polymer Science, Part B: Polymer Physics, 2006, 44(24): 3553-3570.

[81] Luo B, Li H, Zhang Y, Xue F, Guan P, Zhao J, Zhou C, Zhang W, Li J, Huo H. Wall slip effect on shear-induced crystallization behavior of isotactic polypropylene containing β-nucleating agent. Industrial & Engineering Chemistry Research, 2014, 53(34): 13513-13521.

[82] Cavallo D, Azzurri F, Balzano L, Funari S S. Alfonso G C. Flow memory and stability of shear-induced nucleation precursors in isotactic polypropylene. Macromolecules, 2010, 43 (22): 9394-9400.

[83] Somani R H, Yang L, Hsiao B S. Effects of high molecular weight species on shear-induced orientation and crystallization of isotactic polypropylene. Polymer, 2006, 47 (15): 5657-5668.

[84] Varga J, Menyhárd A. Effect of solubility and nucleating duality of N, N′-dicyclohexyl-2, 6-naphthalene dicarboxamide on the supermolecular structure of isotactic polypropylene. Macromolecules, 2007, 40(7): 2422-2431.

[85] Hou W M, Liu G, Zhou J J, Gao X, Li Y, Li L, Zheng S, Xin Z, Zhao L Q. The influence of crystal structures of nucleating agents on the crystallization behaviors of isotactic polypropylene. Colloid and Polymer Science, 2006, 285 (1): 11-17.

[86] Blomenhofer M, Ganzleben S, Hanft D, Schmidt II W, Kristiansen M, Smith P, Stoll K, Mäder D, Hoffmann K. "Designer" nucleating agents for polypropylene. Macromolecules, 2005, 38(9): 3688-3695.

[87] Marco C, Gómez M A, Ellis G, Arribas J M. Activity of a β-nucleating agent for isotactic polypropylene and its influence on polymorphic transitions. Journal of Applied Polymer Science, 2002, 86(3): 531-539.

[88] Menyhárd A, Varga J, Molnár G. Comparison of different-nucleators for isotactic polypropylene, characterisation by DSC and temperature-modulated DSC (TMDSC) measurements. Journal of Thermal Analysis and Calorimetry, 2006, 83(3): 625-630.

[89] Dong M, Guo Z X, Yu J, Su Z Q. Study of the assembled morphology of aryl amide derivative and its influence on the nonisothermal crystallizations of isotactic polypropylene. Journal of Polymer Science, Part B: Polymer Physics, 2009, 47 (3): 314-325.

[90] 何阳, 黄锐, 郑德. β 晶型聚丙烯研究进展. 高分子通报, 2008, (1): 24-32.

[91] Chen Y H, Mao Y M, Li Z M, Hsiao B S. Competitive growth of α-and β-crystals in β-nucleated isotactic polypropylene under shear flow. Macromolecules, 2010, 43(16): 6760-6771.

[92] Garbarczyk J, Paukszta D. Influence of additives on the structure and properties of polymers: 2. Polymorphic transitions of isotactic polypropylene caused by aminosulphur compounds. Polymer, 1981, 22(4): 562-564.

[93] Stocker W, Schumacher M, Graff S, Thierry A, Wittmann J C, Lotz B. Epitaxial crystallization and AFM investigation of a frustrated polymer structure: Isotactic poly (propylene), β phase. Macromolecules, 1998, 31(3): 807-814.

[94] Kawai T, Iijima R, Yamamoto Y, Kimura T. Crystal orientation of N, N′-dicyclohexyl-2, 6-naphthalene dicarboxamide in high magnetic field. The Journal of Physical Chemistry B, 2001, 105(34): 8077-8080.

[95] Kawai T, Iijima R, Yamamoto Y, Kimura T. Crystal orientation of β-phase isotactic polypropylene induced by magnetic orientation of N,N′-dicyclohexyl-2,6-naphthalene-dicarboxamide. Polymer, 2002, 43(26): 7301-7306.

[96] Mathieu C, Thierry A, Wittmann J C, Lotz B. Specificity and versatility of nucleating agents toward isotactic polypropylene crystal phases. Journal of Polymer Science, Part B: Polymer Physics, 2002, 40(22): 2504-2515.

[97] Torre J, Cortázar M, Gómez M, Ellis G, Marco C. Melting behavior in blends of isotactic polypropylene and a liquid crystalline polymer. Journal of Polymer Science, Part B: Polymer Physics, 2004, 42(10): 1949-1959.

[98] Chen Y H, Zhong G J, Wang Y, Li Z M, Li L. Unusual tuning of mechanical properties of isotactic polypropylene using counteraction of shear flow and β-nucleating agent on β-form nucleation. Macromolecules, 2009, 42(12): 4343-4348.

[99] Kotek J, Raab M, Baldrian J, Grellmann W. The effect of specific β-nucleation on morphology and mechanical behavior of isotactic polypropylene. Journal of Applied Polymer Science, 2002, 85(6): 1174-1184.

[100] Dong M, Guo Z, Yu J, Su Z. Crystallization behavior and morphological development

of isotactic polypropylene with an aryl amide derivative as β-form nucleating agent. Journal of Polymer Science, Part B: Polymer Physics, 2008, 46 (16): 1725-1733.

[101]　Migler K, Massey G, Hervet I, Leger L. The slip transition at the polymer-solid interface. Journal of Physics: Condensed Matter, 1994, 6(23A): A301.

[102]　Wang S Q. Molecular Transitions and Dynamics at Polymer/Wall Interfaces: Origins of Flow Instabilities and Wall Slip. In Polymers in Confined Environments. Granick S, Binder K, Gennes P G, Giannelis E P, Grest G S, Hervet H, Krishnamoorti R, Léger L, Manias E, Raphaël E, Wang S Q, Eds. Berlin Heidelberg: Springer, 1999, 138: 227-275.

[103]　Hatzikiriakos S G, Dealy J M. Wall slip of molten high density polyethylenes. II. Capillary rheometer studies. Journal of Rheology, 1992, 36: 703.

[104]　Hatzikiriakos S, Dealy J. Wall slip of molten high density polyethylene. I. Sliding plate rheometer studies. Journal of Rheology, 1991, 35: 497.

[105]　Spikes H, Granick S. Equation for slip of simple liquids at smooth solid surfaces. Langmuir, 2003, 19(12): 5065-5071.

[106]　Hatzikiriakos S G. Wall slip of molten polymers. Progress in Polymer Science, 2012, 37(4): 624-643.

[107]　Wang S Q, Ravindranath S, Boukany P E. Homogeneous shear, wall slip, and shear banding of entangled polymeric liquids in simple-shear rheometry: A roadmap of nonlinear rheology. Macromolecules, 2011, 44(2): 183-190.

[108]　Mhetar V, Archer L A. Slip in entangled polymer melts. 1. General features. Macromolecules, 1998, 31(24): 8607-8616.

[109]　Varga J, Mudra I, Ehrenstein G. Crystallization and melting of β-nucleated isotactic polypropylene. Journal of Thermal Analysis and Calorimetry, 1999, 56(3): 1047-1057.

[110]　Garbarczyk J, Paukszta D. Influence of additives on the structure and properties of polymers. Colloid and Polymer Science, 1985, 263(12): 985-990.

[111]　Choi D, White J L. Crystallization and orientation development in fiber and film processing of polypropylenes of varying stereoregular form and tacticity. Polymer Engineering & Science, 2004, 44(2): 210-222.

[112]　De Rosa C, Auriemma F, Di Capua A, Resconi L, Guidotti S, Camurati I, Nifant'ev I E, Laishevtsev I P. Structure-property correlations in polypropylene from metallocene catalysts: stereodefective, regioregular isotactic polypropylene. Journal of the American Chemical Society, 2004, 126(51): 17040-17049.

[113]　De Rosa, C, Auriemma F, Perretta C. Structure and properties of elastomeric Polypropylene from C2 and C2v-symmetric zirconocenes. The origin of crystallinity and elastic properties in poorly isotactic polypropylene. Macromolecules, 2004, 37 (18): 6843-6855.

[114]　Auriemma F, De Rosa C, Boscato T, Corradini P. The oriented γ form of isotactic polypropylene. Macromolecules, 2001, 34(14): 4815-4826.

[115] Wiyatno W, Pople J A, Gast A P, Waymouth R M, Fuller G G. Dynamic response of stereoblock elastomeric polypropylene studied by rheooptics and X-ray scattering. 2. Orthogonally oriented crystalline chains. Macromolecules, 2002, 35(22): 8498-8508.

[116] Wiyatno W, Fuller G G, Pople J A, Gast A P, Chen Z R, Waymouth R M, Myers C L. Component stress-strain behavior and small-angle neutron scattering investigation of stereoblock elastomeric polypropylene. Macromolecules, 2003, 36(4): 1178-1187.

[117] Wiyatno W, Chen Z R, Liu Y, Waymouth R M, Krukonis V, Brennan K. Heterogeneous composition and microstructure of elastomeric polypropylene from a sterically hindered 2-arylindenylhafnium catalyst. Macromolecules, 2004, 37(3): 701-708.

[118] De Rosa C, Auriemma F. Structural-mechanical phase diagram of isotactic polypropylene. Journal of the American Chemical Society, 2006, 128(34): 11024-11025.

[119] De Rosa C, Auriemma F, de Ballesteros O R, Resconi L, Camurati I. Crystallization behavior of isotactic propylene-ethylene and propylene-butene copolymers: Effect of comonomers versus stereodefects on crystallization properties of isotactic polypropylene. Macromolecules, 2007, 40 (18): 6600-6616.

[120] De Rosa C, Auriemma F, Paolillo M, Resconi L, Camurati I. Crystallization behavior and mechanical properties of regiodefective, highly stereoregular isotactic polypropylene: effect of regiodefects versus stereodefects and influence of the molecular mass. Macromolecules, 2005, 38(22): 9143-9154.

[121] Krache R, Benavente R, Lopez-Majada J M, Perena J M, Cerrada M L, Perez E. Competition between α, β, and γ polymorphs in a β-nucleated metallocenic isotactic polypropylene. Macromolecules, 2007, 40(19): 6871-6878.

[122] Varga J, Schulek-Tóth F. Crystallization, melting and spherulitic structure of β-nucleated random propylene copolymers. Journal of Thermal Analysis, 1996, 47(4): 941-955.

[123] Laihonen S, Gedde U W, Werner P E, Martinez-Salazar J. Crystallization kinetics and morphology of poly(propylene-stat-ethylene) fractions. Polymer, 1997, 38(2): 361-369.

[124] Shao J, Xiang S, Bian X, Sun J, Li G, Chen X. Remarkable melting behavior of PLA stereocomplex in linear PLLA/PDLA blends. Industrial & Engineering Chemistry Research, 2015, 54(7): 2246-2253.

[125] Xu H, Wu D, Yang X, Xie L, Hakkarainen M. Thermostable and impermeable "nano-barrier walls" constructed by poly(lactic acid) stereocomplex crystal decorated graphene oxide nanosheets. Macromolecules, 2015, 48(7): 2127-2137.

[126] Rahman N, Kawai T, Matsuba G, Nishida K, Kanaya T, Watanabe H, Okamoto H, Kato M, Usuki A, Matsuda M, Nakajima K, Honma N. Effect of polylactide stereocomplex on the crystallization behavior of poly(l-lactic acid). Macromolecules, 2009, 42(13): 4739-4745.

[127] Green M M, Park J W, Sato T, Teramoto A, Lifson S, Selinger R L B, Selinger J V. The macromolecular route to chiral amplification. Angewandte Chemie International

Edition, 1999, 38(21): 3138-3154.

[128] Wang S, Kong B, Nies E, Li X, Yang X. Two mechanisms of polymer chain crystallization within nanoglobule. Polymer, 2013, 54(15): 4030-4036.

[129] Yu X, Kong B, Yang X. Molecular dynamics study on the crystallization of a cluster of polymer chains depending on the initial entanglement structure. Macromolecules, 2008, 41 (18): 6733-6740.

[130] Zhang J, Muthukumar M. Monte Carlo simulations of single crystals from polymer solutions. The Journal of Chemical Physics, 2007, 126(23): 234904.

[131] Welch P, Muthukumar M. Molecular mechanisms of polymer crystallization from solution. Physical Review Letters, 2001, 87(21): 218302.

[132] Nagarajan K, Myerson A S. Molecular dynamics of nucleation and crystallization of polymers. Crystal Growth & Design, 2001, 1(2): 131-142.

[133] Sommer J U, Luo C. Molecular dynamics simulations of semicrystalline polymers: crystallization, melting, and reorganization. Journal of Polymer Science, Part B: Polymer Physics, 2010, 48(21): 2222-2232.

[134] Takahashi N, Hikosaka M, Yamamoto T. Computer simulation of melting of polymer crystals. Physica B: Condensed Matter, 1996, 219, 220, 420-422.

[135] Romanos N A, Theodorou D N. Crystallization and melting simulations of oligomeric α1 isotactic polypropylene. Macromolecules, 2010, 43(12): 5455-5469.

[136] Lee S, Rutledge G C. Plastic deformation of semicrystalline polyethylene by molecular simulation. Macromolecules, 2011, 44 (8): 3096-3108.

[137] Kuppa V K, in't Veld P J, Rutledge G C. Monte Carlo simulation of interlamellar isotactic polypropylene. Macromolecules, 2007, 40(14): 5187-5195.

[138] Choi P, Blom H P, Kavassalis T A, Rudin A. Immiscibility of poly(ethylene) and poly(propylene): a molecular dynamics study. Macromolecules, 1995, 28(24): 8247-8250.

[139] Dukovski I, Muthukumar M. Langevin dynamics simulations of early stage shish-kebab crystallization of polymers in extensional flow. The Journal of Chemical Physics, 2003, 118(14): 6648-6655.

[140] Ji X, He X, Jiang S. Melting processes of oligomeric α and β isotactic polypropylene crystals at ultrafast heating rates. The Journal of Chemical Physics, 2014, 140(5): 054901.

[141] Meille S V, Allegra G. Chiral crystallization of helical polymers. Macromolecules, 1995, 28(23): 7764-7769.

[142] Ebbens S J. Chemical and electrical modification of polypropylene surfaces. Durham University, 2000.

[143] Chvátalová L, Navrátilová J, Črmák R, Raab M, Obadal M. Joint effects of molecular structure and processing history on specific nucleation of isotactic polypropylene.

Macromolecules, 2009, 42(19): 7413-7417.

[144] Kanig G. Further electron microscope observations on polyethylene III. Smectic inter-mediate state during melting and crystallization. Colloid and Polymer Science, 1991, 269(11): 1118-1125.

[145] Li L, de Jeu W. Shear-induced smectic ordering in the melt of isotactic polypropylene. Physical Review Letters, 2004, 92(7): 075506.

[146] Allegra G. Chain folding and polymer crystallization: a statistical-mechanical approach. The Journal of Chemical Physics, 1977, 66(12): 5453-5463.

[147] Baert J, Van Puyvelde P. Density fluctuations during the early stages of polymer crys-tallization: An overview. Macromolecular Materials and Engineering, 2008, 293(4): 255-273.

第9章 聚丁烯-1结晶结构调控及结晶动力学

蒋世春 李景庆

等规聚丁烯-1(iPB-1) 的非对称线性链上均匀分布着侧乙基，单一分子链具有左/右螺旋构象，宏观上呈外消旋特性 [1]，可在不同条件下形成晶型 I、II、III、I′和II′，或多种晶型共存，有的晶型之间可以发生转变，为 iPB-1 带来了复杂的多晶结构特征。在熔融加工过程中，iPB-1 首先形成亚稳定的晶型 II，而后在室温下"自发"而缓慢地转变为热力学稳定的晶型 I。iPB-1 的晶型 I 具有良好的力学性能、耐化学药品性、耐热蠕变性、耐低温冻裂性、耐环境应力开裂性、耐磨性、可挠曲性以及高填料填充性等 [2]，尤其在受热条件下仍能表现出优异的力学性能，如突出的耐高温蠕变能力。因而，iPB-1 可广泛用于冷热水管材料、合成纤维、食品包装、医疗器械等诸多应用领域 [3]，被誉为"塑料黄金" [2,4,5]。

iPB-1 熔融加工过程中所涉及晶型 II 和 I 是最具工业应用价值的结晶结构，但iPB-1 应用的瓶颈问题是，熔融加工过程中晶型 II 的形成无可避免，即使在室温下向晶型 I 的自发转变速率最快，完成转变仍需一周乃至更长时间 [6-11]，不利于制品的性能稳定和尺寸精确控制，延缓了性能检验，增加了仓储时间，从而限制了iPB-1 的应用和研发。长期以来，尽管众多学者对 iPB-1 的结晶形成和转变进行了广泛而深入的研究，但是对相关机理的了解仍然不彻底 [12-14]，导致瓶颈问题还不能很好地解决。

9.1 iPB-1 的合成、性能及应用价值

9.1.1 iPB-1 的合成

9.1.1.1 均聚物合成

iPB-1 由 1-丁烯经催化聚合而成，最早于 1954 年由 Natta 采用淤浆法、气相法或本体法等聚合方式合成得到 [15-17]。最初人们多采用 Ziegler-Natta 催化剂在低温 (如 −20 °C) 下合成 iPB-1[18]。因 iPB-1 比较容易溶解在一些溶解能力强的烃类溶剂中，通过选用适当的反应介质并采用非均相 Ziegler-Natta 催化剂，可在溶液条件下将 1-丁烯聚合温度提高到 70 °C下进行，得到的聚合产物将直接溶解在溶剂中形成淤浆。在有些溶解能力弱的溶剂中也可以进行 iPB-1 聚合，只是聚合产物不

能很好地溶解 [19]。而选用 $TiCl_3/Et_2AlCl$ 催化剂,可在 25 ℃进行气相聚合,从而可以避免溶剂的使用 [19]。采用非均相 Ziegler-Natta 催化剂合成的 iPB-1 是不同分子量、不同立构规整度、不同立构序列分布的 iPB-1 混合物,聚合产物中不同分子链的立构规整缺陷存有差异 [20]。因而,通过 Ziegler-Natta 催化剂合成的 iPB-1 物理性能可涵盖很宽的范围,能满足各种工业需求。

选择适当的茂金属催化剂可有效地调控 iPB-1 分子量,并涵盖 Ziegler-Natta 催化剂所得到 iPB-1 的分子量范围。Resconi 等 [21] 采用 C_1-和 C_2-对称茂锆催化剂,研究了液态 1-丁烯在 50~90 ℃下的催化聚合,采用 C_1-对称茂锆催化剂在 90 ℃下聚合得到的 iPB-1 黏均相对分子质量在 $1.5×10^5$g/mol 以上,而在 70 ℃下聚合得到黏均相对分子质量可以达到 $4×10^5$g/mol。

通过茂金属催化剂结构可以有效地调控 iPB-1 链的规整性,包括立构规整性 (stereoregularity) 和区域规整性 (regioregularity)。如可通过茂金属催化剂茚基取代基 [21] 调控得到含不同浓度无规 rr 三联 (rr triad) 立构缺陷的 iPB-1 链结构;通过 C_1-对称茂锆催化剂 (图 9.1(a)) 配体结构调控合成出区域规整性很高的 iPB-1 链结构,其等规 mm 三联 (mm triad) 含量可从接近 85% 提高到 99%。有些含有杂环基配体的 C_2-对称茂锆催化剂 (图 9.1 (b)),可催化合成分子量大且立构规整度高的 iPB-1,能将 mm 三联含量提高到近 100%,而只含少量 rr 三联立构缺陷,但区域选择性 (regioselective) 较低,可产生 0.2%~0.3% 区域缺陷 (regiodefect),如 1-丁烯二次插入后可异构化形成 4,1 单元结构。由茂金属催化剂催化得到分子链规整性不同的 iPB-1,其结晶结构形成及最终材料性能明显不同 [21]。

9.1.1.2 共聚物合成

Ziegler-Natta 催化剂可催化 1-丁烯和不同单体共聚合形成共聚物。Turner-Jones[22,23] 采用 $TiCl_3$-$AlEt_2Cl$ 催化剂实现了 1-丁烯和一些支化或非支化 α 烯烃单体共聚,包括乙烯 (ethene)、丙烯 (propylene)、戊烯 (pentene)、己烯 (hexene)、辛烯 (octene)、壬烯 (nonene)、癸烯 (decene)、十二烯 (dodecene)、十八烯 (octadecene)、3-甲基丁烯 (3-methylbutene,3MB)、4-甲基戊烯 (4-methypentene,4MP) 和 4,4-二甲基戊烯 (4,4-dimethylpentene,44DMP) 等 [22]。基于不同单体的聚合速率,可通过调节单体比例,很好地控制整个反应过程中的共聚比,进而有效调节分子链中的单体聚合序列,最终达到调控 iPB-1 结晶结构、结晶度及结晶行为的目的。然而,在不同单体间真正实现无规共聚并不容易,目前仅在 1-丁烯和戊烯间实现了比较理想的无规共聚,而 1-丁烯和其他单体如 44DMP 共聚时会得到一些均聚物组分 [22],这些均聚物将因相分离而分离出来,或和共聚物共结晶,使形成的结晶结构更趋复杂。改变无规共聚工艺条件,并不能有效影响聚合产物中均聚物的形成和分布。在有些共聚体系中,通常共聚前先以催化剂实现少量共聚单体均聚,当所形

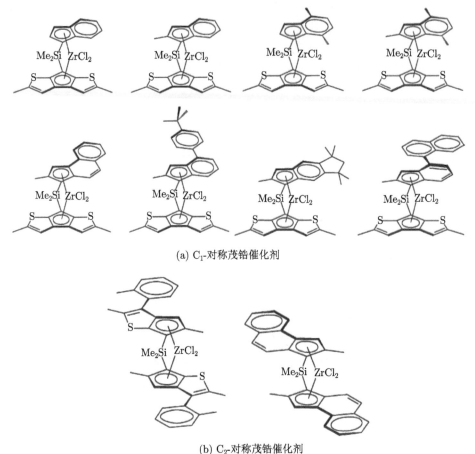

(a) C_1-对称茂锆催化剂

(b) C_2-对称茂锆催化剂

图 9.1　C_1-和 C_2-对称茂锆催化剂 [20]

成少量均聚物对体系结晶结构和结晶行为影响不明显时，所得到聚合产物可视为无规共聚物 [22]。

和 iPB-1 均聚物一样，其共聚物链结构也可通过茂金属催化剂调控。De Rosa 等 [24] 用茂金属催化剂对 1-丁烯和乙烯进行共聚，实现了对共聚物链结构的调控，且其无规 rr 立构缺陷含量低至 0.8%，区域缺陷 (regiodefect) 可忽略，乙烯单体和 1-丁烯单体共聚后均匀分布在分子链上。基于此，可将乙烯单体共聚作为控制 iPB-1 链结构缺陷的方法，研究链结构缺陷对 iPB-1 结晶结构、结晶行为和力学性能的影响。如含乙烯单元的 iPB-1 共聚物表现出的弹性体性质是仅含立构缺陷的均聚物所没有的。

9.1.2 iPB-1 的优异性能

在 iPB-1 的结晶结构 I、II、III、I′ 和 II′ 中，晶型 I 是热力学稳定的结晶结构且特性突出，使得 iPB-1 和其他聚烯烃材料相比，有非常突出的力学性能[25-27]，如作为管材，主要优势表现为：

(1) 优良的柔韧弯曲性，若 iPB-1 管材的直径为 D，其最小弯曲半径为 $6D$。

(2) 突出的耐蠕变性能 (尤其耐高温蠕变性能)，相同条件下 iPB-1 管材和国内应用广泛的 PPR 管材或聚乙烯管材比，长期使用可承受更高环向应力，各种环境条件下能表现出更突出的耐环境应力开裂性，因而 iPB-1 管材可适于长期输送 95 ℃ 采暖用水，使用温度可高达 110 ℃，而在 70 ℃ 水温和 10 bar 压强下可连续使用 50 年，在应用时表现出良好的耐热性。

(3) 显著的抗低温冻裂性和抗冲击性能，虽然 iPB-1 玻璃化转变温度 T_g 和聚丙烯 T_g 相近，但低温时 iPB-1 管材不会因结冰发生冻裂，解冻后可以恢复，因而施工条件放宽后可冬季施工，显著缩短工期，并拓展了低温环境下的应用。

(4) 耐疲劳性好，施工时 iPB-1 管材即使进行反复绕缠也不断裂。

此外，iPB-1 在管材应用方面还具有自洁性、良好的抗化学腐蚀性、与超高分子量聚乙烯相近的耐磨性、导热系数比聚乙烯低而具有更好的保温性等优势[2]。而且在输送自来水或采暖热水时，iPB-1 管的水压损失更小，能耗更低，不产生水击噪声，长期使用不易结垢，不造成水质或水源污染。这些特点都使 iPB-1 管材在同金属管材或 PPR 管材相比时，具有明显优势，尤其 iPB-1 管材质轻，重量仅为镀锌钢管的 1/20。

iPB-1 和等规聚丙烯 (iPP)、低密度聚乙烯 (LDPE) 等有很好的混溶性，在加工应用中也非常易于进行各种填料的高填充改性，以满足各领域的应用需求。如共混改性后 iPB-1 含量为 25% 和 50% 的 iPP/iPB-1 共混物，具有优良的抗穿刺性、抗撕裂性及良好的拉伸强度和断裂伸长率，尤其适于医疗产品及热封材料等方面的应用[28]。

iPB-1 分子链中不含氮、硫、磷等元素，不必加入各种品类繁多的添加剂，因而 iPB-1 具有无臭、无味、无毒的环保性和易于回收利用的特点。综合来看，iPB-1 是目前世界上最尖端的化学材料之一，被誉为 "塑料黄金"[2,4,5] 是有依据的。

9.1.3 iPB-1 的应用

9.1.3.1 iPB-1 在管材上的应用

作为 "塑料黄金"，iPB-1 可广泛用于建筑、工业、农业和日常生活等领域。例如，用做压力容器和自来水冷水、热水、直饮水及采暖热水的输水管材，以及消防用自动喷淋系统用管、地板或墙壁低温辐射采暖系统中的低温水管、太阳能住宅低温水管和取暖配管、公路或停车场除冰雪用加热配管、化工或食品加工等领域工业水管或管件、农业喷洒灌溉用管、空调系统用管等。

　　尽管 iPB-1 具有优异的性能和广泛的应用潜力，因其合成和应用推广方面在我国起步较晚，尚未获得广泛应用，但在国外市场很受青睐，已大量用于管材，是目前世界上公认的最符合卫生标准的饮用水给水管，在欧美、日韩等国新建住宅已经普及。美国、加拿大、澳洲、新西兰、德国、英国、荷兰、日本、韩国等卫生、水事机构均已注册认可 iPB-1 管作为直饮水管。随着我国经济社会的不断发展和建材应用的高档化和科学化需求，iPB-1 管材在地板供热采暖系统中取代正在大量使用的铝塑复合管和交联聚乙烯管，在自来水的输送或节能灌溉应用领域取代现有管道系统均有很大发展潜力。

9.1.3.2　iPB-1 在膜材等其他方面的应用

　　iPB-1 可用于易撕膜或低密封温度 BOPP 膜和 CPP 膜、薄板、热熔胶等 [4,5,29]。如前所述，有良好耐穿刺性和抗撕裂性的 iPP/iPB-1 共混膜可很好地适用于医疗产品 [28]；iPB-1/LDPE 共混物吹塑成型后常用作食品工业和医疗产品的密封膜 [30]。

9.1.3.3　iPB-1 应用中的主要问题

　　要真正充分发挥 iPB-1 "塑料黄金"的优势，在更多领域得到应用，还需要解决一些基本问题。制约 iPB-1 广泛使用的问题主要有 [2]：①单体成本高；②聚合控制难度大；③难以避免的结晶结构转变复杂而缓慢。随着我国经济社会发展，石油消耗量提高，1-丁烯单体产量提升，而作为单体应用于乙烯共聚产品的消耗量有限，大部分作为燃料气烧掉，造成资源性浪费，资源化利用后可显著降低 1-丁烯单体成本。另外，聚合技术的不断发展使得聚合控制已不再是 iPB-1 发展的主要瓶颈，iPB-1 的结晶结构转变问题日渐突出。

　　iPB-1 的结晶结构转变问题，即熔融成型加工过程中，iPB-1 熔体首先形成动力学控制、堆积松散的晶型 Ⅱ，而后需几天乃至一周以上才能自发转变为热力学稳定且堆积紧密的晶型 Ⅰ，同时伴随拉伸强度、刚性、硬度等力学性能的显著改变。因此，iPB-1 制品需经过足够库存时间才能完成 Ⅱ-Ⅰ 转变以获得稳定结构和性能，导致相关制品占用大量库存空间和周转资金而增加生产成本。Ⅱ-Ⅰ 转变过程中的密度变化会引起制品收缩变形，不利于制品的精密尺寸控制，同样困扰着 iPB-1 加工应用 [2,4,5,26,27,29,31,32]。积极开展 iPB-1 结晶结构形成及转变的调控研究并发展相应的工业调控技术，是发挥 iPB-1 "塑料黄金"作用，不断推进和拓展其在各领域广泛应用的关键。

9.2 iPB-1 结晶结构及特点

iPB-1 分子链中规律性的非对称侧乙基使分子链成为典型的螺旋链。对每条 iPB-1 链而言,其左/右螺旋结构的形成取决于聚合起始时的空间选择,最终随机地成为左旋链或右旋链。虽然每条 iPB-1 链都是左或右旋的手性螺旋链,随机形成左/右旋链的机会是相等的,iPB-1 宏观上表现为外消旋特性。iPB-1 左/右旋链以不同螺旋构象堆积形成不同空间结构,可形成多种结晶形态和结构,进而使 iPB-1 材料具有不同的性能。

9.2.1 主要晶型结构及其形成与转变

9.2.1.1 主要晶型结构

iPB-1 是典型的多晶型高分子,晶型 I、II、III、I′ 和 II′ 可分别在不同条件下形成,各晶型对应晶区链构象、广角 X 射线衍射 (WAXD) 衍射角及熔点,如表 9.1 所示 [8],晶型 I、II、III 和熔体的 WAXD 曲线如图 9.2 所示 [31]。

表 9.1 iPB-1 主要晶型、链构象、WAXD 衍射角及熔点 [8]

	晶型	晶胞	螺旋构象	WAXD 衍射角 2θ /(°)	熔点 T_{m}/℃
iPB-1	I	六方	3/1 (孪生)	9.9/17.3/20.2/20.5	120~135
	I′	六方	3/1 (非孪生)	9.9/17.3/20.2/20.5	90~100
	II	四方	11/3	11.9/16.7/18.3	110~120
	III	斜方	4/1	12.2/17.2/18.6	90~100

晶型 I 是 3/1 螺旋链堆积而成的热力学稳定外消旋六方晶 [1],空间群为 R3c 或 R$\bar{3}$c [33,34]。晶型 I 内 3/1 螺旋链排列紧凑,堆砌密度高,因而密度(约 0.951 g/cm³)和硬度高,弹性好 [35]。晶型 I 熔融焓 $\Delta H_{\mathrm{c}}^{\infty}$ 为 141.1 J/g [7,8,36],熔点 T_{m} 依形成条件不同,120~135 ℃ [8](如 130 ℃ [37]),平衡熔点 T_{m}^{∞} 为 126~139 ℃ [38]。

晶型 II 为 11/3 螺旋链相对松散排列而成的亚稳定外消旋四方晶 [1],空间群为 $P\bar{4}$ [23,39−41],晶胞参数 $a = b = 1.542$ nm,$c = 2.105$ nm [19]。因晶型 II 内分子链排列比晶型 I 松散,密度相对较低,约 0.907 g/cm³,仅比非晶密度 0.868 g/cm³ 略高 [9],硬度也较低。晶型 II 的熔融焓 $\Delta H_{\mathrm{m}}^{\infty}$ 约为 62 J/g [7,8,36],晶型 II 熔点比晶型 I 熔点低 10~15 ℃(DSC 方法) [35],110~120 ℃ [8],平衡熔点 T_{m}^{∞} 为 120~130 ℃ [38]。结晶过程中侧乙基作为螺旋主链上的螺旋臂并不一定能准确一致排列,晶型 II 在沿链反式和旁式二面角的排列上和晶型 I 略有不同 [37]。

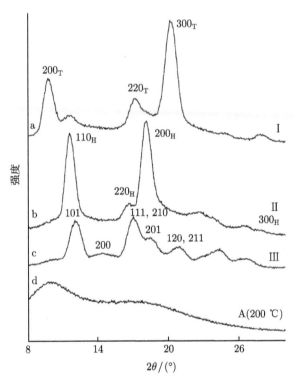

图 9.2　iPB-1(PB-1 400) 的晶型 I、II、III及熔体 (200 ℃) 的 WAXD 曲线 [31]

　　晶型III是 4/1 螺旋链堆积形成的斜方晶 [20]，晶胞内含 8 个单体单元，空间群为 $P2_12_12_1^{[14,20,42,43]}$，晶胞参数 $a = 12.38 \pm 0.08$ Å，$b = 8.88 \pm 0.06$ Å，$c = 7.56 \pm 0.05$ Å (方向和螺旋链轴向一致)[42]。和外消旋的晶型 I、II 不同，晶型III为手性结晶结构 [1]，熔点为 90~100 ℃[8]，或略高如 106 ℃[10]。

　　晶型 I′ 和晶型 I 一样，由 3/1 螺旋链堆积而成，从 WAXD 结果得到的结晶结构相同 [10]，但熔点 T_m 低至 90~95 ℃[10,37,44-46]。晶型 I′ 可认为是含缺陷的不完善晶型 I [18]。如图 9.3 所示，Natta 等 [33] 认为，晶型 I′ 和 iPP 的单斜 α 晶相似，由相反手性的双层 3/1 螺旋构象链堆积而成。

9.2.1.2　主要晶型结构形成与转变

　　iPB-1 不同晶型的形成和结晶温度、溶剂环境等结晶条件密切相关。基于以 Ziegler-Natta 催化剂得到 iPB-1 的结晶结构形成和转变研究 [8,26,36,47-53]，结晶条件和结晶结构形成与相互间转变的对应关系如图 9.4 所示 [18]。有人提出，晶型 I 仅可由常压下熔体冷却结晶得到晶型 II 经自发固-固转变而成 [54,55]，转变基本完成约需 7 天乃至更长时间。

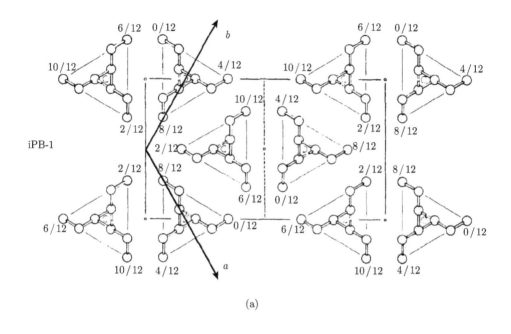

(a)

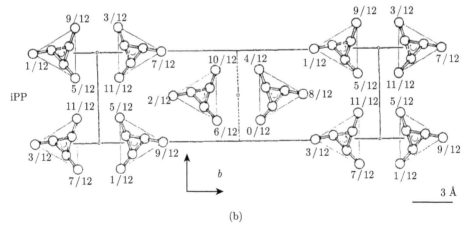

(b)

图 9.3　iPB-1 的晶型 I/I'(a) 和 iPP 的 α 晶 (b) 螺旋构象比较 [33]

9.2.2　iPB-1 的结晶结构特点

　　有学者根据高分子链动力学提出 [56,57]：晶型 II 的链松弛比晶型 I 和 I' 的快，晶型 II 中主链围绕链轴向连续旋转扩散，同时伴随着侧基在反-旁和旁-旁构象间的转变 [58-60]。和晶型 II 的四方晶格相比，晶型 I 和 I' 中，六方晶格更紧凑，主链所处空间变小，升温到熔点前不存在结晶中主链或侧基的松弛运动 [61]。晶型 II 中主链和侧链具有相对较高的活动能力，使晶型 II 的片晶比较厚，而经过片晶厚度和

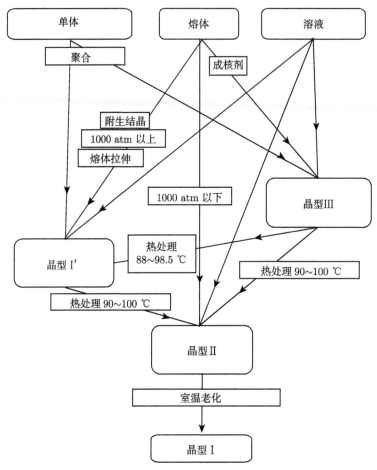

图 9.4　iPB-1 各结晶结构的形成及相互转化关系 (溶剂为乙酸戊酯)[18]

结晶度均不发生明显变化的 II-I 转变, 得到晶型 I 的片晶厚度相应也比较厚。若直接结晶为晶型 I′, 则片晶厚度比较小、熔点比较低且力学性能较差。

iPB-1 结晶结构最突出的特点为: 尽管 iPB-1 处于热力学稳定的晶型 I 形态时性能最为优异, 却难以在成型加工过程中直接形成; 直接能从熔体结晶形成的亚稳态晶型 II, 却在常温常压下需经一周或更长时间才能自发转变为力学性能大幅提高的晶型 I, 同时伴随着明显的收缩。更重要的是, 这一结晶结构形成与转变机制还没有完全了解清楚。尽管晶型 I 和 II 是 iPB-1 最具实际应用价值的结晶结构 [62], 上述结晶结构形成与转变却给实际应用造成了很大困扰。

9.3 iPB-1 结晶结构形成

9.3.1 均聚物结晶结构形成

9.3.1.1 晶型 II 的形成

自 iPB-1 成功合成以来，其结晶结构形成与转变就广受关注[16]，晶型 II 的形成主要有三种方式：①常压或 1000 atm 以下从熔体中直接冷却结晶或由非晶态进行冷结晶[44]；②晶型 I′ 在 90~100 ℃区间进行处理转变为晶型 II；③晶型 III在 90~100 ℃区间进行处理转变为晶型 II。其中，从熔体冷却形成的晶型 II 最具工业应用价值，而且通常条件下熔体冷却只能形成晶型 II[10,14,26,34,42,43,47,48]，随后再经 II-I 转变形成晶型 I[7,8,25,26,33,36,49-53,63-65]。

和其他结晶高分子一样，iPB-1 从熔体结晶时的结晶速率取决于结晶温度，存在最快结晶速率温度。Stolte 等[66] 采用 DSC 和 FSC 考察了 iPB-1 从熔体冷却结晶为晶型 II 的动力学过程，所用 iPB-1 分子量为 3.47×10^5 g/mol 和 7.11×10^5 g/mol，得到不同温度下的半结晶时间 $t_{1/2}$。如图 9.5 所示，晶型 II 结晶速率约在 335 K 最大，温度过高或过低，晶型 II 结晶速率降低。

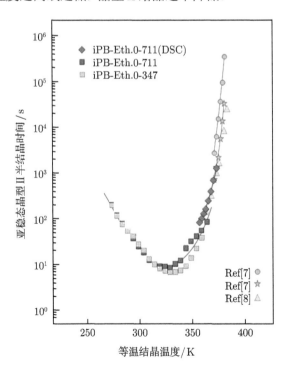

图 9.5 iPB-1 熔融等温结晶形成晶型 II 半结晶时间 $t_{1/2}$ 随结晶温度 T_c 的变化[66]

　　玻璃态 iPB-1 经冷结晶也形成晶型 II。Androsch 等 [67] 将 iPB-1 熔体淬冷到非晶态，在 T_g 附近 243~283 K 冷结晶，如图 9.6 所示，晶型 II 结晶速率在 340 K 最大，和 Stolte 等 [66] 的结果相近。Androsch 等 [67] 进一步发现，玻璃态 iPB-1 在较低温度下保持一段时间，如在 258 K 下保持时间从 20 s 增加到 100 s 时，晶型 II 的 $t_{1/2}$ 进一步缩短，即结晶速率进一步增加，而最大结晶速率对应的温度基本不变，表明较低温下的热处理有利于晶型 II 的形成。

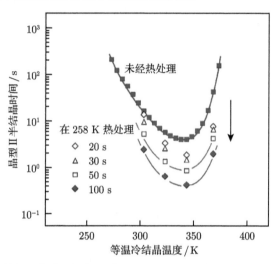

图 9.6　玻璃化转变温度附近热处理非晶 iPB-1 不同时间后晶型 II 半结晶时间 $t_{1/2}$
随等温结晶温度 T_c 的变化 [67]

　　iPB-1 的晶型 II 除了可从熔体结晶或玻璃态冷结晶形成外，也可在较高温度如 90~100 ℃热处理晶型 I′ 和 III 得到，表明在一定温度或环境条件下，iPB-1 的晶型 I′ 和 III 中的分子链可经构象重组，由 3/1 或 4/1 螺旋构象转变成 11/3 螺旋构象，进而形成晶型 II。Men 等 [68] 发现，在 115 ℃拉伸 iPB-1 晶型 I 可发生熔融再结晶，形成不稳定的晶型 II，表明高温拉伸条件下同样经历了 3/1 螺旋构象向 11/3 螺旋构象的转变。iPB-1 结晶结构形成依赖于结晶条件，可能和 iPB-1 链的螺旋构象选择对结晶条件的依赖性有关。由此可见，iPB-1 熔融加工过程中冷却结晶形成晶型 II，应和熔体中 iPB-1 无规线团链冷却时倾向于先选择形成 11/3 螺旋构象有关。

9.3.1.2　晶型 I 的形成

　　晶型 I 主要通过晶型 II 发生 II-I 转变而形成，但从成型加工应用角度，虽然目前还不能实现，仍期望可以在成型加工过程中由 iPB-1 熔体冷却直接得到晶型 I。已有报道可通过 iPB-1 超薄膜熔融直接形成晶型 I[69]，或晶型 I 部分熔融后通过记忆效应形成晶型 I[70,71]，这些方法实际难以满足成型加工应用的需要，且在结构上存在将具有 3/1 螺旋构象和相同结晶结构的晶型 I′ 与 I 相混淆的争议 [72]。当然,即使晶型 I′ 不具有具体的实际使用价值,也可为晶型 I 的形成与调控提供有益的借鉴。如何在 iPB-1 成型加工过程中直接形成晶型 I 仍是一个倍受关注的关键问题 [2,11,24,29]。

Asada 等 [11] 利用红外吸收和折光指数变化研究 iPB-1 薄膜 II-I 转变过程中发现,拉伸或未拉伸薄膜样品的总结晶度 X_c 在 II-I 转变初期都有增加。由于 iPB-1 薄膜中只有晶型 II 和 I 两种结晶结构,总结晶度增加只有两种可能:一种是非晶区再结晶形成了晶型 II,随后发生 II-I 转变最终形成晶型 I;另一种是非晶区经再结晶直接形成晶型 I。但问题在于,如何区分冷却过程中形成的晶型 II 和再结晶可能形成的晶型 II,或者区分经 II-I 转变形成的晶型 I 和非晶区再结晶直接形成的晶型 I,都存在实验上的困难。尽管如此,总结晶度增加意味着存在非晶区直接结晶形成晶型 I 的可能性。

Marigo 等 [2] 分别用 WAXS 和 SAXS 跟踪了 II-I 转变过程中结晶度和结晶结构变化,得到总结晶度、长周期、片晶厚度、非晶区厚度如图 9.7 所示,在 II-I 转变初期 WAXS 和 SAXS 都检测到了总结晶度增加,与 Asada 等 [11] 的结果一致,

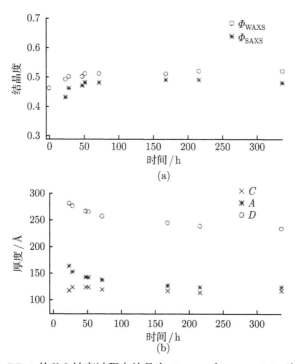

图 9.7 在 iPB-1 的 II-I 转变过程中结晶度 Φ_{WAXS} 和 Φ_{SAXS}(a)、片晶厚度 C、非晶区厚度 A 和长周期 D(b) 随时间的变化 [2]

且伴随长周期和非晶区厚度减小，片晶厚度变化不明显，表明在 iPB-1 片晶间形成了一些新的薄片晶，进一步证实了存在晶型 II 或 I 的再结晶过程。

　　Li 等 [29] 用 WAXS 观测了不同温度下 iPB-1 拉伸过程中的结晶度变化及晶型 I 和 II 的取向，如图 9.8 和图 9.9 所示，随着拉伸应变增加，25 ℃拉伸过程中晶型 II 减少和晶型 I 增多均快于 80 ℃时拉伸，拉伸温度升高，II-I 转变变慢。如图 9.10 所示，iPB-1 中晶型 I 和 II 的总结晶度在 25 ℃拉伸过程中显著增加，拉伸温度为 50 ℃时，总结晶度先减小后增加，拉伸温度为 80 ℃时，总结晶度持续减小。

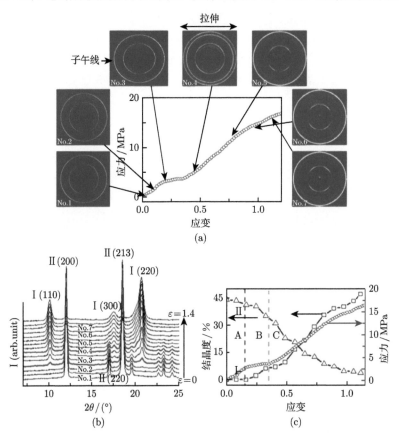

图 9.8　iPB-1 在 95 ℃结晶得到晶型 II 样品 25 ℃拉伸过程中拉伸曲线上
各点对应 2D-WAXS 图 (a)、1D-WAXS 曲线 (b) 及晶型 II 结晶度、
晶型 I 结晶度、应力随应变变化 (c)[29]

　　进一步来看，如图 9.10 所示，在 50 ℃拉伸初期及 80 ℃下拉伸过程中，iPB-1 总结晶度相对初始总结晶度减小，表明部分结晶结构在拉伸诱导作用下发生了熔融破坏；在 50 ℃拉伸后期和 25 ℃拉伸过程中，总结晶度相对初始总结晶度增加，则

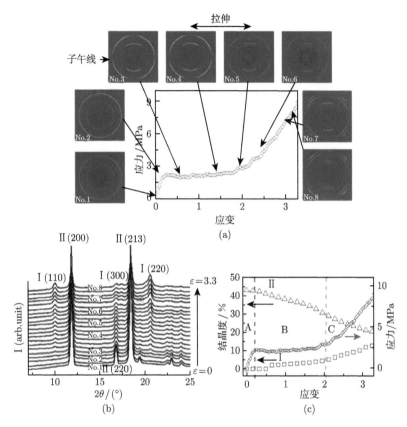

图 9.9   iPB-1 在 95 ℃结晶得到晶型 II 样品 80 ℃拉伸过程中拉伸曲线上各点对应
2D-WAXS 图 (a)、1D-WAXS 曲线 (b) 及晶型 II 结晶度、晶型 I 结晶度、
应力随应变变化 (c)[29]

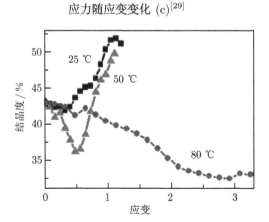

图 9.10   iPB-1 在 95 ℃结晶得到晶型 II 样品不同拉伸温度下拉伸诱导 II-I 转变过程中
总结晶度随拉伸应变的变化 [29]

表明非晶区发生了拉伸诱导结晶。在拉伸诱导作用下，所形成的结晶结构可能是晶型 II，随后又转变为晶型 I；也可能直接从非晶区拉伸诱导形成晶型 I。较高温度下出现总结晶度减小趋势和较高温度下晶型 I 形成减少，说明低温比高温可能更有利于形成晶型 I。

　　Asada 等 [11]、Marigo 等 [2] 和 Li 等 [29] 的结果表明，晶型 I 有可能从非晶区直接形成，且在低温下更为有利；Men 等 [68] 在 115 ℃观察到拉伸诱导晶型 I 熔融再结晶为晶型 II 可能意味着较高温度倾向于形成晶型 II。从链构象的角度，即低温 iPB-1 链倾向形成 3/1 螺旋构象而高温则倾向形成 11/3 螺旋构象。此外，Boor[18] 和 Rakus[19] 等分别在较低温度 (如 −20 ℃、0 ℃、25 ℃、35 ℃和 50 ℃等) 或不良溶剂条件下聚合得到的 iPB-1 是晶型 I′，而不是晶型 II。鉴于晶型 I′ 倾向于在低温下形成，而晶型 I′ 和 I 有相同的结晶结构和 3/1 螺旋构象，这也证明低温下有利于 3/1 螺旋构象形成，间接支持低温有利于晶型 I 形成的观点。

　　基于低温和高温分别有利于形成晶型 I 和 II 的观点，以及降温过程中 iPB-1 熔体必然先经过高温状态并先熔融结晶形成晶型 II 的事实，很自然地就提出一个问题：当进一步将温度降至更低温度后，所得非晶区是否可以再结晶并直接形成晶型 I？这一问题的结答，对如何理解 iPB-1 结晶结构形成有重要参考意义。如图 9.11 所示，将 iPB-1 在 200 ℃熔融 2 min 并以 15 ℃/min 降温结晶为晶型 II 后，在不同温度 $T_{\text{low},1}$ 下保持 2 min，然后采用 DSC 以 10 ℃/min 升温熔融，发现 130 ℃出现一个峰形不对称的熔融峰。若将 130 ℃熔融峰归属于晶型 II 转变成晶型 I，则与转变过程中通常认为的随机成核过程不符，通过高斯分峰可得 129 ℃和 133 ℃两个峰，两峰随时间延长呈现出明显的不同变化趋势，如图 9.12 (a)~(c) 所示，意味着两峰对应的结晶结构可能不同 [73]，如图 9.13 经多次升降温循环积累后，两峰分峰更为明显。

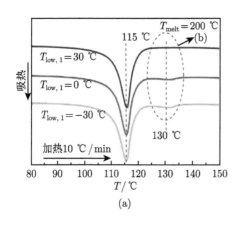

(a)

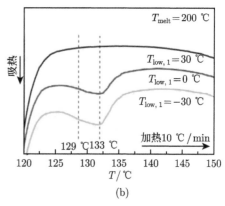

(b)

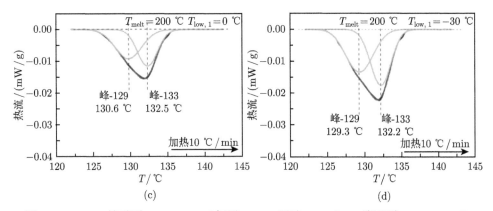

图 9.11　iPB-1 熔融到 T_{melt}=200 ℃恒温 2 min 再以 15 ℃/min 降温到 $T_{\text{low,1}}$=30 ℃、0 ℃、−30 ℃恒温 2 min 后以 10 ℃/min 升温的 DSC 熔融曲线 (a) 及在 130 ℃出现熔融峰的放大 (b) 和分峰处理 ((c) 和 (d))[73]

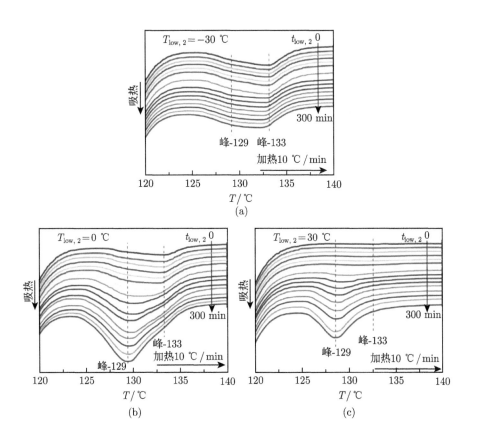

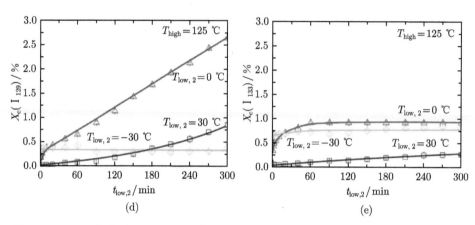

图 9.12　iPB-1 熔融到 $T_{melt}=200$ ℃恒温 2 min，以 15 ℃/min 降温到 $T_{low,1}=30$ ℃恒温 2 min，再次以 10 ℃/min 升温熔融到 $T_{high}=125$ ℃恒温 2 min，以 15 ℃/min 降温到 $T_{low,2}=-30$ ℃、0 ℃、30 ℃恒温不同时间 $t_{low,2}$ 后以 10 ℃/min 升温的 DSC 熔融曲线 (a)~(c) 及在 130 ℃出现熔融峰的放大 (b) 和分峰处理 ((d) 和 (e))[73]

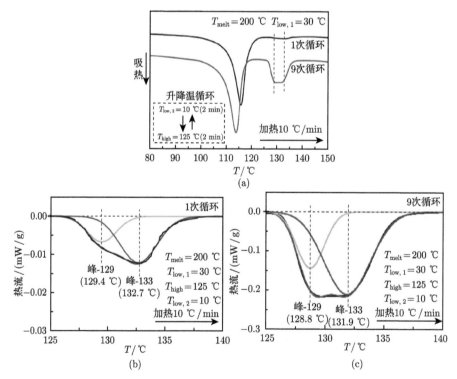

图 9.13　iPB-1 熔融到 $T_{melt}=200$ ℃恒温 2 min，再以 15 ℃/min 降温到 $T_{low,1}=30$ ℃恒温 2 min，随后以 10 ℃/min 升温和 15 ℃/min 降温在 $T_{high}=125$ ℃和 $T_{low,2}=10$ ℃间反复进行 8 次升温和降温后的 DSC 熔融曲线 (a) 及对 130 ℃出现熔融峰的分峰处理 ((b) 和 (c))[73]

iPB-1 晶型 II 的平衡熔点 T_m^∞ 在 120~130 °C[9]，熔点高于 130 °C 的晶型只有晶型 I，因此熔点为 133 °C 的峰并非晶型 II。此外，从图 9.12(a)~(c) 中的 DSC 熔融曲线可见，熔点为 129 °C 的峰不断增强，和晶型 II 向晶型 I 的转变相对应，该峰可以归属于由晶型 II 转变形成的晶型 I，而熔点为 133 °C 的峰并没有明显改变，因而熔点为 133 °C 的峰不能归属于晶型 II 转变成的晶型 I，很可能是直接从非晶区中形成的晶型 I。由此可分别得到对应于晶型 II 转变而成的晶型 I 和直接形成的晶型 I 的结晶度随时间的变化，如图 9.12(d) 和 (e) 所示。由 DSC 得出熔点为 130 °C 的熔融峰归属晶型 I，进一步也得到了同步辐射原位 WAXS 实验结果的佐证 [73]。

将 iPB-1 熔体冷却到不同温度 $T_{low,1}$ 保持 2 min 形成的晶型 II 和 I 的结晶度随 $T_{low,1}$ 的变化，如图 9.14 所示，在约 35 °C 到玻璃化转变温度 T_g 之间，随着 $T_{low,1}$ 降低，直接形成的晶型 I 的量增加，直到 iPB-1 链段的运动逐渐被冻结而无法结

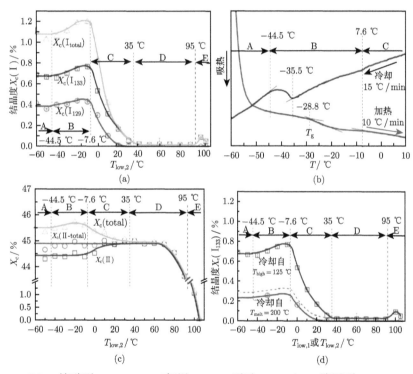

图 9.14 iPB-1 熔融到 $T_{melt}=200$ °C恒温 2 min，再以 15 °C/min 降温到 $T_{low,1}=30$ °C恒温 2 min 得到的晶型 II 形态的 iPB-1，再次熔融到 $T_{high}=125$ °C恒温 2 min，再以 15 °C/min 降温到不同温度 $T_{low,2}$ 恒温 2 min 后，用 DSC 以 10 °C/min 升温测得晶型 II 和 I 结晶度随 $T_{low,2}$ 的变化 (a)，iPB-1 的玻璃化转变温度 T_g(b)，晶型 II 和 I 总结晶度随 $T_{low,2}$ 的变化 (c) 以及将晶型 II 熔融到 $T_{high}=125$ °C和将晶型 I 熔融到 $T_{melt}=200$ °C对应直接形成晶型 I 的结晶度对比 (d)[73]

晶为晶型Ⅰ；而在约 35 ℃以上，没有观察到直接形成晶型Ⅰ。此外，在很宽的温度范围内，短如 2 min 的时间并没有晶型Ⅱ的后结晶，iPB-1 总结晶度的增加均为直接形成晶型Ⅰ的贡献，这和 Asada 等 [11]、Marigo 等 [2]、Li 等 [29] 观察到总结晶度的增加一致，Marigo 等 [2] 认为观察到的在 iPB-1 片晶间新形成的薄片晶应是从 iPB-1 非晶区直接形成的晶型Ⅰ。

　　尽管现有一些研究结果表明低温条件可能有利于形成晶型Ⅰ，受更高温度下形成晶型Ⅱ的竞争，直接从 iPB-1 本体熔融结晶成大量晶型Ⅰ仍不现实，研究人员对特殊条件下结晶结构形成进行的探索富有启发性。例如，Yan 等 [69] 室温下用 iPB-1 二甲苯溶液 (浓度为 0.1wt%) 在有碳膜的云母表面制得超薄膜，二甲苯溶剂挥发后，在氮气保护下加热到 160 ℃保持 15 min，然后淬冷到 95 ℃等温结晶 30 min 可得到晶型Ⅱ，透射电镜和电子衍射结果如图 9.15(A)；若淬冷到 110 ℃等温结晶 5 天，可形成六方单晶，如图 9.15(B)，该六方单晶进一步升到 125 ℃保持 15 min 再冷却到室温仍是六方单晶，如图 9.15 (C)。Yan 等 [69] 认为，氮气保护下 160 ℃熔融 15 min 得到的熔体淬冷到 110 ℃等温结晶 5 天形成的六方单晶为晶型Ⅰ，和经Ⅱ-Ⅰ转变得到的孪生六方晶型Ⅰ不同，为非孪生六方结构，其结晶结构甚至

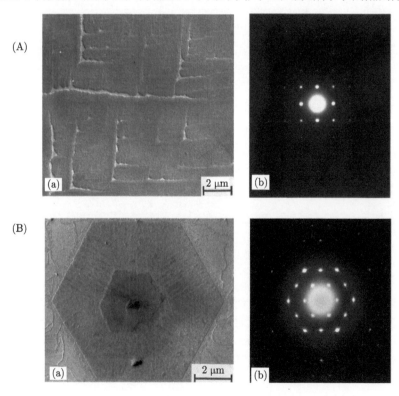

(C)

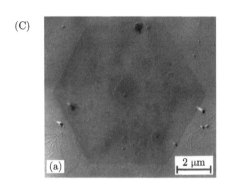

(a)   2 μm   (b)

图 9.15　iPB-1 二甲苯溶液 (浓度 0.1wt%) 在覆有碳层云母片上成膜干燥后, 在 160 ℃熔融 15 min 分别降至 90 ℃等温结晶 30 min 得到晶型 II 四方晶 (A)、降至 110 ℃等温结晶 5 天 得到晶型 I 六方晶 (B) 及进一步升到 125 ℃熔融 15 min 再降到室温 (C) 的透射电镜照片 (a) 和电子衍射图 (b)[69]

比用溶液方法得到的晶型 I 单晶更完善。iPB-1 在超薄膜中形成六方晶型 I 单晶的机理还不清楚, 可能和特定制样方法有关, 也可能与超薄膜中的受限环境或碳膜支撑下进行真空干燥的成膜过程有关。

不过, 图 9.15 (C) 中的透射电镜和电子衍射结果并未明确观测温度为 125 ℃, 如果是冷却到室温进行观测, 有可能在超薄膜空间受限的特殊环境下, 熔体淬冷到 110 ℃等温结晶 5 天, 该温度虽高于晶型 I′ 约 95 ℃的熔点, 不能直接形成晶型 I′, 有可能先形成晶型 I′ 的预有序结构, 而在冷却过程中进一步形成晶型 I′。此外, 在升到 125 ℃时, 该晶型 I′ 熔融后因所处特殊空间受限环境下可能形成对晶型 I′ 有记忆性的熔体, 再次降温到室温时晶型 I′ 可得到恢复。毕竟, 超薄膜空间受限环境特殊, 观察到的晶型 I 形成还需更进一步验证和深入研究。

将部分熔融晶型 I 降温时可观察到熔融晶型 I 的恢复。Yamashita 等 [70] 在 60 ℃下用 0.1wt% 的 iPB-1 对二甲苯溶液在云母片支撑的碳膜上成膜, 膜厚约 80 nm, 在空气中干燥后加热到晶型 I 的平衡熔点以上, 冷却后形成晶型 II。如果薄膜加热到低于平衡熔点的温度部分熔融, 样品中残留的晶型 I 作为结晶的 "种子", 常压下降温后可继续形成晶型 I。如在 132 ℃部分加热 2 min 后降到 75 ℃等温结晶, 可观察到晶型 I 生长 (图 9.16), 晶型 I 最终被包围在形成的晶型 II 中。根据多重成核模型 (multiple nucleation model)[74,75] 可得知该条件下晶型 I 的径向生长速率是晶型 II 在 70 ℃附近生长速率的 1/100。晶型 I 初始成核的能垒比晶型 II 大, 相对更难成核, 所以晶型 I 形成更困难。

Geil 等 [31,47] 通过溶液结晶方法得到了可作为晶型 I 种子的单晶, 然后升到 120 ℃保持 5 min, 此时仍有少量晶型 I 残留, 冷却结晶时主要形成晶型 I; 升到 125 ℃保持 5 min, 已看不到晶型 I 残留, 降温后仍主要形成晶型 I [31]。尽管对残留晶型 I 的检测可能不精确, 在加热后检测不到晶型 I 残留的情况下仍然主要形成晶型 I, 说明晶型 I 残留很可能不是晶型 I 熔体恢复成晶型 I 的根本原因, 而可能是部分晶型 I 熔融后所形成的熔体存在对晶型 I 的记忆效应。据此可见, Yamashita 等 [70] 观察到的晶型 I 在部分熔融后降到一定温度所观察到晶型 I 的生长和所获得对应晶型 I 生长速率数据也是基于特殊记忆效应形成的。

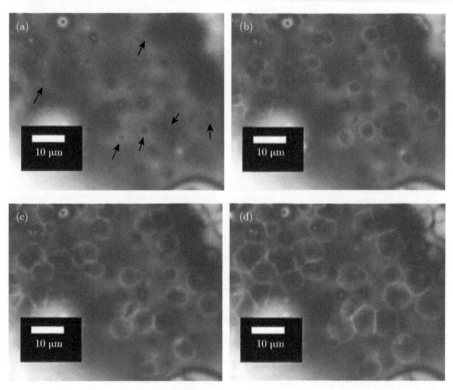

图 9.16　iPB-1 晶型 I 在 132 ℃部分熔融 2 min 后降低至 75 ℃等温结晶过程中残留晶型 I
种子作用下晶型 I 的生长过程的原位光学显微照片
(a) 箭头所指较暗圆形结晶为晶型 I; (b) 光环出现; (c) 圆形晶型 I 尺寸逐渐增加;
(d) 所有结晶近乎相互碰到一起 [70]

和溶液制备晶型 I 种子 [47,70] 不同, Li 等 [71] 将 iPB-1 熔融后先降到 90 ℃等温结晶得到晶型 II 大球晶, 随后迅速置于冰水中形成小尺寸晶型 II, 再于室温下放置 1 个月完成 II-I 转变后, 在不同温度下部分熔融晶型 I, 用原位 FTIR 和 WAXS 观测了 75 ℃等温过程晶型 I 的恢复形成。如图 9.17(a) 所示, 120 ℃部分熔融后, 晶型 I 大球晶之外的小尺寸结晶结构已完全熔融, 而大球晶部分熔融; 到 128 ℃时大球晶大部分熔融但仍有少量晶型 I 残留, 降温后主要在原大球晶内形成晶型 I, 且原大球晶内部的晶型 I 大部分可恢复。晶型 II 主要在大球晶之外形成, 大球晶内也有少量晶型 II 形成。如图 9.17(b) 所示，当晶型 I 升温到 130 ℃时，只有极少量晶型 I 残留且晶型 I 恢复形成很少，原大球晶内外均主要形成晶型 II。如图 9.17 (c) 所示，晶型 I 升温到 132 ℃时，晶型 I 完全熔融，冷却后不再有晶型 I 恢复形成。

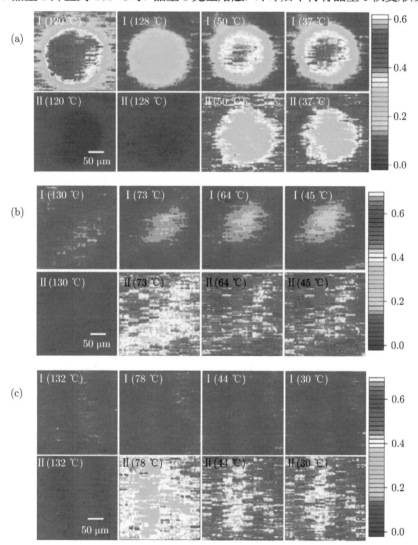

图 9.17   在 90 ℃进行等温结晶得到 iPB-1 大球晶后转移到冰水进一步结晶为晶型 II 完成 II-I 转变后分别在 (a)128 ℃、(b)130 ℃、(c)132 ℃熔融 2 min 后降低至 75 ℃等温结晶过程中残留晶型 I [71]

图 9.17 中的结果表明，晶型 I 的部分熔融温度越高，残留越少，熔融部分形成晶型 I 的含量越低，形成晶型 II 越多。换而言之，晶型 I 残留越多，熔融部分形成

的晶型 I 也越多，似乎晶型 I 的形成中残留晶型 I 起到了结晶种子的作用。但从部分熔融温度降到等温结晶温度 T_c 时，T_c 越低，晶型 I 恢复形成越多，在 T_c 延长等温时间，晶型 I 恢复并不持续增加，即便仍有大量的 iPB-1 熔体存在，这些熔体也不会持续地结晶为晶型 I。观察不到晶型 I 的持续生长，说明种子作用已不存在，这和熔体冷却结晶通常形成晶型 II 而非形成晶型 I 的事实一致。因此，晶型 I 的恢复形成可能和残留晶型 I 的所谓自晶种作用 (self-seeding effect) 没有必然关联，而更倾向于支持晶型 I 部分熔融后所形成的熔体应和彻底熔融形成的无序熔体不同，其中的部分熔体是有晶型 I 记忆性的有序熔体 (MOM)。这种 MOM 和晶型 I 的恢复形成密切相关，在部分熔融晶型 I 的熔体中可能只占较低比例，或该比例依赖于晶型 I 部分熔融温度。此外，位于晶型 I 和熔体界面的 MOM 在高温下可稳定存在，并不随高温处理时间而变化。

为了解释高分子的结晶行为而提出的 MOM 很难通过实验直接检测，在 iPB-1 晶型 I 部分熔融的残留晶型 I、MOM、晶型 I 熔体的恢复三者之间的关系难以明确界定，如 MOM 的形成和残留晶型 I 间存在怎样的关系，晶型 I 的恢复和残留晶型 I 间是否直接相关等，都需要进一步研究和验证。

前面已提到，可通过溶液结晶得到晶型 I 的单晶 [47,70]，而溶液结晶通常得到的是和晶型 I 有同样 3/1 螺旋链堆积结构的晶型 I' [10,47]。因晶型 I' 往往被认为是含有缺陷的不完善晶型 I [18]，有可能通过溶液结晶培养单晶时可消除结晶结构缺陷，进而得到的晶型 I' 即成了晶型 I。实际上，不同学者对晶型 I 和晶型 I' 之间的关系持有不同观点。如 Cavallo 等 [72] 认为，Li 等 [71] 在 MOM 基础上得到的晶型 I 实际上是晶型 I'。如何深入理解晶型 I' 和 I 在结晶结构上的差异及表现出来的热性能等不同，也还需要进一步验证。

9.3.1.3　晶型 I' 的形成

晶型 I' 和 I 一样，有相同的 WAXD 衍射峰，均为 3/1 螺旋链堆积的六方晶结构，熔点约为 95 ℃，低于晶型 I 的熔点。如前所述，具有实际应用价值的晶型 I 难以直接形成，但在很多条件下均聚 iPB-1 都可形成晶型 I'，如均聚 iPB-1 分子链中存在立构缺陷 [20]、溶液中结晶 [10,18,19,47]、溶剂诱导作用 [76]、高压条件 (1000 atm 以上) [44,45]、自成核 [77-80]、特殊基底上附生结晶生长 [81-83]、特殊熔体拉伸作用 [41]、晶型 I 部分熔融保留晶型 I 核或有序记忆 [71]、提高 iPB-1 超薄膜结晶温度 [69] 等，依结晶条件不同，可全部生成晶型 I' 或同时和 II 或 III 等其他晶型一起形成。鉴于晶型 I' 和 I 结构方面的相似性，研究晶型 I' 形成对晶型 I 形成和调控有重要参考价值。

晶型 I' 的形成首先基于 iPB-1 链结构特点，同时受外在条件影响和约束。De Rosa 等 [20] 以茂金属催化剂催化聚合得到了高等规度 iPB-1，发现若其中 rr 立构缺陷浓度低于 2mol% 时和利用 Ziegler-Natta 催化剂合成的 iPB-1 一样, 熔融结晶得到晶型 II; 若 rr 立构缺陷浓度高于 2mol%, 熔融冷却结晶将得到晶型 II 和晶型 I' 的混合物, 提高 rr 缺陷含量或降低冷却速率均可得到更多晶型 I', 分子量较低的 iPB-1 也有利于晶型 I' 形成; 当 rr 缺陷含量达到 3mol%~4mol% 时, 熔融后低速降温结晶全部得到晶型 I'。

溶液是 iPB-1 分子链所处的典型外在环境, 采用合适的溶剂和结晶温度, 晶型 I' 可直接从溶液中结晶得到。在一定的条件下, iPB-1 通过溶液结晶可同时得到 I'、II 和 III 三种结晶结构, 不同结晶结构间的比例和复杂的结晶过程有关 [18,19]。晶型 I' 一般在不良溶剂环境和较低的温度下形成。如 Boor 等 [18] 采用 Ziegler 型催化剂, 将催化聚合温度控制在 −20 ℃下, 直接得到的 iPB-1 全部为晶型 I', 而在较高的聚合温度下, 如 0 ℃、25 ℃、35 ℃和 50 ℃, 则同时得到晶型 I' 和 III, 所有温度下都没有晶型 II 形成。Rakus 等 [19] 发现在 25 ℃下, 采用 TiCl₃/Et₂AlCl 催化剂进行气相聚合以避免溶剂的使用, 或者在聚合时使用不良溶剂, 也可聚合得到 iPB-1 的晶型 I'。在 iPB-1 的溶液结晶过程中, 所形成的结晶结构还和熔融、退火处理过程有关 [10,47], 记忆效应也有影响。除了溶液中以外, iPB-1 也可在合适温度下通过溶剂诱导形成晶型 I'。如 Hsu 和 Geil[76] 发现, 在异戊烷 (isopentane) 作用下, 玻璃态 iPB-1 可在温度升到 −70 ℃时部分结晶为晶型 I', 其他部分在 −30 ℃结晶为晶型 II 并在 0 ℃完成。

熔体压强低于 1000 atm, iPB-1 结晶首先形成晶型 II, 而后晶型 II 快速转变为晶型 I [68], 但压强高于 1000 atm, iPB-1 熔体可直接形成晶型 I'[44,45]。高压下形成的晶型 I' 熔点随压强升高可从 96 ℃升到 102 ℃, SAXS 测得长周期增大, 但该晶型 I' 不会随压强升高转变为晶型 I, 表明晶型 I' 的 WAXD 衍射峰虽和晶型 I 相同, 但可能在相同或非常接近的晶胞内的链构象上仍有差异 [44]。此外, 若晶型 I' 熔融后再结晶, 将形成晶型 II, 表明在高压熔体条件下形成的晶型 I', 在高压条件不能满足时, 熔体并不能保持对晶型 I' 结晶结构的记忆性, 高压下 iPB-1 熔体中的分子链构象则可完成晶型 I' 形成所需的必要调整。

Cavallo 等 [72] 将 iPB-1 晶型 I 部分熔融后降温结晶, 发现在熔融温度较高时全部形成晶型 II, 但随熔融温度降低, 在一定范围内降温后同时形成晶型 II 和 I', 进一步降低熔融温度则降温后全部形成晶型 I', 由此得到了图 9.18 中对应于所形成结晶结构的三个温度范围。Cavallo 等 [72] 认为, 晶型 I' 形成于尚未破坏的晶型 I 球晶框架内, 可能存在受限作用, 也可能与低等规度链有关。

晶型 I' 内 iPB-1 链 (图 9.3) 的有序排列方式和 4-氯苯甲酸 (4ClBzAc)、4-溴苯甲酸 (4BrBzAc) 及相应钾盐、半酸、氢钾盐等在结晶结构上有很大相似性, 因而在这些基底上, iPB-1 薄膜可通过附生结晶得到晶型 I'[82], 在不同条件下, 可同时得到和晶型 I' 共存的晶型 II 和 III [14,43,83]。

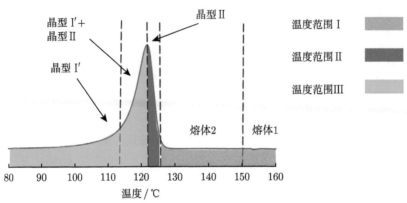

图 9.18　不同温度下部分熔融的 iPB-1 降温自成核结晶行为 [75]

此外，在 10 MPa 高压二氧化碳气氛下，iPB-1 熔体冷却结晶，也可得到晶型 I′，而在较低压强的二氧化碳气氛下，得到的主要是晶型 II [84]，具体如图 9.19所示。

9.3.1.4　晶型Ⅲ的形成

形成晶型Ⅲ主要有三种途径：溶液结晶、诱导结晶、直接聚合。iPB-1 如在良溶剂中结晶，分子链比在非良溶剂中更舒展，良溶剂小分子和 iPB-1 链间较强的相互作用，不利于链构象选择时形成更紧凑的 3/1 螺旋甚至较舒展的 11/3 螺旋，导致 iPB-1 链倾向于形成更疏松的 4/1 螺旋，进而形成晶型Ⅲ [85]。Rakus 等 [19] 选择对 iPB-1 有良好溶解作用的烃类溶剂为反应介质，以非均相 Ziegler-Natta 催化剂在通常的反应温度，如 70 ℃下，催化 1-丁烯聚合，所得聚合产物直接溶解在溶剂中形成淤浆，从中得到晶型Ⅲ。此外，采用特定成核剂也可通过熔融结晶得到晶型Ⅲ [9,61]。

9.3.2　共聚物结晶结构形成

通过共聚改变 iPB-1 链的立构规整性，可影响到 iPB-1 结晶行为和结晶结构，常用共聚单体主要为 α 烯烃单体 [86-88]，包括乙烯 [22,24,66,89-91]、丙烯 [3,90,92-95]、戊烯 [22]、1-辛烯 [96] 及其他单体 [97]。引入共聚单体含量较低时，所得共聚物熔融冷却一般只得到晶型 II；随共聚单体单元含量提高，晶型 II 生成受到抑制，生成的结晶结构为晶型 II 和 I′ 共存且晶型 I′ 含量逐步提升；引入共聚单体单元含量足够高时 [22,93,98,99]，可不再形成晶型 II 而仅仅得到晶型 I′。共聚物中晶型 II 或晶型 I′ 的形成还受共聚单体单元种类、熔融温度、结晶温度或降温速率、添加组分如 MMT[100] 等协同影响。

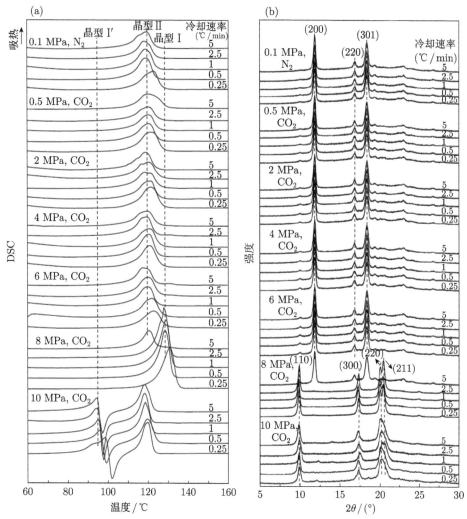

图 9.19 不同压强气氛条件和降温速率下冷却得到 iPB-1 的 DSC 熔融曲线 (a) 和 WAXD 图 (b)[84]

9.3.2.1 乙烯共聚物

乙烯共聚 iPB-1 的结晶结构形成和乙烯共聚单元含量有关, 同时受结晶温度影响。乙烯共聚单元含量较低时, iPB-1 熔融冷却后主要形成晶型 II。Stolte 和 Androsch[66] 采用 DSC 和 FSC 研究了乙烯无规共聚 iPB-1 从熔体冷却结晶为晶型 II 的动力学过程, 共聚单元含量及共聚物分子量如表 9.2 所示, 不同温度下半结晶时间 $t_{1/2}$ 如图 9.20 所示。随乙烯单体含量从 1.5mol% 增至 10.5mol%, iPB-1 形成晶型 II 且 $t_{1/2}$ 增加, II 结晶形成过程变慢, 其形成受到抑制, 此外, 晶型 II 随温度变化而呈现的最快结晶速率对应的温度向低温移动。

表 9.2　乙烯和 1-丁烯共聚物中乙烯共聚单元含量及共聚物分子量大小 [66]

商品名	样品代号	乙烯含量		$M_{\rm w}/(10^3{\rm g/mol})$
		mol%	m%①	
PB 0300M	iPB-Eth.0-347	0	0	347
PB 0110M	iPB-Eth.0-711	0	0	711
PB 8340M	iPB-Eth.1p5-293	1.5	0.75	293
PB 8640M	iPB-Eth.1p5-470	1.5	0.75	470
PB 8220M	iPB-Eth.4p3-400	4.3	2.2	400
PB 8310M	iPB-Eth.11-305	10.5	5.5	305

注：① m%表示质量百分比。

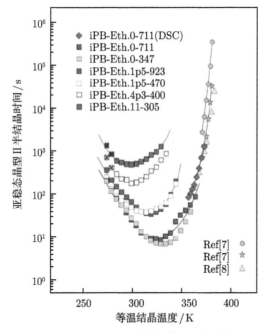

图 9.20　不同乙烯共聚单元含量及分子量大小的共聚物半结晶时间 $t_{1/2}$
随等温结晶温度 $T_{\rm c}$ 变化 [66]

Men 等 [91] 研究了含 9.88mol%乙烯共聚单元的无规共聚物，发现该共聚物可从熔体形成晶型Ⅱ，也可直接全部形成晶型 I′，具体取决于结晶前的熔融温度所形成的熔融状态，并和熔融时间有关，在较高熔融温度下熔融更长时间有利于形成晶型Ⅱ，而较低熔融温度易于形成晶型 I′，具体结晶结构形成和熔融前的晶型无关，如图 9.21 所示，进而可通过控制 1-丁烯–乙烯无规共聚物的熔融温度直接形成不同的 iPB-1 晶型。Men 等 [91] 认为，即使熔融温度升到平衡熔点以上，共聚物中也会残留一些有序的非均匀结构,降温时将促进晶型 I′ 形成,只有温度足够高时,这些有序结构才被破坏。因结晶结构形成和熔融前晶型无关,如果真的存在这种残留有序结构,则可以得出其分子链螺旋构象并不影响晶型 I′ 形成的结论。而真正的残留结构记忆的是熔融前的结晶结构,其中分子链的螺旋构象状态应当和熔融前的结晶结构一致。另外的可能是,所谓残留有序结构实际上并非残留物,或者残留物可依温度调整链螺旋构象,进而形成晶型 II 或 I′。

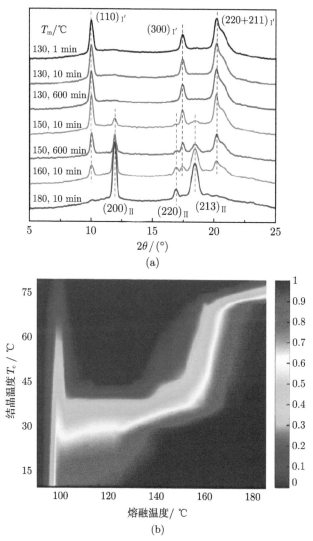

(a)

(b)

图 9.21   含 9.8mol%乙烯无规共聚单元的 iPB-1 不同熔融温度下熔融一定时间降温到 50 ℃完成结晶后的 WAXS 曲线 (a)[87] 及进一步得到结晶结构基于熔融温度和结晶温度的温度谱 ((b),红色 1 表示全部为晶型 II,蓝色 0 表示全部为晶型 I′)[88]

De Rosa[24] 用茂金属催化剂合成的乙烯共聚物在熔体冷却后直接形成晶型 I′ 且含量随乙烯共聚单元含量增加而增加。乙烯共聚单元含量达到约 6mol% 以上时，共聚物熔体冷却后得到的全部是晶型 I′，如图 9.22 所示。

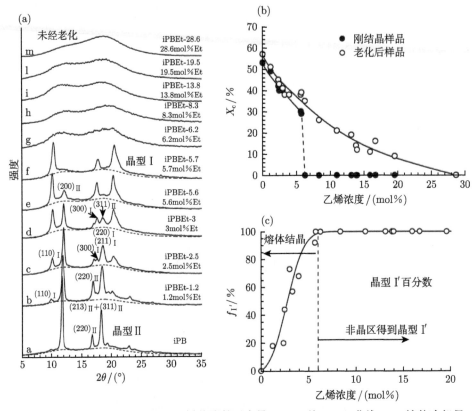

图 9.22　茂金属催化合成不同乙烯共聚单元含量 iPB-1 的 XRD 曲线 (a)，熔体冷却得到晶型 II 结晶度 (b)，以及晶型 I′ 百分数占比随乙烯共聚单元浓度的变化 (c)[24]

由此可见，乙烯单体共聚可促进 iPB-1 链由原来倾向于形成 11/3 螺旋构象而转为倾向于形成 3/1 螺旋构象，进而在熔体冷却时从倾向于仅形成晶型 II 转而形成晶型 II 和 I′ 共存的结晶结构或仅形成晶型 I′。Turner 和 Androsch[22] 曾对含大量 α 烯烃共聚单元的无规共聚物结晶行为进行研究，在熔体冷却直接结晶为晶型 I′ 的过程中，用 WAXD 得到了晶胞参数和组成之间的关系，认为结晶结构形成过程中，乙烯共聚单元被排斥在非晶区之内。

9.3.2.2　丙烯共聚物

Androsch 等 [94] 对丙烯共聚 iPB-1 结晶研究发现，丙烯和 1-丁烯共聚可增加共聚物链的缺陷，抑制 iPB-1 晶型 II 形成并降低结晶速率和结晶度，但降低程度低于乙烯共聚单元的影响[3]。和乙烯共聚单元在结晶时被排除在结晶结构之外不同，丙烯共聚单元和 1-丁烯单体的尺寸更接近，可参与到 iPB-1 结晶中[90]。

De Rosa 等[93] 以茂金属催化剂催化合成了丙烯 -1-丁烯共聚物，发现全组成范围内共聚物都能结晶，在丙烯含量占优或 1-丁烯含量占优时，iPP 和 iPB-1 各自分别结晶，共聚组成和拉伸变形的共聚物相图如图 9.23(a) 所示，直接合成的共聚物在合适聚合环境中均形成晶型 I′。丙烯共聚单元含量较低时，共聚物熔融后以 10 ℃/min 冷却均得到晶型 II，仅在丙烯共聚单体含量为 31mol% 时，共聚物熔融后以 10 ℃/min 冷却得到晶型 I′。丙烯共聚单元的引入降低了直接得到晶型 I′ 或熔融冷却后形成晶型 II 的结晶度，共聚物熔点和总结晶度如图 9.23(b) 和 (c) 所示。

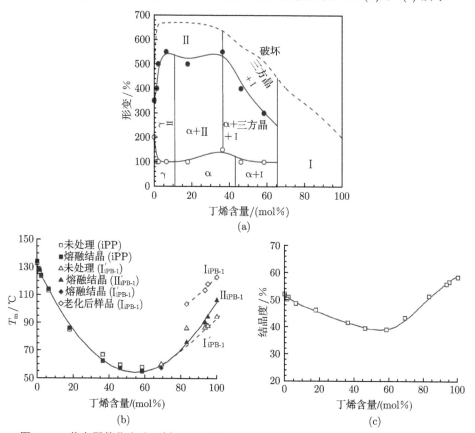

图 9.23 茂金属催化合成丙烯和 1-丁烯共聚物基于共聚组成和拉伸形变的相图 (a) 和共聚物熔点 (b) 及 WAXD 测定合成产物总结晶度 (c)[93]

Androsch 等[94] 详细研究了丙烯共聚单元含量低于 20mol% 时共聚物的结晶结构和结晶行为，随丙烯共聚单体含量增加，iPB-1 的结晶度降低，和 De Rosa 等[93] 的结论一致；此外，随丙烯共聚单元含量增加，共聚物熔融冷却形成晶型 II

受到抑制, 结晶结构由以晶型 II 为主、晶型 II 和晶型 I′ 共存转变为以晶型 I′ 为主。如丙烯单体含量为 18.3mol% 的共聚物在 1 K/min 慢速从熔体降温直接形成晶型 I′[94,95]。

Stolte 等 [3] 对丙烯共聚物的研究显示, 随丙烯共聚单元含量增加, 熔融冷却得到晶型 II 的 $t_{1/2}$ 增加, 如图 9.24 所示, 表明晶型 II 形成受到抑制, 尤其当含量达到 11.4mol% 时受到的抑制更明显, 共聚物熔融结晶时可直接形成一定含量的晶型 I′, 而且相对较低的结晶温度更有利于晶型 I′ 形成, 如图 9.25 所示。若采用 5 K/min 的降温速率, 在丙烯共聚单元含量 7mol% 以上, 晶型 I′ 即可伴随着晶型 II 出现 [81]。

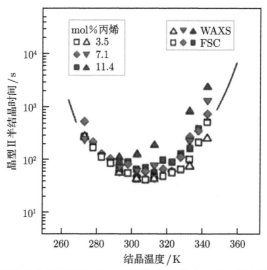

图 9.24　丙烯单体含量不同的共聚物熔融冷却形成晶型 II 的半结晶时间 $t_{1/2}$
随等温结晶温度 T_c 变化 [3]

Gianotti 等 [92] 对含 30mol%、45mol% 和 66mol% 丙烯共聚单元的共聚物进行冰水淬火处理, 认为可直接形成晶型 I′, 而如果缓慢冷却共聚物熔体, 即使丙烯共聚单元高达 66mol%, 也不能形成晶型 I′。这一点和前述 Androsch 等 [94] 及 Stolte 等 [3,90,95] 得到的结果有所不同, 可能和所合成共聚物结构有关。

9.3.2.3　其他共聚物

如前所述, 引入乙烯和丙烯共聚单元后, 共聚单元含量较低、熔融温度较高、降温速率较慢时, 共聚物熔融结晶形成晶型 II。随着共聚单元含量升高, 共聚物倾向形成晶型 II 和晶型 I′ 共存或仅仅形成晶型 I′[94]。除了乙烯和丙烯共聚单体, 人们也尝试采用一些尺寸更大的其他共聚单体和 1-丁烯进行共聚 [22], 以相应地在共聚链上引入尺寸更大的共聚单元。Turner-Jones[22] 将碳原子数超过 5 或支化的烯

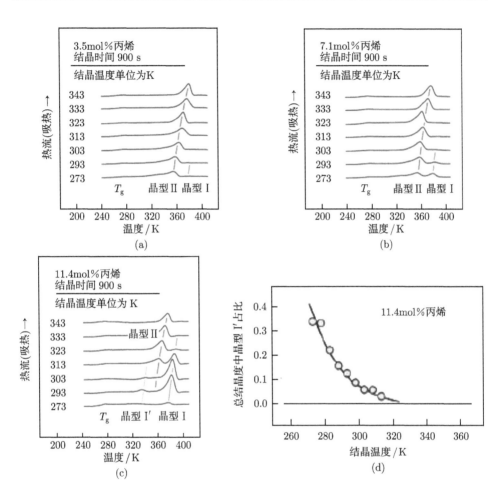

图 9.25　丙烯单体含量不同的共聚物在不同结晶温度等温结晶后的 FSC 升温熔融曲线及
晶型 I′ 在含 11.4mol% 丙烯单体的共聚物中生成的含量随结晶温度变化[3]

烃共聚单体和 1-丁烯共聚后，共聚物熔融冷却结晶形成晶型 II，这和乙烯或丙烯
共聚单元含量较低时一致。

　　Ma 等[97] 以 1,5- 己二烯作为共聚单体制备了含 0~2.15mol% 亚甲基 -1,3 环
戊烷 (MCP) 共聚单元结构的共聚物，在 MCP 含量低到 0.65mol% 或 2.15mol% 时，
熔融冷却即可形成晶型 I′。如 MCP 含量为 2.15mol% 的共聚物，65 ℃等温结晶全
部得到晶型 I′，受到明显抑制的晶型 II 在 25 ℃出现，在 25~65 ℃温度范围内得到
晶型 I′ 和晶型 II 共存的结晶结构。可见，含 MCP 的共聚物可在较高温度下形成
晶型 I′，这一点和丙烯共聚物在较低温度下形成晶型 I′ 不同[3]。与含 9.88mol% 乙
烯共聚单元的无规共聚 iPB-1 的结晶结构种类依赖于熔融温度的熔体记忆现象相

比 [91]，MCP 含量为 2.15mol% 的共聚物在结晶结构形成的动力学方面对共聚物的熔融温度有依赖性和熔体记忆性，但所形成的结晶结构种类不受熔融温度影响。

De Rosa 等 [96] 研究了利用茂金属催化剂合成 1-辛烯和 1-丁烯共聚物的结晶行为，发现共聚物更易于形成晶型 I'。共聚单元在增强了 iPB-1 链活动性 [97] 的基础上，更多地影响了 iPB-1 链的螺旋构象状态。和温度升高可以增进链的活动性不同，iPB-1 共聚链和 iPB-1 均聚链相比，均聚链倾向于形成 11/3 螺旋构象，而共聚链活动性增加后更倾向于形成 3/1 螺旋构象，进而倾向于形成 3/1 螺旋构象对应的晶型。

9.3.3　共混物中 iPB-1 结晶结构形成

iPP 与 iPB-1 都是多晶型高分子材料，因链结构相似，二者共混物的结晶行为受到广泛关注 [101-104]。Sigmann[101,102] 从结晶过程、非晶相的相互作用到材料的力学性能对 iPB-1/iPP 共混物进行研究发现，两种高分子的结晶行为相互干扰。因 iPP 比 iPB-1 结晶温度高，降温时 iPP 先结晶。在 iPB-1 含量很高时，iPP 的结晶才受到较为明显的影响，但只要有 iPP 存在就会影响到 iPB-1 结晶。实际上，iPP 对 iPB-1 结晶的影响表现在两个方面：一方面先结晶的 iPP 可作为 iPB-1 成核剂提高结晶温度；另一方面，iPP 非晶相会降低 iPB-1 的结晶温度。

Shieh 等 [103] 对 iPP/iPB-1 结晶行为的研究发现，iPP 的存在提高了 iPB-1 的结晶速率和球晶尺寸，和溶液结晶得到 iPB-1 晶型 I' 和晶型 II 共存的结晶结构比，iPP/iPB-1 共混物熔体结晶只形成晶型 I'，而且晶型 I' 向晶型 II 的转变随 iPP 含量增加更加缓慢。可见，因为 iPP 和 iPB-1 链的相似性，共混物中的 iPP 和丙烯共聚链一样，对 iPB-1 链形成 3/1 螺旋构象有促进作用，进而有利于形成晶型 I'。在 iPB-1 含量较高的共混物中，即便不能直接形成晶型 I'，熔融冷却后形成的晶型 II 向晶型 I 的转变也有所加快。共混物中 iPP 对 iPB-1 中晶型 I' 形成有促进作用，也可加快 iPB-1 的 II-I 转变，两者间可能存在联系。Shieh 等 [103] 认为，iPP 的 α 晶与 iPB-1 的晶型 I' 有类似的螺旋结构，可作为驱动力阻止 iPB-1 组分的晶型 I' 向晶型 II 的转变，并促进 iPB-1 的晶型 II 向晶型 I 的转变。

和 iPP 相比，聚乙烯链结构和 iPB-1 链结构间的相似度更小，二者的相容性更差，共混物为典型的基体与分散相粒子的形态分布。Nase 等 [105] 对 LDPE/iPB-1 共混吹塑膜的结构进行分析发现，在 iPB-1 粒子中，存在 c 轴取向的针状结晶，c-轴垂直于吹塑拉伸的方向，而片晶沿受力方向取向，分子链沿膜的圆周方向取向。赵永仙等 [30] 发现 LDPE/iPB-1 共混物中结晶随着 LDPE 含量的增加变得不完善，两相没有形成新的熔融峰，热性能下降，共混物拉伸强度和弯曲强度出现最小值，相容性较差。

9.4 iPB-1 的结晶机理

结晶和熔融是结晶高分子最常见的相转变,依加工条件不同最终会影响高分子材料的结晶结构及宏观性能。有 "塑料黄金" 之称的 iPB-1 结晶机理研究备受关注 [39,69,70,106],科研人员基于经典的 Lauritzen-Hoffman 成核生长理论 (LH 结晶理论)[107-111] 或 Strobl 提出的多步结晶理论 [98,112,113] 所做的努力和尝试,对理解 iPB-1 的结晶过程及其结晶结构调控和加工应用推广都有重要借鉴价值 [9-11]。需要强调的是,iPB-1 是典型的多晶型高分子,结晶过程同时涉及结晶结构的形成和不同晶型的选择,LH 结晶理论或多步结晶理论更多考虑了结晶结构的形成过程,而对不同晶型的选择形成基本没有涉及,因而现有结晶理论并不能很好地解决 iPB-1 多晶型选择性形成的问题,也难以回答为什么 iPB-1 与熔融结晶通常形成热力学稳定结晶结构的其他聚合物不同,通过熔融结晶得到的是亚稳定的晶型 II 而非热力学稳定的晶型 I,所涉及的机理值得深入探讨。

Men 等 [106] 在 iPB-1 的晶型结构选择上基于 LH 结晶理论提出:如图 9.26(a) 熔融到不同温度的 iPB-1 熔体中,存在一些可结晶链的局部有序性结构,其尺寸会随着熔融温度升高而减小,这些局部有序性结构起伏类似于 LH 结晶理论中的晶胚,它们有助于克服结晶成核的能垒,进而有助于开始结晶;如图 9.26(b),iPB-1 多晶型结晶结构的形成,则取决于可结晶长链序列形成的局部有序结构尺寸大小和临界晶核尺寸间的对比,晶型 II 对应的临界晶核尺寸大于晶型 I′ 对应的临界晶核尺寸,但晶型 II 对应的能垒较低 [39,70],因而 iPB-1 熔体本体冷却时均相成核优先结晶为晶型 II [69]。和乙烯单体进行共聚后,晶型 II 和 I′ 的结晶能垒都相应地升高,在高结晶温度 T_c 下,因共聚造成可结晶 iPB-1 长链序列较短,介于晶型 I′ 和 II 分别对应的临界尺寸之间,结果抑制了晶型 II 晶核的形成,进而易于形成临界片晶尺寸较小的晶型 I′。这一观点也可解释在超薄膜中 iPB-1 倾向于直接形成晶型 I′[69]。

Men 等 [106] 基于 LH 结晶理论对 iPB-1 的晶型结构选择提出的解释能够比较好地解释 iPB-1 均聚物熔融结晶易于形成晶型 II 而共聚后则易于形成晶型 I′ 的实验事实,不过其中所涉及的局部有序结构或临界晶核等关键结构都因难以实验检测而限于概念性的提法,还需要继续积累更多可令人信服的实验证据支持。实际上,LH 结晶理论中关于高分子结晶需先初始成核而后再通过二次成核实现结晶生长的基本观点,如第 1 章中 1.4 节所述,也日渐面临很多新实验现象的挑战。

如按照 LH 理论的传统观点认为结晶过程是直接从熔体形成结晶,在平衡熔点 T_m^∞ 处达到结晶和熔融两个过程之间的热力学平衡,而 Strobl 等 [113,114] 对不同高分子结晶过程和熔融过程分别展开的研究发现,如第 1 章中图 1.10 所示,以结晶温度、重结晶温度和熔融温度对片晶厚度的倒数 d_c^{-1} 作图得到的结晶线、重结晶线、熔融线间存在显著差异，其中结晶线和熔融线分别外推到 $d_c^{-1}=0$ 得到的平衡结晶温度 T_c^∞ 和平衡熔点 T_m^∞ 并不相等，结晶过程明显不能视为熔融过程的简单逆过程。Men 等 [115] 曾得到 iPB-1 的 T_c^∞ 值为 146 ℃，其在拉伸作用下经熔融重结晶可进一步升到 294 ℃，如图 9.27 所示。iPB-1 晶型 II 的 T_m^∞ 值在 120~130 ℃[9]，明显低于所得到的 T_c^∞ 值。按照 Strobl 提出的多步结晶理论，iPB-1 结晶过程和熔融过程的差异可归于结晶过程需经由中介相才能完成。

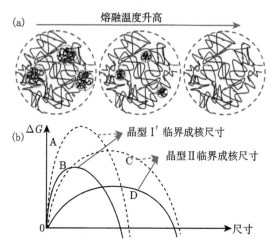

图 9.26 (a) 随熔融温度变化的熔体状态图示，实线圈定的区域为可结晶链局部有序结构；(b) 均聚和乙烯共聚 iPB-1 的晶型 II 和 I′ 形成过程中 ΔG 随晶胚尺寸变化，实线和虚线分别对应均聚物和乙烯共聚物 [106]

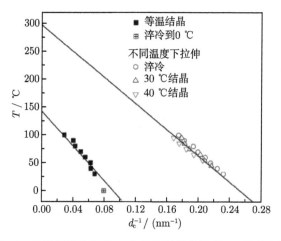

图 9.27 iPB-1 晶型 II 片晶厚度的倒数 d_c^{-1} 和等温结晶温度 T_c 及应力诱导熔融再结晶的拉伸温度 T_d 之间的关系 [115]

Strobl 等 [113,114] 认为,高分子结晶活化温度并不在 T_m^∞ 处,而在熔体和中间相之间达成热力学平衡的温度,如第 1 章中公式 (1.6) 所示,该温度可定义为零生长温度 T_{zg},其数值取决于熔体向中间相转变的过程。目前所得到一些高分子的 T_{zg} 一般低于平衡熔点 T_m^∞[114],对 iPB-1 而言,这方面开展的工作不多,但在 iPB-1 均聚物部分熔融 [31,47,70,71,75] 或乙烯共聚物熔融到不同温度时所体现出来的熔体记忆效应 [91] 显示,iPB-1 结晶过程开始前熔体中存在的局部有序结构或熔体记忆结构应当和中间相之间存有关联关系。尤其当熔融温度高于和结晶结构对应的平衡熔点时,晶核残留已经不存在,但所得到的熔体仍然具有熔体记忆性 [91],这种熔体记忆现象在聚乙烯的共聚物中也得到了验证 [116],因此该记忆性应和可起自种子成核 (self-seeding) 作用的残留晶核无关,意味着熔体记忆结构是在结晶结构熔融后存在的尚没有因热运动而彻底遭到破坏的局部分子链有序结构。

和 LH 理论相比,Strobl 的多步结晶理论将高分子结晶起始归于中介相的形成,实际同样存在因检测技术限制而缺乏中介相实证依据的问题,但中介相的提出为 iPB-1 等多晶型高分子结晶过程中晶型选择提供了新的思路,不同晶型结构的形成或源于初始中介相结构的不同。不过,Strobl 的多步结晶理论中关于可进一步发展为不同晶型结构的不同中介相的形成没有提供详尽的论述。

目前,从高分子结晶结构分析出发已得到广为接受的事实是,高分子结晶结构均由具有一定链构象的分子链以一定的空间几何结构堆积而成,不同形式的螺旋构象链或者螺旋构象链相同但堆积几何方式不同,均可以形成不同的晶型结构。从结晶过程随时间演化的角度看,必然涉及两个过程:①高分子链在特定的结晶条件下从无规线团链状态向不同螺旋构象链的转化过程;②螺旋链的稳定和几何堆积过程。即便对于这两个过程的具体发生细节还不清楚,但这一从结晶结构反推结晶过程的思想方法至少可以为高分子结晶机理研究提供了新的启示和思路 [1]。

对于分子链上具有侧链乙基的 iPB-1 而言,其分子链的非对称性决定了其结晶结构均由螺旋链堆积得到,如 3/1、11/3 或 4/1 等不同形式的螺旋链,这些螺旋链分别以六方或四方晶等几何形式堆积,形成 iPB-1 的晶型 I / I′、II 及 III 等多晶型结构。考虑 iPB-1 某种晶型结构从熔体中由具有螺旋构象缺陷的分子链形成时,必然需要考虑目标晶型结构中链螺旋构象的形成过程 [1],该过程的起始链状态可能是熔体中处于极致无规运动状态的无规线团链,其所含螺旋构象缺陷最多,或者存在一些不同程度的局部螺旋有序状态,螺旋形式受历史因素和热运动状态的影响可能和目标晶型结构中的螺旋链构象一致,也可能不一致。比如,要考虑 iPB-1 晶型 I 的形成,就需要考虑 iPB-1 分子链如何从无规线团或其他状态发展为 3/1 螺旋构象,进而堆积形成晶型 I。

早期的传统成核生长 LH 结晶理论 [109] 和 Strobl 提出的多步结晶理论 [113],对相应于特定结晶结构的链构象的形成及其堆积过程都没有充分予以考虑。即便

LH 结晶理论后来补充了分子链先探测特定结晶前沿的链构象匹配性，随后选择性沉积以实现结晶结构中链构象和结晶前分子链的构象间的关联，但对于结晶初始的成核过程中晶胚乃至初始晶核中链构象的选择和确定机制并未给出令人信服的说法。

　　Men 等 [106] 基于成核生长 LH 结晶理论认为，多晶型 iPB-1 结晶结构的形成取决于可结晶长链序列形成的局部有序结构尺寸大小和临界晶核尺寸间的对比，有关局部有序结构尺寸和临界晶核尺寸都还缺乏足够的数据或实验依据，其和熔体中 iPB-1 螺旋链构象的选择之间的关系还不明确。在 Strobl 提出的多步结晶理论中给出了中介相的形成 [113]，认为中介相内分子链相对于特定结晶结构内的链构象而言还存在很多构象缺陷，需要在中介相形成及其向小晶粒的转变过程中不断排除这些缺陷，但对于整个结晶过程中特定螺旋链构象的初始选择过程没有涉及。对于 iPB-1 等多晶型高分子结晶过程中链构象的选择及结晶过程还需要更多研究和探索。

　　若将 iPB-1 结晶过程中必然需要经历的分子链构象演化过程和 Strobl 多步结晶理论相结合，可以认为 iPB-1 的 3/1 螺旋链堆积而成的晶型 I / I′ 或形成于先期同样由 3/1 螺旋链不断附着和生长而得到的中介相，而 11/3 螺旋链堆积而成的晶型 II 的形成则源于同样和 11/3 螺旋链密切相关的中介相。无论中介相或局部有序的螺旋链堆积都存在检测困难，在 iPB-1 的中介相形成过程中 iPB-1 链构象变化和链构象的选择过程细节还需推敲。结晶过程中，iPB-1 链可能先形成了与温度有关的螺旋构象链结构，确定结构的 3/1 或 11/3 螺旋链不断附着在中介相薄层 (mesomorphic layer) 结构的侧向而生长，这些附着上去的螺旋链或许还未完全伸展，仍含有一些构象缺陷，这些构象缺陷或者一些引入的共聚单元将会在侧向附着生长过程中被排斥在中介相外，形成中介相的密度会略高于各向同性的熔体，但远低于晶粒。此外，按照 Strobl 的多步结晶理论，中介相厚度需要达到一个最小值以保持其在熔体中的稳定性，其内部具有较高的流动性，所含有的有序链可进一步伸展，从而实现中介相的自发增厚 [117]，能够形成不同晶型结构的中介相保持其在熔体中的稳定性所需要的厚度可能不同，具体或和相关螺旋构象有关。

　　考察高分子结晶过程中链构象的变化，尤其无规线团链如何在结晶前或结晶过程中形成和结晶结构相应的螺旋构象，并以适当方式进行几何堆积，在实验检测上还存在困难，但通过分析体系的演化行为和规律，部分学者已经提出和开始接受高分子结晶开始前首先发生特定高分子链构象的选择及失稳分解 (spinodal decomposition)，进而开始结晶的观点 [118]。比如，在研究高分子熔体冷却结晶过程中，依据传统的成核生长 LH 结晶理论，经过诱导期后，WAXS 和 SAXS 信号应当同时出现，而实际上却是 SAXS 信号先出现并且强度呈现指数性增长，而且可以精确地用 Cahn-Hilliard(CH) 理论拟合，很好地符合失稳分解过程的特征，表明该过程是热力学不稳定结构起伏的自发生长过程，同时 SAXS 散射峰的位置随时间延长向小角度方向移动，直至 WAXS 信号出现[118]。Olmsted 等[118] 认为，高分子链结晶前必须选择恰当的构象，比如聚乙烯结晶中堆积在一起的均为全反式构象链，而在熔体中是反式和旁氏构象的无规分布状态。一般情况下，非对称性链更倾向自发形成螺旋链，这些有相同恰当螺旋构象的邻近链比含螺旋构象缺陷的链更容易紧密堆积，更容易经构象分离就地自发发生密度依赖的结晶过程，而整链的流体力学半径变化不大。

由此，Olmsted 等[118] 基于构象链失稳分解在分子链水平上勾勒出了高分子结晶起始过程的清晰图景，图 9.28 和图 9.29 分别给出了高分子熔体发生构象失稳分解的相图和构象失稳分解温度下自由能随密度变化。构象链失稳分解机制是基于不同螺旋构象链发生失稳分解过程的差异，提出了特定晶型结晶结构中链构象的形成和选择可能路径[118]，解决了 Strobl 多步结晶理论中的中介相和螺旋构象

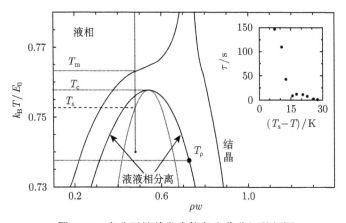

图 9.28 高分子熔体发生构象失稳分解的相图

T_m 为熔点，T_s 为失稳分解温度，点画线表示密度恒定的淬火过程[118]

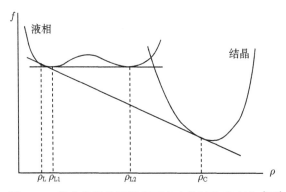

图 9.29 构象失稳分解温度下自由能随密度变化[118]

间关联的问题，和如前所述将分子链构象演化过程和中介相结构形成过程相结合而形成的对结晶起始过程的理解一致。

因此，考虑 iPB-1 的结晶结构形成时，首先要考虑 iPB-1 在高温熔体条件下的链构象状态。鉴于链段的热运动能力高温时通常比较强，尤其 iPB-1 主链上含有大量的柔性 C—C 单键，高温时比较容易克服主链 C—C 单键旋转时反式和旁氏构象间的能垒 (图 9.30 (a) 和 (b))，iPB-1 的晶型 I / I′ 或 II 在熔融前结晶结构中的 3/1 或 11/3 螺旋构象链在熔融时将遭到一定程度的破坏，倾向于形成反式和旁氏构象相对自由分布的无规线团链状态，具体将依赖于熔融温度等条件。和熔融过程中相应于结晶结构的链构象会被破坏到一定程度而倾向于无规线团状态相反，结晶过程中 iPB-1 的无规线团链则需要重新进行反式和旁氏构象的组合以实现螺旋化，进而形成特定 3/1 或 11/3 等螺旋构象链并进一步堆积形成相应的晶型 I / I′ 或 II 结晶结构。

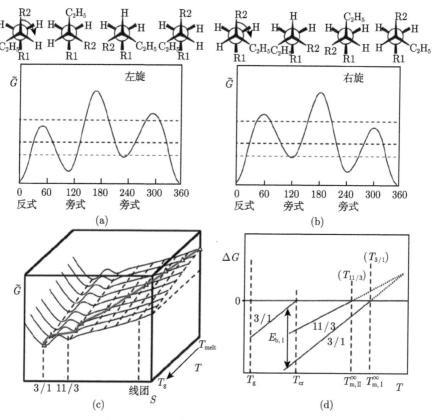

图 9.30　iPB-1 左/右旋链的 C—C 单键旋转过程中反式和旁氏构象及能垒 ((a) 和 (b))，随温度降低过程中自由能和链构象演化示意图 (c) 以及 3/1 和 11/3 螺旋构象自由能随温度变化示意图 (d)[73]

iPB-1 熔体中，无规线团分子链依温度重新进行反式和旁氏构象的组合，自高温熔体冷却时，随着链段能量的降低，分子链逐步失去能够自由克服图 9.30 (a) 和 (b) 所示 C—C 单键旋转过程中能垒的能力。空间上，无规线团链在螺旋堆积过程中将先经历比较疏松的螺旋构象状态，并按照螺旋构象愈加紧致的方向演化，如组合成 iPB-1 的热力学稳定 3/1 螺旋构象的温度将低于组合成亚稳定 11/3 螺旋构象的温度，如图 9.30(c) 和 (d) 所示。降温过程中，在形成 3/1 螺旋构象链之前，已形成的 11/3 螺旋链为了进一步降低自身能量而会倾向于聚集和排列形成局部有序结构，可认为形成了 11/3 螺旋构象链堆积的中介相，该中介相会进一步转变为晶型 II。由于 11/3 螺旋链难以克服有序排列堆积成中介相所形成的能垒，不能进一步形成更为稳定的 3/1 螺旋构象，从而不能堆积成可随后转化为晶型 I 的中介相。由此，iPB-1 熔体冷却过程中，链构象螺旋有序化的过程中如同形成了 11/3 螺旋构象的陷阱，iPB-1 链无法跨越该陷阱而进一步螺旋有序化形成 3/1 螺旋构象，大量 iPB-1 链被陷阱捕获并形成 11/3 螺旋链，进而堆积后结晶为晶型 II，是 iPB-1 熔体冷却通常得到亚稳定的晶型 II 而非热力学稳定的晶型 I 的原因[73]。iPB-1 自本体熔体冷却时形成 11/3 和 3/1 螺旋链及对应晶型 II 和 I 的示意图可如图 9.31 所示[73]。

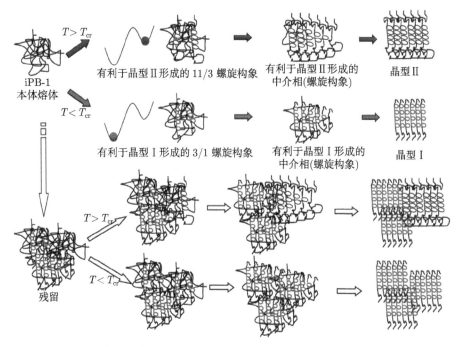

图 9.31 iPB-1 自本体熔体冷却时形成 11/3 和 3/1 螺旋链及对应晶型 II 和 I 的示意图[73]

如上基于 iPB-1 链构象选择进而结晶的观点，可很好地解释晶型 I 和 II 相比更倾向在较低温形成的现象 [2,11,24,29,73]。此外，iPB-1 在熔体冷却结晶后 2 min 内于 35 ℃以下后结晶没有形成晶型 II 而是形成晶型 I，以及熔体冷却得到的晶型 II 会在 30 ℃附近比较快地自发转变为晶型 I，均表明较低温有利于 iPB-1 的 3/1 螺旋构象形成，均和构象选择决定结晶的观点相符合。

iPB-1 是典型非对称链高分子，可形成多种晶型结构，是研究高分子结晶过程较为理想的模型，对高分子结晶过程及晶型选择普遍遵循的机制和机理研究有重要借鉴作用，而要形成包括 iPB-1 在内不同高分子结晶过程的清晰图景，还需更多实验依据积累和认识上不断深入。

9.5 iPB-1 的结晶结构转变及调控

iPB-1 的 II–I 转变，在结构上即晶型 II 的 11/3 螺旋链转变为晶型 I 的 3/1 螺旋链，该链构象变化导致在结晶链长度方向上延伸 14%，而横截面缩小 10%。结晶结构的改变进而对 iPB-1 宏观性能产生影响，如增加材料的刚性、硬度、熔点和密度等。因此，iPB-1 的 II-I 转变动力学研究一直很受关注 [5,20,27,29,119,120]，缩短该结晶转变时间甚至或完全阻止该转变的发生，对于获得稳定的材料结构和性能以推进工业应用至关重要 [26,65,87,96]。已有研究表明，很多化学和物理因素都会影响 II-I 转变动力学过程 [5,27,29,120]，归纳起来，主要有 iPB-1 的内在分子链结构因素和外在物理化学环境因素两大方面，另外，在有些条件下形成的特定结晶结构也会造成对 II-I 转变的影响，而有些条件下 II-I 转变还会受到一定的抑制作用，甚至实现晶型 II 的长期稳定存在 [22]。

9.5.1 内在分子链结构因素

为促进 iPB-1 的 II-I 转变，首先要考虑 iPB-1 分子量 [25,27,47,55]、链规整性 [20,27,32,49,119,121]、共聚 [40,87,92] 等方面的影响。上述因素均会影响 iPB-1 链的热力学和动力学行为，如对其活动能力及螺旋构象选择和有序化排列能力产生影响，进而影响结晶结构形成过程中晶型的选择和结晶的动力学过程。同样，iPB-1 链在热力学和动力学行为上的变化，对熔体降温冷却得到晶型 II 后的 II–I 转变也表现出了显著影响。

9.5.1.1 分子量

分子量是影响 iPB-1 的 II-I 转变动力学的重要因素 [25,47,49]，Foglia[25] 和 Chau[47] 报道称 II-I 转变速率随 iPB-1 分子链长度的降低而增加，当低聚物分子量 $M_{\mathrm{w}} < 4 \times 10^3$ g/mol 时，II-I 转变明显更快 [25]。Alfonso 等 [55] 和 Azzurri

等[27]发现当分子量在 $1.2 \times 10^5 \sim 8.5 \times 10^5$ g/mol 范围内时，II-I 转变速率并不依赖于分子量大小。He 等[119]用红外表征了分子量分别为 1.8×10^5 g/mol、5.5×10^5 g/mol 和 2.27×10^6 g/mol iPB-1 的室温 II-I 转变过程，结果显示，随分子量增加 II-I 转变速率减小，且晶型 II 在 II-I 转变初期的消失速率对分子量依赖性不大，而晶型 I 在 II-I 转变后期形成速率明显随分子量增大而变小。

9.5.1.2 链规整性

高分子链规整性，如等规度和单体聚合过程中所采用催化剂密切相关。采用非均相 Ziegler-Natta 催化剂合成 iPB-1 时，鉴于催化剂自身的局限性，实际得到聚合产物是不同分子量大小、不同立构规整度、不同立构序列分布的分子链的混合物，不同分子链间在链规整性上并不一致[20]。采用非均相 Ziegler-Natta 催化剂合成的 iPB-1 作为研究对象，当专门考虑分子链上立构规整缺陷的影响时，必然受到分子量大小及链的不同立构序列分布造成的规整缺陷类型 (立构 stereo- 和区域 regio-) 变化与分布特征的干扰[20]。

采用茂金属催化剂合成 iPB-1[67]，可有效调控 iPB-1 链结构，避免出现用 Ziegler-Natta 催化剂得到 iPB-1 产物在分子链结构上的复杂组成问题，有利于考虑链规整性单因素对 II-I 结构转变产生的影响。结果显示，在比较低的 rr 立构缺陷的浓度下，iPB-1 熔体冷却后主要形成晶型 II (或形成晶型 II 和晶型 I′ 共存的结晶结构)，随着 rr 立构缺陷的浓度增加，所得到的晶型 II 向晶型 I 的转变速率相应增加，若控制足够高的 rr 立构缺陷浓度 (3mol%~4mol%[18] 或 2mol%~3mol%[40,77])，并由熔体缓慢冷却进行结晶[20]，甚至可直接从熔体得到晶型 I′，虽然得到的 iPB-1 会在力学行为上因高 rr 立构缺陷浓度而受到一定的影响。

赵永仙等[122]采用负载钛催化体系合成了全同含量为 86% 和 99% 的两种 iPB-1，发现全同含量越高时，结晶性越好，结晶速率越快，熔点越高，II-I 转变越快，但不同全同含量的 iPB-1 前 48 h 内 II-I 转变可达 80% 以上，之后转变变慢。

根据赵永仙等[122]的研究结果，iPB-1 的全同含量越高，链越规整，II-I 转变越快；而采用茂金属催化剂得到 iPB-1 链中 rr 立构缺陷越高，规整性越低，得到的 II-I 转变速率越高。两种催化体系得到的 iPB-1 在 II-I 转变行为上表现出了近乎相反的行为，可能如此简单用链的规整性来描述所得到 iPB-1 链的结构特性并不全面，和 II-I 转变密切相关的还有其他链结构信息在内。

9.5.1.3 共聚

和在 iPB-1 主链上引入立构缺陷一样，通过引入共聚单元，在一定意义上也可引入链缺陷，但引入不同单体后，除了造成链的规整性不同外，所引入共聚单元大小，尤其侧基结构及大小不同，也对熔融冷却后结晶得到的晶型 II 向晶型 I 的转变

造成影响 [22,93,98,99]。

Turner-Jones[22,23] 利用 Ziegler-Natta 非均相催化剂合成了 1-丁烯与其他 α-烯烃的系列共聚物，发现如乙烯、丙烯、戊烯等碳原子数不大于 5 的线性 α-烯烃与 1-丁烯共聚后，其中乙烯共聚单元不与 1-丁烯单元共结晶，丙烯共聚单元较少参与共结晶，戊烯则较多地和 1-丁烯单元共结晶，所形成的共聚物的 II–I 转变明显都比均聚物加快。值得注意的是，乙烯或丙烯和 1-丁烯共聚得到的共聚物往往因难以进行理想的无规共聚而出现链结构上的不均匀性，会含有部分富乙烯单元或富丙烯单元的链结构，因此，讨论共聚物中 iPB-1 的晶型 II 转变时，其所处的局部区域内共聚单元的含量可能比平均浓度更低一些。与乙烯或丙烯单体相比，戊烯和 1-丁烯在结构上更接近，因而戊烯和 1-丁烯可实现无规共聚，然而，戊烯单体共聚对 iPB-1 的晶型 II 向晶型 I 转变的促进作用是最为低效的，丙烯单体共聚的促进作用最为高效。其实，如果共聚单元较少进入 iPB-1 的晶型 II 晶格是促进 II-I 转变的原因，比丙烯单体更难进入的乙烯单体应该可以更高效地促进 II-I 转变，实际情况并非如此 [22]。

Azzurri 等 [86] 在对无规 1-丁烯–乙烯共聚物的研究中发现，含 10.5% 乙烯共聚单元的共聚物在 293 K 下完成 II-I 转变的时间，相对均聚物从 170 h 降到 3.5 h，同时 II-I 转变速率最大时对应的转变温度明显降低。Ziegler-Natta 催化剂合成乙烯共聚物，乙烯共聚明显促进了室温 II-I 转变，甚至有少量晶型 I 很快出现 [44,45]。这些乙烯单体共聚能促进 II-I 转变的结果和 Turner-Jones[22,23] 报道的结果一致。

9.5.2　促进 II-I 转变的外在物理化学环境因素

合适的转变温度、外力作用、添加组分等构造出的不同物理化学环境，均可不同程度地促进 iPB-1 晶型 II 的 II-I 转变动力学过程。

9.5.2.1　转变温度

iPB-1 的 II-I 转变对转变温度有明显的依赖性 [5,123]，常压下于室温的转变速率最高 [7,36,124]。iPB-1 的 II-I 转变过程中，晶型 I 的含量随转变时间呈典型 S 形变化。II-I 转变初期约在 −20 ℃时转变最快，主要对应于转变成核过程；转变后期在 20 ℃时转变最快 [123]，对应于转变生长过程。总的 II-I 转变速率约在室温条件下最高的原因，应为成核和生长过程叠加的结果。Men 等 [125] 系统研究了 II-I 转变的低温成核和较高温度下的生长过程，得到了类似的结果，如图 9.32 所示，成核速率最快在 −10 ℃，而生长速率最快在 40 ℃。

9.5.2.2　外力作用

iPB-1 的 II-I 转变在不同外力作用下显著加速，如压力 [45,87]、拉伸外力作用或热应力 [29,126-128]、受力变形 [22,29,68,115,129,130]、冷滚压 [131] 及 X 射线或超声处理等[132]。如 iPB-1 熔体在 1000 atm 以下熔融结晶形成的晶型 II，若继续保持在压力作用下可快速转变为晶型 I，而且在压力或单轴拉伸作用下，自玻璃化转变温度 T_g 和晶型 II 的熔点 T_m 之间很宽的温度范围内，II-I 转变速率均可显著加快[86]。在拉伸或剪切等外力作用下[52,133,134]，晶型 II 到晶型 I 的转变不可逆，和不受力时的 II-I 转变过程相比，不仅转变速率显著加快，而且转变后没有残留晶型 II。

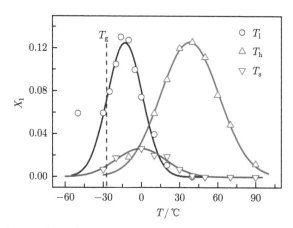

图 9.32 iPB-1 在 50 ℃等温结晶后分别在不同 T_l 处理 60 min 后在 40 ℃进行 II-I 转变 220 min(T_l 曲线)，在 −10 ℃热处理 60 min 后在不同温度 T_h 进行 II-I 转变 220 min (T_h 曲线) 以及仅在单一温度 T_s 进行 II-I 转变 280 min(T_s 曲线) 时晶型 I 含量的对比[125]

9.5.2.3 添加组分

在 iPB-1 中添加特定的组分，如压缩二氧化碳[120,134-136]、成核剂[71,131]、蒙脱土 (MMT)[100,137] 或黏土[138]、凡士林油脂[99]、聚丙烯[103,131] 等，均可一定程度上促进 II-I 转变过程。

Li 等[120,134] 详细研究了压缩二氧化碳诱导 iPB-1 发生 II-I 转变的过程，认为二氧化碳的引入起到了对 iPB-1 的塑化效果，随二氧化碳浓度增加，自由体积增加，进而促进了非晶区分子链的运动，非晶区伸展的分子链会形成对晶型 II 片晶中分子链的 "拉应力"，促使 11/3 螺旋链伸展转变为 3/1 螺旋链，最终促进 II-I 转变。用 CO_2 辅助发泡[135]，在 CO_2 和发泡形成拉伸作用下发泡体系中的 II-I 转变更快。

贺爱华等[139] 将常用于聚丙烯的 β 成核剂添加到 iPB-1 中发现能起成核作用，明显提高了晶型 II 的结晶温度和结晶度，加快了结晶过程及随后的 II-I 转变。

片状结构填充物如 MMT 加入 iPB-1 后即使没有完全发生片状剥离，而只有很弱的插层作用并减小类晶团聚体尺寸，也可显著促进 II-I 转变成核[137]。若将

MMT 加入 1-丁烯和乙烯的共聚物中形成纳米复合材料,对 II-I 转变的促进作用更明显,甚至可由熔体直接形成晶型 I [100]。若 MMT 换作黏土,也能促进 iPB-1 的 II-I 转变 [138],但不能从 iPB-1 熔体直接得到晶型 I。MMT 对 II-I 转变的促进作用,可与引入乙烯共聚单元的作用表现出协同性。

9.5.3　晶型 II 结构和形貌对 II-I 转变的影响

同一链结构在相同物理化学环境下形成不同结构和形貌的晶型 II,同样会对 II-I 转变产生影响。如 iPB-1 熔体加工时必然引入流场,在不同熔融加工条件下引入链取向 [131] 或通过剪切形变造成片晶结构取向 [52],可一定程度上促进 II-I 转变。不过,结构取向并非必然加速 II-I 转变 [53],如熔体预剪切可促进晶型 II 结晶,并形成晶型 II 不同结构或形貌,甚至形成 shish-kebab 结构 [140],但没表现出对 II-I 转变的促进作用 [141]。有些成核剂虽可促进或抑制晶型 II 形成,但不影响 II-I 转变动力学过程 [31]。晶型 II 的结晶结构和形貌形成过程中,可能还隐含着影响 II-I 转变的其他因素的作用,涉及 II-I 转变机理的相关研究还需深入。

在不同结晶温度 T_c 下等温结晶 [27,53,142],或在不同温度下热处理 [4,5],会形成片晶厚度不同或结晶完善程度不同的晶型 II,且依分子链大小表现出不同的 II-I 转变行为。采用两步法在高温结晶后快速降至低温进一步结晶,可在两步结晶形成的球晶边界附近优先开始 II-I 转变 [142]。对不同情况下晶型 II 形成过程中的结晶结构或非晶结构和 II-I 进行关联,对了解 II-I 转变机制并进一步实现调控值得关注。

9.5.4　抑制 II-I 转变的因素及晶型 II 的稳定

在研究 iPB-1 的 II-I 转变时,人们也发现 iPB-1 熔融结晶得到的晶型 II 可在一定条件下稳定存在,室温下自发转变得到显著抑制。如 Androsch 等 [94] 曾关注到,均聚 iPB-1 在 II-I 转变率较高的转变后期,会有一些晶型 II 残留并长期稳定存在,而丙烯共聚后形成的共聚物不仅 II-I 转变明显较均聚物加快,而且转变后期没有晶型 II 残留。均聚 iPB-1 在 II-I 转变后期所形成的特殊物理化学环境或残留部分晶型 II 在结构上有何特殊,如何使热力学上有自发 II-I 转变倾向的晶型 II 能长期稳定,应和 II-I 转变机理密切相关。

同样是单体共聚,据 Turner-Jones[22,23] 研究,若以 C 数大于 5 的 α-烯烃或含较复杂支化结构的烯烃为共聚单体,如己烯、辛烯、3-甲基丁烯、4-甲基戊烯、4,4-二甲基戊烯等,和 1-丁烯共聚后己烯、辛烯共聚单元均可共结晶进入晶型 II,而含 C 数大于 8 的 α-烯烃共聚单元则不能,在含有支化结构的烯烃类单体中,3-甲基丁烯共聚单元可和 1-丁烯共聚单元共结晶,而 4-甲基戊烯、4,4-二甲基戊烯的共聚单元则甚少或不能共结晶。这些 C 数大于 5 的线性 α-烯烃单体和有较复杂支化结构的烯烃类共聚单体,其和 1-丁烯共聚得到的共聚物,在熔融冷却得到晶型 II 后的 II-I 转变过程均明显受到抑制,比均聚物 II-I 转变更慢,甚至在适当共聚单元含量范围内,共聚物中晶型 II 可长期稳定存在。如 4,4-二甲基戊烯共聚单体单元含量低至 1%,可将 iPB-1 晶型 II 稳定一年而不发生 II-I 转变,含量达到 3%以上则可将晶型 II 完全稳定下来 [22]。

Yang 等 [143] 研究了 iPB-1 晶型 II 在蒸镀碳层前后的 II-I 转变,发现蒸镀碳层前常压下可在 9 天完成 II-I 转变,蒸镀碳层后延迟到 120 天才完成;50 bar 高压作用则使其从 5 min 延迟到 20 min。Yang 等将 II-I 转变受到的延迟作用归因于蒸镀碳层后对 iPB-1 形成了表面限位作用 [143]。

9.6 iPB-1 结晶结构转变机理

自 Natta 等 [15-17] 最早于 1954 年合成出 iPB-1 以来,iPB-1 的 II-I 转变过程就受到很多研究者关注。鉴于很多小分子和高分子的结晶及小分子结晶的固–固相变过程都是始于成核且受成核控制的成核-生长过程,其中成核过程取决于成核能垒和链扩散穿过相界面的活化能 [125,144],并基于很多实验事实的积累和总结,人们普遍接受的观点认为,iPB-1 的 II-I 转变也可唯象地看作受成核过程控制 [4,5,53],并在动力学上满足 Avrami 方程的成核生长固–固相转变过程 [5]。如 Chau 和 Geil 认为,热力学稳定晶型 I 的成核是瞬间发生的 [50]。随着研究手段不断进步,尝试深入到 iPB-1 分子链水平上开展的研究也取得了一些结果,但对 II-I 转变机理仍难以形成确切认识,还需更多研究积累和探索。

9.6.1 成核控制的固–固 II-I 转变

iPB-1 的 II-I 转变可看作成核过程控制的固–固转变过程,各化学和物理因素是否可有效加快 iPB-1 的 II-I 动力学转变 (乃至直接由熔体得到晶型 I),与相应条件下的 II-I 转变成核机制密切相关 [4,5,53,64,69,132,142]。在不同化学和物理因素作用下如何促成具有特定链结构 iPB-1 的 II-I 转变成核,并有效促进 II-I 转变的后续生长过程,虽然分子链水平上的相关机制还不清楚,但鉴于 iPB-1 的晶型 II 是 11/3 螺旋四方晶,晶型 I 是热力学稳定的 3/1 螺旋六方晶 [29,31],晶型 I 的熔融热焓是晶型 II 的近 2 倍,晶型 II 向晶型 I 的转变有热力学根源。II-I 转变过程中,晶型 II 和 I 间表面能的变化及晶型 II 晶相和新生成晶型 I 晶核间新增表面能决定了晶型 I 晶核足够大时,才能克服能垒,进而促使晶型 I 晶核得以稳定和继续生长。II-I 转变成核时也需 iPB-1 分子链适当伸展,由原 11/3 螺旋构象调整为 3/1 螺旋构象。因而,从有利于 iPB-1 分子链构象调整的角度考虑,iPB-1 的 II-I 转变成核方式可唯象地分为均相热成核、内应力成核、表/界面诱导成核和流场诱导成核等。

9.6.1.1　均相热成核

实际上，在成核控制的 iPB-1 的 II-I 转变过程中，早期转变主要对应于 II-I 转变成核过程，而在转变后期主要对应 II-I 转变的生长过程[123]。现有的实验积累表明，II-I 转变的成核过程低温下较快，较高温度下生长过程速率较高。在没有外在因素的影响下，iPB-1 的 II-I 转变成核可认为是均相热成核方式，即 iPB-1 中的分子链在热运动过程中存在局部的热运动起伏，部分链因而可克服 11/3 构象调整为 3/1 构象的能垒，成为 3/1 构象链并形成早期的晶型 I，进而作为 II-I 转变的成核，进一步发展进入 II-I 转变的生长过程。

II-I 转变的均相热成核过程中链的热运动依赖于温度，因而可很好地解释 iPB-1 的 II-I 转变速率随温度先增加后减小并于室温附近最大的现象[4,53]。较低温度和较高温度分别有利于 II-I 转变的成核过程和随后的生长过程[123]，II-I 转变总速率最终取决于均相热成核与转变生长两者间的竞争和叠加。

存在缺陷的晶型 II 容易在缺陷处出现 II-I 转变成核，进而更快地转变为晶型 I[44,45]，然而对缺陷处如何进行客观表征或精确描述还存在困难，"缺陷"多被模糊性地认为是不完善的晶型 II 所该有的，对缺陷点处晶区或非晶区链运动特性或所处的物理化学环境不能确定。从形成晶型 II 的过程来看，缺陷处的分子链因各种原因未能有序排入晶型 II，因此其自身及已进入晶型 II 的相连 11/3 链的热运动必然不同于晶型 II 内其他无缺陷处的 11/3 链，热运动能力的不同形成的局部起伏或是发生均相热成核的重要原因。

9.6.1.2　内应力成核

内应力成核通过适当的内应力作用促使 iPB-1 分子链伸展并调整构象后形成 II-I 转变成核。内应力形成最直接的途径即施加宏观外力，宏观外力落实为微观层次上 iPB-1 分子链的适当内应力状态时，能促使其适当调整构象，克服晶型 II 束缚形成的能垒，形成晶型 I 的晶核，进而加速 II-I 转变成核及后续转变过程[53]。但 iPB-1 链构象的调整依赖于温度，如在 115 ℃下较强的宏观外力作用形成的内应力，可促使 iPB-1 的晶型 I 熔融，并因 3/1 链构象的破坏而消除 I 晶记忆，随后重新结晶为 II 晶，即发生 I-II 转变[68]。

合适的内应力条件也可由结晶过程驱动形成于晶相和非晶相的结晶前沿，并与结晶前沿非晶链运动能力及空间受限有关[64,132]。Li 等[142]用两步法结晶，在较高温度等温结晶得到大球晶的边缘处易发生 II-I 转变，即因该边缘处最易形成适合的内应力条件。若大球晶边缘容易形成内应力条件，按此理解，在较高温度下进行一步法等温结晶也有利于得到较大的球晶，进而后续 II-I 转变也可能加快，但实际上 II-I 转变速率并不单调依赖于等温结晶温度[142]，或与更高结晶温度下有利于内应力松弛有关。此外，在晶型 II 形成后会对非晶区分子链运动能力形成抑制作用, 若将晶型 II 重新熔融后再结晶, 则更容易在逼近运动受限的非晶分子链的结晶前沿, 形成 II-I 转变成核所需的内应力条件, 促进 II-I 转变[132]。

Men 等[125] 认为, iPB-1 的 II-I 转变成核在 −10 ℃最快, 主要是由熔体降温结晶为晶型 II 后, 晶型 II 晶区和非晶区之间的热膨胀系数存在差异, 因而降低到一定的低温条件下, 非晶区收缩更多, 进而通过晶型 II 片晶上的系带分子链在片晶两侧对其形成内应力作用。所形成的内应力将促使片晶内 11/3 螺旋构象链克服能垒向 3/1 螺旋构象转变, 同时出现体积收缩[53]。在晶型 II 片晶中, 已转变成的 3/1 螺旋构象链形成晶型 I 晶杆, 和邻近 11/3 螺旋构象链相结合进而扩散和传播, 进而形成晶型 I 晶核[125], 这一观点与 Miyoshi 等[61,145] 实验结果吻合: 在晶型 II 内晶型 I 晶杆及侧链完成构象调整的过程中, 伴随着晶型 I 晶杆的单轴旋转和扩散。Gohil 和 Calleja 也认为[27,53], 在低分子量 iPB-1 中, 系带分子链收紧可诱导产生额外的拉伸应力并通过晶相和非晶相界面作用在晶型 II 内堆积的 11/3 螺旋链上, 进而促进其向 3/1 螺旋链构象转变, 加快 II-I 转变。

Liu 等[29] 研究了拉伸过程中 iPB-1 结晶转变行为, 在 II-I 固−固转变过程中, 晶面保持不变, 通过分子链构象调整与每个重复单元螺旋结构的伸展, 晶面间距变小, 拉伸形变就是通过促进这种紧缩过程来加快 II-I 转变。Armeniads 等[44] 研究了 iPB-1 在压力或单轴拉伸作用下的 II-I 转变, 发现压力或单轴拉伸作用下 II-I 转变速率可显著加快, 认为 II-I 转变是一个应变控制过程。

9.6.1.3 表/界面诱导成核

在 iPB-1 中引入不同组分, 若体系不相容, 将在体系内形成多种界面, 对 iPB-1 链运动产生影响, 进而促进 II-I 转变成核。如片状结构填充物 MMT 加入均聚 iPB-1 后, 即使没有完全发生片状剥离, 而只有很弱的插层作用, 也可显著促进 II-I 转变[137], MMT 加入含乙烯共聚物, 对 II-I 转变的促进作用更明显, 以至可由熔体直接形成晶型 I[100]。MMT 换作黏土, 虽不能从 iPB-1 熔体直接得到 I 晶, 也能促进 II-I 转变[138]。MMT 对 II-I 转变的促进作用, 应源于界面上 MMT 和 iPB-1 间相互作用对 II-I 转变的表面诱导成核作用, 且可与乙烯单体共聚表现出协同性。

9.6.2 II-I 转变的分子链机制

Androsch 等[94] 发现, 与丙烯共聚后, iPB-1 晶型 II 形成受到明显抑制, 如含 7mol% 丙烯共聚单元的共聚物熔融降温后需近 1 天时间完成晶型 II 结晶, 随后全部自发转变为晶型 I, 同时也有晶型 I (I′) 从熔体中直接形成; 而在均聚物中, 即便长达几周或更长时间, 晶型 II 也不能完全转变为晶型 I, 如图 9.33 (a) 所示。Androsch 等[94] 认为, 在 II-I 转变率比较高的转变后期, 均聚物晶型 II 链内 2×11/3 螺旋链缺乏运动能力, 在 II-I 转变过程中形成了刚性非晶区[146,147]; 在丙烯共聚物中，丙烯共聚单元浓度增加，如图 9.33 (a) 中 300 衍射峰向大角度方向移动，晶面间距 $d_{(300)}$ 随之减小，由此晶胞参数 $a_0 = b_0 = d_{(300)}/\cos30°$ 随丙烯共聚单元含量增加而减小，如图 9.33 (b) 所示，和茂金属催化剂催化得到的丙烯共聚物的晶胞参数变化一致 [93]；结晶结构中共聚物链上侧甲基小于均聚物链上侧乙基，增加了 $2×11/3$ 螺旋链的活动能力，加快了 II-I 转变。实际上，丙烯共聚得到共聚物的结晶度也随丙烯共聚单元含量的增加而降低，如图 9.33 (c) 所示，因而除了晶区变化外，非晶区也发生了变化，严格来讲，II-I 转变加快和非晶区含量增加也可能存在一定的关系。

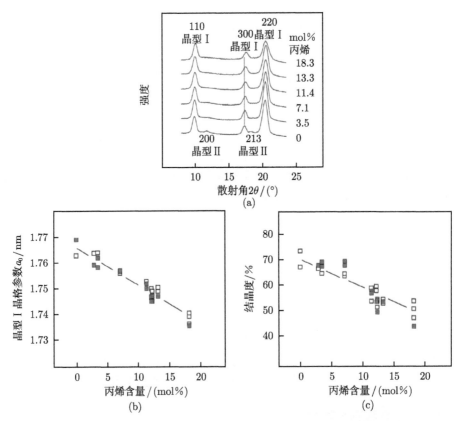

图 9.33　丙烯共聚单元含量不同的无规共聚物熔融后以 1 K/min 降温至 295 K 得到稳定结构对应的一维 WAXS 散射曲线 (a)，根据晶型 I 的 300 晶面间距计算晶胞参数 a_0(b) 和结晶度 (c) 随丙烯共聚单元含量的变化 [94]

iPB-1 的晶型 I 和 II 是左/右旋链交替性地分别以 3/1 和 11/3 构象堆积而成，在 II-I 转变过程中螺旋臂保留不变 [33,34,148]，转变形成的晶型 I 的 (110) 面和转变前晶型 II 的 (110) 面平行 [52,54,64]，这是在链构象变化和堆积过程协同的基础上，需克服的能垒降低后完成的, 因而形成的晶型 I 是孪生结构 [148], 这与 Li 等 [142] 解释 II-I 转变过程中衍射图的变化时提出存在过渡结构一致。

9.7 iPB-1 熔体记忆性及稳定结晶结构形成

在较高温较短时间或在较低温 (一般高于熔点) 较长时间熔融后, 高分子结晶历史会被消除, 而当没有完全消除时, 在之后的冷却结晶过程中会起到促进结晶的作用, 即存在熔体记忆效应 [71,149,150]。熔体记忆效应通常认为产生于熔体中残留有少量晶核, 或认为熔体中存在介于结晶结构与熔体之间的有序中间相。有序中介相结构不能直接检测到, 多以熔体降至较低温度时结晶行为变化而表现出来, 同时形成的结晶结构也有所不同 [151,152]。

由于熔体记忆效应的存在, 若高分子熔融温度不同 [153,154], 降温时熔体中残留熔融前结晶结构的晶核或有序中介相结构可加速结晶动力学 [155-158], 而对多晶型高分子而言, 熔融行为上存在差异会引起形成晶型结构上的变化。不同温度熔融或部分熔融 iPB-1 的晶型 I, 对应着三种结晶行为: ①残余晶型 I 通过附生生长形成晶型 I; ②熔体失去对晶型 I 的记忆, 结晶形成晶型 II; ③部分有序结构 (如果存在的话) 形成晶型 I, 其余熔体结晶形成晶型 II。

iPB-1 熔体记忆效应和链构象有关。iPB-1 在高压熔体中形成晶型 I′, 熔融后在常压下再结晶则形成晶型 II [44], 不具有晶型 I′ 的记忆效应, 表明高压熔体中可形成的 3/1 螺旋构象在常压下熔融后被破坏, 倾向于形成 11/3 螺旋构象。同样, iPB-1 晶型 I 在部分熔融后结晶时, 晶型 I 可恢复形成, 表明部分熔融的 iPB-1 链仍保持着和 3/1 螺旋构象相近的构象状态, 即便局部螺旋构象被破坏, 仍比较容易恢复或修复, 从而表现出熔体对晶型 I 结构的记忆效应。记忆效应的保持不仅和熔融温度有关, 和熔融前结晶结构的完善程度也密切相关。从链构象角度, 溶液结晶培养的晶型 I 单晶越完善, 熔体记忆保持得越好 [10,43]。

和 iPB-1 本体熔融后熔体具有记忆效应一样, iPB-1 结晶溶解后再于溶液中结晶也表现出类似的记忆效应。溶液结晶形成的结晶结构和螺旋构象与溶解前结晶结构、冷却到结晶温度前的最高溶解温度及在该最高溶解温度下的溶解时间密切相关 [26]。在溶液中保持足够长时间后, 最终得到的结晶结构和初始结晶结构、结晶温度无关, 只受最高溶解温度的影响; 在溶液中保持的时间不够长, 得到的结晶结构将依赖于初始结晶结构、采用的溶剂、分子量。如低分子量 iPB-1 在最高溶解温度 T_{ms} 下于醋酸戊酯中溶解 1 h, 然后降到 24 ℃结晶, 不同结晶结构在各 T_{ms} 下溶解后得到的结晶结构如表 9.3 所示 [26]。

表 9.3　不同溶剂中 iPB-1 结晶结构的记忆效应

最高溶解温度 T_{ms}/℃	初始结晶结构	形成结晶结构	溶剂
90	I	I	醋酸戊酯
	II	III	醋酸戊酯
	III	I	醋酸戊酯
	I	I	二甲苯
120	I	I (10%), III (90%)	醋酸戊酯
	I	I	醋酸戊酯
	II	III (70%), II (30%)	醋酸戊酯
	III	III	醋酸戊酯
	I	III	二甲苯

9.8　iPB-1 材料发展展望

iPB-1 "塑料黄金" 性能优越, 结晶结构形成及转变行为比其他聚烯烃材料更具特点, 如何充分发挥其优良特性以满足各领域的需求, 还有很多基本科学问题和应用基础问题需要解决, 主要包括:

(1) iPB-1 结晶形成过程中不同晶型的形成机理还需要进一步研究。当前, 人们对晶型 I 结晶结构的理解或者晶型 I 能否直接形成还存在争议, 在晶型 I 的直接形成研究方面已经发现了一些证据, 但是在深入认识晶型 I 的形成及其调控原理并进而发展其高效调控技术方面, 还需大量工作的积累。

(2) 虽然现在对 iPB-1 结晶结构自晶型 II 向晶型 I 的转变机理的理解有一定发展, 但对结晶转变过程中的起始或进程中的细节还不能完全描述清楚, 尤其从晶型 II 的 11/3 螺旋转为晶型 I 的 3/1 螺旋分子水平上的机制还不够具体和清晰。考虑 II-I 转变机理时, 由于实验技术的限制, 现有的认识可能存在偏差或不足, 还需要大量研究积累以不断加深对 II-I 转变过程的认识和理解, 才有可能发展和培育出高效促进 II-I 转变的技术, 进而推进 iPB-1 工业应用。

(3) iPB-1 的结构和性能之间的关系研究还相对缺乏, 将 iPB-1 应用于不同领域时各因素对 iPB-1 结构和性能的影响规律还缺乏积累, 相应地如何合理利用 iPB-1 材料, 以更好地满足在不同领域中的需求还缺乏依据, 但不断拓展其应用领域和发展相关应用技术, 更好地服务于社会和经济发展, 将是 iPB-1 材料发展的主要方向。

参 考 文 献

[1] Lotz B. What can polymer crystal structure tell about polymer crystallization processes? The European Physical Journal E, 2000, 3: 185-194.

[2] Marigo A, Marega C, Cecchin G, Collina G, Ferrara G. Phase transition II → I in iso-tactic poly-1-butene: wide-and small-angle X-ray scattering measurements. European Polymer Journal, 2000, 36: 131-136.

[3] Stolte I, Cavallo D, Alfonso G C, Portale G, Drongelen M, Androsch R. Form I′ crystal formation in random butene-1/propylene copolymers as revealed by real-time X-ray scattering using synchrotron radiation and fast scanning chip calorimetry. European Polymer Journal, 2014, 60: 22-32.

[4] Maruyama M, Sakamoto Y, Nozaki K, Yamamoto T, Kajioka H, Toda A, Yamada K. Kinetic study of the II-I phase transition of isotactic polybutene-1. Polymer, 2010, 51(23): 5532-5538.

[5] Chvatalova L, Benicek L, Berkova K, Cermak R, Obadal M, Verney V, Commereuc S. Effect of annealing temperature on phase composition and tensile properties in isotactic poly(1-butene). Journal of Applied Polymer Science, 2012, 124: 3407-3412.

[6] Nata G. Progress in the stereospecific polymerization. Macromolecular Chemistry and Physics, 1960, 35(1): 94-131.

[7] Danusso F, Gianotti G. Isotactic polybutene-1: Formation and transformation of mod-ification. 2. Macromolecular Chemistry and Physics, 1965, 88(1): 149-158.

[8] Boor J, Mitchell J C. Kinetics of crystallization and a crystal-crystal transition in poly-1-butene. Journal of Polymer Science, Part A: General Papers, 1963, 1(1): 59-84.

[9] Aronne A, Napolitano R, Pirozzi B. Thermodynamic stabilities of the three crystalline forms of isotactic poly-1-butene as a function of temperature. European Polymer Jour-nal, 1986, 22(9): 703-706.

[10] Holland V F, Miller R L. Isotactic polybutene-1 single crystals: Morphology. Journal of Applied Physics, 1964, 35(11): 3241-3248.

[11] Asada T, Sasada J, Onogi S. Rheo-optical studies of high polymers. XXI. The deforma-tion process and crystal transformation in polybutene-1. Polymer Journal, 1972, 3(3): 350-356.

[12] Lee K H, Srfively C M, Givens S, Chase D B, Rabolt J F. Time-dependent transfor-mation of an electrospun isotactic poly(1-butene) fibrous membrane. Macromolecules, 2007, 40(7): 2590-2595.

[13] Acierno S, Grizzuti N, Winter H H. Effects of molecular weight on the isothermal crys-tallization of poly(1-butene). Macromolecules, 2002, 35(13): 5043-5048.

[14] Lotz B, Thierry A. Spherulite morphology of form III isotactic poly(1-butene). Macro-molecules, 2003, 36(36): 286-290.

[15] Natta G, Pino P, Corradini P, Danusso F, Manticaa E, Mazanti G, Moraglio G. Crys-talline high polymers of α-olefins. Journal of the American Chemical Society, 1955, 77: 1708-1710.

[16] Natta G, Corradini P, Bassi I W. Crystal structure of isotactic poly-alpha-butene. Nuovo Cimento, 1960, 15: 52-67.

[17] Natta C. Stereospecific polymerizations. Journal of Polymer Science, 1960, 48(150): 219-239.

[18] Boor J, Youngman E A. Polymorphism in poly-1-butene: apparent direct formation of modification Ⅰ. Journal of Polymer Science, Part B: Polymer Letters, 1964, 2(9): 903-907.

[19] Rakus J P, Mason C D. The direct formation of modification Ⅰ′ polybutene-1. Polymer Letters,1966, 4: 467, 468.

[20] De Rosa C, Auriemma F, De Ballesteros O R, Esposito F, Laguzza D, Girolamo R D, Resconi L. Crystallization properties and polymorphic behavior of isotactic poly(1-butene) from metallocene catalysts: The crystallization of form Ⅰ from the melt. Macromolecules, 2009, 42 (21): 8286-8297.

[21] Resconi L, Camurati I, Malizia F. Metallocene catalysts for 1-butene polymerization. Macromolecular Chemistry and Physics, 2006, 207: 2257-2279.

[22] Turner-Jones A. Cocrystallization in copolymers of α-olefins Ⅱ-butene-1 copolymers and polybutene type Ⅱ/Ⅰ crystal phase transition. Polymer, 1966, 7(1): 23-59.

[23] Turner-Jones A. Copolymers of butene with α-olefins. Cocrystallizing behavior and polybutene type Ⅱ type Ⅰ crystal phase transition. Journal of Polymer Science, Part C: Polymer Symposia, 1967, 16(1): 393-404.

[24] De Rosa C, De Ballesteros O R, Auriemma F, Girolamo R D, Scarica C, Giusto G, Esposito S, Guidotti S, Camurati I. Polymorphic behavior and mechanical properties of isotactic 1-butene-ethylene copolymers from metallocene catalysts. Macromolecules, 2014, 47: 4317-4329.

[25] Foglia A J. Polybutylene, its chemistry, properties and applications. Journal of Applied Polymer Science. Applied Polymer Symposium, 1969, 11(1): 1-18.

[26] Luciani L, Seppala J, Lofgren B. Poly-1-butene: Its preparation, properties and challenges. Progress in Polymer Science, 1988, 13: 37-62.

[27] Azzurri F, Flores A, Alfonso G C, Baltá Calleja F J. Polymorphism of isotactic poly(1-butene) as revealed by microindentation hardness. 1. Kinetics of the transformation. Macromolecules, 2002, 35 (24): 9069-9073.

[28] Rolando R J. Radiation effects on polypropylene/polybutylene blends. Tappi Journal, 1993, 76(6): 167-171.

[29] Liu Y, Cui K, Tian N, Zhou W, Meng L, Li L, Ma Z, Wang X. Stretch-induced crystal-crystal transition of polybutene-1: an in situ synchrotron radiation wide-angle X-ray scattering study. Macromolecules, 2012, 45: 2764-2772.

[30] 周彦粉, 赵永仙, 姚薇, 黄宝琛. LDPE/iPB 共混物的性能. 合成树脂及塑料, 2010, 27(3): 39-41.

[31] Kaszonyiova M, Rybnikar F, Geil P H. Crystallization and transformation of polybutene-1. Journal of Macromolecular Science, Part B: Polymer Physics, 2004, 43: 1095-1114.

[32] De Rosa C, Auriemma F, Villani M, De Ballesteros O R, Girolamo R D, Tarallo O, Malafronte A. Mechanical properties and stress-induced phase transformations of metallocene isotactic poly(1-butene): The influence of stereodefects. Macromolecules, 2014, 47 (3): 1053-1064.

[33] Natta G, Corradini P, Bassi I W. Crystal structure of isotactic poly(1-butene). Nuovo Cimento (Suppl.), 1960, 15: 52-67.

[34] Natta G, Corradini P, Bassi I W. Uber die kristallstruktur des isotaktischen poly-alpha-butens. Die Makromolekulare Chemie, 1956, 21: 240-244.

[35] Rubin I D. Relative stabilities of polymorphs of polybutene-1 obtained from the melt. Journal of Polymer Science, Part B: Polymer Letters, 1964, 2(7): 747-749.

[36] Powers J, Hoffmann J D, Weeks J D, Quinn F. Crystallization kinetics and polymorphic transformations in polybutene-1. Journal of Research of the National Bureau of Standards Section A—Physics and Chemistry, 1965, 69A: 335-345.

[37] Corradini P, Guerra G. Polymorphism in polymers. Advances in Polymer Science, 1992, 100: 182-217.

[38] Brandrup J, Immergut E H, Grulke E A. Polymer Handbook (4th Ed). New York: Interscience Publishers, 1999.

[39] Turner Jones A. Poly-l-butylene type II crystalline form. Journal of Polymer Science, Part B: Polymer Letters, 1963, 1(8): 455-456.

[40] Petraccone V, Pirozzi B, Frasci A, Corradini P. Polymorphism of isotactic poly-α-butene: conformational analysis of the chain and crystalline structure of form 2. European Polymer Journal, 1976, 12(5): 323-327.

[41] Corradini P, Napolitano R, Petraccone V, Pirozzi B. Conformational and packing energy for the three crystalline forms of isotactic poly-α-butene. European Polymer Journal, 1984, 20(10): 931-935.

[42] Cojazzi G, Malta V, Celotti G, Zannetti R. Crystal structure of form III of isotactic poly-1-butene. Die Makromolekulare Chemie, 1976, 177: 915-926.

[43] Dorset D L, McCourt M P, Kopp S, Wittman J C, Lotz B. Direct determination of polymer crystal structures by electron crystallography–isotactic poly(1-butene), form (III). Acta Crystallographica, 1994, B50: 201-208.

[44] Armeniads C D, Baer E. Effect of pressure on the polymorphism of melt crystallized polybutene-1. Journal of Macromolecular Science, Part B: Polymer Physics, 1967, 1(2): 309-334.

[45] Nakafuku C, Miyaki T. Effect of pressure on the melting and crystallization behaviour of isotactic polybutene-1. Polymer, 1983, 24(2): 141-148.

[46] Kalay G, Kalay C R. Structure and physical property relationships in processed polybutene-1. Journal of Applied Polymer Science, 2003, 88(3): 814-824.

[47] Chau K W, Geil P H. Solution history effects in polybutene-1. Journal of Macromolecular Science, Part B: Polymer Physics, 1984, 23(1): 115-142.

[48] Tosaka M, Kamijo T, Tsuji M, Kohjiya S, Ogawa T, Isoda S, Kobayashi T. High-resolution transmission electron microscopy of crystal transformation in solution-grown lamellae of isotactic polybutene-1. Macromolecules, 2000, 33(26): 9666-9672.

[49] Schaffhauser R J. On the nature of the form II to from I transformation in isotactic polybutene-1. Journal of Polymer Science, Part B: Polymer Letters, 1967, 5(9): 839-841.

[50] Chau K W, Yang Y C, Geil P H. Tetragonal/twinned hexagonal crystal phase transformation in polybutene-1. Journal of Materials Science, 1986, 21: 3002-3014.

[51] Hsu T C, Geil P H. Permanganic etching of polybutylene. Polymer Communications, 1990, B31: 105.

[52] Fujiwara Y. II -I phase transformation of polybutene-1 by shear deformation. Polymer Bulletin, 1985, 13(3): 253-258.

[53] Gohil R M, Miles M J, Petermann J. On the molecular mechanism of the crystal transformation (tetragonal-hexagonal) in polybutene-1. Journal of Macromolecular Science, Part B: Polymer Physics, 1982, 21(2): 189-201.

[54] Kopp S, Wattmann J C. Phase II to phase I crystal transformation in polybutene-1 single crystals: A reinvestigation. Journal of Matter Science, 1994, 19(23): 6159-6166.

[55] Alfonso G C, Azzurri F, Castellano M. Analysis of calorimetric curves detected during the polymorphic transformation of isotactic polybutene-1. Journal of Thermal Analysis and Calorimetry, 2001, 66: 197-207.

[56] Belfiore L A, Schilling F C, Tonelli AE, Lovinger A J, Bovey F A. Magic angle spinning carbon-13 NMR spectroscopy of three crystalline forms of isotactic poly(1-butene). Macromolecules, 1984, 17(12): 2561-2565.

[57] Miyoshi T, Hayashi S, Imashiro F, Kaito A. Side-chain conformation and dynamics for the form II polymorph of isotactic poly(1-butene) investigated by high-resolution solid-state ^{13}C NMR spectroscopy. Macromolecules, 2002, 35(15): 6060-6063.

[58] Maring D, Meurer B, Weill G. ^{1}H NMR Studies of molecular relaxations of poly-1-butene. Journal of Polymer Science, Part B: Polymer Physics, 1995, 33(8): 1235-1247.

[59] Maring D, Whilhelm M, Spiess H W, Meurer B, Weill G. Dynamics in the crystalline polymorphic forms I and II and III of isotactic poly-1-butene. Journal of Polymer Science, Part B: Polymer Physics, 2000, 38(20): 2611-2624.

[60] Beckham H W, Schmidt-Rohr K, Spiess H W. Conformational disorder and its dynamics within the crystalline phase of the form II polymorph of isotactic poly(1-butene). ACS Symposium Series, 1995, 598: 243-253.

[61] Miyoshi T, Mamun A. Critical roles of molecular dynamics in the superior mechanical properties of isotactic-poly(1-butene) elucidated by solid-state NMR. Polymer Journal, 2012, 44: 65-71.

[62] Marigo A, Marega C, Cecchin G, Collina G, Ferrara G. Phase transition II-I in isotactic poly-1-butene: Wide- and small-angle X-ray scattering measurements. European Polymer Journal, 2000, 36: 131-136.

[63] Miller R L, Holland V F. On transformations in isotactic polybutene-1. Journal of Polymer Science, Part B: Polymer Letters, 1964, 2(5): 519-521.

[64] Lotz B, Mathieu C, Thierry A, Lovinger A J, De Rosa C, de Ballesteros O R, Auriemma F. Chirality constraints in crystal-crystal transformations: isotactic poly(1-butene) versus syndiotactic polypropylene. Macromolecules, 1998, 31(26): 9253-9257.

[65] Danusso F, Cianolti G. The three polymorphs of isotactic polybutene-1: Dilatometric and thermodynamic fusion properties. Makromolekulare Chemie, Macromolecular Symposia, 1963, 61(1): 139-156.

[66] Stolte I, Androsch R. Kinetics of the melt-form II phase transition in isotactic random butene-1/ethylene copolymers. Polymer, 2013, 54: 7033-7040.

[67] Stolte I, Androsch R, Laura Di Lorenzo M L, Schick C. Effect of aging the glass of isotactic polybutene-1 on form II nucleation and cold crystallization. Journal of Physical Chemistry B, 2013, 117: 15196-15203.

[68] Wang Y, Jiang Z, Wu Z, Men Y. Tensile deformation of polybutene-1 with stable form I at elevated temperature. Macromolecules, 2012, 46: 518-522.

[69] Zhang B, Yang D, Yan S. Direct formation of form I poly(1-butene) single crystals from melt crystallization in ultrathin films. Journal of Polymer Science, Part B: Polymer Physics, 2002, 40(23): 2641-2645.

[70] Yamashita M, Ueno S. Direct melt crystal growth of isotactic polybutene-1 trigonal phase. Crystal Research and Technology, 2007, 42(12): 1222-1227.

[71] Su F, Li X, Zhou W, Zhu S, Ji Y, Wang Z, Qi Z, Li L. Direct formation of isotactic poly(1-butene) form I crystal from memorized ordered melt. Macromolecules, 2013, 46 (18): 7399-7405.

[72] Cavallo D, Gardella L, Portale G, Muller A J, Alfonso G C. Self-nucleation of isotactic poly(1-butene) in the trigonal modification. Polymer, 2014, 55: 137-142.

[73] Li J, Wang D, Cai X, Zhou C, Christiansen J D C, Sørensen T, Yu D, Xue M, Jiang S. Conformation selected direct formation of form I in isotactic poly(butene-1). Crystal Growth & Design, 2018, 18: 2525-2537.

[74] Becker R, Doring W. Kinetische behandlung der keimbildung in ubersattigten dampfen. Annalen der Physik, 1935, 416(8): 719-752.

[75] Hillig W B. A derivation of classical two-dimensional nucleation kinetics and the associated crystal growth laws. Acta Metallurgica, 1966, 14(12): 1868-1869.

[76] Hsu C, Geil P H. Structure and properties of polybutylene crystallized from the glassy state. I. X-ray scattering, DSC, and torsion pendulum. Journal of Macromolecular Science, Part B: Physics, 1986, 25(4): 433-466.

[77] Yamashita M, Hoshino A, Kato M. Isotactic poly(butane-1) trigonal crystal growth in the melt. Journal of Polymer Science, Part B: Polymer Physics, 2007, 45: 684-697.

[78] Yamashita M. Direct crystal growth of isotactic polybutene-1 trigonal phase in the melt: in-situ observation. Journal of Crystal Growth, 2007, 310: 1739-1743.

[79] Yamashita M. Melt growth rate and growth shape of isotactic polybutene-1 tetragonal crystals. Journal of Crystal Growth, 2009, 311(3): 556-559.

[80] Yamashita M. Crystal growth kinetics and morphology of isotactic polybutene-1 trigonal phase in the melt. Journal of Crystal Growth, 2009, 311(3): 560-563.

[81] Kopp S, Wittmann J C, Lotz B. Epitaxial crystallization and crystalline polymorphism of poly(1-butene): Forms III and II. Polymer, 1994, 35: 908-915.

[82] Kopp S, Wittmann J C, Lotz B. Epitaxial crystallization and crystalline polymorphism of poly(1-butene): Form I. Polymer, 1994, 35(5): 916-924.

[83] Mathieu C, Stocker W, Thierry A, Wittmann J C, Lotz B. Epitaxy of isotactic poly(1-butene): New substrates, impact and attempt at recognition of helix orientation in I' by AFM. Polymer, 2001, 42: 7033-7047.

[84] Li L, Liu T, Zhao L. Direct melt-crystallization of isotactic poly-1-butene with form I' using high-pressure CO_2. Polymer, 2011, 52: 5659-5668.

[85] Geacintov C, Schotland R S, Miles R B. Phase transition of crystalline polybutene-1 in form III. Journal of Polymer Science, Part B: Polymer Letters, 1963, 1(11): 587-591.

[86] Azzurri F, Alfonso G C, Gómez M A, Marti M C, Ellis G, Marco C. Polymorphic transformation in isotactic 1-butene/ethylene copolymers. Macromolecules, 2004, 37(10): 3755-3762.

[87] Azzurri F, Gómez M A, Alfonso G C, Ellis G, Marco C. Time-resolved SAXS/WAXS studies of the polymorphic transformation of 1-butene/ethylene copolymers. Journal of Macromolecular Science, Part B: Physics, 2004, 43: 177-189.

[88] De Rosa C, Auriemma F, Resconi L. Metalloorganic polymerization catalysis as a tool to probe crystallization properties of polymers: The case of isotactic poly(1-butene). Angewandte Chemie (International Edition in English), 2009, 48(52): 9871-9874.

[89] Stolte I, Di Lorenzo M L, Androsch R. Spherulite growth rate and fold surface free energy of the form II mesophase in isotactic polybutene-1 and random butene-1/ethylene copolymers. Colloid and Polymer Science, 2014, 292: 1479-1485.

[90] Stolte I, Androsch R. Comparative study of the kinetics of non-isothermal melt solidification of random copolymers of butene-1 with either ethylene or propylene. Colloid and Polymer Science, 2014, 292: 1639-1647.

[91] Wang Y, Liu Y, Zhao J, Jiang Z, Men Y. Direct formation of different crystalline forms in butene-1/ethylene copolymer via manipulating melt temperature. Macromolecules, 2014, 47: 8653-8662.

[92] Gianotti G, Capizzi A. Butene-1/propylene copolymers. Influence of the comonomerie units on polymorphism. Die Makromolekulare Chemie, 1969, 124(1): 152-159.

[93] De Rosa C, Auriemma F, Vollaro P, Resconi L, Guidotti S, Camurati I. Crystallization behavior of propylene-butene copolymers: The trigonal form of isotactic polypropylene and form I of isotactic poly(1-butene). Macromolecules, 2011, 44(3): 540-549.

[94] Androsch R, Hohlfeld R, Frank W, Nase M, Cavallo D. Transition from twostage to direct melt-crystallization in isotactic random butene-1/propene copolymers. Polymer, 2013, 54: 2528-2534.

[95] Stolte I, Fischer M, Roth R, Borreck S. Morphology of Form I' crystals of polybutene-1 formed on meltcrystallization. Polymer, 2015, 63: 30-33.

[96] De Rosa C, Tarallo O, Auriemma F, De Ballesteros O R, Di Girolamo R, Malafronte A. Crystallization behavior and mechanical properties of copolymers of isotactic poly(1-butene) with 1-octene from metallocene catalysts. Polymer, 2015, 73: 156-169.

[97] He L, Wang B, Yang F, Li Y S, Ma Z. Featured crystallization polymorphism and memory effect in novel butene-1/1,5-hexadiene copolymers synthesized by post-metallocene hafnium catalyst. Macromolecules, 2016, 49, 6578-6589.

[98] Jones A T. Copolymers of butene with α-olefins. Cocrystallizing behavior and polybutene type II type I crystal phase transition. Journal of Polymer Science, Part C: Polymer Symposia, 1967, 16(1): 393-404.

[99] Bacci D, Bigiavi D, Marchini R. Elastomeric behavior of a new family of low-isotacticity PB-1 polymers. Journal of Macromolecular Science, Part B: Polymer Physics, 2008, 47(2): 348-357.

[100] Marega C, Causin V, Marigo A, Saini R, Ferrara G. Crystallization of a (1-butene)-ethylene copolymer in phase I directly from the melt in nanocomposites with montmorillonite. Journal of Nanoscience and Nanotechnology, 2010, 10(5): 3078-3084.

[101] Siegmann A. Crystalline/crystalline polymer blends: Some structure property relationships. Journal of Applied Polymer Science, 1979, 24(12): 2333-2345.

[102] Siegmann A. Crystallization of crystalline/crystalline blends: polypropylene/polybutene-1. Journal of Applied Polymer Science, 1982, 27(3):1053-1065.

[103] Shieh Y T, Lee M S, Chen S A. Crystallization behavior, crystal transformation, and morphology of polypropylene/polybutene-1 blends. Polymer, 2001, 42(9): 4439-4448.

[104] Nase M, Androsch R, Langer B, Baumann H J, Grellmann W. Effect of polymorphism of isotactic polybutene-1 on peel behavior of polyethylene/polybutene-1 peel systems. Journal of Applied Polymer Science, 2008, 107(5): 3111-3118.

[105] Nase M, Funari S S, Michler G H, Langer B, Grellmann W, Androsch R. Structure

of blown films of polyethylene/polybutene-1 blends. Polymer Engineering and Science, 2010, 50(2): 249-256.

[106] Wang Y, Liu P, Lu Y, Men Y. Mechanism of polymorph selection during crystallization of random butene-1/ethylene copolymer. Chinese Journal of Polymer Science, 2016, 34(8): 1014-1020.

[107] Hoffman J D, Davis G T, Lauritzen Jr. J I. The Rate of Crystallization of Linear Polymers with Chain Folding, in Treatise on Solid State Chemistry, Vol. 3, Chap. 7, (ed. Hannay N B), Plenum. New York: Springer US, 1976: 497-614.

[108] Hoffman J D. Regime III crystallization in melt-crystallization polymers: The variable cluster model of chain folding. Polymer, 1983, 24(1): 3-26.

[109] Hoffman J D, Miller R L. Kinetic of crystallization from the melt and chain folding in polyethylene fractions revisited: Theory and experiment. Polymer, 1997, 38(13): 3151-3212.

[110] 郝丽娟, 马禹, 蒋中英, 胡文兵. 高分子结晶的链内成核模型. 高分子通报, 2010, 12: 3-15.

[111] Hoffman J D, Lauritzen Jr. J I. Crystallization of bulk polymers with chain folding: Theory of growth of lamellar spherulites. Journal of Research of the National Bureau of Standards, 1961, 4: 297-311.

[112] Strobl G. The Physics of Polymers. Berlin: Springer, 1997.

[113] Strobl G. From the melt via mesomorphic and granular crystalline layers to lamellar crystallites: A major route followed in polymer crystallization. The European Physical Journal E, 2000, 3(2): 165-183.

[114] Cho T Y. Zero growth temperature and growth kinetics of crystallizing poly(ε-caprolactone). Colloid and Polymer Science, 2007, 285(8): 931-934.

[115] Wang Y, Jiang Z, Fu L, Lu Y, Men Y. Stretching temperature dependency of lamellar thickness in stress-induced localized melting and recrystallized polybutene-1. Macromolecules, 2013, 46 (19): 7874-7879.

[116] Chen X J, Mamun A, Alamo R G. Effect of level of crystallinity on melt memory above the equilibrium melting temperature in a random ethylene 1-butene copolymer. Macromolecular Chemistry and Physics, 2015, 216(11): 1220-1226.

[117] 温慧颖, 蒙延峰, 蒋世春, 安立佳. 高分子结晶理论的新概念与新进展. 高分子学报, 2008, 1(2): 107-115.

[118] Olmsted P D, Poon W C K, McLeish T C B, Terrill N J, Ryan A J. Spinodal-assisted crystallization in polymer melts. Physical Review Letters, 1998, 81: 373-376.

[119] He A, Xu C, Shao H, Yao W, Huang B. Effect of molecular weight on the polymorphic transformation of isotactic poly(1-butene). Polymer Degradation and Stability, 2010, 95(9): 1443-1448.

[120] Xu Y, Liu T, Li L, Li D, Yuan W, Zhao L. Controlling crystal phase transition from form II to I in isotactic poly-1-butene using CO_2. Polymer, 2012, 53: 6102-6111.

[121] De Rosa C, Auriemma F, Resconi L. Metalloorganic polymerization catalysis as a tool to probe crystallization properties of polymers: The case of isotactic poly(1-butene). Angewandte Chemie, 2009, 121: 10055-10058.

[122] 赵永仙, 王秀峰, 杜爱华, 姚薇, 邵华锋, 黄宝琛. 全同含量对聚丁烯-1 室温结晶性能的影响. 高分子材料科学与工程, 2008, 24(5): 96-99.

[123] Di Lorenzo M L, Androsch R, Righetti M C. The irreversible form II to form I transformation in random butene-1/ethylene copolymers. European Polymer Journal, 2015, 67: 264-273.

[124] Boor J, Mitchell J C. Apparent nucleation of a crystal-crystal transition in poly-1-butene. Journal of Polymer Science, 1962, 62: S70-S73.

[125] Qiao Y, Wang Q, Men Y. Kinetics of nucleation and growth of form II to I polymorphic transition in polybutene-1 as revealed by stepwise annealing. Macromolecules, 2016, 49: 5126-5136.

[126] Tanaka A, Sugimoto N, Asada T, Onogi S. Orientation and crystal transformation in polybutene-1 under stress relaxation. Polymer Journal, 1975, 7: 529-537.

[127] Chen W, Li X, Li H, Su F, Zhou W, Li L. Deformation-induced crystal-crystal transition of polybutene-1: An in situ FTIR imaging study. Journal of Materials Science, 2013, 48: 4925-4933.

[128] Cavallo D, Kanters M J W, Caelers H J M, Portale G, Govaert L E. Kinetics of the polymorphic transition in isotactic poly(1-butene) under uniaxial extension. New insights from designed mechanical histories. Macromolecules, 2014, 47: 3033-3040.

[129] Goldbach V G. Spannungsinduzierte modifikationsumwandlung II nach I von polybuten-1. Angewandte Makromolekulare Chemie, 1974, 39: 175-188.

[130] Hsu T C, Geil P H. Deformation and stress-induced transformation of polybutene-1. Journal of Macromolecular Science Part B: Physics, 1989, 28(1): 69-95.

[131] Hong K B, Spruiell J E. The effect of certain processing variables on the form II to form I phase transformation in polybutene-1. Journal of Applied Polymer Science, 1985, 30(8): 3163-3188.

[132] Luongo J P, Salovey R. Infrared characterization of polymorphism in polybutene-1. Journal of Polymer Science, Part A-2: Polymer Physics, 1966, 4(6): 997-1008.

[133] Nakamura K, Aoike T, Usaka K, Kanamoto T. Phase transformation in poly(1-butene) upon drawing. Macromolecules, 1999, 32(15): 4975-4982.

[134] Armeniades C D, Baer E. Effect of pressure on the polymorphism of melt crystallized polybutene-1. Journal of Macromolecular Science, Part B: Physics, 1967, 1(2): 309-334.

[135] Li L, Liu T, Zhao L. Direct fabrication of porous isotactic poly-1-butene with form I from the melt using CO_2. Macromolar Rapid Communications, 2011, 32(22): 1834-1838.

[136] Shi J, Wu P, Li L, Liu T, Zhao L. Crystalline transformation of isotactic polybutene-1 in supercritical CO_2 studied by in-situ fourier transform infrared spectroscopy. Polymer,

2009, 50: 5598-5604.

[137] Causin V, Marega C, Marigo A, Ferrara G, Idiyatullina G, Fantinel F. Morphology, structure and properties of a poly(1-butene)/montmorillonite nanocomposite. Polymer, 2006, 47(13): 4773-4780.

[138] Marega C, Causin V, Neppalli R, et al. The effect of a synthetic double layer hydroxide on the rate of $\mathrm{II} \rightarrow \mathrm{I}$ phase transformation of poly(1-butene). Express Polymer Letters, 2011, 5 (12): 1050-1061.

[139] 李娜，刘晨光，贺爱华. 成核剂对聚丁烯 -1 结晶行为及力学性能的影响. 青岛科技大学学报 (自然科学版)，2015, 36(1)：67-71.

[140] Kalay G, Kalay C R. Interlocking shish-kebab morphology in polybutene-1. Journal of Polymer Science, Part B: Polymer Physics, 2002, 40(17): 1828-1834.

[141] Li J, Guan P, Zhang Y, Xue F, Zhou C, Zhao J, Shang Y, Xue M, Yu D, Jiang S. Shear effects on crystallization behaviors and structure transitions of isotactic poly-1-butene. Journal of Polymer Research, 2014, 21: 555(1-12).

[142] Su F, Li X, Zhou W, Chen W, Li H, Cong Y, Hong Z, Qi Z, Li L. Accelerating crystal-crystal transition in poly(1-butene) with two-step crystallization: An in-situ microscopic infrared imaging and microbeam X-ray diffraction study. Polymer, 2013, 54(13): 3408-3416.

[143] Lu K, Yang D. Stabilization of metastable phase II of isotactic polybutene-1 by coated carbon. Polymer Bulletin, 2007, 58(4): 731-736.

[144] Turnbull D, Fisher J C. Rate of nucleation in condensed systems. Journal of Chemical Physics, 1949, 17: 71-73.

[145] Miyoshi T, Mamun A, Reichert D. Fast dynamics and conformations of polymer in a conformational disordered crystal characterized by ^{1}H-^{13}C WISE NMR. Macromolecules, 2010, 43: 3986-3989.

[146] Androsch R, Di Lorenzo M L, Schick C, Wunderlich B. Mesophases in polyethylene, polypropylene, and poly(1-butene). Polymer, 2010, 51(21): 4639-4662.

[147] Di Lorenzo M L, Righetti M C, Wunderlich B. Influence of crystal polymorphism on the three-phase structure and on the thermal properties of isotactic poly(1-butene). Macromolecules, 2009, 42: 9312-9320.

[148] Tashiro K, Hu J, Wang H, Hanesaka M, Saiani A. Refinement of the crystal structures of forms I and II of isotactic polybutene-1 and a proposal of phase transition mechanism between them. Macromolecules, 2016, 49: 1392-1404.

[149] Cho K, Saheb D N, Yang H C, Kang B I, Kim J, Lee S S. Memory effect of locally ordered α-phase in the melting and phase transformation behavior of isotactic polypropylene. Polymer, 2003, 44(14): 4053-4059.

[150] Humbert S, Lame O, Chenal J M, Seguela R, Vigier G. Memory effect of the molecular topology of lamellar polyethylene on the strain-induced fibrillar structure. European

Polymer Journal, 2012, 48(6):1093-1100.

[151] Häfele A, Heck B, Hippler T, Kawai T, Kohn P, Strobl G. Crystallization of poly(ethylene-co-octene): II melt memory effects on first order kinetics. The European Physical Journal E, 2005, 16(2): 217-224.

[152] Martins J A, Zhang W, Brito A M. Origin of the melt memory effect in polymer crystallization. Polymer, 2010, 51(18): 4185-4194.

[153] De Rosa C, de Ballesteros O R, Di Gennaro M, Auriemma F. Crystallization from the melt of α and β forms of syndiotactic polystyrene. Polymer, 2003, 44(6): 1861-1870.

[154] Meille S V. Melt temperature effects on the polymorphic behaviour of melt-crystallized polypivalolactone. Polymer, 1994, 35(12): 2607-2612.

[155] Alfonso G C, Ziabicki A. Memory effects in isothermal crystallization II. Isotactic polypropylene. Colloid and Polymer Science, 1995, 273(4): 317-323.

[156] Kawabata J, Matsuba G, Nishida K, Inoue R, Kanaya T. Melt memory effects on re-crystallization of polyamide 6 revealed by depolarized light scattering and small-angle X-ray scattering. Journal of Applied Polymer Science, 2011, 122(3): 1913-1920.

[157] Reid B O, Vadlamudi M, Mamun A, Janani H, Gao H H, Hu W B, Alamo R G. Strong memory effect of crystallization above the equilibrium melting point of random copolymers. Macromolecules, 2013, 46(16): 6485-6497.

[158] Mamun A, Susumu U A, Okui N, Ishihara N. Self-seeding effect on primary nucleation of isotactic polystyrene. Macromolecules, 2007, 40(17): 6296-6303.

第10章　聚乳酸结晶结构调控及结晶动力学

周承波　黄绍永　蒋世春

高分子材料的迅速发展为我们的生活和生产带来了极大便利，但同时高分子材料的难以降解、废弃物污染等也给环境带来了严重的"白色污染"问题。在此背景下，生物降解型高分子材料应运而生 [1-3]，并得到了越来越多的关注。其中，聚乳酸 (PLA)① 是生物降解型高分子材料的典型代表。PLA 以可再生的植物资源为原料、经化学方法合成制得，它可在自然环境或堆肥条件下完全降解为二氧化碳和水，实现资源的循环利用。PLA 具有良好的生物相容性和生物可吸收性，是一种重要的生物医用材料，可广泛应用于药物缓释载体、手术缝合线、组织支架、骨科修复、运动医学固定等领域 [4-6]。此外，PLA 具有良好的加工性和优异的力学性能，可与通用塑料聚丙烯和聚苯乙烯媲美，是石油基化工塑料的重要替代品 [6-9]。

PLA 是一种结晶性的聚酯类高分子，其制品的性能和应用依赖于材料的分子结构和聚集态结构，特别是结晶结构。因此，研究 PLA 的结晶结构调控以及结晶动力学对于理解 PLA 的结晶行为和结构特点，发现结构和性能之间的关系，进而指导 PLA 的加工和应用具有重要意义。

10.1　聚乳酸分子链结构

形成 PLA 的单体为乳酸，乳酸分子中有一个手性碳原子，具有旋光性，因此乳酸存在两种光学异构体，即 L-乳酸 (左旋乳酸) 和 D-乳酸 (右旋乳酸)，分子结构如图 10.1 所示。合成 PLA 的方法有两种：一是乳酸直接缩聚法，即在适当条件下乳酸分子之间直接脱水缩合制备 PLA，此方法只能制得相对分子量较低的 PLA；二是丙交酯开环聚合法，此方法原料丙交酯是乳酸的环状二聚体，由于乳酸存在 L-乳酸和 D-乳酸两种光学异构体，因此可形成三种结构的丙交酯光学异构体，即 L-LA(左旋丙交酯)、D-LA(右旋丙交酯) 和 meso-LA(内消旋丙交酯)，分子结构式如图 10.2 所示。丙交酯开环聚合法制备 PLA 的合成路线如图 10.3 所示，该方法

---

① 商品化聚乳酸主要是左旋聚乳酸 (PLLA)，右旋聚乳酸用 PDLA 表示。由于 PLLA 和 PDLA 除了旋光度相反以外物理结构和性能相同，文中用 PLA 表示聚乳酸均聚物或左旋聚乳酸。工业产品除非特别说明，聚乳酸为左旋乳酸聚合得，在实际应用中通常不标注 PLLA，而用 PLA 表示。右旋乳酸聚合后得到 PDLA 会特别说明。

可制得高相对分子量的 PLA，同时可以调控 PLA 的分子量、分子链结构形态和物理化学形态，是目前工业中生产 PLA 的常用方法。

图 10.1　L-乳酸和 D-乳酸的分子结构式

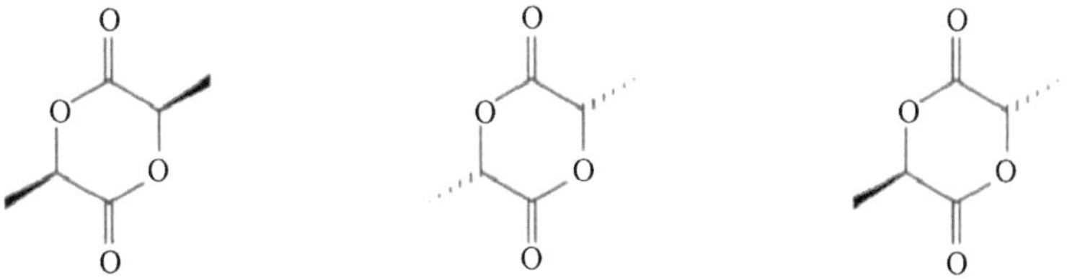

图 10.2　(a) D-丙交酯、(b) L-丙交酯和 (c) 内消旋丙交酯的分子结构式

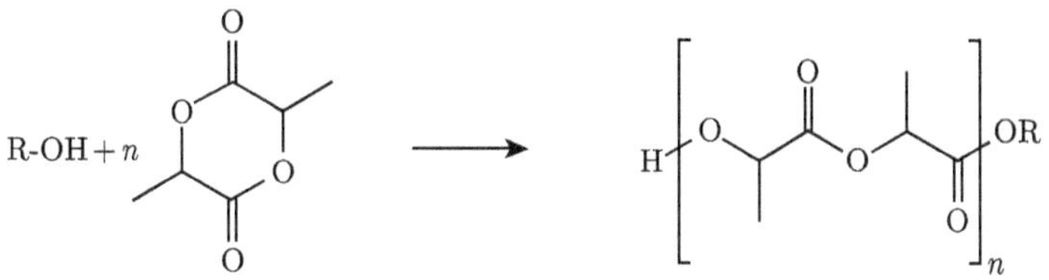

图 10.3　丙交酯开环聚合法制备 PLA(R 为 H、烷基等)

通过不同旋光性的乳酸单体或者不同类型的丙交酯进行聚合，可制得不同分子链结构的 PLA，即 PLLA(聚左旋乳酸)、PDLA(聚右旋乳酸) 和 PDLLA(聚消旋乳酸)。由于 100%光学纯度的 L-乳酸很难制得，商品化的 PLLA 中通常含有 1%~2% 的 D-单元。根据 PLA 分子链中两种结构单元光学活性的不同，可通过光学方法测定 PLA 分子链中 D-单元的含量，并通过公式 (10.1) 进行计算 [10]：

$$X_{\mathrm{D}} = \frac{[\alpha]^{25} + 156}{312} \tag{10.1}$$

式中，X_{D} 是 D-单元的摩尔分数；$[\alpha]^{25}$ 是 PLA 在 25 ℃氯仿溶液中的旋光度；+156 和 −156 分别代表 100%光学纯度的 PDLA 和 PLLA 的旋光度 [11-13]。PLA 分子链中 D-单元的摩尔分数和来源不同，分子链的规整度也不同，可用平均等规序列长度 $\bar{\zeta}$ 来表征其规整度：

$$\bar{\zeta} = \frac{\alpha}{X_{\mathrm{D}}} \tag{10.2}$$

式中，α 是与 D-单元来源相关的系数；D-单元来源于 meso-LA 时 α=1；D-单元来源于 D-LA 时 $\alpha=2$；D-单元来源于 meso-LA 和 D-LA 时，根据二者比例的不同 α 的取值介于 1~2。

通过控制聚合反应单体中 L-LA、D-LA 和 meso-LA 的比例，可以调控 PLA 的分子链结构 (结构单元含量和分子链规整度)[14]，进而调控 PLA 的结晶能力和力学性能。聚消旋乳酸 (PDLLA) 为非晶高分子，材料韧性较高；全同立构的 PLLA 和 PDLA 的分子链规整度高，是结晶性较好的高分子，材料强度较高而韧性较差；当 PLLA 或 PDLA 分子链中掺杂一定比例的另一种单体时，造成分子链规整性降低，结晶性能变差，使得材料强度降低。

10.2　聚乳酸均聚物结晶

PLA 是可结晶性的高分子材料，其结晶结构依赖于分子链结构、分子量和结晶条件等因素。依据结晶条件的不同，PLA 均聚物结晶可形成四种不同的结晶结构。下面对 PLA 的四种不同结晶结构以及不同结晶结构之间的转变进行详细介绍。

10.2.1　聚乳酸均聚物结晶结构

在不同的结晶条件下，PLA 可生成四种不同晶型的结晶结构，即 α、α'、β 和 γ 晶型。其中，α 和 α' 晶型是最常见的结晶结构，属于准正交晶系，每个晶胞中含有两条 10_3 螺旋的分子链[15-18]。一般地，当结晶温度 $T_c < 100\ ^{\circ}C$ 时，PLA 静态结晶只生成 α' 结晶；在 $100\ ^{\circ}C < T_c < 120\ ^{\circ}C$ 时，α' 和 α 两种结晶共存，随结晶温度、分子链结构和分子量的不同二者的比例不同；在 $T_c > 120\ ^{\circ}C$ 的高温结晶区，通常只生成 α 结晶[19-25]。

PLA 的 α 和 α' 结晶结构很相似，二者结构的不同可由 X 射线衍射和偏光红外光谱进行辨别[25]。图 10.4 所示为 PLA 低温和高温结晶样品的 WAXD 曲线，

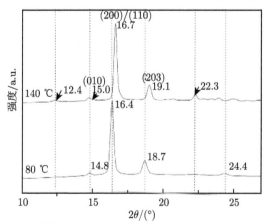

图 10.4　PLA 结晶样品 (T_c 为 80 ℃ 和 140 ℃) 的 WAXD 图[25]

可发现结晶样品 (200)/(110) 和 (203) 晶面对应的特征衍射峰的 2θ 角有明显的移动: 140 ℃ 结晶时, 生成的 α 结晶对应的特征衍射峰的位置分别为 16.7° 和 19.1°, 而 80 ℃ 结晶样品, 即 α′ 结晶对应的特征衍射峰的位置则分别是 16.4° 和 18.7°, 这说明 α′ 结晶的链间堆积较松散。此外, 2θ 为 12.4° 和 22.3° 位置的衍射峰没有出现在 80 ℃ 结晶样品的 WAXS 曲线上, 也说明 α′ 结晶的有序性相对较差。

采用红外光谱 (IR) 研究 PLA 熔融结晶时, 结晶温度 T_c 对结晶结构的影响 [25−27], 发现高温结晶 (T_c=150 ℃) 样品和低温结晶 (T_c=80 ℃) 样品的红外光谱有显著的差异。在高温结晶样品中 CH_3 或 C=O 基团的偶极–偶极相互作用引起谱带发生分裂, 而低温结晶样品的红外光谱没有谱带分裂 (图 10.5)。红外光谱图的

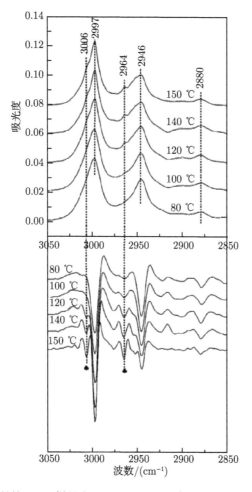

图 10.5　不同温度结晶的 PLA 样品在 3050∼2850 cm^{-1} 区域的 (上) 红外吸收光谱和 (下) 二级微分结果 [25]

差异表明, 不同温度结晶所得 PLA 结晶 (α 和 α′ 晶) 具有不同的分子链排列方式和分子间相互作用。

结合 WAXD 和 IR 光谱的研究结果, 可知 PLA 在高温结晶区和低温结晶区生成的 α 和 α′ 结晶具有相似的结构, 二者的主要区别在于链构象和链堆积方式的不同, α′ 结晶的链构象有序程度较 α 结晶稍差, 链堆积程度不如 α 结晶紧密, 所以 α′ 结晶也被认为是有序度稍低的 α 结晶 [24-27]。在适当的件下, α′ 晶与 α 晶间可以相互转变。

在特殊结晶条件下, PLA 可形成 β 和 γ 结晶。PLA 熔融或溶液纺丝纤维在较高拉伸温度 (204 ℃) 和/或较大拉伸比时可生成 β 晶, 含有 α 晶的 PLA 薄膜或纤维在较高温度下拉伸时也可转变为 β 晶 [28-31]。PLA 的 β 结晶是一种受挫结构 [32], 属于正交晶系 [15] 或三方晶系 [18], 三个 3_1 螺旋的分子链以随机上下取向的方式堆砌在晶胞中 [15,30,33]。PLA 在六甲基苯中 140 ℃ 外延结晶时可生成 γ 晶, γ 晶属于正交晶系, 晶胞中含有两条反向平行的 3_1 螺旋分子链 [30,32,33]。

10.2.2　聚乳酸均聚物结晶结构转变

10.2.2.1　α′-α 结晶结构转变

PLA 在较低的结晶温度 (<120 ℃) 下可以生成 α′ 结晶或者 α′ 和 α 结晶的混合物, 而在较高温度 (>120 ℃) 下只形成更有序的 α 结晶。PLA 低温结晶样品的 DSC 升温曲线在熔融之前的 150~165 ℃ 区间出现一个小的放热峰 [25] (图 10.6), 通过 PLA 的 α′ 结晶升温过程的 WAXD 结果可证明, 这一温度区间发生了 α′-α 结晶的结构转变 [34]。

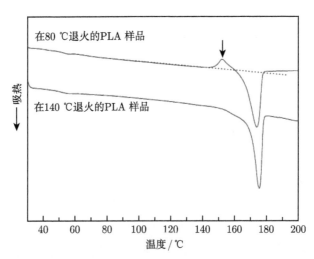

图 10.6　在 80 ℃ 和 140 ℃ 退火 (annealed) 处理的 PLA 样品的 DSC 升温曲线 [25]

通过 DSC、WAXD 和 FTIR 等方法可以跟踪观察升温过程中 α′ 结晶向 α 结晶的转变。图 10.7(a) 采用 DSC 和 WAXD 同步跟踪 α′ 结晶向 α 结晶转变的过程。升温过程中，DSC 熔融峰前的小放热峰并不是 α′ 结晶的重结晶过程，而是 α′ 结晶向 α 结晶的转变过程。α′ 结晶向 α 结晶转变的详细过程见图 10.7(b)，结构转变的温度区间在 148～165 ℃，(203) 和 (116) 对应的特征峰随着温度的升高逐渐向右移动，说明晶面间距逐渐减小，结晶结构堆积更加紧密。同时，(210) 和 (213) 对应的特征峰开始出现并且衍射强度不断增大，表明结晶结构有序性不断增加。

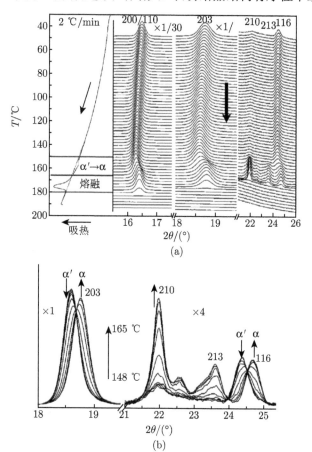

图 10.7　(a) 同步跟踪观测 PLA 的 α′ 结晶样品升温过程的 DSC 和 WAXD 曲线；
(b) PLA 的 α′-α 结晶结构转变过程的 WAXD 结果 [34]

　　PLA 的 α′ 结晶和 α 结晶的结构相近，其主要区别在于链构象和链堆积方式的不同。α′ 结晶是在分子链段受限的环境中生成的，其结晶结构的有序程度比 α 结晶稍差。在升温过程中，PLA 分子链的运动能力增强，α′ 结晶的链构象有序性增加，链间堆积更加紧密，同时相邻 α′ 结晶区域间的相对高度相互匹配，转变成有序程度更高、结晶尺寸更大的 α 结晶 [35]。经研究发现 [36]，在升温时 α′ 晶向 α 晶转变过程中 WAXS 曲线中 (200)/(110) 和 (020)/(130) 晶面衍射峰的强度均未出现降低 (图 10.8)，说明 α′ 晶向 α 晶的转变不是熔融–重结晶过程，而是一个固–固相转变过程。最近的研究发现 [37]，PLA 在 80 ℃ 冷结晶过程中，初期形成的 α′ 结晶经过连续的有序化会有部分 α′ 结晶转变为更有序的 α 结晶。

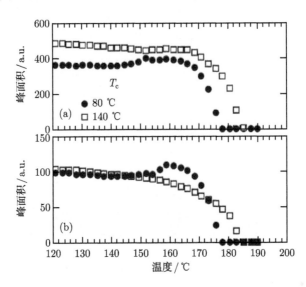

图 10.8　在 80 ℃ 和 140 ℃ 等温结晶样品在升温过程中 (a)(200)/(110) 和 (b)(020)/(130)
晶面衍射峰的强度变化 [36]

10.2.2.2　α-β 结晶结构转变

PLA 在加工成型过程中会受到拉伸、剪切等作用，这些作用对 PLA 分子链的取向、结晶形成和结构转变等具有重要影响。研究发现，溶液纺丝 PLA 纤维在高温 (约 204 ℃) 和高拉伸比 (draw ratio, DR) 条件下可以得到 β 型结晶，在低温 (约 190 ℃) 和/或低拉伸比条件下形成 α 结晶，拉伸条件介于两者之间时则同时形成 α 和 β 两种结晶结构 [16]。

对于含有 α 结晶的 PLA 薄膜或纤维，在高温和高拉伸比条件下 α 结晶可转变为取向的 β 结晶 [29,38-40]。图 10.9 所示为 PLA 的 α 结晶薄膜样品在 170 ℃ 拉伸时 α 结晶向 β 结晶的转变过程。可以发现，PLA 初始样品含有高度取向的 α 结晶。当拉伸比 (DR) 增加到 1.6 时，PLA 取向膜中绝大多数 α 结晶的晶面衍射发生合并，剩余的晶面衍射变宽。这说明初始样品高度取向的 α 结晶发生了变形，形成了较宽的取向分布。随着拉伸比的进一步增加 (DR=2.5)，α 结晶的晶面衍射数目继续减少, 剩余的衍射变成宽度较大的点。沿赤道和层线的条纹强度越来越大, 表明在平行和垂直于分子链轴方向上发生了明显的无序对位结晶 [29,38-41]。同时, PLA 薄膜的二维 WAXD 图中出现了 β 结晶 (200) 晶面的衍射条纹, 表明取向 β 结晶的生成。当拉伸比 DR 为 3 时, 可以很清楚地看到 β 结晶 (003) 和 (023) 晶面的特征衍射。当拉伸比 DR 增加至 4 时, α 结晶的特征衍射变得非常微弱, 表明 PLA 初始样品中 α 结晶基本完全转变为取向的 β 结晶。

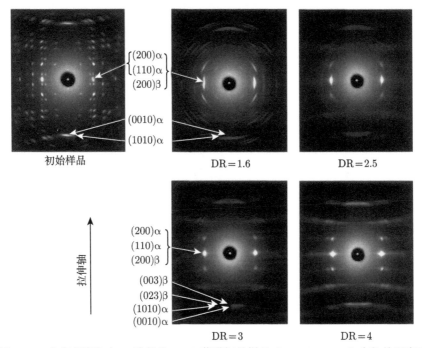

图 10.9　含有高度取向 α 结晶的 PLA 薄膜初始样品 (initial sample) 在拉伸温度为 170 ℃、应变速率为 50 min^{-1} 下拉伸至不同拉伸比 (DR) 时的二维 WAXD 图

PLA 初始样品的制备方法为: 非晶 PLA 薄膜在 80 ℃ 拉伸至 DR 为 6, 随后在 170 ℃ 保持长度

恒定退火 1 h

　　PLA 的 α-β 结晶结构转变过程可通过 α 结晶的 (0010) 晶面衍射和 β 结晶的 (003) 晶面衍射的强度变化来进一步描述。如图 10.10 的一维 WAXD 积分曲线所示, 随着拉伸比 DR 的增加, α 结晶的 (0010) 晶面衍射的强度越来越弱, 而 β 结晶的 (003) 晶面衍射的强度逐渐增强。这表明拉伸比是影响 PLA 的 α 向 β 结晶结构转变的重要因素, 随着拉伸比 DR 的增加, α 结晶逐步地转变为 β 结晶。

　　拉伸温度 (T_d) 是影响 PLA α 结晶向 β 结晶结构转变的另一个重要因素。当拉伸温度低于 PLA 的玻璃化转变温度时, 拉伸应力随应变快速增大直至样品断裂。这一过程的拉伸比很小, α 结晶和 PLA 薄膜被拉伸取向、破坏, 整个过程 α 结晶

难以转变为 β 结晶，而是形成有序性较差的 α′ 结晶 [42]。当拉伸温度高于玻璃化转变温度时，样品的最大拉伸比快速增加。拉伸温度在 100~180 ℃ 范围内时，对应的最大拉伸比可达 2~4。当拉伸比固定时，不断提高拉伸温度，可不断增加 β 结晶含量。但是，随着拉伸温度的进一步增加，分子链活动能力进一步增强，分子链松弛速率加快，拉伸诱导的取向结构由于分子链松弛而被破坏，抑制了 α 结晶向 β 结晶的转变，反而导致 β 结晶含量的下降。因此，α 结晶向 β 结晶的转变具有一个最佳的拉伸温度 (约 140 ℃)。最新研究表明 [42]，在高温拉伸时 α 结晶向 β 结晶的转变是经由变形的 α 结晶和有序性较差的 α′ 结晶来完成的。

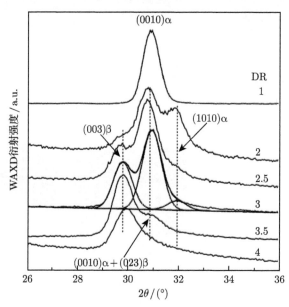

图 10.10　PLA α 结晶薄膜在 170 ℃ 拉伸至不同拉伸比时的一维 WAXD 曲线 [29]

此外，PLA 在高压固态挤出时会受到复杂的剪切和拉伸作用而发生形变，这一过程中 α 结晶也可转变为取向的 β 结晶 [39,43]。而且在该加工过程中，剪切形变对 α 结晶向 β 结晶转变的促进作用比拉伸形变更加显著 [39]。

10.2.2.3　中介相-结晶相结构转变

除了非晶相和结晶相之外，PLA 还存在一种中介相 (mesophase) 结构。PLA 的中介相是一种链构象和链堆砌在一定程度上预有序 (pre-order) 的非晶相，它是从非晶结构向结晶结构转变过程中的过渡结构 [21]。PLA 的中介相与 PLA 的可运动非晶相不同，它被认为是一种刚性非晶相 [43-45]。PLA 中介相也被一些研究者认为是半结晶性 PLA 结晶区和非晶区之间的 "过渡层" (transition layer) 或 "界面层" (interface layer) [46]。

PLA 熔体在冰水混合物中淬火形成的玻璃态，不是完全的非晶态结构，还包含 PLA 中介相结构[47]。此外，非晶态 PLA 在玻璃化转变温度 ($T_g \sim 60\ ^\circ\text{C}$) 附近拉伸也可生成取向的中介相，并且中介相的形成与拉伸温度和拉伸应变密切相关[48-51]。通过二维 X 射线衍射图可以清楚地解析 PLA 中介相的结构[47]。如图 10.11 所示，可观察到 PLA 中介相的二维 X 射线图样的反射较宽、弥散性较强，表明该结构不是有序的结晶结构。但是，中介相的反射位置与 α 结晶和 δ 结晶的几乎相同，赤道方向较强的衍射斑点与 α 结晶和 δ 结晶的 (200)/(110) 晶面反射相对应。同时，PLA 中介相衍射图的层线反射虽然也表现出很强的弥散性，但反射位置与 α 结晶和 δ 结晶的相近。这表明 PLA 中介相的分子链可能采取 (10/3) 螺旋构象。另一方面，PLA 中介相和 PLA 孤立单链的衍射图非常相似，这意味着中介相内部分子链的排列是不规则的，彼此之间的相关性很低。因此，PLA 中介相的结构为无序排列的 (10/3) 螺旋构象的分子链聚集体。

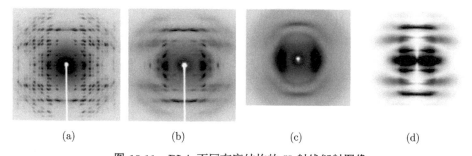

(a)　　　　　　(b)　　　　　　(c)　　　　　　(d)

图 10.11　PLA 不同有序结构的 X 射线衍射图像

(a) α 结晶；(b) δ 结晶；(c) 中介相；(d) 10/3 螺旋构象的孤立单链[47]

PLA 中介相的热稳定性比 $\delta(\alpha')$ 结晶和 α 结晶都要差，只能在较低的温度或其他适当的条件下才能被实验观察到或稳定存在。在升温过程中，中介相通常会快速地转变为更稳定的结晶结构[12,21,46,48-59]。采用二维 X 射线衍射技术原位跟踪升温时中介相的结构变化过程，结果如图 10.12 所示。从 25 ℃ 开始逐步升温，当温度略高于 PLA 的玻璃化转变温度 (70 ℃) 时，X 射线衍射图样上可以清楚地看到 $\delta(\alpha')$ 结晶的特征反射。随着温度的进一步升高，弥散的层线越来越多地转变为衍射斑点，整个衍射图样越来越接近 α 结晶的衍射图样。图 10.12 的结果表明，随着温度的升高，中介相逐步转变为 $\delta(\alpha')$ 结晶，继续升温最终转变为有序性高的 α 结晶。

图 10.13 给出了 PLA 的冷结晶和熔融结晶过程从中介相转变为 $\delta(\alpha')$ 或/和 α 结晶的相转变示意图[47]。对于 PLA 冷结晶，随着温度的升高，PLA 中介相转变为有序性较差的 $\delta(\alpha')$ 结晶，然后 $\delta(\alpha')$ 结晶再转变为有序性较高的 α 结晶，随温度的进一步升高，α 结晶的有序结构被逐步破坏，转变为中介相，最后变为无序的

熔体 (图 10.13(a))。对于 PLA 的熔融结晶,从无序的熔融态降温,PLA 体系经分子链的预有序首先形成中介相,当降温至 120 °C 以上结晶时,中介相转变为有序性较高的 α 结晶,而降温至 120 °C 以下结晶时,则形成有序性较差的 δ(α′) 结晶。当体系快速降温至玻璃化转变温度以下时,PLA 非晶分子链可转变为中介相并且稳定存在 (图 10.13(b))。

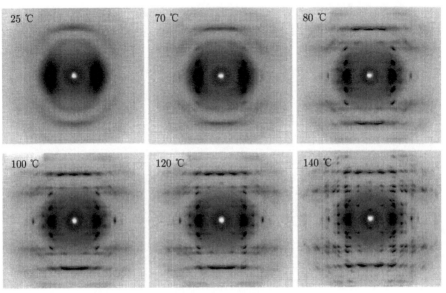

图 10.12 取向 PLA 中介相的二维 X 射线衍射图在升温过程中随温度的变化 [47]

当在分子量很低的 PLA 分子链中引入相容性良好的 PEG 段时,可提高 PLA 分子链的活动能力,从而显著加快 PLA 的结晶,通过熔融淬火的方法更易于制得 PLA 中介相。如图 10.14(a) 所示,PLA-PEG-PLA 嵌段共聚物 (PEG 段和共聚物的重均分子量分别为 2×10^3 g/mol 和 8.8×10^3 g/mol) 熔融淬火样品的 DSC 升温曲线在 69~86 °C 区间出现一个小吸热峰 (红色箭头标注),对应于 PLA 中介相的熔融,随后在 ~92 °C 出现了 PLA 尖锐的结晶放热峰。采用红外光谱进一步跟踪 PLA-PEG-PLA 共聚物熔融淬火样品在升温过程中的结构变化 (图 10.14(b)),发现在 87~93 °C 区间结晶的生成和中介相的熔融是同步发生的,同时 1749 cm^{-1} 特征峰的出现表明中介相在 90 °C 附近直接转变为有序性较高的 α 结晶,而非 δ(α′) 结晶 [54]。

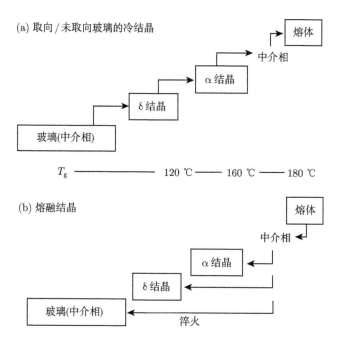

图 10.13 PLA 从取向/非取向玻璃态冷结晶 (cold-crystallization of oriented/unoriented glass) 和熔融结晶 (melt-crystallization) 过程中的相转变示意图 [47]

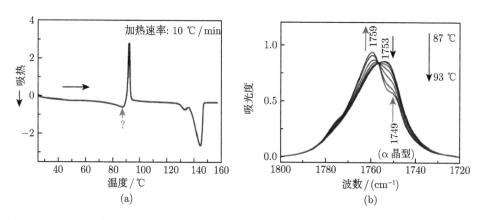

图 10.14 熔融淬火 PLA-PEG-PLA 共聚物的 (a)DSC 升温曲线和 (b) 在 87~93 ℃ 温度区间内红外光谱 C=O 伸缩振动吸收峰的演变 [54]

　　熔融淬火或快速降温的低分子量 PDLA/PLLA 共混物在随后升温过程中也可生成中介相，并随温度升高转变为结晶结构 [55,56]。熔融淬火的 PDLA$_{17}$/PLLA$_{11}$ (90/10) 样品的 DSC 升温曲线在 130 ℃ 附近出现一个吸热峰，而且随着降温速率的增加，吸热峰更明显，随后出现一个结晶放热峰 (图 10.15(a))。继续升温，在 165 ℃ 和 220 ℃ 依次出现了一个吸热峰，分别对应于 PDLA$_{17}$ 均聚物结晶和 PDLA$_{17}$/PLLA$_{11}$ 立构复合物结晶的熔融。利用红外光谱跟踪熔融淬火的 PDLA$_{17}$/PLLA$_{11}$ 样品的升温过程 (图 10.15(b))，发现共混体系在 80~110 ℃ 生成了中介相 (对应于 915 cm^{-1} 吸收峰)。在 120 ℃ 以下，中介相可以稳定地存在，这可能是由于体系中均聚物结晶和立构复合物结晶的微晶网络结构使中介相得以稳定。当温度高于 130 ℃ 时，中介相对应的 915 cm^{-1} 吸收峰分裂为 920 cm^{-1}(均聚物结晶) 和 908 cm^{-1} (立构复合物结晶) 两个吸收峰，说明发生了中介相向结晶相的转变。

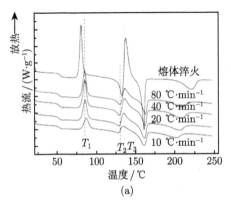 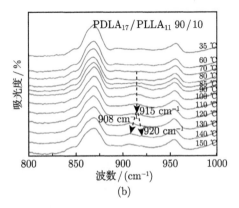

图 10.15　(a) 不同速率降温的 PDLA$_{17}$/PLLA$_{11}$ 共混物的 DSC 升温曲线和 (b) 熔融淬火 PDLA$_{17}$/PLLA$_{11}$ 共混物的温度相关红外光谱变化 (17 和 11 分别表示 PDLA 和 PLLA 的分子量，单位为 10^3g/mol；PDLA/PLLA 的质量比为 90/10) [55]

10.3　聚乳酸均聚物结晶动力学

高分子结晶从成核方式的不同可分为均相成核结晶、异相成核结晶以及自成核结晶三种类型，本节将从这三个方面对聚乳酸 (PLA) 均聚物结晶动力学进行介绍。

10.3.1　聚乳酸均相成核及结晶动力学

聚合物的总结晶动力学涉及两个独立的现象，即初始结晶的成核和随后的结晶生长。偏光显微镜技术 (POM) 可用来测试 PLA 薄膜在等温结晶过程中的成核密度和结晶生长速率。PLA 的均相成核与结晶温度 (T_c) 密切相关，如图 10.16 所示，随着 T_c 的升高，球晶密度显著降低，并且降低的速率随 T_c 逐渐加快 [10,60-62]。这是由于随着 T_c 的升高，PLA 结晶的过冷度 (即平衡熔点 T_m^0 与 T_c 的差值) 逐渐减小，成核所需的驱动力减小，导致成核效率迅速降低。

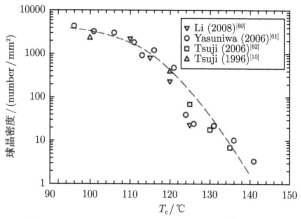

图 10.16　球晶密度和结晶温度的关系 [10,60-62]

　　PLA 分子链的规整性较差，导致 PLA 均相成核能力较低。通过对 PLA 熔体施加强烈的剪切/拉伸作用，可以促使 PLA 分子链沿流场方向取向，取向的分子链成核位垒降低，可形成取向排核，大大提高 PLA 的成核效率 [63]。这一方法避免了添加其他高分子组分造成的相分离或者纳米填料引起的环境污染或加工困难，可经济环保、简便高效地促进 PLA 均相成核 [64]。

　　与大多数高分子结晶规律一样，PLA 的球晶生长速率 (growth rate, G) 强烈依赖于结晶温度 (T_c)。但是，又与大多数高分子结晶单钟型 (bell-shaped) 结晶动力学曲线的特征不同，PLA 的结晶动力学会表现出特有的双钟型 (double bell-shaped) 曲线特征 (图 10.17 和图 10.18)，在 100~120 ℃ 温度区间出现了明显的不连续性 [45,65-70]，其双钟型 (double bell-shaped) 曲线的分界温度在 115 ℃ 附近 [19,61,71-73]。研究发现，PLA 结晶动力学曲线的不连续性与 PLA 结晶结构的温度依赖性相关 [19-21,70-72]。PLA 在 120 ℃ 以上只形成有序性较高的 α 结晶，而低于 120 ℃ 时则会形成有序性较差的 δ(α′) 结晶，并且 PLA 在 120 ℃ 以上生成的球晶尺寸远大于低温结晶区得到的球晶尺寸，晶层厚度和长周期在 ~120 ℃ 也达到最小值。

　　PLA 结晶动力学还与相对分子量大小有关。如图 10.18 所示，在特定的结晶温度 T_c 下，随着 PLA 分子量的增加，球晶生长速率 G 明显降低，并且在低相对分子量区间降低的更加明显。这是由于随着相对分子量的增加，PLA 分子链的活动性降低，导致球晶生长速率减小。此外，PLA 的 G-T_c 曲线的形状也受相对分子量的影响，随着 PLA 分子量的增加，G-T_c 曲线形状由单调降低曲线变为双钟型曲线，最终变为单钟型曲线 [73]。

　　PLA 分子链中 D-单元的含量 (X_D) 和来源也可影响 PLA 的结晶动力学。如图 10.19 所示，PLA 的最佳结晶温度 (G 最大的温度) 位于 115~130 ℃ 区间，随

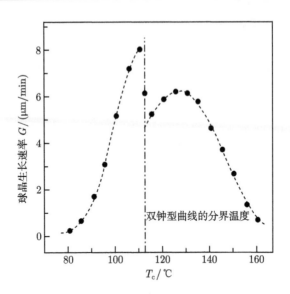

图 10.17　PLA(M_n=4.8×10^4 g/mol) 熔融结晶球晶生长速率 (G) 随结晶温度
(T_c) 的变化 [61]

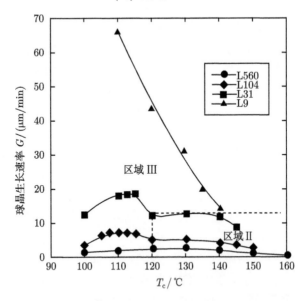

图 10.18　PLA 的球晶生长速率 (G) 与结晶温度 (T_c) 的关系
L9: M_n=9.2×10^3 g/mol, L31: M_n=3.1×10^4 g/mol, L104: M_n=1×10^5 g/mol,
L560: M_n=5.6×10^5 g/mol [73]

着 X_D 的增加，最佳结晶温度向低温方向移动。同时，增加 X_D 可显著降低 PLA
的最大球晶生长速率 G_{max}，当 X_D 为 0.4% 时 G_{max} 约为 4.5 μm/min，而当 X_D 增

加到 6.6% 时，G_{max} 低于 0.1 μm/min，降低了将近 40 倍。另外，当 D-单元含量相同时，D-单元的来源也显著影响 PLA 的球晶生长速率。与 D-单元来自于 meso-LA 的 PLA 相比，D-单元来自于 DD-LA 的 PLA 具有较高的结晶生长速率。这是由于后者分子链中所有 D-单元都是两两相连，因此 L-单元的平均等规序列长度 ($\bar{\zeta}$) 是前者的两倍，分子链规整度较高，结晶生长速率较大。

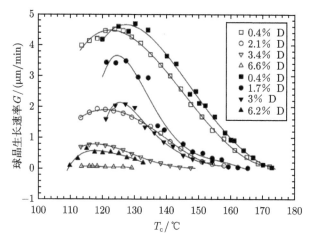

图 10.19　D-单元含量对 P(LL-co-meso-LA)(空心符号，M_n=6.5×10⁴ g/mol) 和
P(LL-co-DD-LA) (实心符号，M_n=7.4×10⁴ g/mol) 球晶生长速率的影响 [74,75]

与线性 PLA 相比，支化 PLA 的总结晶度和熔点有所降低，但是却具有较高的结晶速率 [76,77]。支化 PLA 分子链中支化点的成核效应导致其冷结晶温度降低，且结晶峰温度向高温方向移动。此外，由于较高的总结晶速率，支化 PLA 的非等温冷结晶峰和熔融结晶峰的幅度有所增加，并且随着支化度的增加非等温冷结晶峰和熔融结晶峰的幅度逐渐增大。

10.3.2　聚乳酸异相成核及结晶动力学

PLA 的分子链规整性较差，在均相结晶条件下其成核能力和结晶速率较低，在常规加工过程中只能得到低结晶度甚至非晶态的制品。这促使众多研究者寻找或者设计高效成核剂来提高 PLA 的成核效率，从而提高 PLA 的结晶动力学，获得高结晶度或形态可控的 PLA 制品。

通常，成核剂分为化学成核剂和物理成核剂两大类。化学成核剂通过与聚合物分子链中的官能团发生化学反应，使分子链发生断链、分子量降低，并且形成的离子端基缔合成团簇，从而加快聚合物的结晶动力学。聚合物常用的化学成核剂为金属有机钠盐。把硬质酸钠和苯甲酸钠加入到 PLA 进行成核，发现这些成核剂的加入可显著降低 PLA 的分子量和熔体黏度，但是对 PLA 的成核和结晶动力学并没

有显著的促进作用 [78,79]。

相对来说，物理成核剂是 PLA 更常用的成核剂。PLA 的物理成核剂主要分为无机成核剂、有机成核剂、无机–有机杂化成核剂等类型。此外，PLA 立构复合物 (stereocomplex) 因其较高的熔点也可作为 PLA 的成核剂。

10.3.2.1　无机成核剂

滑石粉是 PLA 的一种高效通用成核剂，常被用作参照物来评价其他成核剂的成核能力。Kolstad 研究发现，添加 6% 的滑石粉可使 PLA 的成核密度增加约 500 倍，导致半结晶期 ($t_{1/2}$，达到总结晶度一半时所需时间) 最大可减小 7 倍 [80]。此外，由于滑石粉的加入，PLA 的最佳结晶温度可从 100 ℃ 增加到 120 ℃[81]。在非等温熔融结晶时，加入滑石粉也可使结晶温度向高温方向移动，表现出较高的成核效率。当冷却速率为 80 ℃/min 时，滑石粉的浓度从 1% 增加到 2%，可使结晶温度增加 2~3 ℃[78]；当冷却速率降低到 1 ℃/min 时，添加 3% 的滑石粉使结晶峰温度从 107 ℃ 增加到 123 ℃[82]。

通过促进聚合物的结晶，黏土可用来提高聚合物的热、机械以及气体阻隔性能。因此，研究黏土对 PLA 结晶的影响，也具有十分重要的意义。黏土的加入可使 PLA 冷结晶峰变窄，当添加 4% 的有机改性蒙脱土时，PLA 的结晶速率可增加约 50%[83,84]。和滑石粉相比，黏土对 PLA 的成核效率相对较低，这是因为等温结晶的半结晶期的减小幅度较低，且高降温速率的非等温结晶时的成核效率也不高。黏土可形成剥落、插层和絮凝三种形貌，不同形貌对 PLA 结晶具有不同的影响。研究表明，剥落形貌的 PLA 样品的结晶度和成核密度比插层和絮凝的小，同时冷结晶温度也比插层形貌的低约 10 ℃，但是球晶生长速率却有所增加 [85,86]。Krikorian 和 Pochan[87] 通过红外光谱研究发现，在纯 PLA 中链间相互作用先于螺旋构象出现，而在插层形貌的 PLA 中链间和链内相互作用同时进行，从而导致较快的结晶。而剥离形貌的 PLA 中螺旋构象较早出现，剥落的硅酸盐层阻碍了链间相互作用，导致成核效率较低。

碳纳米管 (CNTs) 因其较大的长径比和优异的热、机械和电性能，引起了人们的广泛研究。CNTs 也可作为 PLA 的成核剂来使用。Xu 等报道多壁碳纳米管 (MWCNTs) 在低含量 (0.08wt%) 时对 PLA 具有中度的成核效应，在非等温熔融结晶时 PLA 结晶峰温度 (T_c) 移向更高的温度，但是降温速率大于 10 ℃/min 时结晶度较低 [88]。把 CNTs 接枝到 PLA 分子链上 (PLA-g-CNTs) 作为 PLA 的成核剂，发现当降温速率为 5 ℃/min 时，5%~10% 的 PLA-g-CNTs 可使 PLA 获得 12%~14% 的结晶度，且等温结晶时 5% 的 PLA-g-CNTs 使最小半结晶期 ($t_{1/2}$) 从 4.2 min 减小到 1.9 min[89,90]。Li 等研究了马来酸酐功能化的 CNTs 的成核效应，发现在 10 ℃/min 或者更快降温过程中，马来酸酐功能化 CNTs 对 PLA 的成核效

率较低 [91]。

　　石墨烯，作为一种新型的碳材料，具有大的比表面积和优异的热、机械性能，吸引了人们的巨大关注。石墨烯对 PLA 结晶行为以及性能影响的研究越来越多。Wang 和 Qiu 对 PLA/氧化石墨烯复合材料的结晶动力学进行了详细研究，发现 PLA/氧化石墨烯复合材料冷结晶和熔融结晶的总结晶速率随氧化石墨烯含量的增加逐渐增大，而 PLA 的结晶生长机理和结晶结构保持不变 [92,93]。而 Wu 等研究发现，石墨烯在 PLA 冷结晶过程中仅作为惰性填料使体系黏度增大，导致 PLA/石墨烯复合材料的总结晶速率降低，在熔融结晶时可作为异相成核剂促进 PLA 的成核、提高总结晶速率 [94]。为了改善石墨烯在 PLA 基体中的分散效果，可对石墨烯进行改性并与 PLA 接枝。Manafi 等把改性接枝后的石墨烯加入 PLA，发现可提高 PLA 的结晶温度，同时降低熔融结晶的诱导期，而 PLA 的结晶生长机理基本不变 [95]。Li 等研究发现，在 PLA 中加入石墨烯纳米片 (GNSs)，可显著影响 α′ 和 α 结晶的形成温度范围和结晶结构有序度。加入 0.1wt% 的 GNSs 后，α 结晶的下限形成温度升高约 10 ℃，α′ 结晶更容易形成 (图 10.20(a) 和 (b))，但是生成的 α′ 结晶的有序度降低 (图 10.20(c) 和 (d))[41]。

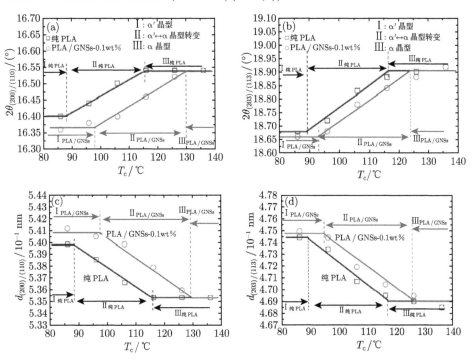

图 10.20　结晶温度 (T_c) 对纯 PLA、PLA/GNSs-0.1wt% 体系的结晶结构 (d 表示晶面间距) 和结晶行为的影响 [41]

10.3.2.2　有机成核剂

与 PLA 相比, 有机成核剂通常分子量较低, 可在更高的温度下更快地结晶, 从而为 PLA 提供有机成核位点。有机成核剂的一个优势是可以较好地分散在 PLA 熔体中。研究表明, 乳酸钙通过促进成核, 可以提高 L-LA 和 meso-LA 共聚物 (meso-LA 的含量为 10%) 的结晶速率 [96]。Nam 等发现, 添加 N, N-乙烯基双 (12 羟基硬脂酰胺)(EBHSA) 后, PLA 在 5 ℃/min 升温的非等温冷结晶过程中, 冷结晶温度 (T_{cc}) 从 100.7 ℃ 降低到 79.7 ℃, 表现出了很强的成核效应。当 PLA 在 130 ℃ (低于 EBHSA 的熔点 144.5 ℃) 等温结晶时, EBHSA 的添加使得成核密度增加 40 倍, 总结晶速率增加近 4 倍 [97]。Nakajima 等采用 1, 3, 5-三苯甲酰胺 (BTA) 衍生物来促进 PLA 的成核和结晶, 发现含有 1%BTA 衍生物的 PLA 薄片在 100 ℃ 结晶 5 min 即可获得 44% 的结晶度, 而纯 PLA 在相同条件下的结晶度只有 17%。更有趣的是, BTA 衍生物由于具有较低的熔点和与 PLA 相似的溶解度参数, 使得 PLA 在较高的结晶度下也保持良好的透明性 [98]。Kawamoto 等对酰肼化合物、滑石粉和 EHBSA 的成核能力进行比较, 发现在降温速率为 20 ℃/min 的非等温结晶过程中, 含有 1% 酰肼化合物的 PLA 的结晶焓 (H_c) 为 46 J/g, 而含滑石粉和 EHBSA 的 PLA 的 H_c 分别为 26 J/g 和 35 J/g, 同时三者对应的结晶峰温度 (T_c) 依次为 131 ℃、102 ℃ 和 110 ℃, 这表明酰肼化合物具有更高的成核能力 [99]。

在有机成核剂中, 生物基成核剂是一个特殊的子集。Harris 等研究发现, 2% 的植物基乙撑双硬脂酰胺 (EBS) 使得 PLA 的半结晶期 ($t_{1/2}$) 从 38 min 减小到 1.8 min, 10 ℃/min 的非等温结晶的结晶峰温度约为 97 ℃, 而滑石粉在相同条件下对应的数值分别为 0.6 min 和 107 ℃ [100]。淀粉是一种生物基聚合物, 在 PLA 中加入 1%~40% 的淀粉, 可促使 $t_{1/2}$ 从 14 min 降低到 1.8~3.2 min, 而 1% 的滑石粉即可使 $t_{1/2}$ 降低到 0.4 min; 另一方面, 淀粉使 PLA 的最佳结晶温度提高 5 ℃, 而滑石粉可增大约 15 ℃ [81]。由上可知, EBS 和淀粉均比滑石粉的 PLA 成核能力相对较低, 对热塑性淀粉进行界面改性可进一步提高对 PLA 结晶的促进作用, 使 $t_{1/2}$ 减小到 1.25 min [101]。纤维素纳米晶 (CNC) 是一种新兴的引起广泛关注的生物基材料, 但未改性的 CNC 并不能显著影响 PLA 的结晶度, 当对 CNC 表面进行硅烷化改性后 (SCNC), 可适度提高 PLA 的结晶度。在 10 ℃/min 的降温过程中, 1% SCNC 可使 PLA 的结晶度从 14% 增加到 30%, 在等温结晶时 1% SCNC 使 PLA 的 $t_{1/2}$ 减小到 4 min [102]。

10.3.2.3　无机-有机杂化成核剂

无机-有机杂化材料是一类新型的成核剂, 主要包括多面体低聚倍半硅氧烷 (POSS) 和层状金属磷酸盐两大类。和有机改性黏土中的离子键不同, 这些杂化材料中的无机和有机组分通过共价键相连。对于 POSS, 中心是由硅和氧原子组成的

"纳米笼子"，根据需要在其上接枝不同的有机手臂。Qiu 等研究带有异丁基、甲基和乙烯基手臂的 POSS 对 PLA 结晶的影响发现，在 20 ℃/min 升温的冷结晶过程中，不同有机手臂和含量的 POSS 可使 PLA 的冷结晶温度 (T_{cc}) 降低 10~22 ℃，结晶度从 8% 增加至 44%[103-105]。1% 的乙烯基 POSS 使等温结晶的半结晶期 ($t_{1/2}$) 从 8 min 降低到 1.2 min[104]。当以 5 ℃/min 降温时，POSS 使 PLA 的结晶温度增加 10~15 ℃，并且样品在降温过程中可完全结晶 [103]。

层状金属磷酸盐也对 PLA 表现出了较好的成核效应。Pan 等研究了苯基磷酸锌 (PPZn) 对 PLA 结晶的影响，发现在 10 ℃/min 的降温过程中出现一个尖锐的结晶峰，结晶峰温度高达 128 ℃，15% 的 PPZn 可使 PLA 获得 56% 的高结晶度。通过添加 PPZn，淬火 PLA 样品的冷结晶温度可降低约 30 ℃。在等温结晶过程中，PPZn 使 PLA 的半结晶期 ($t_{1/2}$) 降低到 0.63 min，而添加滑石粉时的 $t_{1/2}$ 高于 6 min，表现出比滑石粉更好的成核能力和结晶促进作用 [106]。Wang 等研究了金属种类对 PLA/层状金属磷酸盐复合材料结晶的影响，发现由于不同成核剂在 PLA 基体中的分散效果和界面作用不同，它们的成核能力依次为：PPZn>PPCa>PPBa[107]。

10.3.2.4 PLA 立构复合物

当聚左旋乳酸 (PLLA) 和聚右旋乳酸 (PDLA) 共混结晶时，可形成一种立构复合物结晶 (stereocomplex crystal，SC)，其熔点比 PLLA 和 PDLA 均聚物结晶 (homocrystal，HC) 高约 50 ℃，且降温过程中先于 HC 结晶形成，因此 SC 结晶可作为 PLA 结晶的有效成核剂。

人们对 SC 结晶的成核效应进行了广泛研究。Brochu 等研究发现，PLLA 中 SC 结晶的出现，使得体系中球晶密度和均聚物结晶含量比纯 PLLA 的更高，并且 PLLA 结晶可在先前形成的 SC 片晶上外延生长 [108]。Schmidt 和 Hillmyer 的研究表明，在 PLLA 中加入少量的 PDLA(可在 PLLA 基体中原位形成 SC 结晶) 具有比滑石粉更高的成核效率，6% 的滑石粉的成核效率为 32%，而 6% 的 PDLA 的成核效率高达 56%。但是，由于 SC 结晶对 PLLA 分子链活动性的限制作用，成核效率的提高并没有引起 PLLA 结晶度的增加 [109]。Anderson 和 Hillmyer 研究了 PDLA 的分子量 (M_n=5.8×10³ g/mol、1.4×10⁴ g/mol 和 4.8×10⁴ g/mol) 和浓度 (0.5wt%~3wt%) 对 SC 结晶成核效率的影响，发现 PDLA 的分子量为 1.4×10⁴ g/mol 时 SC 结晶的成核效率最高，添加 3% 的此种 PDLA 时成核效率高达 94%，表现出 SC 结晶对 PLLA 的理想成核行为。此外，PLLA 的半结晶期 ($t_{1/2}$) 从 17 min 降低到 1 min 以下，5 ℃/min 降温过程的 PLLA 结晶度从 41% 增加到 60%[110]。Rahman 等的研究表明，分子量较低的 PDLA 可形成更多 SC 结晶，从而具有更高的成核效应 [111]。Tsuji 等研究发现，PLLA 的球晶生长速率与 PDLA 的含量无关，他们认为这是由于球晶中除了 SC 晶核, 只有 PLLA 结晶形成 [60]。他们还比较了 SC 结晶和滑石粉、黏土、富勒烯 C_{60} 以及多糖的成核效率, 发现 SC 结晶的成核效率最高 [82]。

10.3.3　聚乳酸自成核及结晶动力学

　　自成核是指残留于聚合物熔体或溶液中的结晶, 作为非热成核位点诱导聚合物成核的方法, 在不添加成核剂的情况下可有效提高聚合物的成核效率和结晶速率。实现自成核的方法有两种: 一是将聚合物完全熔融, 然后降温至熔点以下、结晶温度以上 10~15 ℃ 保持一定时间以产生稳定晶核; 二是将聚合物升温至熔点以上某一合适温度使其部分熔融, 残留的部分微小的结晶或晶核作为随后降温结晶的成核剂。

　　PLA 自成核具有较高的成核效率, 可显著改变 PLA 的结晶行为和结晶形貌。Wang 和 Mano 研究了不同熔融条件 (200~210 ℃ 熔融 2~20 min) 对 PLA 结晶的影响, 发现部分熔融后的 PLA 可呈现双结晶过程, 他们把这种现象归因于不同温度时的成核机理不同 [112]。Xu 等研究发现, 部分熔融的 PLA 在随后冷却过程中的结晶峰温度升高了约 30 ℃, 表明自成核显著提高了 PLA 的总结晶速率。这是由于部分熔融的 PLA 可在较高温度下出现众多的非热成核, 而完全熔融的 PLA 只能在较低的温度下出现零星晶核。在等温结晶时, 部分熔融的 PLA 的 Avrami 指数和完全熔融 PLA 的相当, 表明自成核没有改变 PLA 的结晶生长机理, 而在 176 ℃ 部分熔融的 PLA 在等温结晶时出现了不规则球晶形貌, 并且成核密度随结晶温度的升高而降低 [113]。

　　除了部分熔融时的温度和时间, 部分熔融之前 PLA 的结晶状态也会影响随后的自成核过程。Jalali 等研究了 PLA 的结晶结构 (α′ 和 α 结晶) 对 PLA 自成核行为以及结晶的影响。首先在 80~130 ℃ 等温熔融结晶, 制备不同结晶结构的 PLA 样品。然后以 2 ℃/min 升温到 170 ℃ 保持 5 min, 使其部分熔融。部分熔融之后, 在降温结晶过程中, 含 α′ 和 α 结晶混合物的 PLA 样品具有最高的结晶温度、最高的成核密度和最小的球晶尺寸。此外, 含 α′ 和 α 结晶混合物的 PLA 样品自成核之后在 100 ℃ 和 120 ℃ 展现出两个结晶温度, 且稍微改变自成核温度这两个结晶峰的比例显著变化。这两个结晶放热峰分别归因于 α′ 和 α 结晶的形成过程 [114]。

10.4　外场条件下聚乳酸结晶

　　除了结晶温度、成核剂等因素, 不同的外场条件也可对 PLA 的结晶行为产生显著影响。本节主要介绍剪切、拉伸以及溶剂等外场作用对 PLA 结晶结构以及结晶动力学的影响。

10.4.1 剪切条件下聚乳酸结晶结构及结晶动力学

结晶性聚合物在注塑和挤出等加工过程中, 熔体通常会经受剪切作用力。剪切使得聚合物分子链在熔体中发生取向和伸展, 形成稳定晶核或者排核, 影响聚合物制品的结晶结构、结晶形貌以及结晶动力学, 从而影响产品的最终性能。因此, 研究剪切对 PLA 结晶结构以及结晶动力学的影响, 具有十分重要的意义。

Huang 等研究发现[115], 剪切可以改变 PLA 的 α' 和 α 结晶的形成温度范围和结晶形貌。通过施加强剪切作用 ($40\ s^{-1}$, $5\ s$), 有序性较高的 α 结晶可以在低于 $100\ ℃$ 时形成, α' 结晶的形成上限温度也从 $120\ ℃$ 降低到 $106.5\ ℃$ (图 10.21)。此外, 施加剪切作用后, PLA 的成核密度显著增加, 导致球晶数目增加, 总结晶速率增大, 同时球晶尺寸显著降低。当结晶温度较高 ($130\ ℃$) 时, 剪切作用还会导致形成特殊的柱状晶形貌, 而且随着剪切速率的增加, 柱状晶的尺寸也显著增大 (图 10.22)。

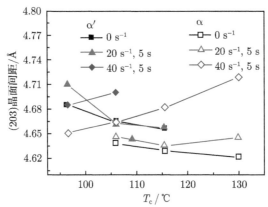

图 10.21　PLA 在 $0\ s^{-1}$、$20\ s^{-1}$、$40\ s^{-1}$ 剪切速率下剪切 $5\ s$ 后在不同温度熔融结晶样品的 (203) 晶面间距的变化[115]

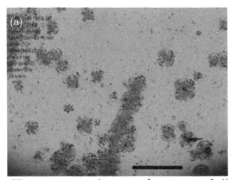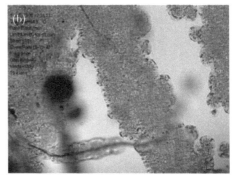

图 10.22　PLA 在 (a)$1\ s^{-1}$、(b) $40\ s^{-1}$ 剪切速率下剪切 $5\ s$ 后 $130\ ℃$ 熔融结晶样品的偏光显微镜 (POM) 形貌[115]

　　剪切作用除了影响 PLA 的微观结晶结构, 还可以影响介观尺度上的片晶堆叠结构。Xiao 等采用 SAXS 研究了剪切作用对 PLA 片晶堆叠结构以及片晶取向的影响 [116]。如图 10.23 所示, 当未施加剪切时, SAXS 图像为各向同性的散射环, 表明形成了无规排列的片晶结构。随着剪切速率的增加, SAXS 图像在子午线方向上的散射强度逐渐增大, 演变为两个点状散射光斑, 表明形成了沿水平方向取向的片晶结构, 且取向片晶的数量增多、取向度增大。进一步定量分析发现, 沿着子午线方向的长周期 (L) 随剪切速率逐渐增大, 而赤道方向上的 L 基本不变, 同时这两个方向上的非晶层厚度 (L_c) 几乎不变, 可推测出在子午线方向上的片晶厚度 ($L_c = L - L_a$) 随剪切速率逐渐增加, 而赤道方向上的 L_c 保持不变 (图 10.24(a))。由图 10.24(b) 可看出, 较弱的剪切作用 (剪切速率 $\leqslant 5\ \mathrm{s}^{-1}$) 即可使 PLA 片晶发生显著取向, 随着剪切速率的进一步增加, PLA 片晶的取向程度减缓, 最后趋于稳定 [116]。同时, 他们的研究还表明, 在较高结晶温度 (150 ℃) 下, 只有有序性高的 α 结晶形成, 剪切作用对微晶结构影响甚微。

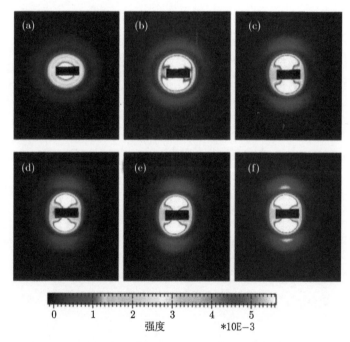

图 10.23　不同剪切速率作用下 PLA 结晶样品的 SAXS 二维图像

剪切温度和结晶温度均为 150 ℃, 剪切速率分别为: (a) $0\ \mathrm{s}^{-1}$、(b) $2\ \mathrm{s}^{-1}$、(c) $5\ \mathrm{s}^{-1}$、(d) $10\ \mathrm{s}^{-1}$、(e) $20\ \mathrm{s}^{-1}$、(f) $30\ \mathrm{s}^{-1}$, 剪切时间为 5 s。剪切方向为竖直方向 [116]

　　由于分子链刚性较大、分子链较短, 因此 PLA 在常规加工条件下难以形成长链分子取向的 shish 前驱体和串晶 (shish-kebab) 结构。而 Xu 等 [117] 通过采用振

荡剪切注塑成型 (OSIM) 技术, 在保压过程中通过一对活塞往复运动引入持续的高强度剪切 ($220\ s^{-1}$ 下剪切 3 min), 迫使 PLA 分子链发生高度的取向排列, 同时抑制取向分子链的回复和松弛, 形成 shish 前驱体, 从而在 PLA 注射制品中直接形成了串晶结构。如图 10.25 所示, OSIM PLA 样品在剪切较强的区域 (皮下层、

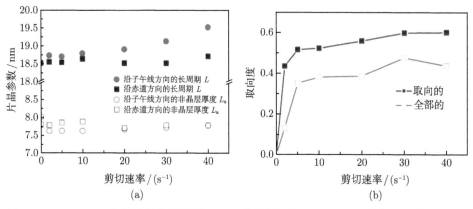

图 10.24 (a) PLA 片晶堆叠的长周期 (L) 和非晶层厚度 (L_a) 在子午线方向和赤道方向上随剪切速率的变化; (b) PLA 片晶的取向度随剪切速率的变化 [116]

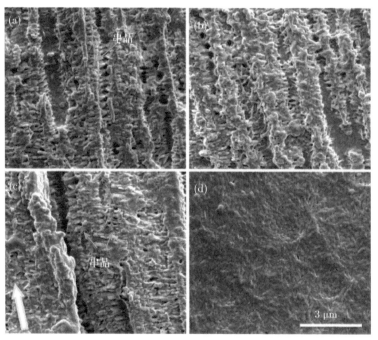

图 10.25 OSIM 技术制备的 PLA 注塑样品在不同区域的 SEM 图像

(a) 皮下层, (b) 取向层, (c) 中间层和 (d) 芯层。白色箭头方向为剪切方向 [117]

取向层和中间层) 形成了大量的串晶结构, 可观察到极长的线状核点 (shish), 密集规整的片晶 (kabab) 串珠般垂直于 shish 生长。进一步地, 在 PLA 中添加聚乙二醇 (PEG) 增塑剂, 通过 OSIM 技术形成的 PLA/PEG 制品中串晶结构的取向度更高, 沿流动场排列得更加密集而规整。这表明在高剪切速率和高分子链活动性时, 更有利于串晶结构的形成。

除了剪切速率外, 剪切时间也可对 PLA 结晶产生显著影响。Fang 等采用流变仪和偏光显微镜研究了剪切对线型 PLA 和长链支化 PLA 结晶的影响 [17], 发现在剪切速率为 1 s^{-1} 时, 随着剪切时间的增加, 两种 PLA 的成核密度显著增加、半结晶期明显较小, 表明剪切作用可显著加快 PLA 结晶动力学。同时, 成核密度和半结晶期在剪切时间较小范围内变化显著, 大于 20 s 后变化趋于平缓, 这表明 PLA 存在一个饱和剪切时间, 超过这个时间后结晶动力学基本不变 (图 10.26)。此外, 对长链支化 PLA 施加足够长时间的剪切作用, 也可促使其形成 shish-kebab 结构。这是由于长链支化 PLA 具有宽化而复杂的松弛行为, 分子链取向后松弛回复较慢, 从而可形成 shish-kebab 结构。

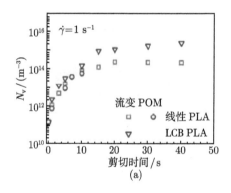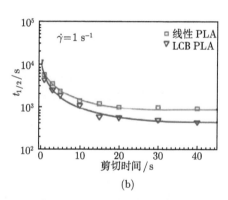

图 10.26　线型 PLA 和长链支化 PLA 在 120 ℃、1 s^{-1} 剪切不同时间后等温结晶的 (a) 成核密度 N_v 和 (b) 半结晶期 $t_{1/2}$ [17]

10.4.2　拉伸条件下聚乳酸结晶结构及结晶动力学

除了剪切作用外, 拉伸外场也对聚乳酸 (PLA) 结晶结构的形成具有显著影响, 主要包括拉伸温度 (T_d)、拉伸比以及拉伸速率等影响因素。

拉伸温度可影响 PLA 的分子链活动性, 从而影响拉伸过程中分子链的取向和松弛, 导致形成不同的结晶结构。当非晶 PLA 在玻璃化温度 (T_g) 附近拉伸时, 只能形成有序性差的中介相结构 (mesophase)。这是由于在 T_g 附近拉伸时链段松弛被高度抑制, 从而导致结晶结构无法形成。并且随拉伸比的增加, 中介相的含量逐渐增大 [48-52,58]。当拉伸温度升高时 (70 ℃≤ T_d ≤90 ℃), 拉伸诱导的 PLA

有序结构逐渐从中介相向结晶相转变 [48,50]。图 10.27 显示了非晶态 PLA 在 70~
90 ℃ 拉伸时的有序结构变化过程：当 T_d =70 ℃ 时，拉伸应变为 130%时，WAXS
图样的弥散光晕在赤道上显示出轻微的增强，表明 PLA 分子链趋向于沿拉伸方向
取向，但是整体的链间距分布变化不大，体系基本是各向同性的非晶态。当应变达
到 360%时，WAXS 图样出现了明显的赤道增强光环，说明分子链沿着拉伸方向发
生了高度取向 (图 10.27)。然而，直至样品断裂，WAXS 图像上没有出现尖锐的结
晶衍射斑点，这说明体系只生成了一种有序性差的取向结构，即 PLA 中介相；当
T_d= 80 ℃ 时，随着应变的增加，WAXS 图像上除了对应于中介相的赤道衍射光
斑，还出现了尖锐的结晶衍射斑点，说明拉伸应变诱导 PLA 分子链形成了中介相
和 δ(α′) 结晶两种结构。而且，随着拉伸应变的增加，中介相和 δ(α′) 晶的含量
同时增大；当 T_d 升高到 90 ℃时，WAXS 图像中只有结晶结构对应的尖锐衍射斑
点，说明此温度下拉伸应变诱导 PLA 分子链只生成有序度高的 δ(α′) 结晶，而很
难捕捉到中介相。这可能是由于温度较高，中介相难以稳定存在而快速转变为结晶
结构 [50]。

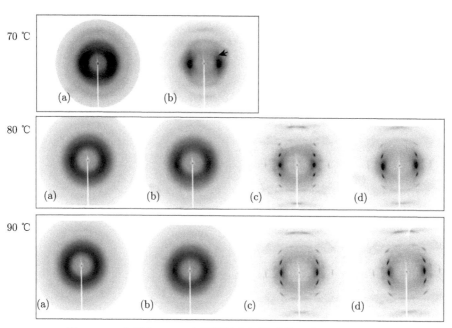

图 10.27 非晶态 PLA 在不同温度拉伸时的二维 WAXS 图像

拉伸温度 T_d=70 ℃ 时，拉伸应变为：(a) 130%、(b) 360%；T_d=80 ℃ 时，拉伸应变为：(a) 100%、
(b) 160%、(c) 230%、(d) 400%；T_d=90 ℃ 时，拉伸应变为：(a) 100%、(b) 170%、(c) 330%、
(d) 400% [50]

Mahendrasingam 等研究了非晶态 PLA 在 80~120 ℃ 拉伸时的结构变化, 发现在此温度范围内只有 α′ 和 α 结晶形成。在较低拉伸温度 (80~100 ℃) 时, 拉伸诱导的 PLA 结晶非常快并且形成高度取向的结晶结构, 而当拉伸温度高于 100 ℃, 拉伸诱导的结晶以及结晶取向度大幅度下降 (图 10.28) [118]。Zhou 等研究发现, 非晶态 PLA 在 100~150 ℃ 拉伸时, 拉伸应变可促使 α′ 和 α 结晶结构的有序性逐渐增大。如图 10.29 所示, (200)/(110) 和 (203) 的晶面间距随应变增加而线性降低, 表明了 α′ 和 α 结晶结构有序性增大。特别地, 在 100 ℃ 拉伸时, α′ 和 α 结晶混合物的晶面间距值逐渐向 α 结晶靠近, 说明 α′ 结晶的有序程度增大并有部分 α′ 结晶向 α 结晶转变 [119]。Hoogsteen 等研究发现, 溶液纺丝的 PLA 纤维在较低温度 (190 ℃) 和较低拉伸比时形成的是 α 结晶和折叠链片晶形貌, 而在较高温度 (204 ℃) 和较高拉伸比时形成的为 β 结晶和纤维状片晶形貌 [28]。此外, 拉伸温度还可以影响 PLA α 结晶向 β 结晶转变的效率, 拉伸温度为 140 ℃ 的转变效率最高 [29]。

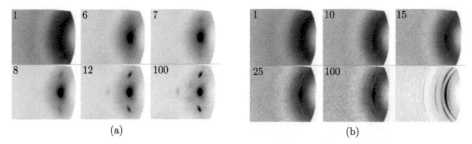

图 10.28　非晶态 PLA 在 (a) 80 ℃ 和 (b) 120 ℃ 拉伸时的 WAXS 图像

(b) 中最后一个为在 120 ℃ 拉伸结束、120 ℃ 退火 16 min 的 WAXS 图像 [118]

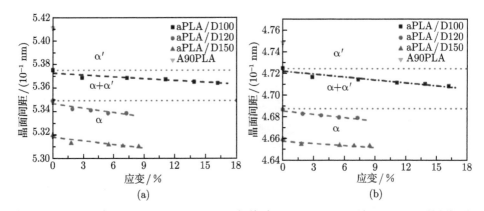

图 10.29　PLA 在 100 ℃、120 ℃、150 ℃ 拉伸时 (a) (200)/(110) 和 (b) (203) 晶面间距随应变的变化 [119]

除拉伸温度和拉伸比外, 拉伸速率也可显著影响 PLA 的结晶结构形成和转变。Mulligan 等 [52] 研究表明，非晶态 PLA 在较低拉伸温度和 (或) 较高拉伸速率下，更容易形成有序性差的类向列相结构 (nematic-like order)。Stoclet 等 [48,50] 发现，随着拉伸速率的升高，中介相可以在更高拉伸温度下形成。这是由于较高的拉伸速率可以促使 PLA 分子链获得更高的取向度，从而更有利于中介相的形成和稳定。Zhang 等 [120] 发现，非晶态 PLA 在 75 ℃拉伸时，较高的拉伸速率可使 PLA 获得更高的结晶度、结晶取向度以及空洞化程度。而 Takahashi 等的研究表明，含有 α 结晶的 PLA 薄膜在恒定温度下拉伸时，在较高的拉伸速率下 α 结晶向 β 结晶转变的效率更高 [29]。

此外，非晶态 PLA 在拉伸过程中形成的中介相结构，对拉伸样品的冷结晶过程具有促进作用。与未拉伸的非晶 PLA 样品相比，含中介相的拉伸 PLA 在升温过程中的冷结晶温度降低，并且结晶度增大 [48,49,59,102]，这是由于中介相过 T_g 后的熔融去玻璃化可作为提升随后冷结晶过程的驱动力 [59]。Velazquez-Infante 等研究发现，含中介相的拉伸 PLA 在温和冷结晶条件 (75 ℃/5 min) 下即可获得与未拉伸样品较高冷结晶条件 (120 ℃/60 min) 下相当的结晶度，表明中介相的存在显著加快了 PLA 的结晶。而 Wang 等发现 [121]，拉伸后的 PLA 在 70 ℃冷结晶时，应变较小 (100%)PLA 中的中介相可以较快熔融，链松弛和构象重排发生较快而形成有序性更高的结晶，而应变较大 (230%) 样品中的中介相熔融较慢，大部分分子链的取向得以保持，导致构象重排不能进行，只能形成有序性较差的结晶。因此，需要选择合适的 PLA 中介相结构，才能获得对 PLA 冷结晶最佳的促进作用。

10.4.3　溶剂诱导聚乳酸结晶结构及结晶动力学

溶剂作用可以诱导聚合物发生结晶行为。聚合物通过吸附一定量的溶剂分子，形成一定浓度的聚合物–溶剂混合体系，溶剂分子与聚合物分子链的相互作用可以显著降低聚合物的玻璃化转变温度和结晶温度，提高聚合物分子链的运动能力，诱导聚合物分子链发生无序–有序转变，导致聚合物结晶成为可能。这一现象被称为溶剂诱导结晶 (solvent-induced crystallization)。

非晶态 PLA 在有机溶剂 (丙酮、乙酸乙酯、甲苯、二甲苯、四氢呋喃等) 的作用下，可以发生结晶，生成 α 结晶或 α′(δ) 结晶堆积的球晶形貌。甲醇、正己烷、水等溶剂诱导非晶态 PLA 结晶较为困难。PLA 的结晶结构和结晶度受溶剂的性质、诱导时间、温度等因素影响。研究发现，溶剂渗入 PLA 非晶相是诱导结晶的必要条件。

丙酮是诱导非晶态 PLA 结晶的最有效的溶剂之一 [122]。采用丙酮与其他溶剂的混合溶剂，可以诱导 PLA 形成特殊的结晶形貌。通过调控混合溶剂中丙酮的比例，可以控制聚合物与溶剂分子间相互作用的强度，即溶剂的扩散速率和聚合物分子链的活动能力，从而调控 PLA 的结晶结构和形貌。图 10.30 是不同体积比的丙酮/乙醇混合溶剂诱导非晶态 PLA 结晶的扫描电镜 (SEM) 照片。结果表明，通过增加乙醇的比例可以调控 PLA 的结晶形貌。

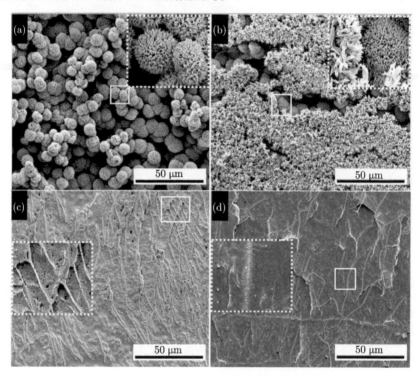

图 10.30　溶剂诱导 PLA 结晶的 SEM 照片

混合溶剂丙酮/乙醇的体积比分别为 (a) 100/0，(b) 70/30，(c) 50/50，(d) 30/70，诱导时间为 50 min[123]

　　纯的丙酮溶剂诱导 PLA 得到的是均匀紧密堆积、直径约 7 μm 的球形颗粒，每个颗粒呈菊花状 (chrysanthemums-like) 结构 (图 10.30(a))。通过广角 X 射线衍射证实这是一种结晶形貌，与熔融结晶生成的球晶有差异，这种球形结晶形貌被叫作 "菊花状球晶"(chrysanthemums-like spherulite)。丙酮/乙醇比例为 70/30 的混合溶剂诱导 PLA 结晶时，在菊花状球晶的表面覆盖生成很多树叶状 (leaf-like) 结晶，可能是结晶生长过程中晶片扭曲所致 (图 10.30(b))。随着乙醇含量的进一步提高，树枝状结晶的生成量增加。丙酮/乙醇比例为 50/50 混合溶剂诱导的 PLA 结晶形貌发生了显著的变化，得到微米尺度的毛毛虫状 (carpenterworm-like) 结晶形貌 (图 10.30(c))。当丙酮/乙醇比例为 30/70 时可诱导 PLA 形成 shish-kebab 结晶形貌 (图 10.30(d))[123]。

　　含乙醇较多的体系可以诱导 PLA 形成竹笼状或珠帘状结晶形貌，如图 10.31

所示。在丙酮/乙醇混合溶剂中, 丙酮对诱导 PLA 结晶起关键作用。由于丙酮与 PLA 的溶度参数相近, 当玻璃态的 PLA 浸入溶剂中, 丙酮渗入 PLA 扰乱了 PLA 分子链间内聚力, 导致 PLA 的溶胀和溶解, 降低了 PLA 的玻璃化转变温度和结晶温度, PLA 分子链的活动能力增强, 有利于结晶的生成。而不良溶剂乙醇则减弱了 PLA 与丙酮的相互作用, 使 PLA 溶胀和溶解程度减弱, PLA 生成了除球晶之外的特殊结晶形貌 [123]。

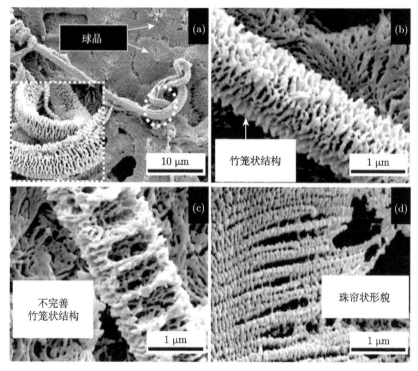

图 10.31　丙酮/乙醇 50/50 混合溶剂诱导 PLA 复杂结晶形貌的 SEM 照片 [123]

溶剂蒸气也可以诱导 PLA 结晶。溶剂蒸气吸附浸入高分子内部, 使高分子分子链间内聚力减弱, 降低了高分子的玻璃化转变温度和结晶温度, 使得高分子分子链发生结晶。研究发现, 与 PLA 熔融结晶不同, 氯仿蒸气诱导 PLA 结晶的形貌受 PLA 薄膜厚度的影响。在几十微米厚的薄膜中, 氯仿蒸气诱导 PLA 结晶得到如图 10.32(a1), (a2) 所示的球晶, 球晶的尺寸较小, 具有双折射现象。随着薄膜厚度的减小, 诱导结晶形貌发生了显著变化, 依次转变为环带形貌、树枝状形貌、束状形貌 (图 10.32)。这些结晶形貌没有双折射现象, 结构缺陷比熔融结晶形貌要明显, 特别是膜厚较小时, 缺陷更多 [124]。

氯仿蒸气诱导 PLA 薄膜形成的环带结晶形貌, 沿径向表现出周期性的高度变化, 但是与 PLA 常见的环带球晶结构不同, 在偏光显微镜下观察不到双折射现象。

这表明溶剂蒸气诱导 PLA 结晶生长与熔融结晶生长机理不同。

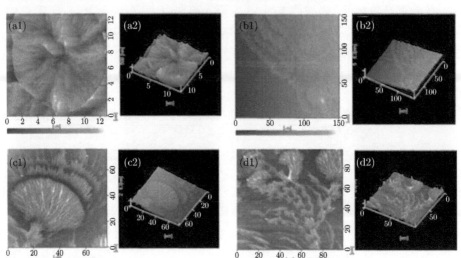

图 10.32　封闭体系中饱和氯仿蒸气诱导非晶态 PLA 薄膜结晶的 AFM 照片

结晶温度为 30 ℃, 结晶时间足够长。其中, (a1)~(d1) 为高度图, (a2)~(d2) 为三维高度图 [124]

溶剂诱导聚合物结晶动力学受扩散控制。溶剂诱导聚合物结晶过程中, 高分子链的浓度从高分子外表面到结晶生长前沿附近存在一个梯度变化, 而且位于结晶生长前沿的溶剂分子的浓度与时间平方根的倒数 ($t^{-1/2}$) 成正比, 可通过 Fick 扩散规律描述该结晶过程 [125-127]。

聚合物–溶剂混合体系中的浓度通过结晶生长消耗非晶聚合物分子链和溶剂挥发消耗溶剂分子得以维持平衡, 这一过程总的浓度 (C_0) 基本保持不变 (图 10.33)。结晶生长快速消耗了附近的非晶聚合物分子链, 导致生长前沿聚合物分子链浓度 (C_G) 的大幅度减小 (图 10.33), 于是形成了周期性变化的浓度梯度 (G)。聚合物分子链浓度梯度计算公式如下:

$$G = \frac{C_0 - C_G}{l} \tag{10.3}$$

式中, l 是径向生长方向聚合物分子链到生长前沿的扩散长度。根据 Fick 第一扩散定律:

$$J = DG = D(C_0 - C_G)/l \tag{10.4}$$

式中, D 指聚合物分子链在共混体系中的扩散系数。结合 $\delta = J/V$ 得到

$$\delta = J/V = D(C_0 - C_G)/lV \tag{10.5}$$

在溶剂诱导聚合物结晶过程中, 分子链扩散和结晶生长之间的竞争导致了单位体积内聚合物分子链数量的周期性变化, 从而诱导形成了结晶结构沿生长方向呈周期性变化的形貌。

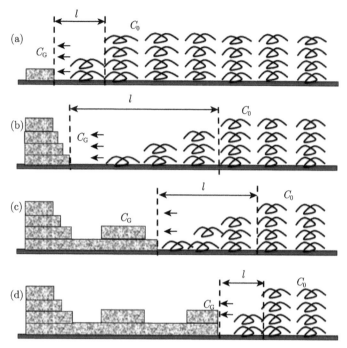

图 10.33 溶剂蒸气诱导聚合物同心环带结晶形貌的生长机理

l 是聚合物分子链扩散到生长前沿的长度，C_G 是生长前沿的聚合物链浓度，C_0 是聚合物溶液的浓度。
(a) 脊带 (ridge band) 结晶生长的起始阶段，浓度梯度达到最大值；(b) 脊带的形成，浓度梯度达到最小值；
(c) 谷带 (vally band) 的结晶生长，浓度梯度恢复；(d) 交替的脊–谷带，新的脊带结晶开始生长[128]

10.5 聚乳酸立构复合结晶

1987 年，日本的 Ikada 研究小组发现[129]，将聚乳酸 (PLA) 的对映体 —— 左旋聚乳酸 (PLLA) 和右旋聚乳酸 (PDLA) 共混时，可以形成一种立构复合物结晶 (stereocomplex crystal，SC)，其熔点比 PLA 均聚物结晶 (homo-crystal，HC) 高约 50 ℃，具有更加稳定的结晶结构。本节主要对 SC 结晶的结构以及结晶动力学两个方面进行简要介绍。

10.5.1 聚乳酸立构复合结晶结构

PLA 的 SC 结晶属于三斜或三方晶系，晶胞中含有一条 3_1 螺旋的 PLLA 链和 3_1 螺旋的 PDLA 链 (图 10.34)，晶胞参数为 $a=b=0.916$ nm，$c=0.870$ nm，$\alpha=\beta=109.2°$，$\gamma=109.8°$[130-132]。SC 结晶的 WAXS 曲线在 2θ 为 12°、21° 和 24° 位

置处有三个衍射峰, 分别对应于 (110)、(300/030) 和 (220) 晶面的特征衍射[129], 同时 SC 结晶在 IR 谱图上具有 908 cm^{-1} 和 1304 cm^{-1} 位置的特征谱带[133] (图 10.35)。

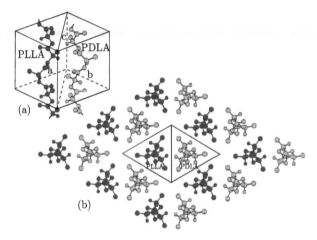

图 10.34 聚乳酸立构复合物结晶 (SC) 晶胞结构示意图[130]

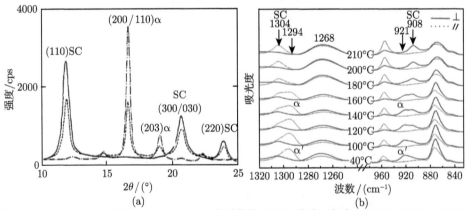

图 10.35 (a) PDLA 以及 PDLA/PLLA 共混物的 XRD 曲线 (实线: PLLA/PDLA 50/50, 虚线: PLLA/PDLA 25/75, 点虚线: PDLA)[138]; (b) 单轴拉伸取向的 PLLA/PDLA (50/50) 共混物薄膜在升温过程中的偏光红外光谱曲线 (实线: 垂直于拉伸方向测试, 虚线: 平行于拉伸方向测试)[133]

对于 PLLA/PDLA 混合物中 SC 结晶结构的形成, 研究者们给出了不同的解释。Ikada 等认为, SC 的形成是由于 PLA 两种不同手性的螺旋链间存在范德瓦耳斯力 (如偶极–偶极相互作用)[129]。Tsuji 等认为 PLLA 与 PDLA 分子链间存在特别强的相互作用, 导致 PLLA/PLDA(1/1) 非晶态共混物的耐水解性比 PDLA 的更

高 [134]。Zhang 等采用红外光谱实时跟踪 PLLA/PDLA(1/1) 共混物的等温结晶过程，发现 SC 结晶中 PLLA 与 PDLA 分子链间相互作用是由 CH_3 和 C=O 间的氢键引起的，并且 CH_3 和 C=O 间的氢键作用是外消旋成核 (racemic nucleation) 的驱动力 [135]。由于 SC 结晶中旋光异构分子链间的强相互作用，100%结晶度的 SC 结晶的熔融焓远大于 HC 结晶的熔融焓 (SC：142 J/g 或 146 J/g，HC：92 J/g)[136-138]。

通过透射电子显微镜 (TEM) 和原子力显微镜 (AFM) 研究发现，PLA 的 SC 单晶为三角形形貌 (图 10.36(a) 和 (b)) [139,140]。基于此，Brizzolara 等提出了图 10.36(c) 所示的 SC 单晶生长机理 [141]。SC 结晶开始时，其中一种对映异构体分子链 (如 PDLA) 被另一种对映异构体 (PLLA) 所围绕，形成三角形晶核 (图 10.36(c) 中步骤 1(晶核))。随后 PDLA 分子链在晶核表面生长 (步骤 2)；接着 PLLA 又在 PDLA 上生长 (步骤 3)；通过这种规律性的交替螺旋生长，最后得到三角形单晶 (步骤 7)。该生长机理与实验计算的生长面 (110) ($\bar{1}$10) (1$\bar{2}$0) (0$\bar{1}$0) (100) ($\bar{2}$10) 是一致的。而且，PDLA 和 PLLA 的交替螺旋生长为两种对映异构体分子链形成相互独立的回路 (loop) 提供了更好的位置。此外，三角形单晶两边夹角为 60°，避免了结晶过程中 PLLA 和 PDLA 回路之间的跨越交叉 (over-crossing)。

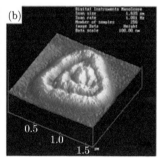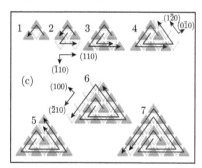

图 10.36 PLA 立构复合物 (a) 单晶的 TEM 图像和电子衍射图，(b) 单晶的 AFM 图像，(c) 三角形单晶的生长机理示意图 [139-141]

10.5.2 聚乳酸立构复合结晶动力学

PLA 的 SC 结晶的形成和生长速率受多种因素的影响，如结晶温度、PLLA 和 PDLA 的相对分子量、共混比例、熔体初始状态等。如图 10.37 所示，PLLA/PDLA (1/1) 共混物在不同温度 (T_c) 等温结晶时，当 $T_c \leqslant 100\,^\circ\mathrm{C}$ 时只能形成 δ 结晶，而没有 SC 结晶出现；当 $100\,^\circ\mathrm{C} < T_c \leqslant 120\,^\circ\mathrm{C}$ 时，得到 δ、α 和 SC 结晶共混物，但 SC 结晶的含量很少，HC 结晶占主导地位，说明 SC 结晶在此温度范围内的结晶速率比 HC 结晶慢；在 $120\,^\circ\mathrm{C} < T_c < 170\,^\circ\mathrm{C}$ 时，得到 α 和 SC 结晶两种结构，α 结晶的

含量逐渐减小直至消失, 而 SC 结晶含量显著增大, 表明在此结晶温度范围内, SC 结晶逐渐加快; 在 $T_c > 170\,^\circ\text{C}$ 时, 只有 SC 结晶生成, 且 SC 结晶含量较高, 生长速率较快[142]。

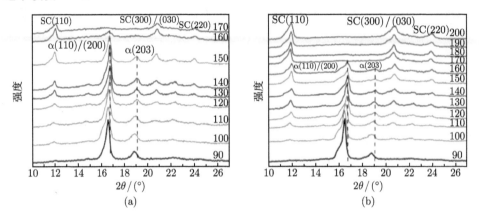

图 10.37　PLLA/PDLA(1/1) 共混物在不同温度下 (a) 熔融结晶和 (b) 冷结晶样品的一维广角 X 射线衍射曲线[142]

在高分子量的 PLLA/PDLA 共混体系中, 均聚物结晶 (HC) 和立构复合结晶 (SC) 通常同时发生且相互竞争。研究表明, 当 PLLA 和 PDLA 的相对分子量 (M_w) 低于 6×10^3 g/mol 时, 熔融结晶过程只生成 SC 结晶, 而无 HC 结晶[144]。而当分子量超过 4×10^4 g/mol, PLLA/PDLA 共混物在升温、降温过程以及冷结晶或熔融结晶过程中 HC 结晶形成占主导地位, 而 SC 结晶生长被明显抑制[145-150]。这是由于在高分子量的 PLA 共混物中, PLLA 和 PDLA 分子链的扩散能力较低, 分子链间的结晶成核/生长受到抑制[150]。另一方面, 共混比例也对 PLLA/PDLA 共混物的结晶产生重要影响。如低分子量的 PLLA($M_w = 4\times10^3$ g/mol) 和 PDLA($M_w = 5.4\times10^3$ g/mol) 共混物, 在结晶温度高于 130 ℃ 时只有 SC 结晶形成, 其 SC 球晶的生长速率 (G) 在 PDLA 含量分数 (X_D) 为 0.5 时最大, 随着 X_D 偏离 0.5 而单调降低。同时, 所有共混物样品 SC 球晶的生长速率随结晶温度的升高而显著降低 (图 10.38(a))。此外, 由图 10.38(b) 可看出, SC 的结晶诱导时间 (t_i) 在 130~170 ℃ 范围内几乎不受共混比例和结晶温度的影响[143]。

PLA SC 结晶的熔融结晶过程, 还会受到初始熔体状态的影响。研究发现, 当熔融温度较低、熔融时间较短时, 熔体中残余的 SC 结晶链段可作为非热晶核 (或自成核种子) 来降低结晶能垒, 从而使 SC 结晶可以在较高温度下较快地结晶[151-153]。如图 10.39(A) 所示, PLLA/PDLA 共混物在 224 ℃ 熔融时, 熔融结晶温度 (T_{mc}) 为 144 ℃, 结晶焓 (ΔH_c) 为 23.6 J/g, 当熔融温度升高到 226 ℃ 时, T_{mc} 和 ΔH_c 分别降低到 120 ℃ 和 10.7 J/g, 当熔融温度继续升高到 230 ℃ 时, 随后的结晶过程几乎消失,熔融温度的升高显著抑制了 SC 结晶过程。此外,熔融时间也会对 SC 熔融结晶动力学产生重要影响。由图 10.39(B) 可看出,当熔融时间从 1 min 增加到 2 min 时,SC 在 145 ℃ 的结晶峰时间 (t_p) 从 7.4 min 增大到 24.3 min,结晶焓 (ΔH_c) 从 41.6 J/g 降低到 17.2 J/g,而当熔融时间为 3 min 时,SC 等温结晶过程甚至消失不见[151]。Fan 等的研究表明,SC 结晶的熔融存在一个临界熔融温度 (T_{cri}),当熔融温度高于 T_{cr} 时,SC 熔融结晶就不再受熔融温度和熔融时间的影响[153]。

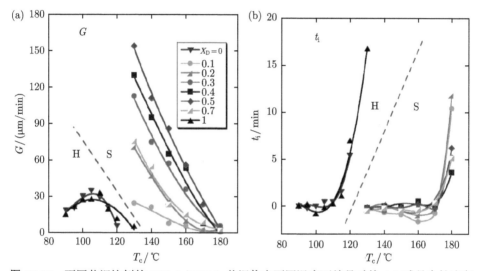

图 10.38 不同共混比例的 PLLA/PDLA 共混物在不同温度下结晶时的 (a) 球晶生长速率 (G) 和 (b) 结晶诱导时间 (t_i)[143]

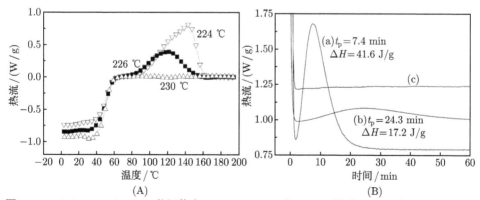

图 10.39 (A) PLLA/PDLA 共混物在 224 ℃、226 ℃ 和 230 ℃ 熔融 1 min 后,以 10 ℃/min 降温的 DSC 曲线;(B) PLLA/PDLA 共混物在 230 ℃ 熔融不同时间 [(a) 1 min, (b) 2 min, (c) 3 min] 后在 145 ℃ 的等温结晶 DSC 曲线[151]

在高分子量的 PLLA/PDLA 共混物中，SC 结晶通常会被抑制，HC 结晶占主导地位。因此，研究者们设计了多种方法来提高高分子量 PLA 共混物中 SC 的结晶速率和结晶含量，甚至形成只含 SC 结晶的材料。比如，高分子量的 PLLA/PDLA 共混物从熔体以极慢速率 (2 ℃/min) 降温或熔融纺丝纤维在 HC 熔点以上退火，可显著提高 SC 结晶的含量 [154,155]。对高分子量 PLLA/PDLA 共混物溶液进行重复的溶解–浇铸，也能促进 SC 结晶的形成 [156]。在高分子量的 PLLA/PDLA 共混物中添加 TMB-5、苯基磷酸锌 (PPZn)、碳纳米管 (CNTs)、氧化石墨烯 (GO) 等成核剂，利用异相成核增加 SC 结晶的成核位点，可显著提高 SC 结晶的含量，同时加速结晶的进行 [157-161]。通过共混或共聚的方法，在 PLLA/PDLA 共混物中加入聚乙二醇 (PEG) 和聚甲基丙烯酸甲酯 (PMMA) 等柔性分子链组分，可提高 PLA 分子链的扩散能力，从而促进 SC 结晶的形成 [162-164]。此外，对 PLLA/PDLA 共混物熔体或纤维施加拉伸/剪切外场，使 PLLA、PDLA 分子链取向和伸展，加快成核作用，同时 PLLA、PDLA 分子链间接触更加充分，从而显著提高 SC 结晶的含量、降低 HC 结晶含量，同时使结晶动力学显著加快 [165-168]。

10.6　展　　望

PLA 作为一种结晶性高分子材料，其物理化学性能以及制品使用性能强烈依赖于结晶结构、结晶形貌、结晶取向度以及聚集态结构。因此，研究者们对 PLA 的结晶结构调控以及结晶动力学行为进行了广泛而深入的研究，并取得了丰硕的成果。但是 PLA 在加工生产和推广使用过程中，存在着明显的缺点，比如结晶速率较低、脆性较大、耐热性以及耐水热降解性差等。如何从 PLA 结晶结构调控角度出发来改善这些问题，将是未来很长一段时期内 PLA 材料研究的重点，也是 PLA 材料得以大范围使用的关键。

参 考 文 献

[1] Tsujimoto T, Uyama H. Full biobased polymeric material from plant oil and poly(lactic acid) with a shape memory property. ACS Sustainable Chemistry & Engineering, 2014, 2(8): 2057-2062.

[2] Lazaris A, Arcidiacono S, Huang Y, Zhou J F, Duguay F, Chretien N, Welsh E A, Soares J W, Karatzas C N. Spider silk fibers spun from soluble recombinant silk produced in mammalian cells. Science, 2002, 295(5554): 472-476.

[3] Xu H L, Canisag H, Mu B N, Yang Y Q. Robust and flexible films from 100% starch cross-linked by biobased disaccharide derivative. ACS Sustainable Chemistry & Engineering, 2015, 3(11): 2631-2639.

[4] Doi Y, Fukuda K. Biodegradable Plastics and Polymers. Amsterdam: Elsevier, 1994.

[5] Narayan R. Drivers and rationale for use of bio-based materials based on life cycle assessment. Michigan State: Michigan State University, 2004.

[6] Hartmann M H. Biopolymers from Renewable Resources. Chapter 15 High molecular weight polylactic acid polymer. Berlin: Springer, 1998.

[7] Auras R, Harte B, Selke S. An overview of polylactides as packaging materials. Macromolecular Bioscience, 2004, 4(9): 835-864.

[8] Garlotta D. A literature review of poly(lactic acid). Journal of Polymer and the Environment, 2001, 9(2): 63-84.

[9] Drumright R E, Gruber P R, Henton D E. Polylactic acid technology. Advanced Materials, 2000, 12(23): 1841-1846.

[10] Tsuji H, Ikada Y. Crystallization from the melt of poly(lactide)s with different optical purities and their blends. Macromolecular Chemistry and Physics, 1996, 197(10): 3483-3499.

[11] Chabot F, Vert M, Chapelle S, Granger P. Configurational structures of lactic acid stereocopolymers as determined by ^{13}C-{^{1}H} n.m.r. Polymer, 1983, 24(1): 53-59.

[12] Inkinen S, Hakkarainen M, Albertsson A C, Sodergard A. From lactic acid to poly(lactic acid) (PLA): Characterization and analysis of PLA and its precursors. Biomacromolecules, 2011, 12(3): 523-532.

[13] Wisniewski M, Borgne A L, Spassky N. Synthesis and properties of (D)- and (L)-lactide stereocopolymers using the system achiral Schiff's base/aluminium methoxide as initiator. Macromolecular Chemistry and Physics, 1997, 198(4): 1227-1238.

[14] Saeidlou S, Huneault M A, Li H B, Park C B. Poly(lactic acid) crystallization. Progress in Polymer Science, 2012, 37(12): 1657-1677.

[15] Santis P D, Kovacs A J. Molecular conformation of poly (S-lactic acid). Biopolymers, 1968, 6(3): 299-306.

[16] Hoogsten W, Postema A R, Pennings A J, Ten P G, Zugenmaier P. Crystal structure, conformation and morphology of solution-spun poly(L-lactide) fibers. Macromolecules, 1990, 23(2): 634-642.

[17] Fang H G, Zhang Y Q, Bai J, Wang Z Y. Shear-induced nucleation and morphological evolution for bimodal long chain branched polylactide. Macromolecules, 2013, 46(16): 6555-6565.

[18] Kobayashi J T, Asahi T, Ichiki M, Oikawa A, Suzuki H, Watanabe T, Fukada E, Shikinami Y. Structural and optical properties of poly lactic acids. Journal of Applied Physics, 1995, 77(7): 2957-2973.

[19] Huang S Y, Jiang S C, An L J, Chen X S. Crystallization and morphology of poly (ethylene oxide-b-lactide) crystalline-crystalline diblock copolymers. Journal of Polymer Science, Part B, 2008, 46(13): 1400-1411.

[20] Pan P J, Zhu B, Kai W H, Dong T, Inoue Y. Effect of crystallization temperature on crystal modifications and crystallization kinetics of poly(L-lactide). Journal of Applied Polymer Science, 2008, 107(1): 54-62.

[21] Cho T Y, Strobl G. Temperature dependent variations in the lamellar structure of poly(L-lactide). Polymer, 2006, 47(4): 1036-1043.

[22] Mano J F, Gómez Ribelles J L, Alves N M, Salmerón Sanchez M. Glass transition dynamics and structural relaxation of PLLA studied by DSC: Influence of crystallinity. Polymer, 2005, 46(19): 8258-8265.

[23] Mijovié J, Sy J W. Molecular dynamics during crystallization of poly(L-lactic acid) as studied by broad-band dielectric relaxation spectroscopy. Macromolecules, 2002, 35(16): 6370-6376.

[24] Bras A R, Viciosa M T, Wang Y M, Dionísio M, Mano J F. Crystallization of poly(L-lactic acid) probed with dielectric relaxation spectroscopy. Macromolecules, 2006, 39(19): 6513-6520.

[25] Zhang J M, Tashiro K, Domb A J, Tsuji H. Confirmation of disorder αform of poly(L-lactic acid) by the X-ray fiber pattern and polarized IR/Raman spectra measured for uniaxially-oriented samples. Macromolecular Symposia, 2006, 242: 274-278.

[26] Zhang J M, Tsuji H, Noda I, Ozaki Y. Weak intermolecular interactions during the melt crystallization of poly(L-lactide) investigated by two-dimensional infrared correlation spectroscopy. Journal of Physical Chemistry B, 2004, 108(31): 11514-11520.

[27] Zhang J M, Tsuji H, Noda I, Ozaki Y. Structural changes and crystallization dynamics of poly(L-lactide) during the cold-crystallization process investigated by infrared and two-dimensional infrared correlation spectroscopy. Macromolecules, 2004, 37(17): 6433-6439.

[28] Hoogsteen W, Postema A R, Pennings A J, Ten B G, Zugenmaier P. Crystal structure, conformation and morphology of solution-spun poly(L-lactide) fibers. Macromolecules, 1990, 23(2): 634-642.

[29] Takahashi K, Sawai D, Yokoyama T, Kanamoto T, Hyon S H. Crystal transformation from the α-to the β-form upon tensile drawing of poly(L-lactic acid). Polymer, 2004, 45(14): 4969-4976.

[30] Eling B, Gogolewski S, Pennings A J. Biodegradable materials of poly(L-lactic acid): 1. Melt-spun and solution-spun fibres. Polymer, 1982, 23(11): 1587-1593.

[31] Sawai D, Takahashi K, Sasashige A, Kanamoto T, Hyon S H. Preparation of oriented β-Form poly(L-lactic acid) by solid-state coextrusion: Effect of extrusion variables. Macromolecules, 2003, 36(10): 3601-3605.

[32] Ohtani Y, Okumura K, Kawaguchi A. Crystallization behavior of amorphous poly(L-Lactide). Journal of Macromoleclar Science, Part B: Physics, 2003, 42(3-4): 875-888.

[33] Cartier L, Okihara T, Ikada Y, Tsuji H, Puiggali J, Lotz B. Epitaxial crystallization and crystalline polymorphism of polylactides. Polymer, 2000, 41(25): 8909-8919.

[34] Zhang J M, Tashiro K, Tsuji H, Domb A J. Disorder-to-order phase transition and multiple melting behavior of poly(L-lactide) investigated by simultaneous measurements of WAXD and DSC. Macromolecules, 2008, 41(4): 1352-1357.

[35] Wasanasuk K, Tashiro K. Crystal structure and disorder in poly(L-lactic acid) δ form (α' form) and the phase transition mechanism to the ordered αform. Polymer, 2011, 52:

6097-6109.

[36] Kawai T, Rahman N, Matsuba G, Nishida K, Kanaya T, Nakano M, Okamoto H, Kawada J, Usuki A, Honma N, Nakajima K, Matsuda M. Crystallization and melting behavior of poly(L-lactic acid). Macromolecules, 2007, 40(26): 9463-9469.

[37] Chen C Y, Yang C F, Jeng U S, Su A C. Intrinsic metastability of the α′ phase and its partial transformation into α crystals during isothermal cold-crystallization of poly(L-lactide). Macromolecules, 2014, 47(15): 5144-5151.

[38] Pitet L M, Hait S B, Lanyk T J, Knauss D M. Linear and branched architectures from the polymerization of lactide with glycidol. Macromolecules, 2007, 40(7): 2327-2334.

[39] Sawai D, Takahashi K, Imamura T, Nakamura K, Kanamoto T, Hyon S H. Preparation of oriented β-form poly(L-lactic acid) by solid-state extrusion. Journal of Polymer Science, Part B, 2002, 40(1): 95-104.

[40] Zhou D D, Shao J, Li G, Sun J R, Bian X C, Chen X S. Crystallization behavior of PEG/PLLA block copolymers: Effect of the different architectures and molecular weights. Polymer, 2015, 62: 70-76.

[41] Li J Q, Xiao P T, Li H F, Zhang Y, Xue F F, Luo B J, Huang S Y, Shang Y R, Wen H Y, de Claville Christiansen J, Yu D H, Jiang S C. Crystalline structures and crystallization behaviors of poly(L-lactide) in poly(L-lactide)/graphene nanosheet composites. Polymer Chemistry, 2015, 6(21): 3988-4002.

[42] Wang H, Zhang J M, Tashiro K. Phase transition mechanism of poly(L-lactic acid) among the α, δ, and β forms on the basis of the reinvestigated crystal structure of the β form. Macromolecules, 2017, 50(8): 3285-3300.

[43] Kanamoto T, Zachariades A E, Porter R S. Deformation profiles in solid state extrusion of high density polyethylene. Polymer Journal, 1979, 11(4): 307-313.

[44] Mano J F, Wang Y M, Viana J C, Denchev Z, Oliveira M J. Cold crystallization of PLLA studied by simultaneous SAXS and WAXS. Macromolecular Materials Engineering, 2004, 289(10): 910-915.

[45] Iannace S, Nicolais L. Isothermal crystallization and chain mobility of poly(L-lactide). Journal of Applied Polymer Science, 1997, 64(5): 911-919.

[46] Stribeck N. SAXS data analysis of a lamellar two-phase system. Layer statistics and compansion. Colloid and Polymer Science, 1993, 271(11): 1007-1023.

[47] Wasanasuk K, Tshiro K. Structural regularization in the crystallization process from the glass or melt of poly(L-lactic acid) viewed from the temperature-dependent and time-resolved measurements of FTIR and wide-angle/small-angle X-ray scatterings. Macromolecules, 2011, 44(24): 9650-9660.

[48] Stoclet G, Seguela R, Lefebvre J M, Rochas C. New insights on the strain-induced mesophase of poly(D, L-lactide): In situ WAXS and DSC study of the thermo-mechanical stability. Macromolecules, 2010, 43(17): 7228-7237.

[49] Lv R H, Na B, Tian N N, Zou S F, Li Z J, Jiang S C. Mesophase formation and its thermal transition in the stretched glassy polylactide revealed by infrared spectroscopy. Polymer, 2011, 52(21): 4979-4984.

[50] Stoclet G, Seguela R, Lefebvre J M, Elkoun S, Vanmansart C. Strain-induced molecular ordering in polylactide upon uniaxial stretching. Macromolecules, 2010, 43(3): 1488-1498.

[51] Hu J, Zhang T P, Gu M G, Chen X, Zhang J M. Spectroscopic analysis on cold drawing-induced PLLA mesophase. Polymer, 2012, 53(22): 4922-4926.

[52] Mulligan J, Cakmak M. Nonlinear mechanooptical behavior of uniaxially stretched poly(lactic acid): Dynamic phase behavior. Macromolecules, 2005, 38(6): 2333-2344.

[53] Stoclet G, Elkoun S, Miri V, Séguéla R, Lefebvre J M. Crystallization and mechanical propertiesof poly(D, L) lactide-based blown films. International Polymer Processing, 2007, 22(5): 385-388.

[54] Zhang J M, Duan Y X, Domb A J, Ozaki Y. PLLA mesophase and its phase transition behavior in the PLLA-PEG-PLLA copolymer as revealed by infrared spectroscopy. Macromolecules, 2010, 43(9): 4240-4246.

[55] Shao J, Sun J R, Bian X C, Zhou Y C, Li G, Chen X S. The formation and transition behaviors of the mesophase in poly(D-lactide)/poly(L-lactide) blends with low molecular weights. CrystEngComm, 2013, 15(33): 6469-6476.

[56] Chang L, Woo E M. A unique meta-form structure in the stereocomplex of poly(D-lactic acid) with low-molecular-weight poly(L-lactic acid). Macromolecular Chemistry and Physics, 2011, 212(2): 125-133.

[57] Zhou C B, Li H F, Zhang Y, Xue F F, Huang S Y, Wen H Y, Li J Q, de Claville Christiansen J, Yu D H, Wu Z H, Jiang S C. Deformation and structure evolution of glassy poly(lactic acid) below the glass transition temperature. CrystEngComm, 2015, 17(30): 5651-5663.

[58] Stoclet G, Seguela R, Vanmansart C, Rochas C, Lefebvre J M. WAXS study of the structural reorganization of semi-crystalline polylactide under tensile drawing. Polymer, 2012, 53(2): 519-528.

[59] Ma Q, Pyda M, Mao B, Cebe P. Relationship between the rigid amorphous phase and mesophase in electrospun fibers. Polymer, 2013, 54(10): 2544-2554.

[60] Li X J, Li Z M, Zhong G J, Li L B. Steady-shear-induced isothermal crystallization of poly(L-lactide) (PLLA). Journal of Macromolecular Science, Part B: Physics, 2008, 47(3): 511-522.

[61] Yasuniwa M, Tsubakihara S, Iura K, Ono Y, Dan Y, Takahashi K. Crystallization behavior of poly(L-lactic acid). Polymer, 2006, 47(21): 7554-7563.

[62] Tsuji H, Takai H, Saha S K. Isothermal and non-isothermal crystallization behavior of poly(L-lactic acid): Effects of stereocomplex as nucleating agent. Polymer, 2006, 47(11): 3826-3837.

[63] Yamazaki S, Itoh M, Oka T, Kimura K. Formation and morphology of "shish-like" fibril crystals of aliphatic polyesters from the sheared melt. European Polymer Journal, 2010, 46(1): 58-68.

[64] ChenY H, Zhong G J, Wang Y, Li Z M, Li L B. Unusual tuning of mechanical properties of isotactic polypropylene using counteraction of shear flow and β-nucleating agent on

β-form nucleation. Macromolecules, 2009, 42 (12): 4343-4348.

[65] Marega C, Marigo A, Di Noto V, Zannetti R, Martorana A, Paganetto G. Structure and crystallization kinetics of poly(L-lactic acid). Makromolekulare Chemie, 1992, 193(7): 1599-1606.

[66] Miyata T, Masuko T. Crystallization behaviour of poly(L-lactide). Polymer, 1998, 39(22): 5515-5521.

[67] Di Lorenzo M L. Determination of spherulite growth rates of poly(L-lactic acid) using combined isothermal and non-isothermal procedures. Polymer, 2001, 42(23): 9441-9446.

[68] Abe H, Kikkawa Y, Inoue Y, Doi Y. Morphological and kinetic analyses of regime transition for poly [(S)-lactide] crystal growth. Biomacromolecules, 2001, 2(3): 1007-1014.

[69] Di Lorenzo M L. Crystallization behavior of poly(L-lactic acid). European Polymer Journal, 2005, 41(3): 569-575.

[70] Zhang J M, Duan Y X, Sato H, Tsuji H, Noda I, Yan S K, Ozaki Y. Crystal modifications and thermal behavior of poly(L-lactic acid) revealed by infrared spectroscopy. Macromolecules, 2005, 38(19): 8012-8021.

[71] Sasaki S, Asakura T. Helix distortion and crystal structure of the α-form of poly(L-lactide). Macromolecules, 2003, 36(22): 8385-8390.

[72] Vasanthakumari R, Pennings A J. Crystallization kinetics of poly(L-lactic acid). Polymer, 1983, 24(2): 175-178.

[73] Tsuji H, Tezuka Y, Saha S K, Suzuki M, Itsuno S. Spherulite growth of L-lactide copolymers: Effects of tacticity and comonomers. Polymer, 2005, 46(13): 4917-4927.

[74] Huang J, Lisowski M S, Runt J. Crystallization and microstructure of Poly(L-lactide-co-meso-lactide) copolymers. Macromolecules, 1998, 31(8): 2593-2599.

[75] Baratian S, Hall E S, Lin J S, Xu R, Runt J. Crystallization and solid-state structure of random polylactide copolymers: Poly(L-lactide-co-D-lactide)s. Macromolecules, 2001, 34(14): 4857-4864.

[76] Mihai M, Huneault M A, Favis B D. Rheology and extrusion foaming of chain-branched poly(lactic acid). Polymer Engineering and Science, 2010, 50(3): 629-642.

[77] Nofar M, Zhu W L, Park C B, Randall J. Crystallization kinetics of linear and long-chain- branched polylactide. Industrial and Engineering Chemistry Research, 2011, 50(24):13789-13798.

[78] Li H B, Huneault M A. Effect of nucleation and plasticization on the crystallization of poly(lactic acid). Polymer, 2007, 48(23): 6855-6866.

[79] Penco M, Spagnoli G, Peroni I, Rahman M A, Frediani M, Oberhauser W, Lazzeri A. Effect of nucleating agents on the molar mass distribution and its correlation with the isothermal crystallization behavior of poly(L-lactic acid). Journal of Applied Polymer Science, 2011, 122(6): 3528-3536.

[80] Kolstad J J. Crystallization kinetics of poly(L-lactide-co-meso-lactide). Journal of Applied Polymer Science, 1996, 62(7): 1079-1091.

[81] Ke T Y, Sun X Z. Melting behavior and crystallization kinetics of starch and poly(lactic acid) composites. Journal of Applied Polymer Science, 2003, 89(5): 1203-1210.

[82] Tsuji H, Takai H, Fukuda N, Takikawa H. Non-isothermal crystallization behavior of poly(L-lactic acid) in the presence of various additives. Macromolecular Materials and Engineering, 2006, 291(4): 325-335.

[83] Ogata N, Jimenez G, Kawai H, Ogihara T. Structure and thermal/mechanical properties of poly(L-lactide)-clay blend. Journal of Polymer Science, Part B: Polymer Physics, 1997, 35(2): 389-396.

[84] Nam J Y, Sinha Ray S, Okamoto M. Crystallization behavior and morphology of biodegradable polylactide/layered silicate nanocomposite. Macromolecules, 2003, 36(19): 7126-7131.

[85] Sinha Ray S, Yamada K, Okamoto M, Fujimoto Y, Ogami A, Ueda K. New polylactide/layered silicate nanocomposites. 5. Designing of materials with desired properties. Polymer, 2003, 44(21): 6633-6646.

[86] Krikorian V, Pochan D J. Unusual crystallization behavior of organoclay reinforced poly(L-lactic acid) nanocomposites. Macromolecules, 2004, 37(17): 6480-6491.

[87] Krikorian V, Pochan D J. Crystallization behavior of poly(L-lactic acid) nanocomposites: Nucleation and growth probed by infrared spectroscopy. Macromolecules, 2005, 38(15): 6520-6527.

[88] Xu H S, Dai X J, Lamb P R, Li Z M. Poly(L-lactide) crystallization induced by multiwall carbon nanotubes at very low loading. Journal of Polymer Science, Part B: Polymer Physics, 2009, 47(23): 2341-2352.

[89] Shieh Y T, Twu Y K, Su C C, Lin R H, Liu G L. Crystallization kinetics study of poly(L-lactic acid)/carbon nanotubes nanocomposites. Journal of Polymer Science, Part B: Polymer Physics, 2010, 48(9): 983-989.

[90] Shieh Y T, Liu G L. Effects of carbon nanotubes on crystallization and melting behavior of poly(L-lactide) via DSC and TMDSC studies. Journal of Polymer Science, Part B: Polymer Physics, 2007, 45(14): 1870-1881.

[91] Li Y L, Wang Y, Liu L, Han L, Xiang F M, Zhou Z W. Crystallization improvement of poly(L-lactide) induced by functionalized multiwalled carbon nanotubes. Journal of Polymer Science, Part B: Polymer Physics, 2009, 47(3): 326-339.

[92] Wang H S, Qiu Z B. Crystallization behaviors of biodegradable poly(L-lactic acid)/ graphene oxide nanocomposites from the amorphous state. Thermochimica Acta, 2011, 526(1-2): 229-236.

[93] Wang H S, Qiu Z B. Crystallization kinetics and morphology of biodegradable poly(L-lactic acid)/graphene oxide nanocomposites: Influences of graphene oxide loading and crystallization temperature. Thermochimica Acta, 2012, 527: 40-46.

[94] Wu D F, Cheng Y X, Feng S H, Yao Z, Zhang M. Crystallization behavior of polylactide/graphene composites. Industrial & Engineering Chemistry Research, 2013, 52(20): 6731-6739.

[95] Manafi P, Ghasemi I, Karrabi M, Azizi H, Ehsaninamin P. Effect of graphene nanoplate-lets on crystallization kinetics of poly(lactic acid). Soft Materials, 2014, 12(4): 433-444.

[96] Bigg D M. Controlling the performance and rate of degradation of polylactide copoly-mers. ANTEC 2003 Conference Proceedings, 2003, 3: 2816-2822.

[97] Nam J Y, Okamoto M, Okamoto H, Nakano M, Usuki A, Matsuda M. Morphology and crystallization kinetics in a mixture of low-molecular weight aliphatic amide and polylactide. Polymer, 2006, 47(4): 1340-1347.

[98] Nakajima H, Takahashi M, Kimura Y. Induced crystallization of PLLA in the presence of 1, 3, 5-benzenetricarboxylamide derivatives as nucleators: Preparation of haze-free crystalline PLLA materials. Macromolecular Materials and Engineering, 2010, 295(5): 460-468.

[99] Kawamoto N, Sakai A, Horikoshi T, Urushihara T, Tobita E. Nucleating agent for poly(L-lactic acid)—An optimization of chemical structure of hydrazide compound for advanced nucleation ability. Journal of Applied Polymer Science, 2007, 103(1): 198-203.

[100] Harris A M, Lee E C. Improving mechanical performance of injection molded PLA by controlling crystallinity. Journal of Applied Polymer Science, 2008, 107(4): 2246-2255.

[101] Li H, Huneault M A. Crystallization of PLA/thermoplastic starch blends. International Polymer Processing, 2008, 23(5): 412-418.

[102] Pei A H, Zhou Q, Berglund L A. Functionalized cellulose nanocrystals as biobased nucleation agents in poly(L-lactide) (PLLA)-crystallization and mechanical property effects. Composites Science and Technology, 2010, 70(5): 815-821.

[103] Qiu Z B, Pan H. Preparation, crystallization and hydrolytic degradation of biodegrad-able poly(L-lactide)/polyhedral oligomeric silsesquioxanes nanocomposite. Composites Science and Technology, 2010, 70(7): 1089-1094.

[104] Yu J, Qiu Z B. Preparation and properties of biodegradable poly(L-lactide)/octamethyl-polyhedral oligomeric silsesquioxanes nanocomposites with enhanced crystallization rate via simple melt compounding. ACS Applied Materials & Interfaces, 2011, 3(3): 890-897.

[105] Yu J, Qiu Z B. Effect of low octavinyl-polyhedral oligomeric silsesquioxanes loadings on the melt crystallization and morphology of biodegradable poly(L-lactide). Thermochim-ica Acta, 2011, 519(1-2): 90-95.

[106] Pan P J, Liang Z C, Cao A M, Inoue Y. Layered metal phosphonate reinforced poly(L-lactide) composites with a highly enhanced crystallization rate. ACS Applied Materials & Interfaces, 2009, 1(2): 402-411.

[107] Wang S S, Han C Y, Bian J J, Han L J, Wang X M, Dong L S. Morphology, crys-tallization and enzymatic hydrolysis of poly(L-lactide) nucleated using layered metal phosphonates. Polymer International, 2011, 60(2): 284-295.

[108] Brochu S, Prud'homme R E, Barakat I, Jerome R. Stereocomplexation and morphology of polylactides. Macromolecules, 1995, 28(15): 5230-5239.

[109] Schmidt S C, Hillmyer M A. Polylactide stereocomplex crystallites as nucleating agents for isotactic polylactide. Journal of Polymer Science, Part B: Polymer Physics, 2001, 39(3): 300-313.

[110]　Anderson K S, Hillmyer M A. Melt preparation and nucleation efficiency of polylactide stereocomplex crystallites. Polymer, 2006, 47(6): 2030-2035.

[111]　Rahman N, Kawai T, Matsuba G, Nishida K, Kanaya T, Watanabe H, Okamoto H, Kato M, Usuki A, Matsuda M, Nakajima K, Honma N. Effect of polylactide stereocomplex on the crystallization behavior of poly(L-lactic acid). Macromolecules, 2009, 42(13): 4739-4745.

[112]　Wang Y M, Mano J F. Influence of melting conditions on the thermal behaviour of poly(L-lactic acid). European Polymer Journal, 2005, 41(10): 2335-2342.

[113]　Xu Y M, Wang Y M, Xu T, Zhang J J, Liu C T, Shen C Y. Crystallization kinetics and morphology of partially melted poly(lactic acid). Polymer Testing, 2014, 37:179-185.

[114]　Jalali A, Huneault M A. Elkoun S. Effect of thermal history on nucleation and crystallization of poly(lactic acid). Journal of Materials Science, 2016, 51(16): 7768-7779.

[115]　Huang S Y, Li H F, Jiang S C, Chen X S, An L J. Crystal structure and morphology influenced by shear effect of poly(L-lactide) and its melting behavior revealed by WAXD, DSC and in-situ POM. Polymer, 2011, 52(15): 3478-3487.

[116]　Xiao P T, Li H F, Huang S Y, Wen H Y, Yu D H, Shang Y R, Li J Q, Wu Z H, An L J, Jiang S C. Shear effects on crystalline structures of poly(L-lactide). CrystEngComm, 2013, 15(39): 7914-7925.

[117]　徐欢. 复杂外场下聚乳酸特殊晶体结构的形成. 成都: 四川大学, 2016.

[118]　Mahendrasingam A, Blundell D J, Parton M, Wright A K, Rasburn J, Narayanan T, Fuller W. Time resolved study of oriented crystallisation of poly(lactic acid) during rapid tensile deformation. Polymer, 2005, 46(16): 6009-6015.

[119]　Zhou C B, Li H F, Zhang W Y, Li J Q, Huang S Y, Meng Y F, de Claville Christiansen J, Yu D H, Wu Z H, Jiang S C. Thermal strain-induced cold crystallization of amorphous poly(lactic acid). CrystEngComm, 2016, 18(18): 3237-3246.

[120]　Zhang X Q, Schneider K, Liu G M, Chen J H, Brüning K, Wang D J, Stamm M. Structure variation of tensile-deformed amorphous poly(L-lactic acid): Effects of deformation rate and strain. Polymer, 2011, 52(18): 4141-4149.

[121]　Wang Y M, Li M, Wang K J, Shao C G, Li Q, Shen C Y. Unusual structural evolution of poly(lactic acid) upon annealing in the presence of an initially oriented mesophase. Soft Matter, 2014, 10(10): 1512-1518.

[122]　Naga N, Yoshida Y, Inui M, Noguchi K, Murase S. Crystallization of amorphous poly (lactic acid) induced by organic solvents. Journal of Applied Polymer Science, 2011, 119(4): 2058-2064.

[123]　Gao J, Duan L Y, Yang G H, et al. Manipulating poly(lactic acid) surface morphology by solvent-induced crystallization. Applied Surface Science, 2012, 261(19): 528-535.

[124]　Huang S Y, Li H F, Shang Y R, Yu D H, Li G, Jiang S C, Chen X S, An L J. Chloroform micro-evaporation induced ordered structures of poly(L-lactide) thin films. RSC Advances, 2013, 3(33): 13705-13711.

[125]　Durning C J, Rebenfeld L, Russel W B, Weigmann H D. Solvent-induced crystallization. I . Crystallization kinetics. Journal of Polymer Science, Part B: Polymer Physics, 1986,

24(6): 1321-1340.

[126] Durning C J, Russel W B. A mathematical model for diffusion with induced crystalliza-tion: 1. Polymer, 1985, 26(1): 119-130.

[127] Makarewicz P J, Durning C J, Russel W B. A mathematical model for diffusion with induced crystallization: 2. Polymer, 1985, 26(1): 131-140.

[128] Huang S Y, Li H F, Wen H Y, Yu D H, Jiang S C, Li G, Chen X S, An L J. Solvent micro-evaporation and concentration gradient synergistically induced crystallization of poly(L-lactide) and ring banded supra-structures with radial periodic variation of thickness. CrystEngComm, 2014, 16(1): 94-101.

[129] Ikada Y, Jamshidi K, Tsuji H, Hyon S H. Stereocomplex formation between enantiomeric poly(lactides). Macromolecules, 1987, 20(4): 904-906.

[130] Tsuji H. Poly(lactic acid) stereocomplexes: A decade of progress. Advanced Drug De-livery Reviews, 2016, 107: 97-135.

[131] Okihara T, Tsuji M, Kawaguchi A, Katayama K I, Tsuji H, Hyon S H, Ikada Y. Crystal structure of stereocomplex of poly(L-lactide) and poly(D-lactide). Journal of Macro-molecular Science, Part B: Physics, 1991, 30(1-2): 119-140.

[132] Cartier L, Okihara T, Lotz B. Triangular polymer single crystals: Stereocomplexes, twins, and frustrated structures. Macromolecules, 1997, 30(20): 6313-6322.

[133] Zhang J M, Tashiro K, Tsuji H, Domb A J. Investigation of phase transitional behavior of poly(L-lactide)/poly(D-lactide) blend used to prepare the highly-oriented stereocom-plex. Macromolecules, 2007, 40(4): 1049-1054.

[134] Tsuji H. Autocatalytic hydrolysis of amorphous-made polylactides: Effects of L-lactide content, tacticity, and enantiomeric polymer blending. Polymer, 2002, 43(6): 1789-1796.

[135] Zhang J M, Sato H, Tsuji H, Noda I, Ozaki Y. Infrared spectroscopic study of $CH_3\cdots OC$ interaction during poly(L-lactide)/poly(D-lactide) stereocomplex formation. Macro-molecules, 2005, 38(5): 1822-1828.

[136] Fischer E W, Sterzel H J, Wegner G. Investigation of the structure of solution grown crystals of lactide copolymers by means of chemical reactions. Colloid and Polymer Science, 1973, 251(11): 980-990.

[137] Tsuji H. Poly(lactide) stereocomplexes: Formation, structure, properties, degradation, and applications. Macromolecular Bioscience, 2005, 5(7): 569-597.

[138] Tsuji H, Horii F, Nakagawa M, Ikada Y, Odani H, Kitamaru R. Stereocomplex forma-tion between enantiomeric poly(lactic acid)s. 7. Phase structure of the stereocomplex crystallized from a dilute acetonitrile solution as studied by high-resolution solid-state carbon-13 NMR spectroscopy. Macromolecules, 1992, 25(16): 4114-4118.

[139] Tsuji H, Hyon S H, Ikada Y. Stereocomplex formation between enantiomeric poly(lactic acids). 5. Calorimetric and morphological studies on the stereocomplex formed in acetonitrile solution. Macromolecules, 1992, 25(11): 2940-2946.

[140] Xiong Z J, Liu G M, Zhang X Q, Wen T, de Vos S, Joziasse C, Wang D J. Temperature dependence of crystalline transition of highly-oriented poly(L-lactide)/poly(D-lactide) blend: In-situ synchrotron X-ray scattering study. Polymer, 2013, 54(2): 964-971.

[141] Brizzolara D, Cantow H J. Mechanism of the stereocomplex formation between enantiomeric poly(lactide)s. Macromolecules, 1996, 29(1): 191-197.

[142] Bao R Y, Yang W, Jiang W R, Liu Z Y, Xie B H, Yang M B. Polymorphism of racemic poly(L-lactide)/poly(D-lactide) blend: effect of melt and cold crystallization. The Journal of Physical Chemistry B, 2013, 117(13): 3667-3674.

[143] Bouapao L, Tsuji H. Stereocomplex crystallization and spherulite growth of low molecular weight poly(L-lactide) and poly(D-lactide) from the melt. Macromolecular Chemistry and Physics, 2009, 210(12): 993-1002.

[144] Tsuji H, Ikada Y. Stereocomplex formation between enantiomeric poly(lactic acids). 9. Stereocomplexation from the melt. Macromolecules, 1993, 26(25): 6918-6926.

[145] Furuhashi Y, Kimura Y, Yoshie N, Yamane H. Higher-order structures and mechanicalproperties of stereocomplex-type poly(lactic acid) melt spun fibers. Polymer, 2006, 47(16): 5965-5972.

[146] Tsuji H, Tashiro K, Bouapao L, Hanesaka M. Synchronous and separate homo-crystallization of enantiomeric poly(L-lactic acid)/poly(D-lactic acid) blends. Polymer, 2012, 53(3): 747-754.

[147] Na B, Zhu J, Lv R H, Ju Y H, Tian R P, Chen B B. Stereocomplex formation in enantiomeric polylactides by melting recrystallization of homocrystals: Crystallization kinetics and crystal morphology. Macromolecules, 2014, 47(1): 347-352.

[148] Woo E M, Chang L. Crystallization and morphology of stereocomplexes in non-equimolar mixtures of poly(L-lactic acid) with excess poly(D-lactic acid). Polymer, 2011, 52(26): 6080-6089.

[149] Tsuji H, Hyon S H, Ikada Y. Stereocomplex formation between enantiomeric poly(lactic acid) s. 4. Differential scanning calorimetric studies on precipitates from mixed solutions of poly(D-lactic acid) and poly(L-lactic acid). Macromolecules, 1991, 24(20): 5657-5662.

[150] Pan P J, Han L L, Bao J N, Xie Q, Shan G R, Bao Y Z. Competitive stereocomplexation, homocrystallization, and polymorphic crystalline transition in poly(L-lactic acid)/poly(D-lactic acid) racemic blends: molecular weight effects. The Journal of Physical Chemistry B, 2015, 119(21): 6462-6470.

[151] He Y, Xu Y, Wei J, Fan Z Y, Li S M. Unique crystallization behavior of poly(L-lactide)/poly(D-lactide) stereocomplex depending on initial melt states. Polymer, 2008, 49(26): 5670-5675.

[152] Sun J R, Shao J, Huang S Y, Zhang B, Li G, Wang X H, Chen X S. Thermostimulated crystallization of polylactide stereocomplex. Materials Letters, 2012, 89: 169-171.

[153] Li W, Wu X M, Chen X Y, Fan Z Y. The origin of memory effect in stereocomplex poly(lactic acid) crystallization from melt state. European Polymer Journal, 2017, 89: 241-248.

[154] Sarasua J R, Arraiza A L, Balerdi P, Maiza I. Crystallization and thermal behaviour of optically pure polylactides and their blends. Journal of Materials Science, 2005, 40(8): 1855-1862.

[155] Furuhashi Y, Kimura Y, Yamane H. Higher order structural analysis of stereocomplex-type poly(lactic acid) melt-spun fibers. Journal of Polymer Science, Part B: Polymer Physics, 2007, 45(2): 218-228.

[156] Tsuji H, Yamamoto S. Enhanced stereocomplex crystallization of biodegradable enantiomeric poly(lactic acid)s by repeated casting. Macromolecular Materials and Engineering, 2011, 296(7): 583-589.

[157] Xiong Z J, Zhang X Q, Wang R, de Vos S, Wang R Y, Joziasse C A P, Wang D J. Favorable formation of stereocomplex crystals in poly(L-lactide)/poly(D-lactide) blends by selective nucleation. Polymer, 2015, 76: 98-104.

[158] Han L L, Pan P J, Shan G R, Bao Y Z. Stereocomplex crystallization of high-molecular-weight poly(L-lactic acid)/poly(D-lactic acid) racemic blends promoted by a selective nucleator. Polymer, 2015, 63: 144-153.

[159] Yang S, Zhong G J, Xu J Z, Li Z M. Preferential formation of stereocomplex in high-molecular-weight polylactic acid racemic blend induced by carbon nanotubes. Polymer, 2016, 105: 167-171.

[160] Cao Z Q, Sun X R, Bao R Y, Yang W, Xie B H, Yang M B. Role of carbon nanotube grafted poly(L-lactide)-block-poly(D-lactide) in the crystallization of poly(L-lactic acid)/poly(D-lactic acid) blends: Suppressed homocrystallization and enhanced stereocomplex crystallization. European Polymer Journal, 2016, 83: 42-52.

[161] Sun Y, He C B. Synthesis and stereocomplex crystallization of poly(lactide)-graphene oxide nanocomposites. ACS Macro Letters, 2012, 1(6): 709-713.

[162] Bao R Y, Yang W, Wei X F, Xie B H, Yang M B. Enhanced formation of stereocomplex crystallites of high molecular weight poly(L-lactide)/poly(D-lactide) blends from melt by using poly (ethylene glycol). ACS Sustainable Chemistry & Engineering, 2014, 2(10): 2301-2309.

[163] Han L L, Yu C T, Zhou J, Shan G R, Bao Y Z, Yun X Y, Dong T, Pan P J. Enantiomeric blends of high-molecular-weight poly(lactic acid)/poly(ethylene glycol) triblock copolymers: Enhanced stereocomplexation and thermomechanical properties. Polymer, 2016, 103: 376-386.

[164] Bao R Y, Yang W, Liu Z Y, Xie B H, Yang M B. Polymorphism of a high-molecular-weight racemic poly(L-lactide)/poly(D-lactide) blend: Effect of melt blending with poly (methyl methacrylate). RSC Advances, 2015, 5(25): 19058-19066.

[165] Liu Y L, Sun J R, Bian X C, Feng L D, Xiang S, Sun B, Chen Z M, Li G, Chen X S. Melt stereocomplexation from poly(L-lactic acid) and poly(D-lactic acid) with different optical purity. Polymer Degradation and Stability, 2013, 98(4): 844-852.

[166] Tsuji H, Ikada Y, Hyon S H, Kimura Y, Kitao T. Stereocomplex formation between enantiomeric poly(lactic acid). Ⅷ. Complex fibers spun from mixed solution of poly(D-lactic acid) and poly(L-lactic acid). Journal of Applied Polymer Science, 1994, 51(2): 337-344.

[167] Song Y, Zhang X Q, Yin Y A, de Vos S, Wang R Y, Joziasse C A P, Liu G M, Wang D J. Enhancement of stereocomplex formation in poly(L-lactide)/poly(D-lactide) mixture

by shear. Polymer, 2015, 72: 185-192.

[168] Song Y, Zhang X Q, Yin Y A, Zhang C B, de Vos S, Wang R Y, Joziasse C A P, Liu G M, Wang D J. Crystallization of equimolar poly(L-lactide)/poly(D-lactide) blend below the melting point of α crystals under shear. European Polymer Journal, 2016, 75: 93-103.

第 11 章　聚 (3-烷基噻吩) 结晶结构调控

霍　红　蒋世春

　　能源和环境问题是当前人类面临的两个紧迫需要解决的问题，低碳经济是当今最热门的话题。太阳能是取之不尽、用之不竭的绿色能源，将太阳能转换为电能的太阳能电池是解决能源和环境问题、发展低碳经济的有效途径之一。近年来兴起的有机太阳能电池具有成本低、重量轻、制作工艺简单、可制备成柔性器件等突出优点，具有重要的发展和应用前景。聚合物太阳能电池是有机太阳能电池的一种，通常活性层中的给体为共轭聚合物。共轭聚合物给体材料不仅在光吸收中起主导作用，同时直接影响太阳能电池的性能参数，是聚合物太阳能电池的重要组成部分。近年来研究最多的共轭聚合物给体材料为聚噻吩及其衍生物，即半结晶性聚 (3-烷基噻吩)(P3AT) 系列材料，其中人们对聚 (3-己基噻吩)(P3HT) 结晶形貌及性能的研究尤为深入，P3HT 是聚合物太阳能电池研究中的模型材料。人们发现立构规整的 P3AT 较易结晶，调控 P3AT 结晶可优化太阳能电池活性层的相结构，形成纳米尺度互穿网络结构，提高载流子迁移率及太阳能电池效率。因此，调控 P3AT 的结晶行为对提高聚合物太阳能电池效率有重大意义。本章将从聚 (3-烷基噻吩) 的结构特点及结晶机理、聚 (3-烷基噻吩) 的结晶形貌、聚 (3-烷基噻吩) 的结晶结构及晶型、影响聚 (3-烷基噻吩) 结晶的因素这四个部分来阐述聚 (3-烷基噻吩) 结晶结构调控的相关知识和研究进展。

11.1　聚 (3-烷基噻吩) 的结构特点及结晶机理

　　近年来，多种有机小分子半导体单晶在基础研究领域和应用领域被广泛报道，但是相应的共轭聚合物半导体的单晶或高度结晶的纳米自组装结构的文献报道却非常少，说明与有机小分子半导体相比，共轭聚合物较难结晶，这与它们的分子结构有关。目前人们对共轭聚合物结晶的研究主要集中在立构规整的 P3AT 系列聚合物 [1-5]。P3AT 由噻吩环刚性骨架和连在噻吩环上的柔性烷基侧链组成，所以 P3AT 既能够有效地通过 π-π 相互作用结晶，又能在有机溶剂中有较高的溶解度。如图 11.1 所示，根据柔性烷基侧链的碳原子个数，P3AT 主要包括聚 (3-丁基噻吩) (P3BT)、P3HT、聚 (3-辛基噻吩) (P3OT)、聚 (3-癸基噻吩) (P3DT) 以及聚 (3-十二烷基噻吩) (P3DDT) 等。在早期，人们采用金属催化的方法合成 P3AT，得到

具有 "头–尾"(H-T) 连接、"头–头"(H-H) 连接和 "尾–尾"(T-T) 连接共存的 P3AT
(图 11.2), 导致 P3AT 的立构规整度下降, 分子链卷曲, 共轭长度减小, 导电性能
变差 [6]。随后, 人们发展多种合成方法以提高 P3AT 的立构规整度, 使其能达到
97%～100% 的 H-T 连接 [7,8]。立构规整的 P3AT (rrP3AT) 分子骨架平面化, 易形
成高度有序的结晶结构, 大大提高了其电学性能 [9,10]。本章中 P3AT 结晶结构调控
的相关知识和研究进展都是围绕 rrP3AT 来阐述的, 为简便起见, 下面提到 rrP3AT
时简称为 P3AT。

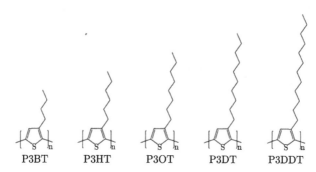

图 11.1　不同烷基侧链长度的聚 (3-烷基噻吩) 的分子结构示意图

P3BT: 聚 (3-丁基噻吩), P3HT: 聚 (3-己基噻吩), P3OT: 聚 (3-辛基噻吩), P3DT: 聚 (3-癸基噻吩), P3DDT: 聚 (3-十二烷基噻吩)

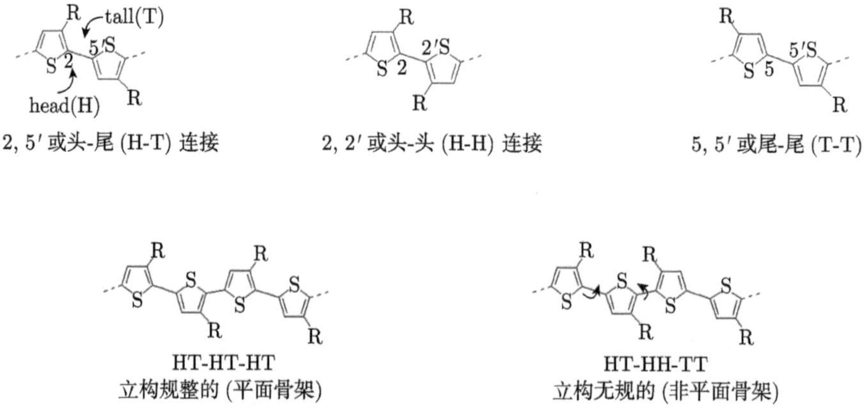

2, 5′ 或头-尾 (H-T) 连接　　　　2, 2′ 或头-头 (H-H) 连接　　　　5, 5′ 或尾-尾 (T-T) 连接

HT-HT-HT
立构规整的 (平面骨架)　　　　　　　HT-HH-TT
立构无规的 (非平面骨架)

图 11.2　不同 "头–尾" 聚合方式的聚 (3-烷基噻吩)(上图) 及立构规整和立构无规的聚 (3-烷
基噻吩)(下图)

　　聚合物的结晶机理一直是科学界的研究热点之一。人们前后提出了缨状微束
模型、折叠链模型、插线板模型及三相结构模型等来解释传统的柔性聚合物结
晶 [11]。P3AT 的分子结构与传统的柔性聚合物有较大差别, 分子内既有主链共轭面

之间较强的 π-π 相互作用又有侧链烷基分子间的相互作用，这些作用影响 P3AT 的结晶动力学过程，使得 P3AT 的结晶行为更为复杂，到目前为止，人们对 P3AT 的结晶过程仍在探索中，关于 P3AT 结晶机理的报道更是少之又少。A. L. Briseno 等在 2010 年提出了共轭聚合物结晶的一些基本概念及相关进展，重点阐述了 P3AT 的结晶[12]。他们认为共轭聚合物结晶困难的主要原因是由于高分子链的长度使其较难自组装进晶体。当相互缠结的分子链结晶时，聚合物链之间相互接触，但没有明显的取向，导致结晶过程中形成多重能垒，其结晶过程的自由能面图 (free energy landscape) 非常复杂。如图 11.3(a) 所示，波谷对应着结晶过程的亚稳态，源于已形成的多个晶核争夺尚未进入结晶相的聚合物链段；波峰对应着两个亚稳态之间的能垒，源于分散在多个晶核中的聚合物发生构象重组后生成含较少晶核的高度有序的结晶相所消耗的自由能。共轭聚合物在结晶完成前会有多重的亚稳态。共轭聚合物的 π-π 堆叠作用、烷基链之间的疏水作用以及分子骨架的弯曲能等引起的能量分布会调整分子链熵的大小。此外，共轭聚合物在溶液中结晶时，晶体的各个晶面与溶剂之间会存在界面能，如图 11.3(b) 所示，晶体模型的边长分别为 L_1、L_2 和 L_3。在这个模型内，共轭聚合物分子链发生折叠，生成典型的片层状聚合物晶体，如图 11.3(c) 所示，共轭链骨架方向的键能为 ε_1，烷基链单体对的自由能为 ε_2，π-π 堆叠方向的单体对自由能为 ε_3，与溶剂接触的各个晶面的界面能分别为 σ_1、σ_2 和 σ_3，由此处于平衡状态的晶体可由公式 (11.1) 来阐述：

$$\frac{L_1}{\sigma_1 + \dfrac{\varepsilon_3}{2}} = \frac{L_2}{\sigma_2 + \dfrac{\varepsilon_2}{2}} = \frac{L_3}{\sigma_3 + \dfrac{\varepsilon_1}{2}} \tag{11.1}$$

根据各参数之间的关系，理论上人们可以通过设计具有相关参数的共轭聚合物分子来得到各种长宽比的单晶，也可以利用上述能量参数及分子链熵值来计算自由能面图，据此来调控共轭聚合物的结晶或自组装动力学。

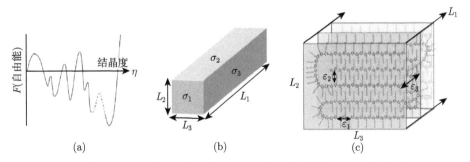

图 11.3　(a) 聚合物结晶过程的自由能面图；(b) 晶体模型，边长为 L，界面能为 σ；(c) 晶体模型内共轭聚合物分子链可能发生的链折叠示意图；ε 为分子间或分子内相互作用能

11.2   聚 (3-烷基噻吩) 的结晶形貌

11.2.1   单晶

2006 年, Cho 和他的同事们利用自成核的方法, 将浓度为 0.1 mg/L 的 P3HT 的氯仿稀溶液从 40 ℃ 缓慢降温至 10 ℃ 并在 10 ℃ 结晶 3 天, 得到具有规则几何形状的一维微米单晶, 如图 11.4(a) 所示 [13]。晶体的选区电子衍射 (SAED) 为规整的电子衍射点, 表明单晶的结构非常完善, P3HT 的分子链及 π-π 堆叠方向分别垂直和平行单晶生长方向。闫东航课题组利用溶液等温结晶的方法成功培养出 P3HT 的矩形片层单晶, 具体方法如下: 将 0.1wt% 的 P3HT 的二甲苯溶液在 90 ℃ 溶解半小时, 然后将溶液在 79 ℃ 放置 6 h 后再在 60 ℃ 等温结晶 4 h[14]。矩形单晶的透射电镜 (TEM) 形貌图和 SAED 图如图 11.4(b) 所示。利用 SAED 结合 X 射线衍射 (XRD) 分析可以得出单晶为正交晶系, 晶胞参数为 $a=1.52$ nm, $b=3.36$ nm, $c=1.56$ nm, $\alpha=\beta=\gamma=90°$。晶体的 a 轴为噻吩环排列方向, b 轴为烷基侧链排列方向, c 轴为 π-π 堆叠方向。Reiter 课题组利用自成核方法培养出长针状 P3HT 单晶, 他们发现改变自成核温度可以调控单晶长度和晶核密度, 如图 11.5(a) 所示 [15]。他们用 SAED 来研究单晶结构, 如图 11.5(b) 所示, 单晶为单斜晶系, 晶型 Ⅱ, 这是首次关于晶型 Ⅱ 的 P3HT 单晶的报道。

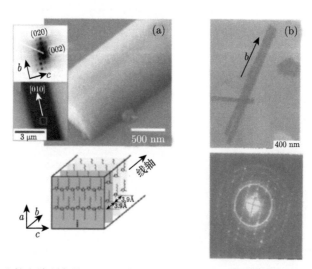

图 11.4   (a) 自成核方法制备的 P3HT 单晶的场发射 SEM 图及相应的 SAED 图; (b) 溶液
等温结晶方法制备的 P3HT 矩形单晶的 TEM 图及相应的 SAED 图

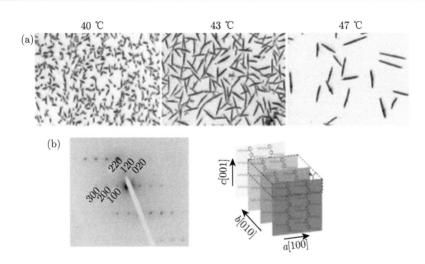

图 11.5 (a) 不同自成核温度的 P3HT 单晶的光学显微镜图。P3HT 单晶制备条件: 0.2 mg/mL 的稀溶液中, 在 40~47 ℃ 自成核, 然后降温至 32 ℃ 等温结晶 24 h。(b) P3HT 单晶的 SAED 图及 P3HT 单晶的分子链排列示意图。P3HT 单晶制备条件: 在 50 ℃ 自成核 6 h, 然后降温至 35 ℃ 等温结晶 24 h

除了 P3HT, 其他 P3AT 单晶也被制备出来。闫东航课题组使用溶剂帮助结晶 (solvent-assist crystallization, SAC) 的方法培养出 P3BT 单晶 [16]。他们将 P3BT 薄膜浸入到硝基苯/四氢呋喃 (体积比 3/1) 混合溶剂中静置若干天, 直到溶剂完全挥发为止。良溶剂四氢呋喃使 P3BT 分子可以自由运动, 而非良溶剂硝基苯提供结晶环境, 增强 P3BT 分子间相互作用, 最终生成肉眼可见的长针状 P3BT 单晶, 如图 11.6 所示。结合 XRD 及 SAED 结果, 可以得到单晶的晶胞参数为 $a=1.42$ nm, $b=2.53$ nm, $c=1.56$ nm, $\alpha=\beta=\gamma=90°$。单晶的 a 轴为 π-π 堆叠方向, b 轴为烷基侧链排列方向, c 轴为噻吩环排列方向。

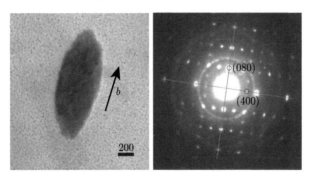

图 11.6 P3BT 单晶的 TEM 及 SAED 图

　　何天白课题组利用溶剂蒸气退火的方法制备出长针状的 P3OT 单晶,如图 11.7 所示 [17]。他们用 XRD 结合 SAED 方法研究 P3OT 单晶结构,如图 11.7 所示,晶体的 a 轴为噻吩环排列方向,b 轴为烷基侧链排列方向,c 轴为 π-π 堆叠方向,与 Cho 课题组得到的 P3HT 单晶结构类似。

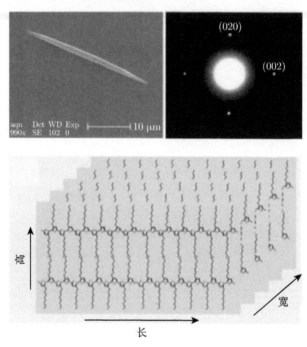

图 11.7　P3OT 单晶的 TEM 及 SAED 图

11.2.2　纳米晶须

　　由于主链噻吩环之间的 π-π 相互作用以及烷基侧链的憎水作用,共轭聚合物倾向于生成一维结晶结构。Nandi 课题组研究了 P3AT 的结晶动力学,得到 Avrami 指数在 0.6~1.4,表明 P3AT 结晶为一维异相成核生长 [18]。人们经过大量的实验研究证实 P3AT 在稀溶液中结晶通常生成一维纳米结构 [19-25]。在溶剂的溶解性变差时,P3AT 倾向于以面对面的堆叠方式 (通过芳香骨架间的 π-π 相互作用) 聚集,以降低溶剂与芳香基团之间的接触。如图 11.8 所示,Ihn 课题组发现 P3HT 在非良溶剂中会生成纳米晶须形貌,纳米晶须宽度为 15~20 nm,高度为 5 nm,长度为 10 μm 左右 [26]。由于 P3AT 主链的刚性很强,最初人们认为 P3AT 结晶时不会像柔性高分子那样发生折叠,但是根据实验结果,人们发现超过一定分子量之后,P3AT 的伸直长度要远远大于其生成的纳米线的宽度,并且纳米线宽度并不随着分子量的增加而发生变化,因此推测 P3AT 在结晶时同样发生主链折叠。Mena-Osteritz 等用扫描隧道显微镜研究 P3AT 在高定向裂解石墨烯 (HOPG) 表面结晶，如图 11.9 所示，证实 P3AT 在结晶时发生链折叠 [27]。

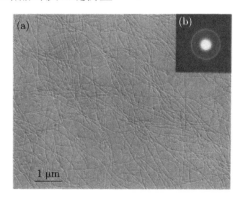

图 11.8 (a) 从 0.05wt% 的环己烷溶液中制备出的 P3HT 晶须的 TEM 图及 (b) 相应的 SAED 图

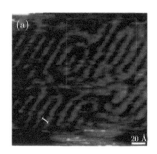 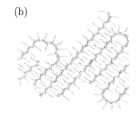

图 11.9 (a) HOPG 基底上的 P3HT 短程有序结构的扫描隧道显微图，链间距离为 13~14 Å；(b) (a) 图中白色方框区域的 P3HT 分子堆叠示意图

在通常情况下，P3AT 的纳米线高度均为 3~6 nm，即 2~4 个 P3AT 分子层的厚度，宽度随分子量增加而增加至一个最大值后不再发生变化 [28-30]。苏朝晖课题组将 P3HT 在氯仿中加热回流 1 h，配成 0.1 mg/mL 的稀溶液，自然降温后在 20 ℃ 下密封避光放置一周，生成单层 P3HT 纳米晶须 [31]。如图 11.10 所示，单层 P3HT 纳米晶须形成网络，网络中存在纳米晶须的接触、重叠及分叉等。纳米晶须长度大多超过 10 µm，宽度约为 40 nm，AFM 的横截面图显示 P3HT 纳米晶须的厚度为 1.6 nm，这正好是 P3HT 晶体一个片层结构的厚度，也就是一个 P3HT 分子在侧链方向的宽度。利用透射电子显微镜得到单层纳米晶须的真实宽度为 29 nm 左右，证实单层纳米晶须的宽度比普通多层纳米晶须的最大宽度要大得多。SAED 结果表明该单层纳米晶须晶体结构同普通多层纳米晶须完全一致。苏等认为这种在稀氯仿溶液中生长的单层 P3HT 纳米晶须是高度有序的，在侧链伸展方向没有

重复结构堆砌，而在主链延伸方向及 π-π 堆积方向是长程有序的。在稀的氯仿体系中，高分子量部分的 P3HT 在室温下的溶解是动力学稳定而非热力学稳定的，当溶剂中有晶核出现时，这部分 P3HT 分子开始结晶生长。因为氯仿对烷基侧链的溶解性远远大于对噻吩主链的溶解性，且烷基侧链之间的范德瓦耳斯力远远低于 π-π 作用力，所以在侧链方向的晶体片层的堆积不能发生，因此只发生 π-π 堆积的生长，从而形成单层纳米晶须。

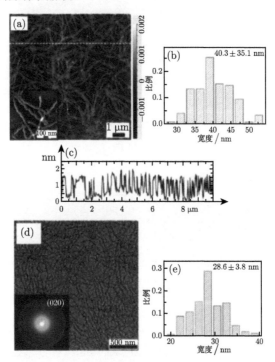

图 11.10　(a) 硅片基底上的 P3HT 单层纳米晶须的 AFM 图片，插图为放大图；(b) AFM 宽度分布图；(c) 单层纳米晶须高度图；(d) 单层纳米晶须的 TEM 图及相应的 SAED 图；(e) TEM 宽度分布图

11.2.3　球晶

球晶是半结晶性柔性聚合物最常见的结晶形貌，但是在共轭聚合物中鲜有报道 [32-35]。杨小牛课题组发现在旋涂 P3BT 的二硫化碳 (CS_2) 溶液形成的薄膜中 P3BT 生成共轭聚合物较常见的晶须状形貌，晶型 I 的晶体。但是，如果滴涂 P3BT 的 CS_2 溶液并控制 CS_2 缓慢挥发，则会生成晶型 II 的球晶，如图 11.11 所示，球晶由纳米晶须组成 [36]。如果用 CS_2 蒸气处理常规旋涂的 P3BT 薄膜，也会得到球晶形貌，并发生 I - II 的晶型转变 [37]。继续深入研究发现，球晶中的片晶采用平躺 (flat-on) 取向，即 P3BT 的噻吩环主链垂直于薄膜方向，而晶型 I 的晶须则

采取侧立 (edge-on) 取向。随后, 杨小牛课题组发现将 P3BT 和氧化石墨烯 (GO) 在邻二氯苯溶剂中共混老化后, P3BT 生成晶型 Ⅱ 的半球晶 (在石墨烯表面生成球晶), 利用 TEM 观察可以发现此半球晶由纳米带组成, 与之前由 CS$_2$ 溶液滴涂生成的球晶不同 [38]。将此球晶在 180 ℃ 热退火后球晶维持形貌不变, 但晶型转变为 Ⅰ。Crossland 课题组采用自成核方法得到 P3HT 的球晶, 他们调控 P3HT 薄膜在 CS$_2$ 溶剂中溶胀/消溶胀过程来控制 P3HT 球晶的均相成核过程, 改变 CS$_2$ 的蒸气压可以改变球晶晶核数量, 最终获得直径不同的 P3HT 球晶, 如图 11.12 所示 [39]。王维等将 P3DDT 的氯仿稀溶液在玻璃基底上浇铸成膜, 用 SEM 观察薄膜发现 P3DDT 生成以晶核为中心向外径向发散的典型的球晶形貌, 用 TEM 深入观察后发现球晶内部为条带状形貌的晶体 [40]。

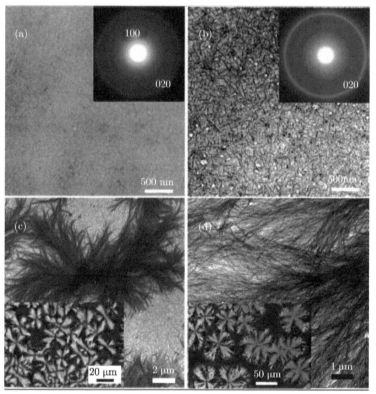

图 11.11   (a) 从 CS$_2$ 溶液旋涂制备的 P3BT 薄膜的 TEM 图, 插图为相应的 SAED 图; (b) 从 CS$_2$ 溶液滴涂制备的 P3BT 薄膜的 TEM 图, 溶剂挥发时间约 5 s, 插图为相应的 SAED 图; (c) 从 CS$_2$ 溶液滴涂制备的 P3BT 薄膜的 TEM 图, 溶剂挥发时间为 5 min, 插图为正交偏光显微图; (d) 从 CS$_2$ 溶液滴涂制备的 P3BT 薄膜的 TEM 图, 溶剂挥发时间为 30 min, 插图为正交偏光显微图

图 11.12　在不同 $P_{\mathrm{vap}}^{\mathrm{seed}}$ 蒸气压下自成核 600 s 后在 83% $P_{\mathrm{vap}}^{\mathrm{cryst}}$ 结晶的 25 nm 厚的 P3HT 薄膜的偏光显微镜图

11.2.4　(杂化) 串多晶

2009 年, Brinkmann 等发现立构规整的 P3AT 在 1,3,5-三氯苯和吡啶的混合溶剂中可以生成串多晶 (shish-kebab) 形貌的晶体, 这是关于共轭聚合物生成 shish-kebab 形貌晶体的首次报道 [41]。同年, Zhai 课题组将碳纳米管和 P3HT 在氯仿中制备分散液, 然后将一定量的分散液滴加到 P3HT 的苯甲醚溶液中, 室温放置 12 h 后 P3HT 沿碳纳米管自组装生成类似串多晶形貌的晶体 [42]。2012 年, Hayward 课题组将 P3HT 和 3,4,9,10-芘四羧基二亚胺 (PDI) 按一定比例溶于邻二氯苯中, 旋涂后发现 PDI 会生成纳米线状单晶, 作为 "shish", P3HT 沿着 PDI 纳米线附生结晶生成 "kebab", 首次成功制备 shish-kebab 状有机 p-n 结结构, 改变 P3HT/PDI 比例或者溶剂种类可以调控 P3HT 纳米线长度 [43]。2014 年, Zhang 课题组将 P3HT 和 N,N- 二环己基 3,4,9,10-芘四羧基二亚胺 (C5-PTCDI) 混合, 成功得到 P3HT/C5-PTCDI shish-kebab 状杂化晶体 [44]。最近, 霍红课题组将等规聚丙烯的商用成核剂 (1,3:2,4)-二 (对甲基苄叉) 山梨醇 (MDBS) 和 P3HT 在邻二氯苯中高温溶解，然后将 P3HT/MDBS 混合物溶液在 70~130 ℃ 高温旋涂，得到杂化 shish-kebab 状纳米结构，通过改变旋涂温度、基底种类、旋涂速率以及溶剂种类可以调控 P3HT "kebab" 的长度[45]。利用同样的实验方法，使用 P3BT 和 P3OT 代替 P3HT，以及使用二苄叉山梨醇 (DBS) 和二 (3, 4-二甲基二苄叉) 山梨醇 (DMDBS) 代替 MDBS，可以得到相似的 P3AT 的杂化 shish-kebab 状纳米结构。霍红课题组深入研究了 P3AT 杂化 shish-kebab 状纳米结构的生成机理，认为此杂化结构是在溶液旋涂之后生成的。旋涂之后，随着邻二氯苯的挥发以及溶液温度的降低，P3AT 在溶液中逐渐趋于饱和。当 P3AT 的浓度超过它的溶解度时，P3AT 析出结晶。由于 P3AT 与山梨醇衍生物 (DBS, MDBS 或 DMDBS) 纳米线之间存在较强的分子间相互作用，纳米线表面吸附 P3AT 分子成核，成为接下来的 P3AT 结晶生长的成核表面，P3AT 垂直于山梨醇衍生物纳米线表面生长成一维纤维状 "kebab"，最终生成杂化串多晶纳米结构。以上五种 (杂化) 串多晶形貌如图 11.13 所示。

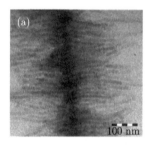
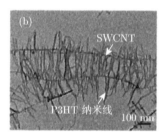
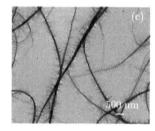
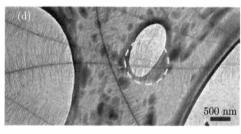
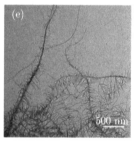

图 11.13　(a) P3HT/P3HT, (b) P3HT/SWCNT, (c) P3HT/PDI, (d) P3HT/ C5-PTCDI 和 (e) P3HT/MDBS 体系的串多晶纳米结构的 TEM 图

11.2.5　其他形貌

Wei 课题组将 P3HT 的四氢呋喃溶液滴加到甲醇中，通过挥发混合溶剂制备出二维片状的矩形 P3HT 晶体，如图 11.14(a) 所示[46]。他们改变混合溶剂比例可以调控 P3HT 晶体由一维纳米线状转变成二维片状晶体。Zhai 课题组发现当 P3HT 的分子量较低时，其噻吩环主链不发生链折叠，因此生成伸直链晶，为纳米带形貌，如图 11.14(b) 所示，Brinkmann 课题组发现了同样的实验现象[47,48]。

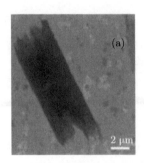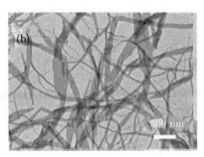

图 11.14　(a) 二维片状的矩形 P3HT 晶体的 SEM 图；(b) 分子量为 1.02×10^4 kg/mol 的 P3HT 纳米带的 TEM 图

11.3　聚 (3-烷基噻吩) 的结晶结构及晶型

　　Prosa 课题组最早提出 P3AT 具有多晶型现象。随后，科学家们发现 P3AT 晶体有两个不同的特征片层周期，表明 P3AT 存在两种不同的晶型，分别命名为晶型 I 和晶型 II，晶型 I 的片层周期大于晶型 II 的，对于相同晶型的一系列 P3AT 聚合物，随着烷基侧链的碳原子数的增加，片层周期变大 [49-51]。多个课题组利用 XRD 和 SAED 方法来解析 P3AT 的晶型 I 和晶型 II 的结构，目前人们认可的是 Brinkmann 课题组 [52] 提出的 P3HT 的晶型 I 结构模型和 Meille 课题组 [53] 提出的 P3BT 的晶型 II 结构模型，如图 11.15 所示。在两种晶型中，噻吩骨架均为反式平面构型。两种晶型的差别主要有以下几点：① 烷基侧链排列方式不同。晶型 II 的片层周期比晶型 I 的小，原因在于晶型 II 晶体中其烷基侧链是相互交错排列的，而在晶型 I 晶体中没有这种现象。② 噻吩主链堆叠方式不同。P3HT 的晶型 I 晶体中，其聚噻吩主链沿 b 轴排列，噻吩之间的距离为 0.38 nm，而 P3BT 的晶型 II 晶体中，其聚噻吩主链沿 c 轴排列，噻吩之间的距离为 0.47 nm。③ 晶体中连续排列的聚合物分子链沿 c 轴偏移距离不同。在 P3HT 的晶型 I 晶体中，两个连续的聚合物分子链的 π 堆叠方向偏离 0.15 nm，而 P3BT 的晶型 II 晶体中，两个连续的聚合物分子链的排列方向重叠。以上的结构差异导致 P3AT 的两种晶型具有不同的 π 轨道重叠方式，因此导致不同的载流子传输性能。表 11.1 是不同 P3AT 的两种晶型的晶胞参数 [52-54]。

　　晶型 I 是 P3AT 的常见晶型，从含氯的溶剂中经过简单的旋涂或滴涂制膜就可以得到晶型 I 晶体，在大多数的光电器件中，P3AT 的晶型是晶型 I。P3AT 的晶型 II 晶体需要特殊方法来制备，其方法随 P3AT 烷基侧链的碳原子数的不同而不同。Meille 课题组报道 P3AT 的分子量和立构规整性是影响生成晶型 II 的因素，低分子量易于生成晶型 II [55]。Prosa 课题组报道，室温下浇筑 P3OT 和 P3DDT 的

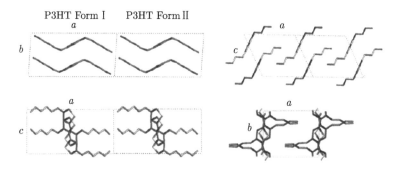

图 11.15　从两个不同晶体方向观察的 P3HT 的晶型 I 和 P3BT 的晶型 II 的晶体结构示意图 (氢原子简化未标)

表 11.1　不同 P3AT 的晶型 I 和晶型 II 的晶胞参数

晶型 I P3HT	晶型 II P3BT	晶型 II P3OT
$P2_1/c$	$P2_1/c$	—
$a = 1.60$ nm	$a = 1.076$ nm	$a = 1.53$ nm
$b = 0.78$ nm	$b = 0.777$ nm	$b = 0.943$ nm
$c = 0.78$ nm	$c = 0.944$ nm	$c = 0.807$ nm
$\gamma = 86.5°$	$\beta = 64.66°$	$\gamma = 72°$

1%~3% 的二甲苯溶液，溶剂缓慢挥发后，可以得到这两种 P3AT 的晶型 II [54,56]。苏朝晖课题组将 P3DDT 的氯仿溶液放置于密闭容器中，室温下缓慢挥发成膜，得到晶型 II 的 P3DDT 晶体 [31]。杨小牛课题组发现利用 CS_2 蒸气处理 P3BT 薄膜可以得到晶型 II 的晶体 [36,37]。随后，他们将 P3BT/GO(氧化石墨烯) 的邻二氯苯溶液室温老化结晶，得到球晶形貌的晶型 II 的 P3BT 晶体，在 180 ℃ 热退火后，可以得到维持球晶形貌的 P3BT 的晶型 I 晶体，实现 II-I 晶型转变 [38]。此外，杨小牛课题组发现用 CS_2 蒸气制备 P3BT 晶型 II 时通常会生成晶型 I 晶体和晶型 II 晶体的混合物，只有严格控制 CS_2 的蒸气压才会得到纯的晶型 II 的 P3BT 晶体。Zhang 课题组发明了一种低温溶液老化的方法，他们将 P3BT 的 CS_2 溶液在 −10 ℃ 低温老化，可以简单地制备 100% 的晶型 II 的 P3BT 晶体，这些晶型 II 的晶体呈束状 (由纳米纤维组成)[57]。Kim 等将聚 (3,4-乙烯二氧噻吩)：聚苯乙烯磺酸 (PEDOT：PSS) 基底上的 P3HT(高分子量，$M_w=5\times10^4$~7.5×10^4 g/mol):PCBM([6,6]-苯基-C_{61}-丁酸甲酯) 混合物薄膜降温至 −143 ℃，然后逐渐升温至 50 ℃，研究温度及 P3HT:PCBM 混合物薄膜上的铝电极对混合物中 P3HT 晶型的影响 [58]。他们发现在 −10 ℃ 以下温度 P3HT 均为晶型 I 晶体，升温至 −10 ℃ 左右，P3HT 开始生成晶型 II 的晶体，如果混合物薄膜上方有铝电极，那么晶型 II 的晶体在 50 ℃ 左右消失，若无铝电极，则晶型 II 的晶体在 30 ℃ 左右消失。此外，无论在什么温度下，晶型 II 的晶

体含量都比较低,不到晶型 I 晶体的 10%。

　　除了较为常见的晶型 I 和晶型 II,另外一种命名为晶型 I′ 的新晶型在 P3HT 中被发现。Zhang 课题组在 13 ℃ 控制 P3HT 氯仿溶液的溶剂挥发速率,氯仿缓慢挥发后会生成晶型 I′ 的 P3HT 晶体,其结构与晶型 I 相似,但其 π-π 堆叠方向的层间距变大 [59]。将晶型 I′ 的 P3HT 晶体加热,在 30~60 ℃ 会发生 I′- I 晶型转变。Zhang 课题组使用类似的实验方法,也得到了 P3BT 的晶型 I′ 晶体。最近,Gomez 课题组发现将 P3HT: 二茂铁混合溶液旋涂后 P3HT 会生成一种新的晶型,命名为晶型III [60]。P3HT 的四种晶型的晶胞参数如表 11.2 所示,可以发现与常见的晶型 I 相比,晶型 I′ 和晶型 II 的 a 轴长度降低,同时伴随着 π-π 堆叠方向的层间距变大。而晶型III的 a 轴长度基本不变,但 π-π 堆叠方向的层间距变小,表明晶型III增加 P3HT 的噻吩主链的分子轨道重叠,从而会增加其载流子传输性能。

表 11.2 不同晶型的 P3HT 晶体的晶胞参数 [60]

晶型	I	I′	II	III
$a/\text{Å}$	16~17	15.1~15.5	11~15	16
$b/\text{Å}$	7.6~7.8	7.6~8.1	7.8~8.8	7.4
$c/\text{Å}$	7.8	7.9	9.4	—

11.4 影响聚 (3-烷基噻吩) 结晶的因素

11.4.1 分子量

　　根据文献报道,分子量对共轭聚合物结晶的影响很大 [61-63]。低分子量聚合物很容易达到结晶平衡状态,而高分子量聚合物黏度较大并且分子链会发生缠结,导致较慢的结晶动力学。McGehee 课题组报道低分子量 ($M_n < 4\times10^3$ g/mol) 的 P3HT 生成长棒状纳米结晶结构,结晶度较高,而高分子量 ($M_n > 3\times10^4$ g/mol) 的 P3HT 生成结点状结晶结构,且结晶度较低 [64]。Brinkmann 课题组研究分子量对 P3HT 附生结晶的影响,发现随着 P3HT 分子量的增加,结晶度明显降低 [48]。低分子量 ($M_w = 7.9\times10^3$ g/mol) 的 P3HT 其片层周期大小与伸直链长相当,随着 P3HT 分子量的增加,其片层周期增加,当分子量 $M_w = 1.88\times10^4$ g/mol 时,片层周期达到饱和,为 25 nm 左右,表明随着分子量的增加,P3HT 晶体由最初的全反式伸直链构型转变到折叠链结构。大量实验结果表明当 P3HT 分子量超过一定值之后,P3HT 纤维晶体的宽度,即片层周期 (厚度) 在 15~30 nm,受测试方法影响,与分子量无关。因此可以由聚合物伸直链长 (contour length, L_{chain}) 来估算 P3HT 分子链在晶体中是否发生折叠:

$$L_{\text{chain}} = l_0 M_w / (M_0 B) \tag{11.2}$$

式中, l_0=3.8 Å, 是一个噻吩单元的长度; M_0=168.3 g/mol; 对共轭聚合物来说, B 是一个等于 2.0 的系数。将 P3HT 的重均分子量代入到公式中, 就可以求出 L_{chain}。如果 L_{chain} >20 nm, 表明 P3HT 分子链足够长, 在晶体中发生折叠。

P3AT 可以应用于光电器件中, 而光电器件通常使用溶液法制备, 因此 P3AT 在溶液中的结晶行为是人们研究的热点。高分子量 P3AT 意味着长的分子链, 而长分子链之间会发生缠结, 阻碍聚合物结晶。P3AT 在溶液中的缠结数 N 可由下面这个公式来估算:

$$N = \frac{2M_{\mathrm{w}}}{M_{\mathrm{c}}^{\mathrm{solution}}} \tag{11.3}$$

这里, $M_{\mathrm{c}}^{\mathrm{solution}}$ 是聚合物在溶液中的缠结开始影响溶液宏观特性的分子量。从此公式中可以看出缠结与聚合物分子量有直接关系。由于发生缠结作用时, 溶液黏度会显著增加, 因此人们利用黏度法来测试发生缠结作用的临界分子量。Koch 课题组测量 0.1wt% 的 P3HT 的邻二氯苯溶液的黏度随 P3HT 分子量的变化, 发现当数均分子量增加到 $3.5×10^4$ g/mol 时, 溶液黏度发生突变, 表明当 P3HT 数均分子量高于 $3.5×10^4$ g/mol 时, 在邻二氯苯溶液中发生缠结[65]。缠结是阻碍 P3AT 结晶的主要因素, P3AT 的分子量越高, 缠结越多。人们发现使用超声的方法可以在溶液中有效解缠结, 大大促进 P3AT 成核, 加速结晶, 我们将在 11.4.4 节详细阐述。

11.4.2 退火

退火是提高 P3AT 结晶度的一种有效方法, 主要有热退火和溶剂蒸气退火[66-70]。无论是热退火还是溶剂蒸气退火都是利用升高温度或增加溶解性以提高 P3AT 分子链运动能力, 进而发生分子链重排以提高结晶度。溶剂蒸气退火一般选取 P3AT 的良溶剂。但是两种退火方式都有缺点: 长时间热退火容易引起聚合物降解, 而有机溶剂一般毒性较大, 溶剂蒸气退火容易污染环境。近年来, Green 课题组和霍红课题组发现超临界二氧化碳退火可以有效促进 P3HT 结晶, 并且绿色环保, 对环境无污染[71-73]。

11.4.3 成核剂

添加成核剂是改善结晶性聚合物结晶性能的有效方法[74-77]。P3AT 是结晶性共轭聚合物, 近年来, 基于添加成核剂的研究工作也有陆续报道。Leveque 研究组合成噻吩并噻吩共聚物并发现其有诱导 P3HT 成核结晶的能力, 将少量共聚物加入到 P3HT/PCBM 活性层材料中可以提高 P3HT 的结构有序性和结晶度[78]。碳纳米管也是 P3AT 的成核剂, 在溶液中可以诱导 P3AT 沿纳米管表面生成杂化 shish-kebab 形貌的纳米结构[42]。Zhang 课题组利用紫外可见光谱详细研究了苯甲醚中单壁碳纳米管对 P3HT 结晶动力学的影响, 发现晶体生长速率 G 与溶液浓度 c 的标度关系为 $G \propto c^{1.70±0.16}$。在溶液中, P3HT 结晶的 Avrami 指数为 1.0~1.3,

表明碳纳米管没有改变 P3HT 的成核机理 [79]。利用 LH 理论分析表明碳纳米管可以有效降低 P3HT 的成核能垒并诱导其异相成核，其折叠表面自由能由 0.119 $J \cdot m^{-2}$ 降低至 0.0528 $J \cdot m^{-2}$。Chabinyc 研究组首次将聚丙烯商用成核剂 DMDBS 和 1,3,5-三叔丁基三苯胺 (BTA) 添加进聚合物半导体材料中，结果表明 DMDBS 和 BTA 可以诱导共轭聚合物 P3HT 和 P3DDT 成核，加快结晶速率 [80]。霍红课题组深入研究了山梨醇类衍生物对 P3AT 结晶行为的影响。首先将 MDBS 分别加入到 P3BT、P3HT 和 P3OT 中，发现三种 P3AT 的结晶温度均升高，表明 MDBS 是 P3AT 的普适性成核剂 [81,82]。加入 MDBS 后，MDBS 为 P3AT 提供了结晶所需要的成核表面，大量的晶核导致聚合物共轭长度降低，微晶尺寸减小。此外，添加 MDBS 会加速 P3AT 的结晶动力学，使相互缠结的 P3AT 分子链在结晶之前没有足够的时间解缠结，因此连接分子 (tie molecule) 数量增加，结晶度降低。霍红课题组还研究了一系列山梨醇衍生物类成核剂 (DBS、MDBS 和 DMDBS) 对 P3OT 结晶行为的影响，结果表明 DBS、MDBS 和 DMDBS 均是 P3OT 的成核剂 [83]。DMDBS 分子苯环上有多个甲基官能团给电子体，使其在邻二氯苯中具有较好的溶解性和较强的 σ-π 超共轭效应，不仅使分子极化性增加，提高 DMDBS 苯亚甲基之间的 π-π 堆积；同时自组装能力增强，形成高密度分散均匀的纳米网络结构，为 P3OT 提供最多的成核表面，因此对 P3OT 的成核效率 (NE) 最高。霍红课题组还发现热旋涂 P3AT/山梨醇衍生物的邻二氯苯溶液可以得到杂化串多晶纳米形貌，在 11.2 节已详细介绍，在此不赘述。

11.4.4　外场

11.4.4.1　超声

科研工作者发现将 P3HT 高温溶解于边缘溶剂中，降温至结晶温度后对该溶液施加超声外场可以促进 P3HT 大量成核，加速结晶。Wei 课题组将 P3HT 的甲苯溶液在 12~24 ℃ 下超声，发现超声温度越高，P3HT 的纳米线越长 [84]。他们认为超声温度决定 P3HT 的溶解性及 P3HT 晶核的数量，而 P3HT 纳米线长度则由溶液中自由分子链的数量与晶核数量的比例所决定。Amassian 课题组深入研究了超声对 P3HT 结晶的影响，他们发现在室温超声后，P3HT 的晶核数大量增加，结晶度增加，但是纳米线的长度随超声时间的延长先增加后降低 [85]。他们认为 P3HT 在边缘溶剂中，室温下由于溶解性变差，导致 P3HT 分子链之间发生缠结，抑制 P3HT 分子链扩散，从而阻碍其规整堆砌结晶。而超声有解分子链缠结的作用，施加超声后，大量缠结的 P3HT 分子链解缠结，其分子链运动性增加，从而迅速形成大量晶核，进而生成纳米线，其结晶度增加。超声施加的时间越长，其解缠结能力越强，从而晶核数越多，导致生成大量较短的 P3HT 的纳米线。Amassian 课题组研究了超声对各种分子量的 P3HT 在不同溶剂中的解缠结效应，发现 P3HT 的分子量越高, 解缠结效应越明显, 由公式 (11.3) 可知, P3HT 的分子量越高, 其分子链之间的缠结越严重, 所以超声对分子量高的 P3HT 的解缠结效应更明显 [86]。将 P3HT 溶解于良溶剂邻二氯苯中, 如果溶液浓度足够高, 超过 P3HT 的临界亚浓溶液浓度 c^*, 分子链之间也会发生缠结, 此时施加超声, 同样会有解缠结效应, 从而降低溶液黏度。Reichmanis 课题组也研究了超声对 P3HT 结晶的影响, 得到类似的实验结果 [87]。他们认为超声影响 P3HT 结晶的原理为超声波诱导周边液体引起空洞化, 不断压缩–膨胀的过程产生微气泡, 当气泡破裂时, 会使气泡周边溶液承受非常高的压力, 导致这部分溶液高度过饱和, 进而形成大量晶核, 促进 P3HT 结晶。霍红课题组研究了超声诱导 P3HT 在苯甲醚溶液中结晶, 发现在溶解温度 (85 ℃) 超声时, 超声对 P3HT 结晶动力学的影响随结晶温度而变化 [88]。在溶解温度超声后, 超声产生的微气泡导致溶液产生浓度波动, 局部溶液浓度高, 局部溶液浓度低。当溶液停止超声, 淬冷至较低的结晶温度时 (<18 ℃), P3HT 在苯甲醚中的溶解性迅速降低, 导致分子链大量缠结, 超声引起的局部浓度高的溶液处缠结点更多, 因此严重抑制了 P3HT 的结晶, 导致超声诱导的 P3HT 的结晶动力学慢于静态结晶动力学, 结晶度也低于静态结晶, 这是有关超声抑制 P3AT 结晶的首次报道。而当溶液停止超声, 淬冷至较高的结晶温度 (>22 ℃) 时, 此时 P3HT 的溶解性较好, 较难结晶, 而超声引起的局部浓度高的地方易于成核, 进而诱导结晶, 因此超声诱导的 P3HT 的结晶动力学快于静态结晶动力学, 结晶度也略高于静态的结晶度。在较合适的结晶温度下, 即 20 ℃ 左右, 超声对 P3HT 的结晶没有影响。霍红课题组还比较了不同超声温度对 P3HT 结晶的影响, 发现在结晶温度超声导致 P3HT 结晶速率快, 结晶度高。与高温超声相比, 除了引起局部浓度波动之外, 结晶温度超声还起到对 P3HT 分子链解缠结的作用, 由此可见, 超声对聚合物结晶主要有两种效应: ① 引起聚合物溶液浓度波动; ② 对聚合物分子链解缠结。实验证明, 两种效应同时起作用更能有效促进 P3HT 结晶。

11.4.4.2 剪切

剪切外场是促进半结晶柔性聚合物结晶的常用方法, 人们尝试将剪切外场应用至共轭聚合物结晶上, 并采用多种剪切方法。Koppe 课题组使用流变仪向 P3HT 溶液施加剪切, 发现高分子量的 P3HT 被剪切后可以迅速形成聚集结晶 [89]。随后, Mackay 课题组使用流变仪研究了剪切诱导 P3HT 结晶 [90]。他们发现剪切后 P3HT 会生成微米长的纤维, 其生成机理为: 当布朗运动使 P3HT 分子链运动至晶体生长前沿时, 剪切作用会将较短的 P3HT 分子链除去, 最终生成较长的纤维状晶体。Reichmanis 课题组使用注射泵对 P3HT 溶液施加剪切, 称为微流体流动诱导结晶 [91]。微流体技术已经广泛应用于小分子共轭材料、蛋白质和药物分子的成核和结晶上, 但在共轭聚合物结晶方面还是首次报道。微流体技术对聚合物溶液施加平层流动, P3HT 生成纳米线形貌, 剪切之后其纳米线长度增加, π-π 堆叠距离减小, 分子有序性提高。P3HT 在剪切场下的结晶行为受到剪切速率的影响, Reichmanis 等研究了 0.10 m/s, 0.25 m/s 和 0.60 m/s 三个剪切速率, 结果表明剪切速率为 0.25 m/s 时最有益于 P3HT 结晶。Egap 课题组使用自制的剪切装置 (图 11.16) 对 P3HT 纳米线溶液施加溶液剪切–涂布技术 [92]。他们发现剪切后的 P3HT 纳米线 高度取向, 聚合物骨架更加平面化。剪切速率同样影响 P3HT 纳米线薄膜形貌, 当 剪切速率从 0.5 mm/s 增加至 2.0 mm/s 时, 纳米线沿剪切方向的有序度增加, 但 纳米线数量逐渐减少, 当剪切速率增加至 4.0 mm/s 时, 纳米线无序排列, Egap 等 认为是由 P3HT 纳米线薄膜生成过程中产生的温度梯度造成的。

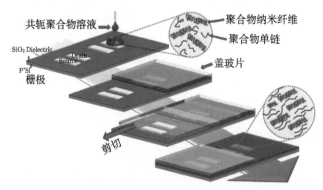

图 11.16　使用溶液剪切–涂布技术制备共轭聚合物纳米线薄膜场效应晶体管的示意图

11.4.4.3　电场

电场可以从分子层面上对共轭聚合物施加诱导力。诱导力包括电场诱导的偶极子之间的相互吸引力、电场对偶极矩的偏转取向力以及聚合物薄膜在电场下产生的表面诱导电荷而引起的经典排斥力。但是由于共轭聚合物偶极矩较小且分子间作用力较大, 电场较难调控 P3AT 的晶体结构, 相关报道较少。Lee 课题组将强度为 0.3 V/μm 的电场作用到刚刚旋涂的 P3HT 薄膜上, 此时溶剂尚未挥发完全 [93]。他们发现与热退火的 P3HT 薄膜相比, 电场处理后的 P3HT 薄膜的结晶度高, 结晶尺寸大。叶志课题组对 P3AT 薄膜施加 30 V/μm 的高电场, 发现 P3AT 在电场下迅速自组装成纳米线结构, 长时间电场处理可以得到宽度超过 100 nm 的纳米线 [94]。利用透射电镜观察发现 P3AT 单根分子链之间首尾相接, 并且在纳米线内部分子链的方向与纳米线轴方向一致, 表明电场下不同分子链头尾之间存在相互吸引的作用力将分子沿主链方向串接起来。XRD 结果表明电场作用后 P3AT 薄膜的结晶度提高至原来的三倍。随后他们加大电场强度, 发现超过 80 V/μm 时, 聚噻吩薄膜迅速转变为单晶, 结合 XRD 及 SAED 证实单晶是晶型 I, 叶等深入研究发现电场强度为 80 V/μm 时偶极子偏转能刚好可以提供足够的能量克服分子间作用能，导致生成单晶，证明利用电场可以用非溶剂法制备 P3AT 单晶。

参 考 文 献

[1] Anglin T C, Speros J C, Massari A M. Interfacial ring orientation in polythiophene field-effect transistors on functionalized dielectrics. J. Phys. Chem. C, 2011, 115: 16027-16036.

[2] Xu W, Li L, Tang H, Li H, Zhao X, Yang X. Solvent-induced crystallization of poly(3-dodecylthiophene): Morphology and kinetics. J. Phys. Chem. B, 2011, 115: 6412-6420.

[3] Samistu S, Shimomura T, Heike S, Hashizume T, Ito K. Effective production of poly(3-alkylthiophene) nanofibers by means of whisker method using anisole solvent: Structural, optical, and electrical properties. Macromolecules, 2008, 41: 8000-8010.

[4] Pal S, Nandi A K. Cocrystallization behavior of poly(3-alkylthiophenes): Influence of alkyl chain length and head to tail regioregularity. Macromolecules, 2003, 36: 8426-8432.

[5] Pal S, Nandi A K. Cocrystallization mechanism of poly(3-alkylthiophenes) with different alkyl chain length. Polymer, 2005, 46: 8321-8330.

[6] Elsenbaumer R L, Jen K Y, Oboodi R. Processible and environmentally stable conducting polymers. Synthetic. Met., 1986, 15: 169-174.

[7] Osaka I, Mccullough R D. Advances in molecular design and synthesis of regioregular polythiophenes. Accounts Chem. Res., 2008, 41: 1202-1214.

[8] Marrocchi A, Lanari D, Facchetti A, Vaccaro L. Poly(3-hexylthiophene): Synthetic methodologies and properties in bulk heterojunction solar cells. Eneg. Environ. Sci., 2012, 5: 8457-8474.

[9] Chen P Y, Rassamesard A, Chen H L, Chen S A. Conformation and fluorescence property of poly(3-hexylthiophene) isolated chains studied by single molecule spectroscopy: Effects of solvent quality and regioregularity. Macromolecules, 2013, 46: 5657-5663.

[10] Yuan Y, Shu J, Kolman K, Kiersnowski A, Bubeck C, Zhang J, Hansen M R. Multiple chain packing and phase composition in regioregular poly(3-butylthiophene) films. Macromolecules, 2016, 49: 9493-9506.

[11] 刘凤岐，汤心颐. 高分子物理. 北京：高等教育出版社, 2004.

[12] Lim J A, Liu F, Ferdous S, Muthukumar M, Briseno A L. Polymer semiconductor crystals. Mater. Today, 2010, 13: 14-24.

[13] Kim D H, Han J T, Park Y D, Jang Y, Cho J H, Hwang M, Cho K. Single-crystal polythiophene microwires grown by self-assembly. Adv. Mater., 2006, 18: 719-723.

[14] Ma Z, Geng Y, Yan D, Morphology of head-to-tail poly(3-hexylthiophene) single crystals from solution crystallization. Chinese J. Polym. Sci., 2007, 25: 43-46.

[15] Rahimi K, Botiz I, Stingelin N, Kayunkid N, Sommer M, Koch F P V, Nguyen H, Coulembier O, Dubois P, Brinkmann M, Reiter G. Controllable processes for generating

large single crystals of poly(3-hexylthiophene). Angew. Chem. Int. Ed., 2012, 51: 11131-11135.

[16] Ma Z, Geng Y, Yan D. Extended-chain lamellar packing of poly(3-butylthiophene) in single crystals. Polymer, 2007, 48: 31-34.

[17] Xiao X, Hu Z, Wang Z, He T. Study on the single crystals of poly(3-octylthiophene) induced by solvent-vapor annealing. J. Phys. Chem. B, 2009, 113: 14604-14610.

[18] Malik S, Nandi A K. Crystallization mechanism of regioregular poly(3-alkyl thiophene)s. J. Polym. Sci., Part B: Ploym. Phys., 2002, 40: 2073-2085.

[19] Lee H S, Cho J H, Cho K, Park Y D. Alkyl side chain length modulates the electronic structure and electrical characteristics of poly(3-alkylthiophene) thin Films. J. Phys. Chem. C, 2013, 117: 11764-11769.

[20] Bolsee J C, Oosterbaan W D, Lutsen L, Vanderzande D, Manca J. CAFM on conjugated polymer nanofibers: Capable of assessing one fiber mobility. Org. Electron., 2011, 12: 2084-2089.

[21] Liu S, Ma X, Wang B, Shang X, Wang W, Yu X. Investigation of the effect of thermal annealing on poly(3-hexylthiophene) nanofibers by scanning probe microscopy: From single-chain conformation and assembly behavior to the interfacial interactions with graphene oxide. ChemPhysChem, 2016, 17: 3315-3320.

[22] Lee M, Jeon H, Jiang M, Yang H. A physicochemical approach toward extending conjugation and the ordering of solution-processable semiconducting polymers. ACS Appl. Mater. Interfaces, 2016, 8: 4819-4827.

[23] Wang H, Liu J, Xu Y, Han Y. Fibrillar morphology of derivatives of poly(3-alkylthiophene)s by solvent vapor annealing: Effects of conformational transition and conjugate length. J. Phys. Chem. B, 2013, 117: 5996-6006.

[24] Nguyen L H, Hoppe H, Erb T, Günes S, Gobsch G, Sariciftci NS. Effects of annealing on the nanomorphology and performance of poly(alkyIthiophene): Fullerene bulk-heterojunction solar cells. Adv. Funct. Mater., 2007, 17: 1071-1078.

[25] Chang M, Su Z, Egap E. Alignment and charge transport of one-dimensional conjugated polymer nanowires in insulating polymer blends. Macromolecules, 2016, 49: 9449-9456.

[26] Ihn K J, Moulton J, Smith P. Whiskers of poly(3-alkylthiophene)s. J. Polym. Sci., Part B: Polym. Phys., 1993, 31: 735-742.

[27] Mena-Osteritz E, Meyer A, Langeveld-Voss B M W, Janssen R A, Meijer E W, Bäuerle P. Two-dimensional crystals of poly(3-alkylthiophene)s: Direct visualization of polymer folds in submolecular resolution. Angew. Chem. Int. Ed., 2000, 30: 2680-2684.

[28] Zhang R, Li B, Iovu M C, Jeffries-El M, Sauvé G, Cooper J, Jia S, Tristram-Nagle S, Smilgies D M, Lambeth D N, McCullough R D, Kowalewski T. Nanostructure dependence of field-effect mobility in regioregular poly(3-hexylthiophene) thin film field effect transistors. J. Am. Chem. Soc., 2006, 128: 3480-3481.

[29] Samitsu S, Shimomura T, Ito K. Nanofiber preparation by whisker method using solvent-soluble conducting polymers. Thin Solid Films, 2008, 516: 2478-2486.

[30] Mccullough R D, Tristramnagle S, Williams S P, Lowe R D. Self-orienting head-to-tail poly(3-alkylthiophenes): New insights on structure-property relationships in conducting polymers. J. Am. Chem. Soc., 1993, 115: 4910, 4911.

[31] 郭艳, 苏朝晖. 聚 3- 烷基噻吩微结构的调控及振动光谱研究. 长春: 中国科学院长春应用化学研究所, 2012.

[32] Huo H, Yang Y, Zhao X. Effects of lithium perchlorate on the nucleation and crystallization of poly(ethylene oxide) and poly(ε-caprolactone) in the poly(ethylene oxide)-poly(ε-caprolactone)-lithium perchlorate ternary blend. CrystEngComm, 2014, 16: 1351-1358.

[33] Wang H F, Chiang C H, Hsu W C, Wen T, Chuang W T, Lotz B, Li M C, Ho R M. Handedness of twisted lamella in banded spherulite of chiral polylactides and their blends. Macromolecules, 2017, 50: 5466-5475.

[34] Ikehara T, Kurihara H, Qiu Z, Nishi T. Study of spherulitic structures by analyzing the spherulitic growth rate of the other component in binary crystalline polymer blends. Macromolecules, 2007, 40: 8726-8730.

[35] Nitta K H, Yakayanagi M. Direct observation of the deformation of isolated huge spherulites in isotactic polypropylene. J. Mater. Sci., 2003, 38: 4889-4894.

[36] Lu G, Li L, Yang, X. Morphology and crystalline transition of poly(3-butylthiophene) associated with its polymorphic modifications. Macromolecules, 2008, 41: 2062-2070.

[37] Lu G, Li L, Yang, X. Achieving perpendicular alignment of rigid polythiophene backbones to the substrate by using solvent-vapor treatment. Adv. Mater., 2007, 19: 3594-3598.

[38] Zhou X, Chen Z, Qu Y, Su Q, Yang X. Fabricating graphene oxide/poly(3-butylthiophene) hybrid materials with different morphologies and crystal structures. RSC Adv., 2013, 3: 4254-4260.

[39] Crossland E J W, Tremel K, Ficher F, Rahimi K, Reiter G, Steiner U, Ludwigs S. Anisotropic charge transport in spherulitic poly(3-hexylthiophene) films. Adv. Mater., 2012, 24: 839-844.

[40] Wang W, Toh K C, Tji C W. Fine structures in the spherulites of regioregular poly(3-dodecylthiophene). Macromol. Chem. Phys., 2004, 205: 1269-1273.

[41] Brinkmann M, Chandezon F, Pansu R B, Julien C. Epitaxial growth of highly oriented fibers of semiconducting polymers with a shish-kebab-like superstructure. Adv. Funct. Mater., 2009, 19: 2759-2766.

[42] Liu J, Zou J, Zhai L. Bottom-up assembly of poly(3-hexylthiophene) on carbon nanotubes: 2d building blocks for nanoscale circuits. Macromol. Rapid Comm., 2009, 30: 1387-1391.

[43] Bu L, Pentzer E, Bokel F A, Emrick T, Hayward R C. Growth of polythiophene/perylene

tetracarboxydiimide donor/acceptor shish-kebab nanostructures by coupled crystal modification. ACS Nano, 2012, 12: 10924-10929.

[44] Li L, Jacobs D L, Bunes B R, Huang H, Yang X, Zang L. Anomalous high photovoltages observed in shish kebab-like organic p-n junction nanostructures. Polym. Chem., 2014, 5: 309-313.

[45] Zhang X, Yuan N, Ding S, Wang D, Li L, Hu W, Bo Z, Zhou J, Huo H. Growth and carrier-transport performance of a poly(3-hexylthiophene)/1,2,3,4-bis(p-methylbenzylidene) sorbitol hybrid shish-kebab nanostructure. J. Mater. Chem. C, 2017, 5: 3983-3992.

[46] Yu Z, Yan H, Lu K, Zhang Y, Wei Z. Self-assembly of two-dimensional nanostructures of linear regioregular poly(3-hexylthiophene). RSC Adv., 2012, 2: 338-343.

[47] Liu J, Afri M, Zou J, Khondaker S I. Controlling poly(3-hexylthiophene) crystal dimension: Nanowhiskers and nanoribbons. Macromolecules, 2009, 42: 9390-9393.

[48] Brinkmann M, Rannou P. Effect of molecular weight on the structure and morphology of oriented thin films of regioregular poly(3-hexylthiophene) grown by directional epitaxial solidification. Adv. Funct. Mater., 2007, 17: 101-108.

[49] Salleo A. Charge transport in polymeric transistors. Mater. Today, 2007, 10: 38-45.

[50] Brinkmann M. Structure and morphology control in thin films of regioregular poly(3-hexylthiophene). J. Polym. Sci., Part B: Polym. Phys., 2011, 49: 1218-1233.

[51] Maillard A, Rochefort A. Structural and electronic properties of poly(3-hexylthiophene) π-stacked crystals. Phys. Rev. B, 2009, 79: 115207.

[52] Kayunkid N, Uttiya S, Brinkmann M. Structural model of regioregular poly(3-hexylthiophene) obtained by electron diffraction analysis. Macromolecules, 2010, 43: 4961-4967.

[53] Buono A, Son N H, Raos G, Gila L, Cominetti A, Catellani M, Meille S V. form II poly(3-butylthiophene): Crystal structure and preferred orientation in spherulitic thin films. Macromolecules, 2010, 43: 6772-6781.

[54] Prosa T J, Winokur M J, Mccullough R D. Evidence of a novel side chain structure in regioregular poly(3-alkylthiophenes). Macromolecules, 1996, 29: 3654.

[55] Meille S V, Romita V, Caronna T, Lovinger A J, Catellani M, Belobrzeckaja L. Influence of molecular weight and regioregularity on the polymorphic behavior of poly(3-decylthiophenes). Macromolecules, 1997, 30: 7898-7905.

[56] Prosa T J, Winokur M J, Moulton J, Smith P, Heeger A J. X-ray structural studies of poly(3-alkylthiophenes): An example of an inverse comb. Macromolecules, 1992, 25: 4364-4372.

[57] Yuan Y, Zhang Y, Cui X, Zhang J. Preparation of poly(3-butylthiophene) form II crystal by low-temperature aging and a proposal for form II -to-form I transition mechanism. Polymer, 2016, 105: 88-95.

[58] Lee S W, Keum H S, Kim H S, Kim H J, Ahn K, Lee D R, Kim J H, Lee H H. Temperature-dependent evolution of poly(3-hexylthiophene) type-II phase in a blended thin film. Macromol. Rapid Comm., 2016, 37: 203-208.

[59] Yuan Y, Zhang J, Sun J, Hu J, Zhang T, Duan Y. Polymorphism and structural transition around 54 °C in regioregular poly(3-hexylthiophene) with high crystallinity as revealed by infrared spectroscopy. Macromolecules, 2011, 44: 9341-9350.

[60] Smith B H, Clark Jr M B, Kuang H, Grieco C, Larsen A V, Zhu C, Wang C, Hexemer A, Asbury J B, Janik M J, Gomez E. Controlling polymorphism in poly(3-hexylthiophene) through addition of ferrocene for enhanced charge mobilities in thin-film transistors. Adv. Funct. Mater., 2015, 25: 542-551.

[61] Li S, Wang S, Zhang B, Ye F, Tang H, Chen Z, Yang X. Synergism of molecular weight, crystallization and morphology of poly(3-butylthiophene) for photovoltaic applications. Org. Electron., 2014, 15: 414-427.

[62] Himmelberger S, Vandewal K, Fei Z, Heeney M, Salleo A. Role of molecular weight distribution on charge transport in semiconducting polymers. Macromolecules, 2014, 47: 7151-7157.

[63] Zhao K, Xue L, Liu J, Gao X, Wu S, Han Y, Geng Y. A new method to improve poly(3-hexyl thiophene) (P3HT) crystalline behavior: Decreasing chains entanglement to promote order-disorder transformation in solution. Langmuir, 2010, 26: 471-477.

[64] Joseph Kline R, McGehee M D, Kadnikova E, Liu J S, Fréchet J M J. Controlling the field-effect mobility of regioregular polythiophene by changing the molecular weight. Adv. Mater., 2003, 15: 1519-1522.

[65] Koch F P V, Rivnay J, Foster S, Müller C, Downing J M, Buchaca-Domingo E, Westacott P, Yu L, Yuan M, Baklar M, Fei Z, Luscombe C, McLachlan M A, Heeney M, Rumbles G, Silva C, Salleo A, Nelson J, Smith P, Stingelin N. The impact of molecular weight on microstructure and charge transport in semicrystalline polymer semiconductors-poly(3-hexylthiophene), a model study. Progress Polym. Sci., 2013, 38: 1978-1989.

[66] Chen H, Hu S, Zang H, Hu B, Dadmun M. Precise structural development and its correlation to function in conjugated polymer: Fullerene thin films by controlled solvent annealing. Adv. Funct. Mater., 2013, 23: 1701-1710.

[67] Colle R, Grosso G, Ronzani A, Gazzano M, Palermo V. Anisotropic molecular packing of soluble C-60 fullerenes in hexagonal nanocrystals obtained by solvent vapor annealing. Carbon, 2012, 50: 1332-1337.

[68] Zheng L, Liu J, Ding Y, Han Y. Morphology evolution and structural transformation of solution-processed methanofullerene thin film under thermal annealing. J. Phys. Chem. B, 2011, 115: 8071-8077.

[69] Hegde R, Henry N, Whittle B, Zang H, Hu B, Chen J, Xiao K, Dadmun M. The

impact of controlled solvent exposure on the morphology, structure and function of bulk heterojunction solar cells. Sol. Energy Mater. Sol. Cells, 2012, 107: 112-124.

[70] Verploegen E, Miller C E, Schmidt K. Manipulating the morphology of P3HT-PCBM bulk heterojunction blends with solvent vapor annealing. Chem. Mater., 2012, 24: 3923-3931.

[71] Amonoo J A, Glynos E, Chen X C, Green P F. An alternative processing strategy for organic photovoltaic devices using a supercritical fluid. J. Phys. Chem. C, 2012, 116: 20708-20716.

[72] Zhao X, Yuan N, Zheng Y, Wang D, Li L, Bo Z, Zhou J, Huo H. Relation between morphology and performance parameters of poly(3-hexylthiophene): Phenyl-C_{61}-butyric acid methyl ester photovoltaic devices. Org. Electron., 2016, 28: 189-196.

[73] Zhao X, Wang D, Yuan N, Zheng Y, Li L, Bo Z, Zhou J, Huo H. Formation of phenyl-C_{61}-butyric acid methyl ester nanoscale aggregates after supercritical carbon dioxide annealing. J. Mater. Sci., 2017, 52: 2484-2494.

[74] Huo H, Jiang S, An L, Feng J. Influence of shear on crystallization behavior of the β phase in isotactic polypropylene with β-nucleating agent. Macromolecules, 2004, 37: 2478-2483.

[75] Liu H, Huo H. Competitive growth of α- and β-crystals in isotactic polypropylene with versatile nucleating agents under shear flow. Colloid Polym. Sci., 2013, 291: 1913-1925.

[76] Yang B, Ni H, Huang J, Luo Y. Effects of poly(vinyl butyral) as a macromolecular nucleating agent on the nonisothermal crystallization and mechanical properties of biodegradable poly(butylene succinate). Macromolecules, 2014, 47: 284-296.

[77] Huo H, Guo C, Zhou J, Zhao X. The combination of fluctuation-assisted crystallization and interface-assisted crystallization in a crystalline/crystalline blend of poly(ethylene oxide) and poly(ε-caprolactone). Colloid Polym. Sci., 2014, 292: 971-983.

[78] Bechara R, Leclerc N, Leveque P, Richard F. Efficiency enhancement of polymer photovoltaic devices using thieno-thiophene based copolymers as nucleating agents for polythiophene crystallization. Appl. Phys. Lett., 2008, 93: 013306.

[79] Luo Y, Santos F A, Wagner T W, Tsoi E, Zhang S. Dynamic interactions between poly(3-hexylthiophene) and single-walled carbon nanotubes in marginal solvent. J. Phys. Chem. B, 2014, 118: 6038-6046.

[80] Treat N D, Nekuda Malik J A, Reid O, Yu L, Shuttle C G, Rumbles G, Hawker C J, Chabinyc M L, Smith P, Stingelin N. Microstructure formation in molecular and polymer semiconductors assisted by nucleation agents. Nature Mater., 2013, 12: 628-633.

[81] Yuan N, Huo H. 1,2,3,4-bis(p-methylbenzylidene sorbitol) accelerates crystallization and improves hole mobility of poly(3-hexylthiophene). Nanotechnology, 2016, 27: 06LT01.

[82] Wang D, Yuan N, Zhang X, Li L, Bo Z, Zhou J, Huo H. Regulation of the performance parameters of poly(3-alkylthiophene)/[6,6]-phenyl C_{61}-butyric acid methyl ester solar

cells by 1,2,3,4-bis(pmethylbenzylidene) sorbitol. Org. Electron., 2017, 42: 163-172.

[83] Wang D, Zhang X, Liu Y, Li L, Bo Z, Zhou J, Huo H. Structure difference of sorbitol derivatives influences the crystallization and performance of P3OT/PCBM organic photovoltaic solar cells. Org. Electron., 2017, 46: 158-165.

[84] Yu Z, Fang J, Yan H, Zhang Y, Lu K, Wei Z. Self-assembly of well-defined poly(3-hexylthiophene) nanostructures toward the structure-property relationship determination of polymer solar cells. J. Phys. Chem. C, 2012, 116: 23858-23863.

[85] Zhao K, Khan H U, Li R, Su Y, Amassian A. Entanglement of conjugated polymer chains influences molecular self-assembly and carrier transport. Adv. Funct. Mater., 2013, 23: 6024-6035.

[86] Hu H, Zhao K, Fernandes N, Boufflet P, Bannock J H, Yu L, Mello J C, Stingelin N, Heeney M, Giannelis E P, Amassian A. Entanglements in marginal solutions: A means of tuning pre-aggregation of conjugated polymers with positive implications for charge transport. J. Mater. Chem. C, 2015, 3: 7394-7404.

[87] Choi D, Chang M, Reichmanis E. Controlled assembly of poly(3-hexylthiophene): Managing the disorder to order transition on the nano- through meso-scales. Adv. Funct. Mater., 2015, 25: 920-927.

[88] Zhang X, Liu Y, Ma X, Deng H, Zheng Y, Liu F, Zhou J, Li L, Huo H. Sonocrystallization of poly(3-hexylthiophene) in a marginal solvent. Soft Matter, 2018, 14: 3590-3600.

[89] Koppe M, Brabec CJ, Heiml S, Schausberger A, Duffy W, Heeney M, McCulloch I. Influence of molecular weight distribution on the gelation of P3HT and its impact on the photovoltaic performance. Macromolecules, 2009, 42: 4661-4666.

[90] Wie J J, Nguyen N A, Cwalina C D, Liu J, Martin D C, Mackay M E. Shear-induced solution crystallization of poly(3-hexylthiophene) (P3HT). Macromolecules, 2014, 47: 3343-3349.

[91] Wang G, Persson N, Chu P H, Kleinhenz N, Fu B, Chang M, Deb N, Mao Y, Wang H, Grover M A, Reichmains E. Microfluidic crystal engineering of π-conjugated polymers. ACS Nano, 2015, 9: 8220-8230.

[92] Chang M, Choi D, Egap E. Macroscopic alignment of one-dimensional conjugated polymer nanocrystallites for high-mobility organic field-effect transistors. ACS Appl. Mater. Interfaces, 2016, 8: 13484-13491.

[93] Lee S W, Kim C H, Lee S G, Jeong J H, Choi J H, Lee E S. Mobility improvement of P3HT thin film by high-voltage electrostatic field-assisted crystallization. Electron. Mater. Lett., 2013, 9: 471-476.

[94] 叶志，邱枫. 电场下聚噻吩薄膜结晶和表面失稳研究. 上海: 复旦大学, 2014.

第12章 高分子结晶结构及介电松弛行为

张 耀 蒋世春

12.1 结晶高分子非晶相研究概述

高分子材料由于分子链较长，结晶时分子链很难完全排入晶胞，所以大部分结晶高分子材料中都存在或多或少的非晶区，因此结晶高分子也常称作"半晶高分子材料"。在结晶高分子材料中，非晶区的存在对结晶高分子材料的性能具有重要影响，探究结晶高分子材料中非晶区的松弛行为以及结晶对高分子非晶区松弛行为的影响，有助于认识结晶高分子非晶区结构，以及非晶区对结晶高分子性能的影响，并且有助于完善结晶高分子材料微结构和宏观性能之间的关系模型。分子链运动是研究高分子材料结构与性能关系的桥梁，考究结晶高分子非晶区的介电松弛行为，有助于认识结晶高分子非晶区结构以及非晶区对材料性能的影响。研究高分子的链段松弛行为对于理解高分子的玻璃化转变现象和提高高分子材料的性能具有非常重要的理论研究意义。高分子链的松弛转变运动表现出依赖于运动单元尺寸和松弛时间范围的动力学特征，而高分子的链段松弛运动强烈依赖于高分子材料分子链的柔顺性，不同分子结构的高分子链段松弛通常表现出非一致的松弛行为和规律。

12.1.1 结晶高分子非晶区结构

对于结晶高分子非晶区的结构，目前研究的还比较少，但是人们在描述结晶高分子的结构时会分析相应的非晶区结构。Flory 利用统计热力学推导出"无规线团模型"，该模型认为非晶态高分子在本体中的构象和溶液中一样，呈无规线团状，线团分子之间的缠结是无规的，并且非晶态高分子在聚集态结构上是均相的。Yeh提出的"折叠链缨状胶束粒子模型"认为非晶区存在着一定局部有序。

随着研究手段的发展，人们对结晶高分子的结晶过程以及结晶结构有了更深入的认识，同时也增加了对结晶高分子非晶区的了解。Uehara 等 [1] 考察了超高分子量聚乙烯的熔融结晶行为，结果表明当聚乙烯的分子量大于 10^6 时，由于其分子链比较长，结晶时形成的球晶比较模糊，但是其片晶的厚度的数值比较稳定，大约为 30 nm，并且不受熔融结晶条件的影响。通过仔细对比研究后，他们发现该厚度和分子量为临界缠结分子量的聚乙烯在熔体中垂直链段的长度相同 [2]，这说明熔体中分子链缠结点在结晶时被限制在片晶外，主要位于非晶区。Rastogi 等 [3,4] 测试了超高分子量聚乙烯的熔融结晶过程，结果表明在结晶过程中缠结点来不及解缠结，但是由于不能进入晶胞而被排入非晶区。同时链解缠结对高分子结晶过程影响的研究结果表明，链解缠结虽然能提高高分子的结晶速率但是提高有限，这说明高分子结晶是一个局部有序化过程，结晶并不需要预先链解缠结，结晶后高分子熔体中的无规缠结点都存在于非晶区。在高分子结晶过程中，一些拓扑结构由于不能排入晶胞也主要存在高分子的非晶区中 (图 12.1)，比如松散线环 (loose loops)、打结分子 (tie molecules) 以及共聚单元 (co-unit)[5]。

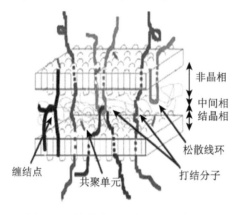

图 12.1　结晶高分子非晶区结构的示意图 [5]

　　目前，对结晶高分子结构的争议主要在于对非晶区结构的认识。一般认为结晶高分子是两相结构，即结晶相和非晶相。两相模型认为结晶高分子的非晶相被冻结在结晶相表面。但是一些研究结果表明，结晶高分子的非晶区存在松弛速率不同的两个松弛过程，一般把松弛速率相对较高的非晶区称为柔性非晶相，相对松弛速率较低的非晶区称为刚性非晶相。这类结晶高分子具有三相结构，即结晶相、柔性非晶相和刚性非晶相。刚性非晶相虽然不具备晶体三维有序的结构特征，但是在柔性非晶相玻璃化转变温度以上表现出松弛运动受限的特征。刚性非晶相对结晶高分子的宏观力学性能有重要影响。结晶高分子中柔性非晶相和刚性非晶相的含量，可以由示差扫描量热 (DSC) 的结果来进行分析估算。Sanz 等 [6] 用同步辐射 WAXS/SAXS 和介电谱联用的技术考察了聚间苯二甲酸丁二酯 (PBI) 在结晶过程中结构演化过程，并且给出了如图 12.2 所示 PBI 的半晶结构。图 12.2 中结果表明，PBI 的刚性非晶相主要位于片晶层间的非晶区，而柔性非晶相主要在片晶内的非晶区。

　　介电谱技术可以用来考察结晶高分子非晶区的松弛行为，通过对结晶高分子松弛行为的测试，在一些结晶高分子中发现了刚性非晶相。但是目前实验结果表明刚性非晶相主要存在于芳香族聚酯类高分子中。Strobl 等 [7] 在总结前人工作的基础上，在分析 SAXS 数据时提出了一维电子密度相关函数分析的方法，并且实验证实了结晶相和非晶相间还存在着过渡的中间相，并且片晶厚度、非晶层厚度和过渡层厚度都可以采用一维电子密度相关函数计算得到的曲线求出。现在还没有实验证据可以证明这里的过渡层和刚性非晶相所指是否相同。

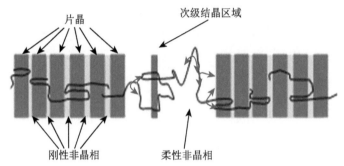

图 12.2   结晶 PBI 刚性非晶相和柔性非晶相位置的原理示意图 [6]

红箭头代表其链段运动

12.1.2   非晶区对结晶高分子性能的影响

结晶高分子的非晶区对其性能具有重要影响，这种影响与其结构是密不可分的。许多实验的研究结果表明，结晶高分子非晶相对结晶相以至材料的宏观性能有着非常重要的影响。用中子散射观察聚乙烯拉伸过程的结构变化时 [8]，发现应力松弛过程主要是以非晶区的松弛为主，而结晶相的结构维持不变；聚丙烯经退火处理后力学性能有了很大的改善，其力学性能的改善主要源于非晶区结构的变化 [9]。我们课题组 [10] 最近考察了聚丙烯拉伸过程的结构变化和力学性能之间的关系，结果表明聚丙烯在屈服点之前的应变主要发生在非晶区，而片晶层的取向度在屈服点之前达到最大值，晶型转变主要发生在屈服点以后结晶相的变化。

12.1.2.1   非晶相对结晶高分子力学性能的影响

材料的性能与其结构密切相关，结晶高分子非晶区的结构对材料的性能有非常重要的影响。在结晶高分子的拉伸过程中，人们认为弹性形变主要发生在应力–应变曲线的屈服点之前，弹性形变过程主要是受结晶高分子的非晶区控制的，在屈服点之后才会发生片晶间的剪切、滑裂。结晶高分子非晶区存在如松散线环、共聚单元、打结分子以及缠结点等结构，这些拓扑结构对晶区和非晶区间的力学耦合起着非常重要的作用，从而对结晶高分子的力学性能有重要影响。结晶高分子的晶区和非晶区间的应力传递主要是通过非晶区的打结分子和缠结点来传递的。

目前人们对结晶高分子非晶区的拓扑结构与力学性能之间的关系还不十分清

楚, 也存在争议。Tarin 等 [11] 的研究发现结晶高分子非晶区的松散线环和打结分子可以阻止拉伸过程中结晶相的劈裂、减小链伸展, 从而影响结晶高分子的拉伸性能。比如由较慢结晶速率形成的高密度聚乙烯, 由于其结晶比较完善, 非晶区的打结分子的密度较小, 从而使其拉伸时的伸长率较高。Strobl 等 [12] 的实验结果表明结晶高分子的非晶区网络缠结点可以抵抗拉伸的塑性形变, 从而影响材料的断裂伸长率。Séguéla 等 [13] 考察发现结晶高分子在拉伸过程中, 非晶区链缠结点的拓扑结构并不发生改变。同时许多实验结果表明, 结晶高分子非晶区的非晶缺陷 (比如共聚单元和缠结点) 的密度对高分子的塑形行为有着重要影响。

结晶高分子在拉伸过程中, 在达到屈服点之前有时会产生空洞化现象。空洞化现象主要发生在结晶高分子的非晶区, 一般在靠近结晶相或结晶相和非晶相的界面处。对于分子量较低的结晶高分子, 由于其非晶区缠结点的数目较少, 拉伸过程中更容易产生空洞化现象。Castagnet 等 [14] 的实验结果表明, 结晶高分子非晶区打结分子和缠结点可以通过影响非晶区的移动性来影响空洞的形成。结晶高分子非晶区对材料性能的影响也可以通过退火对结晶高分子性能的影响看出, 由于退火过程中高分子的结构变化主要发生在非晶区。聚丙烯经退火处理后断裂韧度等方面有了很大改善, 这主要是非晶相结构的变化引起的。Bai 等 [9] 研究了退火对 β-pp 结构和力学性能的影响, 研究发现退火处理后 β-PP 的长周期和非晶层厚度都增大, 但是其片晶厚度反而略微减小。他们认为经过退火处理, β-PP 的一部分柔性非晶相通过结构重排使其结构更加有序成为刚性非晶相, 同时柔性非晶相经退火处理后变得更加松散, 从而移动性提高。经退火处理后, 刚性非晶相的含量提高的同时柔性非晶相密度降低, 从而使得聚丙烯更容易发生塑性形变。Rastogi 等 [15] 考察了聚对苯二甲酸乙二醇酯 (PET) 的力学性能和其纳米微结构之间的关系, 实验结果表明如果要解释 PET 的力学性能和结构的关系时必须把刚性非晶相考虑在内, 同时刚性非晶相对单向压缩时的屈服应力起着非常重要的作用。

12.1.2.2 非晶相对结晶高分子熔融过程的影响

一般来说, 结晶高分子的熔融过程主要与结晶相结构有关, 熔点取决于片晶的厚度。近来大量实验结果表明结晶高分子的熔点和熔融过程受非晶相结构的影响。Ivanov 等 [16] 考察了聚对苯二甲酸丙二酯 (PTT) 的熔融过程, 实验结果表明 PTT 的熔点不仅与其片晶厚度有关, 并且还受邻近非晶相的影响。PTT 在熔融过程中结晶相不断受到邻近非晶相所施加的负压, 使得剩余结晶相的熔点不断升高。Pak 等测试了结晶聚 2,6-二甲基-1,4-苯醚 (PPO) 的结构, 结果表明 PPO 的非晶区不仅含有柔性非晶相还含有刚性非晶相, 并且其刚性非晶相的玻璃化转变温度高于结晶相的熔点, 因此 PPO 在熔融时只有刚性非晶相具有足够的移动性时, 其结晶相才能充分熔融 [17]。Di Lorenzo[18,19] 研究了聚对苯二甲酸乙二醇酯和顺式 1,4-聚丁二烯等结晶高分子在高速加热条件下的结构重组，实验结果表明随着温度的升高，结晶相的熔融过程伴随着刚性非晶相在其玻璃化转变温度以上的松弛过程。

　　结晶高分子非晶区链段由于受到邻近或非邻近的空间拓扑约束和重排折叠约束，导致了分子链的构象和运动存在着非常大的差异。在结晶高分子的熔融过程中，非晶区的分子链的构象对结晶相的熔融过程和熔点具有重要影响。Pandey 等 [20] 用差示扫描量热法和调制差示扫描量热技术考察了超高分子量聚乙烯的分子链和非晶区分子链的拓扑形态对三种不同结构的熔点和熔融过程的影响 (图 12.3)，这三种分别为经链解缠结处理的聚乙烯、初始链缠结处理的聚乙烯以及熔融结晶的聚乙烯。他们的研究表明聚乙烯结晶相的熔融不仅与片晶厚度有关，还与其非晶区的拓扑结构有关。这三种聚乙烯中分别存在着以下三种结构：对于链缠结的聚乙烯来说，NMR 实验证明一根分子链同时贯穿几个晶区和非晶区；而经解缠结处理过的聚乙烯，结晶相主要由单分子链的折叠形成，一根分子链只位于一个晶区，同时结晶相中折叠排列紧密的分子链限制了非晶相分子链的松弛；熔融结晶的聚乙烯中，分子链可同时穿越几个折叠紧密的结晶区和折叠松散的非晶区。这三种聚乙烯的不同结构使得晶区和非晶区的构象和熵具有非常大的差异，导致了这三种聚乙烯的熔点不同，其熔融过程也差别很大，并且都不遵从 Gibbs-Thomson 公式。

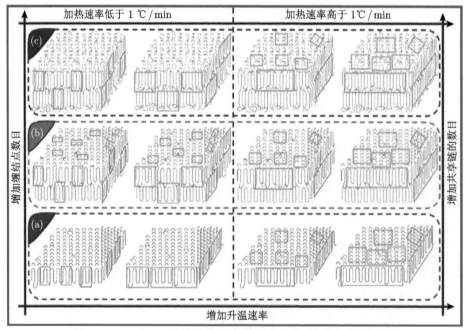

图 12.3　三种不同结构的聚乙烯在不同升温速率下的熔融过程

(a) 初始链解缠结的聚乙烯；(b) 初始链缠结的聚乙烯；(c) 熔融结晶的聚乙烯 [20]

12.1.3 结晶高分子非晶区的松弛行为

与玻璃化转变相关的链段松弛是在完全非晶的高分子中存在的主要转变。而结晶高分子中，由于结晶相的出现使得非晶区的松弛行为更加复杂。在一般情况下，结晶度增大使得结晶高分子的玻璃化转变峰峰强变弱，同时玻璃化转变温度范围变宽，以至于较难确定。在有些结晶高分子中，由于结晶相的影响导致出现多个玻璃化转变区间。对结晶高分子非晶区松弛行为的研究，也有助于了解高分子在超薄膜中以及在受限条件下界面处松弛行为。介电谱研究高分子的松弛行为时，通过跟踪分子链上偶极矩的运动来研究相应的松弛过程，由于结晶相中分子链上的偶极矩处于"冻结"状态，所以介电谱是研究结晶高分子非晶区的松弛行为的比较理想的研究手段。

对于结晶高分子来说，人们通常都认为结晶相的存在会对非晶区的松弛行为产生空间上的几何限制作用。近来实验结果表明高分子的链段松弛是一个协同重排运动过程，高分子的链段松弛即 α 松弛通常在其玻璃化转变温度以上表现出耦合行为，一些比链段更小的次级松弛单元与链段一起发生协同运动，链段的协同运动形成协作重排区域，协作重排区域的尺寸通常被记为 ξ_a。Adams 和 Gibbs[21,22]指出 ξ_a 随温度的降低而增大。在结晶高分子中，只有当非晶相的尺寸接近 $2\xi_a$ 时，结晶相才能对非晶区松弛在空间上产生几何限制作用。在玻璃化转变温度附近，结晶高分子非晶区的链段协作重排运动区域尺寸较大，所以结晶相对其影响比较明显，使得结晶高分子玻璃化转变表现出受限行为，以至于结晶高分子的玻璃化转变现象并不明显。一些结晶聚酯类高分子在玻璃化转变温度以上，链段松弛和次级 β 松弛过程逐渐重合为一个松弛过程。由于目前对高分子链段松弛相关的玻璃化转变现象的认识还存在着争议，所以对这样的耦合峰是一个单一的松弛过程，还是两个相互独立的松弛过程的简单叠加，还存在着争议。

12.1.3.1 结晶高分子的结晶形态对其非晶区松弛行为的影响

人们研究结晶高分子时首要关注的就是它的结晶形态，目前对结晶高分子的结晶形态的研究比较多，相对也较成熟，但是对于结晶高分子的结晶形态与其非晶区链段松弛行为的关系还缺乏深入的研究和认识。结晶温度是影响结晶高分子结晶形态的重要参数，改变结晶温度可导致不同的结晶形态；而玻璃化转变温度反映了其非晶区链段活化温度，是表征结晶高分子非晶区链段松弛行为的一个主要参数。一般情况下改变结晶温度，可以改变结晶高分子中非晶相的含量。在含有刚性非晶相的结晶高分子中，玻璃化转变温度随结晶温度的变化主要是由于刚性非晶相的含量随结晶温度的变化所导致的。实验结果表明，在像聚苯硫醚、聚醚醚酮和聚乳酸中，玻璃化转变温度和刚性非晶相的含量随结晶温度的变化是一致的，二者均随结晶温度的升高而减小；而对于聚对苯二甲酸丙二酯来说，其玻璃化转变温度随着结晶温度的升高而减小，但是刚性非晶相的含量和结晶温度却没有关系[23]。这表明结晶高分子中结晶形态与非晶区链段松弛行为的关系还远未被理解，有待进一步的研究。

12.1.3.2　结晶高分子的分子量和结晶度对其非晶区松弛行为的影响

结晶高分子的玻璃化转变温度一般具有分子量依赖性，这主要是通过分子量对其非晶区松弛行为的影响引起的。实验结果表明结晶聚氧化乙烯的松弛行为就表现出分子量的依赖性[24]，当分子量大于 2.8×10^6，PEO 的松弛行为表现出独立的 α、β 和 γ 松弛过程，而对于中间分子量和低分子量的 PEO 来说，其 α 松弛过程和 β 松弛过程重合。Grimau 等[25] 用介电谱考察了分子量对聚己内酯 (PCL) 的介电松弛行为的影响，实验结果如图 12.4 所示。图 12.4 中结果表明 PCL 的 α、β 和 γ 松弛的松弛峰的位置和形状几乎不受分子量的影响。

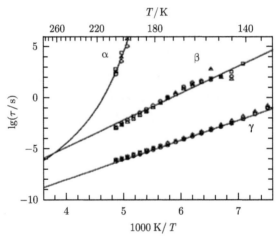

图 12.4　不同分子量的聚己内酯的 α、β 和 γ 松弛过程松弛点随温度倒数的变化[25]

○: PCL17000; □: PCL57000; △: PCL10000

对于柔顺性较好的结晶高分子，非晶区的链段松弛峰一般随结晶度的增大而增宽，即非晶区的链段松弛动力学异相性增大，同时链段松弛峰的频率随结晶度的增大向低频移动，表明链段松弛速率下降。由于随结晶度的增大，结晶高分子非晶区的松弛单元数减少，所以结晶高分子的介电谱中链段松弛的松弛强度随结晶度的增大而减小。但是目前结晶度对结晶高分子非晶区松弛行为的影响认识的还不清楚，有时对于相同的高分子，不同的研究组甚至得出相反的结论。

12.1.3.3　结晶高分子的分子结构对其非晶区松弛行为的影响

对于含有刚性非晶相的结晶高分子，其柔性非晶相的松弛行为还受到邻近刚性非晶相的影响。研究表明 PLLA 的结晶结构符合三相模型，在不同结晶温度下，PLLA 可以形成不同的结晶结构。SAXS 测试对 PLLA 冷结晶和熔融等温结晶过程的研究表明，PLLA 的长周期随着结晶温度的升高而增大。进一步深入研究表明，其刚性非晶相的厚度随着结晶温度的升高而增大，而柔性非晶相的厚度随着结晶温度的变化则表现出相反的行为 [26]。而示差扫描量热分析 (DSC) 和动态力学分析 (DMA) 研究表明，PLLA 的玻璃化转变温度随着结晶温度的升高反而降低，这说明刚性非晶相的增厚可以降低结晶相对柔性非晶相松弛行为的影响，使得其柔性非晶相的分子链的平动和转动自由度提高，从而柔性非晶相的链段松弛动力学加快。

非晶区的链段松弛行为还与分子链的局部构象和构型有关。Cerveny 等 [27] 用介电谱测试了反式聚异戊二烯 (trans-PI) 和顺式聚异戊二烯 (cis-PI) 在结晶过程中的非晶相松弛行为的变化，trans-PI 在结晶过程中非晶相的 α 松弛时间随着结晶度的变化和cis-PI 的变化正好相反。trans-PI 随着结晶度增加，其 α 松弛时间增大。在相同条件下处理的cis-PI 和trans-PI 的链段与局部松弛相对比明显不同。进一步分析表明，总的分子链的正则松弛模式的松弛动力学和分子链的构型没有关系，但是trans-PI 的松弛强度却比cis-PI 大约小 1 个数量级，这主要是由于反式和顺式 PI 中偶极矩的排列与构型有关而导致的。

12.1.3.4 在超薄膜中和受限条件下结晶高分子的非晶区的松弛行为

由于微电子工业的发展，研究超薄膜中结晶高分子的松弛行为是非常有意义的，同时研究超薄膜中结晶高分子的松弛行为，也有助于我们认识结晶高分子在受限条件下的松弛行为。在超薄膜中，结晶高分子表现出比较复杂的动力学行为。在研究超薄膜中结晶高分子的结晶动力学和链段松弛行为变化时就遇到了相矛盾的情况。随着膜厚的减小，结晶高分子结晶时结晶动力学下降，结晶时间增加了将近一个数量级，然而其动态玻璃化转变温度并不发生变化，即其非晶区的链段松弛动力学并不随膜厚的减小而发生改变。Nguyen 等 [28] 研究了 PVAc 超薄膜的松弛行为，研究发现 PVAc 超薄膜具有比本体更快的链段松弛动力学。

目前对结晶高分子在受限条件下非晶区链段松弛行为的了解仍然比较少，结晶高分子在交联或者增大结晶度的受限条件下都影响其非晶区的链段松弛行为。热固性高分子的玻璃化转变温度随交联点密度的增加而升高，这主要是非晶区链段松弛受到的阻碍增大引起的。高分子的链段松弛是一个协同重排的过程，协同重排区域的尺寸与高分子的种类有关，文献研究表明，高分子的链段协作重排区域的尺寸在玻璃化转变温度附近是 1~3 nm[29]。但是目前对结晶高分子在受限条件下链段松弛动力学是降低还是增加还存在着争议。有研究指出结晶高分子在交联，增加结晶度，以及纤维增强的体系中玻璃化转变温度增加，这说明在这些受限条件下其非晶区松弛是受到阻碍的；但是也有一些研究表明结晶高分子在受限条件下玻璃化转变温度降低，这些结果表明当空间受限尺寸小于链段协作重排区域的尺寸时，链段的协作重排松弛过程受到破坏，所以以链段松弛动力学加快。对像 PET、聚丙烯 (polypropylene) 和聚二甲基硅烷 (poly(dimethylsiloxane)) 等结晶高分子的研究表明 [30]：随结晶度的增大，链段松弛速率随玻璃化转变温度归一化的温度 (T/T_g) 的变化不受影响。而对一些熔点较高的结晶高分子比如 PEEK 和 PPS 结晶度的增大却使得非晶区分子链的松弛速率变慢。而 PVDF 及其柔性结晶高分子的共混体系的非晶区链段松弛动力学基本不受结晶相的影响，并且甚至出现随结晶度的增大，非晶区松弛动力学加快的现象。受限对 PEO 的球晶形态影响比较大，当受限尺寸由微米级减小到纳米级时，PEO 的结晶形态由三维球晶逐渐转变为二维平面圆形状态的叠层；当受限尺寸进一步减小为和 PEO 的片晶厚度 (25 nm) 相当时，PEO 的结晶形态呈现为具有较大横截比的单晶 [31]。但是，Lai 等 [32] 对 PEO 在受限条件下的非晶区链段松弛行为的研究表明，随着受限尺寸的减小 PEO 的非晶区链段松弛行为并不受影响。

12.1.3.5 外力作用对结晶高分子非晶区的松弛行为的影响

结晶高分子的玻璃化转变温度是反映其非晶区链段松弛行为的一个非常重要的参数。在外力 (比如拉伸) 作用下结晶高分子的玻璃化转变温度会发生改变，比如拉伸可以改变高分子非晶区分子链的移动性，从而影响其玻璃化转变温度。Khan 等 [33] 考察了拉伸对 PTN (poly(trimethylene 2,6-naphthalate)) 的玻璃化转变的影响，研究表明拉伸可以使得非晶 PTN 的玻璃化转变温度由 99 ℃ 降低到 92 ℃，对结晶 PTN 拉伸可使其 T_g 由 123 ℃ 降低到 105 ℃。一般来说，拉伸使得结晶高分子玻璃化转变温度的降低，主要是由于拉伸可以增大非晶区的自由体积。

12.1.3.6 在等温结晶过程中结晶高分子的非晶相的结构演化

一直以来，人们对结晶高分子的研究主要集中在对结晶结构及其形成机理的研究。介电谱测试高分子结晶过程时，主要考察非晶相在结晶过程中的演变来理解高分子的结晶过程的相关结构变化，这有助于深入地了解结晶高分子的结晶过程和结晶机理。研究高分子结晶过程常用的方法有示差扫描量热法、广角和小角 X 射线散射法、光散射方法以及膨胀测量法。这些方法测试时虽然基于不同的性能，但是它们的共同点就是灵敏度较低，只有当结晶度达到百分之几才能得到可靠的数据。高分子结晶初期，从各向同性的熔体形成晶核的尺寸往往在纳米级，并且此时体系内结晶度非常低，上述方法都不能用来考察结晶诱导期的结构演化过程。同时观察纳米级尺寸的变化，可以用原子力显微镜，但原子力显微镜观察到的只是结晶初期熔体表面结构的变化，不能用于研究结晶初期熔体本体结构的变化，有时表面结构的变化可能与本体变化不同。介电谱测试用于研究结晶初期非晶相松弛行为的变化，可以提供从非晶角度研究高分子结晶诱导期结构变化的信息，有助于理解高分子结晶初期的结构演化过程。

介电谱在研究结晶高分子结晶过程时和同步辐射 SAXS/WAXS 技术联用，可以实现原位研究结晶高分子在等温结晶过程非晶相和结晶相的演变过程。目前虽然对结晶高分子等温结晶过程非晶相的结构演变开展了大量工作，但是对这一方面的研究还没有一致的认识。尤其是等温结晶过程非晶相松弛行为的变化，不同的高分子表现出不同的特征，即使是相同的高分子，不同的研究者在相同的条件下甚至还得出互相矛盾的结论。

Sanz 等 [34] 利用介电谱和同步辐射 SAXS/WAXS 联用技术考察了 PTT 的冷结晶过程，在冷结晶过程中 PTT 的介电松弛参数随结晶度的变化如图 12.5 所示。介电松弛强度 ($\Delta\varepsilon$) 的大小与参与松弛过程的可移动偶极矩的数目有关，在结晶过程中由于随结晶度的增大，熔体中一部分非晶链排入晶胞后就不能参与松弛过程，所以结晶过程中 $\Delta\varepsilon$ 随着结晶度的增加而减小。$\Delta\varepsilon$ 的变化反映了体系中柔性非晶相的变化，通过对比结晶度的变化和柔性非晶相的变化可以看出，柔性非晶相含量的减少大于结晶度的增加，即不是所有的柔性非晶相都转化为结晶相，说明 PTT 在结晶过程中一部分柔性非晶相转变为刚性非晶相。由此他们判断 PTT 在冷结晶过程中形成了均匀的片晶相和刚性非晶相，并且通过仔细研究发现 PTT 的刚性非晶相主要位于结晶相和柔性非晶相的界面，而柔性非晶相位于连续的片晶相之间。用 WAXS 检测 PTT 结晶过程表明，在开始检测到结晶相时，非晶相的 α 松弛松弛峰的形状和松弛峰的位置开始发生改变。在等温结晶过程中可以看到非晶区的松弛时间随着结晶度的增大而增长，即链段松弛动力学在结晶过程中逐渐变慢。并且当 PTT 的结晶度达到 15% 时，结晶开始从初始结晶向次级结晶转变，此时非晶区链段松弛时间随结晶度变化的斜率开始发生改变，表明非晶相的受限进一步增强，松弛动力学进一步变慢。对于分子链刚性较高的结晶高分子在等温结晶过程中链段松弛行为的变化一般都认为是结晶相对非晶相的在空间上几何限制作用引起的，由于次级过程中片晶进一步增厚，所以使得非晶区的受限增加，从而松弛动力学进一步下降。

结晶高分子的链段松弛行为随高分子柔顺性不同表现出不同的松弛特征，一般来说，分子链的柔顺性不同的结晶高分子在等温结晶过程中，非晶区链段松弛行为的变化表现出很大的不同。Lund 等 [35] 用介电谱和小角中子散射/广角中子散射 (SANS/WANS) 联用技术测试了高柔顺性结晶高分子 PDMS 在冷结晶过程中结构的演变过程。介电谱和 WANS 的研究结果表明，PDMS 的非晶相随着结晶相的形成和结晶度的增大而逐渐减少；在结晶初期，当 WANS 中子散射还不能检测到有结晶相开始形成时，非晶相的介电谱已经开始发生变化，说明此时体系中形成了

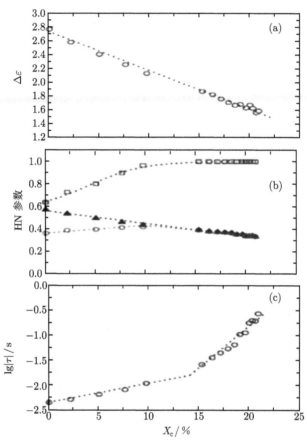

图 12.5　在 52 ℃等温冷结晶过程中 α 松弛的 HN 参数随 WAXS 测得的结晶度的变化

(a) 介电松弛强度；(b) b, c 和 bc 是不对称参数；(c) 平均松弛时间 [34]

一些点状晶核，这些点状晶核的存在虽然并未能导致结晶相的增加，但是对非晶相的链段松弛行为有重要影响。体系的结晶度随着结晶的进行而增大，非晶相松弛行为的变化也越来越明显，出现了一定含量的 "受限非晶相"。结晶早期形成的点状晶核对周围分子链松弛行为有明显的影响，这些受影响的分子链的链段松弛速率比熔体中其他不受影响的明显偏低，从而出现了动力学异相性。这也是在结晶过程中 SANS 散射早于 WANS 发生变化的原因。PDMS 在等温结晶过程中，非晶区的介电松弛行为的变化如图 12.6 所示。图 12.6 中结果表明，PDMS 在整个结晶过程中出现了受限和非受限的两种非晶相，而在结晶过程中这两种非晶相的松弛峰的位置均不发生变化，即松弛动力学不变。在结晶刚开始时，松弛较慢的非晶相 (即受限非晶相) 的含量逐渐增加，而熔体中松弛速率较快的非晶相的含量逐渐减少并最终消失。

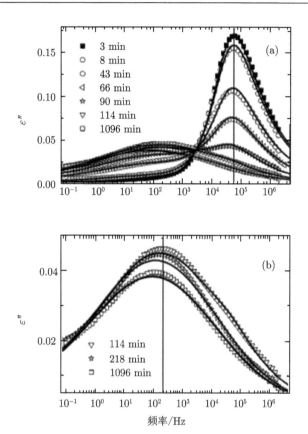

图 12.6 (a) 162 K 等温结晶过程中介电损耗 (ε'') 随频率的变化; (b) (a) 中结晶时间较大的
数据 [35]

12.2 聚氧化乙烯介电松弛行为

聚氧化乙烯分子链中具有浓度较高的醚氧原子, 它的分子链结构简单、熔点
较低、结晶能力强、结晶度高, 可用作研究高柔顺性结晶高分子松弛行为的模型材
料 [36]。研究表明, 熔点以下的 PEO 至少存在三个介电松弛过程 [37]。等频介电谱
中, 高温区与 PEO 整个分子链运动相关的松弛过程对应的活化峰为介电正则松弛
峰; 玻璃化转变温度附近的 α 松弛源于 PEO 非晶链段的协作重排运动; 玻璃化转
变温度以下, PEO 的 β 松弛源于主链的扭摆运动, γ 松弛对应的是链末端和更小
的次级单元的松弛运动。PEO 分子主链中极性 C—O—C 键的堆积比较疏松, 分子
链的微布朗运动较强, 相应的各级转变活化温度较低, 对应的松弛速率较高。

　　对 PEO 单晶松弛行为的研究结果表明，单晶中不存在链段协作松弛过程，表明在单晶表面的晶体缺陷处没有链段松弛过程的存在，但单晶中存在着次级 β 松弛过程 [38]。可以把次级 β 松弛过程归为晶体缺陷区或非晶区主链的局部扭摆运动。Richard 等 [39] 把 PEO 的次级 β 松弛仅归于非晶区的局部运动。Jin 等 [40] 研究了 PEO 的松弛行为，结果表明在 PEO 的 β 松弛过程和 γ 松弛过程之间，存在一个 γ′ 松弛过程，并证明该松弛过程源于片晶层和非晶层之间过渡区的链段松弛运动。与本体 PEO 的非晶区链段松弛相比，该松弛过程的松弛速率较高，他们认为这是过渡区的链段处于纳米尺度受限的结果。

12.2.1　分子量对聚氧化乙烯介电松弛行为的影响

　　图 12.7 为在 1 Hz 频率下分子量分别为 1×10^5 g/mol、6×10^5 g/mol 和 5×10^6 g/mol 的 PEO 的损耗随测试温度变化的结果。图 12.7 中结果表明，在固定频率下 PEO 的链段活化温度随着分子量的增大有升高的趋势。在高温区，PEO 介电常数的虚部随分子量的减小增加明显，表明 PEO 在高温区的电极极化随分子量的减小而增强。随分子量的增大，PEO 在 1 Hz 频率下电极极化现象减弱。

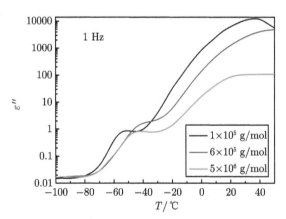

图 12.7　1 Hz 不同分子量的 PEO 介电损耗随温度变化的对比

　　图 12.8 为三种不同分子量的 PEO 的链段松弛，次级 β 松弛过程和 γ 松弛过程的松弛频率随测试温度倒数的变化。图 12.8 中结果表明在相同条件下，分子量对 PEO 的次级松弛行为基本没有影响。与链段松弛相关的 α 松弛行为随着分子量的减小而略微加快。高分子分子链的末端具有较快的松弛动力学，并且对高分子的链段松弛行为有较大影响，不同分子量的高分子链端浓度不同。不同分子量 PEO 的链段松弛行为因为链末端浓度的不同而有差异；次级松弛的松弛单元较小而不易受影响，因此分子量对 PEO 次级松弛没有明显影响。

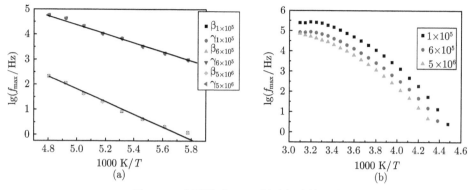

图 12.8 分子量对 PEO 松弛行为的影响

(a) 次级 β 和 γ 松弛；(b) 初始 α 松弛

12.2.2 结晶温度对聚氧化乙烯介电松弛行为的影响

结晶高分子的结构和性能因结晶温度的不同而有差别。目前对由长链高分子形成结晶的机理以及最终结构还没有统一的定论。结晶高分子的松弛行为与结晶结构密切相关，考察结晶高分子的松弛行为有助于认识结晶高分子的结晶行为和结构。

PEO 是主链中含有醚氧原子非常容易结晶的一种高分子，结晶时主要形成不受结晶温度影响的单斜晶型，同步辐射小角 X 射线散射 (SR-SAXS) 技术测定了不同温度结晶的 PEO 的结构参数，即长周期、片晶层厚度和非晶层厚度，结果表明 PEO 的长周期和片晶厚度以及非晶层厚度都随结晶温度的升高而增大，根据 PEO 的片晶层厚度和长周期的比，可得到其体积结晶度，结果表明 PEO 的体积结晶度也随结晶温度的升高而增大。PEO 的非晶层相对含量随结晶温度的升高而减小，并且 PEO 的非晶层厚度的值较大。

不同温度熔融结晶 PEO 非晶区的松弛行为如图 12.9 所示。图 12.9 中的结果表明，不同温度结晶的 PEO 在室温下非晶区链段松弛峰的位置几乎重合，说明 PEO 非晶区的链段松弛行为几乎不受结晶温度的影响。PEO 分子链的柔顺性比较好，非晶区的链段松弛动力学速率较高，所以影响非晶区链段松弛的因素较少。链段松弛的自由体积理论认为，只有体系具有足够体积时链段才具有移动性，说明 PEO 非晶区的尺寸大于链段移动所需的自由空间。研究表明，PEO 的非晶区尺寸都比较大，所以 PEO 的非晶区松弛行为基本不受结晶温度的影响。

高分子结晶相内的分子链处于"冻结"状态，介电谱只能测定非晶区"活性"的分子链段松弛行为。有人认为柔性高分子晶区对非晶区松弛的限制作用导致非晶区松弛动力学随结晶度的增大而减小。而近来研究结果表明，高分子的链段松弛是协作重排运动过程，只有当受限尺寸接近协作重排区域的尺寸时，才会对链段松弛行为产生影响。在玻璃化转变温度附近的柔顺性高分子链段协作重排区域的尺寸约为 2 nm，链段协作重排区域的尺寸随着温度的降低而增大。不同温度结晶的 PEO 结构参数表明，PEO 非晶区尺寸都大于 2 nm，所以不同温度结晶形成的结构对 PEO 非晶区的链段松弛行为几乎没有影响。

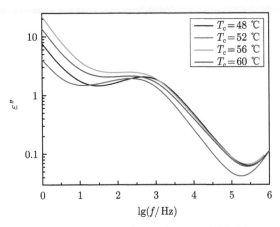

图 12.9　室温下不同结晶温度 PEO 的松弛行为

12.2.3　等温结晶过程聚氧化乙烯介电松弛行为的变化

我们课题组利用介电谱考察 PEO 在原位结晶过程中松弛行为的变化时，所得结果如图 12.10 所示。图 12.10 中的结果表明，PEO 介电损耗谱在结晶过程中表现出如下几个特征：① 结晶初期 PEO 熔体的介电松弛虚部呈现出单一松弛峰；② 随着结晶时间的增加，PEO 单一松弛峰的松弛时间分布增宽同时松弛峰不断向低频移动；③ 随着结晶时间的增加，PEO 的松弛出现两个松弛峰，位于高频区的松弛峰在整个结晶过程基本保持不变，位于低频区的松弛峰在结晶过程中不断向低频移动。在结晶后期低频区的松弛峰被电极极化覆盖。

PEO 分子链柔顺性较好，具有较高的链段松弛动力学，高频率松弛峰对应的松弛过程是 PEO 的链段松弛。图 12.10 的结果说明结晶过程中 PEO 的链段松弛行为基本保持不变，与文献中报道的变化规律基本一致 [41]。低频区松弛峰的松弛频率比 PEO 的链段松弛速率低，所以相应松弛过程对应的结构单元大于链段，应为 PEO 的介电正则峰，相应的松弛单元是多个链段的组合。

图 12.10 这两个松弛过程耦合为一个松弛峰。不同结晶阶段松弛峰的变化表明，这个单一峰是两个独立的松弛过程由于松弛频率接近而叠加形成的。对于两个相互独立的松弛过程，当两者松弛动力学差别小于 3 个数量级时难以区分而表现出叠加行为。由于 PEO 的介电正则松弛峰频率低，使得耦合后的松弛峰的总频率略低于链段松弛峰的频率。在刚降到结晶温度时，由于体系中动力学异相性增大导

致 PEO 介电正则松弛峰的松弛频率连续向低频移动，松弛峰形状增宽。随后 PEO
介电正则松弛峰的松弛频率进一步减小，二者之间动力学差增大，分开成为两个独
立的松弛过程。

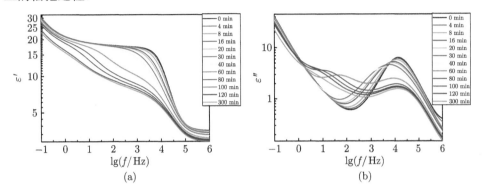

图 12.10 PEO 在 58 ℃ 等温结晶过程复数介电松弛谱随结晶时间的变化

(a) 介电常数；(b) 介电损耗

介电松弛强度 ($\Delta\varepsilon$) 是反映参与松弛的介电松弛单元数量的重要物理量，可
以表征参与松弛过程的非晶相的含量变化，间接反映结晶过程结晶度的变化。在
58 ℃ 等温过程中，测定了 PEO 介电松弛强度随结晶时间的变化，所得结果如图
12.11 所示。图中结果表明：PEO 在 58 ℃ 等温结晶过程中介电松弛强度开始保持
不变，50 min 后开始迅速下降，随后下降速率变缓。因此，PEO 的结晶过程可以分
为三个阶段：第一个阶段介电松弛强度基本不随结晶时间的变化而改变，即在此阶
段 PEO 的非晶相含量并不发生变化，为 PEO 的结晶诱导期，形成中介相；第二个
阶段 PEO 的介电松弛强度随结晶时间的增加迅速下降，为 PEO 的液–固转变初始
阶段，PEO 的非晶相含量开始减少，中介相开始转变成结晶相；第三个阶段 PEO
的介电松弛强度随结晶时间的增加缓慢下降，表明在此阶段内非晶相的减少速率
变缓慢，主要进行次级结晶，次级结晶主要是结晶相的完善过程，在此阶段 PEO
结晶度的增加幅度较小，相应地非晶相的减少幅度也小，因此介电松弛强度随结晶
时间的增加而缓慢下降。

通过介电松弛谱对 PEO 结晶过程的跟踪结果表明：PEO 在整个结晶过程中
链段松弛动力学基本不变，但是分子链松弛从降到结晶温度开始，松弛峰的强度就
开始持续降低，说明在结晶诱导期中介相形成阶段 PEO 分子链的运动活性已经开
始下降，PEO 形成中介相，是分子链热涨落运动降低的结果。中介相形成以后在
分子链之间起交联作用，降低了分子链的波动性，导致结晶诱导期 PEO 分子链的
介电正则松弛峰不断向低频移动。中介相形成后迅速转变成结晶相成为片晶，此时
部分链段存在于片晶间的非晶相，SAXS 结果表明，PEO 片晶间非晶相的尺寸较

大，远大于链段协作重排区域的尺寸，并且 PEO 分子链的柔顺性较好，因此链段松弛动力学在整个结晶过程不受结晶过程的影响。

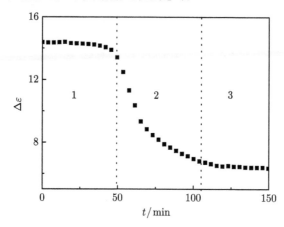

图 12.11　PEO 在 58 ℃ 等温结晶过程介电松弛强度随结晶时间的变化

12.3　聚己内酯的介电松弛行为

高分子介电松弛行为主要是固定频率下复数介电常数随温度的变化和固定温度下复数介电常数随频率的变化。固定频率下复数介电常数随温度变化的松弛曲线称为等频谱，固定温度下复数介电常数随频率变化的松弛曲线通常称为等温谱。在等频谱中，大结构单元的松弛活化温度高，松弛峰出现在等频谱的高温区；在等温谱中，大结构单元的松弛时间长、松弛速率低，松弛峰位于等温谱的低频率区。在固定频率下，PCL 的介电松弛行为随测试温度变化的结果如图 12.12 所示。

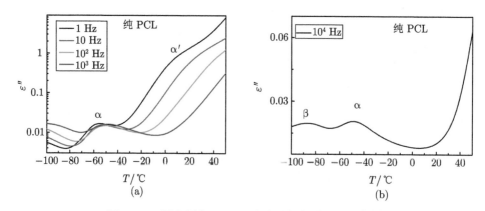

图 12.12　固定频率下 PCL 的介电损耗随温度的变化

由于介电常数随频率的变化比较明显, 为了便于比较, 在图 12.12 中单独给出了 10^4 Hz 下介电损耗随温度的变化。图 12.12 中的结果表明, 在 1 Hz 和 10 Hz 频率下, PCL 的介电损耗随温度升高呈现两个峰: 低温区的峰出现在玻璃化转变温度附近, 为 PCL 的链段活化峰, 即 α 松弛峰; 高温区的峰为 PCL 分子链松弛的介电正则松弛峰, 记为 α′ 松弛峰。在 100 Hz 时, PCL 的 α 松弛峰在 −55 °C, 与 DSC 测得的 PCL 的玻璃化转变温度接近。图 12.12 (a) 中的结果表明, 随测试频率的增加, α 松弛峰和 α′ 松弛峰的活化温度都向高温移动导致 PCL 的介电正则松弛峰消失, 因为高频下 PCL 的介电正则松弛峰出现的温度更高而超出了测试温度区间。PCL 的低温次级 β 松弛活化峰随频率的升高向高温移动, 当频率为 10^4 Hz 时, β 松弛活化峰进入观测温度区间。

在测定温度下, PCL 的介电松弛行为随频率变化的结果如图 12.13 所示。图 12.13(a) 中结果说明, 在测定温度下, PCL 次级 β 松弛峰的松弛频率较低, 在选定的频率范围内能观测到的次级 γ 松弛最大松弛峰随着温度的升高向高频移动。在玻璃化转变温度以上, PCL 的链段松弛开始活化, 并且随着温度的升高向高频率移动, 逐渐进入测试频率范围内。图 12.13(b) 中的结果表明, 高温下纯 PCL 介电模量虚部在低频率区存在单一松弛峰, 该峰在 PCL 的玻璃化转变温度以上才开始活化出现, 可以认定该峰为 PCL 的链段松弛峰而不是导电峰。在玻璃化转变温度以下, PCL 的链段处于冻结状态, 当温度高于玻璃化转变温度时, PCL 的链段松弛开始活化。纯 PCL 介电正则峰松弛频率较低以及低频区电极极化的影响, 不能在等温谱中出现。

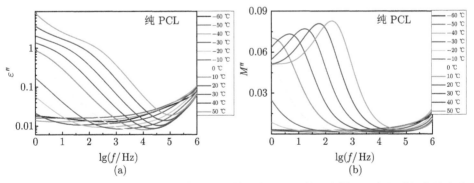

图 12.13 不同温度下纯 PCL 的复数介电常数的虚部和复数介电模量的虚部随频率的变化

(a) PCL 复数介电常数虚部; (b) PCL 复数介电模量虚部

12.3.1 结晶温度对聚己内酯链段松弛行为的影响

结晶高分子的松弛行为和结构密切相关, 结晶温度可以影响结晶高分子的结构。我们通过测定不同温度结晶的 PCL 样品的松弛行为随温度的变化, 考察结晶温度对 PCL 松弛行为的影响，结果如图 12.14 所示。图 12.14 中结果表明，随着结晶温度的升高，PCL 模量松弛峰峰形变窄，在相同测试温度下松弛峰的频率向低频移动；当测试温度高于 293 K 时，PCL 的链段松弛峰进入所观测的频率范围，同时低温结晶的 PCL 中还存在低频区的导电峰 (图 12.14 (a) 和 (b))。50 ℃ 以上结晶的 PCL 中在低频区的导电尾峰消失，这可能是较高温度结晶样品的导电峰移向低频区，超出了测定频率的范围。图 12.14 中的结果还表明，PCL 的链段松弛峰随着温度的升高向高频移动，证明其链段松弛是一个热活化过程。

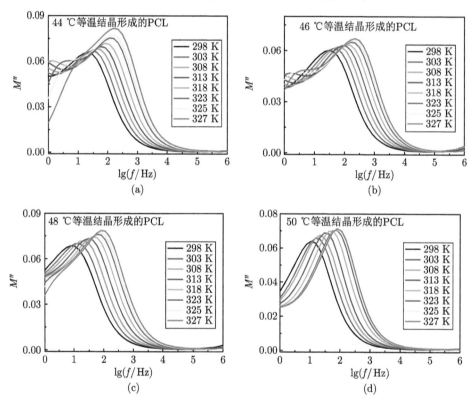

图 12.14　不同结晶温度制备的 PCL 在 298 K ≤ T ≤ 327 K 之间的介电模量虚部
随频率的变化

(a) $T_c = 44$ ℃; (b) $T_c = 46$ ℃; (c) $T_c = 48$ ℃; (d) $T_c = 50$ ℃

利用介电谱分析高分子的介电松弛时，松弛时间通常由松弛过程的最大松弛峰对应的频率 f_{max} 求出，PCL 的链段松弛峰对应的频率以及松弛时间随温度的变化如图 12.15 所示。图 12.15 中结果表明，PCL 的最大松弛峰对应的频率 f_{max} 和松弛时间随温度的变化呈线性关系，符合阿伦尼乌斯方程。多数高分子的链段松弛随温度的变化表现出非阿伦尼乌斯线性行为。但是有理论和实验研究证明，分子链柔顺性较好的高分子分子链之间堆积结构比较致密,使链段松弛行为随温度的变化呈现出线性关系而符合阿伦尼乌斯方程。图 12.15 中的结果还表明,相同温度下,PCL 的链段松弛动力学均随着结晶温度的升高向低频移动。即相同条件下,样品非晶区的链段松弛动力学随结晶温度的升高而降低。

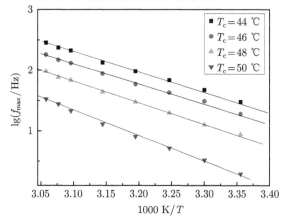

图 12.15   不同温度结晶 PCL 的链段松弛频率随温度倒数的变化

12.3.2 等温结晶过程聚己内酯松弛行为的变化

利用介电谱观测高分子等温结晶过程时,主要考察高分子非晶区松弛行为随结晶时间的变化。在固定温度下,介电谱完成一次频率扫描需要时间较长 (约 90 s),所以需要选择合适的结晶温度以满足等温结晶过程对时间分辨的需求。52 ℃等温结晶过程中,不同测试时间 PCL 频率范围为 0.1 Hz ~1 MHz 的介电松弛曲线如图 12.16 所示。为了更好地观察等温结晶过程松弛行为的变化,在图 12.16 中分别给出了不同结晶时间复数介电常数和复数介电模量随频率的变化。

图 12.16 中的结果表明,$t = 0$ 的曲线表示刚从熔体中降到等温结晶温度时的松弛曲线。图 12.16 中等温结晶过程中复数介电常数的实部和虚部随结晶时间的变化曲线表明,结晶过程中低频区的电极极化现象严重,所以需要用模量数据来分析结晶过程中松弛行为的变化。从图中可以看出,模量虚部在熔体和结晶初始阶段存在一个低频率的尾峰,这是由低频导电引起的。随着结晶时间的增加,导电峰不断向低频率移动,并且逐渐超出所研究的频率范围而消失。从结晶初期的复数介电模量谱中可以看到,在结晶过程中模量虚部有一个峰,这个峰是链段松弛峰。链段松弛峰的位置在等温结晶过程中持续向低频移动并逐渐变宽,表明结晶过程中链段松弛时间分布逐渐增宽。

图 12.16 (a) 中的结果表明,在结晶过程中 PCL 的介电常数在结晶诱导期基本保持不变,在 50 min以后低频和高频区的介电常数随着结晶时间的增长而减小。

在频率 $10\sim1000\,\mathrm{Hz}$ 范围内，介电常数先增加后减小并且出现一个最大值，这可能是由于界面极化引起的。

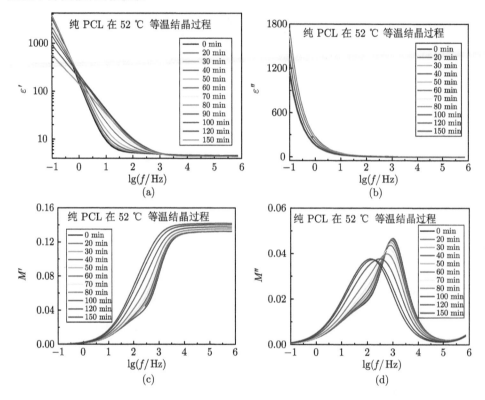

图 12.16　在 52 ℃ 等温结晶过程中在不同结晶时间下纯 PCL 的复数介电常数和复数介电模量随频率的变化

(a) 复数介电常数的实部；(b) 复数介电常数的虚部；(c) 复数介电模量的实部；(d) 复数介电模量的虚部

　　图 12.16 的介电模量图中结果表明，当频率高于 $10^4\,\mathrm{Hz}$ 时，PCL 的介电常数的实部基本不受介电松弛过程的影响；当频率高于 $10^5\,\mathrm{Hz}$ 时，PCL 的介电常数的虚部也不受介电松弛过程的影响。因此可以用频率高于 $10^4\,\mathrm{Hz}$ 时的介电常数的实数部分随结晶时间的变化来表征参与松弛过程的非晶相的含量[42,43]。我们选用 $10^5\,\mathrm{Hz}$ 频率的介电常数的实部随结晶时间的变化来表征结晶过程中非晶相含量的变化。在等温结晶过程中，固定频率下介电常数的实部和虚部随结晶时间的变化如图 12.17 所示。图 12.17(a) 和 (b) 中结果表明，PCL 在 52 ℃ 等温结晶过程中，$10^5\,\mathrm{Hz}$ 时的介电常数和介电损耗即 ε' 和 ε'' 在结晶初期几乎保持不变，在结晶生长阶段随着结晶时间的增加而连续减小，表明在结晶初期非晶相的含量基本不发生变化，该阶段为结晶诱导期。在结晶诱导期内介电常数保持不变说明没有非晶相转化为结

晶相。图 12.17(c) 和 (f) 中的结果表明，在 0.1 Hz 频率下，PCL 的介电常数和介电损耗主要由电极极化贡献，介电常数的实部和虚部在等温结晶过程的前 30 min 基本不变，随后开始持续减小。在此频率下介电常数的变化早于 10^5 Hz 频率下介电常数的变化，而 10^5 Hz 频率下介电常数可以代表非晶相的含量，表明在结晶度发生变化之前，体系内电荷载流子的数目和移动性已经发生变化。这主要是在结晶诱导期体系内产生了中介相，而中介相的产生减小了体系内电荷载流子的数目并降低了电荷载流子的移动性。在 30 Hz 频率下，ε' 在结晶过程中先增大后减小出现一个最大值，但是介电损耗 ε'' 先保持常数随后连续减小。这种现象是界面极化的结果：在结晶诱导期，熔体中产生的一些新界面导致了界面极化现象，使得在 30 Hz 频率下的介电常数在结晶过程中增加；随着结晶度的增大，非晶相减小起主导作用，导致了介电常数的减小。

在 PCL 的介电模量谱中，模量虚部松弛峰对应的频率即为链段松弛频率。图 12.18 为 PCL 在 52 ℃ 等温结晶过程中非晶相链段松弛频率随结晶时间的变化。图 12.18 中结果表明，虽然在结晶诱导期内并没有结晶相的产生，但是 PCL 的链段松弛动力学从结晶诱导期就开始连续减小。这是由于 PCL 在结晶诱导期内形成了预有序结构，使得 PCL 的非晶区的链段松弛动力学下降。结晶诱导期结束后，PCL 链段松弛速率下降的速率随着结晶时间的增加和结晶度的增大而增大。

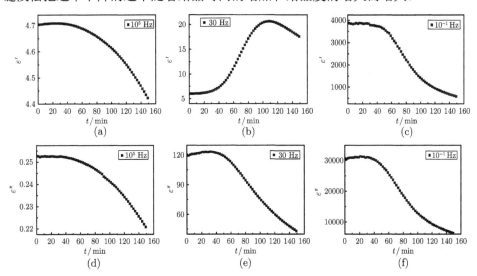

图 12.17　在 10^5 Hz (a) 和 (d), 30 Hz (b) 和 (e) 以及 10^{-1} Hz (c) 和 (f) 频率下 PCL 的介电常数的实部 ((a), (b), (c)) 和虚部 ((d), (e), (f)) 在 52 ℃ 等温结晶过程中随结晶时间的变化

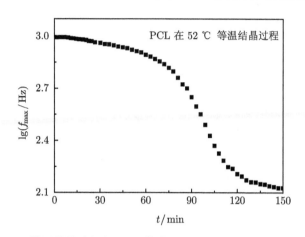

图 12.18　52 ℃ 等温结晶过程中 PCL 的非晶区链段松弛峰频率随结晶时间的变化

12.4　聚乳酸的介电松弛行为

由于是以非石油为原料制备以及在生物医疗机械和环境友好型设备领域具有广泛的应用,所以聚乳酸 (PLA) 是目前热门高分子材料之一。PLA 分子链上分别含有平行于分子链和垂直于分子链方向上的偶极矩,属于 A 型偶极矩。利用介电谱不仅可以研究 PLA 的局部松弛动力学,还可以研究与分子链松弛相关的介电正则松弛 [44]。

PLA 的链段松弛动力学随着温度的升高迅速增快,并且很快超出所测定的频率范围。在 60~ 96 ℃ 测得的 PLA 介电损耗随频率的变化结果如图 12.19 所示。图 12.19 中结果说明:在较低温度下 PLA 介电常数松弛峰对应的介电损耗几乎不随温度升高而改变;当温度高于 PLA 的玻璃化转变温度时,非晶 PLA 发生冷结晶,非晶区松弛单元数目减小,使得介电损耗的最大峰值随温度的升高而减小。图 12.19 中 PLA 的介电损耗峰最大峰对应的频率即为 PLA 链段松弛频率,图 12.19 中的结果表明 PLA 的链段松弛随着温度的升高向高频移动。

图 12.20 中给出了 PLA 链段松弛峰的频率随温度倒数的变化情况。图 12.20 中的结果表明,PLA 的链段松弛峰对应的松弛频率随温度倒数的变化呈现出线性关系,变化规律遵循阿伦尼乌斯方程。大部分高分子的链段松弛频率的对数随温度倒数的变化都表现出非线性关系,而非晶 PLA 主要是链段的堆积比较疏松,才表现出与大多数高分子不一致的行为,松弛速率随温度倒数的变化呈现出线性关系。

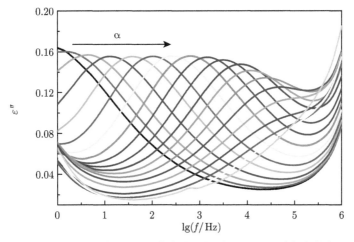

图 12.19 不同温度下 PLA 的介电损耗谱上 α 松弛随频率的变化

温度范围 60 ~ 96 ℃, 相邻曲线间差 2 ℃, 从左到右为温度依次递增

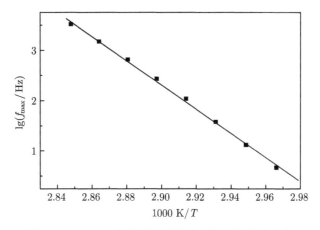

图 12.20 PLA 链段松弛的频率随温度倒数的变化

12.4.1 结晶温度对聚乳酸介电松弛行为的影响

由于 PLA 在介电等温谱的低频区的电极极化现象不明显, 所以可以用 PLA 的介电损耗谱直接分析相应的松弛过程。介电谱中介电常数的虚部峰 (介电损耗峰) 与高分子相应松弛单元的松弛行为有关, 可用来表征 PLA 的介电松弛行为。从不同温度下冷结晶的 PLA 样品测得的介电损耗随频率的变化如图 12.21 所示。

图 12.21 中的结果说明在不同温度下冷结晶的 PLA 介电松弛峰随测试温度的变化趋势基本一致, 冷结晶 PLA 介电损耗峰的最大值比非晶 PLA 小介电损耗峰的最大峰随温度的升高向高频移动, 这是结晶度的提高使得非晶区的松弛单元数目

减少所致。结晶 PLA 介电损耗峰的最大值随着温度的升高略微增大，而非晶 PLA 介电损耗的最大值随温度的升高而减小。非晶 PLA 在玻璃化转变温度以上发生了冷结晶，使得非晶区松弛单元数目减少，导致介电损耗峰的最大值随温度的升高减小。结晶 PLA 冷结晶后形成的较薄片晶随着温度的升高部分熔融，使得非晶松弛单元增多，致使介电损耗峰的最大值随着温度的升高而增大。

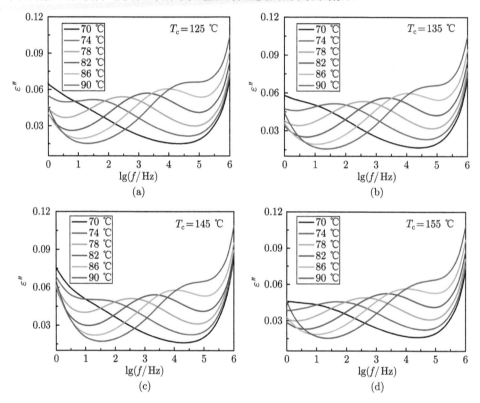

图 12.21　测试温度下不同温度结晶的 PLA 介电损耗随频率的变化

(a) $T_c = 125\,℃$; (b) $T_c = 135\,℃$; (c) $T_c = 145\,℃$; (d) $T_c = 155\,℃$

图 12.22 为不同温度冷结晶的 PLA 在 $60\sim100\,℃$ 介电损耗随频率的变化。通过分析 100 Hz 下的介电损耗谱中链段活化峰可以得到介电测得的高分子玻璃化转变温度。在相同条件下，由于非晶 PLA 的介电损耗和结晶 PLA 的相差较大，所以非晶、结晶 PLA 的介电损耗随温度的变化分别单独给出，结果如图 12.22 所示。图 12.22(a) 中的结果表明，在 100 Hz 下非晶 PLA 介电损耗随温度的变化出现两个活化峰，低温区的活化峰出现在 PLA 的玻璃化转变温度附近为链段活化峰 (记为 α 松弛峰)；高温区活化峰的活化温度高于链段松弛的活化温度，相应的松弛单元应该大于链段，为 PLA 的介电正则峰 (记为 α′ 松弛峰)。图 12.22(b) 中

的结果表明, 冷结晶后的 PLA 介电谱中只出现 α 松弛峰, 这是因为结晶 PLA 中一个分子链同时贯穿晶区和非晶区, 使得介电正则峰活化温度升高, 超出了测定温度范围。并且 PLA 的介电损耗峰的最大值随着冷结晶温度的升高而减小 (图 12.22(b))。导致这一现象的主要原因是随结晶温度升高, PLA 的结晶度增大、非晶松弛单元减少。对比图 12.22(a) 和 (b) 中链段活化峰最大值可以发现: 冷结晶 PLA 的链段活化温度均高于非晶 PLA, 说明冷结晶的 PLA 非晶区分子链的柔顺性下降、玻璃化转变温度升高; 但是冷结晶 PLA 的结晶温度越高, 链段活化峰最大峰对应的温度反而越低, 说明冷结晶的结晶温度越高, 非晶区分子链的柔顺性越好、玻璃化转变温度越低。这是由于结晶相在非晶区起物理交联点的作用, 使得非晶区的分子链链段活化温度升高。

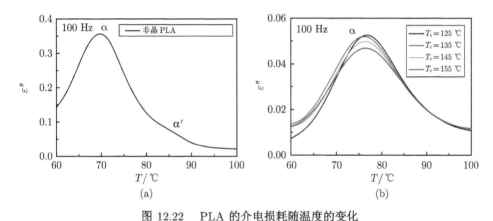

图 12.22　PLA 的介电损耗随温度的变化

频率为 100 Hz, (a) 非晶 PLA; (b) 不同结晶温度冷结晶的 PLA

图 12.23 给出了 80 ℃ 时测得的 PLA 的介电常数虚部松弛峰的频率随冷结晶温度的变化。图 12.23 中的结果表明, 在 80 ℃ 时 PLA 的介电损耗最大峰对应的频率即链段松弛频率随着结晶温度的升高而增大, 说明冷结晶温度越高, PLA 的非晶区链段松弛动力学越快。这是由于结晶温度对 PLA 柔性非晶相的尺寸并没有明显影响, 但是能增加刚性非晶相的厚度和结晶层的厚度; 增大的刚性非晶相厚度降低了结晶层对柔顺非晶相链段松弛的限制, 使得柔性非晶相的链段松弛动力学提高。非晶 PLA 冷结晶过程也是退火过程, 随着冷结晶温度的升高, PLA 结晶速率变慢, 结晶度增大, 柔性非晶相的结构变得更加松散 "有序", 非晶区松弛动力学加快。

对不同温度下等温熔融结晶的样品进行了介电测定, 在不同测试温度下测得的 PLA 介电损耗随频率的变化如图 12.24 所示。图 12.24 中的结果表明, 熔融结晶 PLA 和冷结晶 PLA 的介电损耗峰随测试温度变化的规律一致: 介电损耗峰最大峰随测试温度的升高向高频移动, 说明熔融结晶 PLA 的链段松弛也是热活化过

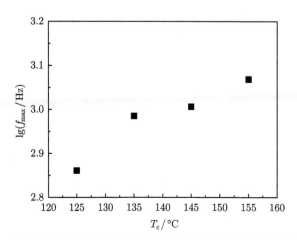

图 12.23　80 ℃ 时测得的 PLA 的介电常数虚部松弛峰的频率随冷结晶温度的变化

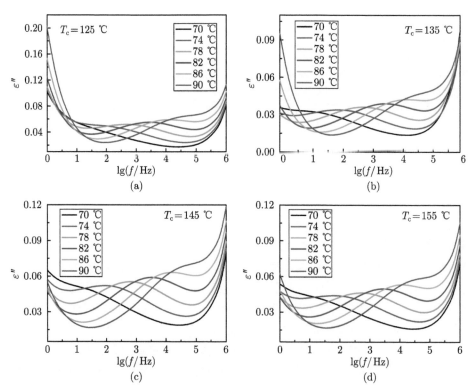

图 12.24　测试温度下不同温度结晶的 PLA 介电损耗随频率的变化

(a) $T_c = 125$ ℃; (b) $T_c = 135$ ℃; (c) $T_c = 145$ ℃; (d) $T_c = 155$ ℃

程，随着温度的升高，链段松弛频率增大；介电损耗峰的最大值随着测试温度的升高增大，表明 PLA 熔融结晶后形成的一些较薄的片晶随着温度的升高部分熔融，使得非晶区松弛单元增多，致使链段损耗峰的最大值随着温度的升高而增大。和冷结晶 PLA 不同的是，熔融结晶的 PLA 在较高测试温度下低频区的电极极化比较明显，随着结晶温度的升高，其低频区的电极极化现象减弱，表明低温熔融结晶的 PLA 结构不如高温结晶的致密，体系内自由移动的电子和电荷在电极表面聚集，易引起电极极化。

不同温度熔融结晶的 PLA 在 60~100 ℃ 介电损耗随频率的变化如图 12.25 所示。图 12.25(a) 中的结果表明，在 100 Hz 下非晶 PLA 介电虚部随温度的变化出现两个活化峰：低温区的 α 松弛峰和高温区的 α′ 松弛峰。图 12.25(b) 中的结果表明，熔融结晶后的 PLA 介电谱中只出现 α 松弛峰。主要是结晶相的出现使得 PLA 的介电正则峰的活化温度升高超出了测定温度范围，并且 PLA 的 α 松弛峰的最大值随着熔融结晶温度的升高而减小 (图 12.25(b))。对比图 12.25(a) 和 (b) 中链段活化峰最大值可以发现：与冷结晶 PLA 相同的是，熔融结晶 PLA 的链段活化温度也是均高于非晶 PLA，表明熔融结晶的 PLA 非晶区分子链的柔顺性下降、玻璃化转变温度升高；但是与冷结晶 PLA 不同的是，熔融结晶 PLA 的链段活化温度随结晶温度的升高而升高，说明熔融结晶的 PLA 随着结晶温度升高非晶区分子链的柔顺性下降、玻璃化转变温度升高。

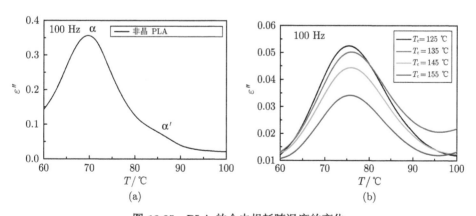

图 12.25 PLA 的介电损耗随温度的变化

频率为 100 Hz，(a) 非晶 PLA；(b) 不同结晶温度熔融结晶的 PLA

图 12.26 给出了 80 ℃ 时测得的 PLA 的介电常数虚部松弛峰的频率随熔融结晶温度的变化。图 12.26 中的结果表明，PLA 在 80 ℃ 时的介电损耗最大峰对应的频率即链段松弛频率随着结晶温度的升高而减小。这表明 PLA 的非晶区链段松弛动力学随熔融结晶温度升高而变慢。

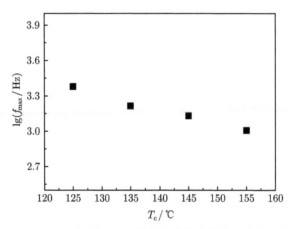

图 12.26   80 ℃ 时测得的 PLA 的介电常数虚部松弛峰的频率随熔融
结晶温度的变化

12.4.2   等温结晶过程聚乳酸介电松弛行为的变化

在用介电谱观测 PLA 冷结晶和熔融结晶过程中，研究 PLA 链段松弛的理想温度 80 ℃ 为观测 PLA 原位冷结晶和熔融结晶过程的结晶温度。在冷结晶过程中直接由室温升到结晶温度，同时测定 PLA 的介电松弛谱随结晶时间的变化；在熔融结晶过程中 PLA 加热到 180 ℃ 保持 3 min后迅速降温到结晶温度，测定结晶过程 PLA 链段松弛随结晶时间的变化。

在 80 ℃ 冷结晶过程中 PLA 介电松弛谱随结晶时间的变化如图 12.27 所示。图 12.27(b) 中结果表明，PLA 在冷结晶过程中介电损耗曲线有一个松弛峰，该松弛峰为 PLA 的链段松弛峰。冷结晶过程中 PLA 链段松弛峰的变化表现出以下几个现象：① 链段松弛峰的位置不断向低频移动，说明在结晶过程中非晶区链段松弛速率逐渐变慢；② 链段松弛峰最大值不断下降，这是结晶过程中随着结晶度的增大非晶区转化为结晶相，使得非晶松弛单元数目减少所致；③ 链段松弛的松弛峰半峰宽增宽，对应的松弛时间分布增宽，表明随着等温结晶时间的增加即结晶度的增大，体系内的动力学异相性增大。

在熔融等温结晶过程中 PLA 的介电常数和介电损耗随结晶时间的变化如图 12.28 所示。图 12.28(b) 中结果表明，PLA 在 80 ℃ 熔融等温结晶过程中链段松弛峰的位置基本没有发生变化，松弛峰的形状逐渐发生了改变。Schönhals 等 [45,46] 认为松弛峰形状的变化主要是结晶过程中形成的结晶相使分子链的大范围运动受限引起的。在熔融结晶过程中，PLA 的链段松弛峰频率不随结晶时间发生变化，说明 PLA 的链段松弛行为不受新形成的结晶相的影响。

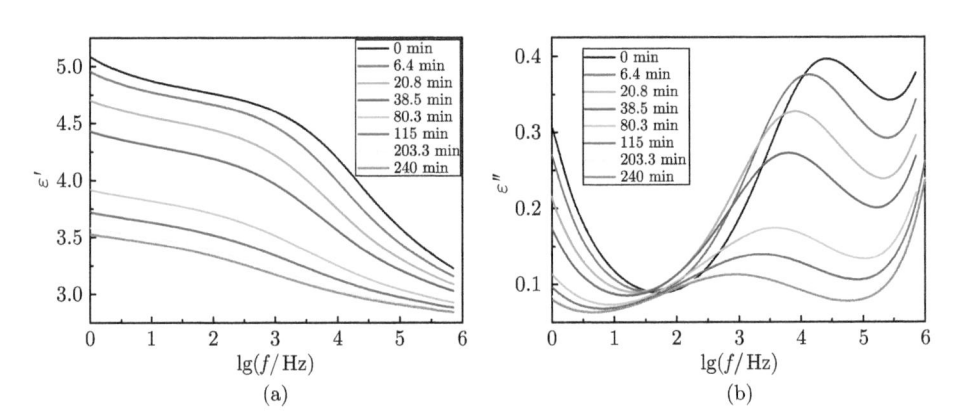

图 12.27　PLA 在 80 ℃ 冷结晶过程介电常数和介电损耗随结晶时间的变化

(a) 介电常数 ε'；(b) 介电损耗 ε''

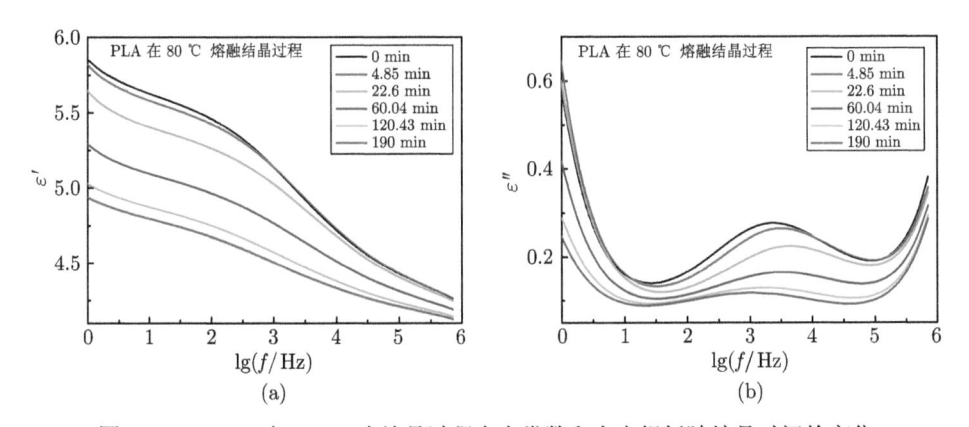

图 12.28　PLA 在 80 ℃ 冷结晶过程介电常数和介电损耗随结晶时间的变化

(a) 介电常数 ε'；(b) 介电损耗 ε''

参 考 文 献

[1] Uehara H, Yamanobe T, Komoto T. Relationship between solid-state molecular motion and morphology for ultrahigh molecular weight polyethylene crystallized under different conditions. Macromolecules, 2000, 33: 4861-4870.

[2] Graessley W W. The entanglement concept in polymer rheology. Ad. Polym. Sci., 1974, 16: 1-179.

[3] Rastogi S, Lippits D R, Peters G W M, et al. Heterogeneity in polymer melts from melting of polymer crystals. Nat. Mater., 2005, 4: 635-641.

[4] Lippits D R, Rastogi S, Hohne G, et al. Heterogeneous distribution of entanglements

in the polymer melt and its influence on crystallization. Macromolecules, 2007, 40: 1004-1010.

[5] Humbert S, Lame O, Vigier G. Polyethylene yielding behaviour: What is behind the correlation between yield stress and crystallinity? Polymer, 2009, 50 (15): 3755-3761.

[6] Sanz A, Nogales A, Ezquerra T A, et al. Order and segmental mobility during polymer crystallization: Poly(butylene isophthalate). Polymer, 2006, 47: 1281-1290.

[7] Strobl G R, Schneider M J. Direct evaluation of the electron density correlation function of partially crystalline polymers. Polym. Sci. Polym. Ed., 1980, 18: 1343-1359.

[8] 8 Men Y, Rieger J, Lindner P, et al. Structural changes and chain radius of gyration in cold-drawn polyethylene after annealing: Small-and wide-angle X-ray scattering and small-angle neutron scattering studies. J. Phys. Chem. B, 2005, 109: 16650-16657.

[9] Bai H, Luo F, Zhou T, et al. New insight on the annealing induced microstructural changes and their roles in the toughening of β-form polypropylene. Polymer, 2011, 52: 2351-2360.

[10] Cai Z W, Zhang Y, Li J Q, et al. Real time synchrotron SAXS and WAXS investigations on temperature related deformation and transitions of β-iPP with uniaxial stretching. Polymer, 2012, 53: 1593-1601.

[11] Tarin P M, Thomas E L. The role of inter- and intra-links in the transformation of folded chain lamellae into microfibrils. Polym. Eng. Sci., 1979, 19: 1017-1022.

[12] Men Y, Rieger J, Strobl G. Role of the entangled amorphous network in tensile deformation of semicrystalline polymers. Phys. Rev. Lett., 2003, 91 (095502): 1-4.

[13] Séguéla R. On the natural draw ratio of semi-crystalline polymers: review of the mechanical. Physical and Molecular Aspects Macromol. Mater. Eng., 2007, 292: 235-244.

[14] Castagnet S, Deburck Y. Relative influence of microstructure and macroscopic triaxiality on cavitation damage in a semi-crystalline polymer. Mater. Sci. Eng. A, 2007, 448 (1/2): 56-66.

[15] Rastogi R, Vellinga W P, Rastogi S, et al. The three-phase structure and mechanical properties of poly(ethylene terephthalate), J. Polym. Sci., Part B: Polym. Phys., 2004, 42: 2092-2106.

[16] Ivanov D A, Bar G, Dosiere M, et al. A novel view on crystallization and melting of semi-rigid chain polymers: The case of poly(trimethylene terephthalate). Macromolecules, 2008, 41: 9224-9233.

[17] Pak J, Pyda M, Wunderlich B. Rigid amorphous fractions and glass transitions in poly(oxy-2,6-dimethyl-1,4-phenylene). Macromolecules, 2003, 36: 495-499.

[18] Di Lorenzo M L, Righetti M C, Cocca M, et al. Coupling between crystal melting and rigid amorphous fraction mobilization in poly(ethylene terephthalate). Macromolecules, 2010, 43: 7689-7694.

[19] Di Lorenzo M L. The melting process and the rigid amorphous fraction of cis-1,4-polybutadiene. Polymer, 2009, 50: 578-584.

[20] Pandey A, Toda A, Rastogi S. Influence of amorphous component on melting of semicrystalline polymers. Macromolecules, 2011, 44: 8042-8055.

[21] Adams G, Gibbs J H. On the temperature dependence of cooperative relaxation properties in glass-forming liquids. J. Chem. Phys., 1965, 43: 139-146.

[22] Schick C, Donth E. Characteristic length of glass transition: experimental evidence. Physica Scripta, 1991, 43: 423-429.

[23] Krishnaswamy R K, Kalika D S. Glass transition characteristics of poly(aryl ether ketone ketone) and its copolymers. Polymer, 1996, 37: 1915-1923.

[24] Connor T M, Read B E, Williams E. The dielectric, dynamic mechanical and nuclear resonance properties of polyethylene oxide as a function of molecular weight. J. Appl. Chem., 1964, 14: 74-81.

[25] Grimau M, Laredo E, Pérez M C, et al. Study of dielectric relaxation modes in poly (ε-caprolactone): molecular weight, water sorption, and merging effects. J. Chem. Phys., 2001, 114: 6417-6425.

[26] Wunderlich B. Effect of decoupling of molecular segments, microscopic stress-transfer and confinement of the nanophases in semicrystalline polymers. Macromol. Rapid Commun., 2005, 26: 1521-1531.

[27] Cerveny S, Zinck P, Terrier M, et al. Dynamics of amorphous and semicrystalline 1,4-trans-poly(isoprene) by dielectric spectroscopy. Macromolecules, 2008, 41: 8669-8676.

[28] Nguyen H K, Prevosto D, Labardi M, et al. Effect of confinement on structural relaxation in ultrathin polymer films investigated by local dielectric spectroscopy. Macromolecules, 2011, 44: 6588-6593.

[29] Cangialosi D, Alegría A, Colmenero J. Relationship between dynamics and thermodynamics in glass-forming polymers. Europhys. Lett., 2005, 70: 614-620.

[30] Ngai KL, Roland C M. Intermolecular cooperativity and the temperature dependence of segmental relaxation in semicrystalline polymers. Macromolecules, 1993, 26: 2688-2690

[31] Wang H, Keum J, Hiltner A, et al. Confined crystallization of polyethylene oxide in nanolayer assemblies. Science, 2009, 323: 757-760.

[32] Lai C, Ayyer R, Hiltner A, et al. Effect of confinement on the relaxation behavior of poly(ethylene oxide). Polymer, 2010, 51: 1820-1829.

[33] Khan A N, Hong P, Chuang W, et al. Effect of uniaxial drawing on the structure and glass transition behavior of poly(trimethylene 2,6-naphthalate)/layered clay nanocomposites. Polymer, 2009, 50: 6287-6296.

[34] Sanz A, Nogales A, Ezquerra T A. Cold crystallization of poly(trimethylene terephthalate) as revealed by simultaneous WAXS, SAXS, and dielectric spectroscopy. Macromolecules, 2010, 43: 671-679.

[35] Lund R, Alegría A, Goitandia L, et al. Dynamical and structural aspects of the cold crystallization of poly(dimethylsiloxane) (PDMS). Macromolecules, 2008, 41: 1364-1376.

[36] Ratner M A, Shriver D F. Ion transport in solvent-free polymers. Chem. Rev., 1988, 109-124.

[37] McCrum N G, Read B E, Williams G. Anelastic and Dielectric Effects in Polymer Solids. New York: Dover Publications, 1967: 540.

[38] Ishida Y, Matsuo M, Takayanagi M. Dielectric behavior of single crystals of poly(ethylene oxide). Polymer Letters, 1965, 3: 321-324.

[39] Richard H B. Relaxation processes in crystalline polymers: Experimental behaviour—A review. Polymer, 1985, 26: 323-347.

[40] Jin X, Zhang S H, Runt J. Observation of a fast dielectric relaxation in semi-crystalline poly(ethylene oxide). Polymer, 2002, 43: 6247-6254.

[41] Nogales A, Ezquerra T A, Garcia J M, et al. Structure-dynamics relationships of the α-relaxation in flexible copolyesters during crystallization as revealed by real-time methods. J. Polym. Sci., Part B: Polym. Phys., 1999, 37: 37-49.

[42] Elmahdy M M, Chrissopoulou K, Afratis A, et al. Effect of confinement on polymer segmental motion and ion mobility in PEO/layered silicate nanocomposites. Macromolecules, 2006, 39: 5170-5173.

[43] Alfonso G C, Russell T P. Kinetics of crystallization in semicrystalline/amorphous polymer mixtures. Macromolecules, 1986, 19(4): 1143-1152.

[44] Mierzwa M, Floudas G, Dorgan J, et al. Local and global dynamics of polylactides: A dielectric spectroscopy study. J. Non-Cryst. Solids, 2002, 307: 296-303.

[45] Schönhals A, Schlosser E. Dielectric relaxation in polymeric solids Part 1. A new model for the interpretation of the shape of the dielectric relaxation function. Colloid Polym. Sci., 1989, 267: 125-132.

[46] Schönhals A, Kremer F, Schlosser E. Scaling of the α relaxation in low-molecular-weight glass-forming liquids and polymers. Phys. Rev. Lett., 1991, 67: 999-1002.

索　引